HNC 理论全书

第三卷 语言概念空间总论 — 第五册

论语言概念空间的总体结构

图灵脑理论基础之五

黄曾阳／著

科学出版社

北京

内 容 简 介

本书是《HNC 理论全书》的第五册。HNC 理论以自然语言理解为其核心探索目标，试图为语言理解的探索开启一条新的途径，以语言概念空间的符号化、形式化为手段，实现人类语言脑的纯物理模拟。

本书围绕"概念无限而概念基元有限、语句无限而句类有限、语境无限而语境单元有限、显记忆无限而隐记忆有限"这 4 项 HNC 理论的基本定理，集中论述语言概念空间的概念基元、句类、语境单元和记忆四层级结构，并对语言信息处理中的具体问题作了深入剖析。

本书适合对自然语言理解、人工智能、认知科学、脑科学、语言学等感兴趣的所有读者，特别适合语言信息处理方面的研究者及学生参阅。

图书在版编目（CIP）数据

论语言概念空间的总体结构 / 黄曾阳著. —北京：科学出版社，2015. 2
（HNC 理论全书）
ISBN 978-7-03-043161-5

I. ①论… II. ①黄… III. ①系统科学–研究 IV. ①N94

中国版本图书馆 CIP 数据核字（2015）第 018890 号

责任编辑：付 艳 王昌凤 / 责任校对：朱光兰
责任印制：肖 兴 / 封面设计：黄华斌

联系电话：010-6403 3934
电子邮箱：fuyan@mail.sciencep.com

科 学 出 版 社 出版
北京东黄城根北街 16 号
邮政编码：100717
http://www.sciencep.com

中国科学院印刷厂 印刷
科学出版社发行 各地新华书店经销

*

2015 年 2 月第 一 版 开本：787×1092 1/16
2015 年 2 月第一次印刷 印张：32 1/2
字数：725 000

定价：138.00 元
（如有印装质量问题，我社负责调换）

本书得到下述项目资助

国家高技术研究发展计划（"863"计划）、"十二五"项目课题"基于云计算的海量文本语义计算框架与开放域自动问答验证系统"（2012AA011104）

作者的话

本书是《HNC 理论全书》的第五册。《全书》共三卷六册，第一卷三册，第二卷一册，第三卷二册。第五册也就是第三卷的第一册。

HNC 理论以自然语言理解为其核心探索目标，试图为语言理解的探索开启一条新的途径。HNC 认为：语言理解的奥秘，是大脑之谜的核心，也是意识之谜的核心。这个谜团的探索不是当前的生命科学可以独立完成的，需要哲学和神学的参与。故《全书》之"全"是一个"三学（科学、哲学与神学）协力"的同义词，非 HNC 理论自身之"全"也。HNC 理论充其量是一名语言理解新探索的侦察兵，从这个意义上说，《全书》之"全"应看作是一种期待，一声呼唤。

《全书》的初稿是半成品，是 HNC 团队的内部读物。原定以十年（2006～2015 年）为期，完成初稿。不意十年未竟，推动者和出版者联袂而至。他们深谋远虑，要把一个半成品升级为成品，把一个内部读物正式出版，其间所展现出来的非凡胆识、灼见与谋划，居功至伟四字，不足以表达笔者心中感受之万一。

《全书》结构庞大，体例繁杂，带大量注释。结构方面，分上层与下层，上层分"卷、编、章" 3 级，以汉字表示顺序，汉字"零"表示共相概念林或共相概念树。在某些编与章之间，还插入篇。下层分"节、小节、子节" 3 级，子节之后，可延伸出次节，每级之内，可派生出分节。体例方面，主体文字之外，安置了大量预说和呼应。注释方面，分两类编号：数字与字母。前者是对正文本身的注释，后者是对正文背景的注释。数字和字母都放在方括号内，如[*01]和[*a]。其中的星号 "*" 可以多个，如同宾馆等级的标记。两星[**]以上的注释比较重要，表示读者应即时阅读。

《全书》常相互引用，为标记之便，采取了[$k_1k_2k_3$-m|]简化表示，其中的"k_1"表示卷，"k_2"表示编，"k_3"表示篇，无篇取"0"。"m|"也是一个数字序列，依次表示章节序号。例如[210-0.2.1]和[210-1.2.1]分别表示第二卷第一编第零章和第一章的第 2 节第 1 小节。

《全书》使用了大量概念关联式。概念关联式是语言理解基因的重要组成部分，也是隐记忆的重要组成部分。每一个概念关联式总是联系于特定的概念基元、句类或语境单元。概念关联式分为无编号与有编号两类，无编号的表示尚待探索，《全书》只是给出了若干示范，为上下文引用方便给出的临时数字编号也属于这一类；有编号的统一使用"——（编号）"或"——[编号]"，前者表示内使，后者表示外使。概念关联式编号区分普通与重要两级，后者加"-0"区别，若"-0"插入编号中间，表示不同文明对此有共识，而后缀于编号，则表示特定的文明视野。有编号的概念关联式都有牵头符号，代表着该概念关联式的重要性级别，目前主要用[HNC1]符号牵头。

在撰写初稿期间，池毓焕博士一直是我的学术助手。在本书出版期间，池博士一直是我个人的全权代表。科学出版社以付艳、王昌凤编辑为主的有关同志，为初稿的升级付出了巨大的辛勤与智慧，其审校之精细，无与伦比；池博士的配合，力求尽善。笔者的钦佩与感激之情，难以言表。

老子曰："天地万物生于有，有生于无。"伟哉斯言。

黄曾阳

2014 年 9 月 22 日于北京

引文出处缩略语对照表

《理论》/《HNC 理论》	黄曾阳. HNC（概念层次网络）理论[M]. 北京：清华大学出版社, 1998
《定理》	黄曾阳. 语言概念空间的基本定理和数学物理表示式[M]. 北京：海洋出版社, 2004
《全书》	即本丛书——HNC 理论全书，共有三卷六册，各册书名如下： 第一卷　第一册　论语言概念空间的主体概念基元及其基本呈现 　　　　第二册　论语言概念空间的主体语境基元 　　　　第三册　论语言概念空间的基础语境基元 第二卷　第四册　论语言概念空间的基础概念基元 第三卷　第五册　论语言概念空间的总体结构 　　　　第六册　论图灵脑技术实现之路
《导论》/《苗著》/《HNC 理论导论》	苗传江. HNC（概念层次网络）理论导论[M]. 北京：清华大学出版社, 2005
《转换》	张克亮. 面向机器翻译的汉英句类及句式转换[M]. 郑州：河南大学出版社, 2007
《变换》	李颖, 王侃, 池毓焕. 面向汉英机器翻译的语义块构成变换[M]. 北京：科学出版社, 2009
《现汉》	中国社会科学院语言研究所词典编辑室. 现代汉语词典（第 3 版）[M]. 北京：商务印书馆, 1996
《现范》	李行健. 现代汉语规范词典[M]. 北京：外语教学与研究出版社/语文出版社, 2004

第三卷　卷首语

本卷是本《全书》的最后一卷，阐释 HNC 理论的总体构架。笔者很希望撰写方式能有所改变，以减少给读者带来的不便，但惯性的力量或许将使这一希望化为泡影。

为什么要搞这样一个 HNC 理论？为了揭秘语言脑，为了开发语言超人（简称"语超"）。

语超将是一个纯物理系统，不涉及化学和生命科学，仅仅是对人类语言脑[*01]的计算机模拟。但语超将具有比人类语言脑远为强大的功能，因为它可以轻而易举地做到"一目万千行，过目不忘"，是传统中华文明意义上才子（可"一目十行，过目不忘"）的超级形态，不是智力、体力或机械意义上的超人，而是一种语言超人。

语超可以有各种各样的类型，最简单的语超将是未来人类的得力助手。当然，语超必然是一把双刃剑，既可以成为人类的朋友，也可能成为人类的敌人。这是一个与本卷有关的重大话题，但将完全回避；大脑奥秘的探索应该以语言脑为突破口，而不是像当下流行的大脑研究那样，对"大脑的五大构成"不细心加以区分或无视这一区分，这也是一个与本卷有关的重大话题，也将基本回避。本卷仅致力于回答这样一个科学话题：人类语言脑的纯物理模拟可以实现么？

HNC 理论把这个科学话题分解成下列四项：

概念无限而概念基元有限；

语句无限而句类有限；

语境无限而语境单元有限；

显记忆无限而隐记忆有限。

这是 HNC 理论的四项基本命题。如果这四项命题是正确或基本正确的，那么语超就有了比较坚实的理论基础，它的实现就不应该存在不可逾越的技术障碍。语超就是图灵脑，而图灵脑的诞生将不仅是科学的大事，也是哲学和神学的大事，关于意识与存在之间的无穷论争至少可以因此而告别一个阶段了。

这四项命题也直接关系到对大脑之谜的探索，因为四者的初级技术转化产品将类似于一个婴儿型的语言超人，简称微超。微超的研发曾被命名为"图灵之战"，后续的语超研发曾被命名为"垓下之战",这两个命名今后可能还会使用,因为它们意味着一种憧憬。微超本身不单是语超的过渡或雏形产品,也是大脑探索的有力模拟工具,故曾被冠以语言脑"电子白老鼠"的美名。

在 HNC 理论探索的历程中,《理论》阶段仅涉及前两项与三项命题,那时,前两项是明确的,但第三项是懵懂的;《定理》阶段才扩展到全部四项命题,第三项趋于明朗,但第四项依然比较懵懂,趋于明朗乃《定理》以后的事。这些命题初期仅名之假设,后期则名之公理。假设与公理有天壤之别,但请不要太较劲,先看作是揭秘语言脑的需要吧。

这四项话题将构成本卷前四编的名称:第一编,论概念基元;第二编,论句类;第三编,论语境单元;第四编,论记忆。后续四编的名称依次是:第五编,论机器翻译;第六编,微超论;第七编,语超伦;第八编,展望未来。

就是说,本卷共计八编,前五编"论"字在前,接着两编"论"字在后,为什么要作这样的区分?第六编会作交代。

第一卷曾采用"编—篇—章—节—小节"的五级结构,第二卷无"篇",采用"编—章—节—小节"的四级结构,本卷也无"篇",主要采用"编—章—节—小节"的结构,但也有采用"编—章—节"之简化结构和"编—章—节—小节—分节"之扩展结构的情况。

本卷的许多要点,在前两卷有不同程度的预说。基于以防万一的考虑,有些预说接近正式论述,这使得本卷的相应论述沦为一种呼应性的东西。对于这种情况,将尽可能以注释的方式予以说明。

注 释

[*01] 语言脑是人类大脑进化历程的第四次演变,是人类正式诞生的基本标志。此前的三次演变分别是图像脑、情感脑和艺术脑的相继诞生,此后的一次演变是科技脑的诞生。这些演变的基础是生理脑。图像脑、情感脑、艺术脑、语言脑和科技脑简称"五脑",也称"大脑的五大构成"。在大脑里,它们各自占有自己的区块吗?答案似乎是否定的,否则,脑科学早就应该发现了。但是,尚未发现并不等于要否定,因为脑科学的研究可以说是"生不逢时",一方面不得不跟随心理学的深厚形而下传统,另一方面又得不到形而上思考的滋润,后者的社会背景前文有过多次论述。

当然,图像脑、情感脑、艺术脑、语言脑和科技脑的各自区块绝不可能像"地球村"的五大洲那样边界分明,"五脑"之间必然呈现出比"犬牙交错"更为复杂的景象,这是大脑迷宫无与伦比的独特性。这一独特性对"五脑"各自独立存在的态势必将产生巨大的掩盖或混淆作用,而不能成为否定其存在性的证据。

关于图像脑、情感脑、艺术脑、语言脑和科技脑乃相继诞生并各自独立的证据已经太多了,有志于此的读者完全有条件写出一本精彩的科普读物。这里要告诉这位未来作者:HNC理论仅关注其中的语言脑。考虑到语言脑与情感脑的交织性最为密切,本《全书》在第一类精神生活的论述中(见第一卷第二编)对情感现象给予了一定关注。

目录 | contents

第一编
论概念基元

本编分 6 章，各章编号、汉语命名和相关 HNC 符号如下：

第一章	概念基元总论	CP
第二章	五元组	(v,g,u,z,r)
第三章	概念树	CT
第四章	概念延伸结构表示式	(CT:(OD//ED)|;)
第五章	概念关联式	(CPm,L,CPn)
第六章	语言理解基因	LUG

其中， HNC 符号对应的英语、汉语如下：

CP	concept primitive	概念基元
CT	concept tree	概念树
OD	ontology description	本体论描述
ED	epistemology description	认识论描述
,L,	,logic link,	逻辑连接
LUG	language understanding gene	语言理解基因

这些 HNC 符号前两卷都使用过，直接阅读本卷的读者可能很不习惯，这没有关系，本卷下文都有交代。本《全书》篇幅过于庞大，笔者不仅希望每一卷可供读者独立阅读，甚至希望每一编以至每一章都能提供这种便利。这是前两卷进行了许多插写和预写的基本缘由，但希望归希望，结果很可能是事与愿违。

第一章

概念基元总论

　　本章的地位等同于前两卷的第零章，是关于概念基元共相的论述，随后各章是其殊相的论述。这些话本应该放在卷首语里叙说，告知读者本卷的一项特殊约定：各编都不设置第零章，但第一章可能拥有前两卷第零章的地位。这毕竟属于技术性细节，所以就后移到这里了。

　　前两卷的章对应于概念林，节对应于概念树，这种对应性在本卷形式上不复存在，但实质上依然存在。这里的"实质上"是指 HNC 特别关注的所谓"体说、面说、线说和点说"[*00]，编或篇大体对应于体说；章大体对应于面说；节大体对应于线说；小节大体对应于点说。但是，"体-面-线-点"是相对的，不是绝对的，四者之间 "你中有我"，"我中有你"。汉语"面面俱到"不仅是体说的通俗解释，也是后续三说的通俗解释，"面面"者，齐备也；"俱到"者，透彻也。请把这两对"者，也"当作是"面面俱到"的真解吧。

　　本《全书》卷、篇、编、章、节、小节的设置与论述都依据上述"面面俱到"原则，本卷亦不例外，本章的下列 6 节就是实践该原则的产物：

　　第 1 节，概念基元有限性的形而上思考（语言概念空间基本景象的描述）。

　　第 2 节，概念基元的抽象与具体两分。

　　第 3 节，抽象概念基元的范畴三分。

　　第 4 节，基元、基本和逻辑概念的"6、2、4"分。

　　第 5 节，广义作用效应链的"二生三四"。

　　第 6 节，语境基元。

第1节
概念基元有限性的形而上思考
（语言概念空间基本景象的描述）

本节标题后面的括号里有一个不寻常的短语——语言概念空间基本景象的描述，这个短语可简化成"语言概念空间的基本景象"，还可进一步简化成"彼山基本景象"。这些短语都更适合作本章首节的标题，但考虑再三，还是选用了现在的标题。这不是为了保持撰写风格的一致性，而是为了凸显科学探索的要害所在，对于揭秘语言脑这一极为特殊的探索，这一点乃是攸关成败的第一大事，因为，如果没有形而上思考的足够功力，是很难看清彼山的基本景象的。当然，彼山景象本身的描述非常重要，前文已经用了不少篇幅，后文还会继续这么做，本《全书》以着重描述彼山景象为己任，也有成就一部彼山专著的梦想，但毕竟孤掌难鸣，笔者将仅以披荆斩棘为满足。描述此山景象的专著早已浩如烟海，通俗读物也不乏精彩之作，如果将来能出现兼述两山景象的专著或通俗读物，那将是一件功德无量的事。

"概念无限而概念基元有限"是 HNC 探索起步时的一个基本假定。该假定的提出受到两件事的启发或激励：一是黑格尔的名言——哲学的开端就是一个假定；二是汉字的"减而不增"现象，《理论》里对此有符合世界知识阐释标准的论述[*01]。

基于"概念无限而概念基元有限"假设而得到的第一批探索成果既包括本章后续 3 节所描述的内容，也包括本编第二、第三章的内容，那是 20 世纪 90 年代初期的事。当时，一些研究 HNC 的朋友曾把这一初步成果比作"元素周期表"的发现。这个比喻一直使笔者深感不安，因为"概念无限"或许有点类似于物质结构和形态的无限，但"概念基元"不能等同于元素，而"概念基元有限性"更不能等同于"元素周期表"。

"概念基元"是什么？它是所谓的语义基元或概念节点么？这是本节必须回答的第一个问题。"概念基元"如何定义？"概念基元"与"基元概念"是什么关系？这是本节必须回答的第二个问题。"概念基元有限"是假设还是公理？公理之说的依据何在？这是本节必须回答的第三个问题。以下用 3 个小节进行论述，每小节的标号方式与前两卷相同，以达到《全书》的统一。

1.1.1　概念基元不是语义基元或概念节点

"语义"是当下中国的热门词语，国家级科技项目都高举着"语义"的大旗。这一景象非常奇特，笔者也不明白其究竟，但有一点是清楚的，多年来主宰着计算语言学的语法派（理性主义）和语料库派（经验主义）都遇到了巨大的危机，传统的词法和句法分析已经难以有所作为了，基于语料库的各种统计算法（语料库语言学）已开始显露出"黔驴"的本相。双方都要寻求出路，不约而同地都求救于语义学，以为语义是一根靠得住的救命稻草。

英语词典里并没有"语义"这个词语，只有"语义学"这个词语，《现汉》也如法炮制，《现范》则反其道而行之，收录了"语义"而未收录"语义学"，因为《现范》原则上不收录带后缀"学"的三字词。《现范》对"语义"的解释十分宽泛，大大超出了《现汉》对"语义学"的解释范围。

《现范》对"语义"的解释[*02]需要大力依靠"意义"这个通用词语，还要依靠"词汇"、"句子"、"语法"、"语用"、"语境"等专业词语，以及其他一系列通用词语（如"概念"、"交际"、"适应"等）。《现范》对"语义"的解释在形式和内容两方面似乎都十分到位，但语言脑对"语义"的理解依靠这样的解释么？这里的"依靠"既有"能不能"的问题，又有"需要不需要"的问题。不追问这两个问题是形而下思维或"一根筋"思维的习惯或表现，追问下去才是形而上思维或灵巧思维的习惯或表现，这将在下一小节细说。

下面回到本小节的主题：概念基元不是语义基元或概念节点。先说"概念基元是什么"，然后再说为什么"概念基元不是语义基元或概念节点"。

概念基元是指 456 株概念树所对应的各级延伸概念，不包括概念树本身，更不包括居其上位的概念林（群）和概念范畴。延伸概念这个术语的提出较晚，笔者在使用这个术语之初也没有特意强调它的极端重要性，这是 HNC 探索历程中最为遗憾的一件事。基于一种弥补最大遗憾的心情，这里特意写下对应的英语符号：extended concept，简记为 EC。

各级延伸概念的总和是有限的，本《全书》的前两卷已充分揭示了这一点。所谓"概念基元的有限性"就是指"各级延伸概念总和的有限性"。理解了这一点，才算是真正理解了 HNC 理论的精髓。

但真正理解这一点并非易事，这既需要向上思考，把握"概念树–概念林–概念范畴"的有限性；又需要向下思考，把握延伸级别（纵向延伸）的有限性和同级延伸数量（横向延伸）的有限性。上行思考和下行思考都要力行齐备性和透彻性的原则（简称"透齐原则"，前两卷经常使用这个简称），这确实是"一根筋"思维习惯难以适应的。

这里的"上行思考"和"下行思考"是以概念树为参照来说的，如果以概念范畴为参照，则上述"上行思考"也变成了"下行思考"，HNC 之"概念范畴–概念林–概念树"的最终确定是上行思考与下行思考多番交织的结果，"1200 个汉字"虽然曾是此项交织思考的基本依托，但该思考的主心骨还是康德先生所强调的理性法官[*03]，这就是说，上行思考与下行思考要在不断改变参照层级的过程中交织进行，而关键是：要善于**中间切入，先上后下**。一味"上而不下"者叫空想家，专注"下而不上"者叫专家，善于"中间切入，先上后下"者才是思想家。上行思考的通俗名称叫"仰望星空"，下行思考的通俗名称叫"俯瞰大地"。语言的"星空"叫作语言概念空间，简称"彼山"，描述彼山景象的东西叫原则或公理；语言的"大地"叫作自然语言空间，简称"此山"，描述此山景象的东西叫规则或定理。乔姆斯基先生虽然自视甚高，但并不明白这个关于原则与规则的区分依据或区别法则。"一根筋"思维的基本特征是：既不仰望，更不俯瞰，而是随波逐流。一个世纪以来，语言和大脑的探索是否处于随波逐流的可悲状态呢？是提出这个问题的时候了。

当然，随波逐流是一股巨大的惯性力量，是文明主体之现代化历程的心理引擎之一，也是一把双刃剑，其积极意义的一面不能抹杀。但是，许多重大的科学探索活动要力求避免随波逐流的消极面，而这项特定的"力避"非常困难，在 HNC 探索的《理论》阶段，这种消极影响可谓历历在目，最典型的印迹就是"语义网络"、"语义块"、"语义距离"等术语的提出或使用。其中，"语义块"这一术语最令笔者痛心疾首，因为那个"义"字不仅是多余的，而且为害极大。

语形、语义、语用之"三语"说[*04]是符号学对 20 世纪人文社会学的一项重要贡献，但"三语"说乃是貌似体说而实为线说的典型学说，并未发展成为适用于彼山景象描述的指导理论。语形、语义、语用不过是仅供分析与归纳之用的三条线而已，不能构成符合"综合与分析+演绎与归纳"要求的三维度思考空间，因而也必然不能胜任对彼山景象的描述。语言学界曾应用"三语"说进行此山景象的描述，但收效不大。表面上似乎形成了语形学、语义学和语用学之间的分工与合作，实际上是形成了一幅独特的"推卸责任"景象，把困难（矛盾）逐级上交，语形学解决不了的问题上交给语义学，语义学解决不了的问题再上交给语用学。其结果是出现了许多有趣的责任纷争，这主要发生在语义学与语用学之间。但是，自然语言处理的基本责任究竟是什么？该项处理所面对的"劲敌"（根本问题或战略性问题）和"流寇"（枝节问题或战术性问题）[*05]有哪些？纷争的参与者们并不明确，甚至都没有认真思考过。

语形学实际上是语法学的"老地盘"，千年老店，品牌价值无与伦比；语义学也有许多不俗的成绩，语用学更是曾风光无限，促成了 20 世纪哲学研究的著名语用学转向。但品牌价值、不俗成绩和无限风光几乎丝毫无助于机器翻译遭遇的半世纪尴尬[*06]。这是一个严酷的现实，但被一些传统的光环掩盖了。当然，不能说学界有人在刻意隐瞒什么，但实际上在起着一种掩盖作用，中国计算语言学界的表现尤为突出，林杏光先生的重庆遭遇[*aaa]就是一个非常值得反思的事件或证据。

这里应该明确告知读者：HNC 探索就是从对这一严酷现实的反思起步的，其理论目标就是试图建立一个符合"语形、语义、语用"体说要求的理论体系。当时对语义学的认识还是比较清醒的，知道它绝对没有能力独立承担起降服"劲敌"和扫荡"流寇"的重任，可是为什么《理论》竟然还是提出了"语义块"的术语呢？现在回想起来，未免感到不可理喻，因为当时已非常清楚："语义块"不仅是语义的基元，也是语形和语用的基元，是三者的综合基元。这个"义"字添加的失误造成了巨大的贻害，现在不理解此话的读者将来会逐步明白的。

但读者现在就应该理解为什么说"概念基元不是语义基元"了，因为在 HNC 的词典里，只有概念基元，没有语义基元；只有语块，没有语义块。子曰："必也正名乎！"

（《论语·子路》）还是照孔夫子的意见办吧。

概念节点这个术语是怎么流行起来的，笔者也不太明白。这个术语的弊端在于它不区分概念树及其上端的概念和处于概念树之下的延伸概念，后者才是"概念无限而概念基元有限"这一命题里的概念基元。这就是说，概念节点是一个过于笼统的概念，不用为佳。

"概念无限而概念基元有限"的命题是 HNC 理论的根基，本《全书》的前两卷就是对该命题的论证。论证的基本思路也可以用上行思考和下行思考这两个方面来表述，上行思考的表述是：概念基元的有限性立足概念树的有限性；概念树的有限性立足于概念林的有限性，概念林的有限性立足于概念范畴的有限性。那么，语言脑的概念范畴是否有限呢？HNC 的答案是：**当然**。请把这答案当作一项公理来对待吧！下行思考的表述是：延伸概念的纵横结构都是有限的，纵向延伸的边界触及专家知识，横向延伸的边界触及生理脑和大脑之另 4 项构成（图像脑、情感脑、艺术脑和科技脑）的相关知识。诚然，这两大边界也许是一个巨大的模糊地带，那就让它们继续存在吧，不进入或适度进入该模糊地带就是 HNC 的基本对策。如果说语言脑概念范畴的有限性是概念基元有限性这一论断的必要性保证，那么，不进入或适度进入的基本对策就成了该论断的充分性保证。

1.1.2 概念和概念基元都需要采取灵巧式定义

上一小节最后说到的基本对策不过是灵巧思维的一次简单应用，本小节要说明的内容就不同了，它不是灵巧思维的简单应用，而是非简单应用。

与灵巧思维对应的东西叫"一根筋"思维，"一根筋"思维的典型样板就是关于语言的定义，国内教科书里的表述如下：语言以语音（？）为物质外壳，由词汇和语法两部分构成的符号系统（？？），是人类最重要的交际工具。人们利用它进行思维（？？？），交流思想（？），组织社会生产，开展社会斗争，承载信息，传承文明。它有口语和书面语两种形式。它是一种特殊的社会现象。

上面对此段论述加了不同数量的"？"，所指文字以仿宋字体标示。被标示的词汇或短语共计 4 个，"？"越多，问题越大，最多的标了 3 个问号，相应的问题依次陈述如下。

问题 1："语言以语音为物质外壳。"怎么可以只提语音而撇开文字呢？这也许适合于印欧语系，但绝不适合于汉语，汉语不可能拼音化，还需要为消灭汉字的主张保留退路么？

问题 2："语言符号系统仅由词汇和语法两部分构成。""词汇和语法"不就是符号学的语形么？怎么可以把"三语"说的语义和语用这两个维度抛开不管，而死守着 19 世纪之前的语言学阵地（说法）呢？乔姆斯基先生不是早在 20 世纪 50 年代就用一个著名的例句"Colourless green ideas sleep furiously"否定了"两部分构成"的说法么？

问题 3："人们利用语言进行思维。"这个说法给了 3 个问号——（？？？），因为那个仅由"两部分构成"的符号系统怎么就可以用来"进行思维"？如此重大而深奥的科学课题怎么可以这么轻飘飘地一笔带过而成为一个论断？

问题 4："交流思想。"这个说法似乎天经地义，为什么也给了一个问号呢？因为"交流"同后面的"组织、开展、承载、传承"一起，犯了一个"数典忘祖"或"舍本逐末"的错误，那"祖"和"本"是什么？是"担当"，语言的最大功绩是"担当"，它担当着"文明三学"（神学、哲学和科学）的表述，从而造就了人类和人类文明。怎能撇开"担当"，而一味强调"交流"？怎能撇开文字，而一味强调"语音"？这都是"一根筋"思维的典型呈现。

灵巧思维培育的第一步就是要善于提出问题，善于从表面或形式上似乎严谨无比的论断里找出问题，并对语言的面具性保持高度警惕；第二步就是要善于运用理性法官的智慧去考察和思考问题，并形成命题；第三步是对命题进行论证——证实或证伪；最后一步才是实践。可以撇开前面三步不管而直接去实践么？可以！人类的绝大多数活动都是这么干的，许多伟人也不例外。但语言和语言脑的研究不可以，基于此，笔者不看好美国和欧盟各自雄心勃勃的所谓 21 世纪大脑研究项目："大脑逆向工程"（美国）和"蓝色大脑计划"（欧盟）。

上面对语言的教科书论述提出了 4 个问题，要害是问题 3。针对它，需要提出新的命题。这个新命题不过是对原命题加上两个汉字，用"语言概念"替代"语言"，由此引出了自然语言空间和语言概念空间的一系列新概念和新课题，形成了关于此山景象和彼山景象的一系列新描述。这些新描述的精髓是：语言脑用于进行思维的绝不是自然语言空间所对应的此山符号体系，而是语言概念空间所对应的彼山符号体系。此山符号体系把概念之间的联想脉络与知识几乎"毁灭"殆尽，而彼山符号体系则将恢复该联想脉络与知识的本来面目。这里存在着两套符号体系，两套符号体系都存在于语言脑之中，此山符号体系大体相当于计算机的外设，而彼山符号体系则大体相当于计算机的核心。

千年老叟对此处变不惊，很冷静地笑着说："娃子，你这算啥子嘛！我的语言就是语言概念的简称嘛！""娃子"哑然失笑，但老叟对"两套符号体系"采取置若罔闻的态度，"娃子"并不感到惊奇，因为彼山符号体系确实是语法老叟难以习惯的，逻辑仙翁也基本如此。

彼山符号体系是灵巧思维的产物，概念和概念基元都采取了灵巧式定义。

灵巧式定义是一个比较复杂的话题，所以，前两卷已作了多次预说。第一次预说是直接针对定义的，阐释了 HNC 所定义概念的确定性特征。其内容引述如下（参见"广义作用反应 7101"概念树的[121–0.1.1]小节）：

> 说到定义，哲学上有著名的循环论之争，这一争论的本质来自于自然语言词语意义的不确定性，这就是语言哲学应运而生的学术背景。但是，HNC 的概念树及其延伸概念的表示符号具有完全确定的意义，这是由符号本身所决定的，符号里的任何一位数字都没有任何意义的不确定性，或者说，其不确定性只包含在该数字串的最后一位或最后一组数字里，这就是数字化表示的无与伦比的（相对于任何其他的符号表示方式）优点，这一点是大家所熟知的。

第二次预说阐释了词语意义的实质：它在语言概念空间的定位，传统语言学未能提供此项定位的描述工具，HNC 概念基元符号体系试图填补这一空缺。其内容引述如下（参见"情感的基本表现 7131"概念树的[121–3.1–0]分节）：

> 基本情感 7131 的概念延伸表示式表明：其前两级延伸概念都不被赋予积极与消极的含义。当然，相应的词语并不遵守这一约定，这就是自然语言符号和 HNC 符号的本质差异，语言学的消歧与翻译、语言哲学的描述与解释、训诂学的笺疏与注解，都密切联系于词语意义在语言概念空间的定位，而过去缺乏一个定位标准或定位参照系，如今，HNC 概念基元符号体系提供了这样的标准或参照系。

第三次预说阐释了两套符号体系相互映射所对应的科学课题，引述如下（参见"常态意志 7201"概念树之[122–0.1]节的结束语）：

> HNC 符号意义的确定性和自然语言符号意义的模糊性实际上提出了符号转换学的两项特殊课题：模糊意义的确定性表示和确定意义的模糊性表示，前者是从语言空间到语言概念空间的符号变换，服务于语言理解，是交际引擎输入接口的基本操作；后者是从语言概念空间到语言空间的符号变换，服务于语言生成，是交际引擎输出接口的基本操作。……但是，映射与反映射是相辅相成的，两者齐头并进并相互印证才是 HNC 词语知识库建设最佳方式，HNC 团队一直未能正式这样做，这既是笔者的失误，也是笔者的无奈，因为概念延伸结构表示式的设计始终处于滞后状态。

上列三点分别概述了 HNC 定义概念的基本原则、HNC 符号体系（即语言概念空间的描述方式）的本质特征以及两套符号体系（自然语言的和 HNC 的）之间的主从关系，但都回避了或隐藏了一个基本问题，那就是灵巧思维的非简单运用，下面予以具体说明。

在概念定义方面，这要以概念树为参照分开来说。HNC 对概念树及其上位概念所采取的描述方式似乎与通常的分类学（如生物学分类和图书分类）没有本质区别，但实质上存在着本质差异，主要表现在两个方面：一是概念范畴的灵巧性符号表示；二是概念林和概念树的灵巧性符号表示。

下面分别说明实施灵巧符号表示的具体措施，表 1-1 表现了其要点。

表 1-1　抽象概念三大范畴及其子范畴的表示符号

类别	符号	汉语命名
基元概念	(0,1,2,3,4,5)	主体基元概念（作用效应链）
	(71,72,73,8)	第一类精神生活
	a	第二类劳动（专业活动）
	(b,d)	第三类精神生活
	q6	第一类劳动
	(q7,q8)	第二类精神生活
基本概念	J	
逻辑概念	jl	基本逻辑
	l	语法逻辑
	f	语习逻辑
	s	综合逻辑

表 1-1 的灵巧思维运用集中表现在以下 4 个方面：

（1）基本概念和逻辑概念的范畴符号一律以字母表示，并对基本逻辑予以特殊照顾，采用了双字母，它既是汉语"基本"与"逻辑"两拼音符号首字母的复合，又是"基本概念 j"与"逻辑 l"的复合，该符号试图体现一种东西方文化的融合形态。

（2）基元概念分别采用了无范畴标记和有范畴标记两种表示方式，前者对应于主体基元概念，后者对应于语境基元概念。这就是说，主体基元概念不带范畴符号，不过，曾以一种虔敬的心情使用过希腊字母 φ，但最终放弃了，也许用佛学的语言来说更准确：最终被"涅槃"了。表 1-1 中的(0,1,2,3,4,5)实际上是主体基元概念的概念林符号。

（3）语境基元概念的范畴符号区分两种形态：纯数字形态和"字母"形态。前者对应于弱时代依赖性的语境基元概念，后者对应于强时代依赖性的语境基元概念。这里"字母"二字必须加引号，因为它可取数字"6//9//c//(~6)"，前 3 个数字表示该语境基元概念仅分别存在于"农业、工业和后工业"三个历史时代，"(~6)"表示工业时代才出现（即不存在于农业时代）的语境基元概念。直接使用字母"q"则仅表示其强时代依赖性。两类语境基元概念也曾以虔诚的心情分别使用过希腊字母 ψ 和 λ，最后是：ψ 也被涅槃了，λ 则被 q 替换了。

（4）在基元概念中，作为范畴标记符号的数字呈现出下列怪异现象：①以数字 7 开始，以数字 d 结束，但中间"缺失"（跳过）了数字 9 和 c。②相连的(7,8)属于同一子范畴——第一类精神生活；但相连的(a,b)并不属于同一子范畴，而分别属于第二类劳动和第三类精神生活。③数字 7 最为特殊，它要再捆绑一个数字才能构成一个完整的子范畴符号，它们分别为

71	"心理"
72	意志
73	行为

主体基元概念和弱时代依赖性语境基元概念的首位数字连成"以 0 开始，以 d 结束，中间跳过(6,9,c)"的数字串，这个被跳过的(6,9,c)是一组特殊符号，如同军队里的特种部队，它可以前挂于主体基元概念，以提供一种简明的语境信息，标明该前挂概念之本能、理性与理念的三层级区分特性。这里的"本能、理性与理念"大体对应于康德的"感性、知性与理性"。

上面一股脑儿叙述了那么多范畴符号表示的约定，很对不起读者。干吗要搞这么多招数呢？这就叫灵巧思维么？下面的回答肯定不能让读者满意，但也只能献丑了。搞这些招数的目的无非是模拟语言脑里某些化学或生命物质的奇妙功能。当然，要在一个物理系统里模拟那些奇妙功能，这种方式未必管用，但不搞这些招数，图灵脑肯定没有指望。上述招数者，"概念范畴灵巧性符号表示"之要点也。

下面讨论第二个问题——概念林和概念树的灵巧性符号表示。

首先应该说明的是：概念林不过是概念范畴之间与概念树之间的一个过渡性概念，概念范畴的花样很多，不得不跟随许多招数，概念树的花样更多，将跟随更多的招数，过渡性的概念林相对比较单纯，可以用一位数字来表示，概念树将继承这一单纯性。但

这单纯性里隐藏着一项特别不单纯的因素，那就是关于共相和殊相的概念。概念林和概念树有共相与殊相之别，但不是每一个概念子范畴都存在共相概念林，也不是每片概念林都存在共相概念树。理性法官必须首先思考这个根本性问题，因为，它直接关系到概念林和概念树的最终设计能否符合或满足理性法官所要求的透齐性标准。这段论述的内容跨度相当大，所以下面先回到表1-1，顺便描述一下语言概念空间的第一基本景象（表1-2）。

表 1-2　语言概念空间的第一基本景象

概念范畴		子范畴	概念林	概念树	共相概念林
			（ ,累计数）		
基元概念		主体基元概念	(6,006)	(42,042)	
		第一级精神生活	5,3,4,5	59	
	71	"心理"	(5,011)	(19,061)	
	72	意志	(3,014)	(9,070)	
	73	行为	(4,018)	(11,081)	
	8	思维	(5,023)	(20,101)	
	a	第二类劳动	(9,032)	(61,162)	
		第三级精神生活	5,3	32	
	b	表层	(5,037)	(20,182)	
	d	深层	(3,040)	(12,194)	无
	q6	第一类劳动	(5,045)	(25,219)	
		第二级精神生活	5,6	58	
	q7	表层	(5,050)	(32,251)	
	q8	深层	(6,056)	(26,277)	
基本概念	j	基本本体概念	(7,063)	(21,298)	
	j	基本属性概念	(2,065)	(16,314)	无
逻辑概念	jl	基本逻辑概念	(2,067)	(6,320)	
	l	语法逻辑概念	(12,079)	(55,375)	
	f	语习逻辑概念	(11,090)	(37,412)	无
	s	综合逻辑概念	(4,094)	(16,428)	无
具体概念	jw	基本物概念	(7,101)	(24,452)	
	(r(o),g(o),pw,(o,x))	挂靠概念	(2,103)	(4,456)	
∑(3,2)		((1,2+3,2,4)//((1,2+8,2,4),2)			
		(12,2)//(17,2)			

表 1-2 是对表 1-1 的高层解读，解读的关键词是"第一基本景象"。该词把"第一"与"基本"捆在一起，读者可能觉得别扭。"基本"可以省略么？不能！因为表 1-2 仅描述了概念子范畴的共相与殊相特征，未涉及概念林。"第一"更是必需的，因为后面还有第二、第三和第四。第二对应于语句(SCJ)，第三对应于语境单元(SGU)，第四对应于记忆(ABS)。

表 1-2 的一系列细节将在下文逐步交代。

未读前两卷的读者可能对表中的某些符号感到别扭，特别是其中的 r(o) 和 g(o)。果如此，则请参阅本编第二章第 3 节中的"形态元素总表"。

"共相概念林"的存在与否是概念林层级的第一号问题。抽象概念子范畴不存在共相概念林的只有 4 个："深层第三类精神生活 d"、"基本属性 j7 与 j8"、"语习逻辑 f"和

"综合逻辑 s"，另外的 13 个都存在，这是在概念林层级的第一次灵巧思维运用。这里应该强调的是：共相概念林的存在与否在理论上有一定意义（如对语习逻辑）或很有意义（如对深层第三类精神生活），但在技术层面"无所谓"，即对初期的微超和语超都无所谓。因此，读者也可以认为其无所谓。

两类具体概念之一的"基本物 jw"存在共相概念林，那么，对挂靠概念要不要给一个说法？回答是：没有必要。这是在概念林层级的第二次灵巧思维运用。

在概念林之上的概念子范畴层级，抽象概念和具体概念的子范畴描述方式各有特色，体现在"Σ"栏目下的数字表示里，子范畴的数量可以有不同的说法，即灵巧思维的展现。

总体说来，灵巧思维在概念子范畴和概念林两层级的展现还比较单一，在概念树层级就完全不同了。先列出其灵巧思维展现的清单吧：

共相概念树的存在性；

概念延伸结构表示式的层级设置；

开放与封闭类型的选择；

各级本体论描述(OD)和认识论描述(ED)的选择；

不同类型 OD 的选择，特别是其中"根概念"的选择；

不同类型 ED 的选择，特别是对其中"反^"与"非~"的选择；

不同挂靠方式及其表示符号的选择；

符号"o01"和"okm"的运用。

这个包含 8 项内容的清单概括了概念基元灵巧设计的主要或基本内容，但并非全部，例如，r 强存在特性就不在清单之内，而对于某些概念基元（也叫延伸概念）来说，这一特性正是它的"核心利益"所在。

上面清单里的 HNC 术语和专用符号太多，请查阅本《全书》的术语索引吧。笔者希望：有心的读者能够把"本体论描述(OD)"和"认识论描述(ED)"这两个术语烂熟于心，即使对哲学丝毫没有兴趣，也要力争把握住这两个术语。因为，稍稍有点深度的思考都离不开哲学，而哲学开启思维灵巧性之门的两把钥匙就是 OD 和 ED。这两把钥匙属于思维领域最重要的世界知识，而不属于通常的专家知识，因此，许多专家（包括哲学专家）反而不了解这两把钥匙的妙用，就并不奇怪了。

1.1.3 概念基元有限性是语言概念空间（彼山）的第一公理

在前两节，我们先叙述了概念基元有限性的必要性和充分性保证，接着以表 2-1 和表 2-2 为依托，对两项保证进行了纲要式说明。该说明非常粗糙，一些关键术语（如 OD 和 ED）蕴涵着内容逻辑的一系列重大课题。这些课题的 HNC 探索已获得重大突破[*07]，因此，这里可以说：上述纲要式说明就是对概念基元有限性这一命题的形而上论证。这项论证过程紧扣着透齐性的脉搏，你依然可以怀疑是否真的达到或满足了透齐性要求，但应该能感受到这种紧扣方式的灵巧性。虽然许多环节的论述还有待在下文展开，本小节依然有资格宣告：上述论证过程展示了非常清晰的灵巧思维，这样论证出来的东西就可以称为公理。概念基元有限性就是语言概念空间的第一号公理，该公理描述了语言脑的第一号内在特征。

结 束 语

本节是对 HNC 理论思考方式的概述，不得不写下了一些本来应该回避的话语，主要是指关于"一根筋"思维和语言经典性论述的文字，但思考再三，最后还是决定"豁出去了"。所谓 HNC 理论思考方式其实就是指前两卷高频度使用的形而上思考，20 世纪以来，形而上或形而上学在社会主义阵营和当下的第二世界变成了与辩证或辩证法完全对立的"过街老鼠"，这是最可悲叹的文化误会；在第一世界的各主流学界也都地位卑微，能打出"描述形而上学"旗号的学者已经是十分难能可贵的勇敢者了。卑微的笔者自知卑微之声只会招来不屑与讥讽，所以曾借助薪乡老者的声音[*08]，那当然是丝毫无济于事的，不过聊以自慰而已。故本卷来一个别出心裁，以灵巧性替代形而上，"90 后"或有兴趣乎？未可知也。

表 1-2 及其说明罗列了 HNC 的全部核心概念，其中的部分概念和对应的符号未予任何说明，如"第二对应于语句(SCJ)，第三对应于语境单元(SGU)，第四对应于记忆(ABS)"一句里的术语。故直接阅读本节的读者必有读"天书"之感，那就麻烦你灵巧一点吧。

注 释

[*aaa] 这是本《全书》第二次提到林杏光先生，"林杏光先生的重庆遭遇"这个短语里所包含的内容需要一篇专文来叙述，这里仅略记其要。2001年，时任全国人大常委会副委员长的许嘉璐先生曾在重庆召开过一次中文信息处理的高端研讨会。在那次会议上，林杏光先生尖锐指出了传统语言学研究的深刻危机，并系统阐释了他对HNC的认同和期许，因此而遭到多位与会者的强烈奇特对待，笔者深感震惊。2012年年初，许先生谈起林先生在重庆会议的发言，给予了高度评价。

[*00] "体说、面说、线说和点说"是HNC引入的一套术语，简称"四说"。引入这套术语的目的在于与"透齐"或"透齐性"的术语相呼应。如果说透齐性是展现灵巧思维的"内功"，那么，"四说"就是展现灵巧思维的"外功"。"四说"也可以两分为点线说和面体说，这比较实际，因为纯粹的"四说"分别说毕竟是比较少见的，对通常的论述，点线说和面体说这两顶帽子比较合适。但非常遗憾的是：对"四说"的诠释或说明非常分散，读者先顾名思义吧。此处有所补充，后文还会继续。

[*01] 前者见《定理》p7；后者见《理论》p25。

[*02] 《现范》对"语义"的解释如下：语言所表达的意义。包括词汇意义、语法意义和语用意义，即词语的概念意义、词语和句子由语法关系所产生的意义、词语和句子在交际中因适应语境所具有的意义。

[*03] 康德关于理性法官论述的引文见《理论》p193。

[*04] "三语"说是笔者杜撰的术语，文献里有"三平面"、"三层次"、"三维度"等名称，但都名不副实，故以"三语"代之。

[*05] 自然语言信息处理之"劲敌"与"流寇"的说明见[240-4.1]的注释[*02]。

[*06] 机器翻译是自然语言处理的一个应用领域，屡败屡战，其译准率始终未能超过70%的门槛，笔者曾把这个门槛叫作机器翻译技术的雪线或雪线现象，这里的"半世纪尴尬"是对雪线现象的另一种表述。

[*07] 此话显得很不谦虚，本编第四章里将有所呼应。

[*08] 见第一卷附录里的《对话》和第二卷第八编第二章里的《对话续1》。

第2节
概念基元的抽象与具体两分

本节的标题合适么？抽象与具体对应于主观与客观么？如何运用灵巧思维？这三个问题是本节需要回答的问题。第一个问题将转化为"一个被疏忽的重大疑问"，第二问题将转化为"一场曾被过度重视的奇特争论"。第三个问题几乎是本卷每一节都必须面对的，标题则将因情况而异。

1.2.1　一个被疏忽的重大疑问

概念或概念基元的抽象与具体两分是 HNC 彼山描述最原始的起点，在这个起点上出现了一个重大疑问。该疑问有两面，如同一枚硬币必有两面一样，一面是 HNC 对外界的疑问，简称"正问"；另一面是外界对 HNC 的疑问，简称"反问"。

正问的背景涉及内涵与外延这一对逻辑学术语，内涵定义为"概念所指对象的本质属性的总和"，外延定义为"一个概念所反映的对象的全部范围"。正问的具体陈述是：所有概念都具有所谓的内涵与外延么？就作用效应链来说，其每一环节都拥有大量概念，但其"所指对象"可以"指"出来么？作用何所指？过程何所指？转移何所指？效应何所指？关系何所指？状态何所指？前文曾指出过：实质上它们都无所不指[*01]，而一个无所不指的概念自然也就谈不上所谓外延（"对象的全部范围"）了。由此可见，并非每一个概念都具有特定的内涵与外延，因此，正问的答案是"否"，而不是"是"，逻辑仙翁是否把这么一个根本性的哲学问题给绕过去了呢？

绕过去不是有意的，而是一种疏忽。那么，怎么弥补这一疏忽？那就是把概念首先区分为两大类：**必须确定**"所指对象"的概念和**不必确定**"所指对象"的概念，HNC 从一开始就这么做了，把前者叫作具体概念，把后者叫作抽象概念。就语言或语言脑的探索来说，似乎没有比这项弥补或区分更基本、更紧迫、更重大的事了，形象地说：抽象概念和具体概念的两分就是表 1-2 的父母——亚当与夏娃。基本物概念和挂靠概念属于具体概念，其他都属于抽象概念，但抽象概念可以被挂靠，一旦被挂靠，就变成具体概念了，这就是思维灵巧性的展现。

反问的背景是表 1-2 本身，它构成了一个命题，而该命题必然带来下面的疑问，其具体陈述是：在**必须确定**和**不必确定**之间不存在模糊地带么？问得好！这将在本节的第 3 小节回答。

1.2.2　一场曾被过度重视的奇特争论

对表 1-2 可以给出如下描述：基本物概念、基本本体概念和主体基元概念（作用效应链）属于一类存在，其基本特征是与意识无关[*02]；其他的概念属于另一类存在，其基本特征是与意识纠结在一起。这就是说，对语言概念空间第一基本景象可采用这样一种简明的描述，那就是：存在着两类具有不同本质的存在，一是独立于意识的存在，二是与意识纠结在一起的存在。由此可见：哲学史上关于唯物论与唯心论的争论是一场被过度重视的奇特争论，因为争论的双方对存在这个概念本身就没有形成共识，没有一个对"物"与"心"的明确定义，双方对"物"与"心"的认识高度还没有达到康德所提倡的透齐性标准。因此，基于这场争论而派生出来两大名言[*03]——"存在决定意识"与"意识决定存在"——之争就显得非常奇特了。汉语对于这类奇特的争论有一个很形象的描述：公说公有理，婆说婆有理。下文将把这个形象化描述简称为"公婆之争"，公的理有理，而且是很了不起的理；婆的理也有理，也是很了不起的理。但人类既不能只听从公的理，也不能只听从婆的理，而是两边的理都要听。在工业时代以来的人类的现实生活中，既充斥着由存在决定的意识，可名之传统型惯性现实；也充斥着由意识决定的存在，可名之代沟型变异现实。农业时代以惯性现实为主导，工业时代以变异现实为主导，后工业时代将回归到惯性现实重新取得主导地位的状态。当然，这是 22 世纪之后的事，但它必将出现。这个回归说写在这里似乎很突兀，其实不然，因为它是文明主体三大公理[*04]的必然呈现。

两大名言之争是典型的"公婆之争"，这场争论的重要性曾被过度抬高了，这是马克思答案的后遗症之一。为什么要提起这个话题呢？因为"概念基元的抽象与具体两分"这样的命题很容易导致类似的争论或问题，例如，语言脑的进化历程是先有抽象概念还是先有具体概念？这样的问题一定会引发"公婆之争"，HNC 不希望出现这样的效应或局面，若不幸而出现了这种情况，则应该用灵巧性原则予以对待或处理。在第一卷中，关于政治制度的民主与专制、丛林法则的博弈与超越、法治与德治、中华文明与西方文明的根本差异、民众与个人、英雄与时势、三个历史时代与六个世界、三种文明标杆与"三帅"（金帅、官帅和教帅）、需求外经[*05]与人类家园危机等话题的讨论实际上都遵循着灵巧性原则。这是一个重要的表白，安置在本小节最为合适。但在现代语境里，"民主与专制政治制度的辩证表现"、"工业时代的柏拉图洞穴"这一类的命题难以获得立足之地，笔者的论述方式又比较"怪异"，因此，上述表白也许只会引起适得其反的效应，那只好听天由命了。

1.2.3 "概念基元的抽象与具体两分"有资格充当语言概念空间的第一基本景象么？

这里提出的资格问题包含理论与应用两方面，理论方面是指前述的反问，应用方面是指：它将成为微超的有效工具。

反问的要点是如何处理所谓的"模糊地带"，回答是：挂靠本身就是一种万能的灵巧处理方式。试想：任何抽象概念一经挂靠就可以变成具体概念，"模糊"不就不"模糊"了？不就使得"模糊地带"基本失去了存在的土壤么？这里用得上"天网恢恢，疏而不漏"这一成语，即使还存在一些"漏网之鱼"，也就无碍大局了。

在 HNC 的早期论述里，曾将这"模糊地带"名之"两可性概念"，"两可"者，亦抽象亦具体也，"x"类概念乃其典型呈现。

在资格的应用方面，这里只安排预说，一句话："概念基元的抽象与具体两分"乃是扫荡流寇的有效武器，对流寇 01（广义对象语块 GBK 的多元逻辑组合）、流寇 09（体词多义）和流寇 13（动态组合词）的处理（包括分析和变换）更是不可或缺。

结 束 语

本节的论述方式比较特别，以置疑逻辑仙翁的内涵与外延这一对人所熟知的术语开始，以语焉不详的预说方式结束。请习惯这种方式吧，因为它是灵巧性的一种表现。

在具体概念与抽象概念的定义里使用了"必须确定"和"不必确定"的词语，并加了黑体。必须者，其所指对象一定可确定者也；不必者，其所指对象不一定可确定者也。语言哲学曾触及这个问题的边缘，可惜都未能达到透彻性的高度，罗素先生关于"秃头法国皇帝"命题的著名论文就是一个典型的例子。

注 释

[*01] "无所不指"之说见《定理》p12。

[*02] 这个说法存在一个明显的疑问：它适用于基本本体概念里的"数 j3"么？这里不予讨论，请当作灵巧思维的一次微妙应用吧。

[*03] 两大名言曾分别名之第一名言（"存在决定意识"论）和第二名言（"意识决定存在"论），第一名言是马克思答案的理论基础；第二名言则是黑格尔哲学体系的理论基础。

[*04] 三大公理即政治公理、经济公理和文化公理，经济公理的论述安排在特殊概念树"效应心理行为 7301\02"的"三迷信行为 7301\02*ad01t=b"分节里（[123-0.1.0.2.1-2]），已撰写。政治公理和文化公理的论述则分别安排在"政治理念 d11"和"文化理念 d13"这两株概念树里，尚未撰写。

[*05] 这里列举的一系列术语中，需求外经的使用频度最小，故拷贝其原始描述如下："需求外经是一部毁灭第一平常心的经，是一部破坏自然生态和毒化人文生态的经，是一部服务于过度幸福需求的经；……需要外经是工业时代柏拉图洞穴的第一大经。'外'者，超出了人均 GDP 上限之外也，超出了地球容纳限度之外也。"原文见"第一基本情感行为 7301\31*\1"子节（[123-0.1.3.1-1]）。

第 3 节
抽象概念基元的范畴三分

本节及随后的 3 节主要是对 HNC 探索历程失误的回顾，对此不感兴趣的读者请保持耐心，最好不要跳过去，因为失误的启示意义可能远大于那些正确的名言。为什么这里要使用"正确的"这个修饰语？因为名言的绝大多数属于基本正确或局部正确的类型，此外，还有大量错误的名言，这些东西最好不要与"启示意义"挂钩。

在《理论》阶段，笔者曾将抽象概念基元的范畴三分叫作三大语义网络，其原始论述拷贝如下：

> 为表达抽象概念的内涵，HNC 设计了三大语义网络：基元概念语义网络、基本概念语义网络和逻辑概念语义网络。语义网络是树状的分层结构，每一层的若干节点分别用数字来表示，网络中的任一个节点都可以通过从最高层开始、到该节点结束的一串数字唯一地确定，这个数字串叫作层次符号。三大语义网络是抽象概念的三大聚类。（《理论》pp5-6）

此原始论述存在 4 项巨大失误，3 明 1 暗。

失误 1 是"语义网络"，这已经说过了。

失误 2 是"树状的分层结构"，这个短语沿袭了传统分类学的"一根筋"思维惯性，不明白该短语并不适合于语言脑之联想脉络特征的描述。在形式上，"范畴–子范畴"、"子范畴–概念林（群）"、"概念林–概念树"、"概念树–延伸概念"都是"树状分层"，但其本质特征有所不同。"范畴–子范畴"的"树状分层"最为简单，可大体沿用传统的上下位思维，但"子范畴–概念林（群）"和"概念林–概念树"的"树状分层"就完全不可沿用了，因为这里必须缜密把握共相与殊相的本质区别，对后者尤为紧要。"概念树–延伸概念"的"树状分层"则又是另外一番景象，这里**不再存在共相与殊相的本质区别**（第一本质区别），但存在**本体论描述与认识论描述的本质区别**（第二本质区别）。这是多么巨大的质变，惜乎概念研究的泰斗——康德先生和黑格尔先生——都没有充分认识到这个要点。因此，对"概念树–延伸概念"的"树状分层"就不能仅仅简单运用上下位之线说，还必须运用"封闭与开放"之面说或体说，将简称**"面–体说"**[*01]，后者尤为紧要。

这里强调了两个要点：一是上述的两项**本质区别**；二是关于"封闭与开放"的**"面–体说"**。这两个要点既不是长期冥思苦想过程的突然顿悟，也不是胸有成竹的预定设计。而是在反复调整"概念子范畴–概念林（群）–概念树–概念延伸结构表示式"的设计过程中逐步明确的，经历了一个漫长的"模糊–清晰"过程或"801–802"过程，简称 HNC 历程。该历程有不同的类型，既有关于**本质区别**的不同类型，又有关于**"面–体说"**的不同类型。下面仅给出关于第一本质区别的 3 个示例（范例）。第一类精神生活(71,72,73,8)

的"四面体"设计、第二类精神生活(q7,q8)和第三类精神生活(b,d)的表层与深层设计，可名之 HNC 历程的概念子范畴范例；作用效应链的"二生三"设计(0,1,2,3,4,5)、第二类劳动（专业活动）的总体设计 ay=0-8 及其卫保活动 a8 设计、行为的总体设计 73y=0-3 及其形而上描述 733 和形而下描述 733 设计，可名之 HNC 历程的概念林范例；行为基本内涵 730 的概念树总体设计 730y=1-3（对应于"心理"行为 7301、意志行为 7302 和心态行为 7303）可名之 HNC 历程的概念树范例。

第二本质区别的 HNC 历程范例这里就不举例了，但应该强调指出：正是它和第一本质区别一起构成了世界知识灵巧性表示符号的关键因素，而**"面-体说"**则是灵巧处理世界知识与专家知识之间模糊地带的关键因素，也是灵巧处理语言脑与大脑另外 4 大区块相互交织性呈现的关键因素。总之，两项**本质区别**与**"面-体说"**有可能成为窥视语言脑迷宫的指路明灯，在两者的引领下，语言脑的探索也许可以出现另一种景象，既不像《大脑如何思维》的作者那样没有主心骨，也不像《心灵的发现》的作者那样陷于纯粹的思辨。

失误 3 和失误 4 对应于"每一层的若干节点分别用数字来表示"里的"节点"和"数字"。节点这个术语的含义太宽泛了，概念树及其上位概念叫节点，概念树之下的各级延伸概念也叫节点，其宽泛性甚至大于语法学的状语。本质特征完全不同的两类东西，怎么可以使用同一个名称呢？宽泛可以是高明的概括，不能一概否定，但过度宽泛就需要警惕，容易陷入"一根筋"式思维的误区，状语就是一个典型[*02]。不是说节点这个词语一定不可用，但一定要慎用，如今对节点这个词语的偏好就值得警惕，因为其消极作用很类似于语法老叟对状语的偏好，此呼吁已发出过多次，这是最后一次吧。

失误 4 属于隐性失误，表面上看似乎没有任何错误，实际上包含着两项重大失误，一是未提字母符号，二是未提数组。

HNC 理论对 HNC 表示符号的基本描述是：字母与数字都是概念或概念基元不可缺少的表示符号，并约定字母符号位居数字符号之前。但这个说法并不反映 HNC 探索的最初思路，与表 1-1 也不完全一致。因此，这里作一个简略的回顾是必要和有益的。

抽象概念基元符号表示的最初设想是非常朴素的数字化形式，没有考虑字母的使用。16 进制之数字"e"和"f"的最早安排是分别用于基本概念和逻辑概念的表示，虽然这项安排很快就被放弃了，但《理论》里仍保有不少印迹，"概念矩阵"的术语（见《理论》p18）是其中最明显的一个。

字母的使用也经历过一番不同寻常的 HNC 历程，这包括对希腊字母的钟情与放弃、强时代依赖性语境基元概念如何给予特殊照顾这两个特殊问题的反复推敲。与此同时，出现了对两个剩余数字符号"e"和"f"随意使用的情况。

反复推敲的最终结果就是形成了如下的 7 项约定。

约定 1：不使用希腊字母，仅使用英语字母。

约定 2：以字母"j"表示基本概念，虽然基本概念包含两个子范畴——基本本体概念（属于本体论）和基本属性概念（属于认识论），但仅利用 jy 的"y"之数字取值范围加以区分，即 jy=0-6 表示基本本体概念，jy=7-8 表示基本属性概念。

约定 3：以 4 个字母(j,l,f,s)分别表示不同的逻辑概念，不过，并非 4 个字母与 4 种逻辑简单直接对应，而是采取了表 1-2 所给出的特殊对应形式：

jl	基本逻辑
l	语法逻辑
f	语习逻辑
s	综合逻辑

这一特殊对应形式是"一生二，二生四"的典范之一。这里"一"指逻辑，"二"指逻辑仙翁和语法老叟，对逻辑仙翁再"一分为二"而分解成基本逻辑 jl 和综合逻辑 s；对语法老叟也再"一分为二"而分解成语法逻辑 1 和语习逻辑 f。

约定 4：以 qy=6-8 表示两类强历史时代性特征的语境基元概念——第一类劳动和第二类精神生活，两者分别采取了表 1-2 所给出的特殊对应形式：

q6	第一类劳动
q7	表层第二类精神生活
q8	深层第二类精神生活

这一特殊对应形式是"一生二，二生三"的典范之一。这里的"一"指强历史时代性特征的语境基元概念，"二"指第一类劳动和第二类精神生活，后者可以再"一分为二"，前者却不可这么简单地"再来一次"了。字母 q 是强历史时代性语境基元概念的共相表示，殊相表示则分别以数字(6,˜6),9,c)来替换 q[*03]。

约定 5：以数字((71,72,73,8),a,(b,d))分别表示另外 3 类语境基元概念——第一类精神生活、第二类劳动和第三类精神生活。对第一类精神生活的心理子范畴给予了特殊照顾——使用了两位数字，因为心理不仅属于语言脑，也属于情感脑。

约定 6：对语言脑内核的"内核"——作用效应链——给予最高级的待遇："空"或"无"，即不赋予范畴标记符号。

约定 7：以一位数字(0-b)分别表示每一概念子范畴的后续概念林（群）和概念树。数字 0 表示共相，数字(1-b)表示殊相。

这 7 项约定是对"抽象概念基元的范畴三分"反复推敲的最终描述，是对表 1-2 的再次解释，是 HNC 历程之灵巧性的充分展现：对不同的概念联想脉络采取了不同的思考路线，从而产生了不同的符号表示方式。

下面交代一下关于"剩余数字符号"的使用问题。

由上述约定可知：数字(e,f)是未被使用的"剩余"。由表 1-2 可知，数字(6,9,c)是未直接参与子范畴表示的"剩余"。这里有两类"剩余"：(e,f)和(6,9,c)，其"剩余价值"如何利用呢？

第一个要说的是关于"剩余"数字(6,9,c)的利用。这纯粹是一个人为制造的"剩余"，当年的如意算盘是：用它前挂于主体基元概念（作用效应链），从而给出语境的三层级粗略表示。三层级的内涵（定义）如下：

6:=本能=:（生理脑，大脑）
9:=智能=:（第一类劳动+第一类精神生活+第二与第三类表层精神生活）

c:=社会=:（第二类劳动+第二与第三类深层精神生活）

这套符号表示或设计带有一种急于应用的不良倾向，但仍然具有一定的理论思考意义。曾为"本能6"设计的"6m=0-5"二级表示依然有效，它可能有助于未来"图灵脑"常识性"智能"的开发。

第二个要说的是关于"剩余"数字(e,f)的利用。这是在基本概念和逻辑概念引入范畴字母表示之后带来的一笔"意外之财"，它可以与具体概念符号 p 相挂接以形成两项特殊的字母数字组合：pe 和 pf，当年笔者对此有一种"如获至宝"的感觉。于是就把 pe 用作组织（如政党、企业、国际组织等）的前挂靠表示符号，把 pf 用作"前组织"（如清教徒、什叶派、托洛茨基派、"四人帮"等）的前挂靠表示符号。前挂靠符号 pe 与 pf 之间的交织性不强，不难区别，但 pf 与 p-（不是语法学多数，而是以某种特定关系组成的一群人）之间的交织性却比较强。也许是由于这个缘故吧，HNC 团队自身似乎就把 pf 取消了，与(pe,p-)混杂在一起。对此，这里就不作任何评说了。

最后要说的是数字(c,d;e)的特殊利用，特殊者，**非单一**数字，而是以这三个数字为首的**特定数字串**；专用于延伸概念之认识论描述。对于该特定数字串的形式，读者已经比较熟悉了，那就是下列 5 种形式的组合：

(cko,dko;c01,d01;eko)

前 4 种组合用于不同类型对比性概念的描述，最后的 eko 用于**非黑氏**对偶性概念的描述。对 eko 曾使用过多种名称，这里正式宣告最终的选定："非黑氏对偶"。上一行里的"非黑氏"使用了黑体，仅仅是为了表明这个意思。这里不能不说明的是：黑氏对偶的 HNC 描述符号是"o"，那是黑格尔先生作过最深刻描述的一类对偶性概念，将简称黑氏对偶，它只是概念对偶性呈现的一类形态，远非全部。专攻黑氏对偶，就是点说；兼攻黑氏与非黑氏对偶，那是线说；再扩展到各种类型（即上列 5 种组合的前 4 种）的对比性概念，才能达到概念认识论描述的面说高度。由此再向前跨进一大步，兼攻概念的本体论描述，那才能达到概念描述的体说高度。因此，仅依据概念的黑氏对偶性去展开思辨，虽然也能获得许多光彩夺目的成果，但毕竟跳不出点说的局限性。点说的高论一定显得十分精辟，最容易引起盲目崇拜。那些喜爱引用"名人名言"的写者，要当心一点啊！

这就是说，概念的认识论描述总共有下列 6 种符号表示形态，简称"认识论描述总表"。

cko	对比性概念的两类状态型描述
dko	对比性概念的两类过程型描述
c01	模糊对比性概念的最小描述
d01	模糊对比性概念的最大描述
eko	非黑氏对偶
o	黑氏对偶

前文曾把这 6 种符号表示形态称为语言理解基因的氨基酸[*04]，本编第六章还会回到这个话题。语言理解基因氨基酸的完全发掘经历了长达 20 年的时间，在这漫长的时间里，HNC 描述不断摆脱"一根筋"思维的束缚，提高灵巧思维的素质，"抽象概念基元范畴三分"的符号描述是该"摆脱－提高"过程的终极呈现之一，延伸概念之认识论描述总表亦然。

本节最后应该说明：《理论》时期已经注意到了"o"与"eko"的区分，那时使用的符号是"k"和"emk"（见《理论》p23），但笔者对两者本质区别的认识还十分肤浅，仅仅写下了"上面的符号约定只表达了这一共性，但对于对偶性的一系列个性则未予表达"[*05]这样两句留有余地的话。这是两句"话里有话"的启示性话语，可惜始终未引起读者应有的注意。

结 束 语

本节系统回顾了 HNC 探索历程（文中简化成 HNC 历程）的重大失误，概括成 4 点，重点论述了失误 2——对于"树状分层结构"的盲目跟随。坚持"原教旨"的树状分层结构将陷于一种"一根筋"思维的陷阱，"原教旨"的思考仅适用于概念范畴及其子范畴的描述，对于概念林和概念树，要引入共相和殊相的不同描述；对于概念树的延伸概念，要引入本体论和认识论的不同描述。考虑到这两类不同描述的极度重要性，特冠以第一和第二本质区别的名称，意在强调而已。对于延伸概念，还必须使用"面－体说"的描述方式。

4 项失误的弥补贯穿于 HNC 探索的全过程，本节将最终敲定的结果概括成 7 项约定。从约定引出了"剩余数字"的特殊课题，对此，给出了详尽的描述。在该描述里安置了一段重要插写，那就是关于黑氏和非黑氏对偶的论述，随后给出了延伸概念的"认识论描述总表"，并就便写下了一段关于点说、线说、面说和体说的举例式说明文字。本卷卷首语曾有过"希望撰写方式能有所改变"的话，这算是一次小小的努力吧。

本节的注释[*02]提出了一个重要的话题，本卷第五编（论机器翻译）里会有回应。

注 释

[*01] "面－体说"是新引入的术语，与"点－线说"相对应，前者专指"面说－体说"，后者专指"点说－线说"。前面曾对"点说－线说－面说－体说"给出了一个简称："四说"。这样，已有了 3 个简称："四说"、"面－体说"和"点－线说"。麻烦读者记住吧。

[*02] 为什么这里以状语为例呢？因为在"主谓宾定状补"六大句法成分中状语的误导或掩饰作用最强，它误导了语块的主辅之分，还充当着掩饰句蜕现象并扮演劲敌C的主要角色。后者主要出现在英语的高楼大厦里，汉语由于采用"四合院"结构而比较少见。这是一个很有趣的话题，关系到"英语信息处理比//远比汉语容易"的流行看法，这个看法是完全错误的。持有这种看法的人一定十分缺乏关于语言信息处理之"劲敌"与"流寇"的基本认识。这里只是借机预说一声。但上面关于误导、掩饰和扮演的话语读者一定很难理解，下面借助两个英汉对照的例子（例1前文已引用过）为读者解难。

——例1：

and Plato, aware that the ethics of his time were being penetrated by a deeper principle which, within this context, could appear immediately only as an as yet unsatisfied longing and hence only as a destructive force, was obtiged, in order to counteract it, to seek the help of that very longing itself.

柏拉图那时已意识到更深刻的原则正在突破而侵入希腊的伦理，这种原则还只能作为一种尚未实现的渴望，从而只能作为一种败坏的东西在希腊的伦理中直接出现。为谋对抗计，柏拉图不得不求助于这种渴望本身。

——例2：

We are a nation has a government not the other around. Our government has no power except that granted it by the people.

我们是一个拥有政府的国家，而不是拥有国家的政府。除非人民授予，否则我们的政府就无权可言。

例1中有一个大厦式的状语——", aware that...as a destructive force"，例2中有两个"洋楼"式的状语——"has a government not the other around"和"except that granted it by the people"，有趣的是：它们都同时发挥着"误导、掩饰和扮演"的作用。汉语译文拆除了英语状语的大厦或洋楼结构，用"四合院"结构加以重组，于是，英语里存在的"误导、掩饰和扮演"现象竟然奇迹般地消失了。当然，这只是个例，然而，它们是两片知秋之叶，即使还不能立即感悟到这一点，也不应该依然坚持汉语的信息处理难度一定远大于英语吧！

[*03] 强历史时代性语境基元概念殊相表示的数字约定见"主体语境和主体语境基元"[330-1.1.1.1]。

[*04] 语言理解基因的预说见"期望行为7301\21"子节结束语[123-0.1.2.1]。

[*05] 这里的"这一共性"指对偶性概念的对立统一性，不过，当时已对该共性提出了质疑，具体陈述是："具体的对偶性概念可以没有统一方，例如'左中右'是一个完整的对偶，但实际的'手'只有'左手'和'右手'，不存在'中手'……"

第4节
基元、基本和逻辑概念的"6、2、4"分

本节和上一节的内容前文都已经论述过多次，这两节是典型的"炒剩饭"，也可以说是对表 1-1 的再度或重复注释，这不是"多此一举"么？这个问题，笔者将采取老一套的回应——笑而不答。

上一节的内容适合于采用 3 个小节来论述，但未采用。本节面临着同样的选择，换个花样吧，理由就不说了。

1.4.1 关于基元概念的 6 分

基元概念 6 分说可以转换成(1,1)形态的特定两分说，(1,1)的对应概念关联式如下：

$$(1,1):=(主体基元概念，语境基元概念)$$

请注意：这个特定两分属于不可交换的逗号（","）式两分，而不是可交换的加号（"+"）式两分。因为前者构成语言脑的内核之一，后者构成环绕着语言脑内核的核心圈，而内核与核心圈是不可交换的。

基元概念 6 分说也可以转换成(1,2)形态的特定两分说，(1,2)的对应概念关联式如下：

$$(1,2):=(1,1+1):=(主体基元概念，劳动+精神生活)$$

基元概念 6 分说还可以转换成(1,5)形态的特定两分说，(1,5)的对应概念关联式如下：

$$(1,5):=(1,2+3):=(主体基元概念，两类劳动+三类精神生活)$$

这就是说，基元概念 6 分说只是一种说法，还存在着 3 种与之等价的特定两分说，仅盯着其中的一种或一种里的一部分，就叫作"一根筋"思维；轻盈地游弋于四者之间，就叫作灵巧思维。这种游弋功夫就是仰望与俯瞰并举，也就是康德式理性法官的基本功——透齐性。用汉语来说，这叫作境界，透齐性对应于王国维先生所描述的人生三境界之第三境界。

本小节是对"脑谜 2 号"说的呼应，"脑谜 2 号"的原始论述如下：

> 脑谜 2 号素描了语言区块存在着语言理解与语言生成的两分（这一点应是语言学界的常识，但实际情况并非如此）；素描了理解区块的主体存在着作用效应链与理解基因的两分；素描了理解基因的主体存在着两类劳动和三类精神生活的区分。

原文见意志篇（第一卷第二编第二篇）的跋。

1.4.2 关于基本概念的 2 分

上一小节说到：主体基元概念构成语言脑的内核**之一**。其中"之一"使用了黑体，为什么？是为了弥补以往论述中的可能失误——使读者产生一种误解，以为主体基元概念是语言脑的唯一内核。

HNC 理论的原始设想是：语言脑的内核存在着三个核心小区块，主体基元概念是内核之一，基本概念是内核之二，逻辑概念是内核之三。但是，三内核说始终没有明说，因为不敢，只好隐瞒。20 年来，笔者一直在期盼着脑科学研究能提供一些可以明说的依据（包括反证），但不可期盼的态势是越来越明显了。时至今日，不能再隐瞒了，下面就姑妄言之。

语言脑的三内核不太可能集聚在一个区块里，因为语言理解区块和语言生成区块必然是分开的，而两者都应该拥有自己的内核。语言理解区块的内核必须包括主体基元概念、句类和语境单元，还应该包括基本概念和逻辑概念的"A 部分"；语言生成区块的景象则似乎截然不同，其内核可以不包括语言理解区块必须包括的部分，但必须包括句式，还必须包括基本概念和逻辑概念的"B 部分"。

这里提出了两个新术语："A 部分"和"B 部分"，它们都具有临时性或暂时性（这是本《全书》撰写过程中惯用的手法之一，读者应该比较习惯了）。"A 部分"属于本小节，"B 部分"是下一小节的事。两者又都有基本概念和逻辑概念的区分，将分别简记为"Aj"、"At"和"Bj"、"Bt"以示区别，这里的"t"取自 type（类型）的第一个字母。

下面就来讨论"Aj"和"At"。一是它的内容，二是其不同内容在内核空间的"位置"。要说明的是，这里的所谓讨论，不过是一种猜想而已。在猜想之前，要交代一个重要的细节。上文提出了语言脑内核和核心圈的说法，内核这个词容易引起误解，让人以为语言脑内核是一个球状的东西。所以，这里要声明语言脑内核的形态与球毫不相干。笔者的建议是：语言脑内核的形态很像章鱼。内核既然是章鱼形态，那么核心圈的形态也就不太可能是一个连续的环状体，并很难给出合适的比方了。

章鱼有很多腿，"Aj"和"At"都是语言脑内核的章鱼。HNC 猜想："Aj"肯定是一只有 9 条腿的章鱼，但"At"是一只有 4 条腿的章鱼么？这必须存疑。

"Aj"章鱼的 9 条腿与基本概念的 9 片概念林(j0-j8)一一对应，这是可以断言的，故上文用了"肯定"这个词语。这 9 条腿的空间分布状态如何？它们之间会插入"At"章鱼的腿么？这些是有趣的科学课题，但 HNC 并不关注。下文仅略述"Aj"章鱼腿的某些猜想特征，将使用符号"Ajy=0-8"以便于描述，其意义不言自明。

第一个要说的是"Aj2"，可名之"方位感"。它应该靠近图像脑，从而也比较靠近生理脑。这条腿的功能也许在所有的"Aj"中最为单一，弱联系于核心圈，其先天性特征最为突出，其性别差异十分明显。

第二个要说的是"Aj1"，可名之"时间感"。它应该最靠近生理脑，并比较靠近情感脑。这条腿的功能也许在所有的"Aj"中最为复杂，强联系于核心圈的多项内容[*01]。其先天性特征也十分突出，不同的人之间的差异很大，但性别差异甚微[*02]。

第三个要说的是"Aj3"、"Aj4"和"Aj5"，可名之"科技感"。这三条腿都应该最靠近科技脑。前文[*03]曾有言："数 j3 是科学的奶妈，量与范围 j4 是科学之父，质与类 j5 是科学之母。这一比喻，对自然科学尤为适用。""科技感"的先天性特征或许仅次于"方位感"。"科技感"的性别差异也不容忽视，有人把这种差异主要归因于歧视妇女的千年社会传统，那是以偏概全的典型。其缘由无非是以下两点：①现代西方平等观的误导；②追随"金帅波澜"[*04]的时代潮流。

第四个要说的是"Aj5"和"Aj6"，可名之"艺术感"。这两条腿应该最靠近艺术脑，并比较靠近图像脑。"艺术感"的性别差异是一个十分有趣的话题，笔者的"艺术感"极度贫弱，在这方面完全没有发言资格。

第五个要说的是"Aj7"和"Aj6"，可名之"事业感"。这两条腿必然最靠近第二类劳动和表层第三类精神生活，同时也十分靠近第一类精神生活和表层第二类精神生活。

最后要说的是"Aj8"和"Aj0"，可名之"使命感"。这条腿必然最靠近深层第二和第三类精神生活。随着中国崛起势态的日趋明朗，中华文化复兴的话题被提上日程，这个话题的历史背景与现实景象非常复杂，关键在于要抓住它的核心，那就是要明确中华文明的特殊历史使命。当今第一世界的"使命感"太强，然而那只是一种表象，关键在于：该"使命"已沦为一种"逆历史潮流而动"的东西。此话过于离谱么？不！这"历史潮流"乃特指"拯救人类家园"的历史使命。第一世界的"领袖"或"精英"对此似乎处于茫然不知的奇特状态，第一世界之外的"领袖"和"精英"也好不到哪里去，要么盲目追随第一世界的主流，要么基于自身的特定信念和利益而盲目喊"不"。

"At"章鱼的情况放在下面的小节作简略说明。

1.4.3　关于逻辑概念的 4 分

仿照上一节的比喻陈述方式,本小节要说明的是语言脑内核另外 3 种类型的"章鱼"：
"Bj"、"Bt"和"At"。

第一个要思考的是："Bj"章鱼也有 9 条腿"Bjy=0-8"么？答案应该是肯定的。那么，"Bjy"与"Ajy"的异同性如何？这是非常有趣的科学课题，但 HNC 不拟思考，也无力思考。未来图灵脑的研发可以回避此课题，但到了语超阶段，也许就需要面对了。

第二个要思考的是："Bt"首先要区分 4 种类型，分别符号化为"Bjl"、"Bl"、"Bf"和"Bs"。四种类型的"Bt"可戏称 4 类"B"章鱼，要分别加以考察。

第三个要思考的是："Bjl"应该是所有"B"章鱼中最关键、最特殊的一条。关键就关键在于它是"B"章鱼里最早进化出来的"品种"，特殊就特殊在任何语句都可以转换成该章鱼的第二条腿。从这个意义上讲，"Bjl"就是"Bt"之祖。这些话语大有荒诞无稽之嫌，如果你有这种感觉，那并不奇怪，但这种感觉是完全错误的！那么怎么办？笔者的建议是：先翻阅一下"基本逻辑概念 jl"编（第二卷第三编），细读其中的"比较判断 jl0"小结（[230-0]章的最后）；接着细读"块间基本语法逻辑小结"（[240-3.3]节的最后）。如果在这之后，你能明白"该腿的第二种形态"这个含混短语的确切意义，那荒诞无稽的感觉就会开始悄然消退，从而有希望向着灵巧思维的境界迈出关键性的第一步。

第四个要思考的是："Bl"不过是语言之"色"（自然语言空间），如果对"色"与"空"（语言概念空间）的辩证关系（可简称佛理）茫然不知，则其掩蔽效应就必然十分强大。掩蔽效应者，语言之共相（"空"）为印欧语系所掩蔽也；语言共相者，语言概念空间之彼山景也。掩蔽之要者，以短语冒充语块也；以"句型"[*05]冒充句类也；以"句式"[*06]搅乎格式与样式也；以状语混淆语块之主辅之分也。掩蔽之最者，"动词中心论"也，使"主块乃句类之函数"这一基本彼山景象宛若"海市蜃楼"也；使特征语块 EK 之基本景象竟沦为"盲人之象"也，其中尤以"E+EH"、"EQ+E+EH"和"EQ+EH+E"最为突出也。

"Bl"章鱼拥有 12 条腿："Bly=0-b"，掩蔽特征最强的两条腿分别是其中的"Bl0"和"Bl6"。"Bl0"是"海市蜃楼"景象的缘起，"Bl6"是"盲人之象"的缘起。存疑于前者，请细读"主块标记 l0"章（第二卷第四编第零章）；存疑于后者，请细读"特征块殊相表现 16"章（第二卷第四编第六章）。

第五个要思考的是："Bf"虽然也是语言之"色"，但由于其语种个性极为鲜明，其掩蔽效应并不明显。"Bf"章鱼拥有 11 条腿："Bfy=1-b"，腿的数量仅次于"Bl"章鱼。

可以设想：这两条章鱼应该是语言脑内核最容易被观测到的东西，因为文盲与知识强人的"Bl"章鱼应该有明显差异，只会母语者和会多种语言者的"Bf"章鱼应该有明显差异。这两项差异是语言脑内核观察的捷径之一，未来的脑科学实验研究不妨考虑一下此捷径的利用。

第六个要思考的是："Bs"的殊相特征最为突出，甚至可以设想每个人的"Bs"章鱼形状将具有指纹一般的个性特征。该章鱼有 4 条腿："Bsy=1-4"，那么每一条腿都具有这种指纹性特征么？非也，乃其中的"Bs1"和"Bs2"。对这两条腿，可以提出如下两点设想：①它们必然十分靠近语言脑核心圈里的"思维概念林 8"；②分别以汉语和屈折语为母语的人，这两条腿的生理和结构特征都可能存在明显差异。这两项差异对于语言脑实验研究有什么启示意义吗？这很值得思考。

最后要思考的是："At"和"Bt"这两类章鱼之间是一种什么样的关系？思考的起点应该是：两者是"一分为二"还是"合二为一"？灵巧的答案只能是：亦分亦合，亦合亦分。这个答案是不是太玄妙了？对此不能像对待"Aj"和"Bj"那样采取回避策略，而需要进入各色章鱼腿的理解与应用特征这个重大话题。但这个话题与记忆和语言脑接口的奥秘密切相关，因此将放在本编第六章进行论述。

结 束 语

本节与上一节都是对概念基元的概述，相互呼应。上一节回顾了概念基元探索历程的一系列失误；说明了失误的缘由和纠正过程的逐步到位情况；以 7 项约定为纲，对概念基元的符号表示体系作了一次全面的梳理；重点阐释了概念联想脉络的基本特征，两项**本质区别说**和"**面-体说**"。两项本质区别的第一项是概念林和概念树之共相描述与殊相描述的区别特征；第二项是延伸概念之本体论描述与认识论描述的区别特征。这并不是说人所熟知的上下位说不属于概念联想脉络的基本特征，而是两项本质区别更为关键和重要。上一节，还以"认识论描述总表"为依托，对一般意义上的"面-体说"给出一个示例性说明，该示例具有典型性和启示性，值得细读。

在此基础上，本节提出了语言脑的内核区块和核心圈区块的假说；对内核区块的形态特征给出了比喻性的章鱼描述；对章鱼类型给出了理解（"A 部分"）与生成（"B 部分"）的基本区分；对各色章鱼腿的存在性作了不同视野的描述，包括其可观察性预期。这些描述或许对于未来的脑科学探索有所裨益，本卷的第八编会对此有所回应。

注 释

[*01] 这里实际上提出了一个心理学话题，可名之"第一类精神生活的时间感表现"，内容极为庞杂，密切联系基本概念的"质与类j5"。

[*02] 这个大句描述"第一类精神生活的时间感表现"的部分内容。

[*03] 见"基本本体概念"编（第二卷第一编）的编首语。

[*04]"金帅波澜"是一个信手拈来的词组，它是"金帅推动的波澜"的略语。当今世界的文化、科技和教育领域日益商业化，这是金帅的历史性大手笔和大招数，并以令人眼花缭乱的方式向着专业

活动全部9大领域的每一个角落巧妙渗透，使得人类生活方式的每一个角落都在被重新"装修"，人类精神生活的每一片美好天地都在被"拆迁"和被"变革"。这就是后工业时代初级阶段的世界景象，其壮观性空前绝后，空前性大约没有人反对，不过绝后性肯定没有人认同。但HNC确信：这就是"金帅波澜"的宿命，前文曾对此予以多个视野的描述。波澜不会永恒，"金帅波澜"不会例外，请记住这一点吧。

[*05] 这个带引号的句型也叫句类，指语法学所定义的陈述句、疑问句、祈使句和感叹句。

[*06] 这个带引号的句式首先指语法学所定义的主动式和被动式，对应于HNC定义的基本格式；其次指英语中以引词it打头的各种特殊句式，对应于HNC定义的标示性句式f41\3（[250-4.1.5]）。

第5节
广义作用效应链的"二生三四"

本节与下一节的相互呼应性与前面的两节类似。两节所描述的内容是概念基元总论（本章）不可或缺的构成，因为它们代表着 HNC 探索历程中两步关键性的跨越。但是，本节的内容在前文已有足够的描述，下一节的内容与本卷第三编和本编第六章高度纠结。因此，这两节的撰写方式将别具一格。

从作用效应链的发现到广义作用效应链的成熟认定经历了十多年的漫长时间，这简直有点不可思议。其中的缘由前文已多次说了，可以概括成两点，一是名人名言的误导，二是不明白公理无须验证的法则。所谓的"成熟认定"就是指本节标题里的"二生三四"。

"二生三四"表述了 HNC 哲学的核心思考，可简称"二生三四"说，其全文是：道生一，一生二，二生三四，遂成万物。此说不过是对《老子》名言"道生一，一生二，二生三，三生万物"的 HNC 表述[*01]。此表述里的"道"就是语言概念空间，但其"一、二和三四"则有特指与泛指之分。本节的"一"特指广义作用效应链，"二"特指广义作用和广义效应，"三"特指作用和效应的各自三分，"四"特指三分之后的"作用//效应"与"判断//基本判断"相互之间的对应组合。

《老子》的"一、二、三"表述（简称《老子》表述）与黑格尔先生的"对立统一辩证法"表述（简称黑格尔表述）形式上似乎异曲同工，实质上差异很大。《老子》表述的视野更为广阔，是本体论与认识论的综合，而黑格尔表述仅侧重于认识论。"二生三四"说同样适用于延伸概念的第一本体论描述和非黑氏对偶"eko"的认识论描述，从《老子》表述不难朝着这个方向扩展，但从黑格尔表述推行这一扩展就比较困难了。这意味着"二生三四"说更接近于《老子》表述。

广义作用效应链的"二生三四"说是 HNC 语句理论的基础，是 HNC 理论从(HNC-1)推进到(HNC-2)的基本法则，基本句类就是依据这个法则演绎出来的。这个大句就当作是本节的结束语吧。

注 释

[*01] 《老子》名言的HNC表述最初见[240-4]注释[*01]。

第6节
语境基元

语境基元是概念基元的一种特殊类型，专指语境概念树的延伸概念，每株语境概念树之概念延伸结构表示式的每一项延伸概念就是一户语境基元，这就是语境基元的定义。请注意：这里未使用量词一个，而是一户，前者万不可用，后者比较传神。

下面举三类语境基元的例子。

例1："三争 a0099t=b"
它是争权 a00999、争利 a0099a 和争名 a0099b 的合称，三者构成语境基元的一户，而不是三户。

例2："期望与文明类型 7121\k=6"
它代表六个世界各自的基本期望，六者构成语境基元的一户，而不是六户。

例3："第二品格 7222ae2m"
它是稳健 7222ae21 与求变 7222ae22 的合称，两者构成语境基元的一户，而不是两户。

这三例语境基元表明：语境基元最后的数字符号通常是变量，但其前面的数字符号一定全是常量，这是约定。所以，可以把语境基元比作一个家庭，但不是一个家族，也不是一个家庭的单个成员。这里应该提醒一下：不要误以为不存在单个成员的语境家庭，上面故意没有给出这样的例子，这不是简单的课题，留作后来者思考和解决吧。

每户语境基元可享用同一个领域句类代码，这是如此定义语境基元的根本考虑。

语境基元是构成语境单元的载体，也是承载语言理解基因的载体。语境基元的数量等同于语境单元或语言理解基因的数量，前文关于语境单元或语言理解基因的估计数字都以此为据。

结 束 语

前文曾预说过：HNC 理论的全部内容最终凝练成 HNC 数学表示式(HNCm,m=1-4)和 HNC 物理表示式(HNC-m,m=1-4)，本章也可以说是关于(HNC1)和(HNC-1)的总论。

本章论述是以表 1-2 为基础而展开的。

第二章

五元组

　　五元组在语言概念空间（彼山）的地位可以与词类在自然语言空间（此山）的地位相对应么？这是一个根本性的问题，但答案必须是灵巧性的，这意味着"一根筋"思维很难对此作出合适的回答。

　　从此山之"词语–短语–句子"视野和彼山之"概念基元–语块–句类"视野的对应性来说，五元组可以与词类相对应，五元组是关于概念基元形态世界的描述，词类是关于词语属性的描述。但是，五元组并非面向所有概念基元的形态世界，而词类则是面向所有词语的，这是五元组与词类的第一差异。其次，五元组之间具有灵巧的组合特性，而词类之间不具有这一特性。最后，五元组的特定元素（如 r）具有强存在性特征，该特征仅属于某些特定的概念基元，词类也不具有这一对应特征。

　　基于上述，本章将设置下列 4 节：

　　第 1 节，五元组与词类的异同概述。

　　第 2 节，五元组主要是对基元概念形态世界的描述。

　　第 3 节，五元组的组合特性。

　　第 4 节，五元组特定元素的强存在性。

　　上一章对语言概念空间（彼山）引入了第一、第二、第三、第四基本景象的术语，对第一基本景象进行了系统论述。本章将引入底层、中层和高层景象的术语。每一类基本景象都有底层、中层和高层景象的区分。就第一基本景象来说，底层景象即五元组；中层景象即概念树和概念延伸结构表示式；高层景象即概念关联式和语言理解基因。本章乃对第一基本景象之底层景象的描述。

第 1 节
五元组与词类的异同概述

2.1.1　五元组与词类大异而小同

五元组的 HNC 符号描述是(v,g,u,z,r)，与词类的奇特对应关系如表 1-3 所示。

表 1-3　五元组与词类的奇特对应及其他

HNC 符号	HNC 说明	词类命名
v	概念的作用（动态）描述	动词
g	概念的状态（静态）描述	名词
u	概念的属性描述	形容词、副词
z	概念的值描述	量词
r	概念的效应描述	名词
CF	五元组，也叫概念形态，CF 取自 Concept Form 的第一个字母	
CFe	五元组元素，也叫概念形态元素或形态元素，是 (v,g,u,z,r)通名，e 取自 element 的第一个字母	

在《理论》里，对(v,g)的说明文字是括号里的"动态"和"静态"，它们依然可以使用。这里以"作用"和"状态"替代，是为了便于下面的诠释。

表 1-3 最明显的特异之处是：传统语言学里地位显赫的介词和连词竟然没有出现，而名词却对应于五元组里的两元："g&r"，故该表的名称里使用了"奇特对应"的短语，这已足以表明五元组与词类大异而小同了。

概念基元，语言概念空间（彼山）之底层要素；语词，自然语言空间（此山）之底层要素。五元组者，乃概念基元之自然属性，亦即第一基本景象之底层景象；词类者，乃语词的自然属性，亦即自然语言空间之底层景象。简略言之，大异者，五元组与词类乃分别属于彼山与此山之底层景象也。

在彼山的俯瞰视野里，首先看到的景象是：存在着三大概念范畴——基元概念、基本概念和逻辑概念的区分。接着看到的景象是：三大概念范畴的五元组特征呈现度[*01]存在巨大差异，基元概念极为丰富；基本概念比较单调；逻辑概念十分各色。再接着看到的景象是：逻辑概念 4 个子范畴的各色特征存在巨大差异，语法逻辑的不同概念林之间也存在巨大差异。

将彼山景象与此山景象联系起来看，语法学的八大词类实质上是三大概念范畴的一种有严重畸变的投影。产生这一严重畸变的原因在于没有对概念的形态与概念的内容加以区分，而是稀里糊涂地混淆了。"名动形副"属于概念的形态，而"介、连、代、叹"[*02]属于概念的内容。把两者组合在一起变成一串"糖葫芦"，实在是一款高明的魔术。这里可以说一说这款魔术的效果，那就是：基本概念在该投影里完全消失了；基本逻辑概念幻化成系词和情态动词；语法逻辑概念分别幻化成介词、连词和代词；语习逻辑概念的绝大部分"转业"[*03]了；综合逻辑概念的小部分也幻化为介词，大部分则"移民"[*04]了。

下面略说一下小同。对于上述投影里的畸变性或不协调性，语法学是有所觉察的，也采取了相应的补救措施。例如，从动词里分离出了系词；从名词里分离出了代词，对名词进行了普通名词和专用名词的区分，汉语语法学还搞了一个区别词，对代词又作了进一步的细分。这些努力可以概括成一种典型的分析方式——再分离，HNC 历程受到这一努力的启发，五元组里的"g,r"和"u,z"也是一种再分离，不妨说成是"步其后尘"。这就是小同的基本内容。

2.1.2　五元组的缘起

前文提及：①主体基元概念构成语言脑内核的"内核"，语境基元概念构成环绕着语言脑内核的核心圈；②基元概念的五元组特征呈现度极为丰富。这个大句与五元组的缘起有什么关系呢？回答是：五元组与基元概念是被同步发现的，或者更准确地说：五元组和主体基元概念（作用效应链）的被发现是同步发生的。任何发现都一定存在一个特定的起点或激活点，重要的是：必须灵巧地抓住那个激活点，才可能有所发现。五元组和作用效应链的共同激活点就是**作用**与**效应**，而抓住之妙就在于对"道生一，一生二，二生三，三生万物"（简称为"生生效应"）的灵巧运用。作用效应链的"生生效应"前文已说过多次了，那么，五元组的"生生效应"应该如何描述呢？下面的三步说可作为选择之一。

第一步是从两元组(g,u)变成三元组(v,g,u)，第二步是从三元组(v,g,u)变成四元组(v;g;u,z)，第三步是从四元组(v;g;u,z)变成五元组(v,g,u,z,r)。

这个三步说是对前述的 HNC 语言进化说[*05]的直接呼应。这个论断的跳跃性很大，下面先做点准备工作。

彼山的三元组(v,g,u)景象在此山是充分显露的，多数自然语言都有赤裸裸的呈现，对应的东西就是动词、名词和形容词。不过，三种代表性语言的赤裸裸程度有巨大差异，笔者只知道前两位代表的情况，英语最激进，彻底赤裸裸；汉语最保守，裹得很严实。

四元组(v;g;u,z)景象或"u"之"u,z"两分景象在此山呈现为"犹抱琵琶半遮面"的"诗情画意"，汉语的"琵琶"就是那名目繁多的量词，英语的"琵琶"就是那各色各样的单数与多数的形态之分。

五元组(v,g,u,z,r)景象或"g"之"g,r"两分景象在此山是高度隐蔽的，完全不露痕迹，所有的自然语言可谓"不约而同"。

此山的"赤裸裸呈现"只是彼山本相的部分展现，不是全部。"琵琶"对本相的全部展现起了干扰作用，"不露痕迹"则起了遮蔽作用。这样回过头再去看那英语的"赤裸裸呈现"，反而给人一种"面具欺骗"的感觉，而汉语的保守反而使人感到真诚。从这个意义上说，笔者更支持《现汉》第 3 版的做法，不标注词性。标注"名、动、形"能起什么作用呢？能确保其引导性大于误导性么？对汉语的抽象词语，这是完全没有保证的，甚至可以反过来说：其误导性比引导性更大。那么，为什么《现范》和众多的词语知识库建设者还要为此辛勤付出？我们是否陷入了一种甘愿受骗上当的离奇状态呢？在HNC 历程的前 3 年（1989～1992 年）时间里，这个疑团一直挥之不去，直到作用效应链和五元组的同步发现。

作用效应链的 6 个环节缺一不可，要平等对待。但面对不同语境基元概念及其概念林或概念树的描述，并非总是要求 6 个环节一同上马，多数情况要求有所侧重，突出主要环节。在第一类精神生活里，经常需要突出关系这个环节；在表层第二类精神生活里，经常需要突出转移这个环节；但在第二类劳动里，却经常需要一同上马，在那里，延伸概念使用符号 β 的频度最高，深层次原因就在于此。以上所说，属于概念内容描述的有关思考，那么，概念的形态描述是否也需要类似的思考呢？不言而喻，答案是肯定的，这是五元组发现的直接起点或激活点了。

上文的"不言而喻"从何而来？来于"一个概念就是一个世界"的论断，它不过是"A word is a world"的翻版。在笔者心中，此论断是"面–体说"的典范之一。我们已经看到：表 1-1 和表 1-2 提供了一幅概念内容世界[*06]的"面–体说"描述，该描述呈现出来的景象很耐人寻味。但探索者不能因此而满足，一定要继续追问下去，概念形态世界存在符合"面–体说"要求（标准）的现成描述么？八大词类说具备这个资格么？

答案显然是否定的。八大词类是语法老叟和逻辑仙翁共同开设的一家老牌"杂货店"[*07]，当然不同凡响，但"杂货店"毕竟不是"专卖店"，而概念形态世界的"面—体说"描述需要一个"专卖店"。

该"专卖店"推出的产品叫五元组(v,g,u,z,r)，该产品的老"说明书"早就公布了，见《理论》和苗传江博士的《NHC（概念层次网络）理论导论》，这里发布一份新"说明书"，那就是表 1-3。不过，老"说明书"的核心内容并没有删除，而是放在括号里了。新"说明书"突出了五元组各元素的两类不同来源：作用效应链的"作用、状态和效应"和基本概念的"属性、数和度"，而老"说明书"却混淆了两类不同来源的深层思考。这项混淆是很容易蒙混过关的，因为动态是作用的根本属性，而静态是状态的根本属性。或许有人会问：作用、状态和效应不是概念内容那一边的东西么？怎么又到概念形态这一边来了呢？问得好！如果把表 1-3 里的（作用、状态、效应）后面加一个"型"字或"性"字，你的疑问是否会有所减少呢？如果是这样，那你就在学习灵巧思维方面迈出了一小步。作用效应链的 6 个环节，作用与状态是其两端，就概念形态的"面–体说"描述而言，"叩其两端而竭焉"是办不到的，或者说，仅选择两个代表是不够的，还要加一个代表，以形成"三个代表"，那第三位代表就是效应。

代表说是概念林或概念树之透齐性设计的灵魂，本《全书》前两卷曾反复请出不同的"代表"，部分段落还对"代表"的合法性或正当性进行了比较细致的说明，那都是灵巧思维的运用或展现，这里不过是又一次具体运用而已。五元组的创新性主要体现在"r"的发现上，这一点将在第 4 节作进一步的回应。

本小节最后简略交代一下两个"细节"问题：一是三大概念范畴的排序问题；二是五元组新、老"说明书"的接轨问题。

基本概念这个概念范畴似乎具有至高无上的地位，因此，有些 HNC 著作就把它排在所谓"概念节点表"的第一位，把基元概念排在第二位，随后是各类逻辑概念。这个突出基本概念的排序方式并不符合"语言脑内核及其核心圈"假说的思考方向，这是需要指出来的。至于"概念节点表"的名称，笔者已经表过态了，这里加一句话，该名称虽然适用于 HNC 的通俗性读物，但也最好别用。

五元组的老"说明书"基本属于形而下描述，而本小节的新"说明书"则着重于形而上论述，接轨问题并不重要。

2.1.3　五元组究竟是什么

对于本小节的标题笔者曾思考良久，曾设想过使用"五元组是语言脑的难解之谜，但语超未必如此"的大句，形式上虽然放弃了，但下面的内容大体上是围绕着这个大句而展开的。

五元组是抽象概念基元的一种呈现，也可以说是抽象概念基元属性的基本呈现。这里的抽象概念基元是指语言概念空间的一类基元，简称概念基元，简记为 CP。符号 CP 里的 C 就是 HNC 的 C，可以直接对应于语言脑，这样，符号 CP 就可以对应于语言脑里一组神经元。

上一段描述是对五元组的正式描述（《全书》描述），现在重温一下《理论》的相应描述：

> 五元组 (v, g, u, z, r) 指抽象概念的类型特征，分别代表概念的动态、静态、属性、值和效应表达。每个抽象概念都具有这五个侧面的类型特征，也可称为语言概念的形态或外在特征。(p18)

两种描述并不存在实质性的区别，也不存在粗糙与细致之分。不过，《理论》描述刻意回避了语言脑及其神经元组的话题，《全书》描述把这个话题摆上了台面；另外，后者强调了概念基元，这就把"概念范畴、概念林和概念树"回避掉了。

《全书》里摆上台面的话题把 HNC 理论本来隐藏着的一个巨大困惑或陷阱凸显了出来，那就是：五元组在大脑皮层里存在对应物或对应物质么？不存在是难以想象的，而如何存在更是难以想象的。所谓"五元组是语言脑的难解之谜"就是指这两个"难以想象"了。而所谓"语超未必如此"则是指：对每一个抽象概念基元，可以赋予相应的五元组描述，并通过捆绑词语库把彼山景象与此山景象联结起来，以实现相互映射的技术目标。

总之，"五元组究竟是什么"是 HNC 理论的一项隐忧，下一节还要回到这个问题。

结 束 语

本节基于彼山和此山都存在着底层、中层和高层景象的思考，提出了五元组乃是"彼山第一基本景象之底层景象，而词类乃是此山底层景象"的论断，揭示了八大词类说的魔术或"杂货店"特征；追溯了五元组与作用效应链乃是一对孪生兄弟的渊源；素描了内容世界和形态世界的奇妙差异；最后交代了HNC理论的一项隐忧：五元组究竟是什么？

注 释

[*01]"五元组特征呈现度"也许是第一次出现的短语，可以理解为五元组之5项元素的分布特征，下文使用了"丰富"、"单调"和"各色"三个词语加以表述，丰富的意思是：五元组的5元素一定全都存在，但分布形态千差万别；单调的意思是：5元素也全都存在，但分布形态趋于划一；各色的意思是：5元素不全存在，通常以某一元素为主。

[*02] 本节沿用了八大词类的传统说法，但此说比较粗糙，因为它没有包括冠词、数词和量词。屈折语大约都对冠词特别认真，对量词比较马虎，汉语反之，这很有趣。黏着语的情况待查。数词的情况应该是大同而小异，可能都有"十、百、千"吧。但"万"和"亿"为汉语所专有，"million"（百万）和"billion"（十亿或万亿）为英语所专用，这也很有趣。

[*03]"转业"的意思是分别转入句法学和修辞学。

[*04]"移民"的意思是跨入语义学或认知语言学。

[*05] HNC语言进化说见"主块标记"[240-0]章引言。

[*06] 这里的"概念内容世界"是"概念基元的内容世界"的略称，为陈述的方便而从略，这一点务请读者注意。下面的"概念形态世界"短语同此。

[*07]"杂货店"说不过是上一节"魔术说"的另一种表述，请对照。

第2节
五元组主要是对基元概念形态世界的描述

本节不分小节，也不写结束语。

本节的标题显得臃肿，但明确而不含糊。

臃肿的第一表现是"主要是"，第二表现是"形态世界"。

第一臃肿试图再次强调：基本概念和逻辑概念的五元组特征并不突出，但基元概念是十分突出的，主体基元概念尤为突出。

第二臃肿试图再次强调：每一概念不仅存在一个内容世界，还存在一个形态世界，五元组乃是对概念形态世界的描述。许多读者可能不容易接受"概念形态世界"这个短语或术语，那就请想一想"一个人的神态"和"一件艺术品的品位或韵味"这两个短语，"形态世界"就对应于"神态"、"品位"或"韵味"，概念之有"形态世界"，就如同人或艺术品之有神态、品位和韵味一样。然而，一个概念可以比作一个人或一件艺术品么？什么样的思维习惯会坚持说"不可以"呢？那就是前文多次提到的"一根筋"思维了。不过，当下的世道很奇妙，越是"一根筋"，越能在媒体世界走红，某大学的一位粗口教授因此而名利大丰收，媒体世界应该对此有所反思。

五元组是概念的一种形态特征，概念与其形态特征之间的关系是包装体与包装品之间的关系。屈折语通常不在包装体方面花费多少心思，却在包装品方面花费大量心思去精心设计，作为其代表之一的英语当然不会例外；孤立语的汉语则恰恰相反，在包装品方面几乎没有花费什么心思，却在包装体方面付出了大量心思。古汉语研究可以说是针对语言包装体心思的研究，而西方语法学则主要是针对语言包装品设计的研究。从这个源头开始，就促成并最终形成了两种截然不同的语言研究思路或研究路线，从词语到语句以至篇章皆一以贯之。下文将把西方的语法学研究叫作语言包装品路线，把古汉语的"文字、声韵、训诂"研究叫作语言包装体路线。当然，包装品路线并非完全抛开包装体不管，但主要是涉及包装体的历史演变与地域差异。

上面提出了语言的两样东西：语言包装体和语言包装品，两者都属于自然语言，自然语言为语言脑所使用，但语言脑必然拥有自身的东西，那就是第三样东西了。如果没有这个第三样东西，语言脑是不可能学习并使用自然语言的，也不可能区分语言包装体和包装品。应该说：在西方语言学家中，乔姆斯基先生第一个产生了如此明确的想法，他为第三样东西取了一个响亮的名字，叫"Universal Grammar"，简称 UG。乔先生对UG 的诠释非常到位，可惜他对 UG 的研究依然沿袭了包装品路线。笔者当年（1989～1990 年）确实是以一种十分惋惜的心情想起了孔夫子"必也正名乎"的教导，决定以HNC 正名 UG。所以，HNC 这个名字实质上就是这第三样东西的正式命名，也可以说是语言脑的别称。这个名字意味着要远离包装品路线，并同时靠近包装体路线。当年笔者的强烈直觉是：语言包装体里所蕴涵的心思与 HNC 的距离应该比较亲近，而包装品设计里蕴涵的心思则跟 HNC 的距离十分疏远。

应该说：汉字的奇妙确实为(HNC1)和(HNC–1)的发现提供了无与伦比的素材便利，但就 HNC 数学和物理方程的整体而言，最大的启示还是得益于康德先生的理性法官妙论。随着(HNC3)和(HNC–3)的发现，笔者当年的强烈直觉出现了微妙变化，亲近感和疏远感都逐步减弱了，决定撰写《全书》的时候，对两条路线的专家知识实际上已经不存在亲疏之分了。有趣的是，这种变化与本节的内容具有最密切的联系，下面就来对此略加说明。

两条研究路线都存在着同样的遗憾：对基元概念的内容世界和形态世界都没有形成清晰的认识，产生这一遗憾的根本的原因是：不明白抽象概念存在着三大范畴（基元、基本和逻辑）的区分，基元概念是三大范畴的主体。如果连它的存在性都没有弄明白，那当然也就谈不上内容世界和形态世界的话题了。包装体路线注意到了抽象概念和具体概念的区分，这不是一件小事，而是一件大事。在这一点上，包装体路线比包装品路线高明，故在《定理》里曾以"尔雅原则"强调之。但应该指出：《尔雅》和《说文》虽然展示了一幅美轮美奂的字世界，也许接近或达到了字世界的体说高度，但字世界体说所描述的毕竟只是此山景象，而不是彼山景象。两条研究路线对于揭示两山景象的天壤之别似乎都难以有所作为，这并不是一种猜想或估计，而是一种可以感受到的事态本相。随着基元概念全貌的日趋明朗，随着内容与形态两世界的真容日渐显露，笔者这种感受也随之日益加强。在撰写前两卷的过程中，每次写到"r 强存在"这个短语的时候，那种感受就会光临一次，而上一节提到的隐忧也会同时光临。

本节臃肿的标题实际上是对本节内容的一种限定，目的在于便利以上的论述。现在应该把这一限定取消，以便说几句形而上的话语。

形态世界必有自己的有限形态元素，五元组的 5 个形态元素实质上就是抽象概念之形态世界的全部元素。因此，五元组也就是形态世界的主体，这如同作用效应链是基元概念的主体一样。具体概念也有自己的形态元素，将在下文说明。这样，如同内容世界存在抽象与具体两分一样，形态世界也存在主体和外围的两分，也可简称内外两分。五元素是主体形态世界，而具体概念的形态元素将构成外围形态世界。本节曾想过使用标题 "五元组究竟是什么？" 本段的形而上话语就是该问题的答案了。

最后，还应该说几句题外话。不言而喻，五元组的 5 元素各自扮演着 5 种不同的角色，但是，这特定的 "5" 也可以给出不同类型的两分或三分，比如说，一种可以优先考虑的两分选择是：基本角色和特殊角色。那么，不同的概念范畴、概念子范畴、概念林和概念树是否拥有不同的基本角色或特殊角色呢？这是一个具有理论与应用双重意义的大课题。下面仅 "叩其两端" 而举例试说之：

就概念范畴而言，基元概念的(v,g,u)必须纳入基本角色，"r"必须纳入特殊角色；基本概念的(g,u)可纳入基本角色，"v"可纳入特殊角色。

就概念树而言，势态判断和情态判断的"u"应纳入基本角色，"r,v"可纳入特殊角色。

第 3 节
五元组的组合特性

在 HNC 的传统文字论述中，这是一个最不清晰的环节。五元组的 5 元素可相互组合，但从未给出过正式的文字表述，这是 HNC 历程众多可避免事件中最怪异的一件。该怪异造成的混乱很难彻底清理，本《全书》前两卷曾给出过五元素组合的大量示例，其中的失误在所难免。

造成此怪异事件的根本原因是：在 HNC 历程的初期，对概念之共相与殊相特征的认识还比较浅薄，描述和处理两者关系的能力必然有限，因此就出现 "以不知为知" 的本能了。

五元组的各元素可相互组合，这是五元组的共相，但不同元素的组合特征又必然有所不同，这是五元组的殊相。

五元组的相互组合包括各元素自身之间的相互组合么？字面意义似乎是不应该包括的，但实际上是包括的，这纯粹是一项约定，不必细究其合理性。

五元组形态概念之间的相互组合是并联还是串联？

五元组各元素的组合特征存在个性差异么？

上述 3 个问题将构成本节的 3 个小节的源头。

2.3.1　五元组的互组合与自组合

2.3.1.1　五元组的互组合

五元组的互组合就是指五元组不同元素之间的两两组合，即不考虑两元素以上的组合。这并不是说那样的组合一定不存在，只是暂时不予考虑而已。

五元组不同元素之间的两两组合总计有 20 种形态（排列），每种形态都拥有自身的特定意义？这是一个很有趣的话题，答案也十分有趣，那就是：在这 20 种形态里，只有"gr"和"rg"不具有自身的特定意义，可以被排除在五元组互组合的队列之外，这就是说，五元组的互组合实际上只有 18 种形态[*01]。

下面，对这 18 种形态的互组合给予"抓两头，带中间"方式的简要说明。为说明方便，将反复使用彼山和此山的术语。

以"v"为核心的 4 种组合形态是(vg,vu,vz,vr)。此山没有对动词作出这一区分，但在彼山的视野里，这一区分极为重要。语法学根本不管这件事，语义学也没有管这件事，请 HNC 的后来者管起来吧。

以"r"为核心的组合形态只有下列 3 种：(rv,ru,rz)，因为"rg"被默认为"r"，这实际上就是"r"的源头或定义。

以"u"为核心的组合形态是(uv,ug,uz,ur)。此山注意到了(uv,ug)的区别，但没有管另外 2 种，大约是都并入到"ug"里去了。

2.3.1.2　五元组的自组合

形式上，五元组的自组合应具有下列 5 种形态：(vv,gg,uu,zz,rr)，此山似乎只注意到了其中的一种，那就是"uu"，但在彼山的视野里，这是一个明显的漏洞。(vv,gg,zz,rr)的存在性是显而易见的，怎么会呈现被熟视无睹的奇特状态呢？汉语的"进行、做、作、搞、去、来、……"不就是典型的"vv"么？英语也有类似的"get,make,go,…"；汉语的"类型、方式、专业、工作……"不就是典型的"gg"么？英语也有对应的东西；汉语无比丰富的量词不就是典型"zz"么？英语虽然抽象概念的量词极为稀缺，但具体概念的量词与汉语相当；汉语的"主义、浪潮、学、风、热、……"不就是典型的"rr"么？英语也有对应的东西。

应该反思的是：对上述系列问题一直停留在一个"到此为止"的游击状态。不过，该游击战曾取得两项战果：一项是理论性战果，叫"同行优先"；另一项是工程性战果，没有命名，仅给出了符号(vv,zz)，两者被赋予了特定意义，在词语知识库的建设方面获得了实际应用。

两项工程符号原则上不属于本《全书》的讨论范围。不过，这里还是要顺便说一下：在 HNC 团队内部，工程性的概念或术语比较容易被接受并得到传播，而理论性概念或术语则往往遭到冷遇。这是当今时代的悲剧景象，笔者早已习以为常，但不能不表示一点伤感。

2.3.2　"同行优先"原则的回顾与期待

"同行优先"曾被当作一项原则在《理论》里加以宣扬，那是 HNC 历程初期游击习气的典型表现。这里应交代一下：最原始的"同行优先"仅指相同或不同五元组概念之间的相互组合，与本节定义的互组合和自组合完全不是一回事。不过，那场游击战代表了 HNC 对语法经典描述的一系列反思，促成了一些特定概念家族的问世，如表 1-4 所示。

表 1-4　"同行优先"原则促成的特定概念家族

类型	家族成员
并联 （联合）	(CFe+CFe);(CFe,CFe)
基本串联 （偏正，动宾，主谓）	(ou,ov,vo;xo)
EK 复合构成 （动补，动词中心论）	(EQ+E,E+EH,EQ+E+EH,EQ+EH+Ef)
基本概念短语 （汉语短语与句子同构论）	（时间短语，空间短语，数量短语，质类短语）

注：反思对象放在括号内

表 1-4 中的文字大体对应于原初的表述,字母表示符号的大部分是后来逐步加进来的。以上所说，是回顾的引子。下面的正式回顾将从串联与并联的概念谈起。

串联与并联是语法逻辑的核心内容，在语法逻辑编（第二卷第四编）的论述中，它是一项贯彻始终的东西。

这里要为英语叫一声好，因为英语确实为串联与并联的辨识准备了一整套近乎完美的区别符号，对比之下，汉语确实显得十分落伍，这种形态方面的先天"缺陷"不可改变，也不必改变[*02]。

提出"同行优先"术语的初衷就是为了缓和汉语的这一困境。

同行的前提是五元组的形态元素相同，形态元素相同的概念优先于并联，形态元素相异的概念优先于串联，这似乎是一条"铁律"，但可惜它只管了概念的形态而未涉及概念内容，其管辖功能必然有限。为了把内容包含进来，扩大其管辖功能，就产生了"同行"这个概念，"同行"者，乃同一概念范畴、同一概念林或概念树、同一延伸概念之通称，无关于概念形态元素之是否相同。

于是，"同行优先"的想法或概念就应运而生。但那个时候，概念范畴–子范畴–概念林（群）–概念树–延伸概念的分野并未理清，统称概念节点。这就必然造成"同行优先"阐释的许多先天不足，从《理论》到《定理》，几乎没有任何改进。此后基本采取回避态度，很少提及这个短语。

先天不足的主要表现是：①未区分抽象概念和具体概念的同行；②未区分抽象概念三大范畴的同行；③未区分两类概念节点（延伸概念与概念树及其上位的概念）的同行；④未区分串联与并联的同行。这四项"未区分"的性质有所不同，也许改换成如下的对应表述更为贴切：①要把具体概念的同行性从全部概念中独立出来；②要分别考察基元概念、基本概念和逻辑的同行性；③要分别考察延伸概念和非延伸概念的同行性；④要分别考察串联和并联的同行性。这就成为 4 项课题了。

对于这 4 项课题，这里可以作这样的概括：课题 1 已获得圆满解决[*03]，另外的 3 项课题则依然有待探索，但笔者已无意于此。

提出"同行优先"的最初目标就是试图制定一系列无例外的规则。例如，同形态、同层级概念的相互邻接一定属于并联；同形态、不同层级概念的相互邻接一定属于串联；不同形态概念的相互邻接也一定属于串联。这 3 个"一定"乃是笔者最早抓到的一批"无例外规则"中的佼佼者，故倍感珍惜。语言信息处理学界一直流行着"语言规则必有例外"的说法，并很有蛊惑力，常使笔者感慨万千。所以，每抓到一个"一定"，就激发起一种贩卖的冲动。这种冲动是科学探索的大忌，"同行优先"说是 HNC 历程中最值得吸取教训的失败事例之一。在贩卖的时候，对于"同行性"仅具有概念树之上的粗浅认识，一旦进入到延伸概念的层次网络性世界，"同行性"的描述就过于笼统了，它既不适用于以本体论描述的延伸概念，更不适用于以认识论描述的延伸概念。不同形态、不同取值的"t"与"\k"概念可相互邻接，不同形态、不同取值的"o"与"eko"也可以相互邻接，但难以给出简明的串并规则。所以，《理论》之后，笔者很少使用"同行优先"这个短语。但该原则所体现的思路则在不断深化之中，具体成果就是表 1-4 所描述的有关内容。

本小节的回顾到此结束，至于期待，前文实际上已经暗示过了，那就是对前述"另外 3 项课题"的探索，这些探索的成果能够消解著名的乔姆斯基疑难[*04]么？未来的微超应该可以给出一个令人满意的答案。

2.3.3 五元组各形态元素组合特征的内外之别

五元组是抽象概念的形态元素，具体概念也有自己的形态元素，还有两可性的形态元素。三者的符号如表 1-5 所示。

表 1-5 没有什么新东西，只不过是为挂靠概念的符号"w"和"p"合起来起了一个新名字："物与人的非分别说"，符号化为(o)，并把它们都纳入形态元素。但(o)毕竟与 CF（五元组）有所不同，它不是纯粹的形态，也包含内容。把(CF,(o),x)集拢到一起就是一种灵巧性展现。

表 1-5　形态元素总表

类型	符号	汉语描述	英语表示
抽象概念	(v,g,u,z,r)	五元组	CF
		形态元素	CFe
挂靠概念	(w,p)	（物，人）	
	(o) = :w//p	物与人的非分别说	
物性概念	x		

　　上面的叙述只关涉到 CF 内部的组合，这里把五元组当作形态世界的内部，把挂靠概念当作形态世界的外围。下面要回顾一下五元组与挂靠概念的外部组合问题了，这里为什么使用回顾这个词语呢？因为本小节提出的"内外之别"问题早已有了明确的答案，那就是表 1-2 所展示的景象——(r(o),g(o),pw,(o,x))。五元组(v,g,u,z,r)里只有(r,g)两元素被赋予了对外组合的功能，(v,u,z)被排除在外，而且还把"r"排在"g"的前面。为什么要这么做呢？

　　应该说，第二卷第八编的前两章已经对这个问题给出了十分明确的答案，但那里的答案还不够形而上。这里也不作正式的形而上论述，仅提供一个思考的途径。五元组里"r"是五元组的灵魂。"r"就是《老子》开宗明义所说的"名"（见第一章第一大句），那个与"道"对应的"名"，那个充当"道"之形态的"名"，那个"非常名"[*05]的名，即"名可名"所意指的可名之"名"。

结 束 语

　　本节正式提出了下列新概念或术语：内容世界和形态世界；主体形态世界和外围形态世界，前者也叫内部形态；形态世界的形态元素。

　　主体形态世界的形态元素为五元组(v,g,u,z,r)。

　　外围形态世界的形态元素为(w,p;x)。

　　两个形态世界内部各自存在自身的组合法则，两个形态世界之间存在另一种组合法则。

　　HNC 理论完成了形态元素的透齐性描述，但形态元素组合法则的描述还需要继续探索。

注 释

　　[*01] 18种形态说只把"gr"和"rg"排除在外了？为什么这两者例外了呢？再没有别的了吗？这都是有趣的话题。这个话题与下文对HNC后来者的呼吁有密切联系。如果有一天能出现回应此话题的专文，那将是笔者最大的愉悦。

　　[*02] 这里关于汉语先天"缺陷"的"不可改变和不必改变"说是对汉语拼音化运动的简明总结。汉语拼音化运动是20世纪中华文明断裂历史过程的重大事件之一，该事件不是一个单纯的文化事件，也是20世纪中国苏维埃运动的一个重要组成部分。笔者对近代中国史的回顾文字都很有兴趣，但"汉

语拼音化运动"的反思文字似乎特别少，论述所及，都不过是"蜻蜓点水"而已。

[*03]"圆满解决"说密切联系于挂靠概念的理论体系（见第二卷第八编），该理论体系引入了一系列的符号约定表示，其中符号"x"的相关约定尤为关键。

[*04]乔姆斯基疑难是指"语法合法而语义荒唐"的"底层"疑难，即邻接词语之间展现出来的"合法不合义"疑难。乔氏曾给出过一个著名的示例："Colourless green ideas sleep furiously.""合法不合义"疑难是否也会展现在语句层级上？其展现形态如何描述？这个问题似乎还不明朗，所以，这里对"底层"加了引号。

[*05]其原文是："道可道，非常道；名可名，非常名。"对"常"的一种诠释是"永恒不变"。笔者不太认同这种诠释，而倾向于"常"就是"平常"的意思，与本《全书》经常提及的"形而下"相当，这样，可道之"道"和可名之"名"就与"形而上"相当。

第 4 节
五元组特定元素的强存在性

本节的标题也许有点词不达意，因此，本节将采取最低级的自下而上撰写方式，从一个具体例子说起。具体例子将选择比较容易理解的"z"强存在，避开那个不太好理解的"r"强存在。

2.4.1 从"z"强存在的一个特例说起

主体基元概念的概念树"增减 34"是"z"强存在的典型特例，其概念延伸结构表示式及部分内容如下：

$$34:(m,3;\tilde{}0\alpha=b,3:(\tilde{}4,e2m))$$

340	均衡
341	增加
342	减少
...	
3435	提高
3436	降低

该概念树及所列举延伸概念的说明文字也拷贝如下：

增与减 34、立与破 35、推动、抑制与调节 36 构成第二个效应三角。

……

这个三角分别与基本概念的量与范围 j4、质与类 j5、度 j6 强链式互关联，这就是说，增与减会导致量与范围的增减，反过来，量与范围的不足或过剩会导致增与减的需求；立与破会导致质与类的变化，反过来，质与类的固有缺陷或过时会导致立破的需求；推动与抑制会导致度的调整，反过来，度的失调会导致推动与抑制的需求。

……

本子节引言中说到增减 34 与基本概念"量与范围 j4"强链式互关联，但这不等于说增减 34 同"质与类 j5"就没有关系。质必有量的表现，即质的值，因此增减 34 也会影响质。343m 的设计就是为了反映这一基本世界知识。34m 与 343m 的分工是：前者主要针对量 j41，后者主要针对质 j51。

前两段文字描述了概念树 34 在彼山的定位要点，增减是第二个效应三角的一角，与基本概念的量与范围强链式关联。第三段文字描述了两项延伸概念在彼山的定位要点，增减的三级延伸概念 343~0 不仅直接关系到量与范围，也关系到质与类。这些定位描述暗含着一项"一根筋"思维不易觉察的信息：那就是形态元素"z"赫然居于主导或突出地位，而五元组的另外的 4 项则没有那么"赫然"，这在第三段文字里尤为明显。这"赫然"与否的差异是语言脑的一项重要世界知识，该项世界知识将凝练成这样一句话："z"强存在。这句话可以符号化么？这一特定的符号化表示很困难么？所谓的 HNC 历程，就是不断提出这类问题并加以解决的历程。

"z"强存在意味着激活下述联想：数量短语必将出现在 GBK 的 C 要素里，或是 EK 的 QE//HE 里[*01]。语言脑也许需要通过某种化学过程或物质以激活这项联想，但未来的微超或语超并不需要，他们只需要一个关于"z"强存在的符号表示就足够了。该符号表示将被赋予概念树 34 和延伸概念 34m。当然，前者的加权因子应小于后者，那属于技术细节了。

于是，"z"强存在的符号表示问题就变成了图灵脑研究的万千窍门之一，这里是第一次使用窍门这个词语，今后将经常使用。

本章第 2 节的最后说过：五元组可进行不同类型两分或三分描述，并给出了基本角色和特殊角色的两分示例。这里给出了一个"z"强存在的示例，本《全书》前两卷曾给出许多"r"强存在的示例，这些示例端倪着五元组的另一类两分或三分描述，建议名之存在性描述。存在性两分描述为强存在与常规存在；存在性三分描述为强存在、弱存在与常规存在。

这就是说，HNC 建议对五元组推行两种形态描述：角色描述和存在性描述。这是彼山景象的描述，请不要与此山景象直接挂钩，直接挂钩就属于"一根筋"思维。请注意：这里特意使用了"直接"二字，这意味着间接挂钩是允许的，那是灵巧性表现；而直接挂钩是不允许的，那是"一根筋"表现。

HNC 引入了广义对象语块 GBK 和特征语块 EK 的术语，GBK 可以与主语和宾语间接挂钩，EK 可以与谓语间接挂钩，但绝不能直接挂钩。因为 HNC 与传统语言学所使用的术语分别用于彼山和此山景象的描述，顶多存在大体对应的关系[*02]。在彼山视野里，广义作用与广义效应的巨大差异犹如陆地与海洋的差异，广义作用句与广义效应句的 GBK1 有天壤之别。如果说把广义作用句的 GBK1 叫作主语还勉强说得过去的话，那么，把广义效应句的 GBK1 也叫作主语就荒唐可笑了。因为，广义效应句一定避开"主"（作用者），这是彼山的基本景象。如果没有彼山视野，当然不会明白这一基本景象，但总不能硬拉上一个先出现的家伙来冒充"主"吧！可有人就是这么干过，那是"一根筋"思维（一个完整的句子怎能没有主语！）作怪的典型呈现。还记得"主席团坐台上，台上坐主席团"这两种效应句样式的著名主宾语之争么？提这些陈年旧事诚然显得很不厚道，但问题在于：对那场争论的本质出现过应有的反思么？那场争论是否充分暴露了西方语法学所铸造的此山视野存在着严重的局限性呢？而现代汉语学界是否对此一直缺乏真正的领悟呢？

2.4.2　五元组特定元素的强存在性有什么理论意义

本小节和下一小节可以合并成一个小节，为什么要分开？因为当下流行着一种奇特的思潮：没有技术价值的理论是半文不值的，理论意义必须附属于其技术价值。这里说的流行是一种半潜在的流行，不是见诸主流文字或主流话语的流行，这是当下第二世界最具标志性的形态特色。

五元组符号是对彼山（概念世界）底层的形态描述，紧随其后的符号是彼山底层的内容描述。为表述之便，上文曾把前者叫作形态世界，把后者叫作内容世界。本《全书》对这两个世界的待遇似乎太过悬殊，对内容世界花费了两卷的庞大篇幅，对形态世界不过区区一章。如果有读者觉察到这个问题的存在，笔者将不胜欣慰。但笔者不认为这项待遇有失公平，因为这正是语言脑探索的特殊需求，图像脑和艺术脑就不能这么对待了，情感脑更不能如此[*03]。因为大脑进化历程最先出现的图像脑、情感脑和艺术脑（三脑）之形态世界可能比内容世界重要，语言脑反之，内容世界比形态世界重要，科技脑可能更是如此。当然，这都是假说，但是，大脑奥秘的探索需要这一类的假说，灵巧思维离不开睿智的假说。HNC 之所以建议大脑奥秘的探索要以语言脑为突破口（见本卷卷首语引言），其基本缘由就在于此。

本章所描述的形态世界乃是语言脑的底层形态，随后的三编还会涉及中层和高层形态的描述。语言脑底层形态的核心课题是什么？"五元组特定元素的强存在性"有充当核心的资格么？这是萦绕在笔者心中十多年的困惑。围绕着这个困惑的思考最终能出现菩提树下的顿悟么？本小节要告诉读者的只是：提出并思考这个问题是重要的，而答案并不重要。

2.4.3　五元组特定元素的强存在性有什么技术价值

2004 年以来，笔者在不断呼吁：向各级延伸概念捆绑各种代表性语言的词语或短语才是语言知识库建设的重中之重。近年，各种代表性语言的说法已被"三位代表"（英语、汉语和阿拉伯语）所替代。这项呼吁的内容之一就包括本小节所提出的问题。

这里说的技术价值有表层与深层之分，表层技术价值是指对于降伏 3 大劲敌和扫荡 15 支流寇的价值，深层技术价值指对于 HNC 三大战役[*04]的价值。两层级技术价值不是截然分离的，表层技术价值是深层技术价值的开路先锋。

本节为底层形态世界提供了两种描述方式，一是角色描述，二是存在性描述。角色描述有基本与特殊之分；存在性描述有强弱之分。

在 HNC 视野里，这两种描述方式之表层技术价值的探索乃是典型的"大急"性课题，可是，该课题还是一片待开垦的处女地。

本小节只提出问题，没有答案，读者可以理解吧。

结 束 语

请回顾一下彼山第一基本景象之说吧，每一彼山基本景象都存在内容世界和形态世界的基本区分，本章是对第一彼山基本景象形态世界的简要描述。

注 释

[*01] 符号QE和HE可能是本《全书》第一次使用，其意义尚未说明，将安排在本卷的第二编，没有读过《理论》或《导论》的读者不妨试猜一下。这两个符号曾考虑过在概念树"特征块复合构成163"里引入，后来放弃了。

[*02] 这个大体对应关系的说明见"主块标记10"章（[240-0]）的引言，那里罕见地给出了一张图，名之"图：（E,A,B,C）与'主谓宾'的对应"。

[*03] 情感脑的形态世界远比内容世界重要的证据太多了，汉语的"英雄难过美人关"和"一见钟情"也许是最生动不过，也最有说服力的两项证据。

[*04] HNC三大战役曾有过两种描述方式，一是赤壁之战、图灵之战和垓下之战；二是机译之战、婴（微）超之战和语超之战。第一种描述方式虽然外表显得不伦不类，但具有内在惟妙惟肖的特质。三大战役的设想已出现在《定理》里，正式提出见《全书》第一卷第二册末尾附录《把文字数据变成文字记忆》，那时还没有引入微超这个术语，该战役被命名为"智力培育战役"。

第三章

概念树

在 HNC 提出的众多术语里，没有什么术语比概念树更平凡，但也什么术语的命运比它更为坎坷。平凡与坎坷本来不应该存在什么必然联系，但概念树的平凡与坎坷不同，简直就是一种宿命。

出现这种奇异状况的原因就在于 HNC 探索之初正值句法树热的时期，当时句法树的显赫地位与其说是让笔者迷惑，不如说是让笔者震惊。该震惊诱发出一种抵触心理或潜意识，那就是想尽力避开"树"字。但树毕竟是植物世界之王，树的概念是分类学的基础，怎能回避又何必回避呢？所以，在《定理》里终于出现了概念树的术语。但那里的概念树并不是后来的正式命名的概念树，而是概念林（群），《定理》里把概念树叫作根概念。

概念树概念形成过程的坎坷经历造成了 HNC 相关文献（包括专著和大量博士论文）对概念树及其上下位术语使用的混乱，笔者是这些混乱的"祸首"，这里深致歉意。

上章引言里说"就第一基本景象来说，底层景象即五元组；中层景象即概念树和概念延伸结构表示式"，所以，本章和下一章都是对概念基元世界中层景象的描述。

概念树同样有内容世界和形态世界的区分，本章将依据这一区分而划分出两节，其标题是：概念树内容世界回顾；概念树形态世界素描。这两个标题分别使用了回顾和素描的词语，因为前者已有足够的描述，而后者则尚未予涉及，而本章也不拟详说。

本章和下章都是对表 1-2 的进一步诠释，两者皆以概念树为参照，本章作上行思考，下一章作下行思考。

第 1 节
概念树内容世界回顾

前两卷共计 456 节，每节对应 1 株概念树，共计 456 株概念树，这是概念树内容世界的数字全貌。这个数字有一定的意义，但这个数字与联合国有 19m 个成员的数字类似，只是一个数字而已，对于联合国全貌的理解没有多大意义。

怎样才能理解联合国的全貌？专家们可以给出许多专家视野的完整答案。但这里要说一句话：专家答案可能缺乏一项最重要的世界知识，那就是联合国的成员分别来于地球村的六个世界[*01]。六个世界代表着不同国家的文明身份，文明身份才是联合国构成的内在或核心要素，但这项要素依然处于被严重忽视的奇特态势。

联合国成立于工业时代的末日，联合国的缔造者们未能看到后工业时代的历史曙光不足为怪，虽然联合国的主要缔造者小罗斯福先生当年多少有那么一点曙光的感觉。现在，60 多年过去了，后工业时代的曙光已经比较清晰了，该曙光最耀眼的标志就是六个世界的赫然呈现。可是，这赫然的曙光却被许许多多政治、经济和文化标签所笼罩和掩盖。第一世界的智者依然为所谓的普世价值所陶醉，另外五个世界的智者则被各种历史的和现实的阴霾所遮蔽，都像大清帝国的康、雍、乾三位很有作为的皇帝一样，未能及时觉察到新时代曙光的赫然呈现。因此可以说：上述奇特态势的出现乃是文明意义的历史再现。

概念树的内容世界与联合国有类似之处，那么，概念树的什么东西大体对应于联合国成员的文明身份呢？那就是概念范畴。文明身份有六大类，概念范畴有五大类[*02]，这个类比似乎很勉强，其实很深刻。此话很唐突么，未必！请看下文。

六个世界主要是对地球村的内容描述，而不仅仅是地理描述；五大概念范畴是对语言脑的内容描述，而不是几何形态的描述。此其一。

六个世界**存在过**三种文明标杆，五大概念范畴也存在对应的东西，那就是抽象概念、具体概念和两可概念的三分。此其二。

六个世界的每一世界都拥有自己的成片地域，五大概念范畴在大脑皮层里的分布也理应如此。此其三。

每一世界内部存在不同类型的复杂构成，但也呈现出极度繁杂（如第三世界）和十分简明（如第五世界）的两端型差异；每一概念范畴内部也是如此，有极度繁杂的基元概念，也有十分简明的基本概念。此其四。

每一世界的内部都存在众多的国家集团和国家，每一概念范畴也是如此，国家集团对应于概念子范畴或概念林，国家对应于概念树。此其五。

每一世界、每一国家集团内部往往[*03]存在主从之分，每一概念子范畴和概念林也是如此。不过笔者给后者的主与从另外起了一对名字，叫共相与殊相。此其六。

现代国家曾出现过章鱼型的巨怪，典型的庞然大物有工业时代的大英帝国[*04]、一度无比辉煌的苏联[*05]和长盛不衰的美国[*06]，概念树也有类似的巨怪，典型的庞然大物有"'心理'行为7301"、"意志行为7302"、"现实行为7331"、"个人行为7332"和"简明挂靠概念(o,x)"等。此其七。

国家类型或社会制度有民主与专制的简易两分，概念树的类型或"制度"也有抽象与具体的简易两分。此其八。

以上八点，就是本回顾的八个要点，细节问题就略而不述了。八个要点的最后一点大约最令人厌恶，但笔者却对它抱有偏爱，因而写了为专制"辩护"的大量文字，集中阐释在"个人行为7332"这株概念树里，请参阅。

在《全书》的撰写过程中，国家和概念树这两个概念经常同时浮现在笔者的脑际。如果可以说"一个概念就是一个世界"，那么也就可以说"一株概念树就是一个国家"，地球村的国家是有限的，语言脑的概念树也是有限的，这一有限性的探索也许是或应该是21世纪最有价值的科学探索难题，不比粒子世界或宇宙的探索（两者的探索正在走向融为一体的宏伟态势）轻松多少，但更有价值。回顾总希望讲几句概括性的话语，上面的句子就是本回顾最希望说出来的话语了。

以上话语是对"概念无限而概念基元有限"的一个比喻式诠释，不过，作为比喻，它只是一半，另一半在下一章里。

注释

[*01] 六个世界的系统论述见第二卷第八编第二章第2节里的"'六个世界pj01*\k=6'综述"（[280-2.2.1.3]）。

[*02] 见本编第一章第1节表1-2（[310-1.1.2]）。

[*03] 这里的"往往"等同于"准必然"，故特意使用了黑体。

[*04] 大英帝国的残骸现在还保留着一个有名无实的名称，叫英联邦。英国本身也还保留着两条著名的章鱼腿，即马尔维纳斯群岛和直布罗陀，此外，它还在印度洋和大西洋保留有不少小章鱼腿，印度洋的小腿还颇具战略意义。

[*05] 章鱼的形象似乎不适合于苏联，这就不能不说一声20世纪六七十年代发生于印尼（第四世界）、刚果（第五世界）和智利（第六世界）的重大政治事件了，该三大政治事件都与以苏联为首的社会主义阵营脱不了干系，本《全书》曾在[280-2.2.1.3-4]里提到过。当下的俄罗斯是否还保有章鱼情结呢？它对北方四岛的强硬态度不就为这个问题提供了明确答案么！

[*06] 在人类历史的国家大章鱼群里，美国的罪恶勾当不属于大巫，有人喜欢把大巫的帽子扣在它的头上，有失公允，因为它确实为现代社会的发展和进步做了大量好事。也许小巫的帽子比较合适吧。但这个小巫得天独厚，其"天时、地利、人和"三要素可谓空前绝后，是上帝的第一号宠儿。夏威夷、阿拉斯加、中途岛、关岛等都是最让人羡慕的章鱼腿。

第2节
概念树形态世界素描

前一节的内容了无新意，那是回顾的本色。本节会有所不同，虽然素描是 HNC 的惯用词语，但形态世界的说法，似乎是刚刚出现吧。

本节想说的第一句话就是：请不要如此想。因为，形态世界与内容世界是不可能截然分开的，两者需要分别说，更需要非分别说。在一定条件下，可以说形态决定内容，也可以说内容决定形态，这个说法有点类似于第一名言和第二名言[*01]，都属于点说或分别说，而不是体说或非分别说[*02]。本节为行文之便，将经常使用点说方式，这是需要交代一声的。

上节的章鱼比喻就关涉到形态了，国家比喻其实也涉及形态。本节的形态素描更适合于采用比喻手法，将不仅把概念树比作国家，也比作树木。

现代地理对一个国家的描述包括 14 项要素，下面把这 14 项要素重新排列组合，分为 3 组：①自然、民族、历史；②国名、首都、国庆、政区、经济、货币、语言、集锦；③面积、人口、宗教。第一组与概念树对应，包括形态世界和内容世界；第二组则与下一章的概念延伸结构表示式（延伸概念群）[*03]对应，该组的 8 项要素是文明主体三要素的概略描述，前 4 项对应于政治，中间 2 项对应于经济，后 2 项对应于文化；第三组的3 项则与概念树及其延伸概念群两者都有联系，或者说是两者的综合呈现。本节主要涉及第一组要素，也旁及第三组。

自然决定民族，民族决定历史。六个世界都各有其自身的"自然、民族、历史"渊源，每个国家都如此；概念范畴也有其自身的"自然、民族、历史"渊源，概念树也是如此。这个话题太大，然而是本节论述的基础。下面以 4 个小节进行点说。

3.2.1　六个世界的形态素描

本小节的内容看似多余，它在"'六个世界 pj01*\k=6'综述"里已有所论述，这里也是一个回顾，但有所补充，试图对六个世界给出一个更清晰和更简明的素描，目的在于为随后各小节的论述提供一些便利或做一点铺垫。

第一世界有三大板块和一块飞地，第一板块在西欧，第二板块在北美，第三板块在大洋洲，后两大板块都仅各有两个国家。那块飞地叫以色列，在亚洲的最西端，成为第四世界主体的一根"在背芒刺"。

第一世界的第一板块是整个第一世界的祖宗，名之祖宗板块 1。大体上可以说，第二到第五世界跟这个祖宗没有什么血缘关系。这位祖宗的"面积和人口"很平常，HNC

曾戏称之"蕞尔西欧",但它很了不起,创建了现代文明。为什么会取得如此辉煌的历史业绩呢?专家的论述可谓汗牛充栋,但似乎缺乏一个合适的素描。这里要提供一个,那就是:历史上虽然也曾出现过秦始皇的身影,但不曾出现也**不可能出现**一个大一统的秦汉帝国。这是一个特定的"无",叫大一统帝国的"无",为祖宗板块1所特有。

这个特定的"无"与祖宗板块1的辉煌有什么联系呢?答案是:那"无"恰恰是那辉煌**最重要**的缘起。那么,这个"无"之缘起又是什么?答案是:一个特定的"有",那就是祖宗板块1的"自然、民族、历史"独特性。此两缘起说岂非与"天地万物生于有,有生于无"(《老子》第四十章)的著名论断相左么?非也!因为《老子》第二章还有"有无相生,难易相成,……"的基础性论断。

"祖宗板块 1"之自然独特性决定了其独特的民族多样性,而其独特的民族多样性又决定了其特定之"无"的历史独特性。这一历史独特性似乎一直为专家视野所忽视,没有把人类文明革命进程清单[*04]里的八大事件与该历史独特性联系起来加以考察。大一统帝国之"无"是"祖宗板块 1"的基本特色和独特优势,基督教对这一特色和优势之形成所起的历史作用是一个非常有趣的课题,但似乎也在不同程度上遭到专家视野的忽视。

但是,第一世界的龙头老大早已离开"祖宗板块 1"了,现在的老大是其北美板块的美国,这位老大虽然很年轻,但已形成自身的"自然、民族、历史"特色,其"面积和人口"也充分满足一个现代帝国的需求。

第二世界只有一个板块,目前也有一块飞地。该板块也有一位祖宗,名之"祖宗板块 2",即延续秦汉帝国的中华帝国。它与"祖宗板块 1"有什么显著差异呢?如表 1-6 所示。

表 1-6　3 个祖宗板块的基本特征

名称	主导民族	主导宗教	大一统帝国
祖宗板块 1	无*	有**	无***
祖宗板块 2	有***	无***	有***
祖宗板块 3	有*	有***	有*

表 1-6 揭示了如下世界知识:①祖宗板块 1 不能继续保持第一世界龙头老大的地位,它必须让位于美国,这是由其主导民族之"无*"和大一统帝国之"无***"这两项要素所决定的;②祖宗板块 2 有条件再次充当第二世界的龙头老大,这是由其主导民族之"有***"和大一统帝国之"有***"这两项要素所决定的,但它存在一项根本缺陷,那就是主导宗教之"无***",此项缺陷原本并不存在,是一个世纪以来中国式断裂的产物,此项弥补工作非常艰巨;③祖宗板块 3 有自身的强项,即主导宗教的"有***",但主导民族和大一统帝国的"有*"是其致命弱点,很难再出现一个第四世界的龙头老大,下文对此会有进一步的说明。

第三世界也有三大板块,但无祖宗板块。每一板块各有自身的主导民族、主导宗教和主导国家,但没有一个公认的祖宗。在地理上,第三世界的北、东、南三大板块与第二世界的北、东、南三面邻接，第四世界主体板块的东部分支区块与第二世界的西部邻接。

第四世界拥有"祖宗板块 3"，现有两大板块——主体板块和东亚板块；有一个强存在的主导宗教；主体板块内，曾经出现过主导民族和大一统帝国，现在四分五裂，有 7 个分支区块。

第五世界和第六世界都只有一个大板块，一个邻居，没有主导民族，没有祖宗板块，更没有飞地。第五世界没有主导宗教，其整个北部地区继续受到伊斯兰教的强势渗入。第六世界存在主导宗教——天主教，但其影响力远不如第四世界的主导宗教——伊斯兰教。第五世界可粗分为 5 个分支区块，第六世界可粗分为 4 个分支区块。

六个世界的地缘特征如表 1-7 所示。

表 1-7　六个世界的地缘特征

名称	邻居
第一世界	第三世界北板块、第四世界、第六世界
第二世界	第三世界北、东、南三个板块，第四世界主体板块的东部分支区块
第三世界	第一世界祖宗板块、第二世界、第四世界
第四世界	第一世界的祖宗板块和大洋洲板块、第二世界、第三世界、第五世界
第五世界	第四世界主体板块西部的三个分支区块
第六世界	第一世界北美板块

上面仅叙述了六个世界之"自然、民族、历史"的形态要点。下面对其内容要点作 8 点概括或补充：

（1）历史上，六个世界的邻居之间都发生过战争，其中，最持久、最有决定性意义的战争是第一世界与第四世界的两个祖宗板块之间的战争。从疆域的占有来说，这场历经千余年的战争最终以平手告终。

（2）历史上，祖宗板块 1 内部曾发生过无休止的民族战争，该板块还是 20 世纪两次世界大战的策源地。但现在，在该板块内部和整个第一世界内部，战争的阴霾已彻底消散。

（3）在近代，祖宗板块 1 曾向全世界发起过远征，抢占了两大"空旷"[*05]板块，催生了第六世界，但现在，曾被其占领或控制的第二、第三、第四和第五世界的地盘都已经"物归原主"[*06]。

（4）在近代，祖宗板块 2（中国）曾遭到第三世界两个主导国家的严重伤害。中国的这两位邻居是工业时代列车的最后两名乘客，两位都充分表现了后来者的特有的疯狂，所采取的强盗手段都达到了残酷之最和怪异之尤的程度。对中国来说，与两位邻居的两笔近代史旧账都不堪回首。但一笔已彻底注销，另一笔则残留着一条似小而实大的麻烦尾巴。中国与第一世界的历史旧账似乎已经注销，但实际上也残留着一条最麻烦的尾巴。此外，中国与第三世界东方板块的两位小邻居和南方板块的一位大邻居都存在地缘利益[*07]纠纷。两条尾巴和三项纠纷在工业时代的视野里都是死结，但是，对这一死结的深入思考或许会诱发出一种符合后工业时代召唤和传统中华文明理念的战略智慧。第二世界与第一世界远隔万里之遥，无地缘利益的直接冲突，20 世纪在这两个世界之间发生过两场惨烈的战争，但对中国和美国双方来说，都可以当作"往事如烟"来处理了。

（5）第三世界北方板块的内部构成最为复杂和微妙，它有一个主导宗教（东正教），也有一个主导民族（斯拉夫民族），但两者并未形成有效的文明凝聚力。该板块的主导国家——俄罗斯——曾充当社会主义阵营的老大，该阵营的西线溃散之后，俄罗斯的龙头老大情结依然浓重，正在向鹰民主政治制度演变，该演变的示范作用不容忽视，也有助于弥补俄罗斯在其龙头老大情结与人口颓势之间的巨大落差。

（6）祖宗板块3的现状最为特殊，主体民族（阿拉伯人）内部两大教派（逊尼派和什叶派）之间的复杂纠结基本上还停留在农业时代的思维习惯里，许多国家的内部纠结也基本如此。基地组织发动的"圣战"虽然已经日薄西山，但高举霍梅尼革命和塔利班革命旗帜的族群并不属于祖宗板块3的主体民族，其号召力不容忽视，这是一场加强教帅地位与作用的革命，其潜在或长远影响似乎被西方主流学派所低估。祖宗板块3里有一个人数众多、地域广阔的突厥区块，但其样板国家——土耳其——偏居该板块的西北隅，难以发挥示范效应。至于所谓的"阿拉伯之春"，绝不是西方人所喜爱或想象的那种政治制度革命，而是伊斯兰特色的政治制度革命，主要是针对变相君主制的革命。第四世界的选票一定是典型的认同型选票，而不可能是第一世界的自主型选票[*08]。总之，祖宗板块3依然是，并将继续是一盘散沙，不可能形成具有全球影响力的龙头老大。

（7）六个世界的地缘形态将长期存在，但具有全球影响大的龙头老大（将名之现代帝国）不会也相应地有六个，目前只有一个，那就是美国，可能出现另一个，那就是正在崛起的中国。足够的面积和人口是现代帝国的必要条件，因此，试图争当现代帝国的俄罗斯只能落得个"一厢情愿"，它最有希望的前景应是充当第三世界北方板块（可另名斯拉夫世界或东正教世界）的龙头老大。第三世界的南方板块也很可能出现一个地区龙头老大，那就是印度。但印度绝不可能成为环印度洋地区的超级龙头老大，更不用说成为现代帝国了。印度的人口规模符合现代帝国的条件，但它的"自然、民族、历史"（包括面积）条件却远远不够，有些专家仅拿GDP或军事力量来说事，那是过于形而下了。第六世界可能出现一个地区龙头老大，那就是巴西；但第五世界不可能出现地区龙头老大；东南亚地区、东北亚地区、中亚地区、加勒比地区、中美洲地区、阿拉伯世界、突厥世界、撒哈拉以南的伊斯兰世界也都将是如此。这些地区或世界会出现另类"欧盟"么？有可能。但应该看到：由祖宗板块1演变出来的欧盟尚且只能充当一个现代帝国平等伴侣的角色，而不可能成为另一个现代帝国，何况其他类型的"欧盟"呢？

（8）六个世界已经是人类家园的一个赫然存在，每个世界都拥有自己的"自然、民族、历史"独特性，正是这一独特性决定了各自的赫然存在。联系于全球化的多元化宏论仅涉及人类家园的表象，六个世界的深入文明阐释才触及人类家园的本质。六个世界的赫然存在就标志着后工业时代的来临，它就是后工业时代的曙光。但遗憾的是：人类习以为常的形而下历史记忆容易遮蔽人类的时代视觉，围绕各种利益（特别是国家利益）之争而不断涌现的各种重大事件容易搅乱人类的时代思考。工业时代的云雾依然极度浓重，一方面是萨达姆先生的疯狂、霍梅尼先生的号召、科索沃战争的诡异、小布什先生的莽撞、美国重返亚洲的鼓噪……另一方面是各路领域专家在工业时代柏拉图洞穴里编制出来的无数理论与学说。这样，已然清晰的新时代曙光却被浓重的旧时代云雾所遮掩。康熙皇帝和彼得大帝同时为两个大帝国引路，结局有天壤之别！何以故？非智力之差距也，乃时代视野的差异。若论"以史为鉴"，没有比这个更宝贵的东西了。

本小节引入了祖宗板块、地区板块、分支区块、现代帝国、地区龙头老大等比喻术语，下面会加以引用。

3.2.2 概念范畴的形态比喻

本小节和随后的两小节都将大量使用比喻语言。

本《全书》用六个世界来描述人类家园，用五大概念范畴来描述语言概念空间。比喻的前提是存在某种对应性，可是，这"六"与"五"如何对应呢？将某一特定世界与某一特定概念范畴直接对应显然是不可取的，但是，每一世界都存在复杂的内部构成（子世界），每一概念范畴也有复杂的内部构成（子范畴），从子世界和子范畴的视野看，就是另外一番景象了，特定子世界与特定子范畴的对应不仅是允许的，甚至具有一定的启示意义。

在六个世界的论述里，曾大力突出祖宗板块 1 和一个现代帝国——美国——对人类家园的历史性贡献；在语言概念空间的论述里，曾大力突出主体基元概念和第二类劳动这两个子范畴在语言脑里的特殊地位。那么，下面的对应关系

$$主体基元概念:=祖宗板块1$$
$$第二类劳动:=美帝国$$

是否成立？请思考。

在三类精神生活的论述里，详尽描述了第一类精神生活，努力探讨了深层第三类精神生活，特意赋予了第二类精神生活一项奇怪的"特权"——记忆的拥有者。在三个历史时代的论述里，反复强调了第二世界的未来历史价值，为什么这样处理呢？请看下面的对应性思考（以强交式关联表示）：

$$第一类精神生活=第一世界$$
$$深层第二类精神生活=第四世界$$
$$深层第三类精神生活=第二世界$$

第一世界的合理存在性不仅有其光辉业绩的印证，而且有现代人文社会学的系统理论依据。但其异议之声依然不可忽视，马克思答案曾异议于前，霍梅尼旗帜又异议于后，列斯毛革命的追随者并未消失。第四世界之合理存在性未出现过系统的理论质疑，这很有趣，但不乏窃窃私语者。第二世界之合理存在性的异议之声最强，因为新、老国际者都对第二世界的现状感到绝望。但第二世界抓住了全球经济格局大转折的千载难逢机遇，在改革与开放的旗帜下，翻开了世界经济发展史上最辉煌的一页。第二世界之合理存在性的理论依据是否存在？从那里去寻找？本《全书》为此尽力提供了一些素材，实际上，海内外华人的文化探索者们已经作出了许多重要贡献，这涉及人文社会学的最高学科领域[*09]，在该领域已经出现了一些难能可贵的专家。

概念范畴的形态比喻就举这两个例子。在五大概念范畴里，挂靠概念是最特殊的一个，笔者曾打算在本小节大事比喻一番，现决定后移到下一章。

3.2.3　概念林的形态比喻

概念林有共相与殊相之别，共相概念林拥有一个最神似的形态比喻，那就是地区龙头老大。不是每一世界和每一地区都必然存在地区老大，概念林也是如此。但是，不存在共相林的概念子范畴是少数，而不存在地区龙头老大的世界和地区却是多数。这似乎表明：语言概念空间比当前的人类家园更协调，后者应该向前者看齐，从而走出后工业时代的初级阶段。请别见笑，那正是笔者对人类家园未来的憧憬。

3.2.4　概念树的形态比喻

概念树也有共相与殊相之别，因此，概念林的形态比喻可以完全移用于概念树。不过，对上一小节的论述需要作两点改动和一点补充。

两点改动是：①龙头老大的级别需要下调，其修饰语要从"地区"改成"分支"。②上述看齐问题不再那么重要，因为分支区块的各成员应该享有更大的自主权：保持自身特色的自主权。如祖宗板块1里瑞士的中立权、第三世界南方板块里不丹王国的环境权。

补充一点：概念树可比喻为国家，这个比喻十分传神，也是对上面第二项改动的绝妙诠释。但这个补充实际上是重复，上一节已说过不止一次了。下面将回应一下"不仅把概念树比作国家，也比作树木"的说法。

树木形态最显著的差异是乔木与灌木，概念树也是如此。乔木里有参天大树，概念树也有，上一节列举了不少参天概念树的例子。这里要补充两点：①"'心理'行为7301"乃是概念树的参天之王；②"个人行为7332"乃是概念树的参天之神。所以，本《全书》为这两株抽象概念树写下了最多的文字，为"人文社会学最高学科领域"及其"素材"进行了力所能及的系统说明。这个重大话题今后不再涉及了，这里就便给出最后一说：最高者，三个历史时代、六个世界、三种文明标杆之文明总描述也，全球化者，化不掉也不应该化掉此"三、六、三"之本质差异也，此本质差异之健康存在关乎人类家园之拯救也；不思考、不理会此根本势态者，非工业时代柏拉图洞穴里之刁民（金帅、官帅、教帅及其追随者），即该洞穴之顺民（需求外经信奉者和新老国际主义者）也。

回到乔木与灌木的话题。乔木与灌木都有长青与落叶之别，概念树亦然。主体基元概念和基本概念的概念树一律常青，但语法逻辑和语习逻辑的概念树则一律属于落叶。常青者，不随时空而变化；落叶者，随时空而变化。其他范畴之概念树，则两者兼而有之。

如何区别概念树之乔木与灌木呢？延伸概念多于一级者为乔木，仅延伸一级而封闭者为灌木。可以预期的是：灌木概念树主要存在于语法逻辑和语习逻辑，可能出乎意外的是：语言概念基元之母——基本逻辑概念——竟然也是灌木。

结 束 语

本章对概念树的内容世界作了一个全方位的回顾，对概念树的形态世界作了一个国画式的素描。回顾有 8 个要点，素描也有 8 个要点。这里使用了不少 HNC 术语，绝大部分未加注释，请读者谅之。

注 释

[*01] 第一名言指"存在决定意识"，第二名言指"意识决定存在"。在本《全书》第一卷第二编有过多次论述。

[*02] 这里以"叩其两端"的方式将"点说－线说－面说－体说"简约为"点说"与"体说"，并将点说对应于分别说，将体说对应于非分别说。分别说以分析为主导，非分别说以综合为主导，这是牟宗三先生喜好使用的两个术语。在20世纪的新儒家中，牟先生是最能在不利社会环境下潜下心来做学问的大家，是最能抗拒金帅、官帅和教帅忽悠神力的大家，是最接近于融会中西、贯通古今的大家，所以笔者在本《全书》里选用了牟先生喜好的两个词语，以表示敬意。

[*03] 这里是第一次使用延伸概念群这个词语，以后将经常用它来替代概念延伸结构表示式。但这个"群"字一定不要加在每级延伸概念前面，虽然每一级延伸概念也可能是一群，并同样具有封闭与开放的基本特性。

[*04] 该清单的简略说明见"行为与理念7321"节的"理念行为73219的世界知识"分节（[123-2.1-1]）。

[*05] "空旷"者，无成熟的国家形态，为表示对原土著居民的同情和尊重，"空旷"二字加了引号。

[*06] "物归原主"是20世纪的大事件之一，正式名称是民族解放运动。"物归原主"说不过是取其比较形象而已，丝毫没有为以色列这块"小飞地"辩护的意思

[*07] 这里使用了"地缘利益"一词，这是一个工业时代视野应予严厉谴责的词语，然而它是一个后工业时代视野里的明智词语。

[*08] "三类型选票"的论述见概念树"个人行为7332"里的"个人理性行为7332\2的世界知识"小节（[123-3.2.2]）。

[*09] 关于"人文社会学的最高学科领域"的设想和命名参见[123-0.1.2.1.3]关于综合性学科基本类型开放性的说明。

第四章

概念延伸结构表示式

本章涉及"概念无限而概念基元有限"这一论断或公理的下行思考，该项思考的要点在总论（本编第一章）里已经描述过了，现拷贝如下：

> 延伸概念的纵横结构都是有限的，纵向延伸的边界触及专家知识，横向延伸的边界触及生理脑和大脑之另 4 项构成（图像脑、情感脑、艺术脑和科技脑）的相关知识。诚然，这两大边界也许是一个巨大的模糊地带，那就让它们继续存在吧，不进入或适度进入该模糊地带就是 HNC 的基本对策。如果说：语言脑概念范畴的有限性是概念基元有限性这一论断的必要性保证，那么，不进入或适度进入的基本对策就成了该论断的充分性保证。

基于上述要点，本章将设置下列 4 节：

第 1 节，概念延伸结构表示式简介。

第 2 节，横向延伸的齐备性探求。

第 3 节，纵向延伸的透彻性探求。

第 4 节，挂靠的哲理描述。

本章各节的标题比较特别，但昭示了一个明显的格局：第 1 节将以简介为名，行全包之实，因为后 3 节都偏于形而上，唯有第 1 节独当形而下。

第1节
概念延伸结构表示式简介

本简介不同寻常，将包括一些超出简介内容的文字，分4个小节，后两者的命名比较特别，那里将首次出现一些"强探索性"文字。

4.1.1 概念延伸结构表示式的历史回顾

概念延伸结构表示式的定义式如下：

$$(HNC1)::=(CT:(OD//ED)|;)$$

这个定义式称为抽象概念的数学表示式或语言概念的数学表示式，相应的汉语表述是：语言概念数学表示式定义为概念树逐级后挂一系列的本体论描述（OD）或认识论描述（ED）。此表述里的"概念树"以符号"CT"表示；逐级以符号"；"表示；"后挂"以符号"：(…)"表示；"一系列"以符号"|"表示。

这个表示式起源于对抽象概念的探索，《理论》里曾说过："一般来说，具体概念的精确表达要比抽象概念困难得多，但另一方面，人在理解过程中对具体概念的认识深度可以比抽象概念浅得多，天生的盲人仍能同常人一样掌握自然语言，道理就在这里。"(《理论》p41）

本体论描述 OD 的全名是延伸概念的本体论描述，也叫语言理解基因的第一类氨基酸；认识论描述 ED 的全名是延伸概念的认识论描述，也叫语言理解基因的第二类氨基酸。这些术语前文有预说，见"誓愿行为(537301\21)的世界知识"（[123-0.1.2.1.5]孙节）。

概念树 CT、本体论描述 OD 和认识论描述 ED 各拥有自己的一整套约定符号系统，每一个约定符号都被赋予特定意义。这是一项浩大的理论工程，走了许多弯路，但可以告慰于读者的是：其基本成果已记录在本《全书》的前两卷里了。

如果对(HNC1)里的 CT、OD 和 ED 以约定符号进行替换，则该数学表示式就变成了物理表示式(HNC–1)，该物理表示式被正式命名为概念延伸结构表示式。

该命名首见于《定理》的 p18，是 HNC 探索历程中的一件大事，惜笔者当时未给予足够的强调，这是一个不小的遗憾。《理论》阶段引入的许多不合适术语继续被使用，HNC 理论阐释出现过诸多混乱，与这项遗憾是脱不了干系的。

在那里，给出了"政治治理与管理（治国）a12"的示例，修改后[*01]的形态如下：

$$a12:(t=a,3,7,\backslash k=2,;9t=a,ae2m,3eam,7m,) —— [a12-0*0*;]^{[*01]}$$

下面，将本《全书》给出的结果拷贝如下，以资比较。

```
a12:(t=a,3,i,\k=3,7;
      9t=a,ae2m,3:(e2m,eam,n),i:(n,e2m),\1*t=a,\2:(e2m,*t=a),
      \3k=5;
      3e2m:(e1n,3,i,e7n),3ea1d01,3ea2c01,3(n):(e2n,7),
      in3,ie2me4m,\1*te2n,^(y\2*9);
      3e2mit=b) —— [a12-0000][*01]
```

两个概念延伸结构表示式被分别赋予了编号[a12-0*0*;]和[a12-0000]。两者都会让人眼花缭乱，但在 HNC 的数字世界里，应该完全是另外一番景象，不是缭乱，而是极度清晰，可以在"a12"这个特定的"绝顶"上，领会一下"一览众山小"的境界（即王国维先生所说的"第三境界"）。未来的语超可以依赖这个表示式而达到那个境界么？但笔者宁愿反过来问：有了这样一幅数字图像，未来的语超还有什么障碍或理由不能达到那个境界呢？这属于本卷第八编的话题，这里只是一次插写性的预说。

两个表示式的缭乱性表面上差异很大，但如果稍稍习惯一下表示式里的符号基元[*01]，"缭乱性"就会趋于消失，而呈现出一幅"大同小异"的清晰景象，可归纳成下列两点：

（1）《定理》里的

```
"a12:(t=a,3,7,\k=2;"
```

变成了《全书》里的

```
"a12:(t=a,3,i,\k=3,7;"
```

此项变化意味着[a12-0*0*]和[a12-0000]的一级延伸概念无实质性变化，不过出现了两项符号替代和一项符号增添：以"i"替代"7"；以"\k=3"替代"\k=2"；增添了一个"7"，但该增添"没有下文"，其含义在下文说明。

（2）《定理》里的

```
";9t=a,ae2m,3eam,7m"
```

变成了《全书》里的

```
";9t=a,ae2m,3:(e2m,eam,n),i:(n,e2m),\1*t=a,\2:(e2m,*t=a),\3k=5"
```

此项变化意味着《定理》的全部二级延伸概念都完整地保留在《全书》里，只不过把"7m"换成了"in"，增添的东西后面再说。

上面是对"概念树 a12"之概念延伸结构表示式的过程叙述，这样的叙述多半会让读者感到厌烦，那所为何来？一是为了说明每一个概念基元物理表示式（即延伸概念）的确定来之不易；二是为了说明概念基元符号体系的定型来之不易。

为了说明这两个"来之不易"，让我们先回顾一下 HNC 理论的 4 项基本论断（见本卷卷首语），并写出相应的符号表示式，如表 1-8 所示。

(HNC1)表示式如下：

```
(HNC1)::=CT:((OD//ED)|;)
```

第一个"来之不易"可以理解为(HNC-1)的来之不易。当然，(HNCm,m=2-4)和[HNC-m]也都来之不易，但与(HNC-1)比较起来，则不可同日而语。本《全书》为(HNC-1)

付出了两卷的巨大篇幅，而为后者只分别付出了本卷的一编。

表 1-8　HNC 理论全貌[*02]

基 本 论 断	数学表示式	物理表示式
概念无限而概念基元有限	(HNC1)	(HNC−1)
语句无限而句类有限	(HNC2)	(HNC−2)
语境无限而语境单元有限	(HNC3)	(HNC−3)
显记忆无限而隐记忆有限	(HNCm,m=1−4)	(HNC−m,m=1−4)
机器翻译的技巧无限 但技巧的基本环节有限	（两转换、两变换、两调整）	[HNC−m,m=1−6][*03]

那么，"(HNC−1)的来之不易"与"每一个概念基元物理表示式的确定来之不易"是一回事么？应该是一回事，因为"概念基元物理表示式"与(HNC−1)完全等价。但又不完全是一回事，因为前者加了"每一个"的修饰语，而后者没有。这纯粹是一个人为的差异，但其依据很值得玩味。前者是站在延伸概念的立场上的，后者是站在概念树的立场上的，这意味着：前者如同那些在战场上浴血奋战的前线指挥员或战士，加"每一个"是合适的；后者则如同一场预定战役的设计者，那位高级指挥官虽然责任重大，但未必艰苦，加"每一个"就不太合适了。

上面给出的示例（a12）属于概念树里的乔木，其(HNC−1)一定是复杂的，但灌木型概念树的情况则有所不同，例如，概念树"首尾标记 f14"的(HNC−1)就比较简明[*04]，但其延伸概念 f14\k=2 的意义却极不寻常，因为汉语使用频度最高的"的"字正好是它们（两者）的直系捆绑词语。如果不能抓住这一点，就很难解析并征服汉语的劲敌 C；同样，如果不能抓住"的"字乃是延伸概念"串联第二本体表现（句蜕）l42\k=3"[*05]之 l42(~\2)的直系捆绑词语这一要点，那就很难解析并征服汉语的劲敌 B。这两个论断已在第二卷里作了充分论述，这里不过是顺便回应一下，以示强调之意而已。

上面的叙述涉及许多细节，这包括注释[*01]～[*05]。所谓"来之不易"就不易在这些细节上，而大局性的突破，与其说"来之不易"，不如说"来之顿悟"。顿悟不是难易问题，不是靠下苦功就可以出现的；顿悟也不是天才问题，"天分+勤奋+机缘"才有可能顿悟。表 1-8 里的论断属于顿悟，其中的(HNC−m,m=2−4)也基本属于顿悟，但其中的(HNC−1)则属于典型的来之不易。正因为如此，《全书》里已给出的(HNC−1)几乎没有几个近乎完善的样板，这很可怕？笔者又要祭出"笑而不答"的法宝了。

第一个来之不易存在如下有趣问题：(HNC−1)或[CT−(0//0*)|]一共是 456 个么？这需要给出一个明确的回答，正确的答案是 452，而不是 456。为什么？读者参照一下表 1-2 就可以明白了。

至此，第一来之不易的讨论可以结束了，下一小节还有一系列呼应性的阐释。不过，这里仍然打算重复一项细节，那就是[a12−0*0*]里的"7"和"\k=2"分别改成了[a12−0000]里的"i"和"\k=3"，这简单的两"改"就是所谓"概念基元物理表示式的确定"里的"确定"，它们貌似简单，实际上都来之不易。

下面转入对第二个来之不易"概念基元符号体系的定型来之不易"的讨论。

此讨论将从一个特定的三阶段论开始，该三阶段论的具体陈述是：

《理论》阶段（1989～1998 年）

《定理》阶段（1999～2004 年）

《全书》阶段（2005～　　）

可以说，HNC 理论的任何一个环节都存在这三个阶段的印迹，即使是最早发现的作用效应链和五元组也是如此，只不过两者在《理论》阶段的印迹最为浓重罢了。拿表 1-8 里的内容来说，可以用表 1-9 简要说明。

表 1-9　HNC 理论全貌的三阶段印迹

内容	《理论》阶段	《定理》阶段	《全书》阶段
(HNC-1)	奠基	成熟	透齐
(HNC-2)	有惑	无惑	精纯
(HNC-3)	酝酿	顿悟	彻悟
(HNC-4)	迷惑	小悟	大悟
[HNC-m]	疑惑	浅悟	深悟

表 1-9 对(HNC-m)和[HNC-m]三阶段状态的文字描述都比较到位，将分别在本卷的前五编（五"前"论）里分别进行说明。这里仅针对关于(HNC-1)的"奠基、成熟和透齐"之三阶段说。

(HNC-1)在《理论》阶段的奠基性主要表现在以下六个方面：一是明确了抽象概念和具体概念的基本划分，并确定以抽象概念为语言概念空间描述的基本依托。二是发现了狭义作用效应链，并确定它是语言概念空间的核心要素，因为它是句类有限性的基本依据。三是发现了抽象概念的五元组特性，从根本上动摇了西方语言学的"八大词类"说。四是初步明确了抽象概念的基元、基本和逻辑这三大范畴的划分，给出了基元概念的纲领性描述框架和基本概念的精细描述框架。五是提出了概念基元符号体系之高层、中层和底层的描述模式，但那时只对高层和中层给出了一个框架性描述，底层还处于摸索状态，不过，已经想到了底层要采用不同于高层和中层的另一套表示符号，这在"论文 1"和"论文 6"里都有清晰的痕迹。六是提出了关于概念组合方式的一系列新思考。

(HNC-1)在《定理》阶段的成熟性主要表现在以下六个方面：一是彻底澄清了基元概念的范畴两分，主体基元和语境基元，并对语境基元给出了两类劳动和三类精神生活的基本划分。二是明确了逻辑概念范畴的四分，基本逻辑、语法逻辑、语习逻辑和综合逻辑。三是广义作用效应链的发现，将第一类精神生活的子范畴"思维 8"纳入广义作用，将逻辑概念的子范畴"基本逻辑概念 jl"纳入广义效应。四是明确了中层概念基元符号表示的四分，对比性、包含性、黑氏对偶和非黑氏对偶，对非黑氏对偶作了深入系统的探索。五是明确了底层概念基元符号表示的三分，交织性延伸、并列式延伸和定向延伸。六是将《理论》阶段关于概念组合方式的一系列思考进一步发展成为统一的概念关联式这一高级形态。

(HNC-1)在《全书》阶段的透齐性主要表现在以下 9 点，考虑到这 9 点的特殊重要性，后文可能对它们使用一个特殊称呼："透齐-m 号"(m=1-9)。

（1）最终确定了语言概念空间描述的三分，抽象概念、具体概念和挂靠概念，彻底改造了"挂靠"的原始思路，使之成为灵巧思维的有力武器。这一点，将在第四节里作进一步的阐释。

（2）最终确定了全部概念基元之概念范畴—子范畴—概念林—概念树的详尽清单，从而达到了表 1-2 所描述的"绝顶"境界，此绝顶者，(HNC-1)上行思考之绝顶也。

（3）将第三类精神生活的描述向第二类精神生活看齐，也给出表层与深层的两分。这使得三类精神生活的划分赢得了更充分的文明学依据。

（4）《定理》里提出的四项基本原则（《尔雅》原则、语境原则、关联原则和延伸原则）得到了全面落实[*06]，并提出了一个统辖四项基本原则的指导性原则，名之透彻性和齐备性原则，简称透齐性原则，也叫康德原则。该原则的运用等同于灵巧思维的具体展现，既是上行思考的灵魂，也是下行思考的灵魂，前两卷里，曾多次给出过示例性的插写。

（5）将《定理》阶段的概念树和根概念依次改名为概念林（群）和概念树，并统一约定：以概念树为基点，向下施行认识论描述（原中层）和本体论描述（原底层）的分级延伸，并将该分级延伸表示式正式定名为概念延伸结构表示式，该表示式里的每一延伸项定名为延伸概念，以区别于概念树及其上位所表述的全部概念，"概念节点"的术语被正式废除。

（6）理清了概念延伸结构表示式可以和必须管辖的知识，把它正式命名为世界知识，以区别于专家知识以及动物与人类的生理性知识（常识的主要部分）。与此同时，正式提出了大脑存在五大区块的假说，依据大脑理所当然的进化顺序，将五大区块依次定名为图像脑、情感脑、艺术脑、语言脑和科技脑。世界知识实际上就是语言脑知识的别称，语言学所关心的语言知识和心理学所关心的行为知识都只是语言脑知识的一部分[*07]。

（7）正式提出了语言理解基因的概念，把它定义为语境概念树各级延伸概念及其概念关联式的总和，简言之，语境概念树的每一项延伸概念及其概念关联式都对应着一个语言理解基因。但没有直接设置概念关联式的延伸概念并非语言脑世界的"孤岛"，因为它可以通过其上位概念加入概念联想脉络的运作。

（8）将概念基元的中层和底层描述分别命名为认识论描述和本体论描述，此命名乃是《老子》所说的"名可名，非常名"里的可名之名，而不是那个"非常名"[*08]。此项命名乃是(HNC-1)可以达到横向延伸透齐性的标志。

（9）为(HNC-1)纵向延伸的透齐性描述制定了相应的标准，那就是以接近但不进入各领域的专家知识为界限。

以上 9 点是对"概念无限而概念基元有限"这一论断的体说，（1）～（3）点涉及上行思考，（4）～（7）点兼及上行与下行思考，（8）～（9）点涉及下行思考。最后两点里存在着比较深奥的内容，本小节的随后 3 小节和本节的随后 3 节会给出进一步的阐释，其他已见于前文而略显深奥者则尽量给出了相应的注释。

4.1.2 概念延伸结构表示式的符号说明

HNC 的朋友几乎都对 HNC 符号体系望而生畏，对笔者的 HNC 文字都会客气地说一声"看不懂"。前面已经给出了概念延伸结构表示式里的两个示例，那里的符号体系也许更会使读者不寒而栗。但笔者相信：对于表 1-1 和表 1-2 说"看不懂"的朋友应该比较少了，对里面的符号，应该不再望而生畏了。笔者更希望：通过本小节的"符号说明"，那不寒而栗也许会趋于消失。但这个希望能达到么？笔者深感力不从心！

一般情况下，"符号说明"就是相应符号的汉语词典，也就是对每一个符号给出一段文字说明。但这里的情况要稍微复杂一点，它不仅是一个挨着一个的符号，还有点别的什么东西，这里先说一说这个"别的东西"。

前文有言：

> HNC 对概念树及其上位概念所采取的描述方式似乎与通常的分类学（例如生物学分类和图书分类）没有本质区别，但实质上存在着本质差异，主要表现在两个方面：一是概念范畴的灵巧性符号表示；二是概念林和概念树的灵巧性符号表示。（见[310-1.1.2]）

这段话后面，对概念范畴、概念林和概念树的灵巧性符号表示给出了具体的阐释，虽然那属于上行思考的灵巧性，与这里要说的下行思考有所不同，但本质是相通的，请向前翻阅一下。

这里的"别的东西"是指下列三方面的内容：①横向与纵向延伸的透齐性；②自延伸的自由性；③非、反和非分别说的限制性。但是，**透齐性有相对与绝对之别，自由性与限制性可以相互转换**。这就是说，横向延伸、纵向延伸、自延伸、非、反和非分别说这六个话题本身都属于灵巧性话题，下文将依次进行讨论，题目列举如下：关于横向延伸的透齐性；关于纵向延伸的透齐性；关于自延伸的自由性；关于非的限制性。关于反的限制性；关于非分别说的限制性。

这些讨论只是本小节主体内容的预备性说明，但其文字量将喧宾夺主，这是需要首先说明一下的。其次要说明的是：在预备性说明里还可能嵌套着预备性说明，这是令人厌恶的行文结构，但笔者思虑再三，还是决定出此下策，读者可能对此很不习惯，下文会随时加以提示。因此，本预备性说明的行文比较长，本小节将采取子节编号。前两个子节还存在预备性说明的嵌套现象。

下面的讨论将以概念延伸结构表示式的两个示例为基本依托，两示例的内容（后者仅选取了前两级延伸）拷贝如下：

```
a12:(t=a,3,7,\k=2,;9t=a,ae2m,3eam,7m,) —— [a12-0*0*;]
a12:(t=a,3,i,\k=3,7;
     9t=a,ae2m,3:(e2m,eam,n),i:(n,e2m),\1*t=a,\2:(e2m,*t=a),\3k=5;
     …                                    —— [a12-0000]
```

4.1.2.1 关于横向延伸的透齐性

概念延伸结构表示式各级横向延伸联系于横向透齐性，延伸级别本身联系于纵向透齐性。横向透齐属于透齐 8 号，纵向透齐属于透齐 9 号。符号[a12-0*0*;]表明：其纵向延伸是不透齐的，两级横向延伸也都是不透齐的。符号[a12-0000]表明：其纵向延伸和各级横向延伸都是透齐的。所以，两个示例是这两个极端情况的代表，下文以此为基础，对横向透齐性作进一步的考察，先给出如下对照数据：

	一级延伸项	二级延伸项
[a12-0*0*;]	(4;6=2+1+1+2)	(4;5=2+1+1+1)
[a12-0000]	(5;8=2+1+1+3+1)	(11;18=2+1+3+2+2+3+5)

这里给出了对横向透齐性的数字描述：一级延伸的(4;6)与(5;8)和二级延伸的(4;5)与(11;18)。这些数字都是成双出现的，前者对本体论描述和认识论描述一视同仁，有一项算一项。后者将两者区别对待，认识论描述依然，但对第一和第二本体描述，则计及本体的数量，(4;6)里的"6"是这样得到的，其他类推。就概念树"治国 a12"的一级延伸来说，(4;6)与(5;8)之间的差距不大，似乎可以说 [a12-0*0*;]是基本透齐的；但二级延伸的(4;5)与(11;18)之间的差距太大，似乎可以说 [a12-0*0*;]是很不透齐的。这里使用了"很不透齐"和"基本透齐"的说法，请读者记住这两个术语。因为这两个术语既是整个 HNC 探索历程的写照，也是 HNC 探索对自身的定位，即努力摆脱"很不透齐"的窘境，全力迈向"基本透齐"的境界。就语言脑的整体而言，它应该具备全部的"透齐-m号"，但对每一个具体的语言脑（每一个人）而言，就不能这么断言，"基本透齐"应该是最合适的描述。语言脑本身尚且如此，那就没有理由对模拟语言脑提出更高的要求了。

不存在无所不包的透齐性，只存在一定条件下的透齐性，而所谓一定条件下的透齐性也就是一定条件的无所不包性。在"透齐-m 号"的论述中，都对"一定条件"给出了充分的形而上描述，横向透齐性的"一定条件"就是本体论描述和认识论描述。

横向延伸概念的透齐性似乎是一个不存在难题的问题，因为其透齐性特质不可能呈现出一种"浩瀚无垠"的景象，像概念子范畴、概念林和概念树所展现的那样。这里的关键思考是：横向延伸的透齐性仅涉及本体论描述和认识论描述的运用，而两者的描述数量都是有限的。本体论描述最多 5 项（两类本体论延伸各 1 项，定向延伸最多 3 项）[*09]，认识论的对比描述虽然不便说什么最多[*10]，但对偶描述和包含性描述都是可以说的，黑氏对偶最多两项，非黑氏对偶最多 12 项，包含性仅 1 项。这就是说，横向延伸的透齐性问题不过是一个比较简明的挑选问题，从有限的选项中进行一定的挑选而已。

以上还是纯粹的形而上说，下面依托[a12-0*0*]转入半形而上说。

概念树 a12 的汉语名称是治国，这是一个内容极为庞杂的人文社会学课题，但是，符号 a12 让它先辖属于政治（通过 a1），接着辖属于专业活动或第二类劳动（通过 a），在这个语境下，"治国 a12"的一级延伸概念不过"区区 4 项"就满足了透齐性要求。该特定 4 项全属于本体论描述，前 3 项属于交织性延伸（第一本体描述）、作用型定向延伸、效应型定向延伸，最后一项属于并列式延伸（第二本体描述）。

在半形而上的视野里，一级延伸概念的"区区 4 项"也可以说成"区区 6 项"，这是从"t=a"和"\k=2"变出来的，于是，下面的灵巧性表示式成立：

"4"=:"6"（6=2+1+1+2）

接下来看二级延伸概念，依然是"区区 4 项"，但其中仅出现一项本体论描述，而认识论描述却有 3 项，这样，二级延伸概念的"4"实际呈现为"5"，下面的灵巧性表示式成立：

$$\text{"4"} =: \text{"5"} \quad (5=2+1+1+1)$$

上面的灵巧性表示式看似数字游戏，实际上是对"有限选项中的挑选"作进一步的说明，原来，被命名为第一//第二本体描述的延伸与定向延伸不同，它们本身还不是一个完整的符号，还必须与一个数字符号搭配起来才构成一个完整的表示。

以上所说，似乎很玄而实际上一点也不玄。如果对 HNC 定义的本体论描述和认识论描述及其符号表示没有一点领悟，那它确实很玄；如果有所领悟，它就不那么玄了，如果有比较深切的领悟，那就一点也不玄了。那么"没有一点领悟"、"有所领悟"和"深切领悟"是什么意思呢？笔者只会说一点让现代读者见笑的话了。如果仅仅把"t=a"与"\k=3"当作一类数据，把"e2m"、"eam"与"n"当作另一类数据，那就叫"没有一点领悟"；如果知道这些符号之间存在本质差异，需要采取本质上有所不同的数据处理方式，那就叫有所领悟；如果进一步知道这些符号不是一种类似于自然语言之词语的那种"独立"式存在，而是一种联系于其上下文的非独立存在，这个上下文完全不同于自然语言的上下文，它不是当前数据库所面对的那种无机数据，而是一种有机数据，因为它没有任何模糊与跳跃，如同一支军纪严明、行伍整齐的部队。如果有了这种有机数据的认识，那就叫理论深切领悟（或基础领悟）；如果依据这个基础领悟而进一步开发出一种针对有机数据的新型数据处理方案，那就达到实践深切领悟的水准了。玄或不玄的界限就在于此，这个界限也可以叫作鸿沟。

以上所说，属于预备性说明里的嵌套，下面进入正式的预备性说明。

上文所说的有机数据实质上就是语言理解基因（见本卷第三编）的别名，上文提到的那些符号就是语言理解基因的氨基酸。语言理解基因氨基酸的种类是有限的，横向延伸的最大限度不过是把全部氨基酸都使用一次。这个说法如此简明，就如同一项公理，是关于横向延伸透齐性的顶层阐释。不言而喻，这是一个关键性的论断，因为一切"横向延伸透齐性"的论述都必须立足于此。这个立足点要求对语言理解基因氨基酸给出一个穷尽性描述，这项描述放在哪里呢？(HNC-1)需要使用语言理解基因氨基酸，而语言理解基因又属于(HNC-3)的内容，这似乎构成了一个特别吊诡的吊诡：是(HNC-1)在先还是(HNC-3)在先？说"吊诡"而又以"特别吊诡"修饰者，无吊诡之意也，即不必追究两者的前后之分也。语言理解基因氨基酸是破解语言理解基因的金钥匙，对这把金钥匙给予特殊照顾乃是理所当然的事。所以，本《全书》不得不在第一卷（见期望行为 7301\21 子节[123-0.1.2.1]的结束语）给予了系统预说，已读过该预说的读者不妨再翻阅一遍。

横向延伸透齐性的顶层阐释也可以看作是一种数学描述，它所关注的仅仅是一个集合的完备性问题。而针对一株特定的概念树（如 a12）之延伸描述，或其一项特定延伸概念（如 a129）之延伸描述就不再是一个纯粹的数学问题了，所谓的延伸描述就是指应该选择哪些语言理解基因氨基酸捆绑于其上，这就变成一个物理问题了，而物理问题就允许有所取舍，这属于物理意义的透齐性，而不是数学意义的透齐性。HNC 把这项物理意义的透齐性探索称为语言理解基因氨基酸的捆绑。在《全书》的撰写过程中，笔者几乎花费了85%的时间从事这项捆绑工作，[a12-0*0*;]是前期捆绑的范例，[a12-0000]是后期捆绑的范例。从这两个范例的对比，可以看到连贯性的明显印迹，更可以看到灵巧性的明显印迹。本子节前面的数字游戏说明就是灵巧性印迹的展现。

语言理解基因氨基酸是开启哪些"宫殿"大门的金钥匙呢？核心"宫殿"群的名称是：作用效应链、基本概念和综合逻辑概念。这些宫殿的墙壁是图像脑、情感脑、艺术脑和科技脑，它们不仅是核心"宫殿"的四面墙壁，也是所有"宫殿"的四面墙壁。但应该指出，这四面墙是内墙，不是外墙，外墙的说明见下一子节。这四面内墙的差异很大，情感脑内墙的形态尤为复杂，汉语的著名成语"犬牙交错"也远不足以形容。不过，在第一类精神生活(71+72+73,8)这个概念子范畴里，HNC 对该内墙的复杂形态或面貌给予了力所能及的描述或梳理。

每株概念树就是一座"宫殿"，其中，作用效应链、基本本体、基本属性和综合逻辑这 4 类概念树所构成的"宫殿"是语言概念空间的核心"宫殿"，语境基元概念树所构成的"宫殿"是语言概念空间的主体"宫殿"，其他概念树所构成的"宫殿"可统称语言概念空间的附属"宫殿"。对此论断若有所悟的读者不妨追问一声：以往的语言学研究是否仅偏重于附属"宫殿"的探索呢？这样的追问一定有益于灵巧思维的培育。

概念树的概念延伸结构表示式就是对一座"宫殿"的结构与功能描述，每一项延伸概念也是一座小"宫殿"，可名之"宫中之殿"或"殿中之宫"。在 HNC 探索的起步阶段，曾试图使语言概念空间"宫殿"的基本样板或基本特征在作用效应链、基本本体和基本属性这 3 个概念范畴里完整地呈现出来，后来，在横向延伸透齐性的不断探索中逐步发现：起步阶段的这个如意算盘乃是一个"三缺一"的低级失误，基本本体和基本属性都属于基本概念，必须再加一个综合逻辑，才能形成"基元、基本与逻辑"三足鼎立的完整组合。让三者分别充当"宫殿"样板的三位代表，堪称"不二之选"，这三者将名之三大"选区"。作用效应链将名之第一"选区"；基本概念将名之第二"选区"，综合逻辑将名之第三"选区"。应该惭愧地说一句：在 HNC 探索历程中，三大"选区"是最重要的一项领悟（不是之一），这个领悟本来可以完全来自于先验理性的透彻思考，但实际情况并非如此，最终还是借助了经验理性的长时间摸索。

上述"三缺一"低级失误的印迹，从《理论》到《定理》清晰可见，读者不可不察。这是当年还没有三大"选区"领悟的铁证。

三大"选区"的领悟是整个 HNC 探索历程中的一次关键性提升，说横向延伸物理意义的透齐性也好，说语言理解基因氨基酸的捆绑也罢，最终都要落实到对三大"选区"具体代表的选择。语言概念空间主体"宫殿"的设计即以此项选择为基本依托，附属"宫殿"的设计也以此项选择为基本参照。这选择与参照，就需要灵巧思维，就意味着无限已转化为有限。这个说法是"似乎很玄而实际上一点也不玄"景象的又一次展现，读者以为然否？

4.1.2.2　关于纵向延伸的透齐性描述

上一子节说了语言概念空间"宫殿"的内墙，本子节就关乎该"宫殿"的外墙了。

HNC 把语言概念空间"宫殿"群之内的知识叫世界知识，把"宫殿"群之外的知识叫专家知识。这里的内外以外墙为界，而不是以内墙为界。当今，是专家知识特别吃香的特殊历史时期，人们都误以为专家知识的总和就是世界知识的全部，专家知识就包含世界知识，没有比这一误解更离谱的误解了。

后工业时代的曙光已经非常明亮，专家视而不见；六个世界已经赫然存在，专家基本视而不见；经济公理的呈现已经如此明朗，专家还是视而不见；资本不能等同于资本主义，有些大专家却把资本主义的罪恶归咎于资本；"资本+技术"才是所谓的第一生产力，这个亚当·斯密先生早已揭示出来的真理却被许多杰出人物以语言面具性名言予以替代或掩盖；金帅主要靠阳谋忽悠这个世界，只有少数过度贪婪者才搞点所谓阴谋，因为在第一世界搞阴谋的风险毕竟还是巨大的，人类家园亟待拯救，对科技无限和丛林法则的继续迷信将导致人类家园的毁灭，人类不能对这两项迷信奉若神明，仅仅热衷于关于温室气体效应的争论；工业时代的真理不一定继续适用于后工业时代，民主制度的局限性日益彰显，是重新思考领袖与民众互动关系的时候了，政治领袖被民众牵着鼻子走的状态就是最佳的政治生态么？HNC 把所有这些现象称为世界知识的匮乏。罗斯福先生曾提出过著名的四大自由[*11]，现在应该补充一项自由，提倡五大自由，但这第五项自由不是什么网络自由，而是免于世界知识匮乏的自由。

这些世界知识存在于什么地方呢？就在语言概念空间"宫殿"群的外墙之内，外墙之外才是专家知识。当然，这个外墙不可能是一面实在的墙壁，而是一个巨大的模糊地带。但空谈其巨大模糊性没有什么意义。怎么办？就把纵向延伸的终点定义成外墙吧，这一定义的关键在于：要把一项可爱的特性赋予这些终点，那特性名之可扩展性（或终点的可移动性）。同时，对可扩展性赋予"叩其两端"的描述方式，[a12-0*0*;]是一种描述方式，[a12-0000]是另一种描述方式。两种方式都只是提个醒而已，对后者也并不剥夺其可扩展性。这就是灵巧思维了。

本分节到此可以结束了，但下面将预写一段本来打算安排在本编之跋里的话。

许多 HNC 的朋友对"概念无限而概念基元有限"的论断采取一种回避态度，他们理所当然地认为：社会是发展的，语言也是发展的，新概念、新词语将永远层出不穷，这是一个基本事实。基于对这一基本事实的认同，他们在理论上就难以认同"概念基元有限性"的论断。这里，笔者要向这些朋友们说：上述基本事实与"概念基元有限性"的论断并不矛盾，因为该论断不同于通常意义上的论断。通常的论断多数是"一根筋"思维模式的论断，而"概念基元有限性"的论断则是灵巧思维模式的论断，其有限性既是静态的，又是动态的。以概念范畴—概念林—概念树为参照，它是静态的；以延伸概念为参照，它是动态的。我们能不能说：大多数自然语言都远没有利用概念树的全部资源呢？人类自然语言的总和也还没有充分加以利用呢？答案应该是"能这么说"，因为无比辉煌的英语就没有充分利用概念林"10"辖域里全部概念树的资源，许多重要的延伸概念都缺乏对应的自然语言表述，以延伸概念为参照，可以说自然语言经常陷入"词不达意"的困境[*12]。HNC 不是跟在自然语言后面进行观察与探索，而是走在**前面**等待着自然语言的发展。**前面**者，语言概念空间也，彼山及其景象也。这段话就写这些，不过是以往多次相应论述的重复而已。但这次重复乃安排在"横向延伸的透齐性描述"和"纵向延伸的透齐性描述"之后，就更显得言之有据了。

4.1.2.3 关于自延伸的自由性

自延伸是 HNC 引入的一个术语，特指语言理解基因第二类氨基酸里非对偶性符号的运用，也就是对比性符号和包含性符号的运用。这就是说，存在着两类自延伸，一是对比性自延伸，二是包含性自延伸。

自延伸具有高度的自由性，就是说，任何延伸概念都拥有自延伸的自由。但两类自延伸的自由性又有所不同，对比性自延伸主要自由于抽象概念和物性概念，包含性自延伸主要自由于具体概念，并特别自由于挂靠型具体概念。

自延伸可进入概念延伸结构表示式，也可以不进入。其符号表示就是对两类自延伸另加小括号：对比性自延伸——(okm)；包含性自延伸——(–k)。

对比性自延伸可以看作是所谓"原级—比较级—最高级"描述方式的扩展；包含性自延伸可以看作是"部件"概念的扩展。

4.1.2.4 关于非的限制性

HNC 定义的非就是数理逻辑的非，不是自然语言的非，也不是基本逻辑里的非，更不是佛经里的非。前者的非必须对应于一个确定的集合，后三者的非则可以不对应。因此也可以说：HNC 的非乃是特指的非，后三者的非乃是泛指的非。

非的表示符号沿用数理逻辑的"~"，所谓非的限制性，是指该符号仅使用于三大类语言理解基因氨基酸的部分要素，这包括本体论描述 OD 的第一类和第二类本体符号、认识论描述 ED 的黑氏与非黑氏对偶符号和五元组描述的"v"。这就是说，HNC 的非一共有三类，也只有三类，可分别名之本体论非、认识论非和五元组非。

也许不少读者对上面的文字很不习惯，但笔者要说：只有这样的文字才能准确描述 HNC 定义的非，并进而写出其物理意义的符号表示。

三类非表示的前两类一定联系于(OD;ED)的常量表示，常量的不同选择就会形成不同的非表示。这就是说，本体论非和认识论非可以有丰富的形态，但五元组非只要一个，那就是"~v"。

顺便说一下：三类非的明确虽然只是 HNC 探索历程的一个小插曲，但给笔者带来的愉悦并不小。五元组非曾名之动词异化，这个命名表面上是一件小事，由于它与三大类语言理解基因氨基酸联系在一起，使笔者更加坚定了对 "八大词类"的反思，更加活跃了如何降伏汉语劲敌 B 的思路。

4.1.2.5 关于反的限制性

正与反是自然属性的基本呈现之一，对应的 HNC 符号是 j71e2m。那么，概念基元是否都存在正反特征呢？这并不存在一个显而易见的答案，"有正必有反"的命题不是当然成立的，无论是具体概念还是抽象概念都是如此。

应该说存在正反特征的概念基元属于最可爱的概念基元，对于这样的概念基元，HNC 力求一个也不漏掉，故 e2m 属于语言理解基因氨基酸捆绑的首选对象之一。但是，反的呈现不可能仅仅表现为氨基酸的形态，它应该还拥有其他的或另外的形态，HNC 将使用符号^(CP)来描述反的这一形态，这是 HNC 的一项特殊约定。

符号^(CP)是反的数学描述，在概念延伸结构表示式里，需要反的物理描述，相应的描述符号是^(EC)。下面是一个具体的示例[*13]：

```
72019:(,9γ=a,;99e5n,9a(d01,c01),^(y9a);^(y9ac01)) —— [72019-00]
    72019γ=a              目标与要求分别说
    720199               （自我）目标 —— "目标"
     720199e5n            "目标"的三分描述
     720199e55            行善
     720199e56            作恶
     720199e57            明哲保身（"自保"）
    72019a               （自我）要求 —— "要求"
    ^2019ad01            严格要求自己
    ^2019ac01            "要求"底线
    ^(72019a)            放任
     ^(72019ac01)        兽行
```

概念延伸结构表示式[72019-00]带引号的汉语说明文字都属于前述"词不达意"的典型例子。应该说明：要不要给延伸概念的文字说明带上引号有时是很费思量的，《全书》的分寸把握时紧时松，这是需要向读者致歉的，不过概念延伸结构表示式[72019-00]里汉语说明文字所用的引号都比较准确。引入这个示例，一方面是为了与前文"跋之预说"相呼应，另一方面是为了诠释"反的限制性"。

在对[72019-00]进行正式说明之前，需要先介绍一下一级延伸概念 72019 的家族背景。它属于"常态意志 7201"这株概念树，该概念树的概念延伸结构表示式（加了编号）和部分汉语说拷贝如下：

```
7201(t=b,e7m,e2n;(t):(3,e5n),tγ=a,a:(d01,c01),bean,e2ne2n;
    ^(ytγ),9a:(d01,c01),99e5n;
    ^(y9ac01)) —— [7201-0000]
    7201t=b              常态意志的基本内容
    72019                目标与要求
    7201a                坚持与毅力
    7201b                适应与调整
    ...
    7201(t)              意志力
```

延伸延伸概念 7201t=b 也可名之"常态意志的第一本体呈现"（这是 HNC 后期更常使用的语言），它是从哪个"选区"选出来的代表？答案是第一"选区"。72019 大体对应于作用与效应；7201a 大体对应于过程与转移，7201b 大体对应于关系与状态。由于只是大体对应，这里的氨基酸符号"t=b"绝不能以"β"替换。这些似乎是题外话，但对于下面的论述具有预说意义。

下面回到[72019-00]。我们看到：延伸概念 72019a 在自然语言里就没有对应的词语，其再延伸概念 72019ad01 有一个比较准确的短语——严格要求自己，但另一个再延伸概念 72019ac01 就缺乏合适的词语或短语了。有趣的是：延伸概念 72019a 的反却拥有十分传神的汉语词语——放任；再延伸概念 72019ac01 所对应的词语也是这个情况，其反"^72019ac01"也拥有传神的词语——兽行。

一级延伸概念 72019 的再延伸概念仅有一项，选择了准第一本体"γ=a"，这个氨基酸比较特别，其代表通常来自于不同的"选区"，本示例正是这个情况，720199 来于第三"选区"的"追求 s108"；72019a 来于第一"选区"的"约束 04"。由于"约束 04"与"免除 03"是一对孪生兄弟[*14]，因此，从 72019a 派生出"放任^(72019a)"和"兽行^(72019ac01)"乃是概念联想脉络的一种"水到渠成"景象。

所谓概念延伸结构表示式的设计实质上都是对概念联想脉络景象的叙述，上面具体给出了一种"水到渠成"的景象。此叙述不同于一般的叙述，它代表一种境界，不是可以轻易达到的。大部分概念延伸结构仅能达到描述的水平，离叙述总有一定的差距。不过，这里可以说一声：[72019-00]已十分接近于叙述，但前面的[a12-0000]就不能这么说，至于[a12-0*0*;]，那不过是一个很粗糙的描述而已。

现在，我们可以说这样一句话了：所谓"反的限制性"实质上就是概念联想脉络固有属性的一种特殊呈现。在本《全书》撰写过程中，笔者对这一特殊呈现给予了力所能及的关注。

本分节和上一分节都在讨论限制性，我们已经看到：这是两种性质截然不同的限制性，读者自己领会一下吧。下一分节将展示另一种类型的限制性。

4.1.2.6 关于非分别说的限制性

本分节也从一个例子"意志力 7201(t)"说起，它来于[7201-0000]。其概念延伸结构表示式和汉语说明拷贝如下：

```
7201(t):(3,e5n)
  7201(t)3              意志力培育
  7201(t)e5n            意志力的基本描述
  7201(t)e55           （意志）坚强
  7201(t)e56           （意志）薄弱
  7201(t)e57            缺乏意志力
```

这里顺便交代一个细节。在[7201-0000]里，没有把 7201(t)当作一个独立的延伸项，于是就把"7201(t):(3,e5n)"直接当作二级延伸项，这是对非分别说的一种表示方式。另外，也有把非分别说直接当作独立延伸项的情况。为什么要区分"独立与附属"这两种情况呢？因为非分别说延伸概念的五元组分布特征可能差异很大，如果五元组分布比较均衡，那就当作独立项来处理；如果该分布极度不均衡，其中的"v,g"弱存在，而"u,z,r"强存在，那就按附属项来处理。7201(t)属于五元组分布极度不均衡的情况，其中"v,g"很弱，但"r"强存在，更细致的描述是："rz"强存在。因此，它就被当作附属项来处理了。

读者可能质疑：如此重要的细节竟然放在这里来交代，那是否过于"马后炮"了呢？回答是：惭愧，谢谢。

意志力的论述多矣！7201(t)的描述方式有什么独特或高明的地方呢？请回到上一子节的[7201-0000]吧，看一下 HNC 对"常态意志基本内容 7201t=b"进行了怎样的描述，把"目标与要求 72019"、"坚持与毅力 7201a"、"适应与调整 7201b"这三样东西捆绑在一起不是一件轻易的事，它需要概念树"常态意志 7201"和语言理解基因氨基酸"t=b"这两根拐杖或两件工具，并需要费一番心思。这番心思仅在自然空间是无能为力的，连天才的乔姆斯基先生都"无策辨东西"[*15]，何况他人？然而，这项捆绑并不是 HNC 描述的全部，常态意志 7201 作为一株概念树，其上方有概念子范畴"意志 72"和概念林"意志基本内涵 720"管着，概念树 7201 作为一个概念家族，又派生出三大分支，7201t=b诚然是其中的主要分支，但毕竟只是分支之一，而不是全部。"天才乔姆无策辨东西"的根本缘由就在于此了，这个"此"不是一般意义的此，此"此"者，前述上行思考与下行思考之途径也。非分别说的 7201(t)乃是下行思考的特殊途径之一，这样的特殊途径一共有四条，另外三条，前面已经说过了。这些特殊途径是否有点独特或高明呢？读者自行思考一下吧。

那么，"非分别说的限制性"是什么意思呢？答案是：主要是一种类型的概念最有可能需要给出分别说和非分别说的明确区别，那就是两类本体论描述所表示的延伸概念。请注意这个答案里的三个修饰用语："主要是"、"最有可能"和"明确"，这意味着其他某些类型的延伸概念（如对比性延伸或对偶性延伸）也有可能需要作非分别说，但毕竟属于罕见情况。一些读者可能对本段的说明文字感到厌恶，对本子节的某些文字可能很不以为然，那就请包涵一点吧。

4.1.2.7 延伸概念符号表示的 6 个要点说明

以上 6 个子节都属于预说，不仅是本小节的预说，更是嗣后两节（不是随后的两小节）的预说。预说之后，本子节才正式回到本小节的主题——概念延伸结构表示式的符号说明，还搞了"偷工减料"的小动作，从"符号说明"变成了"6 个要点说明"。不过，如果能理解预说的"苦衷"，那么，这点小动作就是不难理解的了。下面是 6 个要点的清单。

要点 1：关乎符号"∶(…)"，它用于表示概念的横向延伸。对于概念树，该符号在任何情况都不可省略，哪怕是单项、单级的最简延伸结构。但对后续延伸概念就不同了，在单项延伸情况，该符号可自然省略。

要点 2：关乎符号"，"，它用于表示横向延伸的有序排列。

要点 3：关乎符号"；"，它用于表示纵向延伸的递进。

要点 4：关乎符号",;"或",)"，皆用于表示概念延伸结构的开放性，无此则表示可予以封闭。

要点 5：关乎语言理解基因的氨基酸，约定只有第一和第二类氨基酸符号可进入概念延伸结构表示式。

要点 6：关乎语言理解基因的染色体，约定只有特定前挂符号(52,53)和特定逻辑符号(^,~)可进入概念延伸结构表示式。

这个清单表明：预说里的自延伸和非分别说被排除在要点之外了。为什么有这个差异待遇呢？读者自行思考吧。

4.1.3　概念延伸结构表示式的玄机

从本小节开始，直至本章结束，都属于 HNC 理论探索的未来园地，读者可以先跳过去，直接进入本编第五章的阅读，然后再跳回来。

本小节和下一小节都使用玄机这个词语，此玄机当然有其特定含义，这是需要首先加以交代的。简单地说，这里的玄机既指模拟语言脑（图灵脑）的玄机，也指人类语言脑的玄机。本小节的玄机有两种陈述方式：①由 456 株概念树所伸展出来的 456 个概念延伸结构表示式是否就是图灵脑的基础宏观结构？或者说，它们有资格担当起这样一个角色么？②人类语言脑是否存在着类似的基础宏观结构呢？或者说，语言脑理解区块的神经元聚群是否也是依据这样的基础宏观结构而组织起来的呢？神经元聚群是神经生理学早已使用的短语，近 20 多年来，大脑皮层柱这个术语被经常使用，新出现的神经计算学更是如此。故下文有时也以皮层柱或皮层柱组替代神经元聚群这个短语，但其意义并不完全等同于神经学所给出的各种定义。

上列两种陈述在文字上表现为两个疑问，不过，在本《全书》的已有论述里，已经多次对这两个疑问给出了明确的答案，不妨统名之 HNC 答案。但是，这个所谓的 HNC 答案实质上并不是那么确定，也许使用"根本就没有确定"的说法更符合读者的感受，故退而求其次而名之玄机。玄机者，不那么容易把握之机遇也，存在众多疑团之机遇也。

所谓"概念延伸结构表示式玄机"有玄机 1 和玄机 2 的区分，玄机 1 对应于图灵脑，其正式名称是图灵脑玄机；玄机 2 对应人类的语言脑，其正式名称是语言脑玄机。下文将分别依托玄机 1 和玄机 2 进行论述。这里的论述将采取列举疑团并给出简要说明的形式，不像专家的论文那么严谨，就当作一种低级形态的论文吧。

在玄机的陈述里两次使用了"基础宏观结构"的短语，这里的"宏观"是指横向与纵向延伸的基本架构，这意味着将抛开或暂不考虑该架构的某些细节；"宏观"前面的"基础"，不太容易用自然语言来解释，权且把它理解为"延伸概念"这个词语的"ug"[*16]吧，这意味着将抛开或暂不考虑联系于每一延伸概念的概念关联式。延伸概念本身虽然可以提供比自然语言词语更丰富、更确定的意义，但如果没有相应概念关联式的配合，即使其 HNC 符号再漂亮、再传神，它大体上仍然只是一个无机数据，而不是有机数据。这些话显然属于下一小节甚至是下一章的预说，可以不放在这里，但又觉得需要在此处预说一声，这里有不得不如此颠三倒四的苦衷。

专家通常都回避玄机之论，但 HNC 不回避。这里是本《全书》的首次玄机论，可以看作是嗣后一系列玄机论的演习。遗憾的是：这个演习式玄机论十分形而上，不过，这个遗憾后面会有所弥补，请等待两"后论"（指本卷第六编和第七编）的正式论述吧。

玄机 1 和玄机 2 将分别标记成 A1 和 A2，以便与延伸概念玄机（下一小节）的相应

标记 B1、B2 相区别。玄机 A1 与的主要疑团如下:

疑团 A1-1,自然语言处理信息过程需要调用相关概念树的概念延伸结构表示式么?该调用将简称整体调用。

疑团 A1-2,整体调用的激活因数是什么?

疑团 A1-3,自然语言信息处理过程 3 大劲敌的征服和 15 支流寇的肃清需要概念延伸结构表示式的协助么?

疑团 A1-4,显记忆的生成需要概念延伸结构表示式的协助么?

这 4 项疑团可合称 A 疑团,可以看作是 HNC 疑团的范本,这一特定范本的表层依据是随后的玄机 A2、B1 和 B2 都存在类似疑团,深层依据则是四者囊括了自然语言信息处理面临的核心科学问题。

疑团 A1-1 的当前答案只能是:难说! 面对那"第一"核心"宫殿"(指作用效应链)全部共相概念树的繁杂景象,面对那"第二"主体"宫殿"(指第二类劳动)多数概念树的壮丽景象,除了"难说"二字,还能说什么呢? 这"难说"二字来自于对概念延伸结构表示式的一种感受,而感受不能没有相应的感性认识,因此,下面就来管窥一下那主体"宫殿"的壮丽景象吧(表 1-10)。

表 1-10　主体"宫殿"壮丽景象之"管窥"

概念树	HNC 表示	一级延伸概念
制度与政策	a10	$a10:(t=b,m,e2n,3;)$
政权活动	a11	$a11:(e1n,3,t=b,i;)$
国家治理与管理	a12	$a12:(t=a,3,i,\backslash k=3,7;)$
政治斗争	a13	$a13:(e3n,\alpha=b,e2m,e2n,\backslash k=2,3,i;)$
外交活动	a14	$a14:(3,t=b,\backslash k=4,m;)$
征服与控制	a15	$a15:(e0n,\backslash k=3,t=b;)$

这组概念树(辖属于概念林"政治 a1")的一级延伸概念最少 3 项,最多 7 项。而且,每株概念树都拥有本体延伸,那株一级延伸项最少的概念树 a15 实际上拥有 7 项一级延伸[*17],那株一级延伸项最多的概念树 a13 实际上拥有 11 项一级延伸。依据动态记忆的"魔数 7±2"原理[*18],整体调用对于主体"宫殿"概念树是不可取的。当然,第二核心"宫殿"(指基本概念)和多数附属"宫殿"概念树的景象并不那么繁杂或壮丽,但问题在于:概念树景象的繁杂或壮丽与否或许可以作为能否施行整体调用的技术依据,但不能作为作出该项决策的科学依据。因此,关于疑团 A1-1 的现状可以这样来表述:它依然是一个原封不动的疑团。

疑团 A1-2 似乎是一个浮萍式的疑团,如果整体调用可能都不需要,那就谈不上什么激活因数了,皮之不存,毛将焉附? 但是,如果仅仅这样想,那就多少有点"一根筋"的意味。概念树的概念延伸结构表示式是一个整体,其一级延伸概念如同一个组织的"最高领导层","管窥"的意思不仅是指只窥测了一片概念林,也指只窥测了其"最高领导层"。一株概念树就相当于一个组织,上文戏称"宫殿",语境概念树是主体"宫殿",多数专著属于特定主体"宫殿"的描述，少数专著属于某些或特定核心"宫殿"的描述，个别专著仅针对附属"宫殿"的描述。至于论文的描述对象，不过是局限于"宫中之殿"或"殿中之宫"而已。要读懂科技方面的专著或论文，需要世界知识和专家知识，不过以后者为主。但人文社会学的专著、论文或命题是另一回事，媒体文更是另一回事。另一回事者，读懂它们的第一前提条件发生了重大变化也；重大变化者，世界知识比专家更为重要甚至远为重要也。没有多少人真正读懂了亚当·斯密先生的《国富论》，没有多少中国人真正读懂了毛泽东先生的著名"三论"[*19]，更没有几个人真正读懂了邓小平先生关于"科技是第一生产力"的名言或命题[*20]。这些"读不懂"的根本缘由并不是专业知识的不足，而主要是世界知识的欠缺。

　　每株语境概念树的一级延伸概念都是其世界知识的集中表述，浓缩了该特定领域世界知识的要点或精华。对这些世界知识需要一个整体的把握，可名之体思，体思才能形成体说。体思之下还有面思、线思和点思，与面说、线说和点说相对应。四思之说可简化为点线之思和面体之思的两分说，对专著和论文的阅读和理解，不仅需要点线之思，更需要面体之思。点线之思大体对应于词语和语句的理解，面体之思大体对应于段落和篇章的理解。自然语言的深层理解还往往涉及对语言面具性特征的揭示，此更非易事，必须依靠面体之思。那么，面体之思的需要是否就是"整体调用的激活因数"呢？答案似乎是肯定的。对疑团 A1-2 的探索，目前仅仅走到了这一步。

　　疑团 A1-3 表面上似乎与疑团 A1-2 无关，但实际上不是这个情况，联系两者的纽带就是所谓的面体之思。某些劲敌 C 的降伏（特别是其中深层省略）离不开面体之思，某些流寇（例如流寇 09）的肃清也离不开面体之思。这是两句高玄度的话，请重读一遍本节的注释[*20]吧，或许可以减弱一点前一句话的玄度；再请读一下所谓的康德论断[*21]吧，或许可以减弱一点后一句话的玄度。

　　疑团 A1-3 涉及一个重大话题——如何在自然语言信息处理（核心是理解处理）的过程中降伏 3 大劲敌和肃清 15 支流寇，可分别简称"劲敌问题"和"流寇问题"，合称"敌寇问题"。在具体说明时，"劲敌"前可能需要加上表层//深层的修饰语，其后一定要加上 A//B//C 的标号，"流寇"则只加标号，虽然某些流寇也有表层与深层的区分。这是"敌寇问题"的又一次预说，仅点到为止，后文将多次重说。

　　疑团 A1-4 的答案实际上十分简明，显记忆"两套索引"[*22]之一的依据就是语境概念树的概念延伸结构表示式，本卷第四编还有进一步的说明。那么，疑团 A1-4 是否算不上一个疑团呢？也许可以这么说，它是疑团 A1 里疑团度最小的疑团。

　　玄机 2 的主要疑团如下：

　　A2-1，语言脑里是否存在着与概念树及其概念延伸结构表示式对应的皮层柱呢？如果该皮层柱存在，拟名之(HNC-1)皮层柱。

　　A2-2，(HNC-1)皮层柱被激活的前提条件是什么？

　　A2-3，"敌寇问题"处理如何仰赖(HNC-1)皮层柱的激活呢？

　　A2-4，显记忆的生成要仰赖(HNC-1)皮层柱的激活么？

　　后 3 个疑团的表述似乎省略了"如果(HNC-1)皮层柱存在"这个前提，但实际上那不是省略，而是删除了一句废话。因为在理论上，该组皮层柱必须存在，至于将来叫什么名字，那是另一个问题了；在实践方面，疑团 A2-1 大体有了一点眉目。

大脑研究已表明：老鼠的大脑大约拥有 1000 个皮层柱，人的大脑大约拥有 100 万个皮层柱。如果假定生理脑占全部大脑皮层柱的一半或大半，大脑的五大区块占其中的另一半或小半；如果再假定语言脑占有的皮层柱大约是五大区块总量的 1/5，那么，语言脑皮层柱的数量就是 10 万个左右了，这个数据就同(HNC-1)所给出的延伸概念总量相当接近了。

《全书》早就给出过语言理解基因在 15 000 个以下的说法，于是有人问：怎么能说"15 000 个以下"同 10 万个左右相当接近呢？问得好！但回答相当有趣：①语言理解基因数量的估算（指"15 000 个以下"的估算）仅涉及主体"宫殿"，未包括核心"宫殿"和辅助"宫殿"；②该估算对本体论延伸项按"1"计算；③语言脑显记忆的接口需求[*23]未纳入该估算；④句类和语境单元的需求也未纳入该估算。因此，如果把"相当接近"改成"神机妙算"似乎也无不可，这当然只是开一个"玩笑"。但是，这个"玩笑"可以作为疑团 A2-1 有了一点眉目的**有力**证据之一，这"有力"二字用了黑体，那可是非常认真而没有一点"玩笑"的意思。

因此，疑团 A2-1 之"是否存在"的答案应该是没有疑义的，那就是"是"。

这个理论上的"应该是"什么时候可以成为科学意义上的"确实是"呢？这笔者就比较悲观了。

美国和欧盟都已经启动了雄心勃勃的大脑研究计划，欧盟似乎更显得雄心勃勃。然而，前文曾说过：笔者并不看好那些计划[*24]。这里可以说一下"不看好"的直白依据了，那些计划的主持者都对玄机 2 和对应的疑团 A2 缺乏最起码的科学思考，这不禁使笔者联想起我国 20 世纪 50 年代"大跃进"时期的大炼钢铁运动。本《全书》多次预说过：人类大脑存在 5 大构成（图像脑、情感脑、艺术脑、语言脑和科技脑）或五大区块，这五大构成或区块建立在一个基础性的东西之上，这个东西曾名之生理脑。生理脑是大脑的基础，不仅仅关乎大脑，也关乎脑的其他所有部件（如丘脑、小脑、海马等）和配件（如交感神经和运动神经）。如果对生理脑和大脑的 5 大构成来一个"胡子眉毛一把抓"，把全世界神经学家可提供的全部数据集中起来，利用超级计算机制造出一个"虚拟大脑"，这在技术上已经是或即将是完全可行的，堪称是科技史上的空前"大手笔"。但这种"一把抓"式的"大手笔"是否有点类似于我国大炼钢铁运动中的"土高炉"呢？那也是"大手笔"啊！这话近乎刻薄，那就文雅一点吧。在笔者心目中，当下西方的一切大脑研究项目都存在着或大或小的问号，该问号的简明陈述是：技术含量比较高或非常高，但科学含量比较低或非常低。这种状态对许多研究来说无所谓，因为其"科学棒"[*25]的探索已十分成熟，可以直接从"技术棒"起步拔地而起。但大脑研究不行，因为其"科学棒"的探索还十分薄弱。

疑团 A2-2 与疑团 A1-2 的激活条件应该完全相同，似乎无须重复，但实际上并非如此，因为图灵脑和语言脑必然存在一系列本质区别。这是一个重大话题，笔者还是先来一小段预说。这段预说以疑团 A2-2 为参照，但其基本思路适用于玄机 2 的整个疑团 A2。

图灵脑施行整体调用非常方便，语言脑就未必那么方便了，这是区别 1；图灵脑可以设置一幅点线之思和面体之思的运行路线图（简称两思路线图），那将是一个变异性不那么难以把握的东西，语言脑里可能也存在一幅类似于两思路线图的"东西"，但其变异性则十分难以把握和描述，那"东西"不仅因人而异，也因每个人面临的实际语境而异，这是区别 2。我们可以列举一个更长的区别清单，但意义不大，重要的是上列两区别。两区别将成为一个专用术语，用于描述图灵脑和语言脑的本质差异。但该术语仅描述了图灵脑与语言脑的本质差异之源，完全未涉及流，那流所汇成的"海洋"是大脑之谜的关键"海区"，是科学探险尚未到达的"海区"。但大脑研究毕竟出现了一些新思考，据报道，《脑连接组》[*26]里有如下表述："新的脑连接组学不会在一夜之间确立。但在今后几十年里……脑连接组将会最终主导我们关于人类意义的思考。"这个论断有点意思。脑连接组可以视为概念联想脉络的载体么？可以。脑连接组学可以视为 HNC 的同盟军么？可以又不可以。可以者，都着眼于概念联想脉络也；不可以者，前者统管生理脑和大脑的五大区块，而 HNC 仅关注语言脑也。

疑团 A2-3 的文字表述似有偷梁换柱之嫌，"敌寇问题"是图灵脑带出来的问题，语言脑存在这个问题么？这三个小句似乎很有趣，实际上很可悲，因为那是"一根筋"思维的趣味。这里只想再次强调一声："敌寇问题"是一个关乎语言脑奥秘的根本问题，而"如何仰仗"又是该问题的要害。"如何仰仗"的论述将集中安排在本卷的第三编（论语境单元），"敌寇"本身面貌的叙述则将集中安排在本卷的第六编（"微超论"）。按常规，"敌寇"应叙述于前，而"如何仰仗"应论述于后，但本《全书》却作出如此颠三倒四的安排，这是它的宿命。上述安排是一个很好的实例[*27]，故总序里的宿命说又被啰唆了一遍。

疑团 A2-4 的文字表述显然不够严谨。显记忆有多种类型，不是所有类型的显记忆都需要仰仗(HNC-1)皮层柱，但主体显记忆毫无疑问应该仰仗，理由全同于 A1-4。又是一个"应该"，最终的论述请等待"论记忆"编吧。

本小节就此戛然而止。

4.1.4 延伸概念的玄机

本小节要说的第一句话是：延伸概念玄机（玄机 B）要比概念树的概念延伸结构表示式玄机（玄机 A）**玄得多**，因为玄机 A 的论述总算找到了一个切入点——皮层柱，该切入点关乎大脑皮层柱的粗略宏观结构与功能，而玄机 B 则找不到那样的切入点，即使将来找到了，也不能像对待皮层柱那样粗略与宏观。这里的"不能那么粗略与宏观"绝不能以"精细与微观"替代，这么一说，读者应该对玄机 B 之玄度的分量有所感受了。

"玄机 B 之玄度的分量"实际上在第一卷里已经预说过了，那就是语言理解基因氨基酸和语言理解基因的染色体这两组概念[*28]。如果说皮层柱大体可以充当玄机 A 的佐证，那么是否可以说：从轴突、树突（基底树突和顶树突）、突触到锥体神经元也为玄机 B 提供了某些佐证呢？这里不能不十分遗憾地说：差得远！玄机 A 的佐证（皮层柱）引出了上一小节的一大段愉快的论述，本小节就没有这样的幸运了，故下文直接进入疑团

B 的列举与粗说。

上文已经交代过：玄机 B 分 B1 和 B2 两种，前者对应于图灵脑，后者对应于语言脑。

玄机 B1 所对应的疑团列举如下：

疑团 B1-1,自然语言信息处理是否可以离开延伸概念的空降式调用呢？

疑团 B1-2,被调用的延伸概念如何被确认？

疑团 B1-3,"敌寇问题"处理要仰赖被确认的延伸概念么？

疑团 B1-4,显记忆的生成要仰赖被确认的延伸概念么？

疑团 B1-5,本体论延伸概念与认识论延伸概念的调用方式存在差异么？

疑团 B1-6,语言理解基因的染色体特征如何被运用呢？

疑团 B1-7,语言理解基因的氨基酸特征如何被运用呢？

疑团 B1 的疑团数量比疑团 A1 多了 3 项，两者前 4 项疑团所使用的描述词语大体对应，是玄机 A 与玄机 B 的共性课题，后 3 项疑团是玄机 B 的个性课题。

下面依次对各项疑团进行粗说。

疑团 B1-1 的文字表述本身就存在两个"疑点"，那里的主语"自然语言信息处理"就是"疑点"1 的源头，它过于宽泛。当下的主流学派根本就瞧不起疑团 B1-1 所提出的问题，人家就一直在走"彻底离开"之路，哪会去管什么"是否可以离开"之类的可笑问题呢！不过，近年有了那么一点变化，主流学派也举起了语义旗帜[*29]。这样，把那个"过于宽泛"的主语和"是否可以离开"连接在一起就不显得那么荒唐了。

"疑点"2 是指该陈述里的"空降式调用"，这里的"空降"是绕开概念延伸结构表示式的意思，所谓"空降式调用"就是对一株概念树的某一项特定延伸概念进行直接调用，既不管概念延伸结构表示式，也不管它处于纵向延伸结构的那一级。当然，一旦空降成功，那纵向延伸的级别是一清二楚的。

如果以微超或语超为参照，疑团 B1-1 的答案显而易见，那就是"绝不可以离开"，这就是说，必须把自然语言的符号体系转换成语言概念空间的符号体系，也就是 HNC符号体系，或者是未来的其他数字符号体系。总之，自然语言高级信息处理必须完成语言信息符号体系从此山形态向彼山形态的转换，这个论断以往已经叙说过多次，不过，这次加了一个修饰语"高级"而已。

疑团 B1-1 的粗说就到此为止吧。

疑团 B1-2 的文字表述不存在什么"疑点"，但"被确认"的意义并非如其字面意义所显示的那么确定，实际上它具有浅层和深层的不同意义。

浅层意义的被确认就是所谓的"多选一"问题。特定延伸概念的调用依靠相应词语的激活，但绝大多数词语对应于多个延伸概念，"多选一"问题自然就跑出来了。《理论》里曾对此给出过如下表述："自然语言的词，大多数是多义的，人在言语感知过程中必须进行大量的'多义选一'处理。也许可以说，这是交谈或阅读过程中大脑里最基础、最频繁的操作。"然而，这个表述具有严重误导性，因为它完全忽视了深层意义上的被确认。

深层意义的被确认不是简单的"多选一"问题，而是"灵巧选择"问题。灵巧选择又需要区分两类：一是语言学习过程的灵巧选择，可简称初级灵巧选择；二是语言运用过程的灵巧选择，可简称高级灵巧选择。

灵巧选择贯穿于语言脑的整个发育过程或语言学习过程，也可以说是贯穿于语言智力的整个成长过程。初级灵巧选择大体完成于一个人的 6～7 岁，高级灵巧选择大体完成于孔夫子所说的"三十而立"[*30]。

前文说过，智力有图像、艺术、语言和科技的 4 类型区分[*31]，学习也应该具有相应的 4 类型区分。那么，上面关于语言脑灵巧选择的论述是否也适用于图像脑、艺术脑和科技脑呢？答案似乎倾向于不那么肯定，这是一个由疑团 B1-2 派生出来的疑惑，但这个疑惑却似乎被有关学界过于忽视了。

这里只基于疑团 B1-2 而提出灵巧选择的话题，并不展开论述。在哪里正式展开呢？读者不妨猜猜看。

疑团 B1-3 和疑团 B1-4 与疑团 A1-3 和疑团 A1-4 类似，似乎可以不假思索地给出答案：要仰赖。但接下来的问题是：如何仰赖呢？这就不是一个寻常性问题了，要问"路在何方"（答案在哪里？），那就请猜测一下吧，笔者可要暂时保密了。

下面转向玄机 B 之 3 项个性课题的粗说。

疑团 B1-5 里有两个关键性术语，本体论延伸概念和认识论延伸概念，读者对它们应该已经不那么生疏了。延伸概念的基本类型仅此两类，这里用得上那个不能随意使用的"非此即彼"成语了，那可是(HNC1)和(HNC-1)的立论之基！前者指以第一类"氨基酸"[*32]为"端粒"[*33]的延伸概念，后者指以第二类"氨基酸"为"端粒"的延伸概念。

两者的调用方式存在差异么？此问题从何而来呢？

"调用方式"这个短语也许不那么合适，那就请把"调"与"用"分开来吧，这样就可以说：差异不在于"调"，而在于"用"。在使用本体论延伸概念的时候，可以弱关注其小家族的其他成员；但在使用认识论延伸概念的时候，则必须强关注其小家族的其他成员。所谓调用方式的差异就是指对待小家族其他成员的不同态度：弱关注或强关注。

疑团 B1-5 的粗说拟到此结束，答案是显而易见的。至于关注度的强弱如何施行，那属于疑团 B1-7 的课题了。

疑团 B1-6 里的关键性术语是"语言理解基因的染色体"，仿照语言理解基因氨基酸的做法，该术语将简记为"染色体"[*32]。染色体的数量是 23 对，"染色体"的数量是 5 大类 24 种[*34]。对于"23"和"24"这两个数字，当然不能像粗说疑团 A1-1 那样，用"神机妙算"的成语来加以描述，但勉强可以使用"奇妙的巧合"这个短语吧。

当然，不能夸大这"奇妙的巧合"的启示性意义，但也不能轻视，更不能无视。为什么？因为，这 24 种"染色体"所蕴涵的世界知识非常宝贵，这宝贵性很特别，用现代语言来说，这些"染色体"相当于语言脑的 GPS，将简称"语言脑 GPS"。语言脑是一座巨大的"迷宫"，前文描述过该"迷宫"极度复杂的内墙和外墙；提到过该"迷宫"的核心"宫殿"群、主体"宫殿"群和附属"宫殿"群；多次论述过具体概念与抽象概念之间有天壤之别，挂靠具体概念和基本具体概念之间又有天壤之别；……总之，要想在那座"迷宫"里不迷路，没有相应的 GPS 是寸步难行的，"染色体"正是语言信息处理最迫切需要的 GPS。至于该 GPS 的定位精度如何，那就不属于粗说的范围了。但这里不妨加上这么一句话，如果连"语言脑 GPS"都不会使用，那微超或语超（图灵脑）的研发是没有任何指望的，这就是说，HNC 语言信息处理必须从该 GPS 的使用起步。

疑团 B1-7 是所有疑团中玄度最大的疑团，因为迄今为止的大脑研究没有给出任何可以与"氨基酸"拉上关系的术语。有人曾把大脑皮层比作一块蛋糕，说那块蛋糕的主要奥秘藏在其表层的糖霜里，这个比方有点意思。那糖霜里也许可以找到"染色体"的标记，但"氨基酸"标记就完全是另外一回事了，因为它一定属于皮层柱的内部"微观"结构。因此，疑团 B1-7 的存在性似乎大有问题。该存在性的验证（证实或证伪）难度要远大于大脑的五大区块假说，因为现有的大脑观测手段也许已不难进行五大区块假说的验证，但要进行"氨基酸"假说的验证，那还差得很远。

然而，如果否定"氨基酸"假说，那么人类语言脑惊人的共性呈现和更为惊人的个性呈现就会陷入解释学的黑暗深渊；反之，则不难进入解释学的明亮天堂。这就是说，"氨基酸"的总体结构与功能特征可以为语言脑的共性呈现提供充分解释，而"氨基酸"变异甚至是微小变异则可以为语言脑的个性呈现提供充分解释。这样，"氨基酸"就变成一个不必纠结或不必怀疑的存在了。

"氨基酸"变异是什么意思呢？

在概念延伸结构表示式里，"氨基酸"都以原生态的形态出现，"氨基酸"的各要素是没有任何加权的，其延伸概念所伴随的概念关联式也还没有明确的加权[*35]。然而，"氨基酸"的实际生态不可能是这样，它必然存在加权。不同种族的语言脑和生活在不同文明语境下的语言脑可能具有比较稳定的不同加权，每一个人在不同年龄段可能也有比较稳定的不同加权，而同一个人在日常生活与工作的不同语境下则可能出现动态性的不同加权。加权是"氨基酸"的固有特性，没有加权的"氨基酸"是不可思议的。带有加权的"氨基酸"才是"氨基酸"存在的实际状态，可简称"氨基酸"实态。每个人的"氨基酸"实态各不相同，其差异度**应该高于**面相或指纹。加权值的微小变化有可能导致"氨基酸"变异，而这种变异可能形成著名的"蝴蝶效应"，使得一个人的精神状态或精神面貌变得"面目全非"。"氨基酸"实态虽然千变万化，但其基本构成是不变的，正如眼睛总是眼睛、耳朵总是耳朵、鼻子总是鼻子、嘴巴总是嘴巴、眉毛总是眉毛一样，眼睛、耳朵、鼻子、嘴巴和眉毛是面相的基本构件，总称五官，"氨基酸"就是语言脑"面相"的"五官"。

上文为什么对"应该高于"四字加了黑体呢？因为每个人的面相大体上可以说只有一幅，而"氨基酸"实态的"面向"则必须说"至少两幅"。对这里的"两"很难找到相应的自然语言词语来加以描述或区分，于是我们仿照语境单元处理背景 BAC 的方式，以"E 态"和"A 态"加以标记。这里应强调一声，如果"氨基酸"存在，那就必然有"E 态"和"A 态"的区分。

如果说"氨基酸"实态之"E 态"和"A 态"的区分基本上是一个虚无缥缈的东西，那第一类和第二类"氨基酸"似乎就不能这么说了。后文将把两者分别简写成"氨基酸-1"和"氨基酸-2"。"氨基酸-1"的主项有："~ t"[*36]、"~ \k"和"~ i"，"氨基酸-2"

的主项有："～o"、"～eko"、"～cko"和"～dko"。当然，对这里的说法可能存在完全相反的意见："氨基酸"实态的"E态"和"A态"并不虚无缥缈，而"氨基酸-1"和"氨基酸-2"才真正虚无缥缈。但问题在于：这样的分歧或争论目前还不会出现，也许可以说：此类分歧或争论出现之日，就是脑科学研究新阶段开始之时，HNC期盼着它的到来。新阶段的基本标志是：不再是纯粹的"形而下//形而上"探索方式，而是两者的紧密结合。

浏览或阅读过本《全书》前两卷的读者应该有这样一个强烈的印象，延伸概念无非就是以"氨基酸-1"或"氨基酸-2"为"端粒"的复合符号，两者的上列主项更为常见。因此，对延伸概念可以给出"延伸概念-1"和"延伸概念-2"的基本区分。对"延伸概念-1"，可进而给出"延伸概念t"、"延伸概念\k"和"延伸概念i"等更细致的区分；对"延伸概念-2"，可进而给出"延伸概念o"、"延伸概念eko"、"延伸概念cko"、"延伸概念dko"等更细致的区分。对语言理解基因，可以给出如法炮制的相应描述。后文将经常使用"语言理解基因-1"、"语言理解基因-2"、"语言理解基因t"、"语言理解基因o"、"语言理解基因eko"和"语言理解基因\k"之类的术语，必要时还可以使用它们的简写形式："基因-1"、"基因-2"、"基因o"、"基因eko"、"基因t"、"基因\k"等。带变量符号的基因还可以写成常量形式，如"基因1"、"基因e45"、"基因a"、"基因\1"等。

前两卷曾多次使用过某"概念的符号表示非常传神"的表述，用这里引入的术语来说就是：多数"延伸概念eko"或"基因eko"是比"延伸概念o"或"基因o"更宝贵的宝贝；"延伸概念β"或"基因β"、"延伸概念e4o"或"基因e4o"、"延伸概念e2ne2n"或"基因e2ne2n"等最为宝贝，简直就是语言信息处理的法宝。

现在我们可以说："基因-1"和"基因-2"的"面相"差异很大，后者的"面相"一目了然，前者不是。有人问："基因-1"里的"基因β"例外吧，其"面相"不是很特别么！但这个特殊"面相"是其小家族的整体特征，只标记在概念延伸结构表示式里，从该小家族的个体成员身上是看不到的。

假定这里所说的"氨基酸"在语言脑里确实存在，那么，它们所依托的载体和物质是什么呢？如果回答说：那载体是某种类型神经元组，那物质是某种类型的荷尔蒙。无疑，这是两句典型的废话。但是，该废话里的"某种类型"却是疑团B1-7的"大场+急所"，HNC的未来探索不能回避，大脑的语言脑研究也不能回避。

有了上面的铺垫，下面可以回应"疑团B1-5"的最后一句话了，这个回应实际上也就是对"疑团B-7"的粗说。

在"疑团B-5"已经说过：对"基因-1"的小家族成员可以弱关注，对"基因-2"的小家族成员必须强关注。弱关注的意思是可以不理会小家族的其他成员，强关注的意思是必须理会小家族的全体成员。由于"基因-1"与"基因-2"的符号特征一目了然，关注度施行的强弱把握似乎已经迎刃而解，但实际情况并非如此，因为"基因-1"里的"基因β"也应该予以适度的强关注，这是"疑团B-7"必须面对的第一项课题（"课题1"）。

"氨基酸"也可以按其是否具有分团[*37]特性而分为两类，具有典型分团特性的"氨基酸"是"氨基酸cko"、"氨基酸dko"和"氨基酸eko"，三者都属于"氨基酸-2"。"基因"可以如法炮制而分为两类：分团"基因"和非分团"基因"。分团"基因 eko"里的一部分（如"e4o"、"e0o"等）是语言信息处理的法宝，前两卷里曾对此不厌其烦地加以强调。因此，如果不对分团型"基因"加以特殊照顾，那就是"一根筋"思维的典型犯傻了。那么，怎样对分团"基因"作灵巧处理呢？这是"疑团 B-7"必须面对的第二项课题（"课题 2"）。

本《全书》前两卷所描述的全部延伸概念都只是"基因"的原生态，然而，语言信息处理过程所面对的，并不是"基因"的原生态，而是"基因"的实态，即"基因"的加权形态，这是任何高级自然语言必然具有的基本特征。任何文本都携带着写者[*38]加权"基因"系统的印迹，该文本在读者的语言脑里形成显记忆时，又一次被注入了读者加权"基因"系统的印迹。当写者与读者的加权"基因"系统比较接近时，共识或共鸣将成为主流，读者将扮演支持者或追随者的角色；当写者与读者的加权"基因"差异较大时，歧见将成为主流，读者将扮演反对者或质疑者的角色；当然，多数情况应介乎两者之间，这时的读者主要是充当一位学习者。这就是说，语言脑不仅是一个学习者，也是一个支持者或反对者，这一点，也许是语言脑的本质特征，将命名为"三角色"（学习者、追随者和反对者）特征。这个特征也许可以勉强用于描述生理脑和情感脑，但基本不适合于描述艺术脑和科技脑，更不适合于描述图像脑。

"三角色"特征对应于语言脑符号系统里的什么东西呢？撇开化学和生命学，这个东西的答案似乎反而显得不那么神秘和复杂了。它不是别的，就是"氨基酸"的加权形态，也就是"基因"的加权形态。这就是说，没有"基因"的加权形态，就没有"三角色"特征。那么，如何实现"基因"的加权形态呢？这是"疑团 B-7"必须面对的第三项课题（"课题 3"）。

语言脑的"三角色"特征是一个新的说法，前面的许多论述都参照了这个说法，某些概念树[*39]及其概念结构表示式的设计也参照了这个说法，所以，下面写两段辩护性的文字。

"三角色"特征是语言脑的天生特性，婴儿的语言脑已经具备"三角色"的潜质，但不能进行"三角色"的正式演出，顶多是低级形态的片段演出。语言脑的"三角色"正式演出有一个长时间的排练过程，最初是作为学习者的排练，接着是作为追随者的排练，随后是作为反对者的排练。当然，"学习—追随—反对"并不是一个截然分离的三部曲，而是一个螺旋式上升的协奏曲。不过，该协奏曲依然存在着三者各自为主的三阶段，先是以学习为基调的婴幼年阶段，接着是以追随为基调的小少年阶段，然后是以反对为基调的大少年阶段。"而立"之年前后，才逐步进入以"追随//反对"为基调的"三角色"正式演出阶段。

脑科学主流学派之一（也许可名之哈佛学派）有一个著名的说法（见《破译大脑之谜》p42）："人的大脑大致在 24 岁时发育成熟。动物实验证明，寿命是脑成长发育期的 6 倍，因此，人的寿命应该是 144（24×6）岁。"以语言脑的生理特性为参照，笔者没有理由质疑这个说法，但如果以语言脑的心理特性为参照，则笔者对这个说法实在不敢恭维，特别是其中的第一句话，生理脑的发育成熟显然不需要 24 岁，而语言脑的发育成熟在 24 岁左右时显然不够。这里再强调一次吧：生理脑、图像脑、情感脑、艺术脑、语言脑和科技脑的明确区分是至关重要的。当下的脑科学研究完全没有意识到这一区分么？当然不是。但认识的深度不够，甚至可以说是远远不够。"人的大脑大致在 24 岁时发育成熟"的说法是一个证据，"人脑的每侧半球有 52 个布劳德曼区"的描述（见《大脑如何思维》p105）是另一个证据。

"疑团 B-7"的第四项课题（"课题 4"）涉及"基因"的"E//A 态"表现，该表现是语言面具性的基本缘起。语言面具性不仅是写者的"喜好"或"惯性"，也是读者的"喜好"或"惯性"，而这种"喜好"或"惯性"的符号展现可以归结为"基因"的动态加权。前文曾提及：微超可以充当语言脑研究的"电子白老鼠"，制作该"白老鼠"的基本手段就是对"基因"施行"课题 3"所设想的"基因"个性加权和本课题所设想的"基因"动态加权。

"基因"个性加权的基本特征是它的稳定性和内在性，"江山易改，本性难移"里的本性就是指每个人的"基因"个性加权；"基因"动态加权的基本特征则是它的随机性和外在性，"怒不可遏"、"乐以忘忧"、"谈虎色变"、"心潮澎湃"、"提心吊胆"等都是"基因"动态加权的表现。

"基因"动态加权可简称动态"基因"，"基因"个性加权可简称个性"基因"，两者之间一定呈现为源流关系，个性"基因"是源，动态"基因"是流。上列关于动态"基因"的示例都属于第一类精神生活，但应该指出，这两种"基因"都存在于三类精神生活和两类劳动中，不过，在第一类精神里的表现最为突出。

作为"电子白老鼠"的微超将是研究个体"基因"和动态"基因"的绝妙平台，请充分想象一下这个平台的妙用吧，但千万不要把其潜在商业价值的估量放在第一位。

结 束 语

本节是本章的重点或主角，后面的三节是配角，但绝不是可有可无的。4.1.2 小节是本节（概念延伸结构表示式简介）的主体，也是本章（概念延伸结构表示式）的主体。以本节为参照，4.1.2 小节之前的内容是回顾与铺垫，其后的内容是遐想与疑团；以本章为参照，本节也处于同样地位。回顾与铺垫代表着 HNC 探索历程早期与中期（即《理论》和《定论》阶段）取得的主要成果，对应于 HNC 的以往；遐想与疑团代表着 HNC 探索历程尚未进入的理论园地，对应于 HNC 的未来；4.1.2 小节则代表着 HNC 探索历程在《全书》阶段的基本成果，对应于 HNC 的当下。该基本成果的名称就叫作概念延伸结构表示式。

概念延伸结构表示式的基本问题是横向和纵向延伸的透齐性，4.1.2 小节对此作了系统的阐释。该阐释里最关键的陈述是：概念树的概念延伸结构表示式就是对一座"宫殿"的结构与功能描述，每一项延伸概念也是一座小"宫殿"，可名之"宫中之殿"或"殿中之宫"。这一陈述表达了本结束语的心声，够了。

注释

[*01] 此注释标号出现了三次，都涉及概念延伸结构表示式及其编码。这里第一次给出了两个编码示例：[a12-0*0*]和[a12-0000]。该编码的一般形式是：

$$([CT- (0//0*)|]；[CP- (0//0*)|])$$

两者将分别简称概念树编码和延伸概念编码，皆以方括号[…]为形态，以区别于概念关联式编码的圆括号（…）形态。符号"(0//0*)|"的个数代表延伸级数，"0"和"0*"分别表示该级延伸的封闭或开放。示例表明：同一株概念树（治国a12）的第一个概念树编码是全开放的，而第二个编码是全封闭的。但在《定理》时期，对于开放与封闭的认识还不够透彻，还没有表示开放型延伸的符号。[a12-0*0*;]表示式里的开放符号"；"，在《定理》并不存在，是这次拷贝后加上去的。

[*02] 本表特意以全貌命名，因为本表的五项基本论断足以代表HNC理论的全貌。本卷的前五编就是对五项论断的系统阐释。五项论断以第一项为基础，前两卷就是对第一项论断的分别说，本卷是其非分别说。不过，本卷内容曾在前两卷里作过多次预说，而《定理》早就给出过基本阐释，包括第五项论断的雏形描述。这里首次出现的新表述形式仅限于第四项，原先的(HNC4)和(HNC-4)表述形式被替换了，以便于与第四项文字表述对应。显记忆者，(HNC-4)也；但隐记忆者，以(HNC-m,m=1-3)为主，而非全部也。这是应该强调一下的，详见第四编。

[*03] 这里用编码符号[HNC-m,m=1-6]替换以前曾经使用过的（HNC-5），它表示HNC提出的关于机器翻译六项过渡处理理论。六项过渡处理简称"两转换、两变换和两调整"，属于本卷第五编的内容。六项过渡处理是在《定理》中的第二篇论文里（pp65-76）首次提出来的，不过，那里的表述并不清晰，两转换的正式表述是：句类转换和句式转换；两变换的正式表述是：语块构成变换和语块主辅变换；两调整的正式表述是：辅块位次调整和小句序次调整。近十年来，已有十多篇博士论文围绕着六项过渡处理进行过开创性的探讨，张克亮博士和李颖、池毓焕两位博士还分别出版了两部专著。

[*04] 该概念树属于"语习逻辑f"，见"第二卷 第五编 第一章 第4节 首尾标记f14"（[250-1.4]）。

[*05] 该延伸概念属于"语法逻辑l"的概念树"串联l42"，见"第二卷 第四编 第四章 第2节"（[240-4.2]）。

[*06] 《尔雅》原则的落实对应于透齐1号，语境原则的落实对应于透齐2号和3号，关联原则的落实对应于透齐5号，延伸原则的落实对应于透齐6号。

[*07] 语言学所关心的语言知识集中于"语法逻辑l"和"语习逻辑f"这两个子范畴里，但语法学仅研究此山景象，本《全书》在相应两编里所描述的一系列彼山景象都未进入语言的视野，故这里使用了"一部分"的说法。心理学所关心的行为知识集中于7301、7302和7303这三株概念树里，对于"言与行731"、"行为的形而上描述732"、"行为的形而下描述733"这三片概念林所描述的世界知识涉及不深或尚未涉及，"一部分"的帽子对它似乎更为合适。

[*08] 该命名的哲理性阐释需要另写专文，相应术语的是否使用曾使笔者思量甚久，直到《全书》撰写的中期，才大起胆子开始使用了。

[*09] 本注释和前面的两项注释都带有一定的HNC普及性，这是需要说明一下的。第一类本体论描述有4种类型：字母符号分别是(t,α,β,γ),但在每一组横向延伸里，只能选用其中的一种，否则就会造成HNC符号体系的不确定性（模糊性或多义性），沦落成跟自然语言符号体系"沆瀣一气"了。因此，这里的"4选1"乃是HNC的必然约定或上帝命令。γ延伸也叫作两可延伸，这里为便于叙述，就合并到第一类本体里去了。两可者，第一类与第二类本体之间也，可名之准第一本体。第二类本体论

描述有两种形态："\k=1-m"和"\k=0-m"，前者简记为"\k=m"，同理，在每一组横向延伸里，两种形态只能选择一个。

[*10] 就认识论对比描述的"cko"或"dko"形态来说，"k"的取值不同就代表不同类型的对比描述。

[*11] HNC对四大自由有一段评说，见[260-1.0.4]及[280-2.2.1.3-34]。

[*12]"词不达意"困境可以说是本《全书》撰写过程中最大的苦恼，突出事例可见"情感基本表现7131"概念树的说明文字（[121-3.1]），下面的4.1.2.5子节会给出结合实际示例的说明。

[*13] 这个示例的来源，下面概念延伸结构表示式的编号[72019-00]给出了足够的信息，请读者自己解决吧。

[*14] 此孪生兄弟说值得写一篇专文，这里从世界知识的视野讲一个要点。西方文明的核心观念——自由——是从哥哥"03"那里派生出来的，中华文明的核心观念——仁——是从弟弟"04"那里派生出来的，自由与仁的HNC本源符号就是r903和rc04。

[*15] 此语来于笔者的一首词作《相见欢·千禧年再述怀》，原文是"天才乔姆，无策辨东西"。该词见本《全书》附录。

[*16]"ug"的含义请参阅"五元组的组合特性"节（[310-2.3]），该符号用于此处非常传神，想找出一个合适的自然语言词语来替换它比较费劲，干脆就不找了。

[*17] 这里出现了"3 =: 7"的灵巧数值等式，下面还有"7 =: 11"，这已在前文有所说明，见本章的"4.1.2.1关于横向延伸的透齐性"。

[*18] 该原理是心理学家乔治·米勒先生于1956年提出来的。

[*19]"三论"指《新民主主义论》、《论联合政府》和《论人民民主专政》。

[*20]"科技是第一生产力"乃是"'资本+技术'是第一生产力"命题的包装表述（或强语言面具性表述），该命题是《国富论》的精髓，堪称整个工业时代发现的众多命题中最伟大的一个。"未真正读懂《国富论》"者，不知此命题也（因为斯密先生并未明说），更不知斯密先生乃提出此命题之第一人也。斯密先生深知该命题必将带来严重的不良社会效应，所以，他花费更多精力撰写了另一部专著——《道德情操论》，斯密先生的这一良苦用心历来为西方政治经济学和法学所严重忽视，所以，法治崇拜者总是对德治说嗤之以鼻。邓小平先生重新发现了该命题的伟大价值，但基于中国的特殊国情，他不得不采用该命题的简化表述或包装表述——"科技是第一生产力"，"猫论"、"摸论"、"不争论"、"先富论"和"硬道理论"都不过是该包装表述的包装品。不明此语境奥妙者对诸"论"的诸多评说也许专业水平并不低，也不乏精彩的文字，但在世界知识的视野里，那差不多都是典型的低级点说，低级者，对资本和资本主义都不知加以区分也。

[*21]"康德论断"，全称康德"希腊哲学论断"，见[123-2.1.1]，在[340-4.1]又戏称"康井"。

[*22] 显记忆的"两套索引"说已预说于附录3"把文字数据变成文字记忆"。

[*23] 语言脑显记忆本身的皮层柱需求应纳入生理脑的范围，所以，这里使用"接口需求"的短语。

[*24] 见"概念和概念基元都需要采取灵巧式定义"小节（[310-1.1.2]）。

[*25]"科学棒"是指"大四棒接力"说——科学-技术-产品-产业——的第一棒，其简明论述见[122]之跋。

[*26]《脑连接组》是麻省理工学院的一位计算神经学教授的新著，在往日，它必将激起笔者"先睹为快"的巨大激情，但这种激情在发现(HNC-3)和(HNC-4)以后的10年前即开始衰退，如今已接近于消失矣。

[*27] 这个实例可能让多数读者如堕五里雾中，请等待"论记忆"编的具体说明吧。

[*28] 语言理解基因氨基酸和染色体是HNC的两个关键概念或术语，其第一次预说见本《全书》第一卷里的"誓愿行为(537301\21)的世界知识"（[123-0.1.2.1.5]孙节）。实际上，两者在《理论》阶段已经产生，不过当时十分纠结于"招摇过市"的顾虑，故仅在口头上轻描淡写地提起过，未敢付诸文字。

[*29] 前文曾对"语义旗帜"有所评说，见本编的"概念基元不是语义基元或概念节点"（[310-1.1.1]小节）。请注意：在疑团B1-1的陈述里，并没有使用语义这个术语，而是用延伸概念的术语替换了它。

[*30] 这个说法最早是在隐记忆联系的论述中提出来的，见附录3"把文字数据变成文字记忆"。

[*31] 智力的4类型区分说见"理性行为7322的概念延伸结构表示式"分节（[123-2.2-0]），从章节编号可知，那是一个直接隶属于概念树之概念延伸结构表示式的分节，这样的分节一般是不安排世界知识论述的，但该分节被赋予了十分罕见的特权，以大段文字从事世界知识的论述，这在本《全书》里属于十分特殊的安排。为什么要这么做呢？为了突出所论述世界知识的特殊重要性。当然，那株概念树是经过精心挑选的，叫"行为与理性7322"，简称"理性行为7322"。所谓"特殊重要的世界知识"就是指智力的4类型区分：语言智力、图像智力、艺术智力区块和科技智力，原文如下："大脑存在下列五个结构与功能区块——语言智力区块、图像智力区块、艺术智力区块、科技智力区块和情感区块，下文将简称大脑五区块。前4个区块应该分别代表4种不同类型的智力，所以都加了智力的修饰语，但情感区应该弱关联于智力，故未加。"

[*32] 这个带引号的"氨基酸"就是"语言理解基因氨基酸"的简写，下文的"染色体"同此，带引号的"基因"则是"语言理解基因"的简写。

[*33] 端粒是细胞学的一个术语，位于蛋白质内DNA的末端。近年发现：其长短或大小乃是细胞生命力的标志。这里的带引号"端粒"是借用。

[*34] 见注释[*28]所引章节[123-0.1.2.1]里的"表B：语言理解基因染色体的符号表示"。

[*35] 概念关联式曾被赋予不同类型的编号，那是加权的一种尝试。

[*36] 符号"~t"就是"氨基酸t"的简写，下同。这是从《现汉》学来的表示方式。"氨基酸1"里的"~t"有"~α"、"~β"和"~γ"三种变异形态，"~\k"里有"~\0"的变异形态；"~i"里有"~3"和"~7"的变异形态。"氨基酸2"里也有相应的变异形态，就不一一列举了。

[*37] 分团是从神经生理学借用的术语，《大脑如何思维》的作者曾以"分团、排序和达尔文过程"为基本依托描述思维的基本特征，见该书的p79。

[*38] 这里的写者可改成"写者或说者"，后面的读者可改成"读者或听者"，但HNC理论目前不打算跨过这个界限，仅满足于写者与读者。把说者与听者拉进来，理论上不会带来多少重大原则性问题，但在技术上会带来一系列新问题。从这个意义上说，HNC理论不过是一个"后天失聪者"的语言脑理论。

[*39] 此类概念树在三类型"宫殿"里都有，核心"宫殿"群的典型代表是"反应02"和"支持与反对43"；主体"宫殿"群的典型代表是"广义效应反应7102"和"判决反应a5b"。

第 2 节
横向延伸的齐备性探求

　　本节和随后的两节实质上都不过是上节论述的重复，重复一遍的目的，有点类似于律师的结案陈词。陈词需要简明扼要，因此，这里的陈词将主要采用大白话。

　　HNC 第一公理——概念基元有限性——依托于 4 项保障，最基本的保障是"语言概念范畴-概念子范畴-概念林-概念树"的齐备性。在基本保障之上，还需要 3 项上层保障，4 项保障才能构成一个可靠的保障体。这是一项哲学思考，前文已经讲过多次了。

　　横向延伸齐备性是 3 项上层保障的第 1 项。

　　那么，横向延伸的齐备性以什么为依托呢？

　　它依托于语言理解基因氨基酸的发现。

　　横向延伸齐备性的探求可归结为对这些有限氨基酸的合适选择。

第 3 节
纵向延伸的透彻性探求

　　纵向延伸的透彻性是上述 3 项上层保障的第 2 项。

　　那么，纵向延伸的透彻性以什么为依托呢？

　　它以专家知识与世界知识的交织区域为依托。

　　这个知识交织区的情况非常复杂，HNC 为此建立了以两类劳动和三类精神生活为纲的语境描述模式，即世界知识的基本描述模式。

　　"知己知彼"的关键在于"知己"。

　　纵向延伸透彻性的探求可归结为对"知己"的适度综合与演绎。

第4节
挂靠的哲理描述

挂靠的本质就是照顾概念基元的个性需求。

HNC列举了3项个性需求，分别名之前挂、后挂和特挂。

前挂分3大类：抽象概念的前挂、具体概念的前挂和物性概念的前挂。

抽象概念的前挂仅区分两类：52和53，比较简明。

具体概念的前挂比较复杂，另设4株概念树予以描述，占据着全部456株概念树的殿后位置。最后的那一株，命名简明挂靠概念，是一株超级概念树，物性概念的前挂描述就安置在这株超级概念树里。

后挂分两类：对比描述和最描述，ckm和o01。

特挂也分两类：非与反，"~"和"^"。但特挂还具有整体性与局部性的根本区别，这是前挂和后挂所具有的。

不是每个概念基元都具有挂靠特性，挂靠性是概念基元灵巧性的生动呈现。这就是挂靠的基本哲理。

第五章

概念关联式

概念关联式用于描述概念之间的内容逻辑关系。每一个概念都拥有自身的一组概念关联式，没有概念关联式的概念是不存在的，或者说，是 HNC 理论不予考虑的。可以打个比方说：若概念对应于神经元，则概念关联式即对应于突触，每一概念之拥有众多的概念关联式，如同每一个神经元拥有众多的突触。但这个比方又是很不恰当的，这首先是因为概念与神经元不可直接类比，其次是因为概念关联式与突触的数量也不可类比。

概念有延伸概念(EC)、概念树(CT)、概念林(CF)和概念范畴(CC)的基本区分，它们都各自拥有自身的概念关联式，但这 4 种类型的概念并不构成概念关联式的 4 类型区分，这是需要首先明确的。概念关联式的类型将按其内容逻辑的连接特征加以区分。

上一章讨论过"基因"的原生态和实态（加权形态），还提及"基因"实态的"E//A"表现。概念关联式也存在类似问题——概念关联式的形态。

上述两点概括了概念关联式的基本课题，因此，本章仅设置下列两节：

第 1 节，概念关联式的类型描述。

第 2 节，概念关联式的编码及标记。

第 1 节
概念关联式的类型描述

5.1.1　概念关联式的常见类型

概念关联式的常见类型以特定符号加以表示，如表 1-11 所示。

表 1-11　概念关联式的 10 个特定内容逻辑符号

符号	汉语说明
=	强交式关联于
=>	强源式关联于
<=	强流式关联于
≡	强关联于
:=	对应于
==	虚设
=:	等同于
%=	属于
=%	包含
::=	定义为

下面对这 10 个符号作简要说明。

（1）符号"="表示两概念之间存在足够大的交集，"足够大"当然是一个模糊的说法，然而也是一个灵巧的说法。数理逻辑的交集符号未计及"足够大"，使用起来就容易造成误会了，故未使用原有的交式关联符号，并在汉语说明中特意加了一个"强"字。

（2）符号"=>"和"<="表示两概念之间的源流关系，即通常所说的因果关系。但应该指出：任何一个概念既是众多其他概念的因，又是众多其他概念的果。因与果都具有众多性，不存在唯一性[*01]。在众多的因果之中，必有主次之分。这两个符号描述的是主要原因或主要结果，不管那些次要的东西，故其汉语说明中也特意加了一个"强"字。

（3）符号"≡"表示两概念之间存在着最大的交集和最强的因果关系。从交集的意义上说，其相交度显著大于"="，甚至可以完全重合，但又绝不可名之孪生概念，因为两者一定分别属于不同的母体——概念树。从因果性来说，两者互为因果，形影不离，有此必有彼，有彼必有此。这就是说，两者之间将呈现出最强的概念联想脉络。

（4）符号":="表示两概念之间具有明确无误的对应关系。如果说前面的 4 项逻辑符号主要是为了揭示主块之间的关联性提供世界知识，则本逻辑符号主要是为了突显辅块（背景）的相关信息提供世界知识。

（5）符号"=="的汉语命名叫虚设，是 HNC 符号体系设计里的一项特殊措施，这需要写几句回顾性的话。关于(HNC-1)符号体系设计的指导原则，在 HNC 探索的三个阶段曾给出过不同的说法，《理论》阶段叫四项原则，尔雅原则、语境原则、关联原则和延伸原则；《定理》阶段扩展为五项原则，增加了一个句类原则；《全书》阶段再扩展为六项原则，再增加一个平衡原则。虚设是实现平衡原则的措施之一。

按照原来的设想，虚设只针对延伸概念，不虚设概念树。但后来打破了这一设想，安置了两株虚设概念树，一是"记忆 805"，二是"经济与军事 a29"。前者可视为概念林"联想 q80"的虚设，也可视为概念树"记忆 q801"的虚设；后者则仅仅是概念树"军事与经济 a47"的虚设。

（6）符号"=:"表示两概念之间的等同性，此等同是语言意义的等同，而不是数学意义的等同。此特定内容逻辑符号不仅服务于语言理解，也服务于语言生成，这是它的独特性，因为其他的 9 个特定内容逻辑符号都主要服务于语言理解。

（7）剩余的 3 个符号都是对已有逻辑符号的完全借用，不过，三者的借用方式有所不同。最后一个未改换符号形式，前面的两个则改换了，这仅仅是笔者为了键击的便利，没有任何其他的意思。

大多数概念关联式都需要使用上列内容逻辑符号，本小节的命名即来源于此。

5.1.2　概念关联式的基本类型

本编的编首语曾给出过概念关联式的定义式(CPm,L,CPn)。这里要补说 4 点：①如果该定义式里的"L"使用上列特定内容逻辑符号，则其中的小括号和逗号都可以取消，该定义式就变成了一个逻辑表示式。②如果不使用上列特定内容逻辑符号，该定义式所表达的就是一个复合概念，这就是说，所谓的"复合概念"其实就是概念关联式的一种呈现，或者说，所谓"概念关联式的基本类型"其实就是指各种类型的复合概念。③该定义式里的概念基元本身又可以是复合形态。④一个概念关联式——无论是逻辑表示式还是复合概念——实质上就是一个命题。

以上所说，就是对定义式(CPm,L,CPn)的正式解释或说明，也算是一种灵巧式解释或说明吧。

定义式(CPm,L,CPn)是一种数学表示式，在具体应用时要变成相应的物理表示式，那就是把其中的"CP"以表 1-2 里所描述的概念（包括它们的延伸概念）加以替换，把其中的"L"以该表里的逻辑概念加以替换。第二项替换在 HNC 探索历程中，经历过一个明显的三部曲（三阶段）。

《理论》阶段主要是对词语组合结构以往过于陈旧的描述（虽然它必将继续强存在）进行反思，用概念组合结构替换了词语组合结构，提出 4 类组合结构——作用效应类、对象内容类、逻辑类和语法类——的说法（见《理论》p40），以往对词语组合结构的主体性描述被包装在语法类里。前两类代表着 HNC 的两项新思考，第三类是对以往关于词语组合结构辅助性描述的提升。可惜，当年的第一项新思考并不透彻[*02]，而提升的视野也比较狭窄[*03]。

《定理》阶段深化了上述第一项新思考，这仰赖于从狭义作用效应链到广义作用效应链的跃变，这使作用效应链的概念达到了透齐性高度，同时也使第一项新思考达到了这一高度。该阶段还扩展了提升的视野，使"lm"不再局限于"ll"，而扩展到整个语法逻辑"ly"。

《全书》阶段全方位扩展了逻辑组合的视野，将"(,lm,)"扩展为"(CPm,L,CPn)"，于是，四大类内容逻辑符号都可以进入符号"L"。这样，复合概念的描述终于达到了"蓦然回首"境界的圆满结局。

注　释

[*01] 这仅仅是一个说法，而不是一个命题，请勿深究。

[*02] 第一项新思考是对动词及物性和不及物性之形式两分描述的反思，以作用型与效应型之句类两分描述替代之；第二项新思考是对"主、谓、宾"之传统三分描述的反思，把它改造成"E、A、B、C"的四分描述，此项改造的关键举措可以说就是把"宾"分解为"对象B"和"内容C"两者。

[*03] 这里"视野比较狭窄"的说法主要指符号"(,lm,)"所代表的内容，当年的"lm"偏重于概念林"ll"。

第 2 节
概念关联式的编码及标记

本节应说明下列课题，但实际上将仅仅交代一些细节。有关课题的名称如下：

课题 1，概念关联式的编码。

课题 2，概念关联式的内容标记。

课题 3，概念关联式的特殊标记。

课题 4，概念关联式的加权标记。

《全书》概念关联式的编码现状非常混乱，2010 年以前撰写的部分都只给出了概念关联式的临时性编码，目的仅在于为"当地"世界知识的撰写提供便利。此后才逐步认识到概念关联式编码的重要性，但并未立即制定一个相应的编码"规范"。即使在今天，笔者也不打算在这里写出一个规范性说明，缘由就不解释了。

下面给出一组带编码的概念关联式[*01]：

73228<=q811 —— （7322-1a）

（先验理性行为强流式关联于理性想象）

73229<=q801 —— （7322-1b）

（经验理性行为强流式关联于记忆）

7322a<=q812 —— （7322-1c）

（浪漫理性行为强流式关联于幻想）

7322b<=q813 —— （7322-1d）

（实用理性行为强流式关联于迷信）

(73228,jlv00e22,7301\03*t=b) —— （7322-0-1）

（先验理性行为无关于三争心态表现）

(73219,l83,(8111,l45,a30it)) —— （7321-0-1）

（理想行为基于全部文明基因的综合）

(7321a9,lv00*139e26jlur12e21,(China,s31,[20]pj12)) —— （7321-0-6）

（交织于理念的信念行为曾风行于 20 世纪的中国）

(s109\4*d01 <= a0099t,t=b) —— （s1-01-0）

（功利性路线强流式关联于三争）

示例的编码形式有两种：无秩与有秩。示例共计 8 个概念关联式，前 4 个是无秩编码，后 4 个是有秩编码。

无秩与有秩编码的具体形式如下：

　　　　—— （数字串–数字串//数字字母串）

　　　　—— （数字串–0–数字串//数字字母串–0）

前者叫无秩编码，后者是有秩编码的满秩形态。

居于首位的数字串乃是所描述概念 HNC 符号的拷贝，叫内容标记，居于第三或第二位的"数字串//数字字母串"叫编号；居于第二位的"–0–"叫特殊标记；居于后位的"–0"叫加权标记。

特殊标记和加权标记都选用了数字"0"，此"0"相当于道家的"无"和佛家的"空"，何意？留给后来者做文章耳。

特殊标记的含义曾给出过详尽说明，但不必查阅，这里重说一次吧。上文已指出：一个概念关联式就是一个命题，而命题就必然存在"E 态"与"A 态"之别，有特殊标记者，概念关联式之"A 态"也；无特殊标记者，概念关联式之"E 态"也。

注释

[*01] 本示例列举了8个带编码的概念关联式，它们分别来自本《全书》的3个不同处所，但不加指引，因为读者不难从其内容标记找到它们的出处。

第六章

语言理解基因

本章不划分节，无须引言。

生命的奥秘在于基因，HNC 的探索目标是促成一个模拟语言脑之物理系统（计算机系统）的诞生，该物理系统已名之图灵脑。在生理意义上，图灵脑是没有生命的，但在语言理解的意义上，图灵脑是有生命的，未来的成熟图灵脑将是一位语言超人。所谓"一目十行，过目不忘"的人类才子，在语超面前，用得上"小巫见大巫"这句成语了。9 年（2003 年）前，在 HNC 结束了其第二阶段的理论探索之后感到图灵脑或语超的理论构思已基本圆满，即基本达到了康德先生所强调的理论透齐性标准，语言概念空间可以在"概念范畴-子范畴-概念林-概念树-延伸概念"框架下全面展开延伸概念的细致设计了。于是，"语言理解基因"这个原来不敢贸然使用的短语，就"理直气壮"地站出来了。

从这个历史缘起来说，语言理解基因是直接联系于延伸概念的，而每一个延伸概念都必然伴随着一大堆概念关联式。因此，语言理解基因的最初定义式就比较简单，曾写成读者比较熟悉的形式：

$$语言理解基因::= (延伸概念,概念关联式) \quad\text{——}\quad (LUG\text{-}1b\text{-}0)^{[*a]}$$

但是，这个定义式存在着明显的缺陷，它只考虑了概念基元空间，没有考虑句类、语境单元和记忆所张开的另外 3 层级语言概念空间。在整个语言概念空间的视野里，语音理解基因的定义式还应该具有下列形态：

$$语言理解基因::= (语言元素,语言信使) \quad\text{——}\quad (LUG\text{-}1a\text{-}0)$$
$$语言理解基因::= (语言概念空间元素,语言概念空间信使) \quad\text{——}\quad (LUG\text{-}1\text{-}0)$$

(LUG-1-0)是语言理解基因的 HNC 定义式，现在，还没有条件对它进行具体阐释，因为句类、语境单元和记忆所张开的另外 3 层级语言概念空间还有待撰写，这意味着本章只能是一个预说。下面仅做两件小事：一是对后面的两个表示式略作说明，二是对第一个表示式略作回顾。

语言概念空间元素名目繁多，但领头的是下列 4 位伙伴，他们的名字分别是概念基元、句类、语境单元和记忆单元，现在大家比较熟悉的只是其中的第一位。这 4 位伙伴都各统辖着一个庞大的"王国"，但 4 个"王国"相互紧密依存，共同构成语言概念空间的一个统一"帝国"。4 个"王国"里的每一位成员都可以充当表示式(LUG-1-0)的"语言概念空间元素"。

表示式(LUG-1-0)的"语言概念空间信使"有"王国"内部与"王国"之间的区分，将分别名之内使与外使。现在大家比较熟悉的只是概念基元"王国"的内使。

表示式(LUG-1-0a)是(LUG-1-0)的扩展，其中的语言元素既可以选择语言概念空间的元素，也可以选择自然语言空间的元素。更准确的说法是，可包含自然语言的元素符号。这就是说，两类元素都可以充当"语言元素"和"语言信使"的成员。

表示式(LUG-1b-0)是(LUG-1-0)的减缩，仅用于描述概念基元空间，前文曾依托于它对语言理解基因进行了系统预说，这里值得略事回顾。

《全书》第一卷里对语言理解基因进行两次集中的预说，第一次给出了语言理解基因的定义预说，第二次给出了语言理解基因的氨基酸与染色体预说。两预说皆依托于一株硕大无朋的超级概念树"'心理'行为7301"，分别安置在该超级概念树的两项二级延伸概念"基本态度行为7301\10"和"期望行为7301\21"的子节结束语里。在HNC理论体系里设置了"2.0+0.3"株超级概念树："2.0"是7301和7302，"0.3"是7303[**01]，《全书》只撰述了其中的7301，留下了"1.3"株以待来者[*02]。

超级概念树730y的延伸概念"\k|"分别自概念林71y和72y拷贝而来，超级概念树730y的统一形态延伸概念"\k_1k_2"与概念林(71y;72y)之间存在下面的对应关系（表1-12）。

表1-12 超级概念树与概念林 (71y;72y)的对应关系

编号	概念林对应性	延伸概念对应性
7301	71(ˉ4)	\k_1k_2 := (ˉ4)y
7302	72y	\k_1k_2 := y_1y_2
7303	714	\k_1k_2 := 4y

这意味着超级概念树的每一项2级延伸概念730y\k_1k_2就相当于通常情况的一株概念树，也就是说，心理子范畴(71+72)的每一株概念树实际上在充当着超级概念树730y之二级延伸概念730y\k_1k_2的母树，HNC希望通过这一特殊挂接方式，在心理及其行为之间建立起一种"血缘"关系，这种"血缘"关系体现了人类行为的共相性，理论上它是人类行为最基本、最重要的世界知识，实践上它为图灵脑理解人类行为提供了也许是最为便利的符号表示。

在"基本态度行为7301\10"里，HNC自以为对该类行为进行了本体论和认识论的全面描述，从而就便写出了如下的世界知识话语：

> 20世纪最大的历史事件是经典社会主义制度a10b7u11e21（原始性社会主义制度，即经典社会主义世界pj01*\2u11e21）的轰然倒塌，人们习惯于把这一重大事件简单归结为两极世界或冷战的终结，这是非常浅薄的认识。前文曾对亨廷顿先生和福山先生略有微词，根本原因就在于他们没有认识到，市场社会主义制度a10b7u11e22（善后性社会主义制度，即第二世界pj01*\2）具有强大的生命力，因为它植根于所在地域的文明特质。

> 自由主义者和民主制度崇拜者对第二和第四世界缺乏反思的制度保证议论甚多，殊不知第一世界存在着同样的问题，甚至更为积重难返。就高尚行为、雅行与王道来说，第二世界也许存在着更健全的文明基因，这是《对话》里老者的基本论点。笔者无力对此作出评判，只是希望有识之士明白一个基本事理，科技高峰永远是后者超过前者，但艺术的高峰并非如此，而伦理高峰则更为奇特，前人的思考深度超过后人是其常态。不明白或装做不明白这一基本事理者也许具有很高的智能，但智慧一定平平。而在后工业时代，人类更需要智慧。

> 伟大的柏拉图并没有说清楚正义性，罗尔斯自以为有所突破，实际上不过是仅仅添加了一些现代法学知识而已。让我们等待后工业时代柏拉图的降临吧。

上述基本世界知识缘起于对"基本态度行为7301\10"的本体论与认识论全面阐释。基于这一态势，笔者感到，提前介绍语言理解基因的时机到来了，于是就把它写进了该子节的结束语里。现在看来，那些文字基本及格，这里就不作任何补充了。

"期望行为 7301\21"的态势完全类似于"基本态度行为 7301\10",本章不必写类似的文字了。这当然是一种"偷懒"行为，但也是对读者的一种尊重。

本编不跋，就此结束。

注释

[*a] 表示式(LUG-1b-0)里的LUG是语言理解基因对应英语词语的首字母。此表示式与前文预说里的表示式略有差异，那属于细节，不必统一，也不作解释。

[**01] 在HNC概念子范畴与相应概念林的探索中，行为这一子范畴73及其概念林73y的设计经历过最大的折腾。其最终敲定在HNC第二阶段探索之后，是2007年的事。这一严重的滞后性失误必然对HNC语言知识库建设造成巨大的不利影响，笔者仅借此机会深致歉意。

行为概念林73y最终确定的形式如下：

> 730（行为的基本内涵）
> 731（言与行）
> 732（行为的形而上描述）
> 733（行为的形而下描述）

各片概念林的概念树设计都比较特别，其中尤以730的设计最为特别，对它仅设置了3株概念树7301、7302和7303，三者曾被戏称为"2.5"株超级概念树。约定：7301挂接于概念林群71⁻4（心态之外的"心理"），7302挂接于概念子范畴72（意志），7303挂接于概念林714（心态）。730y的延伸结构表示式统一用符号730y\k表示，其中的"k"直接从概念林71y和72y里的y拷贝而来，但各自的拷贝方式略有不同。这样做是为了突出心态行为7303的特殊地位，因为心态是"71'心理'"与"72意志"的强交织性产物。这里关涉到HNC关于心理行为的一项特殊思考，但遗憾的是，这项特殊思考未能善始善终，还有点"光说不练"的嫌疑，因为笔者仅撰写了超级概念树7301。

[*02] 这里的来者当然指人，但更重要的是指图灵脑研发的正式启动。

第二编

论句类

本编所论涉及 HNC 理论 4 项基本命题的第二项——语句无限而句类有限，该命题也称 HNC 第二公理。

句类有限性的发现是 1992～1993 年的事，当时笔者自己也不敢相信：语言概念空间的语句空间竟然如此简洁，以为复杂的自然语言必然还存在有限句类未能覆盖的角落，从而误入了验证（实践检验）的泥潭，中断了预定理论探索的步调。走了多年弯路以后才醒悟过来，原来那验证实质上是一件"多此一举"的事，时隔 8 年多之后，才回归语境单元有限性的探索，这是一项重大的失误，不堪回首。然而该失误的启示意义非同寻常，故在这里重说一遍，无非是希望利用编首语的"头版头条"效应，引发读者对形而上思考的兴趣和关切。

本编分四章，各章编号、汉语命名和相关 HNC 符号如下：

第一章	语块与句类	K,SC,(J,KJ,JK;SJ,LJ)
第二章	广义作用句与格式	GXJ,!k,k=0–3
第三章	广义效应句与样式	GYJ,!k,(k=0,2,3,4),
第四章	句类空间与句类知识	

其中，部分大写英语字母 HNC 符号的对应词语如下：

K	chunk	语块（kuai）
SC	sentence category	句类
J	sentence	句子（juzi）
KJ		块扩（语块扩展为句子）
JK		句蜕（句子蜕化成语块或其构成）
SJ	small sentence	小句
LJ	large sentence	大句

语块曾用名语义块，那是 HNC 探索历程中的一次重大失误，请协同纠正。

语块符号 K 和语句符号 J 体现了"中西合璧"的努力，请关照。

格式已形成完备的表示符号，样式尚在形成中，句类空间也是。本编将予以全面梳理，请关注。

第一章

语块与句类

本章可另名句类总论。

语块和句类是一对孪生概念，没有句类，就没有语块；反之亦然。这一对概念的孪生性充分体现在下面的基本论断里：

语块是句类的函数。

本章的论述实质上是围绕着这个基本论断而展开的。在该论断里，语块的确切描述应该是主块，不包括辅块。但下文会提到：此类确切性实际上不是那么重要。

语块与传统语言学的短语是什么关系呢？与主语、谓语和宾语又是什么关系呢？这是本章首先需要回答的一个问题。句类是对传统语句理论之"动词中心论"、"动词价位论"和"谓语中心论"的否定么？这是本章需要回答的第二个问题。句类有限性的基本依据是什么？为什么"语句无限而句类有限"的命题不需要验证呢？这是本章需要回答的第三个问题。

句类总论还需要回答别的问题么？不需要了。因此，本章将安排下列 6 节和 4 个附录，其命名如下：

第 1 节，语块类型与要素。

第 2 节，主块构成。

第 3 节，基本句类与广义作用效应链（基础概念）。

第 4 节，基本句类表示式与句类代码。

第 5 节，混合句类。

第 6 节，句蜕与块扩。

附录 1，关于 EK 复合构成。

附录 2，关于多元逻辑组合。

附录 3，关于区别处理的清单式说明。

附录 4，关于基本句类代码表的说明。

各节命名似乎与上述 3 个问题并不对应，但实质上是对应的，第 1 节大体与问题 1 相对应，第 2 节大体与问题 2 相对应，后 4 节与问题 3 相对应。

第1节
语块类型与要素

1.1.1　回顾与反思

本小节的名称最简洁不过，未加任何修饰语。非不需要修饰，而是修饰的内容比较复杂，难以简洁表达，干脆省掉。本小节将划分为两个子节，两子节标题的关键词是反思，反思就需要多个参照点，单一参照点的反思容易陷入浪漫理性或功利理性的点说泥潭，这是一个世纪以来中华文明大断裂[*01]的惨痛教训。所以，下面的论述选择了 3 个参照点，即语言学、符号学和 HNC，三者各自拥有一套术语，在引用时，将假定读者对这些术语已有一个基本的了解。

1.1.1.1　关于句法基本术语的反思

句法学的基本术语是：主、谓、宾、定、状、补。前三者是主体，后三者是从属成分。用 HNC 的术语来说，前三者对应于主块，后三者则没有对应的术语。"状"的角色最特别，是句法学的高招，它既可以充当全部辅块的统称，也可以充当主块复杂构成的一部分。但在 HNC 的视野里，对这个高招需要反思，由于充当的角色过于多样化，就难免陷入不伦不类的困境。"定"的角色似乎比较简明，充当"主"和"宾"的修饰成分，但当一个花园幽径句充当"主"或"宾"时，"定"的身份就会落入"皮之不存，毛将焉附"的困境。"补"的角色似乎最简明，仅仅充当"谓"的附属品。但是，这个最简明的东西潜藏的问题可能最大，因为这个附属品可以"功高震主"，从而陷入主辅关系颠倒的困境。如果把"功高震主"的"补"比喻成曹操，那"动"就是汉献帝刘协，因此，仅从形式上讲"补"是会出大问题的，不仅会混淆曹操和刘协的角色关系，也会混淆曹操和高力士的角色关系。上述三大困境是 HNC 反思句法基本术语的起点。

用句法学的基本术语来描述句子叫句法分析，分析的结果将生成一株千姿百态的句法树。句法树的描述似乎已经尽善尽美，没有什么可挑剔的了。但笔者不这么想，上面已经挑剔了"定、状、补"，这里还要进一步挑剔"主、谓、宾"。宾语享有成双的特权，被定名为直接宾语和间接宾语，这直接与间接的依据何在？为什么只有宾语享有这一成双特权呢？主语和谓语就没有直接与间接之分，而不能成双出现么！

语法基本教材还喜欢把词法与句法联系起来描述语言现象，这样的描述叫语法描述，对汉语和英语分别进行语法描述的结果似乎令人大开眼界！那英语显得妙不可言，汉语简直就是千疮百孔。论者越是对此津津乐道，笔者的心里就越是起疑。问题也许不是出在汉语上，而是出在那个语法描述的工具本身？！

这些疑惑积累下来，终于意识到一个要害所在，那就是在词法和句法之间缺了一点什么东西，这个东西不是引入短语这么一个术语就可以对付过去的，因为，词有以"动、名、形、副、介、连、代、冠"为依托的词法，句有以"主、谓、宾、定、状、补"为依托的句法，短语有相应的"短语"法么？实际上没有。各种短语的命名不过是词法的仿制品，并没有自己的东西，没有表征自己特征的东西。所以，短语也叫词组，从词组这个台阶到句子这个台阶的跨度是否太大了一些呢？笔者曾开玩笑说：这个台阶连巨人姚明迈上去都很困难，何况常人？乔姆斯基先生大名鼎鼎的转换生成语法实际上未得善终，根本原因就在于此。因为该语法的基点是短语或词组，这个基点太低，从它迈上句子的跨度太大，HNC 把这个跨度问题叫作词语与句子之间的层级缺失，简称词–句层级缺失。关乎该层级缺失的两个基本问题是：一个句子的短语容纳量如何进行定量描述呢？什么样的句子需要什么样的短语呢？要给出句子的数学物理表示式，这两个问题是不能回避的。然而，在句法描述的视野或景象里，这两个基本问题是无解的，实际上陷入了"山重水复疑无路"的困境。乔先生敏锐地觉察到了这个困境，他用 VP 的递归特性巧妙地绕过了第一个问题，同时机智地回避了第二个问题——语法合理而语义荒谬的句子不在乔氏理论的考虑范围之内，从而在形式上摆脱了那个困境。不过，乔先生毕竟是明白人，他知道绕过和回避只是权宜之计，所以，最终他还是知难而退了。虽然在口头上他没有明说，但他的学术生涯清楚地表明了这一点。

许多语言学探索者不具有乔先生的那种敏锐和机智，他们连词–句层级缺失的两个基本问题都没有认真思考过。不过，他们当中的杰出者都想到了语言符号学提出的"三语"说（语形学、语义学、语用学），指望从"三语"说寻求出路，苦心孤诣地进行了多方面的探索。但是，"三语"说实质上不过是一种线说，连面说的水平都没有达到[*02]。因此，如果不对"三语"说进行重大改进，也难以找到出路。

在依托"三语"说的众多学者当中，有两位先生作出过重要贡献，那就是 Fillmore 和 Schank，《理论》里对这两位先生进行过比较充分的介绍[*03]，Fillmore 先生主要启发了关于主块和辅块这一语块基本划分的思考，Schank 先生主要启发了关于"主块是句类的函数"这一基本论断的思考。于是，语块这个术语就填补了词–句层级缺失的空白，语块正是那一级缺失的台阶。语块和句类构成了语句空间景象描述的基本术语。运用这两个术语，我们就不难写出语句的数学物理表示式。有了语句的数学物理表示式，关乎词–句层级缺失的两个基本问题就可以脱离"山重水复疑无路"的困境，而走上"柳暗花明又一村"的坦途。短语和词语都不过是构造语块的部件，而语块才是构造句子的构件。词–句层级缺失现象的出现是自然语言进化历程丰富性或复杂性的一种呈现，古老语言的句子结构通常比较简单，此级台阶若明若暗或若隐若现，当时此级台阶的缺失不会严重影响到语言现象的观察与分析。但现代语言有了重大变化，语块这级台阶在所有代表性语言里都已赫然呈现，可以说这是语法老叟始料不及的新现象。下文将强调说明一个术语——句蜕，复杂语句往往伴随句蜕的出现，句蜕现象在现代语言里的大量存在就是语块这一级台阶赫然呈现的铁证之一。因此，语言学不应该继续保持语法老叟的保守态度了，不能继续无视语块这一级台阶的存在了，不能继续以短语来冒充语块了。

关于语块思考的结果构成了本章前两节的内容，关于句类思考的结果构成了本章随后两节的内容；关于语块与句类综合思考的结果则构成本章第 5 节的内容。

1.1.1.2 关于 HNC 探索历程命名失误的反思

本子节先给出下面的表，其意义不言自明（表 2-1）。

表 2-1　HNC 的误名与正名

误名	语义块	语义网络	*概念树	*根概念=>共相延伸概念
正名	语块	语言概念空间	概念群（林）	概念树
误名	中层概念	底层概念	概念节点	概念节点
正名	认识论描述	本体论描述	延伸概念	概念范畴—概念子范畴—概念群—概念树

误名栏未带"*"的命名失误严重，皆必须废弃。带"*"的两个命名未废弃，但改换了定义。

最令人痛心的两个误名是：语义块和概念节点。然两者却"最得人心"，笔者深感沮丧，前文已给出过充分的检讨[*04]。这里要补充一句话：语义块和概念节点符合点线说的胃口或趣味，故两误名之得人心也，不亦宜乎！但误名毕竟是误说，必须纠正。语块和延伸概念的正名才符合面体说的要求，请把这一纠正过程当作是培育面体说思维的必要操练吧。

中层和底层概念这两个误名未造成实质性误导，认识论描述和本体论描述这两个术语是在撰写第一类精神生活的第一株殊相概念树 7101 时才正式引入的，该株概念树被命名为广义作用心理反应，在全部 456 株概念树中，这是第一个不容易被接受的命名，它多少带有一点哲学意味。这个情况为哲学概念的引用提供了一个难得的机会，于是，笔者怀着一种忐忑不安的心情利用了这个机会，并依托该株概念树的概念延伸结构表示式

```
7101:(t=a,e0n;tt=a)
```

引入了本体论描述和认识论描述的术语，并以黑体字的形式推出了如下论断：

"本体论描述和认识论描述是 HNC 符号体系设计的灵魂，……"

接着，以该论断为依托，论述了符号体系的根本课题——定义问题，为(HNC-1)的透齐性给出了一次强有力的辩护，从而为(HNC-2)和(HNC-3)的透齐性提供了坚实的理论基础。这一理论基础可简称保障，为(HNC-2)提供保障的全部概念树统称基本句类概念树，为(HNC-3)提供保障的全部概念树统称语境概念树。基本句类概念树分别属于 3 个概念子范畴，语境概念树分别属于 5 个概念子范畴。这些概念子范畴拥有各自的名称和符号，每一概念子范畴辖属不同片数的概念林，每片概念林辖属不同株数的概念树，这些概念林和概念树拥有各自的名称和符号。现在，请读者闭上眼睛，默想一下上面的文字，即使是还没有阅读或翻阅过本《全书》前两卷的读者也请这么做。在默想之后有什么印象呢？认为上述名称、符号以及相关的数字依然是乱麻一团么？如果是这种情况，那就请下功夫梳理，直到有一幅清晰的景象蓦然呈现。

"蓦然呈现"是任何科学探索的第三境界，这借用了王国维先生的描述，在达到第三境界之前，必须先经历"望尽天涯路"的第一境界和"为伊憔悴"的第二境界。不是

任何课题或问题的认识与理解都需要经历这三个境界，但(HNC-m,m=1-4)是必需的。表2-1里的误名可以说都是(HNC-m)第二境界的典型标记，而正名则是其第三境界的标记。至于(HNC-m)第一境界的标记可谓不胜枚举，《理论》里的概念节点表多数是(HNC-1)的第一境界标记，其中尤以"复合基元概念与语境"名义下的一组概念节点表（见该书pp87-94）最为典型。它展现了"望尽天涯路"的第一境界气势，但其中的"φd 概念节点表"距离透齐性的要求差得太远，必须经历"为伊憔悴"的第二境界磨炼，才能修成正果，那就是把"φd"分别安顿到"行为73"和"深层第三类精神生活d"这两个概念子范畴里。

概念树"广义作用心理反应7101"的概念延伸结构表示式只展现了本体论描述和认识论描述的冰山一角，其兄弟概念树"广义效应心理反应7102"的展现要丰富得多，故将其概念延伸结构表示式拷贝如下：

$$7102:(t=a,e6m;(t)i,ad01,e61c2m;(t)ie4n,ad01:(t=b,\backslash k=2))$$

广义效应心理反应7102的延伸概念大体展示了本体论描述的全貌，3种基本类型都出现了，也大体展示了认识论描述的基本面貌，3 种基本类型最常见的两种都出现了。其中最值得关注的延伸概念是：

```
7102ad01:(t=b,\k=2;)
    7102ad01t=b            科技迷信本体论描述一
    7102ad019              财富迷信
    7102ad01a              生产力迷信
    7102ad01b              消费迷信
    7102ad01\k=2           科技迷信本体论描述之二
    7102ad01\1             无视自然
    7102ad01\2             无视人文
```

这里一共提出或陈述了8个概念，除了无视自然这个概念之外，另外的7个目前还很难得到认同。从这个示例可以总结出，HNC 并不担心日新月异的新词找不到(HNC-1)的"婆家"，而只是担心(HNC-1)的许多成员还需要等待太长的时间才能找到自己的"媳妇"。这句话同样适用于(HNC-2)和(HNC-3)。

这三句关于"婆家"和"媳妇"的隐喻式话语就当作是本节结束语的一部分吧，因就便而提前在这里写下了。

1.1.2 主块与辅块

本节的标题是语块类型与要素，本小节说语块的类型，下两小节分别说主块要素和辅块要素。这就把本节的预定内容说齐全了。

语块存在两种基本类型，分别命名为主块和辅块，主块与语块同符号，以 K 表示，辅块则以 fK 表示。字母"f"取自 fuzhu（辅助）的首字母，汉语是三大代表性语言之一，请容纳 HNC 的这一不合常规的举措吧，国际接轨也要讲究一点相互性，不能光是单向接轨。

　　Fillmore 先生也许可以说是确认语块两基本类型的先驱，不过他使用的术语是必选格和备选格。必选格与备选格各有多少？他没有最终答案，也不可能找到该答案，因为他本人及其后继者都仅仅从"三语"说的语义学单一视野去研究格(case)。这个重要结论在《理论》的多篇"论题"里[*05]已有详尽论述。

　　主块又一分为二:广义对象语块 GBK 和特征语块 EK。这两类语块又各有 3 要素之分，这是 HNC 以往隐而未发的一项说法（提法），下面的"主块要素"小节里将有所呼应。

　　辅块也一分为二：纯辅块和两可块。前者 7 类，后者 3 类。这也是一个"新"说法，后面的"辅块要素"小节里将有所呼应。

1.1.3　主块要素

　　本小节和下一小节的标题都使用了一个关键词——要素。在《理论》里有"主要素：四种"和"辅要素：七种"的说法[*06]，这个说法几乎已成为 HNC 的经典，似乎从未受到质疑，但实际上并非如此。

　　语法逻辑概念子范畴的概念林设计已在暗中对上述经典说法作了某种修正，其中概念林"特征块殊相表现 l6"的概念树配置是对"主块四要素"说的修正；原来特征要素 E 还存在两个伴随要素，EQ 和 EH，这样特征要素就一分为三了，三者,(EQ,E,EH)也。这项修正是语块描述的一件大事。用 HNC 的言语来说，它打破了动态概念 v 必然充当特征块 EK 主体的"糊涂"观念；用传统语言学的言语来说，它打破了谓语的主体仅由单一词类构成的老观念。老观念是"糊涂"观念的祖宗。这两个观念的局限性比较隐蔽，至今未被充分揭示，其误导作用十分巨大。"动词中心论"和"动词价位论"是该误导的杰作，"格语法"也是。那么，它们的局限性何在？它们到底误导了什么？一言以蔽之，那就是混淆了原子和分子的区别，要素是原子，而语块是分子。语块存在复合构成，特征块也不例外。当然，语块也存在单一要素构成的情况，那毕竟只是一种特殊形态而已。但是，这一特殊形态是否对老观念产生了"一叶蔽目"的消极影响呢？在"主语、谓语、宾语"说里，在"中心论"、"价位论"和"格论"里,复合构成的思想是否相当淡薄，而原子论的影子却十分浓厚呢？这值得深思。

　　在《理论》里，把这里的要素也叫作基元，并给出了相应的英语符号 primitive。这里约定：在(HNC-1)空间里使用术语——基元，在(HNC-2)空间里使用术语——要素，在(HNC-3)里使用术语——单元。(HNC-1)所描述的空间叫概念基元空间，(HNC-2)所描述的空间叫句类空间，(HNC-3)所描述的空间叫语境空间，(HNC-4)所描述的空间叫记忆空间。四者统称语言概念空间，并简称彼山，与此对应,自然语言则简称此山。

　　在《理论》里，主块 4 要素的名称是特征要素、作用者、对象和内容，对应的符号是(E,A,B,C)，名称和符号一直未变，今后也不必改变。但四者的排列顺序曾改成(B,C,E,A)，这是为了反映自然语言的语句进化历程而作出的变动。这两种排序都可以使用，不过，本小节应该强调的是，主块 4 要素说可以继续使用，但心中应该谨记：特征要素 E 有(EQ,E,EH)的三分，而(B,C,A)不存在这样的区分，因此，不妨另搞一个主块 6 要素说。

主块四要素说起源于"主谓宾"说，关键性的举措是加入了内容 C 这一要素，或者说，关键是引入了对象 B 与内容 C 这一对要素。对象与内容才是语言的"亚当"与"夏娃"，由"亚当"而进化出作用者(A)；由"夏娃"而进化出特征要素(E)，这是彼山的基本景象。身居此山的语言学甚至语言哲学看不到这一景象，那并不奇怪。

这里，就便说一下 HNC 对句法学的四步改造，第一步是增加了一级台阶：语块，语块之下是短语或词语，语块之上是句子；第二步是以(B,C,E,A)四要素说替代了传统的"主、谓、宾"说；第三步是以广义对象语块 GBK、特征语块 EK 和辅块 fK 统摄"主、谓、宾、定、状、补"说；第四步是以基本句类、句蜕与块扩统一描述所有自然语言语句的基本结构。前两步已经论述过了，后两步且待"下回分解"。这些话应该放在本章的小结里，但笔者爱好即兴，请读者迁就吧。

1.1.4 辅块要素

概念林"语段标记 11"的概念树配置是对"辅块 7 要素"说的"修正"，除了为"辅块 7 要素"各配置 1 株概念树之外，还配置了另外 3 株，它们分别是"特定语段 Ma"、"视野 ReC"和"景象 RtC"。

上一小节有这样的表述："不妨另搞一个主块 6 要素说"，这里可如法炮制，来一个"不妨另搞一个辅块 10 要素说"。

本节标题是"语块类型与要素"，它是"语块类型与语块要素"的承前省略。语块类型和语块要素可简称块类和块素，关于两者之间的关系前文已经讲得十分透彻了，块类对应于分子，块素对应于原子。这里要补充的是：辅块要素具有原子与分子的双重特性，辅块要素的名称可直接用于辅块类型的命名，"辅块 7 要素"的这一特性尤为突出。但另加的那 3 个要素就需要另说，其对应语块的辅助性特征就不那么纯粹了。

结 束 语

本节对句法学的根本缺陷作了一个直言不讳的陈述，阐释了 HNC 关于语句描述的主张，该主张立足于以下三项发现：一是广义作用效应链的发现；二是主块要素的穷尽发现；三是辅块要素的穷尽发现。

HNC 的语句描述可简称句类描述，本节和下一节是句类描述的前奏，正式描述要到第 3 节开始。不过，这里还是想就便预说一声：句类描述可以完全替代传统的句法树描述。句法树描述形式上是 20 世纪的"新产品"，实质上是千年语法老叟的"旧货色"。这个"旧货色"依然屹立在语言学舞台的中心，这个状态还会持续一段相当长的时间，但绝不会无限期延续下去，必有退出历史舞台的一天，下文将继续为这一论断提供依据。

注释

[*01] 20世纪中华文明大断裂的话题与本卷关系不大，更与本编无关，这里提起这个话题似乎有点多余，本注释略作辩护。本《全书》将附录一个《对话》系列，该系列实质上是围绕着中华文明大断裂话题而展开的，《全书》第一卷也有所论述。21世纪中华文明的伟大复兴离不开这个话题，该话题的核心内容是开创后工业时代人类文明的新格局，承认文明标杆的多样性，承认文明追求的有限性。这里所说的新格局乃建立在多样性和有限性的基础之上，这不仅是人类文明的整体性特征，也是人文社会学各类学科的基本特征。基于这一特征的科学描述就不能满足于点说和线说，要力求进入面说和体说的高度。面说和体说就需要多个参照点，只有这样，才能形成多个视野，看到多种景象。大断裂是醉心单一视野的必然悲剧，就中华文明而言，没有什么历史教训比这个更深刻的了。在某种意义上，这是当年点说风行一时闯下的祸。本节的行文属于一种低级形态的列举式面说，读者可能很不习惯，说这么一句多余的话，希望起一点预防针的作用，效果可能适得其反，笔者就顾不得了。

[*02] 关于"三语"说的评述见"概念基元不是语义基元或概念节点"小节（[310-1.1.1]）。

[*03] Fillmore和Schank的介绍见《理论》p230。

[*04] 语义块和概念节点的检讨见"概念基元不是语义基元或概念节点"小节（[310-1.1.1]）。

[*05] 相关论述主要在《论辅块》（论题7）、《论语句表示式——兼论"格"》（论题13）和《再论"格"》（论题14）这三篇里。

[*06] 四种主要素是特征要素E、作用者A、对象B和内容C；七种辅要素是手段Ms、工具In、途径Wy、比照Re、条件Cn、原因Pr和结果Rt。见《理论》p44。

第 2 节
主块构成

本节是句类描述的第二部前奏曲，专论主块构成。这意味着前奏里将不安排辅块构成的内容，为什么？请读者先自行思考一下吧。

前已指出，主块有两种基本类型：广义对象语块 GBK 和特征语块 EK。两者都存在复合构成，主块构成者，主块复合构成也。

基于上述可知，下文以两个小节进行论述乃是天经地义的事。

1.2.1　广义对象语块 GBK 的构成描述

本小节应看作是本章第 3 节"基本句类与广义作用效应链"的预说，语块是句类的函数，离开句类来考察语块的构成会不会陷入"皮之不存，毛将焉附"的困境呢？这是一个非常严肃的问题，所以这里只能是关于 GBK 构成描述的预说。它不以句类为其立论的基础，而以"主块四要素"说为基础。

如果主块构成与主块要素简单地一一对应，那就不存在主块构成的问题了。自然语言当然不会这么老实，否则，它就不是一个 ill-defined 的东西了。主块构成这个短语意味着主块通常不是由单一的主块要素组合而成，而是由多个主块要素组合而成的。这个说法不仅适用于广义对象语块 GBK，也适用于特征语块 EK。

上述说法还可以作进一步推广，那就是把该说法里的"主块"换成"语块"或"块"，这一步推广意味着辅块要素也可以进入主块，同时，主块要素也可以进入辅块。这进入的程度有深浅之别，深进入者，充当要素角色也，这将引发主辅变换[*01]或句蜕现象的出现；浅进入者，仅充当修饰角色也，这不会引发主辅变换或句蜕现象的出现。

以上说法，齐备性似乎不错，但透彻性却非常差劲，因为"多个要素组合而成"里的"多"不分主次，没有核心，从而必将滑向对各要素"一视同仁"的歧途。这就是说，在语块构成这个话题里，我们必须引入核心要素这一概念。

就 GBK 构成而言，能不能说其核心要素只能由"B,C,A"来承当，而不能由"E"来承当呢？答案应该是"Yes"。能不能说其核心要素只能由"B,C,A"之一来单独承当，而不能由两者甚至三者来共同承当呢？答案应该是"No"。但是，这"Yes"与"No"的答案只涉及起步性思考，不涉及终极性思考。

走向终极性思考必须依靠句类，但本小节依然可以接着走下列九步：

（1）以单一主块要素为核心的 GBK 必然大量存在，这样的 GBK 最多 3 种，将分别简记为对象块 BK、内容块 CK 和作用块 AK。三者将同 EK 一起，统称块类。

（2）自然语言最早出现的语块是 BK，经过多年之后才出现 CK，再经过多年之后才出现 AK，这是自然语言进化历程的基本景象，儿童的语言习得过程大体上是上述进化过程的自然缩影。如果把 BK 比喻作自然语言的亚当，那 CK 就是自然语言的夏娃。由此可见，语法老叟"主、谓、宾"说的失误是一个"有眼不识泰山（夏娃）"的根本性大失误。

（3）那么，特征语块 EK 在何时出现呢？它会在 CK 之前出现么？不会！因为 EK 是 CK 的大妹妹，它会在 AK 之后出现么？也不会！因为，AK 是 BK 的小弟弟，因此，EK 必然在 CK 和 AK 之间出现。

（4）那么，EK 离 CK 和 AK 的时间间距孰近？不明！

（5）但可以肯定的是：BK—CK—EK—AK 的相继出现只是自然语言作用效应链的第一轮运转，"主块四要素"说只是对该轮运转的一个素描。自然语言作用效应链的螺旋式多轮运转将产生如下的基本效应。

（6）首先是 CK 与 BK//AK 的相互融合，这就产生语块的逻辑组合现象。这里未考虑 BK 与 AK 之间的相互融合，为什么呢？因为 HNC 向人类社会学习，先不考虑"同性婚姻"。

（7）其次是 CK 与 EK 的相互融合，这就产生特征块 EK 的复合构成现象。

（8）随后是(BK//AK,CK,EK)三者的低级相互融合，这就产生句蜕现象。

（9）最后是(BK//AK,CK,EK)三者的高级相互融合，这就产生块扩现象。

句蜕和块扩是最重要、最绚丽的语句现象，是自然语言的一种共相，而不是言语的一种殊相，但语法学却对如此重大的语言现象视而不见。这是语法老叟词法学与句法学必然导致的恶果，但不是语法老叟的又一次"有眼不识泰山"，而是同一次"不识"（见第二步说明）的另一种表现形态，此点请读者细心体察并牢记于心。

上列九步所描述的主块现象，前文已有多次论述，本小节是针对广义对象语块 GBK 的一次概述。这一概述的原型在《理论》里已经可以看到，当然，撰述方式有很大差异。这里采取了比较轻松的方式，也许更适合于语言世界知识的表达吧。

1.2.2 特征语块 EK 的构成描述

本小节将直接从语法老叟的"有眼不识泰山"说起，老叟对广义对象语块构成描述的重大失误即根源于该"不识"，对特征语块构成描述的重大失误也同样根源于此。

上面说到了 CK 与 EK 相互融合的现象，老叟的传人并非完全没有注意到这一现象，他们引入了补语这个术语加以描述。HNC 要在这里郑重宣告：这个描述是不行的，是对 EK 构成描述的重大误导。

HNC 对特征语块 EK 构成的描述将以 HNC 符号语言描述如下：

```
EK=:E
EK=:(EQ,E)
EK=:(E,EH)
EK=:(EQ,E,EH)
EK=:(EQ,EH,E)
   EH≡(g;r):=C
```

此 HNC 描述的相应汉语表述如下：特征语块 EK 一共有 5 种构成形态，第一种可名之单要素形态或单一性构成；第二种和第三种可名之两要素形态，第四种和第五种可名之三要素形态，可统称复合构成。最后一个表示式约定了 EH 的特定概念选择，并表明她必须是内容 C，而不能是对象 B 或其小弟 A[*02]。上面再一次凸显了 C 的特殊地位，只有她可以融入 EK 的复合构成，而另外的两位"男士"——B 和 A——是没有这个资格的。笔者愿意在这里顺便说一句多余的话，希望对 HNC 高调引入内容 C 这一做法持怀疑态度的读者，到此可以完全获得免于 C 怀疑的"自由"。

结 束 语

本节采取了"天马行空"的论述方式，不熟悉句蜕与块扩两术语和 EQ 与 EH 两符号的读者必然很不习惯，那就请去翻阅一下本章的第 5 节和附录 1。

语句描述或句类描述的前奏到此结束。前奏者，语块也；语块者，在短语与语句之间必不可少的一步台阶也。上文说到免于 C 怀疑的"自由"，这里很想说一声免于 K 怀疑的"自由"，但时机还不成熟，请等待那水到渠成的时刻吧。

注释

[*01] 主辅变换是HNC为句类空间描述引入的一个术语,将在本编的最后一章(第四章)论述。

[*02] 这里采用了"5种构成形态"和"单一构成"的说法。前一说法并不准确,后一说法不同于简单构成,它可以是复杂构成。此段论述里的要点是关于两位"男士"——B和A——没有资格进入E的论断,但汉语实际上并不遵循这一论断,详见本章的附录1。这些问题一直并迄今仍在困扰着笔者,使得许多关于语块和句类的彼山描述备受约束。在撰写本章时,才决定放开手脚,让这些东西见到天日。见天日者,接受检验也。这是笔者的真诚愿望。

第 3 节
基本句类与广义作用效应链(基础概念)

本节正式进入语句描述的主题,在 HNC 词典里,语句描述就是句类描述。语块是句类的函数,这就是语句描述的主题曲。

句类的英语表述是 sentence category,简记为 SC。所以,HNC 的句类与传统语言学的句类可以说毫不相干,术语的混淆必然引起交流的混乱,这是 HNC 的一项重大遗憾[*01]。

立足于 Category 的思考模式易于养成灵巧式思维,由此形成的描述具有顶层描述的特征。上面(本《全书》前两卷和本卷第一编)已将这种思考模式用于概念基元(词语)的描述,这里(本编)用于句类(语句)的描述,下面(下一编)还将用于语境单元(句群)的描述。概念基元、句类和语境单元使用着同一种 Category,这就是 HNC 的诀窍。这个诀窍决定了 HNC 论述的面体说属性,而不掌握这个诀窍的"三语"说必然陷于点线说的宿命,至于词法和句法,形式上似乎有一点顶层描述的迹象,但实质上是一种假象,因为其基本分类就犯下了把不同范畴的东西混淆在一起的错误。

句类的根是概念基元的三个子范畴:主体基元(作用效应链)、思维和基本逻辑,这三个子范畴统称广义作用效应链。从这个根生长出来的句类叫基本句类,基本句类的命名与广义作用效应链的概念树命名是灵巧意义上的完全对应,可简称灵巧对应。当然,其他概念子范畴也会生长出自己的句类,但主要不属于基本句类而属于混合句类。

这就是说,基本句类与广义作用效应链之间的关系很不一般,可比拟成子女与父母之间的血缘关系,"DNA 检验"在这里可以大有作为。

本节与[310-1.5]节相互呼应,该节名称是广义作用效应链的"二生三四",这个名称涉及一项最基本的哲学思考,这必然影响到本节的撰写。本节将划分成两个小节,其名称也带有浓重的哲学意味:广义作用效应链是作用效应链的圆满;作用效应链的"生三"和广义作用效应链的"生四"。

1.3.1　广义作用效应链是作用效应链的圆满

本小节标题使用了圆满一词，取自《坛经》的"圆满报身佛"[*02]，也就是本《全书》常说的透齐性。

作用效应链的原始描述拷贝如下：

第一类基元概念是主体基元概念，也就是作用效应链，由下列六个一级节点组成：

φ0	作用
φ1	过程
φ2	转移
φ3	效应
φ4	关系
φ5	状态

类别符号φ在实际表达时可略而不用，这六个节点是自然语言对万事万物进行总体表述的六个基本角度，也是一切事物发生、发展和消亡的六个基本环节。作者在四年前曾写道："作用效应链反映一切事物的最大共性，作用存在于一切事物的内部和相互之间，作用必然产生某种效应，在达到最终效应之前，必然伴随着某种过程或转移，在达到最终效应之后，必然出现新的关系或状态。过程、转移、关系和状态也是效应的一种表现形式。新的效应又会诱发新的作用，如此循环往复，以至无穷，这就是宇宙间一切事物存在和发展的基本法则，也是语言表达和概念推理的基本法则。"

这六个环节的源头是作用，结果是效应。自然语言的主要内容就是对这六个环节进行局部和总体的具体表述（见《理论》p29）。

所谓"自然语言的主要内容就是对这六个环节进行局部和总体的具体表述"，最初就是指对应于这"六个环节"的6种基本句类，如表 2-2 所示。

表 2-2　基本句类的初始描述

主体概念基元		基本句类	
名称	符号	名称	符号
作用	0	作用句	X
过程	1	过程句	P
转移	2	转移句	T
效应	3	效应句	Y
关系	4	关系句	R
状态	5	状态句	S

表 2-2 作为"自然语言主要内容"的顶层描述明显存在一个巨大的漏洞，那就是没有对思维活动给出适当的安顿。如何弥补这个漏洞呢？非常遗憾的是：HNC 未能做到一步到位，而是先匆忙地走出了第一步，时隔多年以后才迈出了关键性的第二步。匆忙的第一步就是引入了与"思维活动 8"相对应的判断句及其符号 D，关键的第二步才引入

了与"基本逻辑 jl"相对应的基础判断句[*03]及其符号 jD。这才从作用效应链走到完整意义上的广义作用效应链，完成了作用效应链的透齐性思考，从而达到了基本句类描述的圆满境界（表 2-3）。完整者，"思维+基本逻辑"判断也，基本逻辑判断乃思维或一切高级判断之母也。

表 2-3 基本句类的圆满描述

（广义作用与广义作用句）			
作用句	转移句	关系句	判断句
X	T	R	D
0	2	4	8y
1	3	5	jly
P	Y	S	jD
过程句	效应句	状态句	基础判断句
（广义效应与广义效应句）			

表 2-3 是"'自然语言主要内容'顶层描述"的圆满形态，它所描述的八位对象//内容将戏名之"八旗子弟"。这"八"，由"四"乘"二"构成，很类似于"八旗"的"白、黄、蓝、红"的"正、镶"之分。广义作用链和广义效应链都包含四项——四片概念林；广义作用句和广义效应句都存在四个基本子类。于是，广义作用效应链的对称之美宛然呈现，(0,2,4;8y)与(X,T,R;D)结伴而生，(1,3,5;jly)与(P,Y,S;jD)结伴而生；两组概念基元——作用与效应——皆演变而成四，两组基本句类——作用句与效应句——皆演变而成四，语块的两基础要素——对象 B（亚当）与内容 C（夏娃）——也演变而成四——(B,C;E,A)。这是一个不寻常的哲学话题，下一小节将作呼应性论述。

表 2-3 所提供的是一幅彼山景象，它展示了概念基元空间与句类空间之间的基本脉络，与之对应的此山景象就是词法与句法之间的关联性。这两幅景象之间存在着巨大差异，无视这一差异绝非明智之举。"基本脉络"和"关联性"这两个词语不过是对该差异的一个素描。

基本脉络就意味着不是全部脉络，因为(0,2,4;8y)和(1,3,5;jly)只是概念基元空间的部分概念（林），而不是全部；同样，(X,T,R;D)和(P,Y,S;jD)也只是句类空间的部分句类，而不是全部。HNC 为这两个特定"部分"分别取了名字：广义作用效应链和基本句类。这么多年沿用下来，大家已经习以为常了。不过，这里笔者提一个建议，为广义作用效应链再起一个名字，叫基础概念，基础概念伴生基本句类，这样联想起来更为自然，也便于与传统语言学接轨。那么，要不要把基本句类改成基础句类呢？不！因为，基础句类将用于基本句类与混合句类的统称，以区别于语境概念基元所对应的领域句类。

基础概念和基本句类都存在"一分为二"现象，二分的名称统一叫作广义作用和广义效应，这就不必改动了。应该指出：这里的"一分为二"不属于黑氏对偶"o"，而属于非黑氏对偶的"e2m"或"e3m"[*04]。因为两者之间不存在对立，仅存在互补。

作用效应链(0,2,4;1,3,5)曾命名主体基元概念，与此对应，(0,2,4,8y;1,3,5,jly)可命名广义主体基元概念。这一对应命名不是可有可无，而是不可或缺的，以往仅用广义作用效应链来描述它，那是一种疏忽。为什么这么说？因为概念基元的三大范畴之分不是可以截然分离的，三者之间具有非常复杂的交织性。广义主体基元概念和广义作用效应链的命名各擅胜场，不能相互替代。前者在概念基元空间更有助于对这种交织性的表达或联想，后者在句类空间更有助于对相应交织性的表达，"8y"和"D"的引入展现了思维的参与，"j1y"和"jD"的引入则展现了基本逻辑概念的参与。

概念基元空间和句类空间的上述交织性呈现是一个相当复杂的课题或现象，HNC为此付出了巨大的努力。这一努力的具体做法采取了两种基本方式，一是区别处理，二是挂靠。区别处理无非是以下两种：一是在作用型概念树里植入效应型延伸概念；二是在效应型概念树里植入作用型延伸概念。挂靠也无非是两种：一是全方位挂靠，可被挂靠的概念几乎不受限制，那就是两株著名的概念树——动态52和势态53；二是定向性挂靠，可被挂靠的概念有明确约定，这包括行为共相概念林730的全部概念树(730y,y=1-3)和状态共相树50。

挂靠已有了足够的叙述，但区别处理几乎是处于若明若暗的不正常状态，本章将在附录3里给出一个准清单式说明，并将在下一章里给出一个定义式的正式说明。这里，先给出两个最有代表性的示例，那就是基本作用概念树00里的延伸概念"00\k=5"和基本逻辑概念树j100里的延伸概念"j100e2m"。前者以效应句的形态表达广义作用，而后者则以作用句的形态表达广义效应。

区别处理和挂靠都只是处理交织性的两种方式，不能指望两者具有万能性，然而它们毕竟是两件富有成效的现代化武器。交织性可以说是一切复杂性的总根源，我们甚至可以说：没有交织性，就没有复杂性。自然语言在词语、句子、段落与篇章不同层面所展现出来的复杂性或 ill-defined 特性都是交织性的呈现，这种交织性既表现在每一层面的内部（如词语的多义性），又表现在不同层面之间（如词类与"主谓宾"之间的所谓对应性）。以往处理自然语言复杂性的武器太陈旧了，HNC试图提供一整套崭新的现代化武器，那就是(HNC-m,m=1-4)。这套武器的设计目标或其基本特色就是最大限度地减少交织性呈现，同时，为残余交织性的处理尽可能提供各种灵巧性便利。这个话题太大，但并不是一个新话题，以往已经讨论过多次了，[320-2.1.1]小节里还将安排一段近乎总结性的论述。

1.3.2 作用效应链的"生三"和广义作用效应链的"生四"

（略）

结 束 语

本节的目的在于对广义作用效应链（或广义主体基元）与基本句类之间的对应性关系给出一个符合透齐性标准的系统说明，表 2-2、表 2-3 是实现这一目的的基本手段。两表充分展示了彼山的基本景象，广义主体基元的 8 位成员伴生着基本句类的 8 位成员，这种伴生关系赏心悦目，是一种特殊的真，也是一种特殊的美。当然，这特殊的真和美也并非那么纯粹，也存在着交织性的"假"和"丑"。这一交织现象非常复杂，但并非不可应对，这将在下一章详细论述。

注 释

[*01] 该遗憾的陈述见[123-2.2-0]注释[*02]。

[*02]"圆满报身佛"见《坛经》的忏悔品第六，是三佛相之二。三佛相依次是：清净法身佛、圆满报身佛和千百亿化身佛。

[*03] 基础判断句包括比较判断句和基本判断句，两者的句类符号都是jD。这个名称也许是第一次正式使用，与样式名称的遭遇非常类似。这是HNC探索历程中的众多尴尬之一，而这里的尴尬则与广义作用效应链的发现分两步完成密切相关。

[*04]"一分为二"存在两种基本形态：一是两者之间不存在模糊地带的二分，如"e2m"；二是存在模糊地带的二分，如"e3m"。

第4节
基本句类表示式与句类代码

从标题的名称看，本节应该是本章甚至是本编的主体。它承上启下，前面的三节，其铺垫耳；后面的两节，其派生也。但实际上，本节和随后的两节依然是铺垫，本编主体内容的论述将分别安排在本编的第二章和第三章。因此，本节将不分小节。

本节标题的关键词是"句类表示式"，这5个字的短语实质上是"语句无限而句类有限"论断的终极呈现。没有句类表示式，该论断就依然只是一个假说；有了句类表示式，该论断就从假说变成公理了。因为句类表示式让有限的句类从隐藏洞穴的深处走出洞穴之外了，他们排着整齐的队伍，接受语言理性法官的检阅。这支队伍的先导由八大方阵构成，统称基本句类表示式。八大方阵的成员就是表2-3所戏称的"八旗子弟"。

句类表示式如此了不得，它到底是一个什么样的神秘东西呢？说起来非常有趣，句类表示式一点也神秘，不过就是**几个语块的连接**，这就是语块这个术语的关键贡献了，因为沿用短语这个术语就说不出这样的话语（论断）。该话语里的"几个"多少还有点模糊，但依据上面的铺垫，对这个特定的"模糊"可以轻松地作下面的推断：最少的"几"是2，最多的"几"？了不起（BK,CK,EK,AK）一起上，那就是4，答案就是如此简明。不过，这样笼统地说未免太简化了，如果依据"八旗子弟"的基本特性来一个分别说，那就是下面的陈述：广义效应句最少2块，最多3块；广义作用句最少3块，最多4块。当然，这是就基本句类描画的彼山景象之一，前面的铺垫为该景象的存在提供了"没有任何疑义"的论据。但是，该景象适用于混合句类和领域句类么？这是后话，暂时放下。

说到这里，该给出一些基本句类表示式的示例了，那就从"八旗子弟"中各选出一位代表来作一个初步考察吧（表 2-4）。

表 2-4　基本句类的八位代表

汉语命名	句类表示式
基本作用句	X0J=X0A+X0+X0B
信息转移句	T3J=TA+T3+T3B+T3C
单向关系句	RkmJ=RBm+Rk+RB(m)
块扩判断句	DJ=DA+D+DBC
因果句	P21J=PBC1+{P21}+PBC2
基本效应句	Ym01J=YBC+Y
简明状态句	S04J=SB+SC
是否判断句	jDJ=DB+jD+DC

8 位代表具有充分的代表性，前 4 位代表属于广义作用句，后 4 位代表属于广义效应句。上面叙说的关于主块数量的景象在这里一目了然，一眼就可以看出来。所谓的句类表示式不过是一个最简单的算术等式，等式左边的符号叫句类代码，该符号的左右两端都带有英语的大写字母，两者之间绝大多数情况有数字，表示该基本句类的子类。左端的英语字母对应于基本句类的类型，该字母与后随的数字（也可以没有）一起简称句码符号。前 7 位代表的字母符号是一个大写，但最后一位代表给予了特殊待遇，以"jD"为符号。这些符号的意义读者应该已经比较熟悉了，不必多说。需要说明的是符号右端的大写字母"J"，它取自汉语词语"句子 juzi"的第一个拼音字母，如此处理的原因，同语块//主块符号取"K"、辅块符号取"fK"类似[*01]。

句类代码与句类表示式完全等价，这一等价性十分重要，在语言脑里如何呈现呢？这也许是未来语言脑研究最深不可测的课题之一，关系到隐记忆的奥秘。但语超//微超应不难做到让两者等价。

表 2-4 里隐藏着如下 7 个问题，下面由易到难加以列举，并以问答的形式加以说明。

（1）句类代码 S04J 和 P21J 是特意挑选的么？是。前者表示一个意义完整的语句可以没有特征块 EK，后者表示特征块 EK 可以省略（以符号{P21}表示）。前者具有自然语言语句始祖的意义，不能仅理解为汉语的偏好。后者是所有自然语言的共相，虽然汉语和英语各自呈现出不同的特色。请注意：两者都属于广义效应句。这是否意味着广义作用句不存在无特征块或特征块可省略的情况呢？这并非铁律，但可以视为彼山的一种天然景象。

（2）为什么单向关系句里形式上没有 AK 呢？这个问题将在下一章里阐释。

（3）句类代码 X0J 和 jDJ 是特意挑选的么？是。从两类代表里各选了一位，仅占代表总数的 1/4。这两位特选代表的突出特征是：特征块符号和句码符号完全一致，但另外的大多数代表并不具有这一特性。这就是说，千万不要把句码符号同特征块符号混为一谈，这是两样东西，不是同一样东西。但确实存在容易造成这种混淆的局部情况，

"动词中心论"或"动词价位论"（将暂称"两论"）精明地抓住了这个情况。

（4）广义对象语块 GBK 的符号都是句类符号与语块要素符号的组合，但特征块 EK 的符号不是两者的组合，而仅由句类符号构成，"两论"是否也精明地抓住了这一点？是。但精明过头了，就会陷入精而不明的困境。前文已指出，语块要素 C 是可以进入 EK 的，精而不明者不会想到这一点，"两论"正是如此。

（5）句码符号这个术语以前没有见过，为什么要引进这么一个新术语？问得好！为什么人们对"语块是句类的函数"这一论断感到特别难以理解呢？有人说：如果反过来，说句类是语块的函数，反而好理解一些。提出此说的，是一位可敬的语言信息处理学者，他熟悉函数 f(x,y,) 的数学描述，把句类表示式左边的 SCJ 当作 f(x,y,) 来对待，这很自然。但实质上，(x,y,) 的具体形态及其组合是由"f"来决定的，自变量(x,y,)和因变量 f 的术语容易造成对这一事物本质特性的掩盖。正是基于这一点的考虑，HNC 选用 SCJ 而不是 SC 作为句类表示式左边的符号，其右边的各项语块的内容都取决于句类 SC，包括特征块 EK。句类 SC 的具体符号表示由字母和数字两者构成，这两者合在一起的东西需要起一个名字，也就是正名，以便与 SCJ 区别开来。如果 HNC 从一开始就这么做，引入句码符号这个术语，并给出充分的阐释，那么，"语块是句类的函数"这一关键性的论断也许就不会引发那么多的怀疑或质疑了。

（6）表 2-4 里有两位代表的句码符号不带数字，其他六位都带有数字，这里有什么特殊含义么？这是一个非常有趣的问题，其中确实暗含着下述思考：不带数字句码符号的句类是**具有标志性意义的**句类，这里的标志性带有初始、简明、基础及典型等多重意义，这样的句类将简称标志性句类，一共只有 6 个，而不是 8 个。除了已给出的 2 个——DJ 和 jD——外，还有以下 4 个：

$$
\begin{aligned}
XJ &= A+X+B （作用句）\\
PJ &= PB+P （初始过程句）\\
YJ &= YB+Y （初始效应句）\\
SJ &= SB+S （初始状态句）
\end{aligned}
$$

这就是说，在八大基本句类中，转移句和关系句是 2 个例外，两者不具有相应的标志性句类[*02]。"作用句 XJ"不妨另名初始作用句，在《理论》里给予过非常精细的描述。上列三项初始广义效应句及其混合句类在古汉语中可谓比比皆是，这里随便拾掇几个示例，同时给出一组英语罕用而现代汉语依然常用的 S04J（它具有原始性和简明性，但不具有基础性和典型性），最后给出毛泽东先生的两句 YJ 名言。

故飘风不终朝 (SPJ)，骤雨不终日 (SPJ)。(《老子》二十三章)

有物混成 (YJ)，先天地生 (+Y1J)[*03]，寂兮寥兮 (+SJ)，独立而不改 (PJ)[*04]，周行而不殆 (PJ)，可以为天下母 (+D2J)。(《老子》二十五章)

知人者智，自知者明。胜人者有力，自胜者强。知足者富。强行者有志。不失其所者久。死而不亡者寿。(《老子》三十三章，全章皆为 S04J)

吾十有五而志于学 (PY01J)，三十而立 (PYJ)，四十而不惑 (PYJ)，五十而知天命 (PYJ)，六十而耳顺 (PYJ)[*05]，七十而从心所欲 (PYJ)，不逾矩 (+PYJ)[*06]。(《论语·为政》)

我们的目的一定要达到(YJ)，我们的目的一定能够达到(YJ)。

上列 6 个标志性句类的选定不是一蹴而就的，经历过比较曲折的思考历程。遗憾的是，笔者未能及时以明确的语言向 HNC 团队通报。

（7）特征块 EK 的符号表示总是比句码符号更简明，这里有什么特殊思考么？谢谢你注意到这一现象，这个太重要、太关键了。这里的思考都是围绕语言概念空间的交织性这个话题而展开的，这不是一个轻松的话题，而是一个非常沉重的话题，但在语言概念空间思考起来，总要比自然语言空间轻松千万倍。依托一个特定概念基元写出一组概念关联式，其描述概念联想脉络的威力（或信息表述能力）具有一定程度的神奇性。当然，依托于词语也可以给出类似的东西，词汇语义学和语料库语言学一直在大力寻求这类东西。但是，这是两样完全不可同日而语的东西，说两者有天壤之别一点也不过分。以上，是下文论述所必需的铺垫性话语。

句码符号里的字母分两大类，第一类联系于作用效应链的各片概念林，第二类则联系于思维和基本逻辑这两个概念子范畴。这是具有本质区别的两种联系，也是表 2-3（[320–1.3.1]小节）所呈现出来的景象。然后，如果再考察一下表 2-4 所呈现出来的景象，就可以清晰地看到，联系于概念林的句码符号都带有数字，第一位数字对应于相应概念林的概念树编号，这是一项约定；联系于概念子范畴的句码符号未带数字。但后者完全是一种"假象"，联系概念子范畴的句码符号也可以带数字，不过数字的意义与前者有所不同，不是与概念树一一对应的。对思维来说，D 随后的数字（包括 D0、D01、D1[*07] 和 D2）与思维的概念林或概念树都没有任何联系，其意义仅在于指明主块的数量以及某特定 GBK 的原蜕优先性。对基本逻辑来说，jD 随后的数字（包括 jD0、jD1 和 jD2）与基本逻辑概念林或概念树的关系也与作用效应链有所不同。jD0 完全[*08]对应于概念林 jl0，jD1 和 jD2 则仅大体对应于概念树 jl11 和 jl12。

HNC 为句码符号搞了不少名堂，这些名堂主要是为了在充满交织性的句类空间树立路标，以免除由交织性造成的迷宫般的困扰。句码符号具有与概念关联式一样的神奇性，主要体现在以下四个方面：一是标示了句类的广义作用、广义效应或两可性的区别特征，该区别特征密切联系于广义作用句的格式多样性和广义效应句的样式多样性；二是预告了任一特定句类的主块数量；三是预告了某些广义作用句的某特定语块具有块扩特征；四是预告了一些句类的特定语块具有原蜕优先性特征。这四项特征是句类知识的精华，仅在句码符号里就已经给出了明确的信息。

上述 6 个标志性句类不妨名之特级干道的路标，当然，这只是笔者的建议，六者是否都有资格纳入特级干道，可以讨论，因为笔者对于古汉语的偏爱可能产生一些偏见性的论断。但毫无疑义，其中的 jDJ 和 DJ 这两者是绝对具有这个资格的，特别是 jDJ。汉语和英语在 jDJ 上各有极其独特的表现，这是一个非常有趣的课题，似乎尚未引起足够的关注。

句码符号的名堂主要在数字方面，HNC 团队为此付出了大量心血，取得了一项广被引用的成果，那就是"HNC 基本句类代码及表示式"。但该成果的现有形态存在比较严重的缺陷，主要表现在两个方面：一是对上述四项特征的认识与描述不够透彻；二是对广义效应句样式的认识与描述不够透彻，存在一定程度的混乱。这个问题将在下一章给出具体说明。

总之，句类空间路标的特殊需求带出了句码符号的一系列特殊约定，其数字符号的长度出现大于特征块的情况，就是一件很自然的事情了。

注 释

[*01] 这涉及科学符号的国际接轨问题，在[320-1.1.2]小节里有略述。

[*02] 这里的说法与广为传播的"HNC基本句类代码及表示式"有点冲突，将在本章附录4里给出相应的解释。

[*03] "+"是迭句的符号，这里等同于省略GBK1的符号"(!31)"。

[*04] 这里，"独立"是延伸概念"永续1078d01"的r直系捆绑词语。

[*05] 上文有言："上面再一次凸显了C的特殊地位，只有她可以融入EK的复合构成，而另外的两位'男士'——B和A——是没有这个资格的。"这里的"耳顺"似乎与该论断有矛盾，其实没有。因为这里的"耳"已不是生理之耳，而是心理之耳，"耳顺"是延伸概念"感受基本效应7100(e2n)"的直系捆绑词语。下一句的"心"也应如此理解。另外，BK//CK块可整体或部分并入EK，这属于汉语的"顽皮"现象之一，将在下一章讨论。

[*06] "不逾矩"是延伸概念"规范30ae75"的(v,g)直系捆绑词语。

[*07] D1J是古汉语特别喜爱使用的句类，在《孙子兵法》里大量使用。其句类表示式如下：

$$D1J = DBC+D$$

[*08] 本句使用修饰词语"完全"，后两句使用修饰词语"大体"。这个细节上的区别当然有其特定意义，这里就不啰唆了，读者自行猜度一下吧。

第 5 节
混合句类

本节先进行流水式论述，随后以 3 个小节作专题讨论。

两种不同的基本句类可相互搭配而形成新句类，这些新句类必然继承其"父母"双方的特性，从而拥有一种新的句类属性。HNC 给这些新句类取了一个不那么漂亮的名字，叫混合句类，相应的语句叫混合句。

混合句类有多少种呢？这是 HNC 必然要首先进行的思考，因为 HNC 关注句类的有限性，这不仅是指基本句类的有限，也包括混合句类的有限性。

如果按八大句类来两两搭配，则最多可派生出 56（8*7）种大混合句类。这是关于混合句类的第一项思考。

但是，每一种大句类都需要划分出若干子类，如果八大类总计派生出 N 组基本句类，按 N 组基本句类来两两搭配，则最多可以派生出 N(N–1)种混合句类。这是关于混合句类的第二项思考。

这两项思考不过是关于混合句类有限性的思考，表面上是非常简单的数学思考，但实质上关系到两项物理性思考：第一个问题是，基本句类之间可以无条件相互组合么？第二个问题是，可以只考虑两重组合么？或者说，可以不理睬多重组合么？显然，这两个问题的思考单靠思辨理性是不够的，必须与实践理性相结合，通俗地说，就是要在对各种类型语料的考察过程中进行思考。

这一考察过程耗费了笔者大约五年的宝贵时光，最后的答案是，不曾发现不能以基本句类或两重搭配混合句类（以后就简称混合句类）来描述的汉语和英语语句，一句都没有。世界上有那么多种语言，都是这个情况么？在笔者打算结束该项考察活动的时候（1999 年秋天），对这个问题已经完全没有兴趣了。

在 1997 ~ 1999 年，基本句类的组数 N 被确定为 57，因此，混合句类最多就是 3192（57*56）种，这当然是 HNC 团队在句类探索历程中的一件大事。不过，这里需要就便说一声：那个"57"未必是终极答案。

混合句类或混合句的探索一直围绕着其句码符号的表示方式来进行，HNC 团队为此付出了巨大努力，取得了显赫成果。但是，本节将不谈成果，仅作反思，共 3 项。这里，先将 3 项反思的标题（问题）列举在下面，以便先写几句非分别说的形而上话语。

反思 01：关于混合句的基本类型与主块数量。

反思 02：关于混合句的句码符号。

反思 03：关于(HNC–2)和(HNC–2a)。

这三个问题的相互关系类似于中国古典哲学的"天、地、人"，问题 01 对应于"天"，问题 02 对应于"地"，问题 03 对应于"人"。HNC 已往对混合句的探索可以用"辛勤耕种"四个字来描述，这意味着对"天"和"人"存在一定程度甚至相当程度的忽视，从而导致"耕种"质量不高的后果。下面进入分别说。

1.5.1 关于混合句的基本类型与主块数量

混合句依然存在广义作用与广义效应的基本分野么？这是一个根本性的理论问题。答案是：Yes。

如果这个答案成立，那么，混合句的主块数量问题是否就迎刃而解了呢？上一节关于基本句类主块数量的基本论断（广义效应句最少 2 块，最多 3 块；广义作用句最少 3 块，最多 4 块），依然适用于混合句么？答案也是 Yes。

在 HNC 的探索历程中，对这两个答案的理论思考远远不够细致，因工程任务的需求而匆忙上阵，在混合句类代码的设计方面可以说搞得相当完美。但是，那可能只是一种沙滩大厦的外观完美。下一小节将对这个说法给出回应。

第一个 Yes 直接关系到"广义作用与广义效应基本分野"说（下文将简称彼山第一

分野）的理论依据，该依据就是两座彼山的基本景象，一座是概念基元的彼山，另一座是语块和基本句类的彼山。上文对彼山第一分野给出了一项阐释和一项揭示，阐释的核心内容是：两座彼山都遵循"二生三四"哲理（真），并从该哲理说到两座彼山的对应性之美，进而说到真与美的相互印证性。揭示的核心内容是：每座彼山内部都存在错综复杂的交织性，该交织性的呈现正是语言脑迷宫的奥秘所在。HNC 通过(HNC-1)和(HNC-2)致力于为该迷宫树立路标，已取得突破性进展。概念基元迷宫的路标叫作概念关联式，句类迷宫的路标就是句码符号。

关于句码符号的论述，形式上似乎是以基本句类为依托的，实质上不是。关于句码符号神奇性的四点说明并不受基本句类的约束，它们具有普适性，同样适用于混合句类。任何句类都不能违背"二生三四"哲理，该哲理就如同如来佛的手掌，混合句类不过是齐天大圣孙悟空而已。那么，佛掌的魔力究竟是什么？用通俗的话语来说，就是下面的一段"经文"：广义作用与广义作用相互搭配，其结果只能是广义作用；广义效应与广义效应相互搭配，其结果只能是广义效应；至于广义作用与广义效应的相互搭配，若以广义作用为本体，无非是嫁与娶的问题，其结果依然是广义作用；若以广义效应为本体，无非是赘的出入问题，其结果依然是广义效应。这段"经文"的正式名称是：混合句类的基本约定。

同样，上一节关于句码符号组成原则的论述，形式上也是以基本句类为依托的，实质上却不是。当然，句码符号的具体表示方式需要有所变化，这属于下一小节的内容了。

第二个 Yes 的诠释似乎不可能像第一个那么轻松，但实际上更为轻松，因为这只涉及语块的"二生三四"哲理，混合句类也不能违背"二生三四"哲理！即前述关于主块数量的基本法则：**广义效应句最少 2 块，最多 3 块；广义作用句最少 3 块，最多 4 块**。下文将简称为**主块数量法则**。

多数读者对这样的诠释一定很不满意，那就以下面的例句为依托细说一番吧。

T39T2bJ(TB => TAC), ErJ =: T39C = !31(T2bJ+!11XY5J)

——例句 1a：

美国总统||已下令派出||两支航母舰队||[#驶往||波斯湾

　TA,　　　　T39(Ep),　　　　TAC,　　　　T2b(Er-1),TB,

[以便 lb2]+| -在出现紧急状态时||对伊朗||实施军事打击#]。

　　　　　　　　　　　　　　B,　　　　XY5(Er-2)

—— 例句 1b：

美国总统||已下令派出||两支航母舰队||[#驶往||波斯湾]

TA,　　　　　T39(Ep),　　　　TAC,　　　　T2b(Er-1), TB

+[-准备-]对伊朗||实施军事打击#]。

B,　　　　XY5(Er-2)

两例句都是 4 块句，扩块[*01]T39C 的句类代码也相同。

传统语言学重视单句和复句的概念或术语，HNC 也使用这一对术语，但更重视另一对术语——小句和大句，这将在下一编介绍。这里要说的是：两例句都是大句，是一个叫作 T39T2bJ 的大句——块扩混合句的一种。这个结论与下列"语言事实"无关。

事实 01:"波斯湾"之后是否出现逗号",";

事实 02:"波斯湾"之后是否出现句间逻辑符号"lb"。

这个混合句类有两项十分可爱的特性:一是 ErJ 一定取"!31"句式;二是它所缺失的 GBK1 一定是 EpJ 的 GBK2。这是以 T39 牵头的块扩混合句类的共相。

就本例句来说,由于搭配对象是自身转移句 T2bJ,相应于 EpJ 的 GBK2 就必然是 TAC 了。

上面有意两次使用了"一定",一次使用了"必然",是试图通过这个例子展示一下句类知识的神奇性,特别是块扩句类的神奇性。这已跨入了第 6 节的辖域,不过,例句可以共享,下面再给出一组例句。

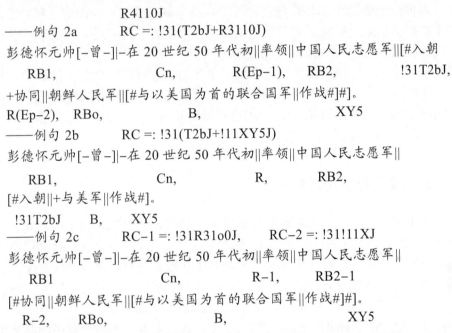

例句 2 共享同一个基本句类代码 R4110J,与例句 1 不同,其扩块 RC 的句类代码各不相同。但是,它们仍然保持着例句 1 所具有的**可爱特性**,这就非常有意思了。HNC 理论一直致力于在此类非常有意思的彼山景象里"寻宝",也就是去发现此类可爱特性,把它们装进句类知识这口巨大的"集装箱"里。这属于本编最后一章的话题,这里不过预说一声而已。

本小节标题所范定的内容,到此都已给出充分论述了。下面插入一段关于标注符号的题外话,这主要是为了方便读者。

这里的"题外话"有其特定含义,那就是 HNC 团队可能也不太熟悉的标注符号,其符号及意义如下所示:

[#...#]　　　　扩块的起止标记

(Er-1)	Er 编号，意味着还有 (Er-2) 等，但这个编号本身不指定关于 (Er-m) 的串 // 并信息
T39	这是定向信息转移句的句码符号，以前使用的是 T3。与此对应的改动是以 T39C 替代 T3C
TAC	自身转移句 GBK1 的代码符号，以前使用的是 TA
(TB => TAC)	这是混合句码的一种表示方式，详见下一小节
!31R31o0J	其中的 "o" 表示对应于集合 "（0,1,2）" 的三重身份
RBo	其中的 "o" 表示对应于集合 "（1,2）" 的双重身份：对居前的 B，它是 RB2。意味着居前的 B 扮演 RB1 的角色；对居后的 B，它是 RB1，意味着居后的 B 扮演 RB2 的角色

上面题外话里最重要的内容是关于符号 "[#···#]" 这一项，其他各项都仅涉及技术性细节。两例句表明了两件非常重要的语言事实：一是块扩句 ErJ 本身可以是复句；二是块扩句还可以再嵌套块扩句。HNC 把这两件语言事实概括成句类彼山的一种景象，从而为上述 "主块数量法则" 提供了充足的理论保障，再用另一种表述方式重说一声：扩块（或 ErJ）就是保证 "主块数量法则" 的法宝。

块扩里的复句是另一层级的复句，意味着语块和语句都有层级之分，这属于下节的话题。但这里不妨提一下一个众所周知的现象，那就是著名的扩块 T30C（属于前述 4 位代表性块扩句类里的信息转移句 T30J），它不仅可以是复句，还可以扩展成段落。《论语》里 "子曰"、小说里 "某某说" 就属于这种情况。

1.5.2　关于混合句的句码符号

上一小节给出了一个混合句之句码符号的特例，那就是 "T3T2bJ(TB => TAC)"。

20 世纪 90 年代末，在试图以符号 "SC1SC2*kmnJ" 充当混合句类通用代码的时候，存在着一项误识和一项苦恼。那误识来自于当时对**主块数量法则**还没有形成符合透齐性标准的深刻认识，有一种混合句类的主块数量可以或不妨多于 4 的幻觉或错觉。那苦恼来自于符号 "*kmn"，因为它不能在两个句类代码之间实施交替选取。

但是，符号 "SC1SC2*kmnJ" 却一直沿用至今，这是笔者一系列失职中的典型个案之一。

然而，该典型个案还不是最严重的失职，最严重的是没有郑重而明确地指出：混合句类依然具有广义作用句和广义效应句的基本分野，它依然遵循主块数量法则。

依据这一认识，就可以制定下列关于混合句码的基本规则：

如果混合句类属于广义作用句，则 SC1 一定选取广义作用型基本句类，对 SC2 作灵巧式选择。灵巧者，通常只取一个句码，但也可多于一也。

如果混合句类属于广义效应句，则 SC1 一定选取广义效应型基本句类，SC2 的选择同上。

两可型基本句类也可进入 SC1 的选取。

原设计符号的 "kmn" 不是必选项，而是可选项。它不出现就表示混合句类的主块皆取自 SC1J。

如果 SC1J 中的个别语块需要被 SC2J 的个别语块置换，而又不能通过符号"kmn"加以表示，则放在代码后面的括号内予以标明，上一小节的例句 1 给出了被置换的示例。

近年，笔者在偶尔标注语料时，已采用上述混合句码符号，感到更为便利。

尚未思考透彻的唯一问题是：两可型句类可完全排除于混合句类之外么？

可以明确宣告的一个有趣结论是：N(N-1)不过是一个有趣的"算术迷思"，不必当真。全部自然语言呈现出来的混合句类总量一定远小于它，因为笔者知道：(HNC-1)的许多延伸概念尚处于此山的空白状态，汉语和英语都还没有来得及光顾。

1.5.3 关于(HNC-2)和(HNC-2a)

(HNC-2)和(HNC-2a)是 HNC 必须引入的两个基本符号，用于描述句类空间的基本景象。前者对应于基本句类，后者对应于混合句类。

但符号(HNC-2a)似乎是第一次出现，果如此，那就是对笔者历来"不拘小节"的惩罚。这样的罚单，笔者已经收到多次了。但这一次，最使笔者难过。正是由于这个缘故，本小节的名称采取了一种特殊方式，其关键词不使用文字，而以符号替代。

"不拘小节"和"书呆子式较劲"是一对双胞胎，笔者过去对于(HNCm)与(HNC-m)的强调就属于后者。说两者分别对应于语言概念空间的数学和物理描述固然没有错，但语言概念空间（彼山）涉及的数学问题顶多是一些简单的算术问题（排列组合之类），不过是一个"算术迷思"而已，何必去惊动最神圣的科学殿堂——数学——呢？所以，这里郑重申明：今后可将(HNCm)和(HNC-m)视为一体，不过，(HNCm)和(HNC-m)的独立描述仍然可以保留。例如，GBK、EK、SCJ 就属于(HNC2)描述，而上文使用过的（R4110、T3、T2b；TAC、B、XY5；…）等就属于(HNC-2)描述。

对于句类空间，突出(HNC-2)与(HNC-2a)的区别尤为重要。而过去，却把这件最重要的事给疏忽了，只分别给出了两者的中文命名，却没有分别给出两者的不同符号表示。

(HNC-2)来源于广义主体基元的概念子范畴、概念林或概念树；(HNC-2a)原则上或理论上可以有两个来源，一是主体基元概念树的延伸概念，二是全部语境概念基元。不过，后者将被另行命名，叫作领域句类，那将在下一编论述。因此，(HNC-2a)就只剩下第一个来源了。说混合句类，没有比这更重要的玄机了。但是，为什么没有及时而明确地把这个玄机说出来？笔者自己也不明白。但可以肯定的是，笔者在设计主体基元的延伸概念时，冥冥之中是按照这个玄机办事的。

最突出的事例有 3 件：一是效应各株概念树及其延伸概念的整体设计；二是作用延伸概念"00\k=5"的特殊设计；三是对 3 种初始效应句 BK 的特殊约定。下面将突出事例 1 的阐释，后两者则仅作简略回顾。

事例 1 和事例 2 的原始目标是相同的，那就是服务于一项单纯的"野心"——为作用 0 与效应 3 之间错综复杂的交织区树立路标。如果把作用效应链（也叫主体基元）的 6 个环节比喻成六座超级大城市，那基本句类就好比是市内的交通干线，而混合句类则好比是市间的交通干线。当然，思维 8 和基本逻辑 j1 也是两座超级大城市。

事例 1 的核心动作（内容）是在效应的延伸概念里设置了一系列作用型概念，该系列延伸概念将生成 XYmJ 类型的混合句类。这可不是一件小事，因为(XYmJ,m=0-b)所连接的两座超级城市非同寻常，可以分别比作一个国家的政治首都和经济首都，或者比作一个国家的金融中心和技术中心。因此，(XYmJ,m=0-b)所体现的是政治与经济的结合，是资本与技术的结合。这两项伟大结合的担当者必须是一些顶尖人才，HNC 的做法是，把这些顶尖人才分别安顿在不同的部门里。印度的顶尖人才过度集中在一个叫作"婆罗门"的种姓里，拖累了印度社会的现代化。HNC 吸取这个教训（这些话是当年 HNC 思考历程的真实写照，不是语言面具），为这两座超级城市的伟大结合设计了 12 个"部门"，使各类顶尖人才得以各尽所长，达到最优配置。这 12 个管理作用与效应交织区的"部门"需要总名称，那就是 XYm，"部长"由"延伸概念 3yo"的第一本体延伸概念来担任。通过这样的灵巧性安排，概念基元和句类（包括语块）这两座彼山就融为一个有机的整体了。例如，概念基元（$35\tilde{}0\alpha$=b 和 3503）就是"部长"[*02]，一共有 9 位，但其中的（3518、3528 和 3503）是"首席部长"，这些"部长"共同掌控着 XY5 的全盘业务活动。作用 0 与效应 3 这两大超级城市之间的全盘业务活动则由混合句类（XYmJ,m=0-b）来掌控。

如此简明的符号(XYm,m=0-b)，竟然可以掌控两个超级城市（作用 0 和效应 3）之间半数业务往来，这岂非天方夜谭？请不要这么简单地思考问题，古代的天方夜谭，现代已能实现者多矣。语言脑的奥秘也许没有人们想象的那么高不可攀或深不可测，"部门"和"部长"的说法固然是比喻，但不是隐喻，而是明喻。HNC 已经把这些"部门"和"部长"实存化了，赋予了层次网络式的符号系统，为图灵脑的技术实现奠定了坚实的理论基础。这些话的跳跃性太大了，请当作是本卷两"后论"的预说吧。三大概念范畴的所有"部门"和各"部门首长"一起，已经构成了一个模拟言语脑（即图灵脑）的 HNC 符号系统。对这样一个符号系统，不能继续看作是一个虚无缥缈的东西了。但这样的看法依然强存在，对此应该理解和包容，因为语法老叟和逻辑仙翁千年营造所形成的语言柏拉图洞穴，还具有强大的生命力和影响力。

这里不妨再申说一声，所述"部门"的组建完成及其"部长"的任命，就是"蓦然回首"境界的标志。最初想到对各"部门"进行设置，是一个哥白尼式的大胆开端，但毕竟属于"望尽天涯路"，从事"部门"的具体设计与组建以及"部长"的培育才进入"为伊憔悴"。这两个阶段终于走过来了，过来以后，笔者才决定撰写这部《全书》，否则，笔者将继续"为伊憔悴"而度此余生。

近 5 年来，笔者一直在呼吁以概念基元为依托，与几种著名的代表性自然语言（英语、汉语等）实行挂接。这属于图灵脑的不可或缺的基础性工作，是一项没有先例的科技系统工程，不过该项工程的奠基工作比较简明，曾名之捆绑，捆绑和挂接是对同一件事的两种说法，捆绑是以此山为参照的说法，挂接是以彼山为参照的说法。捆绑或挂接的工作方式完全不同于当下流行的词语知识库建设方式。捆绑或挂接属于俯瞰，而当下方式属于仰望。仰望是一件容易出错而又难以纠错的苦差事，笔者当年曾备尝艰辛。而俯瞰则具有一种乐在其中的天然优势：不易出错又不难纠错。以捆绑方式形成的东西将是一部破天荒的新型"词典"，是一部语言柏拉图洞穴之外的新东西，而迄今所有的词典都不过是语言柏拉图洞穴内部的东西而已。这个新东西实质上就是语言脑接口部件的计算机模拟。这项呼吁一直未能得到响应，这需要继续等待，理由已如上述。

下面略说一下事例 2。延伸概念 00\k=5 的设计时间大体上对应于 HNC "为伊憔悴" 阶段的行将结束时期。这里把该小节在《全书》"残缺版"里的文字拷贝如下：

> 0.0.5 效应基本表现形而上描述 00\k=5 的世界知识
> 0.0.5-1 效应存在性表现 00\1 的世界知识　　（打开，复辟，复位，我行我素）
> 0.0.5-2 效应功能性表现 00\2 的世界知识　　（开放，封闭，开源节流）
> 0.0.5-3 效应量质度表现 00\3 的世界知识　　（改良，革命，固本，求精）
> 0.0.5-4 效应双对象表现 00\4 的世界知识　　（兼顾，包容，一视同仁，己欲立而立人）
> 0.0.5-5 效应综合性表现 00\5 的世界知识　　（处理，管理，监督，两手抓）

这可能是"残缺版"里最为残缺的小节，除分节标题外，没有任何文字说明。但这份残缺的东西有两点值得注意：一是使用了在《理论》和《定理》里罕见的措辞，如"形而上描述"；二是"\k=5"所描述的五表现。前者是后来正式命名的"本体论描述或呈现、认识论描述或呈现"等术语的先驱；后者是后来关于齐备性表述之代表性原则的先驱。五表现是典型的五位代表：所谓"存在性表现"乃是作用效应链三段论末尾段（关系与状态）的代表；"功能性表现"乃是该三段论过渡段（过程与转移）的代表；"量质度表现"乃是基本概念的代表；"双对象表现"乃是广义关系的代表；最后的"综合性表现"乃是思维与综合逻辑的代表。遗憾的是，当时没有为这 5 项延伸概念给出代表性或启发性的词语，这肯定让读者产生一种强烈的"丈二和尚摸不着头脑"的感觉。上面，在拷贝文字后面的括号里作了弥补。请注意，五表现或五代表里没有作用效应链三段论主体段（作用与效应）的代表，这体现了事例 2 与事例 1 的分工，即平衡原则的运用。

但是，事例 2 面临的交织性呈现或景象比事例 1 所面临的更为复杂，因此，延伸概念 00\k=5 未设置后续延伸。如果说 HNC 理论留下了大量有待继续探索的理论课题，那么这就是其中的重要成员之一。

事例 3 是关于初始广义效应句主块特性的一项硬性约定，具体内容如下：PB 一定是抽象概念，SB 一定是具体概念，YB 两可。此项约定不仅是为了反映过程、效应、状态这三株概念树的基本特性，更是为了方便相应语句的句类检验，特别是相应混合句的句类检验。这是一项非常宝贵的句类知识，但再宝贵的东西不懂得善用也就等于废物。笔者原来期望，此项约定和扩块可以充当句类分析技术的"倚天剑"和"屠龙刀"，但实际情况似乎并非如此。在笔者看来，这就是一个很有价值的论文题目，HNC 团队应该从这个方面打开思路，开拓研究与探索的新途径。论文"八股"是许多学界的"流感"危机，HNC 团队本来是有办法幸免的，可惜没有作出应有的努力。

结 束 语

本节重申了"二生三四"哲理和主块数量法则，诠释了关于混合句类的基本约定和混合句码的基本规则。相对于《理论》和《定理》而言，这不仅是重要的补充，也是重大的修正。

论述中存在一些破绽，关于广义效应句主块特性约定的陈述是其中最突出的例子。这些破绽在下一章会作出回应。

本节就便为本卷的两"后论"写下了多处预说，也为 HNC 开启的理论性课题写下了一些提示。想到这些东西，难免伴随着一丝伤感，但本节撰写过程中完全没有出现，而且是恰恰相反。

注释

[*01] 扩块是一个新术语，它有两层含义。一是"扩展为另一语句的语块"的简称，这是《理论》里给出的原始含义：扩块一定属于CK，而不能是BK或AK，这是HNC语块理论的一项基本约定，此含义下的扩块符号是ErJ。二是指扩展语句ErJ里的语块，这些扩块之间的边界如何标记？这里依然采用了双竖线"‖"。与扩块第二含义对应的术语将名之蜕块，指句蜕里的语块，特别原蜕里的语块。蜕块之间的边界一律以单竖线"|"标记。这项约定已成为HNC团队的共识，但前一项约定似乎还需要讨论。

[*02] 这里是特意选择了概念基元（35~0α=b和3503）来充当"部长"的代表，因为上一小节的例句曾请来过他们所主管的"部门"XY5。不熟悉该符号含义的读者请浏览一下效应全部概念树的概念延伸结构表示式及其汉语说明（[110-3]章）。

第 6 节
句蜕与块扩

（略）

附录 1　关于 EK 复合构成

EK 复合构成是指以下的 5 种构成形态：

$$EK=:E//Ec —— [EK\text{-}01]$$
$$Ec \equiv (HNC\text{-}2a) —— [Ec\text{-}01a]$$
$$EK=:(EQ,E) —— [EK\text{-}02]$$
$$EK=:(E,EH) —— [EK\text{-}03]$$
$$EK=:(EQ,E,EH) —— [EK\text{-}04]$$
$$EK=:(EQ,EH,E) —— [EK\text{-}05]$$
$$Ec \equiv (v1,14y,v2) —— [Ec\text{-}01]$$
$$EH \equiv (g;r):=C —— [EH\text{-}01]$$
$$(EQ;E) \equiv v —— [EQ\text{-}01]$$

符号 Ec 里的"c"取自英语 complex 的首字母，概念关联式[Ec-01]符合透齐性描述的标准或要求，不另说明。传统语言学在这方面做了大量富有成效的工作，HNC反而有所不及。"关于混合句的基本类型与主块数量"小节（[132-1.5.1]）的例句 1 里给出过Ec的示例。

符号 EQ 是 HNC 引入的新概念，曾名之高层 EK。但这是一个非正式的术语，指直接联系于概念子范畴//概念林//概念树的概念，如汉语的"考虑（思维8）、用（综合逻辑s）、加以（作用0）、进行（过程1）、努力（效应3）、处于（状态5）、想（720 意志共相林）、比（基本逻辑共相林 j10）、传递（转移共相树 20）、涉及（关系共相树 40）、表示（反应树 02）"等，英语也有类似的词语，如(get,make,put,)等。

(EQ,E)的典型示例如"进行改革、努力完成、考虑接受、表示同意……"。

符号 EH 是 HNC 经过反复思量而引入的新概念，但未赋予特定的术语。其相应的概念关联式[EH-01]也符合透齐性描述的要求。(E,EH)的典型示例有承担责任、履行合约、签订协议等。

EK 的这 5 种形态应该是所有发达自然语言的共相，依据其要素的类型配置情况，可分别名之同类要素形态、异类要素形态和混合要素形态，每种形态各有两种形式。HNC关于复合构成的关键性思考是引入了"异类要素"的概念，其中的 EQ 和 EH 是传统语言学未曾考虑过的要素，"动词中心论"更无视 EH 的存在，主要关注同类要素的 EK 构成，略微触及到(EQ,E)的构成形态。但是，后 3 种构成形态不仅在汉语里非常发达，在英语中也是如此。大体上可以说，"动词中心论"乃"只见其一，不见其五"者也，乃"一叶障目"的典型受害者也。有兴趣的读者，可以就这个题目写出一篇漂亮的论文。

但是，这里需要郑重地指出一点：汉语的 EK 存在一种比较"诡异"的殊相，如下式所示：

$$EK=:Eo//Eo| —— [EK-01b]$$
$$Eo \equiv (vB;Bv) —— [Eo-01]$$
$$Eo:=(v,14y,B)//(B,14y,v) —— [Eo-02]$$

这 3 个概念关联式里的相关逻辑符号前文都已有交代，这里就不一一说明了。新符号 Eo 是 HNC 引入的一个新概念，未赋予特定命名或名称，概念关联式[Eo-01]和[Eo-02]就是它的定义。概念关联式[Eo-02]所描述的内容，丰富而"诡异"，在"内容逻辑基元"小节（[240-4.2.2]）里有详尽论述。Eo 的典型示例如下：插秧、放牛、划船、劫狱、屠城、植树、种地、自杀、骨折、炮击、枪毙等。

在汉语里，Eo 可以介入 E，但不介入 EQ。Eo 的存在及其对 E 的介入，是汉语的特权或专利么？"诡异"者，指此问题也。HNC 希望如此，否则，HNC 关于两位"男士"不能进入 EK 的重要论断（见[320-1.2.2]小节）就要"打折扣"了。笔者多年来一直在留意英语，还没有发现异常情况。但笔者所见有限，更不能推及其他自然语言。所以，在这个问题上，以往一直采取比较含糊的说法，关于主块数量的论述（见[320-1.4]节）也是如此。根本原因就在于受到汉语此项"诡异"性的困扰。

附录2　关于多元逻辑组合

（略）

附录3　关于区别处理的清单式说明

（略）

附录4　关于基本句类代码表的说明

基本句类代码表制定于 1997～1999 年，已广为流播。但这个表存在一些失误，主要是由于：在制定该表时，对于广义作用句与广义效应句、对于句蜕与块扩的认识还没有达到"蓦然回首"的境界，更不用说对于句类空间与语境空间的认识了。

下面将给出一个新的基本句类代码表，简称"基本句类新表"。

该表将依照广义作用句、两可句类和广义效应句的顺序给出"o‒[m]"形式的编号，[m]表示 10 进制数字，o 的字母符号如下：

X	广义作用句
B	两可句类
Y	广义效应句

有些句类表示式只给出编号，汉语命名暂缺。

附表　基本句类新表

编号	句类表示式	汉语命名
X‒01	$XJ = A+X+B$	（待命名）
X‒02	$X0J = X0A+X0+X0B$	（待命名）
X‒03	$X11J = X1A+X1+XBC$	主动承受句
X‒04	$X21J = X2A+X2+XBC$	主动反应句
X‒05	$X29J = XAC+X29+X2BC$	（待命名）
X‒06	$X31J = X3A+X3+XABC$	主动免除句
X‒07	$X301J = X3A+X3+XBC$	（待命名）
X‒08	$X4J = A+X4+X4BC$	约束句
X‒09	$T0J = TA+T0+TB+TC$	转移句
X‒10	$T19J = TA+T19+TBC$	定向接收句
X‒11	$T2J = TA+T2+TB+T2C$	物转移句
X‒12	$T3J = TA+T3+TB+T3C$	信息转移句
X‒13	$T3*mJ = TBm+T3*m+TB(m)+T3C,(m=0‒2),$	教学句[*01][*02]
X‒14	$T2bJ = TAC+T2b+TB2$	自身转移句
X‒15	$T490J = T4BC1+T49+T4BC2$	交换句
X‒16a	$T491J = T4A+T49+T4BC1$	换入句
X‒16b	$T492J = T4A+T49+T4B2+T4C$	换出句
X‒17	$T490oJ = T4B0+T49+T4Bo+T4C,(o=1//2)$	中介交换句
X‒18	$T4a1J = T4B1+T4a+T4BC2$	替代句

续表

编号	句类表示式	汉语命名
X-19	RkmJ = RBm+Rk+RB(m),(k=0-7),(m=0-2)	单向关系句
X-19a	Rkm4J = RBm+Rk+RB(m),(m=1//2)	纯对象单向关系句
X-20	D0J = DA+D+DB+DC	四主块判断句
X-21	D01J = DA+D+DBC	三主块判断句
X-22	D02J = DB1+D+DB2	双对象判断句[*03]
X-23	X03J = A+X+B+X03C	块扩作用句
X-24	T30J = TA+T3+T30C	块扩信息转移句
X-25	Rkm0J = RBm+Rk+RB(m)+RC	块扩单向关系句
X-26	DJ = DA+D+DBC	块扩判断句
X-27	T39J = TA+T39+TB+T39C	定向信息转移句
X-28	T4a10J = T4B1+T4a+T4B2+T4C	块扩替代句
X-29	T4a0J = T4B+T4a+T4C	块扩替换句
X-30	Rm0J = RB+Rm+RC	块扩双向关系句
B-01	X10J = X1B+X10+XBC	一般承受句
B-02	X12J = X1B+X12+XAC	被动承受句
B-03	X19J = XBC+X19+X1B	特殊承受句
B-04	X20J = X2B+X20+XBC	一般反应句
B-05	X200J = X2B+X2+X2C	后续反应句
B-06	X22J = X2B+X22+XAC	被动反应句
B-07	X300J = X3B+X30+X3C	（待命名）
B-08	X302J = X3B+X30+XAC	（待命名）
B-09	X32J = X3B+X32+XAC	被动免除句
B-10	X401J = X401+X4BC	（待命名）
B-11	X402J = X4B+X402	（待命名）
B-12	T1J = TB+T1+T1C	接收句
B-13	T0aoJ = TC+T0a+TBo,o=1-3	传输句
B-14	T2aoJ = T2C+T2a+T2Bo,o=1-3	物传输句
B-15	T3aoJ = T3C+T3a+T3Bo,o=1-3	信息传输句
B-16	T4bJ = T4BC1+T4b+T4BC2	变换句
B-17	Y02mJ = Ybm+Y02m+YB(m),(m=1//2)	双对象效应句
	Yk02mJ = Ybm+Yk02m+YB(m),(k=7-9)	
B-18	jD0*2J = DBC+jD0+DB02	标准比较判断句
Y-01a	PJ = PB+P	初始过程句
Y-01b	YJ = YB+Y	初始效应句
Y-01c	SJ = SB+S	初始状态句
Y-02a	Pk01J = PBC+Pk,(k=0-4)	两主块过程句
Y-02b	Yk01J = YBC+Yk,(k=0-b)	两主块效应句
Y-02c	Sk01J = SBC+Sk,(k=0-6)	两主块状态句
Y-03a	PkJ = PB+Pk+PC,(k=0-4)	三主块过程句
Y-03b	YkJ = YB+Yk+YC,(k=0-b)	三主块效应句

续表

编号	句类表示式	汉语命名
Y-03c	SkJ = SB+Sk+SC,(k=0-6)	三主块状态句
Y-04	P11J = PB+P11+PC	素描句
Y-05	P21J = PBC1+{P21}+PBC2	因果句
Y-06	P22J = PBC2+P22+PBC2	果因句
Y-07	T49J = T4B+T49+T4C	基本交换句
Y-08	T4aJ = T4B+T4a	替换句
Y-09	RkJ = RB+Rk,(k=0-7)	双向关系句
Y-09a	Rk4J = RB4+Rk	纯对象双向关系句
Y-10	jDJ = DB+jD+DC	是否判断句
Y-11	jD1J = DB+jD1+DC	存在判断句
Y-12	jD1*J = jD1+DBC	（待命名）
Y-13	jD0J = DB1+jD0+DB2	相互比较判断句
Y-14	jD0*J = jDBC+jD0	（待命名）
Y-15	D1J = DBC+D	两主块简明判断句
Y-16	D2J = DB+D+DC	三主块简明判断句
Y-17	jD0*0J = (DB,jDC)	参照比较判断句
Y-18	jD0*1J = (DB0,jDC)	集内比较判断句
Y-19	jD2J = (DB,DC)	势态判断句
Y-20	S04J = SB+SC	简明状态句

基本句类新表包括广义作用句 30 种，两可句类 18 种，广义效应句 20 种，总计 68 种。这些数字的意义如同原来的 57 组一样，并不重要，也同样未必是最终结果。

关键在于新表的意图，可概括成以下 3 点：

（1）试图对广义作用句和广义效应句的交织性给出一个更清晰的描述，纯净的广义作用句和纯净的广义效应句集中于新表的前后，处于交织区的句类（即两可句类）安置在中间，三者之间界限分明，编号各不相同。

（2）凸显了广义作用句的 8 种块扩句类和广义效应句的 3 种样式不可交换句类。原来关于块扩句的含糊说法得到了彻底清除；关于样式交换性的局限性认识得到了彻底纠正。

（3）对原句类代码的符号失误作了改正，这主要表现在两方面。一是单向关系句的块码符号只引入了 RB1 和 RB2，未引入 RB0 和 RB，这是一项重大失误。RB0 代表关系的仲裁方或第三方，是新引入的。单向关系句一定会出现 RB1、RB2 和 RB0 轮流坐庄的格局，这与转移句的 TA、TB 和 TC 的轮流坐庄有点类似。RB 代表关系的双方，但原来仅用于双向关系句。但是，当 RB0 在单向关系句里出现时，RB 就必然会同时出现。二是基本逻辑各句类（基础判断句）的原代码符号比较混乱，其原因在于：句码符号里数字符号的约定意义没有贯彻始终，对作用、过程、转移、效应、状态和思维严格按约定办事，但对关系和基本逻辑却搞了一些"违规动作"，违规当然事出有因，这就不必回顾了。基本句类新表与原表的差异涉及诸多细节，这就不一一说明了。

注 释

[*01] 基本句类新表增加了3个基本句类，其代码符号、汉语命名及编号如下：

T3*mJ	= TBm+T3*m+TB(m)+T3C,(m=0-2)	教学句	X-13
D02J	= DB1+D+DB2	双对象判断句	X-22
T39J	= TA+T39+TB+T39C	定向信息转移句	X-27

[*02] 教学句里的块码符号"TB(m)"是第一次采用，该符号是与前面的符号"TBm"和后面的符号"(m=0-2)" // "m=1//2"配套使用的，约定如下：

m	TBm	TB(m)
0	TB0	TB
1	TB1	TB2
2	TB2	TB1

单向关系句和双对象效应句都使用了对应的块码符号。后者实际上就是原来的符号，这就是说，新符号是原有符号的扩展。但这项扩展非常重要，对于单向关系句具有"蓦然回首"的意义。原来的Rm10J和Rm11J具有完全一样的句类表示式，那是多么尴尬的事，是"为伊憔悴"的典型表现。现在，两者的句类表示式截然不同了，如下所示：

$$RkOJ = RB0+Rk+RB$$
$$Rk1J = RB1+Rk+RB2$$

HNC探索历程遭遇过无数次从"为伊憔悴"到"蓦然回首"的惊喜，这是其中比较生动的示例。

[*03] 本《全书》多次提到的第一名言和第二名言，就是典型的双对象判断句。不过，以往一直使用第一名言的简化形态，这里给出它的英语表述：Man's social being determines his consciousness.

广义作用句与格式

　　现在可以对第二编"论句类"各章的定位给出一个更准确的描述了，第一章论述句类的基础——语块与句类，第二章和第三章论述句类的两大支柱——广义作用句与广义效应句，第四章论述句类的"上层建筑"——句类空间与句类知识。

　　本章的撰述布局如下：

　　第 1 节，回顾与反思。

　　第 2 节，广义作用句的类型描述。

　　第 3 节，格式与块扩是广义作用句的专利。

　　第 4 节，格式与自然语言的分类。

　　前两节的命名方式将移用于下一章，第 1 节的命名方式已不是第一次，反思大体上是"批判+自我批判"的同义词，但本章的反思则限于自我批判。

第 1 节
回顾与反思

2.1.1 关于广义作用句的回顾

广义作用句这个术语的含义有 3 次升级过程：第一次升级是把转移句和关系句包括进来，第二次升级是把判断句包括进来，第三次升级是把所有的混合型作用句都包括进来。这个过程比较清晰，但是，这里潜藏着两个重大的问题并没有逐级加以澄清：一是广义作用句与广义作用型概念之间的联系或对应性；二是广义作用与广义效应之间的交织性。

广义作用型概念演变出广义作用句，或者说，两者相互对应。这一陈述似乎具有公理性的特征，但实质上不是。为什么？这就是前文曾多次指出的交织性问题，也就是说，广义作用型概念与广义效应型概念之间存在着灰色或模糊地带；广义作用句与广义效应句之间也存在相应的灰色或模糊地带，这个模糊地带将专门给出一个术语，叫交织区。为了考察这个十分复杂的课题，我们回到表 2-3（本编第一章 1.3.1 节）。

该表以概念林为参照，把概念的两种基本类型和语句的两种基本句类描述得似乎"天衣无缝"，似乎从彼山看此山，自然语言已显得多么"温顺"——well-defined。HNC一直致力于在彼山的句类空间缝制这么一件"天衣"，该"天衣"早在 20 年前就已缝制完成，命名为基本句类。但该"天衣"并非没有"缝隙"，穿着"天衣"的自然语言似乎显得相当"温顺"，但依然存在着"顽皮"的另一面。"缝隙"密切联系于"顽皮"，但所有的"顽皮"，是否都能安放到"缝隙"这个大"集装箱"里去呢？笔者不敢妄说。这里必须说一声：HNC 虽然为修补"缝隙"和对付"顽皮"作出了巨大努力，但不可能独尽全功。上一章的附录 3 是关于广义作用与广义效应交织性（即"缝隙"）的专论，这里则是相应的通论。通论者，着重于交织区世界知识的阐释也。

此通论分两部分，第一部分是关于表 2-3 的"缝隙"（即交织性）；第二部分是关于汉语的"顽皮"现象。

表 2-3 的交织性有三个层次的呈现：一是概念林层次的呈现；二是概念树层次的呈现；三是延伸概念层次的呈现。具有交织性呈现的概念将构成一个特殊集合，即上文所说的模糊或灰色地带，对该"集合"或"地带"值得赋予一个专用术语，即上面已经提及的交织区。

交织区存在 3 种类型：概念林交织、概念树交织和延伸概念交织。前两者又名之全局性交织，后者又名之局域性交织。

在作用效应链的 6 片概念林里，只有关系这一片概念林具有全局型交织，其交织性困惑集中表现在以下两方面：一是关系的单向性和双向性无所不在，如何处理？二是关系句的广义对象语块 GBK 可套用三要素模型划分为 AK、BK 或 CK 么？

关系的单向性和双向性是一项非常独特的交织性呈现，因为纯粹的单向关系或双向关系是很难想象的，HNC 不得不采取非常独特的对策加以处理，那就是引入了单向关系句和双向关系句这一对术语，这一对术语貌似平常，但内涵却很不寻常。其不寻常性表现在 HNC 的下列三项约定里：约定 1，单向关系句属于广义作用句，双向关系句属于广义效应句；约定 2，每株关系概念树都拥有相应的单向与双向关系句；约定 3，关系各株殊相概念树的双向性依次递减，而单向性依次递增。对于关系的交织性呈现，上述三项约定实质上是一种灵巧式处理或安顿，它所对应的交织性将名之"单向−双向"性。第三项实际上处于"引而未发"状态，原意是为未来的加权处理[*01]作一点准备。但这项准备以往"秘而未宣"，这似乎造成了一些误会。例如，"结合"这个词语就常常被无条件地投放到双向关系句里，而现代汉语语境（特别是政治语境）下的结合实际上更接近于"适应 471"，而不是"结合 411"，因此它也可以投向单向关系句。

关系必有双方，那么在关系句里，这双方如何描述？GBK 的三要素描述在这里遇到麻烦了。如果选择某一方为 A，则另一方必为 B，这与上述的"单向−双向"性发生了冲突。于是，HNC 只得作出一种灵巧式选择，那就是块符号 B1 和 B2 的引入。关系句的广义对象语块 GBK 不以 A//B 表示，而以 B1//B2 表示，更准确地说，是以 RB1//RB2 表示。HNC 把这一表示方式称为双对象性，以与"单向−双向"性相呼应。用 HNC 的语言来说，RB1 是一种独特的 AK 块类，RB2 是一种独特的 BK 块类。也许用佛学式语言来描述更传神一些，那就是：(RB1,RB2)是(AK,BK)，又不是(AK,BK)。但是，直白的话语也不失为一种选择：第一，如果 RB1 一定要扮演 AK，那 RB2 就扮演 BK；第二，如果 RB2 一定要扮演 AK，那 RB1 就扮演 BK；第三，如果双方都不要求扮演 AK，那就联手扮演 RB。

关系句句类表示式或句类代码的设计是对上述独特交织性的对口服务。说到这里，不妨再次请读者去回味一下那句用黑体字写下的八字话语——**语块是句类的函数**。这句话的精髓在于：首先，它把句类空间同概念基元空间紧密联系在一起了，这是本编论述的主线；其次，它也把语境单元空间同概念基元空间紧密联系在一起了，那是下一编（论语境单元）论述的主线。这两种联系都具有迷宫般的交织性，但不必害怕，因为 HNC 提供了一盏明灯，就是那句请读者回味的"八字话语"。

概念树交织集中在下列 4 株："记忆 805"、"承受 01"、"反应 02"和"接受 21"。它们都具有作用与效应的双重性，其中又以记忆最为特殊，记忆之外的 3 株概念树都对其双重性作了区别处理，但记忆没有。

所谓区别处理就是把概念树的双重性呈现放到延伸概念（首先是一级延伸概念）里予以明确区分，这就是说，**作用型概念树里可以设置效应型延伸概念，效应型概念树里也可以设置作用型延伸概念**。"承受 01"、"反应 02"和"接受 21"都是这么做的。上一章的附录 3 专门对这一区别处理给出了具体说明。这里补充一项，涉及表 2-3 里概念林"jly"的概念树"j100"，其一级延伸概念"j100e2m"就属于区别处理，它不是效应型概念，而是作用型概念，是基本逻辑 j1 里唯一安置的一个"异类"。

概念树"记忆 805"的情况非常特殊。记忆是思维的基础，没有记忆就没有思维，因此记忆必须纳入概念子范畴思维 8。但思维 8 的全部概念林 8y 被统一纳入广义作用，表 2-3 如实记录了此项约定。但概念树"记忆 805"显然是个例外，其广义效应特征明显大于广义作用，因为它强流式关联于第三个效应三角的概念树"存弃选 38"。但记忆的作用型呈现也相当突出，自然语言也对此非常配合，这很有趣。所以，HNC 干脆把"记忆 805"变成一株虚设概念树，把记忆的相关内容配置到"深层第二类精神生活 q8"的多株概念树里，首先是"记忆 q801"和"回忆 q802"。

交织性实质上就是复杂性的另一种表述方式，复杂性都源于交织，没有交织性，就没有复杂性。从某种意义上可以说，(HNC-1)和(HNC-2)的探索历程就是一个不断与交织性打交道的过程，其基本成果就是对交织性的妥善安顿。"单向-双向"性和双对象性虽然不过是其中的两项安顿，但两者与前述区别处理不同，它具有普遍意义。第一，"单向-双向"性和双对象性是交织的两种基本形态，不仅适用于全局性交织，也适用于局域性交织；第二，"单向-双向"性和双对象性是一对共生特性，用 HNC 语言来说，就是两者之间强关联。请注意：这里的两项安顿与两项特性竟然成了"同义语"，这在自然语言空间多少有点疙瘩，但在语言概念空间却非常顺畅，这就是彼山的魅力。

全局性交织有概念林和概念树两层级的区分，上面说了概念林层级的"关系 4"，最后交代一声概念树层级的情况，它涉及以下 4 株概念树："转移 2"的"交换、替代与变换 24"，"效应 3"的第三个效应三角"3y,y=7-9"。四者的交织性安顿比较烦琐，连同局域性交织一起，放在上一章的附录 3 里了。

下面转向汉语"顽皮"现象的话题。

汉语广义作用句的顽皮现象集中表现在以下 6 个方面：顽皮 1，作用的效应化表达；顽皮 2，作用的承受化表达；顽皮 3，EQ+E 或 E+EH 的后分离；顽皮 4，Ku 和 EQ 的前分离；顽皮 5，AK 省略；顽皮 6，BK//CK 并入 EK，从而省略一个 GBK。汉语广义作用句的这 6 项顽皮现象可简称"两化、两分离、两省略"。

（1）关于顽皮 1。先给出两个例句：

> 玻璃窗打碎了。
>
> 一些阶级消灭了。

HNC 把这类句子叫"作用的效应化表达"。"打碎"和"消灭"这两个词语都属于作用型概念，是延伸概念 3529 和 3128 的直系捆绑词语。延伸概念 3529 和 3128 一定演化出作用句 XJ，其句类表示式如下：

$$XJ = A+X+B$$

XJ 位列 57 组基本句类的天字第一号，是广义作用句的总代表，其句类知识曾在《理论》里给出过详尽说明。但是，两例句都只有两个主块：GBK+X。其中的"玻璃窗"和"一些阶级"是 A 还是 B 呢？汉语没有给出形态标记，但英语一定会，通过被动句式明确告诉你两者一定是 B 而不是 A。因此，英语显然比汉语"严谨"而"科学"！然而，这样的结论未免匆忙了一些。如果两例句改成："玻璃窗碎了。一些阶级消失了。"（将暂名表述 2，以区别于前面的表述 1），那英语也不必使用被动式了，因为表述 2 属于纯粹的效应（结果）描述，不问作用（原因），而表述 1 则强调有某种外因存在。但是，表述 1 与表述 2 的区别，汉语已经在词语层面里充分表达出来了，何必在句式方面另加标记？当然，这里还隐藏着两个深层次问题：一是词语意义的模糊度；二是基本句类知识的指导性。下面略加说明。

一般来说，汉语双字词（特别是动词）的模糊度比较小，处于交织区的词语能够在一定程度上体现出广义作用与广义效应的区分，如上面的"消灭"和"消失"；英语动词词语的模糊度比较大，处于交织区的词语不太可能具有汉语特有的区分功能，它还受到所谓及物动词和不及物动词分类的严重干扰或误导[*02]。

基本句类知识的指导性将在第四章详说，这里仅预说一点，XJ 如果缺失了一个 GBK，则它一定是 A，而不是 B。这是作用句 XJ 的一条基本原则，任何自然语言都遵循这条原则。这就是说，汉语的顽皮 1 是很讲道理的，体现了灵巧性思维的运用，而英语的"老实"（对语法规则的严格遵循）反而显得有点"一根筋"了。

（2）关于顽皮 2 和顽皮 3。先给出两个例句：

> 他挨了老板的一顿臭骂。
>
> 她一辈子受丈夫的气。

两例句里顽皮 2 和顽皮 3 同时出现了，这并非必然现象，但两例句所呈现的现象也并非完全偶然，而是一种必然的偶然，因为使用了一级延伸概念"被动承受 012"的直系捆绑词语——"挨"和"受"。一级延伸概念 012 拥有丰富的直系捆绑词语是汉语的殊相（专利），但 012 的 EK 具有 EQ+E 或 E+EH 的 EK 复合构成特性则是语言概念空间的共相，因而，任何自然语言都会出现特征块的这种复合构成。不过，汉语也许最为突出，例句里的"挨骂"是 EQ+E 的样板，"受气"是 EQ+E 或 E+EH 的两可样板，在句子里都出现了后分离现象。两者作为概念组合结构都属于"vo"里的"vC"，在某种意义上可以说，"EQ+E"和"E+EH"就是"vC"的衍生物。

顽皮 2 和顽皮 3 是两个独立的现象，但在汉语的被动承受句里经常搅在一起。大体上可以这么说，顽皮 2 的汉语专利性大于顽皮 3，因为英语几乎不搞顽皮 2，但顽皮 3 未必是这个情况。这是一项很有趣的课题，似乎很少被涉及。

（3）关于顽皮 4。包含两项内容：EKu 前分离和 EQ 前分离，前者具备汉语专利的资格，而后者不具备。以下分别讨论。

用传统语言学的术语来说，EKu 是关于谓语的时态和情态描述，英语的 EKu 总是紧接在 EK 前面的，不会出现前分离现象，汉语不同，可以在 EKu 与 EK 之间插入 GBK 或 fK，HNC 把这一语言现象称作 EKu 前分离。

广义对象语块 GBK 的插入紧密联系于规范格式的采用，这时，紧跟在 EKu 后面的一定是 GBK 逻辑标记，即对应于"(l0y,y=1–3)"的捆绑词语。所以说这项顽皮里存在很讲规矩的另一面。

辅块 fK 的插入与格式无关，是无条件的，这个现象非常有趣。HNC 常说，现代汉语的辅块一定在特征块之前，这里可以给出一个更准确的说法了：现代汉语的辅块一定在特征块主体之前，但同时又"必须"在 EKu 之后。考虑到"语言规则必有例外"迷信的普遍存在，这里想就便多说几句话。汉语之所以要把 fK 插在 EKu 与 EK 之间，是因为 EKu 不仅要管 EK，也要管 fK，这就是说，其意义辖域包含 EK 和 fK 两者。这就是顽皮 4 里仍然存在规矩的依据，这个依据也同样适用于英语辅块后移现象的解释。但是，应该考虑到：EKu 的辖域不一定包含附属于一个语句的全部辅块，这需要存疑，所以上面使用了一个带引号的"必须"。那么，为什么不使用往往一词替换它？这就不必解释了吧。

汉语 EKu 的前分离表现可谓别树一帜，HNC 为 EKu 的描述设置了 4 株概念树——l61（时）、l62（态）、jl12（势态）和 jl13（情态），其中的势态是从传统意义上的时态与情态综合出一株独立的概念树。

EQ 前分离现象不能说是汉语的专利，英语中也同样存在。不过，汉语远比英语活跃。

（4）关于顽皮 5（"AK 省略"[*03]）。广义作用句的 GBK1 一定属于"AK"，故这里的"AK"省略就是 GBK1 省略，用传统术语来说，就是主语省略。但 HNC 宁愿使用"AK"省略这样的说法，而避免使用主语省略的表达方式。为什么呢？这需要回到"主谓宾"这个老话题，主语这个术语在广义作用句和广义效应句里的意义有天壤之别，前者的主语是 AK，后者的主语是 BK。前文已经指出：BK 是自然语言最早出现的语块，AK 是最晚出现的语块，从现象说，怎么可以把最早出现的东西同最晚出现的东西混为一体呢？从本质说，怎么可以把广义作用句与广义效应句的构成要素混为一谈呢？可以这样说，主语这个术语的巨大误导性乃自然语言理解处理的难以承受之重，所以，HNC 基本不使用这个术语。宾语存在着类似的严重问题，它竟然把亚当 BK（对象）和夏娃 CK（内容）当作同一个人，起了一个好听名字——宾语。这些术语是语法老叟在两千多年前的杰作，它如同亚里士多德当年在自然科学探索中的许多杰作一样，如今已经过时了。这类杰作的绝大多数在当年是顶级智慧的体现，但如今事过境迁，语法老叟的一系列杰作早已不能适应语言信息处理和语言脑探索的需求了，那些过时的语言学术语和命题早该加以清理了。

顽皮 5 不能说是汉语的专利，但可以说是汉语的偏好。汉语的这一偏好具有深刻的文明背景，这在现代汉语的官方语言里表现得尤为明显。

与汉语相反，英语则似乎对主语过于偏好，英语的语习类句式[*04]就是这一偏好催生出来的"怪物"。笔者是英语的外行，对"怪物"说不作任何申述。

（5）关于顽皮 6。顽皮 6 是一种词汇现象，是汉语特有的一种词汇现象，因为这是字本位语言才可能出现的一种现象。现代汉语词法学曾把这种现象命名为动宾结构和主谓结构，《现汉》还专门对这类词语的拼音符号设计了一种区别性标记，但《现范》没有采用。HNC 对这种词汇现象以符号"vo""ov"和"ou"加以概括，三者被 HNC 叫作内容逻辑基元，也叫块内串联组合的第一本体呈现[*05]，对应的 HNC 符号是 l42t=b。这个符号非同寻常，这里不妨给出自然语言的对应描述，概念林"14"对应于块内组合逻辑，概念树"142"对应于块内组合逻辑的串联，"l42t=b"就对应于串联组合的第一本体呈现了。

内容逻辑基元概念在自然语言空间的对应物，原则上或理论上应该是短语或词组，而不应该是词语，英语相当老实地遵循着这条原则，但是，以双字词为主体词语的现代汉语就相当不老实了，《现汉》和《现范》都收集了大量的内容逻辑基元型词语。内容逻辑基元有 B 和 C 两种形态，HNC 约定其中的 B 一定属于具体概念。前文说过：特征块 EK 禁止 BK 或 AK 的进入，但并没有说禁止 B 形态逻辑基元型词语的进入，这就开了一道"后门"，现代汉语利用这道"后门"打破了上述"禁令"。这就是顽皮 6 的景象，看一下下面的三个例句吧，每一例句的右边给出了相应的句类代码和 EK 表示式：

周老虎｜–出狱后‖｜又上山寻虎了。	T19SJ	Ec
1958 年，曾有上亿的中国人｜–用土高炉‖炼铁，	XSJ	E
政府军与反政府军‖［–正–］‖–在叙利亚的多个城市‖进行巷战	R3PJ	EQ+E

例句 1 里的"上山"(vB)和"寻虎"(vB)分别扮演着 Ec 里的 v1 与 v2 角色，两者一起扮演着 EK 的角色；例句 2 里的"炼铁"(vB)扮演着 EK 的角色；例句 3"进行"与"巷战"分别扮演着 EQ 和 E 的角色。例句的 EK 使用了 vB 型词语"上山"、"寻虎"和"炼铁"，还使用了不寻常[*06]的 Bv 型词语"巷战"。这样，语块的 B 要素就混入特征块 EK 了。

三个例句的句类代码都是混合型的，都是两主块句，前两个属于广义作用句，第三个属于广义效应句。这些都是极为关键的句类知识，各自的句类代码把这些知识表述得清清楚楚。这有点奇妙是吧！下面两章将给出回应。

2.1.2 关于格式的反思

本小节以反思为标题，因为 HNC 历来对格式的阐释都带有浓重的"一根筋"印记，这严重影响了或妨碍了格式思考的透彻性，集中表现在以下三点。

（1）没有明确指出：格式这个术语只适用于广义作用句的主块排序描述，而不适用于广义效应句。后者需要另行引入一个区别性术语，就是那个姗姗来迟的样式。广义作用句与广义效应句的主块数量和排序存在本质区别，这是一道非常独特的彼山风景线（景象），HNC 在发现句类空间的同时，对这一景象已有所感受，但远远不够透彻，这充分表现在 1999 年制定的 57 组基本句类表里。那是一张被当作权威的表，为多部专著和数十篇博士或硕士论文所引用。但该表存在严重的失误和误导，严重失误是把格式的标志符号"l02"错误地引入广义效应句的句类表示式（如标准比较判断句、参照比较判断句）里，把"格式"的"竿子"强行插入到广义效应句里；严重误导是把换位样式局限于状态句，而不及其他[*07]。

（2）对 3 主块句和 4 主块句侈谈 6 种格式和 24 种格式的穷尽性，数学式的"一根筋"劲头大发作，从而忽视了基本格式与规范格式的本质区别，忽视了齐全的规范格式也许是汉语专利的重要语言事实。盲目追求格式表示方式的齐备性，造成了格式表示符号的过度烦琐，失去了该符号应该具备的宝贵简洁性。

（3）未强调指出汉语独有并常见的规范格式是汉语降服劲敌 B 的有力武器，规范格式的出现就意味着 EK 的后移，甚至后移到语句的末尾。规范格式的标记信息还必然与特征块的时态、情态或势态捆绑在一起。这些都是汉语的铁律，是所谓"lv 准则"的灵魂，对于 EgK 的定位具有关键性的指导意义，可惜长期处于隐含状态而未予以明确揭示。为什么会出现这不可思议的"悲剧"？"一根筋"于格式的数学齐备性是重要缘由之一也。

结 束 语

本节的标题是回顾与反思，两小节的标题分别以回顾或反思为关键词。回顾的是广义作用句，反思的是格式。这里有那么一点话外音，那就是：HNC 在广义作用句的探索历程中一直比较谨慎，但在格式的探索历程中却相当浮躁了。浮躁的缘由有所交代，但其中的深层教训则避而未谈。

回顾以广义作用与广义效应之间的交织现象为主线，介绍了全局性交织和局域性交织以及交织区的概念，概述了应对不同类型交织的 HNC 对策。这些对策充分展示了灵巧思维的魅力，这种魅力可意会而难以言说。这样说，或有遮丑（遮盖拙劣文字之丑）之嫌，但不会引起故弄玄虚的误解吧。

关于汉语顽皮现象的描述采取了比较轻松的方式，相对于英语的对比性描述则一律"蜻蜓点水"。就便又说了一遍关于语法老叟的话语，实质上是对前文关于《马氏文通》[250-4.1.4]话语的终极性呼应。这就是说，此后再也不会出现这样的呼应性文字了。

注 释

[*01] 关于加权的论述请参阅"延伸概念的玄机"小节（[310-4.1.4]）。

[*02] 此误导的论述见"E标记"（[240-0.0]）及"格式f419的世界知识"（[250-4.1.1]）。

[*03] 这里对AK加了引号，是由于考虑到双对象性的干扰。

[*04] 指以引词"it"打头的句式。

[*05] 其详细论述见"内容逻辑基元"小节（[240-4.2.2]）。

[*06] 这里的"不寻常"就是指前文所说的汉语词语大家庭里的一族特殊成员，其HNC符号是142a7，有关论述见[240-4.2.2]小节。

[*07] 基本句类表的有关问题详见上一章的附录4。

第 2 节
广义作用句的类型描述

本节标题使用的关键词是描述，而不是叙述。叙述需要多听第一名言的话，描述则需要多听第二名言的话[*01]。也可以这么说：描述一定是多视野的叙述，而叙述则可以是单一视野的描述。本节是对广义作用句的多视野叙述，立足点不再局限于表 2-3 所范定的视野，也包括关于混合句类基本约定所范定的视野。这两个视野似乎应该是广义作用句的基本分野，但实质上并非如此。如果再上一层楼，从语境分析的高度来看，句类的基本与混合之分，虽然并非无足轻重，但毕竟不是关键性的东西，因为语境分析的关键在于考察广义作用效应链的运转是否齐全，这包括广义作用四大环节的运转。

当然，这并不是说，往那个所谓的语境分析的高度一站，句类分析的问题就轻松了，"行远必自迩，登高必自卑"，即使是坐直升机甚至火箭，也不能违背这一途径法则。

基于上述两方面的考虑，本节的小节设置将采取比较特殊的方式，其内容如两小节的标题所示，如此设置的理由将在结束语里简述。对两小节的排序曾沉思良久，最后就这么定下来了，理由就不说了。

2.2.1 块扩句与无块扩句

基本句类里一共有多少种块扩句呢？是否每一种块扩句都可以充当混合句类的 SC1 呢？这是关于块扩句的两个基本问题，以往笔者对两个问题的陈述，在一定程度上有些"含糊其词"，究其原因，主要是对语言交织性的无所不在认识不足或未及时提醒，于是就造成了一些误解和混乱。

最突出的例子是关于主块与辅块、块扩与句蜕的交织。

先说一个未及时提醒的例子。

块扩或扩块这个概念或术语是依托于某些广义基本作用句的 CK 特征而引入的，这包括块扩作用句 X03J 及其扩块 X03C[*02]、块扩信息转移句 T30J 及其扩块 T30C、块扩单向关系句 Rko0J 及其扩块 RC 和块扩判断句 DJ 及其扩块 DBC。这四者被称为块扩句的四位代表。此外，还有四位副代表：定向信息转移句 T39J、块扩替代句 T4a10J、块扩替换句 T4a0J 和块扩双向关系句 Rm0J。第一位副代表的扩块符号是 T39C，随后两位副代表的扩块符号都是 T4C，最后一位副代表的扩块符号也是 RC（与第三位正代表相同）。这里有两个"例外"值得特别注意：一是扩块符号不是单纯 CK 的例外，那就是块扩判断句 DJ 的 DBC；二是关于出身的例外，块扩替换句 T4a0J 和块扩双向关系句 Rm0J 不是出身于广义作用句，而是出身于广义效应句。

块扩句的上列八位代表（包括正、副代表各四位）的选取过程和汉语命名值得回顾一下。最初入选的代表是块扩作用句 X03J，随后是另外三位正代表，最后是四位副代表。可是，那位首选代表的命运却最为坎坷，其句码符号和汉语命名都经历过多次变化。其最终命名现在成了块扩句类的"标杆"，这不过是一件"水到渠成"的"看齐"行动，可是笔者却忘记提醒了。下面说另外两段关于"例外"的闲话。

第一个"例外"是关于标志性句类的例外。在"基本句类表示式与句类代码"节（[320–1.4]）中曾说到过此例外。那里说：标志性句类"一共只有 6 个，而不是 8 个，……转移句和关系句是 2 个例外"。现在，对"例外"之说可以有"标志性"感受了，但上述"看齐"行动有定向信息转移句的例外，关系句的正副代表具有同样扩块符号 RC 的例外。

第二个"例外"是关于扩块 ErJ 必然是"!31"句式的例外。ErJ 必然是"!31"句式的特性显然是一个非常可爱的特性，但不是所有块扩句都具有这一特性，这里有例外。我们可以采用与第一"例外"完全相类似的说法：ErJ 必然是"!31"句式的块扩句一共只有 6 个，而不是 8 个，块扩信息转移句 T30J 和块扩判断句 DJ 是两个例外，两者的 ErJ 不允许使用"!31"句式。

如果说第一"例外"仅具有一定的理论意义，那第二"例外"则具有重要的实践意义。"语言规则必有例外"的说法具有极大的迷惑性，仅信奉经验理性的人们一定在此迷惑面前举手投降。但笔者多次说过：只要把例外抓住了，那有例外的规则就立马变成没有例外的规则了。当然，要想抓住例外，就必须同时依靠先验理性（康德称之为纯粹理性），而不能仅仅依靠经验理性（康德称之为实践理性）。前面已经贡献了无数这样的规则，这里则直接以"例外"的表述方式又贡献了一个。

以上关于"例外"的叙述，是块扩句特有的可爱特性，请牢记，这一可爱特性可在句类分析中发挥"石破天惊"的作用。

下面，回到本小节的话题——块扩句与无块扩句。

此话题可以说是一个多余的话题，因为 HNC 已经对块扩句给出了足够明确的阐释，块扩句与无块扩句的分野是一清二楚的。但是，此话题又不是一个多余的话题，因为 HNC 关于哪些基本句类属于块扩句的说法并非是始终"一以贯之"的，在上一章的附录 4 里才正式给出了八位代表的说法，但并没有明确宣告不存在另外的代表。那么，这里要不要明确宣告一声呢？是不是笔者觉得还存在着继续思考和检验的必要呢？

阅读过本《全书》前两卷的读者可能会联想到四个字：笑而不答。这四个字确实是笔者此刻心情的生动写照。

不过，这个话题的灵巧性是需要强调一下的，这是指以下两个方面。一是块扩的层级现象，块扩可进入句蜕和辅块，块扩可嵌套块扩。因此，"块扩句"或"无块扩句"的说法是有条件的，笔者建议仅用于语句的顶级描述。二是指某些语块的块扩优先性，典型的例子就是 T3J 的 T3C，它经常块扩，但不是必然块扩。HNC 最终选择八位代表说，就是为这类例外留有余地，T3J 的 T3C 就是余地之一。但是，余地越少越好，需要保留几个？余地如何处理？这值得搞一次专题讨论。

2.2.2 三主块句与四主块句

从语块的视野看，广义作用句的四主块句就是指块类齐全的语句，三主块句就是指块类天然缺一的语句，但这个天然缺一的块类不能是 EK//AK，而必须是 BK//CK。这是对广义作用句"主块数量法则"的两项一级陈述之一。而前文所述[*03]，则属于主块数量法则的顶级陈述。

广义作用句的另一项一级陈述是：块扩句的扩块一定是 CK，该 CK 只按一个一级主块计算，无论其实际构成有多么复杂。

"无论其实际构成有多么复杂"这个短语的含义值得注意，因为它意味着扩块里可以包含复句。这样，二级主块的数量就有可能突破 4 的限制。如果扩块里再嵌套扩块，那三级主块的数量当然也是如此。这就是说，非一级主块的数量可以突破 4 的限制。这似乎是一个很有趣的理论课题，但实际上没有多少实践意义。因为，该"突破"一定联系于复句，而对于复句，就不难予以各个击破。前文的例句 2a[*04]实际上就属于这个情况，那里的"入朝"是一个简略型主块，但可以轻易地变成两个形式完备的主块。喜爱高楼大厦句式的英语，是否有什么异类情况呢？从黑格尔先生著作的英译文本看来，这种担忧是不必要的。

上面引入了顶级描述和一级描述的说法，这意味着还有二级描述及其他，将名之俯瞰层级。描述的级别之分并不新鲜，分别说与非分别说就属于不同的描述层级，点说与线说（点线说）、面说与体说（面体说）也是，形而下描述与形而上描述更是。对于上述一系列描述级别的划分，许多读者可能不太习惯，甚至很不习惯。对这里关于描述的顶级、一级、二级等的划分，也许不仅仅是不习惯，甚至觉得是多此一举。不习惯的根源在于仰视的习惯，而 HNC 提倡俯瞰，这就是引入俯瞰层级这一术语的缘由了。

下面说一下关于"三块句与四块句"的二级描述，其要点如下：

（1）就广义作用句的原形态（即非块扩形态）而言，作用句与单向关系句是天然的三块句，判断句是天然的四块句，转移句比较特别，其特殊表现在本节的注释 [*05]里有详细说明。

（2）就广义作用句的块扩形态而言，有"+1"与"−1"两种块扩形态[*05]。天然的三块句都会演变成四块句，即"+1"转换[*05]；天然的四块句都会变成三块句，即"−1"转换。由此可知，天然的两块句只会对应于"+1"转换

（3）块扩句八位代表各有一半分别属于三块句与四块句。四块句的四位代表具有如下两项共性：ErJ 取"!31"省略格式，且出身正常（指出身于广义作用句）。三块句的四位代表具有下述两项特性：一是两位代表（T4a0J 和 Rm0J）的 ErJ 取"!31"格式，但出身"异类"（指出身于广义效应句）；二是另两位代表（DJ 和 T30J）的 ErJ 不取省略格式。

上列要点里蕴涵着一种内容逻辑的形式美，非常有趣。

结 束 语

本节的标题是"广义作用句的类型描述"，但内容似乎与标题不符，对广义作用句的"祖宗"略而未谈，仅着重描述了块扩句的相关问题。

广义作用句的类型可以归结为 3 类：类型 1 联系于基本句类；类型 2 联系于混合句类；类型 3 联系于块扩句。所谓"祖宗"，可以仅指基本句类，也可以把混合句类包括进来。对于这两位"祖宗"，前面已经给出了充分的描述，这里就不必重复了，需要补充的只是块扩。

以上所述，应视为本《全书》撰写方式的一种天然默契。不过，本节表现得更为突出一些而已。

但是，块扩现象同句蜕现象一样，具有层级表现，可以无所不在，既可以出现在辅

块里，也可以出现在广义效应句的任何 GBK 里。这是本节首先需要明确宣告的景象，也是两小节顺序安排的依据。

但是，HNC 对于广义效应句 GBK 的所谓"块扩呈现"将另眼相看，并不一视同仁，另名之原蜕。为什么要另眼相看？因为，广义效应句 GBK 的"块扩呈现"与辅块类似，不具有必然性，而广义作用句 GBK 的"块扩呈现"则具有必然性，而且必然出现在按基本句式排序的最后一个语块。这项区别太重要了，必须突出出来。因为，必然性一定没有例外，而非必然性则必有例外。从某种意义上说，HNC 探索的基本目标就是：全力寻求语言世界里那些必然性的东西，同时尽力确定那些非必然性里的例外。这里用得上"说起来容易做起来难"那句老话了，不过，那老话并没有多少实质性意义，关键在于能否从语言世界的此山视野跨入或上升到语言世界的彼山视野。

本节的论述全部采用彼山视野，未借用传统语言学的任何术语。两小节的内容实际上并没有新东西，不过是对以往的分散叙说进行了一次集中的概述。

最后，需要特别指出三点：①定向信息转移句 T39J 是在"基本句类代码表"形成多年以后才添加的，这位副代表是唯一具有"±0"特性的块扩句代表，笔者的"未及时提醒"可谓多矣，其中最使笔者感到歉疚的是这一项。②T3J 被赋予了新的含义，现约定,其 T3C 不块扩。如果需要 T3C 块扩，那么通过混合句类 T3T30J 把它转换成 T30C 就是了。③原来定义的句类 T31J 和 T32J 都被取消，因为它们不过是 T3J 的!32 和!33 格式而已。

注 释

[*01] 关于第一名言和第二名言的说明见本《全书》的[121]引言。

[*02] 这两项CK符号都与当下流行的"基本句类代码表"有所不同，请参看上一章的附录4。

[*03] 该顶级陈述曾在多处加以论述，但最早使用"主块数量法则"这一提法的正式文字见"关于混合句的基本类型与主块数量"小节（[320-1.5.1]）。

[*04] 出处同上。

[*05] 块扩转换是这里第一次出现的术语，但早该提出来了，指块扩句乃是在原句类的基础增加或减少一个扩块而形成的句类。在作用句和关系句里，只存在"+1"的情况，在判断句里，只存在"-1"的情况，但转移句则兼而有之。转移的24是一株高度交织的殊相概念树，其一级延伸概念24t=b属于广义作用与广义效应的两可。由24a\1衍生出来的替换句同双向关系句一样，属于广义效应句，由24a\2衍生出来的替代句同单向关系句一样，属于广义作用句，故两者皆出现了"+1"转换。转移的20、22和23这3株概念树乃是纯粹转移的代表，属于天然的四块句。但其中信息转移句T3J比较特别，它衍生出块扩句的正副代表各一，正代表是T30J，作"-1"转换，副代表是T39J，不作"±1"转换。

第 3 节
格式与块扩是广义作用句的专利

本节的标题比较出格，乃有感而有意为之。有感的具体内容，前已说过多次。其中最要紧的一点就是：格式这个术语，本意是专门为广义作用句服务的。可是，这个本意竟然没有明确表达出来，以致造成了一项严重的误解，以为任何语句都有格式，包括广义效应句。

传统句法学早有句式的术语，可是传统句法学不知道，广义作用句与广义效应句具有根本不同的句式特征，这属于彼山景象。广义作用与广义效应本身是彼山的第一号基本景象，它把概念基元和句类这两座彼山紧密地连接在一起。句法学没有这个认识是很自然的。

那么，广义作用句与广义效应句的句式到底有什么根本不同呢？为什么有这种差异呢？这两个问题的答案其实全隐藏在"主块数量法则"里，而这个法则又密切联系于"二生三四"哲理。

"主块数量法则"说：广义效应句最少 2 主块，最多 3 主块；广义作用句最少 3 主块，最多 4 主块。最多 4 主块的依据是块类齐全，广义效应句最多 3 主块的依据是它天然缺少块类 AK。从主块的排序方式来考察，4 主块句的主块排序可以多达 24 种，而 3 主块句的主块排序最多只有 6 种。从广义对象语块 GBK 的安顿来考察，3 主块句很容易做到让 GBK 不相互邻接，那就是让 EK 处于两 GBK 之间，但 4 主块句根本就做不到这一点，它一定会出现两 GBK 直接相邻的情况。为什么要强调这一点呢？因为 GBK 与 EK 之间的边界可以有某种天然标记，但 GBK 之间就没有这种所谓天然标记的东西，这就产生了第一号语言难题：相邻 GBK 之间的边界如何辨认？任何发达的或成熟的自然语言都需要面对这个难题。

可以想象，在这个难题面前，不同的自然语言体系将各显神通。以英语为代表的语言体系采取了"格"的方式，汉语没有也不可能这样做，而是采取了另设主块标记的方式，即语法逻辑概念林"10"所描述的方式。这两种方式的优劣可谓判若云泥，然而，这是典型的彼山景象，在语言柏拉图洞穴里是看不见的。

以上所述，就是 HNC 决定为广义作用句引入格式这一术语的缘起。但遗憾的是，HNC 没有同时为广义效应句也引入一个对应的术语，而是迟误了多年，到 2005 年后才引入了样式这个术语。

格式是指广义作用句的主块排序，是广义作用句的句式；样式是指广义效应句的主块排序，是广义效应句的句式。格式、样式的概念与陈述句、疑问句的概念没有直接关联[*01]，仅涉及主块的排序。

那么，格式与样式究竟有什么本质区别？它是否存在？其存在的缘起是什么？

HNC 的回答如下：①两相邻 GBK 之间需要设置或添加边界标记，这是高级语言或发达语言的一种天然需求。②广义效应句出现 GBK 相邻的情况比较少，边界标记的需求比较小；广义作用句出现 GBK 相邻的情况比较多，边界标记的需求相当大。因此，广义效应句可以不理会 GBK 边界标记的需求，而广义作用句则不能如此。③不理会 GBK 边界标记需求的句式叫样式，理会 GBK 边界标记需求的句式叫格式，这就是两者的本质区别。

这就是说，格式与样式的出现或存在乃是语句内在结构（即主块排序）的一种呈现，是句类彼山的第一景象。如果没有语块，而只有短语的概念；如果没有主块与辅块、GBK 与 EK 的概念，而只有"主、谓、宾、定、状、补"的概念；如果没有广义作用与广义效应的概念，而只有词类、动词价位或动词的及物与不物之分等概念。我们能看到上述句类彼山的第一景象么？请读者自己思考，并联想一下语言柏拉图洞穴的说法。

读者会问：所谓句类彼山第一景象在自然语言的此山存在对应的东西么？如果存在，不同的自然语言是否会展现出各自的个性呢？问得好！但格式与样式需要分开来回答，本章只谈格式，样式放在下一章里。

HNC 对格式的探索走了不少弯路，这特别表现在对 4 主块句的 24 种排列的算术迷思[*02]方面。格式的核心问题在于两点：一是 EK 的安顿，二是 4 主块句相邻 GBK 的安顿。英语的对策是：①把 EK 固定安置在主块的第二序位，即紧跟在所谓的主语之后；②在 4 主块句的两相邻 GBK（两者一定在 EK 之后）之间加上边界标记（介词）或使其一（所谓的间接宾语）变格。汉语的对策是：在相邻主块之间加上边界标记（主块逻辑符号 10y），不固定 EK 的序位，对 3 主块句可从第二序位后移一位到第三序位，对 4 主块句可后移一位或两位到第三或第四序位。这就是英语和汉语这两种代表性语言的格式区别。

基于格式处理的上述两种不同对策，HNC 提出了基本格式和规范格式的术语。基本格式就是指采取英语对策的广义作用句句式；规范格式就是指采取汉语对策，并将 EK 从第二序位后移的广义作用句句式。这样定义以后，对广义作用句就可以给出如下的叙述：英语（或以英语为代表的语系）只采用基本格式，不采用规范格式；汉语既采用基本格式，也采用规范格式。对上面的叙述还可以加上几句锦上添花的话语：英语之所以不采用规范格式，非不为也，乃不能也，因为英语不具备规范格式所必需的句法工具；汉语之所以能采用规范格式，是由于规范格式所需求的句法工具（可简称格式句法工具）非常齐全。格式句法工具者，语法逻辑概念林"10"所属各株概念树"10y"之对应词语也。

然而，自然语言必有顽皮的一面，规范或约定可以不遵守——部分或完全违反，主块不是不可以省略。考虑到语言的顽皮侧面，HNC 又引入了违例格式和省略格式这两个术语。与基本格式和规范格式一起，统称 4 种格式。但是，把这两个术语与格式挂钩，是一项严重的失误，因为上述顽皮现象不仅见于广义作用句，也见于广义效应句。故建议今后仅保留规范格式这一个术语，另外的 3 种格式都改名句式——基本句式、违例句式和省略句式，使之具有普适性，这实际上是句法学的传统做法，应该继承。当然，基本、违例和省略这 3 个词语依然可以分别用于格式或样式的修饰。

HNC 团队为格式的符号表示做了大量的工作。最主要的成果是符号"!kmn"的引入，其中，"!"和"k"两项符号的原定意义和若干建议如表 2-5 所示。

表 2-5　关于格式与句式的有关表示符号及若干建议

符号	原定意义	建议改动
!	格式	句式（包括格式和样式）
!0	基本格式	基本句式（包括基本格式和基本样式）
!1	规范格式	不变（广义作用句专用）
!2	违例格式	违例句式（包括违例格式和违例样式）
!3	省略格式	省略句式（包括省略格式和省略样式）
!4	无	交换样式[*03]（广义效应句专用）

表 2-5 沿用了原来的全部符号，但增加了一个符号"!4"，专用于广义效应句，其含义在下一章说明。这样，广义作用句和广义效应句各拥有一个特殊符号——"!1"和"!4"，两者对应于一对专用术语——规范格式与交换样式，这岂非走到了双方平等的理想状态？但是，表 2-5 可能引起众多或更多的质疑，笔者将一概笑而不答。

关于符号"m"和"n"，HNC 团队以往的工作可以总结为这么一句话：细致有余，而智慧不足。有关论著的有关附录都受到了"算术迷思"的诱惑，需要进行简便务实的改动。

本节行将结束了，结束语也免了。如果给读者一种"雷声大，雨点小"的感觉，那正是笔者所期待的。本节的目标仅在于发出标题所昭示的雷声，岂止"雨点小"而已，甚至都没有"掉点儿"，因为整节文字都没有提到块扩。但是，关于块扩的那场暴雨已经下过了，这里呼应一声足矣！

注释

[*01] 英语的陈述句与疑问句采用不同的句式，格式与样式是句式的殊相，不可能与陈述或疑问完全撇开关系，故这里特意加了"直接"二字。

[*02] "算术迷思"的略述见"关于(HNC-2)和(HNC-2a)"小节（[320-1.5.3]）。

[*03] 笔者近年标注的语料，曾使用过符号"(ex)"和"(!k)"，以区别广义作用句与广义效应句的句式，"(ex)"对应于表里的"!4"。这里正式宣告让这些过渡性的东西全部作废。

第4节
格式与自然语言的分类

本节属于旧话重提。

这旧话，涉及两个流行的说法，一是"汉语是典型的 SVO 型语言"，二是"汉语是意合语言"。对这两个说法，前文都已有所评说[*01]，为什么要旧话重提呢？

先给出一个简明的回答。以往的自然语言分类都属于此山景象描述的分类，而 HNC 希望建立一个属于彼山景象描述的分类。

现在，请读者闭目沉思，想一想彼山景象的要点，试着用自己的话语把它讲出来。如果觉得不够满意，就请回去把上一节再读一遍，直到满意为止。到那个时候，你就会对所谓的"彼山第一号基本景象"有一个比较透彻的理解了。

在这个基础上，请回顾一下 HNC 关于自然语言之"三个代表"的说法，前文叙述过三位代表语言的形态特征[*02]，这里可以强调一下英语和汉语这两位代表语言的本质特征了。英语是基本格式的严谨奉行者，在全部广义作用句中，T30J 是唯一的例外，偏爱采用违例格式；汉语是格式的潇洒运用者，酷爱规范格式。

汉语的格式特征非常"酷"，也许是所有自然语言里唯一的"酷哥"吧。汉语的四声难而不"酷"。对外汉语教学讲汉语的特点和难点，不能仅限于语言柏拉图洞穴内部的那些经典景象，更要关注该洞穴外部的那些现代景象。格式的潇洒运用、要蜕与包蜕的规范化、vB 与 Bv 的入侵 EK，就是汉语在语句层级的三大洞外特征，如果与英语对照起来讲，那就会开创语言教学的一种崭新格局，可以为赢得汉语的话语权作出难以估量的贡献。是时候了，请关注这些语言柏拉图洞穴之外的景象吧！这是一个重大的历史契机，关系到一项具有历史意义的文化创新。

本节到此结束，上一节的最后一段话同样适用于本节。

注释

[*01] 对前者的评说见[240-0]引言，对后者的评说见[240-4.2]。

[*02] 关于自然语言三个代表的叙述见[240-4.5.2]及第二卷第五编编首语。

第三章

广义效应句与样式

本章和上一章分别描述句类的两大支柱——广义效应句与广义作用句。

本章分 3 节，布局如下：

第 1 节，回顾与反思。

第 2 节，广义效应句的类型描述。

第 3 节，样式的自然语言殊相表现（样式的此山景象）。

前两节的命名与上一章一一对应，撰述方式也基本雷同。第 3 节在括号内给出了另一个标题，两标题的意义完全等价，下文使用后者。

第 1 节
回顾与反思

3.1.1　关于广义效应句的回顾

上一章对应小节的通篇论述方式同样适用于本小节，如果将其中的"广义作用及其相关概念"以"广义效应及其相关概念"加以替代，若干段落就可以直接移用于本小节，其中的第一段是一个最突出的例子，下面就是作了相应替代的对应文字。

广义效应句这个术语的含义有 3 次升级过程，第一次升级是把过程句和状态句包括进来，第二次升级是把基本判断句包括进来，第三次升级是把所有的混合型效应句都包括进来。这个过程比较清晰，但是，这里潜藏着两个重大的问题并没有逐级加以澄清，一是广义效应句与广义效应型概念之间的联系或对应性；二是广义效应与广义作用之间的交织性。

对应性的问题比较简明，交织性的问题十分复杂。上一章的对应小节是对上述两个基本问题在广义作用视野下的论述，本节则是相应问题在广义效应视野下的论述。所以，对下面的文字，要与上一章的对应论述对照起来进行阅读。

广义效应句的基本特征是以下两点：①它不存在块类 AK；②其块类 CK 不允许块扩。这两项特征与广义作用句恰恰相反。《理论》和《定理》不仅没有对第二点加以强调，还给出了一些模棱两可的表述，主要是关于"可能块扩"的表述，这是一项重大失误，造成了一系列的严重后果，集中表现在扩块与原蜕这两个重要概念的混淆不清。下面就从这里说起。

在制定基本句类代码表的过程中，曾经发生过两个关于句类代码的解释纠葛，一个是 T3J（信息转移句），另一个是 Ym0J（三块效应句）里的 Y30J。当时含糊其词的说法是：前者的 T3C 应该块扩，后者的 Y3C 可能块扩。在当年语料标注的过程中，既发现了大量 T3C 不块扩的语句，也发现了大量 Y3C 出现块扩的语句。于是多年来，两者就都带上了"可能块扩"的帽子。这顶"帽子"一直没有摘掉，这里，正式为它们"平反"吧。属于广义作用句的 T3J 并不是块扩句，属于广义效应句的 Y30J 跟块扩现象沾不上边，两者所隶属的主块 T3C 和 Y3C 仅具有优先原蜕的语块属性，不具有块扩属性。这没有什么玄机，不过是"八字话语"（语块是句类的函数）的又一次"显灵"而已。

迄今为止，优先原蜕的说法一直与广义效应句联系在一起，这是笔者故意放出来的"烟幕弹"，期望获得一种"迷途知返"的效应。实际上，原蜕这一概念或术语所描述的是语块的一种属性，原蜕不是句蜕里最常见的一种，却是句蜕里最重要的一种。这就是说，原蜕是语块属性里最重要的一项。该属性不仅属于广义效应句的 GBK，也属于广义作用句的 GBK。进一步说，该属性不仅属于 GBK，也属于 fK。再进一步说，"优先原蜕"

的提法乃是"八字话语"两项最重要的诠释之一，这两项诠释就是"优先原蜕"和"一定块扩"。

块扩与原蜕，任何自然语言在形态上都没有本质区别，句法学对两者不加区别，语义学和语用学也对两者不加区别，因为他们根本没有这个概念或认识。但是，HNC 句类理论把两者区别开来，并予以高度重视，这是否多此一举呢？上一章论述的中心，实质上就是为了回答这个根本问题的一半，另一半就由本章来承担了。

上一章详细论述了块扩广义作用句的八位代表，这八位代表是不是全权代表呢？是不是不需要再考虑其他代表了呢？那里并没有把话说死，留下了一点余地。但现在可以把话说死了，因为现在我们拥有了原蜕这张王牌。基本句类的块扩句就是指定那八位代表，没有第九位。因为任何可能出现的意外或余地，都可以放进"原蜕"这只万能的"集装箱"里去！这体现了一种谋略或思路，即康德先生所提倡的理性法官的谋略或思路，说穿了，不过就是一种"枪打出头鸟"或"擒贼先擒王"的谋略。八位代表拥有上一章曾详加说明的可爱特性，而那些特性是原蜕所不具备的，"擒王"的实用价值即在于此。

那么，原蜕是否也具备另外一些可爱特性？本小节将关注这个问题，但这个问题也关系到代表问题，所以，下面将从广义效应句的代表句类谈起。

本编叙述过好几种代表，这包括：基本句类的 8 位代表、标志性句类的 6 位代表、广义作用句的总代表 XJ、块扩句的 8 位代表（正、副代表各 4 位），后者也可名之广义作用句的 8 位特殊代表，此特殊者，为维护"主块数量法则"而特意设置也。

广义效应句的特殊代表将选择下列 5 位，先给出名单，随后解释入选的缘由（表 2-6）。

表 2-6　广义效应句的 5 位特邀代表

名称	句类代码	特殊属性
因果句	P21J	PBC1&PBC2 优先原蜕，P21 可省略
双对象效应句	Yk02J(k=7//8//9)	具有单向关系句的句式属性
素描句	P11J	BK 拒绝抽象概念
势态句	S30J	BK 拒绝具体概念，CK 优先原蜕
势态判断句	jD2J = DB+DC	CK = jl12,(CK,jl00e21,Ec)

此表突出了广义效应句 5 位代表句类之 GBK 的特殊属性，以往疏忽了对后 3 位代表特殊属性的明确交代，其中关于 BK "拒绝"属性的疏忽更属重大失误。该属性与标志性句类的相关约定直接冲突[*01]，故这里特意安排一项"相反相成"措施，以利于句类交织性难题的处理。简明势态句的特殊属性以两个概念关联式表示[*02]，因为用自然语言很难避免"词不达意"的困境。考虑到读者不仅对后 3 位代表比较生疏，甚至可能存在一些误解，下面给出相应的例句。

——素描句 P11J

美国‖目前正在进行‖一场关于富人的讨论：{他们是谁}？{他们可以扮演什么样的社会角色}？{他们是好人还是坏人}？[*03]——（例句 1）

——势态句 S30J

规范格式的出现‖就意味着‖{EK|后移}，甚至{后移到|语句的末尾}。——（例句 2）

——势态判断句 jD2J[*04]

富人‖[更有可能撒谎、欺骗和违反法律]。——（例句3）

敌人‖一天天烂下去，我们‖一天天好起来。——（例句4）

科学技术的作用‖越来越关键了。（苗传江《HNC理论导论》p329）——（例句5）

这组例句试图表明三个要点：①原蜕不一定直接构成广义对象语块GBK，而可能只是GBK（这里是CK）构成的一部分，第一个例句清楚地表明了这一点，不应该再抱有句蜕等同于GBK的误解了。②原蜕不仅可以是完整的单句，还可以是复句，这一属性跟块扩一样，前两个例句都表明了这一点，不应该再抱有单句与复句乃是一种语句顶层描述方式的误解了。③简明势态句给出了3个例句，三者都是对第一个概念关联式的例证，前两者则是对第二个概念关联式的例证，块类CK与EK之间的交织性呈现，乃是彼山的天然景象。不要再抱有谓语与宾语之间存在严格界限的陈旧观念了，用HNC的语言来说，就是不要再存在EK与CK存在严格界限的误会了，两者既可以合二为一，也可以相互介入，故曾有(CK,EK)乃亲姐妹之戏说。当两姐妹不分家时，姐姐就充当两姐妹的代表。

这5位特邀代表分别来自广义效应的4片概念林，过程概念林选取了2位，而且把因果句列为首席代表，为什么？因为它是广义效应句中的模范句类，既最讲规矩，又保持最大灵活性。前者指它只采用基本样式，后者指当(PBCo,o=1//2)都出现原蜕时，它往往省略EK(P21)，而以逗号替换。因果句的这种特殊表现是一种彼山景象，英语和汉语都遵循这个规矩，HNC把这此类规矩统称顶级句类知识。因果句的顶级句类知识特别可爱，其入选广义效应句的首席特邀代表[*05]，应该不会有太大异议。

第二位特邀代表双对象效应句Yo02J(o=7//8//9)的特殊属性也是一种彼山景象，它还具有另外一个身份，那就是两可句类的首席代表，下一小节将对此有所回应。

前2位特邀代表的彼山特性比较纯净，随后的3位就不能这么说了，其此山特性更为浓厚。西方文明在根基上就缺乏"势"的概念，因此，西语不太可能具有发达的或成熟的势态句，特别是势态判断句。势态依托于两株概念树——53和j112，势态句缘起于53，势态判断句缘起于j112。古汉语对这两个概念有最深刻的认识，经典性的论述甚多[*06]，汉语自然就充当了势态句和势态判断句的"代言人"。这两个基本句类之所以入选特殊代表，主要是基于这一思考。

素描句的入选，主要基于汉语大句[*07]的句式特征——"四合院"，与英语的"高楼大厦"句式恰成鲜明对比。素描句的句码符号是P11，其数字符号"11"是概念树"过程之序11"的全取，是句码符号里的唯一例外。这一点以往竟然未明确交代，有点不可思议。为了弥补以往的过失，下面将写一段"插话"兼预说的话语。首先把关于概念树"过程之序11"的原始论述拷贝如下：

序是基本概念之首，是过程的首要特征，是过程进展性的首要侧面，过程之序是过程脉络的第一条基本环路。无论是确定过程还是随机过程，也无论是连续过程还是离散过程，都具有序的表现。

序首先意味着过程的时间先后次序不容颠倒，这是过程最基本的世界知识。……

应该说，汉语的"四合院"句式特征更符合"由浅入深，由表及里"的内容逻辑，语块顺序的"先辅后主"，多元逻辑组合的主体在后，甚至规范格式的 EK 后移，都是该内容逻辑的具体展现。"四合院"句式的精髓就是对上述内容逻辑的遵循，这意味着大句里将包含多个小句，小句通常具有素描特征，素描句 P11J 实质上是各种具有素描特性小句的代表，素描的广义理解是指：那些小句要遵循序的内在要求。例句 1 的素描内容生动地体现了这一点，汉语和英语在这一点上可谓异曲同工，该例句的英语原文如下：

There is‖ an ongoing debate in this country about the rich: {who they are}, {what their social role may be},{whether they are good or bad}.

我们可以清晰地看到：汉语和英语的内容块 CK 都包含 3 个原蜕，它们恰好对应着语习逻辑的一级延伸概念 f42t=b（询问的第一本体呈现：问表现、问对象、问内容），此"三问"不就是典型的素描么？当然，此例也凸显了问题的另一面，那就是汉语和英语的顶层描述分别采用了不同的基本句类，汉语直接使用素描句 P11J，英语则使用汉语罕用的 jD1*J（此句类是尚无汉语命名的几个句类之一），译文进行了句类转换，并将原文里的"in this country"变换成汉语的 PB，这是主辅变换的特殊形态之一。从形式上看，顶层描述使用的句类代码是全局性的东西，但这个全局性的东西并不具有实质意义。实质性的东西是语块描述的对象与内容以及两者之间的关系，它们才是最终进入显记忆的东西。而这个实质性的东西是可以用不同的句类代码加以描述的，不同语种还各有自己的句类偏好，这就是句类转换居于 6 项过渡处理之首的基本依据。

广义效应句的 5 位特殊代表是最值得回顾的东西，HNC 的以往论述对这 5 位特殊代表欠债最多，尤其对不起素描句，本小节希望略加弥补。

3.1.2 关于样式的反思

样式是对广义效应句句式的描述，以区别于广义作用句。就是说，格式与样式是两大句类之句式的分别说，而句式则是格式与样式的非分别说。基本句类代码表实际上体现了这个认识，最明显的证据就是换位状态句 S02J 与 S03J、简明状态句 S40oJ、两块存在判断句 jD10oJ 的设置。但是，这些设置实质上都是多此一举，因为它们都是样式的换位表现，而换位是广义效应句的基本样式特征。基本句类代码表应该只管句类表示式，不管句式的变化，广义作用句就是这么做的，可是广义效应句却没有这样做。这就把句类代码表搞成了一个不伦不类的"怪物"。所以说，上述最明显的证据是一个两面性的证据：既表现出对句式的认识出现了一种突破性思考，又表现出该突破性思考不过仅仅完成了一半，样式的概念当时还处于萌芽状态，未能破土而出，那破土的时间竟然推迟了长达 10 年之久。

样式定义为广义效应句的主块排序，由于广义效应句最多只有 3 个主块，样式的变化自然没有格式那么复杂。但是，广义效应句仍然会出现两 GBK 相邻的问题，那么，相邻 GBK 之间的边界是否需要给出标记？以往的 HNC 论述没有直接回答这个问题，但给出了一个间接回答，那就是下面的引文：

这里要特别指出：概念林"主块标记 10"的设置完全是为广义作用句或语句格式服务的，与广义效应句或语句样式无关。

广义作用句的主块数量最多 4 个；广义效应句的主块数量最多只有 3 个。这 3 到 4 的特定数量变化足以产生"量变引发质变"的效果，因为 4 主块可以多达 24 种排序，而 3 主块只有 6 种排序。于是，就出现下述奇妙的语句现象，当广义作用句变更主块排序时，它给出相应的标记；而广义效应句在出现类似情况时不给出任何标记。这似乎成了所有自然语言的共相语句现象，岂非有点奇妙么！？这里的"似乎"能以"确实"替代么？"有点"能以"太"替代么？形而上说无意对此追根究底，就请专家去训诂吧！（见[240-0]章引言）

这里，该补充一点关于广义效应句的形而下说明了，先说两主块句，后说三主块句。

广义效应句的两主块句存在两种基本类型：[BK,CK]类和[GBK,EK]类。前者也叫作无 EK 句类。[BK,CK]存在两种基本形态，(BK+CK)和(BK,CK)，前者表示两主块可交换位置，将名之可交换样式；后者表示两主块的位置不可交换，将名之不可交换样式。[GBK,EK]类应该也存在类似的样式特征。

三主块广义效应句也存在两种基本形态：[BK,EK,CK]类和[BK1,EK,BK2]类。三主块广义效应句的可交换性是指两 GBK 之间的位置交换，不考虑 GBK 与 EK 之间的位置交换。

上述主块之间的位置交换将统称样式转换，它不同于广义作用句的格式转换，因为前者不为样式转换添加相应的语法逻辑标记，而后者的基本格式和规范格式则必须为格式转换添加相应的语法逻辑标记。这是句类空间的基本景象，是彼山景象中最有趣味的景象之一。

HNC 探索历程中最不应该发生的重大失误也许是：注意到了状态句具有主块位置可交换的特性，但没有及时将视野扩大到整个广义效应句，没有及时认识到：主块位置的可交换性是广义效应句的一项根本特性，是句类空间的重要景象之一，因而也就未能及时引入样式和样式转换的概念与术语。

应该强调指出的是：主块位置的可交换性是句类的函数，某些广义效应句不具有样式可交换性，或叫作样式不可交换句类。

在样式不可交换的广义效应中，最突出的是[BK,CK]型句类，如表 2-7 所示。

表 2-7　无 EK 句类（[BK,CK]）

名称	句类表示式
比较判断句	jD0*0J = (DB,jDC)
集内比较判断句	jD0*1J = (DB0,jDC)
势态判断句	jD2J = (DB,DC)
简明状态句	S04J = SB+SC

表 2-7 说明：在基本句类的四种无 EK 句类中，仅简明状态句具有弱样式可交换性，另外三种都属于样式不可交换的基本句类。

样式不可交换句类的句类代码表示方式——(BK,CK)，这里是首次出现，建议未来的新版本"句类代码表"加以采用。

在 HNC 的以往论述中，简明状态句受到优待，读者应该比较熟悉。这里只想强调一声，虽然汉语偏好简明状态句，但不能把它说成是汉语的专利，因为英语也偶然使用它。另外三种无 EK 句类，读者可能比较生疏，特别是势态判断句。上一小节已给出了3 个例句，这里再补充 3 组古汉语例句，全取自《孙子兵法》。

凡用兵之法[f12]，**全国||为上，破国||次之；全军||为上，破军||次之；全旅||为上，破旅||次之；全卒||为上，破卒||次之；全伍||为上，破伍||次之**。**是故{百战|百胜}||，非善之善者也；{不战|而屈|人之兵}||，善之善者也**。（《谋攻篇》）——（例句 6）

昔之善战者||，先为||不可胜，+以待||敌之可胜。不可胜||在||己，可胜||在||彼。故善战者||，能为||不可胜，+不能使||敌之可胜。故曰：**胜||[可知而不可为]**。（《形篇》）——（例句 7）

故**三军||可夺气，将军||可夺心**。**是故朝气||锐，昼气||惰，暮气||归**。故善用兵者，避其锐气，击其惰归，此治气者也。|–以治||待乱，|–以静||待哗，此治心者也。|–以近||待远，|–以佚||待劳，此治力者也。|–以饱||待饥，此治力者也。无邀正正之旗，勿击堂堂之阵，此治变者也。（《军争篇》）——（例句 8）[*08]

黑体字引文是势态判断句，仿宋引文是与作用与势态判断的混合句类。三组例句充分展示了势态判断句的 DB 与 DC 特征。这里只对 DB(jD2)作一点具体说明。例句 6 里的{百战|百胜}和"{不战|而屈|人之兵}"是 DB(jD2)的一种类型——原蜕，其中的"全国"与"破国"、"全军"与"破军"、"全旅"与"破旅"、"全卒"与"破卒"、"全伍"与"破伍"是该类型的简化形态（"vB"形态）。例句 7 里的"胜"和例句 8 里的"朝气"、"昼气"与"暮气"是 DB(jD2)第二种类型——以抽象概念为核心要素。例句 6 的"三军"与"将军"是 DB(jD2)的第三种类型——以具体概念为核心要素。还有第四种类型么？可以肯定地回答，没有了，因为块类 BK 只可能存在这三种类型或形态，块类 CK 才有可能存在第四种类型——块扩。对这里的回答，应该加一句注释，那就是：其描述方式符合面体说的水准。

读者可能对上面的说明不感兴趣，而仅关注另一个令人困惑的问题：势态判断句如何认定呢？为什么那些黑体字引文不是势态句 S30J 或其 EK(S3)省略的简化形态呢？如果出现了此项关注，笔者将不胜欣喜。该困惑的回答是下一编（论语境单元）的事，读者应该理解，上面的说明展现了 HNC 理论的一套内容逻辑，对它们需要了然于胸并能熟练运用。所以，请把本小节的引文看作是一份重要的"一叶知秋"性语料，并把上面的说明当作是一个示范性的东西，并自己试对 DC(jD2)作类似分析。

比较判断句 jD0*0J 和集内比较判断句 jD0*1J 都采用了不可交换的句类代码表示方式——(BK,CK)，形式上与当下的基本句类代码表有较大差异，但实质上不存在。这个话题涉及另一个始终没有说透的话题——为什么那"八字话语"使用"语块"而不使用"主块"？

这里是说透这一点的时机了，从下列例句说起。

——jD0*0J（比较判断句）

（他的数学功底||远不及||他的妻子。——jD0*J）

|–比起妻子来，他的数学功底||可差远了。

他的数学功底[–可–]||–比他的妻子||差远了。

|–论数学功底，他[–可–]||–比他妻子||差远了。

——jD0*1J（集内比较判断句）

（他||是|–勇敢的将军中||最明智的，他||又是|–明智的将军中||最勇敢的。

——jDJ[*09]）

|–在勇敢的将军中，他||最明智；|–在明智的将军中，他||又最勇敢。

比较判断句 jD0*0J 可以理解为"相互比较判断句 jD0J"的简明或原始形态；集内比较判断句 jD0*1J 可理解为"是否判断句 jDJ"的一种简明或原始形态[*10]。这两个基本句类都**必须带有**参照块 Re，这里特意把"必须带有"四字变成黑体，就是为了强调："必须配置参照块 Re"是 jD0*0J 和 jD0*1J 这两个基本句类的特定句类知识。由此可见：在某些基本句类里，特定辅块也是句类的函数，这就是"八字话语"不使用"主块"而使用"语块"的缘由了。

参照块 Re 有 ReB 和 ReC 之分，上面的例句都给出了 ReB，但最后一个例句还特意另给了 ReC。集内比较判断句 jD0*1J 和参照比较判断句 jD02J 是汉语的专利么？这两个基本句类对于对象 B 和内容 C 的区分是否具有特殊的揭示意义呢？这就留给读者去处理吧。不过，有一个细节需要交代一下，就是那个前移的"[–可–]"，它是 jlur12c33 的非直系捆绑词语，不像直系捆绑词语"毕竟、终归"等那样好使唤。最后说一句闲话，这里的五元组符号"ur"虽然是很传神的语义描述，但笔者对这个问题已经失去原来的兴趣了。

表 2-7 的说明就写这些。当下的"基本句类代码表"需要据此作相应改动。

广义效应句两主块句的[GBK,EK]形态和三主块句的[BK1,EK,BK2]形态优先于样式可交换，但[BK,EK,CK]形态的样式可交换性则密切联系于样式的此山景象。所以，这些问题就不放在本小节论述了。

结 束 语

本节围绕着下述 4 项核心内容展开论述。

第一项核心内容涉及广义效应的两项基本句类知识：①它不存在块类 AK；②其块类 CK 不允许块扩。这两项基本句类知识与广义作用句恰成鲜明对照，后者对应的两项基本句类知识是：①它必须存在直接或间接的块类 AK；②其八位代表的 CK 一定块扩。

第二项核心内容涉及块扩与原蜕之间的纠结（交织性），本节给予了一个终极了断：只有广义作用句 8 位代表的 CK 必然块扩，取消可能块扩的说法，可能块扩的 CK 一律纳入原蜕的范畴。与终极了断密切相关的一段话语拷贝如下：

原蜕这一概念或术语所描述的是语块的一种属性，原蜕或许不是句蜕里最常见的一种，然而却是句蜕里最重要的一种。这就是说，原蜕是语块属性里最重要的一项。该属性不仅属于广义效应句的 GBK，也属于广义作用句的 GBK。进一步说，该属性不仅属于 GBK，也属于 fK。再进一步说，"优先原蜕"的提法乃是"八字话语"两项最重要的诠释之一，这两项诠释就是"优先原蜕"和"一定块扩"。

在基本句类代码表里，凡以 BC 为块码符号的语块都具有"优先原蜕"特性，但其中最有典型意义的是因果句 P21J 的 PBC1 和 PBC2。因此该基本句类被选为广义效应句的首席特邀代表。

第三项核心内容涉及语块融合现象，它有两层含义或两种类型，本节仅略述第一种类型[*11]，那是指两主块通过一类特殊的词语合二为一的情况。这种特殊词语的存在及其造成的特殊语法现象值得予以特殊关注，但语法学不可能做这件事，因为它只知短语，而不知语块。对这一语法现象，HNC 分别在概念基元层面和语块层面给予了相应描述，概念基元层面叫内容逻辑基元或串联第一本体呈现"l42t=b"；在语块层面叫(EK,BK)、(EK,CK)或(BK,CK)融合。例句 6 里的"全国"与"破国"、"全军"与"破军"、"全旅"与"破旅"属于其中的(EK,BK)融合；"可夺气"和"可夺心"则属于(EK,CK)融合。上述融合可视为原蜕的独特简化形态，是汉语的专利。这项专利并非古汉语的绝唱，现代汉语依然不自觉地在继承着，如"进城"、"跳槽"和"自杀"等特殊词语就是明显的例证。

第四项核心内容涉及广义效应句的样式，着重描述了样式特有的交换性特征，提出了可交换样式与不可交换样式的概念。这是广义效应句的根本句式特征，其地位如同广义作用句的基本格式和规范格式。约定：交换样式以符号"!4"表示。

320-3.1.2 小节里给出了表 2-7，那不过是对 p132 附录 4 的一小部分呼应，主要呼应安排在下节。

注 释

[*01] 这涉及过程句PJ和状态句SJ的BK知识约定，前者BK的核心一定是抽象概念，后者BK的核心一定是具体概念。这两个句类的命名以初始为修饰语并纳入标志性句类是后来的事，但上述约定的提出则与基本句类的制定同时。此约定反映了广义效应概念的本质特征，属于彼山景象。考虑此山的顽皮性，另行设置了两个特殊的基本句类——素描句P11J和势态句S30J，其BK属性恰好与上述约定相反。当年在"八字话语"（"语块是句类的函数"）的旗帜下做过许多类似的文章，惜形而上思维功力未达"阑珊"境界，导致了不少遗憾。

[*02] 两概念关联式的汉语说明是"强交式关联于"和"关联于"，后者关联度弱于前者。前者大体对应于"一定"，后者大体对应于"很可能"。

[*03] 此例句里的"进行"是汉语EQ的代表性词语之一，按此约定，后面的"讨论"就可以按[+E+]处理。但本例句不这么做，把"进行"当作素描句的P11。这属于句类分析的灵巧性处理，值得专题讨论。

[*04] 势态判断句是后来的命名，原名叫简明势态句，见目前的句类代码表。

[*05] 因果句还有另一段渊源。自笔者提出句类转换（它也属于机器翻译六项过渡处理的两转换

之一，另一项转换叫句式转换，详见本卷第五编的"论机器翻译"）这个概念或术语以来，曾多次在非正式文字里或讲座中给出过如下表述：任何语句都可以转换成是否判断句jDJ和因果句P21J。但只是浅说一下而已，并未进行系统深入的探索。这里就便提一下这件事，是因为抱着一种期待：若因此而引出一篇专题论文，岂不妙哉！

[*06] 关于"势"的古汉语论述，前文曾多次提及。例如，"强势行为7331\2d01的世界知识"（[123-3.1.2-4]）。

[*07] 大句与小句是HNC引入的一对术语，与传统语言学的单句与复句可并存而不悖。将在本卷第五编里正式介绍。

[*08] 两段《孙子兵法》引文的黑体部分都是简明势态句jD2J。本《全书》一律不对古汉语引文进行注释，理由之一是引文都比较浅显，理由之二是抱有一种"扫盲"的期待。现代中国面临着空前的古汉语文盲现象，这是20世纪中华文明断裂造成的严重后果之一，但这种态势有可能在21世纪得到扭转和改善。

[*09] 前文曾多次说过，现代汉语的辅块一定位于特征块主体之前，但说过古汉语并不遵循这一"铁律"，这里又看到了基本判断句jDJ出现了该"铁律"的例外情况。那么，该"铁律"还成立吗？HNC的回答是：这些例外应该作为一项专题进行考察，该项考察还应该与主辅变换的课题联系起来。不过，这毕竟是句类分析的一个枝节问题，更是语境分析的一片"鸿毛"，笔者将继续"置之不理"。

[*10] 值得提示一声：这里的两个"原始"和一个"一种"都是HNC语言演进论的印记，在HNC看来，"基本句类代码表"的无EK句类都属于自然语言的始祖语句。

[*11] 另一种类型将在本卷第五编第四章"主辅变换与两调整"里说明。

第2节
广义效应句的类型描述

本节将着重说明，广义效应句的类型描述需要多个视角或视野。

广义效应句又有狭义与广义的区分。狭义的广义效应句是指"新基本句类表"里的"Y句类"（即以"Y-[m]"为编号的基本句类），共计20种；广义的广义效应句则把"B句类"（即以"B-[m]"为编号的基本句类，亦名两可句类）全都包括进来，共计48种。英语和汉语作为自然语言的两位代表，分别采取了"狭义的"和"广义的"的不同标准或视野。英语对"B句类"的基本句式"一律"[*01]按广义作用句处理，汉语则"一律"按广义效应句处理，且不赋予它们享受规范格式的权利[*02]。

广义效应句类型描述的第二个视野联系于广义作用效应链或广义主体基元概念，这一联系的交织性呈现就导致广义效应句的"当地"与"外来"之区分，"当地"者，过程、效应、状态与基本逻辑也；"外来"者，转移、关系与思维也。这一交织现象十分有趣，请读者默想一下那些醒目的"外来户"吧，例如，来源于转移的轮换句和变换句，来源于关系的双向关系句和来源于思维的简明判断句。

广义效应句类型描述的第三个视野联系于两主块句与三主块句的相互转换。"Y 句类"的前 3 种不过是该转换的一种典型呈现。广义作用句不存在三主块句与四主块句之间的内在转换机制，但广义效应句却存在两主块句与三主块句之间的这种内在转换机制。这是广义效应句与广义作用句之间的一项本质区别，对这一区别的深入探索并非一个纯粹的理论性课题，值得继续关注。"基本句类新表"（见本编第一章第 6 节附表）与旧表相比，仅在形式上做了一些梳理性工作，认识上并没有多少长进。

广义效应句类型描述的第四个视野联系于所谓的标志性句类[*03]，广义效应句的标志性句类齐全（4 种全有），而广义作用句并不齐全（只有两种），这是广义效应句与广义作用句的又一本质区别。究其根源，则是一个纯粹的理论课题，这里就从略了。

广义效应句类型描述的第五个视野联系于特征块 EK 的有无，意味着广义效应句存在无 EK 的句类，"基本句类新表"列举了 4 种，编号为"Y-17"～"Y-20"。该列举穷尽么？

广义效应句类型描述的第六个视野联系于主块位置的可交换性[*04]，"可交换"就意味着"不可交换"的必然存在。就是说，广义效应句应该存在可交换与不可交换的两大类型，"基本句类新表"列举了不可交换类型的 3 种，编号为"Y-17"～"Y-19"。这里同样存在该列举是否穷尽的问题。从两者的句码编号可知，这两个问题的解答必将纠结在一起。这不是一个纯粹的理论课题，但笔者还是决定笑而不答。

结 束 语

本节提供了广义效应句类型描述的 6 个视野，与上一章的对应描述一起，构成了基本句类之类型描述的面体说。

类型描述与句式描述是不可分离的，本节给出了比较好的示范。

注 释

[*01] 这里对"一律"加了引号，因为笔者只是认为"理应如此"，但不能不对自然语言的顽皮性保持警惕。读者若有例外的发现，请告知。这里只涉及关于基本句式运用的"一律"性，是明示的"一律"。此外，该有隐藏的"一律"，请参看下一个注释。

[*02] "不赋予……权利"说实际上暗藏着一种"一律"，不过在理论上，这不难做到"立于不败之地"，因为一旦出现规范格式，把它打入广义作用句的某种混合类型就是了。

[*03] 句码符号不带数字的基本句类叫标志性句类，共计6个。符号依次是：XJ、PJ、YJ、SJ、DJ 和 jDJ。

[*04] "主块位置的可交换性"是广义效应句的基本句式特征，样式这一术语正是为了描述这一句式特征而专门引入的，详细论述见"关于格式的反思"小节（[320-2.1.2]）。

第3节
样式的此山景象

本节的标题比较特殊，为了突出这一特殊性，上一章的"第4节：格式与自然语言的分类"就故意没有采用"第4节：格式的此山景象"的名称。

前文说到：格式这一术语的特殊意义在于规范格式的存在，样式这一术语的特殊意义在于交换样式的存在。这一点，是此节名称萌发的缘起之一，但不是全部，甚至不是最重要的。

那么，最重要的缘起是什么呢？是关于语块与句类的形式需要一个非分别说的思考。这就是说，本节将扩展样式的含义，把广义效应句的句式和句蜕统称样式。也就是说，本节的样式实质上是广义样式，不过，下文将省略"广义"二字。

上一段的话语里隐喻着下述三层含义。一是联系于广义作用句格式与块扩的彼山描述已经蓦然回首了，且此山不存在不可驾驭的顽皮现象[*01]；二是联系于句蜕和广义效应句样式的彼山描述则未达到"蓦然"的境界，因为前者的"蓦然"乃建立在把一切交织性难题都推给广义效应的基础上；三是对样式和句蜕的此山顽皮现象要保持高度的谨慎和包容，不要以为可以像对广义作用那样，轻松地列举出一张关于样式顽皮表现的详尽清单。

上述关于彼山与此山的感受不是撰写到本节时才萌发出来的东西，它贯穿于本《全书》撰写的全过程。例如，在撰写第二卷第四编"语法逻辑"时，主要面向彼山，那时有一种"不达蓦然誓不休"的壮志。但在撰写第二卷第五编"语习逻辑"时，主要面对此山，一方面是忐忑不安，另一方面是一种"为伊憔悴"的自我期许。如果说，在概念树"首尾标记 f14"、"标示语 f23"和"陈述句式 f41"的撰写过程中，那种忐忑与期许比较强烈，那么此刻，可以说其强烈程度乃前所未有。

对于样式此山景象的把握，笔者一直感到心有余而力不足，且长期处于"望尽天涯路"的尴尬境地。但是，机器翻译容不得此尴尬的继续存在，为"蓦然回首"而必须求助。求助的第一步就是开出一个清单——建议进行系统深入研究的清单，该清单虽以此山景象为名，但实际上仅涉及英语和汉语这两种代表性自然语言。

建议 1：关于无 EK 句类。

无 EK 句类的存在是样式的独特景象，用 HNC 的语言来说，就是只存在无 EK 的样式，不存在无 EK 的格式。

"基本句类新表"列举了 4 种无 EK 样式，但四者的此山景象却差异最大。新表所标示的句类表示式实质上是对彼山景象的揭示，汉语的此山表述可以采用彼山景象的直接映射方式——无 EK 句类，但英语不允许，它必须采用间接映射方式——转换成 jDJ

句类。就汉译英而言，这就是铁律，不必担心什么例外。

无 EK 句类的前 3 种属于"不可交换"句类，这一特性任何自然语言都不能违背。

"参照比较判断句 jD0*0J"对应于英语的比较级描述。

"集内比较判断句 jD0*1J"对应于英语的最高级描述。

"势态判断句 jD2J"的情况比较特殊，一定要特殊对待，应成为未来探索的重点。

简明状态句似乎最容易处理，但其 SB 与 SC 之间的交织性可能非常复杂，也应成为未来探索的重点。

建议 2：关于样式交换性。

交换性的定义已如前述（见"关于样式的反思"小节[320-3.1.2]），这里就不重复了。交换性是样式的基本特征。基本句类新表只对 3 种基本句类采用了"不可交换"样式，这就是说，广义效应句类空间的绝大多数空域具有交换性。值得指出的是，顽皮的此山在"不可交换"的局部空域却非常老实，一点也不顽皮。在广大的可交换空域，此山的顽皮则各显神通。以前多次说过：英语的样式比较灵活，汉语则比较笨拙[*02]，这里要正式宣告废除此说。笨拙说绝不适用于古汉语，李清照女士的"帘卷西风，人比黄花瘦"就是明证。

有人问："帘卷西风"是广义效应句么？答案是唯一的：混合句类 S20XJ，因为随后的"人比黄花瘦"是典型的广义效应句（编号为 Y-18 的参照比较判断句 jD0*0J = (DB,jDC)）。给出此答案的理论依据叫"三二一"原则，将在下一编里论述。

现代汉语的样式灵活性表现与前述的汉语 6 项顽皮现象之间是否存在某种联系呢？如果以样式交换性的强弱为标准，能否在英语和汉语里各自挑选出一些代表性句类呢？

这都是值得探索的课题。

建议 3：关于 jDJ 是广义效应中最重要的句类。

本话题将从两个最简明的语法事实起谈。

语法事实 1：4 种无 EK 句类常见于汉语，但英语要一律转换成 jDJ。这点众所周知，毋庸赘言。机器翻译两转换课题的句类转换主要缘起于此。

语法事实 2：英语经常采用标示性陈述的 jDJ（下文将简称标示 jDJ），汉语无此句式，必须作相应的句式转换。机器翻译两转换课题的句式转换主要缘起于此，这涉及"大厦"和"四合院"的隐喻。对这两句话，读者很可能感到突兀，那就先看一个例句吧。

Notice it||isn't generally||{{people|pulling back-to-back shifts|in the I.C.U.}+ {commuting|-by bus |to three minimum-wage jobs}++{who|tell|you|{how busy|they|are}}.

请注意，<告诉|你|{自己|有多忙}的人>||通常不是||{|-在重症监护室|连续值班}，+也不是||{|-乘公交车|去打|三份最低工资的工}。

此例句的英语句式属于英语常见的标示 jDJ[*03]，其主块 DC 一定是原蜕，但此例句的原蜕是一座大厦，由 3 座"建筑"构成，每座"建筑"是一个"原蜕"，对应说明如下：

（1）"建筑" 1，{people|pulling back-to-back shifts|in the I.C.U.}

（2）"建筑" 2，+{commuting|-by bus |to three minimum-wage jobs}

（3）"建筑" 3，++{who|tell|you|{how busy|they|are}}.

此例句的汉语句式是汉语最常见的 jDJ 迭句[*04]，英语"大厦"的 3 座"建筑"分别转换成汉语"四合院"的 3 个"院落"。"建筑"3 转换成 jDJ 迭句的 DB"院落"，"建筑"1 转换成第一个 jDJ 的 DC"院落"，"建筑"2 转换成第二个 jDJ 的 DC"院落"。这样，就实现了从"大厦"英语句式到汉语"四合院"句式的转换。这 3 项转换都很有趣，但第一项转换尤其有趣，特别值得琢磨，因为它具有鲜明的"一叶知秋"特性。让我们把这片可爱的知秋之叶拷贝在下面，并附加一项说明吧：

++{who|tell|you|{how busy|they|are}}——（位于句子最后方）

<告诉|你|{自己|有多忙}的人>——（位于句子最前方）

为什么说这是一片可爱的知秋之叶呢？因为它堪称英语和汉语各自个性（语习性）最有魅力的代表。英语用非限定性短语（–ing 短语）描述一种人（前一种人），用从句（who 从句）描述另一种人（后一种人），英语以这种句法方式告诉读者，这前后两种人截然不同。英语的这种"大厦"方式是否带有明显的迂回性呢？转换后的汉语"四合院"方式是否更直截了当一些呢？这片知秋之叶的可爱就在于：它提出了这么一个如此有趣的问题。

笔者以为，这是很值得思考的。因为汉语的 jDJ 也有自己的特殊句式，但没有放在概念树"陈述 f41"里描述，而是放在概念树"首尾标记 f14"里加以描述。作为句尾标记的"的"和作为块尾的"的"都往往同时充当一种特殊类型句蜕的标志。

HNC 提出过"任何句类都可以转换成 jDJ"的论断，该论断的基本依据何在？请先考察下面的叙述：英语和汉语各自拥有一套特殊的 jDJ 句式，英语就是例句所展示的标示 jDJ，其 DC(jDJ)可安置不同类型的句蜕，从而构成一座雄伟的大厦；汉语就是例句所展示的四合院，其 DB(jDJ)和 DC(jDJ)可"自立门户"，安置不同特殊类型的句蜕。

如果你认同上面的叙述，你就会认同上面的论断。

但上面的叙述与论断不过是"为伊憔悴"的一种呈现，还需要继续努力，向"蓦然回首"的境界推进。

建议 4：关于句蜕的多视野描述。

在上面的叙述里，对句蜕使用了"不同类型"和"不同特殊类型"的修饰语，两者意味着句蜕需要多视野的描述。

"不同类型"不单是指"要蜕、原蜕和包蜕"的区别，也指不同类型非限定性短语（–ing, –ed,to）的区别、不同类型从句（who,which,...）的区别，以及不同类型违例句式的区别。诚然，英语的非限定性短语、从句和违例句式都是句蜕的具体呈现，但它们能够与"要蜕、原蜕和包蜕"简单挂接么？这个问题非常重要，但答案并不简单。HNC 对此的探索大体上还没有正式进入"为伊憔悴"阶段。

"不同特殊类型"则特指不同类型省略句式的句蜕，简称省略型句蜕。一个语句里的各省略型句蜕往往是相互照应的，在汉语 jDJ 的 DB 与 DC 句蜕里，这种照应现象富有特色。多个省略型句蜕的相互照应，可以说是一片肥沃的语言处女地，亟待开垦。

以上内容固然重要，但只是本建议的预说。本建议的核心目的在于，试图对"句蜕说"给出一个终极性的呼应。

句蜕及其3种基本类型是一种清晰的彼山景象，但对应的此山景象则未必如此或远非如此。变异之后的要蜕和包蜕都可以与原蜕无异。因此，"三蜕归一"的思路似乎是一种"蓦然回首"的境界，归一者，归于原蜕也。这就是"句蜕说"的所谓终极呼应了。就是说，语料的句蜕标注或语块内部结构的句蜕分析都"宜粗不宜细"。语句分析的疑难之首，原蜕也；疑难之次，句类代码也。"宜粗不宜细"应该成为语料标注的基本原则，也是语句分析的基本原则。此项基本原则曾名之"给尔自由"原则，"尔"者，句蜕也，原蜕也，句类代码也。上面例句之英语句蜕标注已经应用了这一原则。

但是，这终极性呼应本身是"蓦然回首"，还是"走火入魔"呢？这还需要探索。

小 结

本章的内容和撰写方式都比较特别，如果说本《全书》的各章都属于"专卖店"，那么，本章就是唯一的一家"百货商店"或"超市"。在概念基元（词语与短语）、语块与句类（句子）和语境单元（段落）这三级空间里，都存在着错综复杂的交织性，但以句类空间为最。句类空间的彼山和此山，其交织性呈现都足以令人眼花缭乱，而此山尤其可怕。

句类空间交织性难题的全方位描述就是本章的使命，"超市"者，使命之角色使然也。

句类彼山的交织性难题已获得"了断"，"了断"的谋略比较有趣，那就是将块扩与原蜕"神化"，块扩因净化而被"神化"。净化者，仅选定八位代表也。原蜕因被"总理"而神化。被"总理"者，"不管部"也，将八位之外的一切"块扩"现象统统纳入原蜕也。

句类此山的交织性难题远不能说获得了"了断"，但获得了一把"尚方宝剑"。更有趣的是：该"尚方宝剑"的名称也是原蜕，而且，此原蜕即彼原蜕。

这就是说，被"神化"的块扩如同希腊诸神，而被"神化"的原蜕则如同佛法无边的佛祖。佛法的要领在空，而"神化"要蜕的要领也在于一个"空"，那就是看空"要蜕//包蜕标记的被省略或被置换"的语言事实或现象，故上述比喻并非玩弄辞藻。

本节不过是预期"超市"的一角，品种远不齐全，甚至"B"句类都整体阙如，让来者去补救吧。这话，当然属于蕲乡老者的期盼乐趣，但用在这里是非常合适的。

注 释

[*01] 此论点尚未正式说明，见本卷第五编"论机器翻译"。

[*02] 此说缘起于爱因斯坦的一句名言，其英汉对照表述如下：

> Subtle is the Lord, but malicious He is not.
> 上帝是微妙的，但上帝没有恶意。

[*03] 标示jDJ这个术语是汉语和HNC符号语言的杂交，不合时宜，本《全书》撰写过程力求避免引入此类术语，不得已偶尔为之，这里就是。它是英语的常见句式，导源于语习逻辑的一级延伸概念"标示性陈述f41\3"（[250-4.1.2]小节）。

[*04] 迭句是HNC引入的术语，用于描述不同小句共享GBK1的大句句式，见[240-11.1.1]小节。

第四章

句类空间与句类知识

本编第二章的引言中说过，第四章论述句类的"上层建筑"，这个四字短语实际上就是句类空间和句类知识的简称。本章是论句类的最后一章，应该扮演一个具有过渡特征的特殊角色，既标志着论句类的结束，又酝酿着论语境单元的开始。这就是说，它负有引线搭桥的职责，为从句类空间提升到语境空间营造条件或提供便利。

基于上述思考，本章的撰述将作如下布局：

第1节，句类空间与概念基元空间的对应性。

第2节，句类空间类似于一座城市的地理描述。

第3节，主体句类知识就是句类表示式与块码关联式的联姻。

第4节，句类知识类似于一座城市的社会人文描述。

后两节名称所使用的词语有些不合常规，似乎过于出格，这就不急于在这里解释了。

第 1 节
句类空间与概念基元空间的对应性

本节内容，实际上前面已作了大量说明。相对于本节来说，它们都属于预说，但不能与一般的预说等量齐观。

最重要的预说是：围绕着表 2-2 和表 2-3 的基本论述，其实就是本节的基本内容。那里概述了基本句类与广义主体基元概念对应性，阐释了潜藏在这一对应性里的复杂交织性，也指出了混合句类是处理这一交织性的基本手段。那么，留给本节的论述空间，是否仅具有锦上添花的意义呢？这个问题，将留给读者自己去判断。

本节的撰写采用问–答–应的形式，属于对话体。问者与答者各一，两人也同时充当应者，共计 5 个来回，带顺序号。对话里用到一些最高层级的概念关联式，都被赋予类型编号。另外还有一些示例性的概念关联式，则仅赋予临时编号[m]。

问 01：表 2-2 和表 2-3 已经把句类空间与概念基元空间的对应性描述得非常清晰了，因此，本节的标题是否改动一下为妥呢？

答 01：基本句类不等于句类空间，句类空间的完整描述应采用下面的四个彼山景象表示式：

> 基本句类:=广义主体基元概念──[SC-01-0]
> 句类空间::=(基本句类，混合句类) ──(SC-01-0)
> 主体句类知识::=(句类空间，块码关联式) ──[SC-02-0]
> 块码关联式:=可跨越不同层级语言概念空间的概念关联式──[SC-03-0]

两表不过是对[SC-01-0]的概说而已，未涉及后三者。

问 02：彼山景象表示式这个说法是第一次出现吧，不过，我并不感到突兀。问题在于第四个表示式[SC-03-0]，它是一位典型的"丈二金刚"，前文似乎随意提了一下。先生的《论句类》文字，与前两卷有明显不同，显然在更加努力地减少行文的突兀性，不过远未绝迹。本节是否将对这位"丈二金刚"作具体介绍呢？

答 02：这位"丈二金刚"是概念基元空间–句类空间–语境空间之间的跨空间信使。没有这位信使，微超和语超是运转不起来的，这将在本卷两"后论"（微超论和语超论）里介绍。该信使的存在性很重要，先把握住这一要点吧。

问 03：跨空间信使的说法可以理解，大脑研究的新进展似乎很支持这个说法[*01]。不过，如果读者对该信使的形象连一点感性认识都没有，那把握要点也就无从谈起了，不是吗？

答 03：你说到形象和感性认识，你以为这两个词语的意义谁都明白，跟词典的解释都比较贴近。但要知道，如果要探究语言脑的奥秘，就不能这么看待这两个词语了。

请允许我从这两个词语说起。在我的脑海里，"形象"一定是立即转换成 r51，"感性认识"则有所不同，最初一定是转换成 r6502。这两项转换当然很重要，但应该看到，该转换仅相当于语言脑的接口处理，也大体相当于所谓的语义分析，它与语言理解还有很大的距离。关键是要走出下一步，那就是还要利用最初的 r6502，接着激活出 7100 和 810ac25，这两项激活才是进入理解殿堂的标志。那么，谁来承担这项激活的使命呢？答案只能是概念关联式：**各层级概念空间的内部与相互之间的概念关联式**。这里，想就便说一声，上述转换与激活就是语言脑的奥秘所在，因而也是未来语超的核心技术所在。该激活可以模拟，该转换更可以模拟。所谓语言脑的奥秘，在理论上也许可以说，这座巨大迷宫的路标已经找到了，探索该奥秘的阳关大道大体上已经昭然若揭了。上面的两"可以模拟"存在不可逾越的技术障碍么？这是一个巨大而奇特的问号，后文将简称"巨奇问号"。笔者一直期盼同自己的学生们一起，找一个能够静下心来的语境，探讨一下这个巨奇问号的症结何在。

这个话题是从信使谈起来的，这里的信使与词典里的信使不能说毫不相干，但毕竟差异甚大，这里的泛指信使就是概念关联式，这里的特指信使就是各种类型成千上万个具体的概念关联式。每一个具体的概念关联式就是一位信使，信使的使命就是激活，转换不是信使的使命，需要另说。

泛指信使分两大类。一是三层级语言概念空间各自内部的信使，将简称内使；二是跨空间的信使，将简称外使。内使有三类，这不言自明。外使不必再加分类。内使与外使衣着不同，内使的外衣是小括号，外使的外衣是中括号。对概念基元空间的内使，大家早就相当熟悉了。句类空间的内使，上面给出了第一号代表。现在，对外使也不应该陌生，上面不就站着三位重要代表么！这三位代表的形象不够鲜活么？其感性直觉度很低么？还需要邀请更"性感"的明星登台么？

应 01：先生开玩笑了。不过，"性感"是个好东西，拒绝"性感"绝非明智之举。

答 03（续）：我们还是把"性感"换成魅力吧。下面随意邀请几位外使登场，仅赋予临时编号，但带汉语译文。如果你对他们的魅力还是不满意，那我就无能为力了。

RB1:=(00+40aea1) —— [1]
（关系句的 RB1 块对应于基本作用和关系的主导方）
RB2:=(01+40aea2) —— [2]
（关系句的 RB2 块对应于承受和关系的从属方）
RB0:=(0+c40aea3+407e33) —— [3]
（关系句的 RB0 块对应于作用、关系的仲裁方和第三方）
RB0(R40J)=a03bγ —— [4]
（领域主从关系句的 RB0 块强交式关联于现代国际组织）
PBC1≡12e21 —— [5]
（因果句的 PBC1 块强关联于过程的因）
PBC2≡12e22 —— [6]
（因果句的 PBC2 块强关联于过程的果）

现在，可以说一说外使的基本特征了，它由三大部件构成，中间部件**一定是**内容逻辑符号，左部件**一定有**句类或语境符号，右部件**一定有**概念基元符号。三大部件和"一定是"是信使的共同形象特征，两个"一定有"则只是外使的内容特征。

这带着"一定"修饰语的一"是"两"有"是关于外使的三个命题，这三个命题就是本节标题的完整诠释。其中的"是"其实是"只有"的替代词语，用形式逻辑语言，可以对三命题给出精密的描述，但那个东西华而不实，本《全书》一概不用。

还应指出，外使同内使一样，也是有籍贯的。其籍贯的粗分就是：句类空间和语境空间。上面 6 位外使中的 5 位来自句类空间，可另名句类外使，1 位来自语境空间，那就是[4]号外使，可另名语境外使。句类外使也就是块码关联式，这两个等价的术语将在不同的场合分别使用。

就语言理解来说，语境外使的作用要远大于句类外使，语言信息处理中 3 大劲敌的降伏和 15 支流寇的扫荡，主要靠语境外使。说来惭愧，笔者是在接近"不逾矩"之年的时候，才真正领悟到这一要点的。

应 02（兼问 04）：上列 6 位外使都具有个人魅力，给我印象最深的是[4]号。先生曾说过，如果把句类比作初期伽利略望远镜，那领域句类就好比是哈勃望远镜。现在，我对此是略有所悟了。其次，6 位外使的整体搭配给了我多项惊喜。例如，前 3 位外使的相互搭配就是一例，这主要指下面的两组搭配：

```
(00,01,0);(40aea1,40aea2,c40aea3)
```

两者里的第三项，特别是后者的第三项就让人觉得很"性感"，那个前挂的"c"特别妙，挂在这里，她就变成了一个很"性感"的符号，使我联想起"细节决定成败"的当下流行说法。这个符号的注入是一个典型的细节。但这个细节的意义非同寻常，没有她，外使[4]似乎就失去了生命的源头。可是，先生在谈及细节时常常说"给尔自由"，这是否有悖于透齐性原则？

答 04：蕲乡老者和那位准备转向训诂学研究的技术智者七年前（2005 年）的对话，曾经对 HNC 探索提出过一系列的警告。这些警告里就包括"给尔自由"，这一话语可以是"不拘小节"的正面呈现，但其反面呈现更值得反思。多年反思下来，深感那些警告都是金玉良言。其中关于"忽略围歼、忽略个性、忽略显微、忽略顾后"的"四忽略"批评[*02]真是一剑封喉，击中要害。"四忽略"的危害不仅在于造成了战术层次的诸多失误，更在于它诱发了诸多战略层次的失误甚至误导。

在现行"基本句类表"里，参照比较判断句和单向关系句的符号表示不当、广义效应句之"一般形态"与"基本形态"区分的思虑不周和符号混乱等，属于战术层次的失误，主要是"忽略围歼"的恶果。但广义作用句与广义效应句之间交织性呈现的含糊处理、换位样式的仅赋予状态句、转移句里出现以符号"Σ"为标记的主块[*03]等，则属于战略层次的失误，是"四忽略"的综合效应了。

失误和误导要分开说，不能混为一谈。就探索来说，失误必然不可避免，但并不可怕。误导不同，它不仅必然不可避免，而且极度可怕。有一句名言说："失败是成功之母。"其完整陈述是：失误，纠正；再失误，再纠正；逐步完善，直至形成完整的综合逻辑而赢得成功。这是探索过程的一般规律。但此名言仅适用于失误，而不适用于误导。误导只能是灾难之母，其完整陈述是：忽悠，泡沫，再忽悠，再泡沫，逐步膨胀，直至形成巨大的灾难而破灭。这是误导过程的一般规律。泡沫里必有成功，没有成功就不会形成泡沫。但巨大的成功里很可能掩盖着巨大的灾难。当然，巨大的灾难可能成为一种转变的酵母，但不能把酵母混同于健康的种子。失误主要是思维范畴的东西，大体对应于智能的理性误判；误导主要是综合逻辑范畴的东西，大体对应于智慧的理念偏颇或迷失。因此，失误基本不具有时代性特征，但误导则具有强烈的时代性特征。误导性是任何主义[*04]的必然属性，因为主义的宗旨在于引导——不仅承担观念和理性的引导，也承担理念的引导。不同主义的差异仅在于误导性的强弱，而不在于误导性的有无，也许可以说，无误导性的主义在这个地球上根本就不曾存在过，也许永远都不会出现。无论是西方文明还是东方文明，莫不如此。但是，如果此话题仅说到这里为止，那基本上等同于废话。

关键在于要指出：误导性的强弱是历史时代的函数。任何立足于或服务于丛林法则的主义在农业和工业时代都具有一定的合理性，只存在合理性的多少之分，不存在合理性的有无之分，也就是不存在精华与糟粕的截然之分。但在后工业时代就不能这么说了，就需要重新审视，再好的主义也需要重新审视。走在时代最前面的第一世界依然是丛林法则的虔诚信奉者，依然安居乐业于思维柏拉图洞穴之内，何况另外的 5 个世界呢？反思丛林法则和现代生活方式的呼声是存在的，但这些呼声都缺乏三个历史时代的深厚视野。另外，主流声浪又过于强大，因此，那些微弱的呼声必然陷入湮没无闻的困境。主流声浪不仅得到金帅、官帅和教帅的共同支持，也得到哲学、神学和科学巨擘的共同支持。尽管支持的方式显得泾渭分明，都摆出一幅真理尽在我方的架势，其中，第一世界的主流声浪更是如此，而且声势逼人。但迷信并支持丛林法则的本质，三种文明标杆完全一致。这是一幕盛况空前的时代景象，但是，没有人比蕲乡老者对这一景象的本质看得更清楚、更透彻的了。

HNC 理论探索之所以特别重视老者的警告，根本原因就在于此。故近年来，我把关注的重点放在误导性方面。这里说的误导性密切联系于 HNC 理论的定位或目标，HNC 探索存在一个非常特殊的过渡时期，《全书》的撰写才是该过渡时期正式结束的标志。本编的编首语正式宣告了 HNC 理论探索的定位与目标，但对实现该目标的语境条件则避而未谈。这里是给出说明的时机了，那就是：对未来的期盼，对后工业时代终将脱离低级阶段的期盼，这也正是老者的期盼。

"给尔自由"的话语，请从这个视野去理解其缘起。该话语仅针对失误，不针对误导。它不过是魏征名言"兼听则明，偏听则暗"的简明现代表述而已。

问 05："HNC 探索存在一个非常特殊的过渡时期"，以前未听先生这么说过。过渡时期不仅特殊，而且非常。乍一听不明白，后来明白了，那是对"语境外使的作用要远大于句类外使"论断的呼应，也是对先生一再提倡的大小"四棒接力"的呼应。所谓"HNC探索过渡时期"，就是第一棒与第二棒的交接还存在严重缺陷的时期。但现在情况已经有了根本变化，为什么先生反而"进一步，退两步"，退回到老者模式的期盼？

答 05：你刚才说的变化，只是第一棒（理论）的变化。第二棒（技术）存在相应变化么？如果没有这个变化，两棒的交接能取得预定的效果么？

要知道，语境外使传递的信息或知识是用语言理解基因符号书写的，书写的内容主要是语言脑的世界知识[*05]，而相关学界的专家知识反而是次要的。从这个意义上说，第一棒的根本变化也还远远没有完成。这个话题——语言理解基因和世界知识——太大，这里就适可而止吧。各行业和各学界都各有自己的世界，因而也会有自己的世界知识，所有这些世界知识都会在语言脑里映射成相应的符号知识，HNC 试图把这些语言脑里的符号知识转换成二进制数字知识。此项转换工作非常有趣，不拒绝这种乐趣才是 HNC 探索的希望所在。上面的 3 位正式外使代表([SC-m-0],m=1-3)和 6 位临时外使代表([m],m=1-6)应该可以提供一点这种乐趣吧！这是我的疑问，更是我的期盼。语言理解基因的把握也需要这种乐趣，你刚才说："性感"是个好东西，拒绝"性感"绝非明智之举。许多语言理解符号是很"性感"的，你能说出几位"明星"来么？

——应 03：如果要选"性感"明星的冠亚季军的话，我将投票给(e2ne2n, β ,^ebn)。

——应 04：你这张选票是我近年来获得的许多美妙期盼之一，谢谢。

注释

[*01] 大脑研究的新进展主要表现以下三个方面：一是从神经元到皮层柱的发展；二是从突触到神经回路图谱的发展；三是从离子迁移到各种酶之生成与传递的发展。第三项发展就是对跨空间信使说法的支持。

[*02] 原文如下："俑者专注于扫荡而忽略围歼，专注于共性而忽略个性，专注于望远而忽略显微，专注于瞻前而忽略顾后，这一系列忽略对于上述培育工作十分不利，……在这一点上，这位世侄倒真是仰山的不肖子孙了。"见《全书》附录1（见第一卷第二册末尾）。

[*03] 该类型语块的进入句类表示式是对**主块数量原则**的公然违反，是最为严重的战略性失误。句类空间的这项基本原则在制定基本句类表时不能说是完全不明确的，但确实又不能说是完全明确的，这个状态与样式概念的若有若无态势非常类似。此项战略失误不仅严重影响到基本句类代码的制定与规范，也严重影响到后来领域句类代码的制定与规范，后者就是典型的战略性误导了。

[*04] 主义是汉语的外来词语，其实应区别对待，不必一律都翻译成主义。有的主义不过是一种主张，这里说的主义不包括那些实际上属于主张——译为主张更合适一些——的东西，最典型的例子是达尔文主义。达尔文先生关于适者生存的进化论是一种科学主张，一种关于生命与生物演变历程的伟大学说，他无意把它推广到人文社会学领域——神学与哲学领域。高举达尔文主义旗帜的是达尔文主张的推广者，而不是达尔文先生本人。

[*05]"语言脑的世界知识"或许是第一次使用，可另称HNC世界知识，本《全书》里，常简称世界知识。

第 2 节
句类空间类似于一座城市的地理描述

本节的标题是比喻性的。因此，本节的撰写也将采用大量的比喻。

句类空间就是指由基本句类与混合句类构成的空间，即句类关联式（SC-01-0）所描述的空间。《理论》里曾提出过复合句类的说法，那是完全错误的思考，早已作废。这里的"地理描述"仅涉及静态知识，大体对应于传统的纸质地图，达不到现代的互联网地图的水准。

一座城市的物理构成就是各种类型的建筑与通道以及两者的融合体。如果把基本句类比作各种类型的建筑与通道，那混合句类就可以比作各种类型的融合体了。

先说建筑。建筑里最有代表性的东西有两大类，一类是机关、商店、厂房、港口、学校、医院等，另一类是居住、旅宿、休闲等。从功能来说，前者可大体比喻为广义作用句，后者可大体比喻为广义效应句。下面把这个比喻稍加细化。

如果把美国的白宫、俄罗斯的克里姆林宫和英国的唐宁街 10 号与待命名的基本句类 XJ 联系起来，把商店与换入句 T491J 和换出句 T492J 联系起来，把任何一家制造厂与混合句类 XY10J 联系起来，把任何一个港口与物转移句 T2J 联系起来，把任何一所学校与教学句 T3*mJ 联系起来，把医院与混合句类 XY50J（作用立破句）联系起来，是不是有那么一点趣味呢？

如果把住宿与三主块状态句 S0J 联系起来，把旅宿与素描句 P11J 联系起来，把休闲与三主块效应句 Y2J 联系起来，是不是也有那么一点趣味呢？

次说通道。通道里最有代表性的东西也有两大类：一类服务于转移，主要是路及交通工具；另一类服务于传输，那就是管线。路及交通工具一定与转移句 T0J 及自身转移句 T2bJ 有最密切的联系，管线一定与物传输句 T2aoJ 及信息传输句 T3aoJ 有最密切的联系。从农业时代到后工业时代，路、交通工具和管线发生的巨变是最大的，远远大于建筑。航天飞行和互联网是该巨变的极致，然而，这丝毫不影响上述的"最密切联系"。

再说融合体。融合体最有代表性的东西也可以区分为两大类，大街和景点。大街一定密切联系于混合句类 XT490J（作用交换句），景点一定密切联系于混合句类 Y3XJ（显隐作用句）。大街和景点的名称会变，内容更会发生巨变，会出现许多前所未有的新东西，但无论怎么变化，上述"密切联系"依然如故。

一个大城市的建筑、通道和融合体成千上万，一张城市地图，无非是给出这三样东西的符号标记。市面上的城市地图并不全面，例如，属于重要管线之一的排水、排污系统不会包含在里面，但这项缺失不会影响一般读者对于一个城市的了解和认识。用城市地图的比喻，就是希望告诉读者，基本句类和混合句类不是句类空间的全部，这意味着必有缺失。然而，两者毕竟是句类空间里最重要的东西，缺失的不过是类似于"排水管道"之类的"供求"而已。句类空间把此类"供求"都纳入一个统称"辅块 fK"的东西，而且还配备了一个叫作主辅变换的"机制"，以弥补基本句类和混合句类描述能力的不足。到了语境空间，该"机制"将发挥更重要的作用，这是后话。

现在，读者不妨先默想一下句类空间的主块数量公理，基本句类与混合句类的数量级，块扩与句蜕的层级呈现，再回想一下格语法理论和动词价位理论的追求。你应该不难发现，HNC 与现代语法学之间的探索起点与终点存在多么巨大的差异。

在对这项差异有了一个初步理解之后，你对句类空间的现代城市地图比喻就会产生一种亲切的感受。你不能用砖、瓦、石块和木料（这相当于词语）去描述一个城市，也不能用墙壁、台阶、屋顶、门窗甚至房屋（这相当于短语）去描述一个城市，你必须使用街道和有代表性的建筑、商店、学府、桥梁和景点（这相当于句类）去描述一个城市，这个道理谁都明白。但是，前面的两样东西不仅完全不适合于对一个城市的描述，也完全不适合于对街道、建筑、商店、学府、桥梁和景点的描述，对这样浅显的道理却一直缺乏深究，直至语块这一概念的引入和"语块是句类的函数"这个第一彼山公理的发现。更认同"句类是语块的函数"命题的学者，在这里可以想一想了，是白宫、克里姆林宫和唐宁街 10 号这些建筑本身决定它们的隐喻意义（地位），还是它们的隐喻意义（地位）决定这些建筑自身的象征意义？答案是显而易见的，是隐喻决定象征，而不是象征决定隐喻。象征者，语块也；隐喻者，句类也。"主谓宾定状补"非不可充当象征也，但仅适合于充当墙壁、台阶、屋顶、门窗甚至房屋象征而已。最大胆的想象也不会认为，它们有资格充当街道、建筑、商店、学府、桥梁和景点的象征。那么，为什么"主谓宾定状补"还是享有那么崇高的地位呢？因为墙壁、台阶、屋顶和门窗毕竟是房屋的根基，而西方语言学恰恰是"以句子为始基"，而非"以章句为始基"，这就限制了他们的视野。"以句子为始基"的语言学不可能走向语块、句类和语境单元的高度，而"以章句为始基"的训诂语言学则必然走向这一高度。蕲乡老者的"训诂小花"说是有启示意义的，读者不妨重温一下《对话》里的那一段。

一个现代化城市可以拥有各种类型的现代化街道、建筑、商店、学府、桥梁和景点等，似乎与古代城市有本质区别，其实是没有的，不仅从功能说是如此，从形态来说也是如此。差异仅在于量与范围，不在于质与类。如果说城市都具有这样的不变性，那句类空间就更具有这样不变性了。

超级城市的街道、建筑、商店、学府、桥梁和景点令人眼花缭乱，但是如果你对城市地图的符号了然于胸，并熟悉该城市的地图，那眼花缭乱的背后就存在着井然有序。句类空间同样如此，基本句类 60 余组，混合句类数以千计，足以令人眼花缭乱，但那是句类空间的整体性描述。一段具体的文字将映射出一个特定的句类群，该句类群就如同一座具体的城市或一座城市的一部分，如果你对语块和句类的符号了然于胸，那么，该特定句类群就会呈现出一种井然有序的语境景象。该景象的描述不是这里的话题，不过，如果你回去温习一下"基本句类表示式与句类代码"节（[320-1.4]）里的多段标注语料，那一定会有所收获，这对于下一编的阅读，是非常有益的预习。

色彩是地图的要素之一，没有色彩的地图会带来巨大的不便，一目了然的感受会大大降低。色彩代表差异，代表一种本质特征。地域地图的不同颜色往往代表不同的国家或地区，城市地图不同类型的要道往往采用不同的颜色。句类空间也有色彩，广义作用句（X-[k]）、广义效应句（Y-[k]）与两可句（B-[k]），基本句类与混合句类，就是句类空间的色彩，(X,Y,B)代表句类空间的基色，混合句类代表合成色，附属于基色或合成色的符号[k]就相当于色谱。要理解句类空间，首先就要学会辨认该空间的色彩——基色、合成色及其色谱。

有光学意义的天生色盲，那意味着图像脑的先天缺陷。也应该有语言意义的色盲，那意味着语言脑的先天缺陷，具体呈现为智障残疾人。后者是一项假设，但它是整个HNC理论假设的出发点。当然，色彩的辨认需要学习和训练，未来的语超应该在这方面具有超凡的能力，这也是一种期盼吧。

说到这里，一个有趣的问题出现了。语言脑里存在所谓的句类空间么？句类空间是否纯属臆想呢？所有的地球人都是所谓句类空间的色盲，可他们照样理解自然语言，HNC花费那么大的力气去探索句类空间，是否属于一种梦呓行为？

这个问题真的有趣么？关键在于："所有的地球人都是所谓句类空间的色盲"是一个什么性质的命题？后续第三编"论语境单元"和第四篇"论记忆"将给出回答。这里值得指出的是：类似的命题也可以用来向语法学置疑，实际上，公元4世纪的奥古斯丁在其《忏悔录》中、20世纪的维特根斯坦在其《哲学研究》中，都提出过这样的疑问[*01]，不过，语法学实质上一直未予理睬而已。

地图符号只提供一个城市的静态景象，同样，句类空间也只提供语言脑的一种静态景象。静态景象是没有生命的，要让句类空间运转起来，要让静态景象转化成动态景象，它才能获得生命。HNC把静态的句类空间叫句类空间，把动态的句类空间叫句类知识。这一点，《理论》和《定理》都没有讲清楚，上节的概念关联式（SC-01-0）和[SC-02-0]属于第一步弥补，本节的说明属于第二步弥补；下一节，就属于第三步弥补了。

注释

[*01] 有关问题前文曾多次论述，如[123-2]、[250-4.1.1]及《全书》附录3（见第一卷第二册末尾）。

第 3 节
主体句类知识就是句类表示式
与块码关联式的联姻

本节和下节的标题都相当出格，"联姻"更为典型。可是，这个词语是概念关联式[SC-02-0]的传神描述，"联姻"实质上就是一项内容逻辑，前文曾使用一个正式名称，叫"有序集合意义下的'加'"以区别于另一项内容逻辑——"无序集合意义（即算术意义）下的'加'"，两者使用的逻辑符号分别是"，"和"+"[*01]。

这里需要补充说明的是，"联姻"是语言概念空间的基本景象，包括概念基元空间、句类空间和语境空间，HNC 对"联姻"现象的符号描述采取了多种形态，"，"只是其中之一。概念基元空间的挂靠，包括各种约定的挂靠和各种带"*"的挂靠，是一种"联姻"；块素符号的连写，如 BC、(EQ,E)、(E,EH)等，也是一种"联姻"；句类符号与块素符号的连写，如 X1B、T3C、SB、DB、DC 等，更是一种"联姻"[*02]。总之，没有符号的"联姻"，就没有符号的生命；换言之，符号有了"联姻"，就会获得生命。

现在，把概念关联式（SC–01–0）和[SC–02–0]一起拷贝如下：

句类空间::=（基本句类，混合句类）——（SC–01–0）
主体句类知识::=（句类空间，块码关联式）——[SC–02–0]

这里似乎出了问题，说"主体句类知识是句类空间与块码关联式的'联姻'"，不说生动，至少说得过去吧。但是，说"句类空间是基本句类与混合句类的'联姻'"，不仅谈不上生动，甚至都有点说不通了。但实际上，这个问题完全是假象，混合句类是什么，不就是基本句类与基本句类的"联姻"么！说"句类空间由基本句类及其相互联姻所构成"不就生动了么！概念关联式（SC–01–0）不过是把"……由……所构成"的说法转换了一下而已。

为"联姻"的辩护，应该够了。下面转向另一个话题，那就是上面的一系列概念关联式里使用了汉语表述，这显然不符合未来语超的要求。

这实际上是整个语言概念空间符号化的课题。在概念基元空间，HNC 已经实现了全面彻底的符号化，但在句类空间和语境空间，情况有所不同。前者的符号化不得不由笔者一人来承担，但后两者绝不能如此。考虑到未来的语超探索与研发，如果笔者继续包揽一切，必将过远大于功。因此，本卷将留下大量的符号化空白。

空白化的痕迹前面已多处存在，这里举三个例子。

例 1：在本编的编首语中章名及相关符号中及前三章的"相关 HNC 符号"栏里都填写了一批 HNC 符号，但第四章的相应栏里却是空白。该空白里最需要的符号正是本章标题的两个重要概念："句类空间"和"句类知识"。这里一共有 3 个概念，句类、空间、知识，三者都已经拥有自己的 HNC 符号：SC、(j01,j2)和(ra30i,ra60a,ra60(t))。这些符号分别属于概念基元空间和句类空间。"空间"和"知识"都具有不同的含义，"句类空间"的"空间"和"句类知识"的"知识"该选取哪个含义？这是第一个问题。其次，不同层级空间的符号并不能自动"联姻"，这是第二个问题。第一个问题的答案是明确的，"空间"的含义应取"j01"，"知识"的含义应取"ra60a"。第二个问题的答案也是明确的，那就是通过概念关联式实现"联姻"。但这些明确答案，语超或图灵脑不可能全部自行获得，关键部分都需要被告知。

例 2：在表 2-6[*03]之"特殊属性"栏的内容都是非常重要的句类知识，但主要以汉语进行表述，这需要作符号转换。其中的"抽象概念"与"具体概念"、"原蜕"与"句式"、"拒绝"与"优先"，是 3 组不同性质的概念，它们在概念基元空间都拥有相应的符号。但是，该空间里的符号不一定适用于句类空间，句类空间需要一套自身的对应符号，一种更为简洁的符号，一种更能适应计算机系统模式的符号。这是一个问题，也许不过是巨奇问号（见本章第 1 节里的答 3）里的一个小问题，但不可小觑。下面予以分别说。

抽象概念和具体概念在表 1-1 和 1-2 里有详细描述[*04]，但缺了两者自身的简洁符号，而在句类空间看来，这是非常需要的，拟暂用符号 AbC 和 CoC。

原蜕、句式和句蜕在概念基元空间的符号分别是 l42\2、f41(t)和 l42(\k)，句类空间也需要自身的简洁符号，前文只给出了其中的最后一个，符号是 JK[*05]，前两个阙如，拟暂用 JK\2 和 JM。JK-2 的 "\2" 来自于 l42\2 的 "\2"，JM 即 Juzi Model。读者由此不难推想到，句类空间将使用符号 JK\1 和 JK\3 来分别表示要蜕和包蜕；用符号 JM9 和 JMa 来表示格式与样式，并以 JM9\1 和 JMa\1 来表示规范格式和交换样式。

拒绝与优先仅属于概念基元空间，对应符号是 426 和 425。句类空间需要经常使用的只是两概念的逻辑形态，对应的符号是：l00*426 和 l00*425。

例 3：自然语言空间或此山、语言概念空间或彼山，概念基元空间、句类空间、语境空间、记忆空间，两类劳动与三类精神生活，作用效应链或主体基元概念、广义作用效应或广义主体基元概念等，所有这些汉语表述都是 HNC 理论体系的命根子。当前只实现了概念基元空间的符号化，这是不够的，需要进一步的全盘符号化，此项任务的绝大部分将留给后来者。

为什么需要全盘符号化？为了"联姻"，首先是为了句类表示式与块码关联式的"联姻"。现在以表 2-6 为例。

表 2-6 中的"句类代码"和"特殊属性"实质上就是"联姻"的双方，一方可另名之句类表示式，另一方可另名之块码关联式。这就回到本节的标题了，该表就是主体句类知识的一种描述方式，主体句类知识，就是本节标题所描述的"联姻"。句类知识是第二层级语言概念空间的知识，是语言脑知识的重要组成部分。不了解这项知识，就无从了解语言脑，因而也无从了解大脑。但这项知识一直处于隐蔽状态，它确实也是隐记忆（此概念将在第四编"论记忆"里说明）的一部分。主体句类知识既然如此重要，语言学或相关学科不会未曾涉足吧？这是一个非常有趣而重大的问题，训诂一下这个问题，一定会取得可喜的丰硕成果。

应该指出：主体句类知识是一片广袤的处女地。表 2-6 所描述的，可以说不及 1%吧！因为该表仅涉及广义效应句的 5 位特邀代表，不及全部基本句类的 1/10；对这 5 位特邀代表的特殊属性（即其块码关联式）描述也不过是仅及其要，并非全部；此外，还有数以千计的混合句类。当然，"不及 1%"的说法或许过了一点，因为混合句类的主体句类知识毕竟主要来于对基本句类的继承，继承的基本原则前文已有所描述[*06]，但还需要大力完善，这是一个亟待处理的课题。

现在，是解释一下"主体句类知识"这个短语的时候了。主体句类知识与句类知识是什么关系？不言而喻，前者是后者的一部分。这个部分很特殊，具有两方面的含义：一是涉及它自身的地位；二是涉及它作为探索对象的顽皮表现。这两方面的含义，如果用"特殊"二字去直接描述，似乎具有误导性，于是就选用了"主体"这两个字。这意味着句类知识将分为"主体"和"主体"之外两大部分,"主体"之外的句类知识将名之基础句类知识。那么,这两部分句类知识具有什么样的根本性质差异呢?答案如下:基础句类知识是静态的,主要是句类知识的共相呈现;主体句类知识是动态的,主要是句类知识的殊相呈现。

本节以前所讨论的绝大部分句类知识属于基础句类知识。HNC已对基础句类知识进行了系统深入的探索,其标志性成果可概括成下列 5 项:

基本句类与广义作用效应链或广义主体基元概念的对应性;

基础句类存在广义作用与广义效应之两分或(X–[k],B–[k],Y–[k])的三分;

主块数量法则;

规范格式与交换样式;

块扩句的 8 位代表。

这 5 项标志性成果是一种什么性质的标志?能不能说基础句类知识的探索已经达到了"蓦然回首"的境界呢?且不说答案如何,至少现在可以提出这样的问题了。但主体句类知识的探索却完全是另一种情况,连提出这个问题的资格都没有,因为它还处在"为伊憔悴"的早期阶段。

上面提到了主体句类知识的动态性和殊相性。HNC 与这两"性"打了 20 多年的交道,基于 20 年的经验而提出的建议就是:为每一个句类表示式配置一系列块码关联式或句类外使,简称"联姻"。这个"联姻"才是语言脑最不可思议的奥秘之一,HNC 认为,这项"联姻"是语言脑第二层级隐记忆的主体构成,未来的语超必须进行仿效。一个具体的块码关联式并不复杂,但联系于一个特定句类的块码关联式集合可能存在"难见穷期"的困惑。不过,应该指出:这项困惑仅影响语言脑或未来语超的聪明程度,而不至于影响到基本智力。领袖人物的块码关联式集合一定远比常人完备,且"联姻"极度丰富,而智障残疾人的块码关联式集合一定是"空集",当然也就不会出现任何"联姻"。

于是有人问:"联姻"是刚刚出现的 HNC 特殊用语,HNC 的历来文献并没有涉及与"联姻"有关的课题,那么上面的"为伊憔悴"之说是否言过其实?

对这个的回答最好以文字为证。因此,下面将拷贝一大段文字,它来自于《理论》里的"问答 32"。

作用对象: 具体及整体的事物

效应对象: 抽象或局部的事物

……复杂的 B 语义块通常包括多项要素,但**其基本骨架一定是由作用对象、效应对象和效应内容构成**。这一点没有任何奥妙,因为,对于对象的充分说明不外乎具体与抽象、整体与局部这两大方面的两个侧面,而它们都已包含在上面的定义里。这就是说,复杂 B 语义块的构件清单已经明朗了,剩下的问题是它们如何排序。……

……但是,如果你仅仅是套用关于作用对象和效应的定义,就感到万事大吉,那就大错特错了。首先,你必须进一步思考关于作用与效应不可分的观点。诚然,当我们用作用型词汇构造句子的时候,只需要给出作用对象,句子就是完整的,这就是"作用句为三要素句"这一基本规则的理论依据。但是作用对象之所以"溃毙倒垮落沉败",离不开效应对象,作用是通过对效应对象的具体作用而产生最终效应的，这就是隐知识。从联想脉络来说，必须有这个隐知识的支脉，尽管在很长的时间里，这项支脉知识很可能是空集。

其次，上述两类的定义应视为对复合对象的分类准则。……从字面的意义来说，把作用对象和效应的定义反过来亦无不可。你完全可以争辩说，作用对象是局部的和具体的，而效应对象是整体和抽象的，以"击毙"为例，枪弹的作用对象只是人体的一部分，例如，脑袋、心脏等，而最终的效应却是人的整体死了。但从另一方面来说，这个"击"所针对的对象是人的整体，而不是局部。两种说法都有道理，但后一种说法更符合作用效应链的总体设计思想。不过，我并不想争个"水落石出"，这样做显然是不明智和徒劳的。我宁可说，上述定义纯粹是一个人为的约定。

这段话实质上就是对第一号基本句类 XJ "联姻" 状况的论述，同时带有明显探索色彩，"不想争个水落'石出下面'"的文字就是明证。下面，给出相应的表示式：

XJ=A+X+B
B=:XB+YB+YC
XB:=具体**及**整体的事物 —— [7]
YB:=抽象**或**局部的事物 —— [8]

后两个表示式就是典型的块码关联式，是对 XJ 的"联姻"描述。两位句类外使都被赋予了临时编号。请注意，[7]号外使的"及"和[8]号外使的"或"都有意使用了黑体，这就不必解释了。下面要说的话是：前面 6 位外使的右部件都采用了标准符号——概念基元符号或(HNC–1)符号，而这里两位外使右部件所用的符号却完全不符合标准了，其汉语词语需要转换成概念基元空间的符号。这项转换工作，原则上是否已经毫无障碍了呢？这是一个必须询问和回答的问题。这个问题也可以这样来表述，如果 HNC 理论的符号体系不能做到这一点，那就表明 HNC 理论的基础部分，即概念基元部分或(HNC–1)部分还有缺陷或不足。这个表述实质上就是一个检验标准，请用这个标准来检验 HNC 理论吧，对于 HNC 理论感兴趣的读者也可以用这个标准来检验一下自己的 HNC 理论水平。

以汉语词语描述句类外使的右部件，[7]和[8]应该是始作俑者，始作于 18 年前。这类东西可名之句类"联姻"话语。18 年来，类似的"联姻"话语讲了许多，每一句句类"联姻"话语也就是一个命题；一个块码关联式；一位句类外使。其中曾强调并重复多次的话语是：过程句 PJ 的 PB 一定是抽象概念；状态句 SJ 的 SB 一定是具体概念；效应句 YJ 的 YB 两可。这段话语将名之初始广义效应句"联姻"话语。

可是，以往每次讲述此类话语的时候，几乎都会重蹈同样的覆辙：一没有说清楚前提；二没有说清楚目的。关于初始广义效应句的"联姻"话语就是最明显的例子。直到最近，在引入初始广义效应句这个概念之后，才把前提交代清楚了[*06]。这里，该把目的补上了，那就是：为了便于在混合句类中确定相关语块的基本属性。前文标注的部分语料[*07]充分展示了这一功效。

本节最后说两段闲话，它们同时充当本节的结束语。

闲话 1：句类"联姻"话语，出现过无数次重蹈覆辙的失误，这不能拿"为伊憔悴"这样的诗句去粉饰它，但毕竟存在这个因素。

闲话2：在明确了语境单元的描述之后，为句类知识"憔悴"的热情陡然跌入谷底。那时，出现了"一览众山小"的错觉，觉得句类知识不像原来想象的那么重要了，漫不经心的态度随之抬头了，一说起句类"联姻"的话语，就难免来一把"浪漫"了。

本章引言里，曾有搭桥引线的说法，闲话2是该说法的呼应之一。

注 释

[*01] 这两项内容逻辑曾在[121]的前言里详加说明。此项内容逻辑大体对应于属于语法逻辑概念树的"并联141"，但并未直接引入该株概念树的延伸概念。为什么？因为：第一，"联姻"不是简单的并联，第二，"联姻"的实质意义更适合于充当(100*421)的直系捆绑词语。

[*02] 这就是说，下列等式成立：

$$BC=:(B,C)$$
$$X1B=:(X1,B)$$
$$SB=:(S,B)$$
$$DB=:(D//jD,B)$$
$$DC=:(D//jD,C)$$

在设计句类表示式时，后两个等同式里面的"D//jD"曾困扰笔者良久。它们将来是否会给语超带来困扰呢？笔者不能预断。

[*03] 见"关于广义效应句的回顾"小节（[320-3.1.1]）。

[*04] 两表皆见"概念和概念基元都需要采取灵巧式定义"小节（[320-1.1.2]）。

[*05] 见本编的编首语中章名编号及相关符号表示。不过，JK这个符号早先曾用于广义对象语块的表示，这里正式宣告该用法作废。

[*06] 参看"广义效应句与样式"章第1节（[320-3.1]）的注释[*01]。

[*07] 参看"基本句类表示式与句类代码"节（[320-1.4]）的标注语料。

第4节
句类知识类似于一座城市的社会人文描述

这是本编的最后一节，标题里的两个关键词是：句类知识和社会人文描述。

先说一下第二个关键词——社会人文描述，它与前一节的"联姻"类似，属于不合适的出格词语，但未加引号，表示它的出格度还可以容忍。在下一编"论语境单元"里会出现一个对应的标题：语境知识类似于一座城市的人文社会描述。两相对比，你大体上应该可以把握所谓"社会人文描述"和"人文社会描述"的异同了。

HNC对人文的粗浅理解就是文明的三学，神学、哲学与科学；对社会的粗浅理解就是文明的三主体，政治、经济与文化。三学强交式关联于人类的三类精神生活，三主体强交式关联于人类的两类劳动。如果把人文与社会比作一枚铜板的两面，那并不合适，因为这个比喻只传递了两样东西的相互依存的信息，而没有传递两样东西的相互交织的信息，而后者更为重要。"社会人文"和"人文社会"的交错组合希望有助于传递两者不仅相互依存且相互交织的信息，前者立足于人文，后者立足于社会。

再说句类知识。前面已经介绍基础句类知识和主体句类知识的概念，那么，这里的句类知识是否就是两者的总和呢？这似乎是一个不成问题的问题，其实不是那么简单。这里，还存在三大问题：一是句类空间的描述，貌似完备，实际远非如此；二是句类空间与语境空间的对应问题，下文将把句类空间正式命名为基地，把语境空间正式命名为阵地，基地与阵地的对应性，还是一片广阔的"处女地"；三是基础句类知识与主体句类知识之间的交织性呈现，这实质是上述"处女地"的深层次课题。

如何处理这三大问题？在谋略方面，HNC都将采取其一贯的灵巧方式，既有硬性约定的死规则，下文将正式名之硬约定或硬规则；也有软性约定的活规则，下文将正式名之软约定或软规则。在步调方面，也将采取灵巧方式，其"路线图"既有"按部就班"的部分，也有进退灵活、随机应变的部分。

三大问题已经跨出了句类空间，本节只做它分内的事，也就是做一点牵线搭桥的事，重点说一下硬约定与硬规则和软约定与软规则的概念。

让我们从混合句类的句码表示说起。原约定混合句类的句码必须带数字符号"*kmn"，而新约定则可以取消该硬约定，变成软约定：可带可不带。这意味着：①广义作用混合句类的主块数量"可3可4"，而不是像基本句类那样的"或3或4"；②块扩句类混合的结果是：其块扩呈现可有可无，而不像基本句类那样，除了那八位享有特权的"王爷"之外，其他一律不得块扩。

上面的全部论述触及语言脑或未来语超的根本问题，但论述方式更接近形而上，下面来一段比较接近形而下的话语吧。这样的话语不能不以实例为依托，这里选择的实例是符合软约定要求的混合句类XT39J，它不带"*kmn"。

激活混合句类XT39J的汉语直系捆绑有"斥责、谴责、抗议、罪行、暴行、恶行、……"，这里不仅列举了动词，也列举了名词。但是，仅仅盯着这些词语本身的语义是没有出息或没有出路的，关键在于激发出一个联想脉络，该脉络的起点是二级延伸概念 $239\alpha=b$（四者的汉语表述是陈述、建议、攻击与回应），随后走向三级延伸概念 $2399t=b$ 的 $2399b$（警告）。HNC把这个三级延伸概念叫作混合句类XT39J的基地，读者应该想到，这项命名非同寻常，因为它首先涉及两位同级伙伴 $2399\tilde{}b$[*01]的安顿问题，其次它涉及三位上级 $239\tilde{}9$[*02]的安顿问题，再次它还涉及"进一步的深层知识，如积极与善意、消极与恶意之间的复杂关系如何表达则有待清理"[*03]。这三项涉及里，第三项最为重要，因为它密切联系于语言的面具性。戴着面具的"斥责、谴责、抗议"可以显得义正词严，但在被"斥责、谴责、抗议"者看来，或者从真实的历史视野看来，它可能荒谬绝伦。靠语义能摆脱语言理解的这一根本困境么？显然不能。这必须且只能寄希望于语境，**语境才是语言的真实阵地**。一个基地可以通向不同的阵地。从阵地的角度看，上述两项安顿似乎并不是难关，难关在于第三项所说的清理。

安顿是清理的前提，清理必须以安顿为依据。安顿属于基础句类知识的课题，清理则属于主体句类知识的课题。一个基地可以与多个阵地发生联系，同样，一个阵地也可以与多个基地发生联系，清理主要指前者，但也包括后者。这里说的阵地就是指语境概念基元，也就是 HNC 命名的两类劳动和三类精神生活。只要阵地明确了，相应的块码表示式就不难写出。这就是说，阵地的列举是语言理解的关键。所谓句类知识的交织性主要是指从基地到阵地的纷繁路线。基地与阵地之间的一一对应关系是不存在的，这里千万不能"一根筋"，句类知识的交织性或复杂性就在于此。如果把阵地列举的难度简单地给出小、中、大之分，那么，XT39J 的复杂度属于"中"。以上的表述又过于上靠形而上了，赶紧拉下来吧。

XT39J 若取 3 主块句，其句类表示式在形式上就取 XJ；若取 4 主块句，其句类表示式在形式上就取 T39J。对于前一种情况，A 对应于"宣告"[*04]者；X 对应于"宣告"；B 对应于被"宣告"者及其"行为"。对于后一种情况，TA 对应于"宣告"者；T39 对应于"宣告"；TB 对应于被"宣告"者，T39C 对应于被"宣告"者的"行为"。上述一系列"对应于"都是外使，派往不同阵地的外使具有不同块码表示式。

那么，XT39J 有哪些主要阵地？那就是下列 5 株语境概念树：一是"对关系另一方的反应 7103"；二是"治国 a12"；三是"政治斗争 a13"；四是"外交活动 a14"；五是"组织机构 a01"。下文将把（7103,a12,a13,a14,a01）简称"5 阵地"。从概念树的视角看，上述列举应该是合格的，这不是说其他的语境概念树都完全不必考虑，而只是表明：这 5 株概念树不可或缺。或者更准确地说，联系这 5 株语境概念树的联想脉络——从一个基地分别伸展到 5 个阵地的联想脉络，必须通过特定语境的认定激活其中之一。"N 支联想脉络，激活其中 m 支"，这是衡量一个语言脑是否健全的基本标志[*05]之一，也是衡量语超之未来探索的谋略与途径是否有效的基本标志之一。

这里需要提醒读者的是：从基地 2399b 出发，延伸到上列"5 阵地"的联想脉络可以用同一个混合句类代码 XT39J 来描述，这就是 HNC 第二公理的贡献。当然，这确实太不可思议了。然而，凡是不可思议的东西都需要从可思议的地方起步思考，第一个要询问的是：那个"5 阵地"名单是怎么获得的呢？回答是：把全部 235 株语境概念树依次考察一遍就是了。这个办法当然很笨，但这不是通常意义上的笨，而是一种聪明的笨。可以说，笔者 2006～2010 年的"为伊憔悴"，主要就是为这项笨拙的考察方式提供一个相对完备的语境条件而已。

但是，"5 阵地"名单的确定和排序可能出乎许多读者的意料，一是"对关系另一方的反应 7103"，它有什么资格高居首位呢？二是"组织机构 a01"，它哪有资格入选？请注意：这并不是两个无关紧要的问题，下文将就便予以解答。

首先要说明的是：对应于"5 阵地"的 5 株语境概念树只是"5 阵地"的编号，联想脉络 XT39J 所要激活的对象并不是"阵地"的全部内容，而是那"阵地"里的某个或某些"部门"（延伸概念）。下面要强调指出的是："5 阵地"不仅适用于 XT39J，也同样适用于 T39XJ，下面以表 2-8 予以说明。

表 2-8 "5 阵地"与(X+T39)J

编号	汉语命名	被 XT39J 激活的延伸概念（上）
		被 T39XJ 激活的延伸概念（下）
7103	对关系另一方的反应	7103t=b（关系反应的基本内容：三争心理）
a12	治国	a12i6（治国基本方式第一要点的惩罚）
		a12i5（治国基本方式第一要点的奖励）
a13	政治斗争	a13e363（政治斗争基本谋略的损敌）
		a13e353（政治斗争基本谋略的利我）
a14	外交活动	a143e62（外交反对）
		a143e61（外交支持）
a01	组织机构	a0183e22（罚）
		a0183e21（赏）

表 2-8 里的"阵地 1"不分上下两行，表明(X+T39)J 的两种混合形态都可以用于三争心理的描述。"5 阵地"也可以作这样的两分描述：内外或敌我。丛林法则的内外敌我之别，大约是最复杂的话题，内外敌我之别以什么为标准来划分？人类历史上曾经流行过以下 5 种标准：民族、国家、帝国、文明和阶级。这 5 种性质迥异的标准具有强烈的交织性，无视这一交织性而使用单一标准显然不是一种明智的谋略。有趣的是：偏偏是那些高举单一标准旗帜、采用非明智谋略的人物，创造过成百次历史奇迹。这样的奇迹，20 世纪就发生过 3 次：一次使用单一的民族旗帜，另两次使用单一的阶级旗帜。这些奇迹大体上可区分为两种基本类型：昙花一现型和影响长远型，前者的典型事例是亚历山大大帝的东征，其旗帜是单一的帝国，后者的典型事例是伊斯兰世界的勃兴与扩张，其旗帜是单一的文明。以上论述涉及诸多深层次问题，其中的三个问题分别在注释里略述[*06–*08]。

上列"5 阵地"是基地 2399 的直接阵地，但阵地之间不是孤立的，"5 阵地"与其他诸多阵地还有千丝万缕的联系，这些阵地可名之间接阵地。如何描述或抓住这"千丝万缕"呢？前文使用过路标说，这里的"基地-直接阵地-间接阵地"说就是对路标说的进一步描述了，其比较完整的描述是：HNC 通过广义主体基元概念构建了完备的基地，通过语境概念基元构建了完备的阵地，通过句类代码建立起基地与直接阵地之间的静态联系，通过领域句类代码建立起基地与直接阵地之间的动态联系，并通过概念关联式把这一联系扩展到间接阵地。这些话语涉及语言脑奥秘的要害，也涉及语超的窍门所在。笔者并不奢望立即得到读者的认同，但希望引起大家的兴趣。基地的全貌已经展示出来了，虽然其文字过于粗糙；阵地的主要面貌也已经展示出来了；各种层级的概念关联式，已经给出大量的示范了；基地与直接阵地之间的静态联系，这里给出了一个"全豹一斑"式示例；基地与阵地（包括直接阵地和间接阵地）之间的动态联系，你即将在下一编看到相应的描述。这是否意味着"图灵之战"[*09]已经具备了足够的前提条件呢？请读者思考。

上面实际上列举了"图灵之战"的 5 项前提条件，这 5 项条件不是截然分离的，既有不同类型，又有不同特性。条件 1（基地）与条件 2（阵地）是一种类型，其不同特性表现为基础句类与领域句类。条件 4（基地与直接阵地）与条件 5（基地与阵地）是另一种类型，其不同特性表现为基地与阵地之间的静态和动态联系。条件 3（概念关联式）自成一体，其不同特性表现为内使与外使。

术语的障碍一直是笔者的恐惧，上面的论述方式试图减弱该恐惧的程度，故尽可能使用读者熟悉的词语。但笔者对其效果实在没有把握，因为那些词语都被赋予了一定的比喻或特定意义，对其中的"静态与动态联系"更是如此，因此，下面作一个"叩其两端"式的说明，一端是形而上说，另一端是形而下说。

静态与动态都是相对的，还可以相互转化。灵巧思维方式必然如此认识，对所谓的"静态与动态联系"更应该如此认识。基地与直接阵地之间的联系是这样一种联想脉络：它具有可能性，不具有必然性；同时还应该想到，可能性与必然性的关系是一种源流关系，可能性是源，而必然性是流，如果连可能性都不存在，那就谈不上必然性。由此可以推断：可能性联想脉络是语言脑的先验性存在，是语言脑的共相呈现，可简称语言脑呈现。但是，语言脑呈现是观察不到的，能够实际观察到的只能是语言脑形形色色的殊相呈现，可简称言语脑呈现。言语脑呈现出来的联想脉络都是动态的，是基地与阵地之间的动态联系。那么，在原则上应该如何分别处理语言脑呈现和言语脑呈现呢？能否置语言脑呈现于不顾呢？回答是：不能。这涉及任何思考或理论探索的透齐性问题，语言脑呈现涉及语言脑奥秘的齐备性侧面，言语脑呈现涉及语言脑奥秘的透彻性侧面，两侧面不可偏废。形而上说到此为止，下面转向形而下说，依托于基地 2399（建议）及其"5 阵地"来细说一番。

让我们从表 2-8 说起，该表列举了 5 项联想脉络，在句类空间，这些联想脉络可以用句类表示式——(X+T39)J——进行统一描述。兹事重大，下面将进行细说，名之总说。

该表把"建议 2399"与"三争心理 7103t=b"之间的联系列为第一号联想脉络，用基地与阵地的话语来说，后者就是前者的第一号阵地，简记为阵地 1。

该表把"建议 2399"与"治国基本方式第一要点 a12in"列为第二号联想脉络，该联想脉络将简记为阵地 2。

另外 3 项联想脉络就不必做类似说明了，将分别简记为阵地 3、阵地 4 和阵地 5。下面将分别对这些阵地进行细说。对这些阵地的细说将分别名之细说 m，m=1-5。

——总说：关于混合句类代码"(X+T39)J"

在全部基本句类代码中，XJ 和 T39J 是两个相当特殊的代码，前者属于最早确定的一批，在《理论》里就曾详加描述，后者则属于最晚确定的一批，可谓"名不见经传"。因此可以说，(X+T39)J 是一组典型的"老少配"，其形成过程极为繁杂，这里不作具体回顾，但需要指出三个要点：①(X+T39)J 的主块数量可 3 可 4，块扩性可弃可存；②(X+T39)J 对应于奖惩，但约定：XT39J 对应于惩罚，T39XJ 对应奖励；③"奖励惩罚"与"激励抑制"之间既有分别说对应的一面，又有非分别说对应的一面，这就是说，惩罚也是激励的一种手段，而奖励也是抑制的一种手段。

——细说 1：关于阵地 1 "7103t=b"

此细说需要有所回顾。阵地 1 的正式名称是"关系反应的基本内容",这里给了一个另称——三争心理。正式名称的具体内容拷贝如下:

```
7103t=b          关系反应的基本内容
71039            权势反应
7103a            利益反应
7103b            成就反应
```

它是概念树 7103 一级延伸概念的唯一本体呈现,7103 是共相概念林"心情 710"的最后一株殊相概念树,该节的引言比较重要,全文拷贝如下:

> 对关系另一方的反应 7103 将简称关系反应。按照作用效应链的概念,关系不过是广义作用的一个侧面或环节,既然设置了广义作用反应 7101,为什么要重复设置关系反应 7103 呢?这是由于 HNC 将 7101 和 7102 直接联系于专业活动的殊相概念树,因此需要设置一个面向这些概念树之外(包括 a0)的不管部性质的反应概念树。关系具有作用与效应的双重性,是作用效应链殊相感性反应非分别说的天然代表。因此,心情的第三株殊相概念树 7103 之定名关系反应,就是HNC 的必然选择了 [*10]。

反应不等于争夺,怎么从关系反应走向三争?这就不能不说到最庞大的概念树"'心理'行为 7301"了,该株概念树极度庞大,但其结构极度简明,其基本特征如下:

通过一级延伸符号 "\ k_1,k_1=0-3" 与概念林 "71y_1,y_1=0-3" 挂靠;

再通过二级延伸符号 "\ k_1k_2" 与概念树 71y_1y_2 挂靠。

这样,二级延伸概念 7301\03 就是"关系心理行为",而三级延伸概念 7301\03*t=b 就是"三争心态表现"。把此项"心理"与"心理"行为合起来说,就变成这里的"三争心理"了。

对"三争心理"的探索说是神学与哲学共同关心的课题。不同文明在这一探索里各有自己的特色,但都以三争之度为探索的准绳,三争之度就是对原始丛林法则的约束或规范,是伦理学的核心课题。但原始丛林法则的迷信者无视该课题的理论与实践价值,自以为有一个空前的发现,其要点如下:东方文明以人性善为基点,西方文明以人性恶为基点,东方文明之所以完败于西方文明,即缘起于这一基点的差异,并由此进而论证出:儒家乃是东方文明里的糟粕之最。此说属于典型的点说,在这个点说里,西方文明只剩下基督文明,东方文明只剩下"佛道儒" [*11],天主教文明和东正教文明没有了,伊斯兰文明没有了,印度文明也没有了,更不用提日本文明之类的了。在该"发现"者的视野里,地球村只有两个世界:第一世界(代表西方文明)和第二世界(代表东方文明),偌大的第三世界和第四世界都不见了,更不用提第五和第六世界了。把众多文明简化成两种,把六个世界简化成两个,这是点说的代表性描述手法,其精妙性可素描如下:化多为二,选一弃一,归于一统。20 世纪的中国,点说高手众多,其中的顶尖高手把上述点说的精妙性发挥到了极致。第二世界以外的 5 个世界,目前也是点说高手云集,但点说类型繁多,且极致型点说在第一世界比较罕见,而第二世界的现状则是:极致型点说依然占据着主导地位。蕲乡老者的忧虑即在于此,本节把"7103t=b"列为阵地 1,根本缘由也在于此。

就三争之度这一课题而言，儒家的意见对于后工业时代或许最有参考价值，因为儒家不回避三争，且以三争之度的阐释为其学说的主旨。你可以不认同后工业时代[*12]的说法，但你不能不想一想，21世纪还能像以往那样，继续无视对三争之度的深入思量与考量么？

细说1可以结束了么？否！关于三争的论述，前文多矣，这里就不清理了，而只说这么一句话：它们的老祖宗就是"基地：2399"与其"阵地1：7103t=b"。因此，本节的细说都不过是第三编"论语境单元"的预说，请记住这一点吧。

——细说2：关于阵地2"治国基本方式第一要点a12in"

阵地1是一级延伸概念，阵地2是二级延伸概念，下面的阵地3和阵地4也是，居于末位的阵地5是三级延伸概念。这里，是描述一下语言脑概念联想脉络基本特性的合适场所了，该特性共两项，第一是基地与阵地的联系；第二是每一阵地的"左顾右盼"。

联系的描述比较简单，仅包含两项内容，一是阵地排序表，二是句类代码的指定。

表2-8是该描述的样板。

阵地排序表体现了联想脉络对于级别的特殊重视，阵地1之所以荣登老祖宗的宝座，就因为其延伸级别最高（一级）。至于同级别之间，那就按照语境概念树的顺序来排列。这是一项关于"基地–阵地"联系描述的基本约定。

阵地"左顾右盼"特性的描述，当然比较复杂，但其要点可以概括成：联想关系、上级关系、同级关系和下级关系。此要点前文曾多次提到过，但从未明说下级关系，为什么？因为下级关系可能跨入专家知识，而联想、上级与同级这三类关系的描述则可以限定在世界知识的范围之内。

这里应该强调一下的是：这4种关系里，联想关系最重要，它具有纯粹的网络性，大体相当于围棋的急所；上级关系和同级关系也很重要，上级关系首先具有层次性，但也具有网络性，同级关系首先具有网络性，但也具有层次性，它们大体相当于围棋的大场。下级关系是层次网络性的典型呈现，其把握最为烦琐，最底层的下级关系大体相当于围棋的收官。

概念范畴–概念子范畴–概念林–概念树–概念延伸结构表示式是对语言脑大场的基本描述；各种类型的概念关联式，包括内使与外使，是对语言脑急所的基本描述。

基于上述思考，本《全书》仅着重于语言脑大场与急所的描述，不管收官。

回到阵地2"a12in"。其顶头上级是"a12i"，该级别的同级延伸概念共计5项，与"a12in"同级的延伸概念两项：a12in和a12ie2m。这些大场方面的信息，已通过概念树"治国a12"的概念延伸结构表示式给出了清晰的描述。直接联系于"治国基本方式第一要点a12in"的急所信息目前仅给出了6条[*13]，但估计已足以满足"图灵之战"的前期要求。

现在，请再次回到表2-8，可以清楚地看到如下有趣现象：①从阵地2开始，每一阵地都指定了两句类代码的各自职责；②除阵地5之外，另外3个阵地都存在职责的缺位，如外交活动就缺位了调停a143e60和中立a143e63；③两句类代码所对应职责的排序恰好与汉语的词汇顺序相反，可简称"变序"，如"奖惩"变成了"惩奖"，"赏罚"变成了"罚赏"。

下面，对上述有趣现象稍作说明。职责缺位就意味着"给尔自由"，可在两不同顺序组合的混合句类代码中任选其一。对阵地1，完全"给尔自由"。至于"变序"，涉及的思考甚多，例如"法治、德治与人治"之间的交织，"调控、激励与抑制"之间的交织，"赏罚"与"利害"之间的交织等，都非常复杂。具体说来，主要是关系到"e4o"或"e2ne2n"这两项最"性感"的主体辩证特性。但这一点，很难得到有关领域专家的认同，前两卷为主体辩证特性写下了不少冒犯性的话语。本卷的撰写，免不了还要继续冒犯，但领域范围有所限制，冒犯的程度也有所限制。因此，这里就不对上面的"变序"作直接诠释了，只补说几句关于"老少配"的话题。

该"老少配"的"老"——XJ，拟专用于精神作用00a的描述，后来添加的句类代码X0J，拟专用于物质作用009的描述。当然，这只是一项设想，聊记于此以备忘。引发该设想的关键素材，就是本《全书》多次提到的第二名言。

该"老少配"的"少"——T39J的引入也是有引发素材的，但关键素材不是什么名言，而是一句土话——"打是亲，骂是爱"。农业时代的"打骂"里，存在着主体辩证性的因素，这时，它成为实践"建议2399"的一种方式，甚至是一种谋略。"打骂"作为法治和管理的一种手段，应该予以废除，第一文明标杆是这么主张的，并已付诸实践，但第三文明文明标杆并不同意。第三文明标杆的特殊思考可以全盘否定么？"打骂"一定不可以阵地2的战术原则之一么？或者说，一定不可以作为实践"建议2399"的方式之一么？也许暂时不作出终极性结论，是一种比较明智的选择吧。

——细说3：关于阵地3"政治斗争基本谋略a13e3n3"

这个阵地在20世纪曾大放异彩，这是一个重大的历史性课题，可名之"20世纪异彩"。对于该异彩的认识，感性层面的东西一直目不暇接，理性层面的东西本来就不多，现在已趋于罕见了，至于理念层面的东西，那只能寄希望于未来了。因此，下面只作一个简略的叙述。

"20世纪异彩"在六个世界各有不同的特色，每个世界都有自己的特色样板。例如，第四世界有霍梅尼样板，第五世界有曼德拉样板，第六世界有卡斯特罗样板。当然，一个样板不足以充分表述该世界的异彩特征，但上述三个样板具有一定的代表性。前三个世界的情况要复杂得多，选取一个代表肯定不够。例如，第一世界至少要选取两个代表，那就是罗斯福和希特勒，两位都是阵地3的顶尖高手，希特勒样板在第一世界早已成为臭狗屎。第三世界的情况比较诡异，其3大队列[*14]莫不如此，俄罗斯和日本都曾大放异彩，但不宜以人物命名，简称俄罗斯样板和日本样板为妥；至于印度，若以甘地样板命名，似乎比较妥当。

第二世界的现状则最为诡异，当下发生断裂的东西早已不只是传统中华文明了，而是任何文明或学说的理性和理念要素。尽管如此，笔者并不像薪乡老者那么悲观，依然坚信：经受住30个世纪历史考验的神奇的中华大地，其大断裂本身必然潜藏着自我修复的文明伟力。从这里往下，不再是纯粹的叙述了。

我们不能总是拿古老中华帝国末期的那些窝囊事说话，我们得首先把握住两项最基本的历史真相，明暗各一：明真相是工业时代列车的出现及其第一批乘客，暗真相是工业时代列车的引擎叫"资本+技术"，或者叫"集权+实业"。关键在于那个暗真相，不理解这一点，就只会就事论事，视野里就只有那些工业时代列车上的乘客，既不去深入探究当年那些农业时代列车上众多乘客的遭遇和命运，特别是声名赫赫的奥斯曼帝国和莫卧尔帝国，两者才是大清帝国的合适参照系，更不去深入追问：为什么在伟大工业时代除列车的发明者和创建者之外，只有俄罗斯和日本赶上了工业时代列车呢？其根本原因究竟何在？

答案前文已经说过了，这里重复一下吧。俄罗斯和日本，有幸都及时出现了领悟上述暗真相的先知，从而也就成为阵地 3 作战的顶尖高手。可惜，当年留学日本的众多杰出华人不仅丝毫没有看出这个奥妙，有人甚至还跟随着人家设计的阵地 3 战术步调翩翩起舞。

——细说 4：关于阵地 4"外交活动基本谋略 a143e6o"

"外交活动基本谋略 a143e6o"里的符号"e6o"很"性感"，该符号包含的内容共计 8 项之多，它们都属于关系句系列。但其中的"外交反对"和"外交支持"这两项比较特别，有时用(X+T39)J 来描述更为贴切，但并不是把两者纳入表 2-8 的根本原因。根本考虑在于：试图通过这个示例告诉读者，语境单元所对应的领域句类代码不是唯一的，而是灵活的和多样的。句类代码和领域句类代码都是一个过程性的东西，最终的产品是显记忆。就显记忆而言，属于语言信息处理过程的东西并不重要，可以不留下任何痕迹。那么，为什么还要引入(X+T39)J 呢？答案是：为了突出那些举足轻重的外交参与者。

——细说 5：关于阵地 5"管理的赏罚 a0183e2m"

阵地 5 对应于三级延伸概念，它对应于三级阵地。前面已经论述过的 4 个阵地都是二级阵地，此三级阵地乃是基地"2399+(X+T39)J"的唯一三级阵地。请注意，本节已经引入了一种新的描述方式，其关键词（术语）如下：

基地：2399+(X+T39)J，……
阵地：二级，三级，……

基地与阵地是一对孪生概念，将大量用于语境空间的描述。这里给出了基地的一个示例，其正式陈述是："广义主体基元概念+句类代码"。阵地的示例仅使用了极度简化的词语——二级和三级，其正式陈述是"语境概念基元的特定延伸概念"。为什么这里要特意标出延伸概念的级别？因为对语境分析而言，它是一项关于语境分析深度的重要提示，语境分析是否需要与专家知识接轨？该提示将成为该项决策的重要依据之一。

三级阵地大体上就是一个分水岭，一级和二级阵地离专家知识比较远，可以采取不理会专家知识的谋略，因为过度理会专家知识，往往是利少弊多。三级及其以下的阵地就不同了，它们都比较靠近专家知识，不理会它显然是不行的和错误的，但如何理会？这是一个非常复杂的课题，是语言脑探索历程中必然要遭遇到的一个幽灵，可名之"阵地幽灵"。本《全书》第一卷的撰写经历了一个漫长的过程，迄今尚未结束，为什么？面对阵地幽灵的不断侵袭，不能不郑重而又郑重之故也。如果问：对付阵地幽灵的探索达到了"蓦然回首"的境界么？也许可以用"局部"两个字来回应吧，至于"全局"，那只能是"图灵之战"出现胜利结局之后的景象，笔者不过是为此做一点准备工作而已。

应该顺便说明：基地也存在相应的幽灵，可名之"基地幽灵"。对付基地幽灵的探索已经达到了"蓦然回首"的境界么？答案将在下一编给出。这样的安排岂非有意制造混乱？非也！是为相互呼应提供便利。

阵地5触及阵地幽灵，因此，下面将安排一段特殊的论说，并从一段拷贝的文字说起，此段文字取自第一卷第三编的"管理 a01 α =b 的世界知识"小节（ [130–0.1.1] ）。

> 管理 a01 α =b 是组织机构的生命和灵魂。
>
> 在所有的专业学科中，管理也许是最需要天赋的学科，因为管理是最需要艺术的科学，又是最需要科学的艺术。因此，本《全书》并不奢望对管理的世界知识给出全面的论述，而只是从语言概念空间的视野描述管理联想脉络的要点。

这段引文的文字，问题多多，但不容易被察觉。其中"艺术"并不是指词典定义的艺术，因而也不是所谓艺术脑的艺术，而是指：①综合逻辑里的智慧；②基本属性概念里的王道（公正、公平、人权，……）；③第一类精神生活的君子之交。其中的"科学"也不是指词典定义的科学，而是指综合逻辑里的智能。

引文还使用了"并不奢望"的话语，那就是被阵地幽灵逼出来的话语，其实质性含义是：回避对"管理之世界知识与专家知识交织性"的描述，但实际情况是"回而未避"，下列4样东西清楚地表明了这一点：①使用语言理解基因符号" α =b"描述管理；②对语境概念树"组织机构 a01"的一、二级延伸结构使用了符合齐备性要求的符号；③三级及其以下的延伸概念动用了诸多挂靠符号，如(52，53，^,)等；④对绝大多数延伸概念配置了关键性的概念关联式。这4样东西表面上很玄奥，很"专家知识"，但却是 HNC 的基本常识，也就是最普通的世界知识。这确实表明：在 HNC 理论体系与现有语言知识系统之间存在着一道巨大的鸿沟。十年前的一段时间，在笔者还幻想着有可能启动"图灵之战"的时候，曾对多位有意向 HNC 搞风险投资的老板们强调，首先要开办 HNC "黄埔军校"。如果这个说法曾产生过消极的吓阻效应，那笔者并不感到后悔。

总之，"图灵之战"必须突破未来语超所面临的诸多交织性难题，不直接去面对它，绝对不是正确的态度。这里必须说一句不客气的话，如果仅仅求助于语义学，那无异于找盲人带路。上面对引文的解释清楚地表明：如果仅笃信语义，岂不反而会造成对该引文的误解么？至于像语料库语言学那样逃之夭夭，就更不对了。

上面通过5项细说和一个简略的总说，描述了一个基地和5个阵地的句类知识全貌或概貌。在这些描述里，特意涂抹了句类知识的社会人文性色彩，这在细说3里最为突出，甚至都有点过头了。

本节将不写结束语，仅以下面的问答来替代。

问：语言脑的全方位描述需要多少个类似于表2-8的东西？

答：基地1000多个，阵地1万多个。足矣！

注释

[*01] "警告2399b"的两位同级伙伴是"劝告23999"和"批评2399a"。

[*02] "警告2399b"的四位上级依次是"陈述2398"、"建议2399"、"攻击239a"和"回敬239b"。

[*03] 这一小段引文,见"定向信息转移239的基本类型239α　α=b"小节[110-2.3.1]。

[*04] 这里以"宣告"作为"谴责、斥责、抗议……"的代表,下文的"行为"则是"罪行、暴行、恶行……"的代表。

[*05] 近年来,网络世界正在形成自然语言的变种——网络语言,网络语言有自己的流行词汇。"脑残"是汉语网络语言的流行词语之一,一个很不礼貌的贬义词。不过,如果从235株语境概念树的视角来看,"脑残"应该上是一个很普遍的语言脑现象,人类不"脑残"一点,那岂不就是"六亿神州尽舜尧"的大同社会么?

[*06] 第一个问题是:国家与帝国可以并列为两种标准么?

这个问题可以从英汉两种代表语言的词汇层面说起。其对应关系如下:

概念基元符号	汉语	英语
pj2*	国家	(state;country;nation)
pj2*d01	帝国	empire

从英语和汉语的词汇对比可以清楚地看出,两者对pj2*d01的理解完全对应,没有差异,但对pj2*的理解却存在相当大的差异。此差异的要害在于对"国"与"家"之间关系的认识。英语的"国"不直接联系于"家",而汉语的"国"则直接联系于"家"。国家这个词语很古老,见《周易·系辞下》的第九段:"是故君子安而不忘危,存而不忘亡,治而不忘乱,是以身安而国家可保也。"这里,"国家"的"家"有多种理解或训诂,但古汉语有"忠孝不能两全"的命题,该命题是中华文明的核心理念之一,它表明:"家"的语境诠释以"家庭"最为适当。罗素先生对该命题是难以理解的,因而对"孝"发表过十分浅薄的意见。

[*07] 第二个问题涉及帝国的概念。在古老的中华文明里,不是没有"帝国"的概念,而是名之"天下",儒家的基本理念就是"齐家、治国、平天下"。"帝国"的简明解释是:以帝王为首的大一统国家,夏商周都符合这一标准,只不过当时帝国的实际疆域比较小,主要在黄河流域中下游地区。把疆域扩大到后来的中国规模,并把"帝"提升到"王中之王"的地位,是秦始皇的首创。但巩固这一历史巨变的,是刘邦创立的汉帝国。秦始皇失败的根本原因在于他仅醉心于单一的帝国旗帜,完全忽视另一面更重要的旗帜——文明。贾谊的《过秦论》实质上就是对这一要点的论述,其著名的结束语"仁义不施,而攻守之势异也"清清楚楚地表达了这层意思,"仁义"就是指文明的旗帜。汉帝国巨大成功的基本因素之一就在于它认识到帝国与文明两面旗帜的重要性,董仲舒先生为此在理论方面作出过重大贡献,不能仅用"独尊儒术"的命题来评判他作为思想家的宏大思考。

[*08] 第三个问题是:文明是一种高度综合的东西,可以作为一种单一性标准么?综合性与标准并不矛盾,标准有单一性的,如民族和阶级;也有综合性的,文明是,国家和帝国也可能是。因为多民族的国家或帝国比比皆是,而没有一个国家不存在多个阶级。多民族的国家或帝国一定存在深刻的内部危机,迄今的人类历史,似乎只有一个帝国基本化解了这一危机,那就是美国。该危机是苏联帝国陡然崩溃的重要因素之一,更是南斯拉夫国家瓦解的根本因素。某些论者无视这一重要因素或根本因素,仅仅归因于内奸和外敌,不是可笑,而是可悲,因为他们自己的真实思维并没有糊涂到那样不

堪的地步。

[*09] 图灵之战的含义，请参看《全书》附录3"把文字数据变为文字记忆"（见第一卷第二册末尾）。

[*10] 读者不妨回想一下关于"标志性句类'一共只有6个，而不是8个，……转移句和关系句是两个例外'"的论断，本段引文是该"例外论"的始作俑者。

[*11] 此"点说"发现者为了得到"糟粕之最"的结论，把中华文明关于"儒释道"的传统排序改成"佛道儒"，并以此自得。

[*12] HNC明确形成后工业时代的概念在20年前，具体论述见[280-2.2.2]。近年出现了第三次工业革命的说法，尚处于2008年金融危机阴影中的美国，对第三次工业革命寄予厚望。毫无疑义，该厚望必有回报，但最终结局必然是失望。因为，厚望者对经济公理皆采取不屑一顾的态度。

[*13] 阵地"a12in"的大场与急所信息，见[130-1.2.3]。

[*14] 第三世界的三大队列是指：以印度为首的南方队列，以俄罗斯为首的北方队列，以日本为首的东方队列，具体说明见[280-2.2.1.3]的[-3.3]分节。这三个队列正好构成对第二世界的三面地缘包围圈。对当前唯一的超级帝国（美国）和即将形成的另一个超级大国（中国）而言，那地缘包围圈将是21世纪最大的阵地3。阵地思维不能等同于战场思维，阵地思维所要求的智慧远高于战场思维，但论者都习惯于以战场思维的模式去思考阵地3的课题，已成为当今思维柏拉图洞穴最突出、最典型的展示平台。

第三编

论语境单元

本编所论涉及 HNC 理论 4 项基本命题的第三项——语境无限而语境单元有限，该命题也称 HNC 第三公理。

HNC 理论体系的 4 项基本命题或假设是同时诞生的，但其探索过程分为两个阶段，第一阶段仅探索了前两个命题，第二阶段才转入后两个命题的探索。两个阶段之间停顿了 8 年多之久，停顿的根本原因在于一种奇特的恐惧——对句类有限性竟然如此简洁的恐惧，停顿的 8 年实质上就是该恐惧逐步消失的过程。在这 8 年多的时间里，不能说没有一点"蓦然"的喜悦，但主要是形而上思维功力不足的懊恼，不过，那些懊恼主要起着促进作用，而不是促退。一个也许最值得回味的事例发生在一次偶然翻阅《心经》之后。作为《金刚经》摘要的《心经》，内容博大精深，以前仅惊叹其文字数量之少，玄奘译文的精当，而竟然没有一眼就看出其全部论述语句都是最简明的基本判断句或其混合句类。这确实令人懊恼，但一个无与伦比的"二生三四"样板由此而诞生了。从那以后，对于基本逻辑概念在广义主体基元概念体系中的独特地位以及该概念体系的透齐性，就不再存有任何疑虑了[*01]。

这里应该回顾一下句类论述的要点，那就是：以广义作用效应链或广义主体基元概念体系为句类空间的基础构成（"基构"），以 4 类型主块与 7 类型辅块为句类空间的基本构件（"基件"），以句类表示式为句类空间的"建筑"，最后通过句类外使[*02]组建出句类"城市"（句类知识）。这四点，可名之句类空间四侧面："基构"、"基件"、"建筑"与"城市"。四者贯穿于句类论述的始终，是句类探索的基本思路，它们既体现了句类空间的本体论描述，也体现了句类知识的方法论描述。这个 4 侧面的思路，实质上就是整个 HNC 理论体系探索历程的基本思路，也贯穿于概念基元空间的探索历程。在那里，概念范畴对应于"基构"，概念林和概念树对应于"基件"，概念延伸结构表示式对应于"建筑"，最后通过概念关联式组建出概念"城市"，即世界知识。

语境单元的探索当然也要遵循这个基本思路，句类空间 4 侧面的参考价值最为直接，几乎可完全移用于语境空间，其对应性如表 3-1 所示。

表 3-1 句类空间与语境空间的基本比照

内容	句类空间	语境空间
"基构"	广义主体基元概念	语境概念基元（语境基元）
"基件"	语块	语境要素
	（主块 4，辅块 7）	（领域，情景，背景）
"建筑"	句类 SC	语境单元 SGU
		（领域句类表示式 SCD）
	（主块是句类的函数）	（语境单元是领域的函数）
"城市"	句类知识	领域知识（领域意识[*03]）

表 3-1 指明：语境单元在语境空间的地位相当于句类空间的句类，故本编不以"论语境"命名，而以"论语境单元"命名。但这里应该提前提请读者注意的是，句类空间和语境空间各自拥有一个基本命题，而两命题的表述方式似乎存在内在的矛盾。句类空间的基本命题是"语块是句类的函数"，语境空间的基本命题却是"语境单元是领域的函数"。如果把句类空间的基本命题改成"句类是语块的函数"[*04]，则两命题就显得相当匹配，而现在的表述方式不是这样，这是怎么一回事呢？进一步说，后一命题在文字上似乎存在同义反复的嫌疑，因为领域是语境要素之一，这又是怎么一回事？这是一个比较奇特的提问，这里先给出一个形而上回答，欲知究竟，请耐心阅读本编的全文。

上述奇特提问的形而上回答如下。两命题所涉及函数关系，其理论终极表达形式是，句类是广义主体基元概念（广义作用效应链或"作用效应链+思维+基本逻辑"）的函数，语境单元是语境基元（主体语境+基础语境）概念的函数。但两命题具体表述的重点在于揭示语言景象传统描述方式的两项严重缺失，曾以两级关键性台阶委婉名之，一个台阶叫语块，另一个台阶叫语境单元。两基本命题实际选择的表述方式，不过是为了突出这两级台阶的关键性作用或地位而已。

本编也分四章，各章的汉语命名和相关 HNC 符号如下：

第一章	语境、领域与语境单元	SG,DOM,SGU
第二章	领域句类与语言理解基因	SCD,LUG
第三章	浅说领域认定与语境分析	DD,SGA,BACE,BACA
第四章	浅说语境空间与领域意识	SGS,DOMK

其中，HNC 符号与英、汉两种代表语言的对应词语如下：

SG	sentence group	语境
DOM	domain	领域
SGU	sentence group unit	语境单元
SCD	sentence category domain	领域句类
LUG	language understanding gene	语言理解基因
DD	domain decision	领域认定

SGA	sentence group analysis	语境分析
BAC	background	背景
BACE	background event	客观背景
BACA	background author	主观背景
SGS	sentence group space	语境空间
DK	domain knowledge	领域知识

其中，最离奇的符号大约是 SG 了，为什么不选用英语 context 的缩写呢？请读者先自行思考吧。其他的离奇汉英对应，将在本编第一章附录 3 里说明。

注 释

[*01] 这个转变涉及许多细节，这里叙说其一。《心经》第三段："是诸法空相，不生不灭，不垢不净，不增不减。"笔者很自然地把"不生不灭"与作用效应链概念林"效应3"的第一个效应三角联系起来，把"不增不减"与第二个效应三角联系起来，但"不垢不净"如何安顿？迷惑了一阵才猛然想起来，那不正是第三个效应三角么！由此而对概念林"效应3"的概念树设计更为放心了。这也许可以纳入在8年多停顿时期的少数"蓦然"之一吧。

[*02] 内使和外使是描述两种基本类型概念关联式的一对术语，见"句类空间与概念基元空间的对应性"节（[320-4.1]）。

[*03] "领域意识"是第一次出现，它等价于领域知识。由于意识这个词语的含义太宽，与生理脑的关系又特别密切。为避免引起无谓的争议，HNC一直回避这个词语,但在语境单元探索的后期，日益感到"领域意识"比"领域知识"更传神，决定正式推出这个术语，这将在本编的第二章介绍。

[*04] 句类空间基本命题或论断的这一改动表述方式是不可接受的，直截了当地说，就是完全错误的，上一编曾对此进行过详尽的讨论。

第一章

语境、领域与语境单元

本章可另名语境单元总论。

领域和语境单元是一对孪生概念，没有领域，就没有语境单元；反之亦然。这一对概念的孪生性充分体现在下面的基本命题或论断里：

语境单元是领域的函数。

本章的论述实质上是围绕着这个基本命题而展开的。领域有限就自然牵引出语境单元有限的结论，公理往往就是如此简明。

上面的文字（除了最后两句）是对上一编相应文字的抄袭，但这里的基本命题却可能受到"同义反复"的责难（见本编的编首语），因此，本章将专门安排两节予以论述。另外，本编的有关符号和相应的文字说明都显得比较"离奇"，故本章不得不安排相应的附录予以诠释。各节和附录的命名如下：

第 1 节，语境与语境基元。

第 2 节，领域 DOM。

第 3 节，语境单元 SGU。

第 4 节，语境单元 SGU 是领域 DOM 的函数。

附录 1，HNC 语料标注的补充说明。

附录 2，复合领域的 4 种基本形态。

附录 3，语境分析的相关术语与符号。

附录 4，语境分析的典型语料。

从 4 节的命名可以看出，后 3 节是本章的主体，第 1 节是不可或缺的铺垫。

本编的撰述方式与上一编比较接近，希望有点长进，但未必能够如愿。这里需要说几句题外话。当笔者撰写本《全书》第一卷的时候，不能不考虑到：撰写第三卷的时间可能不会到来。于是，在那里写下了大量的所谓预说以防万一。预说的内容主要涉及本编，本编应该对有关的预说有所回应，但是，如果每项回应都"求源索引"，未免失之烦琐。因此，回应可能"隐而不说"，这必将给细读第一卷的读者带来不便甚至误导[*01]，这里预致歉意。

第 1 节
语境与语境基元

　　本节标题所使用的术语未带相应的 HNC 符号，语境基元是语境概念基元的简称，对应的 HNC 符号是 SGP。标题未写成"语境 SG 和语境基元 SGP"，与后续的标题有区别。这个细节上的差异，主要是考虑到本节乃是本章的铺垫。

　　本节主要是对"语境 SG"和"语境基元 SGP"这两个概念或术语进行诠释，先以漫谈的形式进行总说，然后，以小节的形式作分别说。

　　2002 年的《现汉》尚未收录词条"语境"，《新时代汉英大词典》（商务印书馆，2010 年第 7 次印刷）也未收录。《现范》收录了，但其解释仅限于语义学的单一视野，把词语"语境"等同于短语"语言环境"。

　　如此重要的一个语言学概念竟然在语言学的权威词典里出现这种缺位情况，很值得深思。它跟"世界知识的匮乏"问题[*02]有没有关联呢？它跟语言学研究的层级缺失问题[*03]有没有关联呢？1992 年，国内曾出版过一本《语境研究论文集》，编者（一位日本学人）提出了创建语境学的伟大倡议。但编者和文集的众多作者对语境的理解就是《现范》的解释，他们并不十分了解当时语用学研究的国际状态，故该倡议不可能获得国际接轨的助力，后来也就烟消云散了。至于国际上的所谓语用学转向，跟随着在 20 世纪 80 年代前后盛极一时的解构主义浪潮，把主要精力投向人文-社会学的解构研究，离语境的本体论和认识论探索可谓越来越远。

　　基于上述背景，HNC 不得不另辟蹊径，从最简单的思考做起。语境符号 SG 就是这么提出来的，一个句群（sentence group，SG）就构成一个语境的片段，尽管它可能十分粗糙，很不完整。语言表面上是一个词语流，也是一个句子流，此两流将简称为言语流。但无论对于说者或写者，或对于听者或读者，言语流在语言脑里曾经出现或最终留下的印迹并不是言语流本身，而是一个对语言符号进行信息转换处理以后的概念流，这个概念流显然需要一个命名，HNC 就把它叫作语境 SG，并把语境的一个片段叫作语境单元 SGU。

　　请不要小看这样一个简单的思考，它直接触及上述的匮乏问题与缺失问题。语言学一直不区分自然语言空间与语言概念空间，这是其世界知识匮乏的典型呈现。索绪尔先生曾经触及到这一思考，可惜没有充分展开，后来者也就没有给予足够的重视。语法学一直围绕着词类、短语、句子、段落和篇章等概念打转，这是其层级缺失的典型呈现。上一编对于从短语到句子的层级缺失给予了充分论述，为填补这一缺失而引入了语块的概念或术语。本编将充分论述从句子到段落篇章的层级缺失，并为填补这一缺失而引入语境单元这一概念或术语。让我们这么来说吧：语境单元 SGU 就是语境层面的语块 K，语块 K 就是语句层面的语境单元 SGU。这个说法似乎存在着概念上的夹杂不清，既未严格区分自然语言空间和语言概念空间，也未严格区分句类空间和语境空间，但实用上反而更便于理解，在理论上也更为深刻。

HNC 对语境和语境单元的定义与探索过程包含着以下 4 点思考或反思：一是拒绝接受语境乃是"语言环境"缩写语的定义，因为这个定义回避了对语言理解本质的思考；二是要为段落篇章的自然语言描述模式建立起一个对应的语言概念空间描述模式；三是该描述模式向下要便于与句类空间接轨；四是该描述模式向上要便于与记忆空间接轨。

这 4 点思考在《定理》里（pp31-43）给出过比较深入的论述，可以参阅。不过那个时候，记忆空间的概念还不够清晰，还没有形成后来的隐记忆与显记忆这两个概念或术语，还没有形成所谓语境生成其实就是形成显记忆的明确认识[*04]。

但以上所说，毕竟只是一个起点。从这个起点如何向前走呢？这是一个当年曾经"为伊憔悴"的问题，也是本编需要回答的问题。这个问题不是单一性的，而是系列性的，其原始形态的问题清单大体如下：

问题 1，语境空间可以如同概念基元空间和句类空间那样，给出一个范畴性的描述么？

问题 2，语境单元可以如同语块那样，给出一个 4 维度的要素描述么？

问题 3，语境单元可以如同基本句类那样，给出一个有限性的明确依据么？

问题 4，语境空间可以拥有一个如同"语块是句类的函数"那样的基本指导原则么？

这 4 个问题是依次环环相扣的，但是，这 4 个问题与本章安排的 4 节并不完全对应。4 个问题是初始思考过程的逻辑顺序，4 节的内容则是最终答案的逻辑顺序，两者具有一定的对应性，但不可能一一对应。不过，问题 1 正好是本节需要面对的。

下面，先对问题 1 给出一个叙述性回顾。

在概念基元符号体系的最初思考中，语境概念基元（语境基元）的安顿始终处于一个非常特殊的位置。在所谓"三大超级语义网络"[**05]的构思时期，语境基元集中安顿在基元概念这个范畴里，首位数字符号约定为"7-d"。最初的论述见《理论》的第 87-94 页[*06]，那里明确提出了建立 8 类语境的构思，对每一类语境，都给出了从范畴到概念树的 HNC 符号。8 类语境包含了后来正式命名的两类劳动和三类精神生活。8 类语境符号的表示体系后来作过多次调整或修改，但其中蕴涵的核心思考是贯彻始终的，该核心思考包括 4 个方面，简述如下。

核心思考 1 是 8 类语境（其主体是两类劳动和三级精神生活[*07]）是对社会或文明的全方位描述，是本体论描述与认识论描述的综合；核心思考 2 是第二级和第三级精神生活还存在着表层与深层的不同呈现，不同文明的本质区别就在于其深层呈现的差异；核心思考 3 是两类劳动对应于人类文明的躯体，三级精神生活对应于人类文明的灵魂；核心思考 4 是在后工业时代到来之前，深层第三级精神生活里的理念只能是个别哲人的憧憬或乌托邦，不可能成为社会生活方式的主流，但随着后工业时代曙光的出现，这个问题应该重新思考。

8 类语境的构思和前述 4 点思考是 HNC 语境探索的立足点。从这个立足点出发，依据 HNC 的总体思路，接着要走的无非是以下三步：第一步是建立起一个语境空间的全方位理论描述体系；第二步是探索一下能否在语境空间建立起一套类似于句类空间的东西，用于句群的理解处理，依据句类空间的已有的探索成果，那类似的东西应该主要是两个，一个是与语块对应的东西，另一个是与句类表示式或句类代码对应的东西；第三步是把语境空间的句群理解处理结果转换成语言脑的记忆，当时想到的术语叫语境生成，后来曾广泛使用。

本节仅涉及第一步。第一步无非（再次使用词语"无非"，这是对当年实际思考过程的如实叙述）是三件事（下文将戏称"无非"三件事）：第一件是完善 8 类语境的高层符号体系的设计；第二件是做好 8 类语境的中层和底层符号体系的设计；第三件是做好各项具体语境之间的关联性表示。以上叙述使用的词语仍然是 HNC 的原始形态语言，下面用后来的正式 HNC 语言再叙述一遍：①对全部主体语境概念基元，完善从概念范畴到概念树的符号体系设计；②对每株语境概念树，致力于各级延伸概念的透齐性描述；③对各项延伸概念，力争给出最紧要的概念关联式。

第一步的三件事具有一个非常明确的共同目标，那就是为上述第二步探索打下一个比较坚实的基础。那个第二步探索目标的文字叙述现在还比较神秘，用"东西"这么一个"语义不定"的词语去特指它。为什么？这里说出实情：既不是无可奈何，更不是故弄玄虚，不过是当年情景的如实叙述而已。

下面依次叙述一下"无非"三件事，分 3 个小节，小节标题仍使用 HNC 的原始形态语言，但正式叙述将使用 HNC 正式语言，叙述方式将不拘一格。

1.1.1 "8 类语境"高层符号体系的设计

8 类语境最终归结为主体和基础两大类，主体语境就是两类劳动和三级精神生活，基础语境则离散分布于概念基元的三大范畴。这意味着语境基元也分为两大类：主体语境基元和基础语境基元。两者将分别用两个子节进行叙述。

1.1.1.1 主体语境和主体语境基元

主体语境就是指两类劳动和三级精神生活，这两个 HNC 术语，读者可能并不认同，但应该已经比较熟悉了。第二和第三级精神生活又有浅层与深层之分，深层第二级精神生活涉及信仰与宗教，深层第三级精神生活涉及理念、理性与观念。对于这些约定或定义，读者也应该不太生疏了[*08]。

对主体语境的划分，HNC 还引入另一个视野，那就是时代性的视野。依据最简明的两分法，就时代关联性来说，主体语境可粗分为强关联和弱关联两类。在这个视野里，第一类劳动和第二级精神生活显然属于强关联于时代的主体语境，而第二类劳动、第一和第三级精神生活则属于弱关联于时代的主体语境。考虑到语境的时代性视野描述（下文将简称语境时代性描述）太重要了，当然要放在范畴符号描述的最高位置上，这是 HNC 符号体系设计的基本原则之一。在语境思考的最初阶段，就定下了这条原则，并贯彻始终。

但是，语境时代性描述的范畴符号却经历了两次"折腾"，第一次"折腾"是从英语字母 y 变成希腊字母 λ，第二次"折腾"是从希腊字母 λ 变成英语字母 q。这里要强调一下的是，范畴符号的字母表示虽然先后使用了（y, λ, q），但三者的意义始终未变，三者的约定特殊数值始终未变，那就是（6, 9, c）。6 对应于农业时代，9 对应于工业时代，c 对应于后工业时代；此外，还有 q 自身和（˜6）和（˜c），其意义皆不言自明，就不啰唆了。

下面叙述一下语境基元数字描述的变迁。在范畴描述方面，它也经历过两次"折腾"；在数字串的汉语命名方面，同样经历过两次"折腾"。

范畴描述的两次"折腾"分别是：①将心理描述子范畴的符号从 1 位数的"7"改为 2 位数的 (71, 72, 73)；②将追求子范畴的语境地位从不定状态正式纳入第三级精神生活。这两次"折腾"乃是 HNC 语境描述体系构建过程的一个标志，那不是"憔悴"的标志，而是"蓦然"的标志[*09]。

语境基元数字串汉语命名的两次"折腾"分别是：①从"（概念树，根概念）"的命名改成"（概念林，概念树）"的命名；②对延伸概念的命名从"（底层概念+中层概念）"变成"（本体论描述+认识论描述）"。第一项"折腾"表面上动静很大，但并没有实质性的东西。第二项"折腾"表面上动静不大，但潜藏着"憔悴"与"蓦然"的实质性巨变。此巨变事关重大，下文会不断有所回应。

现在，应该吁请读者去回顾一下表 1-1 和表 1-2 了[*10]，那里已经包含了主体语境基元的全方位顶层描述。为醒目起见，现把其中的主体语境部分拷贝成表 3-2，名之主体语境全貌。

表 3-2　主体语境全貌

概念范畴	子范畴	HNC 符号	概念林数	概念树数
第一级精神生活				
（心理, 思维）	"心理"	71	5	19
	意志	72	3	9
	行为	73	4	11
	思维	8	5	20
第二类劳动		a	9	61
第三级精神生活				
	表层	b	5	20
	深层	d	3	12
第一类劳动		q6	5	25
第二级精神生活				
	表层	q7	5	32
	深层	q8	6	26
Σsg1			50	235
Σcp			102	456

下面将对表 3-2 进行三种视角的漫谈，首先是统计意义上的漫谈，其次是人文社会

学意义上的漫谈，最后是语言脑探索或 HNC 意义上的漫谈。下文可分别简称漫谈 1、漫谈 2 和漫谈 3。

统计意义上的漫谈以表 3-2 中最后两列的 $\Sigma sg1$ 和 Σcp 为参照，前者表示主体语境的概念群[*11]总数，后者表示语言脑概念基元的相应数字。两相比较可以看到，主体语境占了整个语言概念概念空间的半壁江山。这段话语里的"语言脑概念基元"大约是第一次使用，但跟着有"整个语言概念概念空间的半壁江山"的接应，读者应该不会感到突兀吧。

对"半壁江山"的统计结果应该持保留态度，它真的仅仅占据半壁江山么？如果以延伸概念或概念基元为参照，那可能就不只"半壁江山"了吧！你是这么想的么？请自察。

表 3-2 的人文社会学视野漫谈是一个太大的话题，从哪里开始谈起呢？这使笔者沉思良久。最后觉得，从"思维方式理性化，价值观念人本化"这个"两化"命题[**12]谈起比较合适，该命题是文明转型这个大命题的基点，是一位中国学者提出来的。按提出者的说法，这里说的文明转型是指从农耕文明到商工文明的转型，也就是指从农业时代到工业时代的巨变。提出者别出心裁，将"工业文明清单"[*13]的传统表述简化"9 化"说，理论上似乎有所凝练，似乎有点体说的味道。这里不去全面评说"9 化"说，仅向"两化"命题提出两个疑问：①农耕文明就不存在"理性化思维和人本化观念"么？②理性和观念能代表人类精神追求的最高发展或境界么？两者的答案都可以说 Yes，但是，这两个 Yes 是正确的答案么？

现在，请带着这个疑问回到表 3-2，那里的子范畴——深层第三级精神生活——包含 3 片概念林：理念 d1、理性 d2 和观念 d3，三者包含 12 株概念树。从概念林的层面来看，"两化"命题的缺陷似乎还不算严重，因为它包含了该概念子范畴全部概念林的 2/3。但是，漏掉那片最高级别的概念林——理念——是个大问题，而不是小问题。怎么能够把它撇在一边置之不理呢？特别是在后工业时代的曙光已经来临的当下。这个问题前面已经论述过多次了，这里就放到"注释[**14]"里略说几句吧。从概念树层面来看，"两化"命题的缺陷就相当严重了，理性不是一个单纯的东西，它有 4 种基本类型，当然还有它们的各种混合形态。看来该命题提出者本人同多数专家一样，根本不明白关于理性的基本世界知识，不知道理性的殊相呈现不是 1 种，而是 4 种，必须加以区分。如果连罗斯福、丘吉尔和斯大林各自拥有的不同理性类型都不明白，仅仅基于他们是各自国家利益的代表这一点，你对三巨头在第二次世界大战期间所达成的各种交易，能够透彻理解么？这是一个很大的问号。换句话说，"思维方式理性化"的命题是一个完全不符合透齐性理论标准的点说。顺便说一下价值观念，它只是观念这片概念林的一株殊相概念树，命题提出者把"价值观念"与"思维方式"并列起来，把"理性化"和"人本化"并列起来，提法上有点新意，形式上似无不妥，但实质上存在着概念范畴、概念林和概念树之间的层次性混乱。这属于内容逻辑的基本课题，就不必苛求命题提出者了。

上面的文字不过是一个示例性略说，希望传达这样一项信息：表 3-2 本身所描述的世界知识是全方位的和层次分明的。只要熟悉各片概念林和各株概念树的汉语命名，就可以把它当作一面世界知识的"全息图"，一个形而上思维运用的示范。各领域的流行论述无不呈现出形而上思维的欠缺和世界知识的匮乏，此"全息图"对于该欠缺与匮乏的考察，具有重要的参考价值。

不过，这里要为"9 化"说或"两化"命题讲几句公道话，它毕竟比那些原始形态丛林法则的迷崇者高明，比那些经典新老国际主义的迷崇者高明，也比那些需求外经的迷崇者高明，甚至可能比当今美国最杰出的思考者布热津斯基[*15]高明。四年前（2008年），笔者在撰写第一级精神生活的时候，曾对新老经典国际主义者写下了不少冒犯性话语，那是一种苦衷的自然流露。两种经典国际主义者在中国大陆的人数之多是世界之最，可名之大陆两端，分别说就是左端和右端，这本来是任何社会的正常态势。"9 化"说提出者不属于大陆两端，明显属于中端，但是否属于合格的中端，笔者不知。尽管如此，还是可以推测：其"思维方式理性化"大约主要是向极右端喊话，"价值观念人本化"大约主要是向极左端喊话，这个喊话是中国当前特别需要的，果如此，则该命题的提出者可谓用心良苦。

上面首次使用了"合格中端"的短语。该短语里的"合格"具有特定含义，其要点是：不仅要超越原始形态的丛林法则，还要超越成熟形态的丛林法则；不仅要免除神学和哲学迷信，也要免除科学迷信；不仅要崇尚信念和理性，更要崇尚伦理和理念。这三大要点是"人文社会学意义上的漫谈"的摘要，也是表 3-2 的灵魂。

漫谈 2 就写这些吧，下面转向漫谈 3。

漫谈 3 的全名是：表 3-2 的语言脑视角漫谈。但漫谈 3 不过是"漫谈其名，回顾其实"而已。回顾者，关于"脑谜 1 号"到"脑谜 7 号"预说之回顾也。下面把以往的有关预说综合列为表 3-3。

表 3-3 "脑谜"系列命题

预说名称	定义
脑谜 1 号	大脑五大功能区块与本能区块[*16]
脑谜 2 号	核心理解区块与主体理解区块
脑谜 3 号	一级精神生活的脑谜锥体模型与两类智力中心[*17]
脑谜 4 号	二级精神生活的特区——信念区块
脑谜 5 号	三级精神生活的特区——理念区块
脑谜 6 号	记忆的老化
脑谜 7 号	隐记忆的"省区"与特区

下面拷贝相关的主要预说，其中使用了许多 HNC 专用术语，这在相应附注里有简明介绍，请同时参阅。

"脑谜 1 号"的主要预说如下：

> 大脑皮层存在五大功能区块，其中的语言区块存在理解与生成两个分区块，语言理解区块又存在六个子区块。如果把大脑之谜的探索比作一场围棋比赛，那么以上三点就是**大脑研究的大场**，也是**心理学和认知科学的大场**。

"脑谜 2 号"的主要预说如下：

语言理解的六个子区块的核心理解区块并不直接形成理解基因的主体，10^4 量级的理解基因主要由三个精神子区块和两个劳动子区块构成，对语言理解主体区块的这一描述可名之精神理解基因的三分和劳动理解基因的二分。那么，核心理解区块起什么作用呢？一个必须引进的假设是：理解基因之间，特别是不同理解区块之间需要一个相互沟通的平台，这个平台就是核心理解区块。核心理解区块的这一平台作用将命名为"脑谜 2 号"。

"脑谜 1 号"到"脑谜 3 号"的主要预说如下：

本篇基于智力本体的思考，素描了大脑之谜的基本景象，将这一基本景象概括为"脑谜 1 号"、"脑谜 2 号"、"脑谜 3 号"和两个智力中心的假说。这里，特意使用素描一词，素描者，世界知识视野之描述也，非专家知识视野之描述也。"脑谜 1 号"素描了大脑五大功能区块的拓扑结构，语言区块是五者之一。"脑谜 2 号"素描了语言区块存在着语言理解与语言生成的两分（这一点应是语言学界的常识，但实际情况并非如此）；素描了理解区块的主体存在着作用效应链与理解基因的两分；素描了理解基因的主体存在着两类劳动和三类精神生活的区分。"脑谜 3 号"素描了第一精神生活的内部拓扑结构和脑谜锥体模型。两个智力中心假说素描了智慧与智能的本质差异。

"脑谜 4 号"和"脑谜 5 号"目前仅有一句放在括号里的预说：在第二和第三类精神生活里还会介绍脑谜 4 号和脑谜 5 号[*18]，具体内容尚未撰写，表 3-3 里的文字指出了两者的要点。

"脑谜 6 号"的主要预说如下：

记忆与理解基因之间必然存在内部接口。这内部接口也应有共相记忆接口和殊相记忆之别。老年迟钝应密切联系于共相记忆的老化，老年健忘应密切联系于殊相记忆的老化，这里存在两种老化，不可不加辨别。其次，记忆的老化乃记忆自身之老化为主乎？抑内部记忆接口之老化为主乎？第三，不同外因造成的失忆症乃记忆自身之故障为主乎？抑内部记忆接口之故障为主乎？这三点，将称为脑谜 6 号[*19]。

"脑谜 7 号"的主要预说如下：

语言理解基因区之"省区"与特区的两分、语言共相记忆区之概念基元区和句类区的两分是极为重要的形而上思考，"省区"、特区和小区的细分也是极为重要的形而上思考，所有这些大小区块在语言概念空间里应该呈现出"本体"存在性，对这一存在性的求证乃是语言与思维关系的第一号科学课题，将称为脑谜 7 号。

上面的回顾素描了一下大脑之谜的全貌，但这里的脑谜实质上是"语言脑之谜"的缩语，而不是"大脑之谜"的缩语。还应该说明的是，这里的大脑也不是词典定义的大脑。"脑谜 1 号"预说的"大脑皮层存在五大功能区块"表述是打了埋伏的，故意不提大脑里支持生命活动的区块——生理脑[*20]，因为生理脑可以说与 HNC 定义的主体语境无关，而语言脑之外的图像脑、情感脑、技艺脑就科技脑却不能这么说。

主体语境的话题就写这些，下面可以轻松进入主体语境基元的话题了。

主体语境基元的定义是：表 3-2 的全部内容及其全部概念树的各级延伸概念。这就是对主体语境基元的层次网络性描述，符合透齐性标准，可简称为 HNC 描述。这就是说，主体语境基元首先是概念范畴层级的描述，其次是概念群层级的描述，最后是各级延伸概念层级的描述。无视语境描述的上述层级性划分，是一个很有趣的现象，是世界知识匮乏症状最为突出的呈现。这个症状在媒体和网络世界里更是令人触目惊心，上面给了一个示例（指"9化"说或"两化"命题，见本节注释 [**12]），读者不妨回味一下。

1.1.1.2 基础语境和基础语境基元

现在说起来，表 3-2 初步设计的时间已经是 20 年前了。那时即同步萌生了基础语境的思考，最早想到的是：不可能也不应该把基本概念、逻辑概念和具体概念统统排除在语境之外，而要想办法把它们纳入语境描述里来。

首先需要正名，这就是主体语境和基础语境这两个术语的缘起了。由于语境探索曾延后了 8 年多之久，这两个术语形成较晚，但关于基础语境描述方式的探索一直在进行中。

描述方式是 HNC 的关键词，HNC 就是一直围绕着语言概念空间或图灵脑的描述方式而"为伊憔悴"。HNC 有一样自诩为法宝的东西——"挂靠"。说穿了，所谓的"五元组"、"动态与势态"、"具体概念"和"物性概念"都不过是 HNC 的挂靠品。这些符号都是所谓的挂靠符号，**一挂靠就活了，就会激活出概念联想脉络**，这就是该法宝的特色、威力或价值。要举例么？前两卷已经提供了不少。法宝之说不是第一次了，笔者也不知道这是第几次重复，这里打算强调一下如下的论断：要真正理解该法宝，要想达到理解的"蓦然"境界，请记住，唯一的检验标准就是：求诸自身。千万不要刻意去记住别人给出的例子，那种死背硬记毫无意义，最关键的是，要力求自己可以信手捻来无数的例子，请朝着这个方向努力吧。否则，你将永远窥不到语言脑的奥秘，而图灵脑也永远不会通过你而诞生。

下面转入形而下叙述。

基础语境的内容无非是以下三个方面：一是基本概念的介入，二是逻辑概念的介入，三是主体基元概念的介入。所以，基础语境也可以另称介入语境，这就是说，基础或介入语境可划分为 3 类。要不要给它们分别起 3 个名字呢？这笔者就决定偷懒了。

先说基本概念的介入。它最先被考虑，曾打算让它们全面介入，因而使用过如下的介入符号：

```
(50\k=0-8, k:=jy,y=0-8)
```

这个介入符号只使用了很短一段时间，就被废除了，因为符号"50\k"另外派上了用场。后来采用的挂靠方式有两种，一是 50*jy；二是 50+jy。同时，取消了基本概念可全面介入的约定。

两种挂靠方式没有给出最终的选定，是有意偷懒。取消全面介入是一个模糊的说法，没有给出允许介入的清单，也是有意偷懒。

有意偷懒的打算将继续下去，下面仅交代一下关于基本概念介入的三点思考：

（1）要考虑语境认定的需求。

（2）基本本体概念仅挂接两头——序与度。

（3）基本属性概念仅挂接伦理属性。

下面依次叙说。

第一点思考缘起于非主体语境概念的语境词语知识库的建设，该词语知识库将暂名介入词语知识库，思考所及则远远超出了最初的缘起。

下面从词群"好人、坏人、好事、坏事、善人、善事、恶人"起谈。对于这个词群《现汉》都收录了，除"善人、善事"外，其他的都是多义词。从词语知识库来说，虽然该词群的 HNC 符号都很简明，但仍然相当烦琐。从介入词语知识库来说，情况则有本质区别，因为知识库建设的关注点完全转变了。现在，该词群对应 HNC 符号的逐一书写将不再是第一位的工作，而是退居次要地位的工作。第一位的工作是从该词群凝练出一个介入语境符号，然后对它进行词语捆绑。上列词群的介入语境符号如下：

```
rwc50j82e71
rwc50*j82e72
```

此介入语境可简记为"rwc50*j82~e73"，所包含的两项内容具有可爱的对称性，但这一可爱特性是人为的，是后天习得的，因为两者的"祖宗"是伦理属性概念的"j82e7m"，它并不具有该可爱特性。而介入语境之所以获得该可爱特性，靠的是把"j82e73"撇在一边不管，这是一个绝招，该绝招将名之习惯性简化。非常有趣的是：①该绝招似乎得到人类的特别钟爱，已经变成了人性的一种常见形态；②该绝招是语境建立与认定的必要条件。这两点，不仅是基础语境的秘诀，也是主体语境的秘诀。这里只是提一下，后文还将多次作出呼应性的进一步论述。

最后应就便强调一下捆绑词语的话题，这个话题的提出，并非仅仅关乎词语知识库的建设方式乃至建设谋略，更主要的是关乎领域的激活或认定。语境或语境单元的激活或认定是语言脑的"脑谜 8 号"，此项脑谜的答案只有上帝知道，故未纳入上面的脑谜清单。但可以这样设想：**语境的认定实质上就是领域的认定**，这是 HNC 解决"脑谜 8 号"难题的答案，下文将专门论述。基于这一答案，HNC 才策划了基础语境的思路，并进而提出了直系捆绑词语的术语。直系捆绑词语者，可直接激活领域也，因而可将"脑谜 8 号"置于不顾也。

回到介入语境"rwc50*j82~e73"，它虽然缘起于上列词语群，但它并不是该介入语境的直系捆绑词语。有资格充当该语境直系词语的是下列两个汉字和两个四字词：善与恶、好人好事与坏人坏事。那么，如何处置上列缘起性词语群？这就导致"旁系捆绑词语"这个术语的出现，靠着它，事情就好办了。

由此可见，直系词语捆绑是一个关乎图灵脑能否实现的关键环节，而图灵脑必然是也必须是面向任何自然语言的，而不仅仅是英语和汉语。因此，直系词语捆绑的巨大工作量似乎非常可怕，但是，就每一种自然语言而言，其工作量远小于相应的词典。当然，直系捆绑词典的编撰者必须是一大批 HNC 专家，故该词典可名之"HNC 介入词典"。当然，就当前的实际情况来说，也许名之"HNC 乌托邦"更合适一些，而基础语境相当于该乌托邦的特区。在本《全书》的撰写大体完成以后，笔者的乐趣就在于为该乌托邦的探索略尽绵薄之力，语境基元"rwc50*j82~e73"就是该乌托邦特区的首批居民之一。

第二点思考涉及哲学与科学的联姻，第三点思考涉及神学与哲学的联姻。

所谓哲学与科学的联姻，在某种意义上就是语言脑与科技脑的交织。从概念基元的视野看，该联姻或交织主要呈现在基本概念范畴的子范畴——基本本体概念。该概念子范畴辖属 7 片概念林 j0-j6,其中的每一项延伸都可能形成一项特定的介入语境。但"HNC介入词典"应运用"抓两头，带中间"的高明技巧，先对 j0 和 j6 做好介入语境的样板。如果深入思考一下当下的各种热门国际纷争，或许不难发现，这些纷争的明智解决方案都密切联系于"概念树 j00 与 j60"的运用，只抱着一株"概念树 32"死缠乱打，绝非明智之举。仅围绕着利益打转从来就不是一种先进，而是一种落后，在后工业时代的曙光已经呈现的当下，更是如此。

所谓神学与哲学的联姻，在某种意义上就是语言脑与艺术脑的交织。从概念基元的视野看，该联姻或交织主要出现在基本概念范畴的子范畴——基本属性概念。该概念子范畴仅辖属两片概念林 j7 和 j8,"抓两头，带中间"的灵巧思维在此无用武之地。但当下的时代潮流在激烈撞击着伦理属性 j8,它拥有 7 株概念树 j80-j86,那么"抓"与"带"在这里有用武之地么？答案似乎是 No。因为 j8y 各株概念树之间的交织性很强。

基本概念的介入语境就写这些。逻辑概念的介入语境仅涉及综合逻辑概念，主体基元概念的介入语境仅涉及为数不多的几项延伸概念。这些都属于实用性比较强的课题，留待来者为宜。

1.1.2 "8 类语境"之中层和底层符号体系的设计

描述 HNC 延伸概念的符号和术语经历过一个相当曲折的历程，本小节是对该历程的回顾，标题所使用的文字有点名不副实，主要是为了该历程起点的纪念。该标题的 3 个关键词是：8 类语境、中层符号和底层符号。这三个关键词是 20 年前提出来的，都已被扔进了历史垃圾桶，但其内涵却获得了永生，因此值得纪念。

中层和底层符号是一对孪生概念，仅与概念树相联系。那么，为什么要在标题前面加上"8 类语境"？下文会有交代。

中层符号和底层符号是《理论》时期引入的术语，《定理》时期实际已不再使用，但未给予正式的替代术语。在《全书》撰写初期，已萌生了以认识论描述替换中层符号，以本体论描述替换底层表示的想法。但考虑到这两个术语的哲学意味太浓，未敢遽然使用。

中层表示和底层表示都有 3 种类型，每一种类型的定义都始终未变，但名称和表示符号的变化很大。定义虽然未变，但对定义的诠释却有很大的长进。这里不妨概述一下该变化与诠释的一系列亮点。

先给出名称和表示符号方面的亮点清单。

亮点 01：以本体论描述或呈现替换最初命名的底层符号。

亮点 02：以第一本体描述（或呈现）替换曾经命名的交织性延伸，并最终赋予第一本体 4 种表示符号——$(t; \alpha; \beta; \gamma)$。

亮点 03：以第二本体描述或呈现替换曾经命名的并列延伸，并最终赋予第二本体两种表示符号——$((\k=k_{max};\k=0-k_{max}),k_{max}\leqq b,\k=k_{max}=:\ \k=1-k_{max})$。

亮点 04：本体论描述的第三种形态沿用了定向延伸的原始命名，但最终赋予该形态 3 种表示符号——(i,3,7)。

亮点 05：以认识论描述或呈现替换最初命名的中层符号。

亮点 06：为对比表示引入了(cko;dko;c01;d01)等高级符号形态。

亮点 07：为对偶表示引入了$(o;eko)$和$(ek\text{~}(o_s);^eko)$等高级符号形态。

亮点 08：认识论描述的第三种形态沿用了最初的"包含性"命名及其表示符号。

亮点 09：上列符号可能需要非分别说，为此引入了表示符号(OD)//(ED)。

亮点 10：概念基元可能强存在其自身的非与反，为此引入了相应的表示符号——~(CP)与^(CP)。传统逻辑学是否只考虑过前者，而没有考虑过后者呢？请协助审定。

下面给出诠释长进方面的清单，该清单采取扩展形态，不仅包括标题所指的中层概念和底层概念（延伸概念），也包括"8类语境"的高层概念。

长进 01：将意志从心理中分离出来，以（心理、意志、思维、行为）四要素构成一级[*21]精神生活的四维描述，该描述也叫脑谜锥体模型，是"脑谜 3 号"的两项内容之一。

长进 02：对二级和三级精神生活给出了表层与深层的两分，既便利了不同层级精神生活之间的接轨，也便利了精神生活与物质生活（劳动）之间的接轨。

长进 03：亮点 01 和亮点 05 同时也是诠释方面的重大长进。

长进 04：对偶性存在黑氏与非黑氏的基本两分，这一发现是辩证描述的蓦然性标志。

长进 05：语言理解同样存在着基因、氨基酸、染色体等要素，相应术语的引入是图灵脑思考的第一号蓦然性标志。

长进 06：领域句类 SCD 是 HNC 的"水到渠成"，隐记忆 HM[*22]是世界知识的不言而喻，这两个术语的引入，是图灵脑思考的第二号蓦然性标志。

两份清单也写这些吧，不一定完备，但肯定抓住了要点。这是本编铺垫工作的"大场"与"急所"。

下面交代一下为什么将"8 大语境"放入本小节的标题。

标题的"8 大语境"可以有两种理解：一是对历史的回忆，是对两类劳动与三类精神生活的"5+3"概括，其中的"5"来自于"2+3"，"+3"来自于每一类精神的两分。二是对语境终极划分的"5+3"概括，其中的"5"同上，"+3"则来自于 3 类介入语境。

1.1.3 语境之间的关联性表示

语境之间的关联性具有以下的三种基本形态：一是语境表示式自身的集群呈现；二是概念基元之间概念关联式（概念基元空间的内部信使）所描述的语境"城市"之平面景象；三是不同层级语言概念空间内外信使所描述的语境"城市"之立体景象。

本小节就写这些，不作进一步的解释，下文会有详尽的回应。

结 束 语

本节是本章的铺垫，回顾文字太多，损乎？益乎？听其自然吧。

8年多的延误话题今后还会继续啰唆，预请谅解。文中的10项亮点和6项长进也是HNC探索历程中最大"憔悴"的标志，但语焉不详，也请谅解。

注 释

[*01] 在前两卷的预说里，可能提到第三卷的编号或其命名，但当时制定的编号与命名后来可能有变，现在很难——予以改正，这就会造成误导了。

[*02] 前文曾提出过"五大自由"的论点，仿照罗斯福先生关于"四大自由"的著名陈述方式，把第五项自由叫作"免于世界知识匮乏的自由"，在"关于纵向延伸的透齐性描述"子节有所论述，该子节编号为[310-4.1.2.2]。

[*03] 语言学研究的层级缺失问题，曾在"关于句法基本术语的反思"子节进行过论述，该子节编号为[320-1.1.1.1]。

[*04] 此大句的最后一个小句大有玄机，请读者记住这一点。

[**05] "三大超级语义网络"（也简称"三大语义网络"）的命名和"语义块"的命名一样，是HNC探索初期的典型幼稚病呈现。命名的幼稚虽然在一定程度上也反映了思考本身的幼稚，但思考本身是动态的。在根基坚实的前提下，它会不断减少幼稚，走向成熟，最终会摆脱静态命名所包含的幼稚，从而产生修改幼稚命名的要求。"三大语义网络"和"语义块"就属于应被淘汰的幼稚命名。前者实质上是指语言概念空间符号体系里的三大抽象概念范畴——基元概念、基本概念和逻辑概念，这一点，从一开始就是十分明确的，抽象概念三大范畴才是HNC思考的真实起点，这是一个坚实的起点，堪称HNC思考的制高点。后来的思考历程可以说并没有受到当初错误命名的误导，但却严重误导了团队对HNC理论体系的学习、认识和理解。

[*06]《理论》阶段关于语境的论述集中于此，是"论文6"第2节的第3小节，"论文6"的标题是"概念知识与语言知识"，第2节的标题是"自然语言概念符号体系的补充说明"，第3小节的标题是"复合基元概念与语境"。"论文6"不乏闪烁着思想火花的东西，也有严重错误的东西，各拷贝一段如下：

把复杂的问题作类别性和层次性的双重分解，化为一连串比较简单的问题，这是解决复杂问题的一般途径和方法。对语言知识的表达也应遵循这一法则。排除语种个性和语用个性以后的语言知识，显然是比较干净和比较单纯的知识，它的表达自然也就比较简单。这个设想几近疯狂，但现在看来，**这是语言知识表达的必由之路。具体的实现方案就是用概念层次网络符号去近似表达语言概念，并将自然语言理解所需要的知识分成三个层次，即概念层次，语言层次和常识层次，并分别建立这三个层次的知识库**。（按：黑体是原有的。）

语言知识库的基本内容，按传统分类法，应有语法、语义、语用三个层面的知识库，但这三类知识是交织在一起的，各自独立建库不符合经济原则。**这三类知识以语义为天然核心，语法和语用知识实际上都依附在语义知识之上。因此，语言知识库的主体应该是语义知识，表达对象主要是词汇，相应的知识库也可称为词义库**。对汉语，还必须加上字知识库和音节感知库。（按：

其中的黑体部分错误严重。原文非黑体，是拷贝后的变换。）

[*07] 精神生活应区分三个层级，这在提出8大语境时已经非常明确，也意识到后两个层级的精神生活存在着表层与深层的区分。但当时并未对三个层级的精神生活给以正式命名，后来随着两类劳动——第一类劳动和第二类劳动——命名的正式提出和使用，就衍生出三类精神生活的术语，并在本《全书》里正式使用。现在看来，以第一类劳动和第二类劳动替换体力劳动和脑力劳动也许比较适当，但对精神生活来说，似乎不宜以类（类型）替换级（层级），还是使用三级精神生活比较合适。但是，三类精神生活、第一类精神生活、第二类精神生活、第三类精神生活的术语已在HNC论述里广泛使用，那就让两者并存吧。

[*08] 对于HNC论述，笔者听到了太多的"看不懂"话语，多少有些伤感。下面的叙述特别希望每一个读者都能看懂，但术语的障碍令笔者无所适从，故写了本段话语，请读者体察。

[*09] 本节只是叙述，而叙述容许突然冒出这样的大话，且不加论证。因为第一项"折腾"已在第一卷第二编论证过了，第二项将在该卷第四编论证。

[*10] 两表皆见"概念和概念基元都需要采取灵巧式定义"小节（[310-1.1.2]）。

[*11] 这里的概念群乃是概念林//概念树的简称，今后将在此意义上使用该词语。前文也使用过概念群，那时可能只是概念林的另称，这就不必苛求其严格的统一定义了。

[**12] 此命题是一位内地学者提出来的，总命题可名之"文明转型9化论"。另7化是交换方式市场化、生产方式工业化、分配方式普惠化、生活方式城市化、政治组织民主化、管理方式法治化、活动范围全球化。其中，对方式和全球的定位太宽，对市场化、工业化和民主化的定位又太窄。这里可能有"不得已"的因素，故对两"太"现象就不必考究了。

[*13] 本《全书》关于"工业文明清单"的最早简单介绍见"理想行为73219世界知识"小节（[123-2.1.1]）。

[**14] 鲁迅先生曾给出过第一个Yes的最简明诠释："两个字——吃人"。因此中国传统文化不可能含有丝毫的理性和人本，但"吃人"两字可以作为中国农耕时代文明面貌的全方位描述么？第二个Yes答案在提出者心中似乎是没有任何疑义的，如果这个"似乎"属实，那就是世界知识匮乏的典型表现了。因为东方的儒释道、西方的柏拉图和康德都明确指出过，在观念和理性之上，还存在一个层级更高的东西，叫理念。

[*15] 布热津斯基曾任美国政府的国家安全顾问，著述甚丰，又出版了新著《战略远见：美国与全球权力危机》。该书不像亨廷顿先生那样，公开打出文明冲突的旗号。不过，其论证的核心内容是：美国不会失败，也不会被取代。在其核心论证中，把中国、印度和俄罗斯都列入地缘政治的异类，对伊斯兰世界的人口大国（如印度尼西亚）、政治强国（如伊朗和土耳其）和经济富国（如中东的石油盛产国）视若无睹，对第五和第六世界的新景象只字不提，仅引用一些已经过时并缺乏动态信息的经济数据来支持其论点，这些都表明，作者对后工业时代的世界政治经济发展势态缺乏最基本的文明视野。

[*16] "脑谜1号"和"脑谜2号"的预说都首见于"意志能动性4要素的世界知识"小节（[122-1.0.1]）。该小节给出"脑谜1号"的定义是：大脑五大功能区块拓扑图将简称"脑谜1号"。五大功能区块的最后正式命名是形象区块、情感区块、技艺区块、语言区块、科技区块。技艺区块和科技区块曾用名艺术区块和科学区块，亦可，对此不必过于拘泥。

上列五大区块后来又赋予以"脑"为"后缀"的相应命名图像脑、情感脑、技艺脑、语言脑和科技脑，本能区块也另名生理脑。六脑的出现存在一个进化过程，最早出现的是生理脑，紧随着出现的是图像脑和情感脑，然后是技艺脑，语言脑的出现标志着人类的诞生，最后是科技脑。有关论述比较分散，不一一列举。

[*17] 脑谜锥体模型的假说首见于第一卷第二编第二篇"意志篇"的引言，正文的拷贝文字则取自该篇的跋。两类智力中心的假说首见于"智力基本表现7210\k=2的世界知识"小节（[122-1.0.2]），在第二卷第六编"综合逻辑概念"里有进一步的阐释。

[*18] 该预说见第一卷第二编第二篇"意志篇"的跋。

[*19] "脑谜6号"和"脑谜7号"的首次论述皆见于"理性行为7322的概念延伸结构表示式"分节（[123-2.2-0]），该分节是《全书》唯一的特殊安排。在表"语言超人核心构件"的旗号下，对HNC理论的语言脑探索目标第一次给出了比较系统的论述，包括12个要点和5项细节。"脑谜6号"的预说在"要点02——关于记忆的'仿柳宗元论断'"部分，"脑谜7号"的预说在"要点05——语言理解基因的区块划分"部分。

[*20] 生理脑是大脑的原初形态，从体量来说，它如今依然应该是大脑的主要构成。

[*21] 三级精神生活的分别说可简称一级、二级和三级精神生活，省去前面的"第"字。

[*22] 这两个术语前文有预说，后文有专门论述，这里属于贸然使用，读者顾名思义可也。

第 2 节
领域 DOM

从本节开始，本编每节标题的关键词都以汉英两种语言符号表示，后者采取相应词语或短语的大写字母缩略形态，如本节的 DOM，它是 domain 的缩略。

上一节曾给出语境的定义：语境是语言脑对"语言符号进行信息转换处理以后的概念流，这个概念流显然需要一个命名，HNC 就把它叫作语境 SG"。"语境无限而语境单元有限"命题或公理（HNC 第三公理）的语境就是如此定义的语境，而不是词典里或语言学教科书里所定义的语境。

HNC 第三公理里的语境单元是下一节标题的关键词，在该公理的两个关键词——语境与语境单元——之间需要一位中介，HNC 把这位中介叫作领域 DOM。第三公理的关键论断（命题）是：语境单元是领域的函数，此论断不能不使人联想起 HNC 第二公理的相应论断——语块是句类的函数，并产生疑惑。上一节对这一疑惑给出了形而上阐释，本节将给出形而卡阐释。为此，下面把两者的关键词和关键论断进行对比，如表 3-4 所示。

表 3-4 说明：HNC 的第二公理与第三公理之间是非常协调的。那么，疑惑从何而来？它来自于语块的台阶说，即语块是一个"必须在词语和句子之间搭建的一步台阶"的论断，而领域很像一步台阶，为什么却另名之中介呢？

表 3-4 HNC 第二公理与第三公理的对比

名称	关键词 1	关键词 2	关键词 3	关键论述
第二公理	语句	语块（台阶）	句类	语块是句类的函数
第三公理	语境	语境单元	领域（中介）	语境单元是领域的函数

首先应该说明：这个疑惑也就是语境单元探索历程中遇到的最大难关。这里必须再次强调一下自然语言空间（此山）和语言概念空间（彼山）的不同视野与景象，才能准确把握下文所使用的术语，并避免误解。

语句和语境这两个术语既可以用于此山景象的描述，也可以用于彼山景象的描述。两种描述的含义有本质区别，但这种本质区别不一定直接影响交际或沟通。句类和领域这两个术语存在类似情况，但它们在此山和彼山描述意义上的本质区别必须严格加以区分，否则就必然造成交际或沟通的极度混乱。至于语块和语境单元这两个术语则是彼山景象描述的专利，两者不会造成混乱，但会造成交际或沟通的巨大障碍。

这里一共涉及 6 个术语，语句和语境已经粗略交代过了，句类和语块上一编已经论述过了，未曾交代或论述的是领域和语境单元。领域是本节的标题，语境单元则是下一节的标题。但本节的论述仍将从语句和语境这两术语开始。

此山的语句描述，传统语言学有"词语、短语和句子"的术语，还比较完备；对此山的语境描述，传统语言学有"段落、篇章和上下文"的术语。但后者与前者相比，就远不能给出"比较完备"的评价了。当然，"一无所有"的全盘否定评价是万万不可的，因为毕竟英语有若干"W"的凝练，还有若干语用原则的凝练，汉语也有若干"何"的凝练。

但是，如果从彼山的视野来考察，那就未必不可以使用"一无所有"的成语了。因为传统语言学对彼山之语境或语境空间的景象确实缺乏最起码的认识，几乎没有触及表3-4 里"第三公理"的基本内容，语言学的语境和表 3-4 里的"语境"根本不是同一个东西，而语言学的语句却基本等同于表 3-4 里的"语句"，这一差异非同小可。

当 HNC 把此山之语句"蓦然"成彼山之句类的时候，仅强烈感受到缺少一位中介，一位从概念基元空间跨上句类空间的中介，需要给该中介取一个名字，这就是语块这一术语的缘起。它曾多次被比喻成一步不可或缺的台阶，这个比喻来于彼山句类空间的视野，在这个视野里，不难作出下述论断：短语这个术语完全不具备充当该台阶的资格。但如果仅站在此山的语句视野，确实难以接受这个论断。

当 HNC 把此山的段落和篇章"蓦然"成语境 SG 的时候，立即强烈地感受到，这里缺少的中介不是最初想象的一个，而是两个。一是从语境基本构件（"基件"）到语境（"建筑"）的中介，二是从句类到语境基本构件的中介。所谓语境基本构件，乃是 HNC 思路的必然产物，它缘起于语块，也就是语境空间的"语块"，语境空间必须存在这样的东西，就如同句类空间必须存在语块那样。那个东西开始并没有给予命名，而只是给出一个语境 3 要素的符号表示(DOM,SIT,BAC)，用汉语来表达就是（领域，情景，背景）。语境单元的正式命名在后，它在语境空间的地位完全对应于句类空间的语块。语境 3 要素的第一要素——领域 DOM——就是设想中的第一位中介，即本节的标题。语境 3 要素的第二要素——情景 SIT——就是设想中的第二位中介，但情景 SIT 的实质就是领域句类 SCD，获得这个认识是一次非同寻常的"蓦然"，而且是 HNC 第三公理探索历程中最关键的一次"蓦然"，对该"蓦然"的讨论属于下一章的事。

这里应该指出的是，两位中介在 HNC 第三定理里的地位都非常特殊，因此，HNC 第三定理曾经设想过"语境无限而领域有限"的陈述方式，也曾设想过"语境无限而语境要素有限"的陈述方式。HNC 第三定理曾经设想过的 3 种陈述方式本质上是完全一致的，不过，在 3 种陈述方式里，应该说"语境无限而领域有限"的方式最为简洁而协调，但它透彻而不齐备。若以透齐性为标准，当然就只能是现在的最终选择了。

以上用通俗的文字介绍了关于语境的几个关键性专用术语，就便叙述了语境探索之思路历程的一些片段。这个历程颇有启示意义，值得回顾，这里是第一次，此后还会多次呼应。借这个机会，笔者向"九台山庄 HNC 研究室"[*01]的主办者[*02]表示最深切的谢意。

下面该进入语境专用术语之首——领域 DOM——的正式阐释了。其实，该阐释只需要一句话：领域 DOM 是语境基元的转换描述。因此，下面不过是对这里的特定转换给出一个比较具体的清单式说明，该清单将以转换编号。

转换 01：领域是语境基元的常量表示形态。

语境基元延伸概念的 HNC 符号主要是变量表示，本体论和认识论描述的前两种类型都是变量形态。变量形态可用于表示语境基元，但不宜用于表示领域。或者这么说吧，语境基元和领域实质上是指同一批东西，不过，语境基元是把那批东西放进同一个集装箱里，而领域又把那批东西从集装箱取出来分开安置。这样说，很可能是把简单问题复杂化了，还是求助于举例吧。

第一卷语境基元的论述里曾频繁使用"三争"这个词语，三争作为一项语境基元，可定位于多处，但无论在什么地方，其末位 HNC 符号一定是"t=b"，例如，三争大本营[*03]在概念树 a00（专业活动的基本特性），是一项三级延伸概念，其语境基元符号如下：

a0099t=b	专业活动作用表现的基本内容
a00999	争取权势（争权）
a0099a	争取利益（争利）
a0099b	争取成就（争名）

三争是一个非常合适的语境基元描述，其层次意义和局域网意义都非常清晰。但三争并不是一个合适的领域描述，更合适的领域描述是三争的分别说，即其常量表示形态。三争存在 3 个领域：争权、争利和争名。当然，三者是紧密交织在一起的，由于采取了领域符号沿用语境基元符号的谋略或方式，这一极为重要的世界知识就被完整地保留下来了。

转换 02：领域可采取语境基元的简化形态。

语境基元都采取精准的符号形态，但领域却可以采取语境基元的简化形态。所谓的简化形态就是指对语境基元符号的有条件舍弃。还是举例说明吧。

上一节曾给出一个基础语境基元的示例——"rwc50*j82~e73"。实际上，该语境基元直接对应于下列两个领域：

rwc50*j82e71	善事
rwc50*j82e72	恶行

这就是说，在领域的视野里，符号 rw50*j82e73 所对应的领域被舍弃了，或者干脆就说，那样的领域在常人的语言脑里不具有存在的价值。

转换 03：领域跟语境基元一样，也存在两大基本类型：主体领域和基础领域。

上面的两个举例分别属于主体领域和基础领域，但千万不要引起这样的误会，以为领域的简化形态仅限于基础领域，不言而喻，它也同样适用于主体领域。

转换 04：领域 DOM 可以看作是语境基元 SGP 的灵巧性表示。

上述的简化形态实质上就是一种灵巧，复合领域是另一种灵巧，HNC 不考虑第三种灵巧。

复合领域又存在四种基本形态：一是变量形态的领域，二是逗号形态","的领域，三是加号形态"+"的领域，四是星号形态的领域。四者的说明见本章附录 2。

本节可以结束了，但领域这个话题还远未结束，下面将出现多次呼应，本编第三章还有关于领域认定的浅说。这里要请读者谨记在心的是：领域不过是语境空间描述所必须引入的第一位中介，还要由它引出第二位中介——情景，两位中介都是语境基本构件——语境单元——的两项基本要素[*04]，其地位就如同语块里的对象和内容。本节回顾了语境探索过程的一些重要关节，不必记住，但值得参照。这里特别值得说一声的是：如果笔者当年仅从词典定义的领域等词汇出发，也就是从语义学出发去开始语境探索的征程，那么，即使九台山庄的研究环境再好，"九台闭关"的结局也必将是一事无成。

注 释

[*01] "九台山庄HNC研究室"名义上并不存在，但实际上存在。该"研究室"虽然仅存在了半年时间（2001年4~9月），但HNC第三公理和第四公理的奠基工作都是在那里完成的。当时，"研究室"的独特环境十分有利于理论探索不舍昼夜的要求。"实验室"工作伙伴和后勤人员的高度勤奋和战斗情谊终生难忘，那是笔者一生中最美妙的一段时光，"九台闭关"后来成了笔者的"口头禅"之一。多年后曾故地重游，有感而写下了"曾邀康德九台游，多年迷惘顿时收"的诗句。其中的"曾邀康德"并非"空穴来风"，本《全书》有多处文字"旁证"，下一节可能又会出现。

[*02] 主办者是一家具有传奇色彩的公司，这里，将因其传奇性而隐其名。

[*03] 三争大本营的说法也许是第一次使用，不过，此说乃世界知识表示的重大预谋，详说如下。概念树a00是专业活动共相概念林的共相概念树，地位非常特殊。该概念树一级延伸概念的第一本体论描述采用了语言理解基因符号的珍宝"β"，该珍宝的衍生符号"99"和"9a"更是宝中之王（宝王），三争是这位宝王的子女，符号a0099t=b是这一含义的传神表达。这里，建议读者温习一下对应的符号a009at=a（这当然包括相应的汉语捆绑词语），它们也是该宝王的子女。这样，也许就可以加深对语境基元"大本营"之说的印象，此印象或许对于领域DOM这一术语的深入理解有所裨益。

[*04] 情景要充当语境单元的基本要素，还需要经历一次关键性的转身，从情景SIT变成领域句类SCD，这将在第二章讨论。

第 3 节
语境单元 SGU

本节将从一段经过裁剪的引文（原文见上节）开始。

> 所谓语境基本构件，乃是……语境空间必须存在的东西，就如同句类空间必须存在语块那样。那个东西开始并没有给予命名，而只是给出一个语境 3 要素的符号表示 (DOM, SIT, BAC)，用汉语来表达就是（领域，情景，背景）。语境单元的正式命名在后，它在语境空间的地位完全对应于句类空间的语块。

基于上面的引文，本节的撰写方式将完全不同于上一节，会分 4 个小节，并有结束语。这些只是所谓"完全不同"的形式差异，本质差异在于：语境单元 SGU 的论述不单是本节的事，也不单是本章的事，而是本编的主题。这就是说，本节只是语境单元论述的开场白部分，可以纳入预说的范畴。预说是本《全书》的常用手段，其中有"以防万一"的因素，但主要是"迫不得已"[**00]。1.3.1 节属于典型的预说，但类型属于后者。

1.3.1 关于语境单元要素的思考

前文论述过关于语块要素的思考过程，从对象块素 B 开始，到作用者块素 A 结束，中间经历过三次演进：①从对象块素 B 到内容块素 C 的巨大演进；②从内容块素 C 到特征要素 E 的巨大演进；③从对象块素 B 到作用者块素 A 的水到渠成式演进。站在语境单元思考的起点，第一件要做的事就是参照语块要素的上述思考历程。

领域 DOM 之入选语境单元第一要素，就如同对象 B 之入选语块第一要素，其正当性或合理性即来于自然性，说得文雅一点，叫作"当仁不让"。情景 SIT 之入选语境单元第二要素，则如同内容 C 之入选语块第二要素。如果把句类空间换成语境空间，那情景不就是语境空间的内容么！但是，这里的"则如同"并不是那么一帆风顺，它涉及情景 SIT 如何描述的思考。应该说，开始阶段只是一种形式上的类比，似乎非常顺畅。但句类空间面对的是一个一个的句子，而语境面对的一组一组的句子，叫作句群，一个句子总可以用一个句类表示式来描述，一个句群用一个什么样的东西来描述呢？用一组句类表示式显然是不合适的，那就跟数据库没有什么两样了，就没有语言信息的凝练或加工了，必须找到一种语言信息凝练或加工的新方式，这就是当年笔者在九台山庄遇到的头号困扰。

这项困扰持续了 3～4 周的日日夜夜，那是一段短暂的时光，也是一段漫长的时光。在那段时光里，笔者再次回顾了从作用效应链到基本句类所经历的"憔悴"与"蓦然"，反复思考三语说[*01]所呈现的内在断裂[*02]；不断深化对句类分析局限性的认识[*03]。这一"再次、反复、不断"的过程终于产生下列领悟或醒悟，清单如下。

悟 01：对基本句类的意义与作用，原来的估计太高，它是一项"蓦然"，但只是一项阶段性的"蓦然"，仅大体相当于现代语言学对语义学的"蓦然"。

悟 02：如果以语言理解与记忆为参照，不仅语法是语言的维特根斯坦魔杖[*04]，语义也是语言的维特根斯坦魔杖。如果把语义比作是一位还不知道区分爱情与友情的少年，那句类代码也不过是一位只怀有爱情憧憬的青年而已。

悟 03：把句群定义为语境 SG，只是一张准考证——申请进入理性法官培训学校的准考证；以领域 DOM、情景 SIT 和背景 BAC 构成语境单元的 3 要素，则是一张毕业证书，同时也是一张见习理性法官的认可证。

悟 04：句类代码虽然依旧是语言的维特根斯坦魔杖，不过其形态更为高级，可名之句类魔杖。句类魔杖的魔法主要缘起于句类转换和语块主辅变换，这转换与变换具有无与伦比的真假互乱功能。句类魔杖构成了一座句类"围城"，它屏蔽了情景 SIT 的真实面貌。

悟 05：三种类型维特根斯坦魔杖的魔力都必须被消除，句类魔杖也不例外，句类"围城"必须被突破，否则就达不到语言理解的"蓦然"境界。达不到这一"蓦然"境界，见习法官就只能永远见习下去，不能转正。

悟 06：维特根斯坦魔杖不仅对情景 SIT 的真实面貌具有巨大的屏蔽效应，还对背景 BAC 的真实面貌具有巨大的扭曲效应。

悟 07：背景 BAC 可以轻松地给出客观与主观的两分，HNC 把两者符号化为 BACE 和 BACA。但两者的交织性特征非常隐蔽，这意味着背景真实面貌的扭曲效应必将非常严重。基于上述思考，HNC 对于背景的处理（即揭示隐蔽或矫正扭曲的努力）将保持低调，而绝不高调[*05]。

悟 08：突破句类"围城"的出路在哪里？只能从作用效应链去寻找。因为作用效应链是"宇宙间一切事物存在和发展的基本法则，也是语言表达和概念推理的基本法则"，当然也适用于任何领域。如果把作用效应链运用于一个特定领域，那就可以想象，主块 4 要素的认定有可能摆脱"大海捞针"的困境[*06]，辅块 7 要素的认定也有可能摆脱漫无边际的困境。这是一个很朴素的思考，但当年正是这一思考引发了此后的一系列突破。

上列清单是语境单元探索历程的过程描述，标志着本小节的结束。在这个过程中，很自然地形成了"无境无义，无义无境"的想法。这八个字笔者曾多次在讲座中讲过，但以文字形式呈现，这里可能是第一次，可名之 HNC 义境说。

1.3.2 情景 SIT

情景的原始形态就是一组句类代码，这一组代码看起来像一群散兵游勇，但实质上必然是一支有组织、有特定使命的队伍。有组织，是指他们必然隶属于某一领域；有特定使命，是指他们必然承担着作用效应链某些甚至某一特定环节的描述职责。这就是对情景的基本阐释，差不多把情景的含义说透了。

下面，让我们把脚步放慢一点，先看一个具体的句群。以前曾给出过不少句群示例，要么属于古汉语，要么偏重于哲理阐释，这显然不适合于现代读者。所以，下面换个口味。示例句群取自本章的附录4，这里加上了HNC标注。

——句群a453b（精神战备）
华沙陷落之后到挪威事件之间这段为期半年的沉寂，在西方被称作"假"战争，
这是援引一位美国议员的用语。
(D2*jDJ,jDJ)
我们称它为静坐战，这是针对闪电战的俏皮话。
(D0*jDJ,jDJ)
从英法方面讲，这种说法是适当的。
(Re,jDJ)
在这段喘息时间，他们的确对自己的军事力量丝毫没有加以改善，
这简直令人难以置信，他们只是老老实实坐着，预言我们要遭到失败。
(Cn-4!11XY5J,D1J,SJ+D0J)

本句群有4个大句，9个小句。有两个现象值得注意：①(jDJ//DJ)[*07]所占的比例很高，这些句类的Eg（这些句子的全局动词）本身都不直接提供情景信息；②XY5J特别醒目，它提供情景的关键信息，但此信息并不是单纯蕴涵在相应的Eg（中心动词）里，而是蕴涵在该句类的语块YC（句子的宾语）与Eg的搭配里。该搭配的汉语表达是"丝毫没有改善自己的军事力量"，英语表达是"did unbelievably little to improve their military posture"。

现在应该提出的问题是：此搭配足以激活一项特定的语境么？或者说，足以形成一个具体的情景么？HNC的答案是：①该搭配只是"足以激活或足以形成"的必要条件，但并不充分，充要条件是第四个大句的整体内容，而不是单一的 XY5J。②那特定语境或具体情景的汉语命名叫"精神战备"，HNC符号是a453b，暂名之精神战备a453b答案。

问题在于：走向该答案的道路是否极其艰难呢？细说起来就是：需要树立哪些语言信息处理的新观念？需要进行什么样的基本语言知识库建设？需要攻克哪些劲敌和扫荡哪些流寇？需要采取哪些HNC步调和HNC谋略？

这些问题并不是本句群a453b提出的特殊问题，而是一个普遍性的问题，是本《全书》一直在试图解答的问题。不过，其中的"HNC步调和HNC谋略"可能是一幅新面孔，这里并不解释，把它看作是"且听下回分解"的预说吧。下面，仅立足于句群a453b写几段关于情景的浅说，其中免不了会出现离开浅说、"误入"深说的情况。

句群a453b的前两个大句里，出现了"战争"和两个带修饰词语的"战"（静坐战和闪电战），还有"华沙陷落"和"挪威事件"两短语。对于一位熟悉第二次世界大战历史的读者来说，这些词语或短语就足以诱发对"第二次世界大战"的具体联想，而且是"第二次世界大战初期阶段"的具体联想。但对于一位对第二次世界大战一无所知的读者来说，上述具体联想是不会被诱发的，更不用说HNC设想中的微超或语超了。

但是，即使是比"对第二次世界大战一无所知的读者"更无知的微超，也能从前两

个大句联想到"军事活动 a4"或"战争 a42",因为"战争"和"战"是 a42 的直系捆绑词语,"战"还是"军事活动 a4"的直系捆绑词语。下面就这个话题来一段冗长的浅说。

让我们从第一个大句里的"华沙陷落"和"挪威事件"这两个词组说起,其中的"陷落"是多义词,依据看齐原则[**08],"华沙陷落"的义境可以被完全确定,它属于"战争a42",比"军事活动 a4"进了一步。"事件"是一个泛指词语,英语原文是 episode,将 Norway episode 翻译成挪威事件,是比较妥当的,但并不确切。对于"Norway episode"或"挪威事件"毫不知情的读者,不能直接从这一(特指+泛指)组合中获得属性判定,但是,依据第一协调原则,首先可以从"华沙陷落"推知"挪威事件"的领域属性——"战争 a42"。其次,依据第二看齐原则和"战争 a42"与"征服 a15"的强关联性,可以推知"挪威事件"实际上是"挪威被占领"或"挪威被征服"。上面两次使用了动态词语"推知",而不是"推理",这并不重要。重要的是这些推知的依据,无非以下 4 项:①被认定的概念;②被认定的领域;③概念关联式;④"三二一"原则。对于绝大多数推知,这四者缺一不可。四者不是并列的,前两项里提到的"被认定"并不是各自独立的东西,其认定过程皆密切联系于"三二一"原则。也许可以这么说,"三二一"原则就是语言脑运作的法宝或灵魂。这"也许可以这么说"论断已经超出浅说的范围,赶紧打住,回到浅说。

浅说的第二点涉及前两个大句的明显空档:①征服者是谁?隐而不见。②战争的另一方只是挪威和波兰[*09]么?紧跟着的第三个大句给出了第二个空档的答案,但第一个空档的答案只以代词——我们——的形式在第四个大句里给出,等于没有答案。今后将不断使用"空档"这个词语,因为意识即缘起于空档,而空档缘起于语言脑的天赋结构或天然特性。意识的形成过程就是语言脑的空档不断被填充的过程,小孩提问就是为了填补其语言脑的空档。这似乎又超出浅说的范围了,拉回来吧。

对空档"先知先觉",对隐藏的答案"手到擒来",这就是成熟语言脑的天赋功能。就句群 a453b 来说,你是怎么知道"征服者或战争的一方"这个空档的呢?你又是怎么知道该空档的答案隐藏在哪里的呢?这两个问题可以抽象化或普遍化为:空档如何存在?空档的答案何在?语言学还没有在抽象意义上追问过第一个问题,但在实践意义上追问过第二个问题。在上下文不足以提供答案的前提下,其回答是:它隐藏在常识里或专家知识里。但 HNC 并不完全认同这个说法,甚至基本否定这个说法。HNC 主张:语言文本类似疑惑的答案并不属于常识,也不必去惊动高深的专家知识,它就隐藏在普通的世界知识里,而且归根结底,就是隐藏在领域句类知识里。这似乎再次超出浅说的范围了,再拉回来吧。

回到句群 a453b 的具体情景。第三个大句已经说过了,它叙述了战争另一方的两位主角:英国和法国,怎么知道这两个国家是主角呢?因为紧接着的第四大句专门论述这两个国家的表现,并以他们称呼之。第四大句的汉语形态由 4 个小句构成,语言脑要从这个大句找到"精神战备 a453b"的情景答案。那么,寻找这个答案的道路是否十分艰难呢?本小节不可能回答这个非同寻常的问题,但可以提示一个要点,其名称叫语境分析,它是第三章标题的一部分。故下面的浅说,可以看作是语境分析的预说。

为阅读便利，下面将第四大句加以拷贝，并重新安顿相应的 HNC 句类表示符号。

在这段喘息时间(Cn-4)，

他们‖[-的确-]对自己的军事力量‖丝毫没有加以改善(!11XY5J = (A,B,XY5))，

这‖简直令人难以置信(D1J = DBC+D)，

他们‖只是老老实实坐着(SYJ = SB+S)，

+预言‖我们‖要遭到失败(+D0T3J = D+DB+DC)。

从句类分析来说，此大句的劲敌不难降伏[*10]，流寇也不难肃清[*11]。假定句类分析取得了完胜，则战争双方的空档全部就位，德国是一方，英国和法国是另一方。这另一方在"喘息时间"的状态是："军事力量没有丝毫的改善"、"坐着"、"预言对方要失败"，此三者将形成该大句的动态记忆。基于这些信息，"语言脑"将出现如下的空档"先知先觉"与"手到擒来"过程：首先是立即走向概念树"战备 a45"，接着走向一级延伸概念"战备谋略 a453"，再接着走向二级延伸概念"精神战备 a453b"。走到了"精神战备 a453b"，就意味着达到了句群 a453b 理解处理的终点，此终点是什么意思呢？就是最终留在记忆里的东西不过是这么一句话：英国和法国是第二次世界大战精神战备的大笨蛋。当然，这句话不会直接呈现在语言脑的记忆里，语言脑的记忆形态也许是永远的秘密，但图灵脑的相应记忆形态是明确的，那就是下面的表示式：

$$(a453b(c01),jl111,(British,France);s31,World\ War\ II) —— (a453b(c01)-[k])$$

这就是说，第四大句情景描述的上述 3 项走向实质上是走向最终目标的 3 个关键步骤，它们也是"空档如何存在？空档的答案何在？"的样板答案。请注意：该情景描述的主语使用了带引号的语言脑（"语言脑"将出现如下的空档……），此"语言脑"可以看作是图灵脑的替代。这意味着，就语言脑的思考过程来说，此情景描述纯粹是一个极度简化的猜想，是一个极度简化的物理描述，不仅完全没有理会大脑运作过程必然伴随的复杂化学现象，也完全没有理会皮层柱的相关物理现象。但对语超来说，它必须按照此物理描述来运作，或者说，微超必须如此学习和成长。

下面概述句群 a453b 第四大句情景描述的 3 个要点，每一要点的细节性说明则放在相应的注释里。

关于立即走向"战备 a45"的要点："喘息时间"和"军事力量……改善"是"战备 a45"的激活词语[*12]；

关于走向"战备谋略 a453"的要点：证伪原则的运用[*13]；

关于走向"精神战备 a453b"的要点：动态记忆的综合运用[*14]。

上面以 HNC 方式叙述了句群 a453b 的情景，浅说与深说两种方式交替使用。这种叙述方式的效果如何，不便揣测，但应该借这个机会告诉读者：上列浅说里包含着 HNC 的一项痛苦反思，那涉及对句类分析技术的一度过高期许，而后来又未予以及时纠正。句类分析不过是语境分析的准备动作而已，句类分析技术本身不可能独力承担降伏劲敌和扫荡流寇的重任。这一认识，在笔者撰写《语言理解处理的 20 项难点》的时候（即 HNC 理论探索停顿阶段的后期）已经非常明朗了，为什么该文没有直接表达出来？因为

HNC 的第三公理和第四公理当时还处在假设阶段，前景依然是一片茫然。

现在，可以对句群 a453b 叙说下面的话语了。第一大句和第二大句交代了一项情景的时间背景，第三大句于不经意间交代了该情景的对象之一，第四大句描述了该对象在该背景下的特定表现（内容）。（背景，对象，内容）不仅可以看作是任一句群的三项天然空档，也可以看作是任一大句的三项天然空档。句群通常会兼顾到三者，而大句通常则侧重其一，句群 a453b 正是如此。但是，更要紧的是：三项空档不是相互独立的，而是相互交织在一起的，其中对象与内容的交织尤为强烈。因此，HNC 决定：将对象与内容这两项空档合并在一起，名之情景。接着发现，背景不仅有内容的七分，更有主观与客观的两分，这属于后话。

这样，情景与背景的两分就构成了句群信息处理的基本指导原则，它明确了句群处理的两项基本目标，那就是：①确定情景对象与情景内容；②区分客观背景和主观背景。但是，对象、内容或背景都是无限的东西，而且其自身都是无生命的数据。那么，怎样才能把它们变成一个有限的、有生命的记忆呢？这需要一位"上帝"，这位"上帝"其实读者已经比较熟悉了，就是已经介绍过的领域 DOM。句群 a453b 充分展示了领域"精神战备 a453b"的"上帝"威力，可概括成以下 4 点：①劲敌 01 "坐着"投降了；②两位劲敌 04——"他们"和那个与"简直令人置信"绑在一起的"这"——也投降了；③流寇 09 "喘息时间"被扫荡了；④"他们"的无能昭然若揭，因此，把精神战备挂接一个"(c01)"，并把这顶帽子带在"他们"的头上，就是再自然不过的事了。当然，这里的第四点需要一点对"上帝"启示的领悟能力，而这种领悟能力需要培育，这属于《微超论》的话题。这里要强调的只是：领域"上帝"的启示是绝对的必要条件，没有启示，就没有领悟。

第四点将形成一项记忆，那就是上面给出的概念关联式（a453b(c01)-[k]）。

情景 SIT 的 HNC 含义，到此已给出了一个比较全面的叙述。叙述采取了浅说与深说交替进行的方式，罕见地使用了一个具体的句群 a453b，但相应的文字说明也许十分令人失望。不过，笔者依然期待着，读者能够比较轻松地获得以下的 4 个印象：①HNC 的情景不同于词典定义的情景；②HNC 情景不过是在特定领域下，对语境对象与语境内容的认定，语境对象一定是具体概念，语境内容一定是抽象概念；③情景可以通过句类表示式给出确切的描述；④情景的要点可以通过概念关联式的中介形成记忆。

句群 a453b 里的另外一位劲敌 04——"我们"，上下文始终没有交代。情景和语境单元都知道有这么一个空档，但这个空档的填充则属于下一小节的职责范围了。

1.3.3 客观背景 BACE

客观背景 BACE 这个汉语名称也叫事件背景，后者更符合符号 BACE 的原初意义，其中的"E"来自英语的 event，对应的汉语词语就是"事件"。

对客观背景 BACE，前面曾给出过多次预说，现将其中最重要的预说（原文见本编第一章的 1.3.1 小节）拷贝如下：

悟 03：把句群定义为语境 SG，只是一张准考证——申请进入理性法官培训学校的准考证；知道以领域 DOM、情景 SIT 和背景 BAC 三者构成语境单元的 3 要素，则是一张毕业证书，同时也是一张见习理性法官的认可证。

悟 06：维特根斯坦魔杖不仅对情景 SIT 的真实面貌具有巨大的屏蔽效应，还对背景 BAC 的真实面貌具有巨大的扭曲效应。

悟 07：背景 BAC 可以轻松地给出客观与主观的两分，HNC 把两者符号化为 BACE 和 BACA。但两者的交织性特征非常隐蔽，这意味着背景真实面貌的扭曲效应必将非常严重。基于上述思考，HNC 对于背景的处理（即揭示隐蔽或矫正扭曲的努力）将保持低调，而绝不高调[*05]。

背景 BAC 和客观背景 BACE 在语境单元里居于要素地位，背景的真实面貌必将被严重扭曲，对背景的处理必须坚持低调方式，这就是引文的 3 个要点。以此为依托，显然，本小节的使命就在于进一步说明，如何对客观背景 BACE 施行低调处理。

在进行这一说明之前，需要一个关于客观背景 BACE 的定义，这并不是前文的疏忽，而是时候未到，现在是时候了。

$$BACE \equiv (s22+s23+s3+s4) \ \text{——} \ [BAC-01-0]$$
（客观背景强关联于实力、渠道、条件和广义工具）

概念关联式[BAC-01-0]就是客观背景 BACE 的定义式或定义。请注意：这个定义式同时也是一位外使[*15]，右式包含的 4 项内容非常独特，两株概念树和两片概念林，四者皆属于综合逻辑概念。引文所说"两者的交织性特征非常隐蔽"和"背景真实面貌的扭曲效应必将非常严重"，其实皆缘起于这位外使的基本特征。因为，实力、渠道、条件或广义工具虽然都具有客观性的基本特征，但其客观性不可能是纯净的，主观性可以进入它们各自的诸多方面。以实力 s22 为例，其二级延伸概念"关系力 s22\2*9"、"知识力 s22\2*a"和"理想力 s22\2*b"（简称软实力之 γ 三力[*16]）的主观性色彩都非常浓重。为了语境单元描述的需要，HNC 只好置此于不顾，一方面把它们强行纳入 BACE 的范畴，另一方面保持低调对策。

客观背景 BACE 的定义[*17]表明，实力 s22 和渠道 s23 这两株概念树的全部延伸概念都属于客观背景 BACE；条件 s3 和广义工具 s4 这两片概念林所包含的全部概念树及其延伸概念也都属于客观背景 BACE。这是对 BACE 辖属范围的原则性说明，但这个说明实际上仅划定了 BACE 的宽度，而并未划定其深度。

所谓低调对策，主要涉及背景 BAC 的深度表达问题，这是一个有待深入考察的课题，HNC 迄今仅仅是为此做了一点清道夫的工作。语段标记概念林 11 及其 10 株概念树(11y,y=0-9)的设置是第一次清道；综合逻辑之概念子范畴 s、概念林(sy$_1$,y$_1$=1-4)和相应概念树的设置是第二次清道；所有上列概念树的概念延伸结构表示式设计是第三次清道。在经过三次清道以后，背景 BAC 的真实面貌终于比较清晰了，客观背景 BACE 的定义式是其水到渠成的成果之一。

应该强调指出的是：这三次清道工作形式上异步于起始，但实质上同步于结束。这一景象非常有趣，但它并不是背景 BAC 探索的特有现象，而是 HNC 整个探索历程的伴随现象。在那个笔者也使用概念节点这一术语的时期，曾多次出现过稳定概念节点的强烈呼声。那呼声实质上是一面镜子，它折射出两种不容忽视的习惯，一是不理会概念交织性的习惯，二是不体验"为伊憔悴"的习惯。这些话，笔者隐忍了多年，此刻，是说出这一真相的时候了。

1.3.4　主观背景 BACA

有了上一小节的铺垫，本小节可以直接从主观背景的定义式开始了。

$$BACA \equiv (s1+s20+s21) \quad\text{——}\quad [BAC-02-0]$$
（主观背景强关联于智力、手段和方式）

[BAC-0m-0,m=1-2]是两位极不寻常的特级外使，其表示式表明，客观背景与主观背景形成了一个无缝隙的互补关系。语境单元之背景者，综合逻辑也，主观背景占据着综合逻辑的前 5 株概念树，客观背景占据着综合逻辑的后 11 株概念树。彼山景象如此清晰，还需要多说什么？

这样，本小节将成为本《全书》文字最短的一个小节，请记住这一点吧。

结 束 语

本小节的名称竟然与本编相同，这很不协调。改变这种名称上的不协调性并非难事，但后来觉得，保持这一不协调性反而是一个明智的举措。因为本小节是语境单元的点线说，本编是语境单元的面体说，面对的是同一个命题，只是说明方式不同而已。

语境单元由 3//4 要素构成，三要素就是（领域，情景，背景）(DOM,SIT,BAC)，四要素就是（领域，情景，客观背景，主观背景）(DOM,SIT,BACE,BACA)。本节的第一小节叙述了语境单元要素说的形成过程，依次列举了该过程的 8 次领悟。这里应该特别提请注意的是：8 次领悟是用一根红线贯穿起来的，那红线的描述并不在本节而在上一节，这里不拷贝原文，换一个方式表述如下：语境单元就是语境描述的基本构件，语境空间必须存在这样的东西，就如同句类空间必须存在语块那样，语境单元就是语境空间的"语块"。语境单元要素与语块要素的比照是一个富有启示性的课题，有待后来者进行更深入的探究。

情景的阐释采取了本《全书》罕见的撰写方式，依托于一个具体的句群 a453b，浅说与深说两种方式交错使用，多数读者可能很不习惯，请付出耐心和包涵吧。

背景的阐释比较轻松，因为它有一个十分简明的依托——综合逻辑概念。

语境单元如何运用于语境分析？又如何转换成记忆？这是后文的课题，但本节和上一节都安排了相应的预说，如上节的"悟 07"和"悟 08"，本节的"第四大句情景描述的 3 个要点"。

注 释

[**00]"迫不得已"的苦恼贯穿于本《全书》撰写的全过程，不仅没有减弱，甚至是日益增强。

HNC必须引入大量的新术语，这些新术语的含义强相互交织，其语言诠释必然相互纠结。所谓"迫不得已"的苦恼，归根结底就是新术语诠释的苦恼，这包括：HNC探索第一阶段提出的抽象概念与具体概念、概念基元与基元概念、概念范畴、概念林与概念树、对象与内容、语块与句类、主块与辅块、GBK与EK、EQ与E、E与EH等系列术语；第二阶段提出的领域、情景、领域句类、客观背景与主观背景、语境基元与语境单元、显记忆与隐记忆等系列术语。这两大系列新术语都遭遇过到语言诠释的苦恼，第二系列尤为严重。在笔者的HNC探索生涯里，语言诠释的难度远大于HNC符号表示的难度，尽管后者也经常出现平衡原则运用的困惑。语言诠释之难常使笔者联想起李白的诗句"蜀道之难，难于上青天"。但对于此"青天"的认识，在HNC探索历程的第一阶段比较肤浅，以为词语意义的不确定性构成了那片"青天"，语音文本的5层级模糊说和文字文本的3层级模糊说就是该肤浅认识的典型呈现。那么，"青天"到底是什么？是意义自身的相互交织性。HNC探索到第二阶段才真正认识到：意义的"菩提树"是概念基元空间、句类空间和语境空间，而不是什么"三语"（语形、语义、语用）。不知道区分这个三级空间，谈意义就会失去基本依据。以对象和内容为例，两者在概念基元空间的意义是完全不清晰的，在句类空间的意义也不是完全清晰的，只有到了语境空间，才是完全清晰的。在句类空间，对象与内容仅在特定条件下才分别对应于具体概念和抽象概念或反之，而在语境空间，两者则无条件地分别对应于具体概念和抽象概念。西方学者论意义，大约只有维特根斯坦一人比较明白这一点，其"意义就是使用"的名言告诉了我们这一点。

正是基于上述思考或认识，再加上对语义学的前述思考或认识，本《全书》曾对《词典》写了不少不礼貌的话语。不过，这里应该说一声，其实笔者心里特别佩服《词典》编者们的勇气，因为他们都是"明知山有虎，偏向虎山行"的勇士。

笔者生性胆小，采取了"绕着虎山行"的做法，对一些特别纠结的新术语的诠释一定采取"化整为零"的诠释方式，即依据机遇预说那么一点，希望多次预说能形成一个休谟先生所说的印象，便利于读者的理解。这种"化整为零"方式的实际效果如何？笔者不得而知。但这里应该告诉读者的是，它已经形成了本《全书》一种撰写习惯，而习惯必然具有局限性或不良效应，即使它不是不良习惯，甚至是好习惯。

[*01] 三语说是HNC对"语形、语义、语用"三维度说的简称。

[*02] "内在断裂"的说法是第一次使用，具体论述散见于多处，恕不列举。

[*03] 这里是指句类分析技术在语言信息处理方面的局限性，面对20项难点的综合治理，它实质上依然处于无能为力的尴尬境地。

[*04] "维特根斯坦魔杖"的说法是第一次使用，但前文曾有多次论述。这里的"魔杖"来自于《哲学研究》。该书是九台日日夜夜里的手边经典之一。

[*05] 这里的"低调、高调"说关系到一项思考，那就是言语脑似乎存在一种特殊倾向：甘愿受骗上当，这是一个不便公开讨论的话题。启蒙热衷者或新国际者确信：言语脑的这种倾向是人们被洗脑的结果，第一世界的典范——美国——就不存在这种倾向。他们深信：自由民主的旗帜足以保证不被洗脑。但问题在于：自由民主不过是文明的包装品，而不是文明的包装体。教帅在操纵着伊斯兰世界（即第四世界），官帅在操纵着市场社会主义世界（即第二世界），这诚然是严酷的现实，但是，金帅不也同样在操纵着自由民主世界（即第一世界）么？三帅都是洗脑高手，因此，言语脑的被洗是语言脑的宿命，这是当今世界最基本的世界知识，难道不是吗？本《全书》一直在致力于对这一世界知识进行浅说，曾多次指出，近年美国金帅的离奇表现与新国际者的确信并不符合。不过，这个"不便公开讨论的话题"，已不属于浅说的范围，故这里只能点到为止了。

[*06] 摆脱"海底捞针"困境的具体思路如下：领域数以万计，一个特定句类适用的领域也数以千计，这就是说，主块要素的认定属于"千里挑一"甚至"万里挑一"的难事。但是，领域一旦被认定，那"千里挑一"的问题就不再存在了。可见，领域认定属于牵住牛鼻子的大事，第三章将作专题讨论。

[*07] 这里的(jDJ)是所有基本逻辑句类的统一符号；(DJ)是所有判断句的统一符号；(jDJ//DJ)是两者混合句类的统一符号。

[**08] 本段将两次提到看齐原则，一次提到协调原则，它们都属于笔者多年来反复鼓吹的"三二一"原则。该原则里的"三"指"三看齐"：未知向已知看齐，模糊向确定看齐，高层级概念向低层级概念看齐，简称看齐原则，区分第一、第二和第三看齐原则。"三二一"原则的阐释急需写多篇论文，"三看齐"原则尤为需要。本段第一次使用的是看齐原则的非分别说，第二次使用的第二看齐原则。"二"指"两协调"，指语块构成的对仗性协调和句式构成的对仗性与因果性协调，简称协调原则，也叫对仗性原则，区分第一和第二协调原则。本段使用的是第一协调原则。"一"指求证，包括证实与证伪，也简称求证原则，区分证实原则和证伪原则。"三二一"原则是语言理解处理的最高原则，是HNC技术最重要的法宝，将在第七编"微超论"里详述。

[*09] 这里涉及"国家pj2*"的世界知识，华沙是波兰是首都，波兰不是大国，首都陷落就意味着国家陷落，或国家被征服。读者由此可以看到：HNC的世界知识既不同于通常意义上的常识，更不同于专家知识。

[*10] 此大句的劲敌包括：①劲敌01的"坐着"，其句类代码必须取混合句类SYJ，而不能取基本句类SJ。其降伏远非易事，不仅传统的词汇语义学做不到，句类分析也很难做到。但如果站在语境分析的高度，事情就会出现转机。②劲敌04的"这段"、两个"他们"和"这"，前两者不难降伏，但"这"远非易事。

[*11] 此大句的流寇包括：①流寇13的"这段"和"坐着"；②流寇10的"[-的确-]"。理论上，对两者的扫荡应该不是句类分析的难事。

[*12] 这里的"喘息时间"一定要与劲敌04"这段"捆绑在一起。两者一捆绑，那"喘息"就不是一般SJ所描述的生理喘息，而是SYJ所描述的军事喘息了。怎么知道是军事喘息呢？该大句里的"军事力量…改善"明确地指明了这一点。这样，该短语就变成了语境条件Cn-4，而不是一般的时间条件Cn-1了。此特定语境条件的认定就意味着"战备a45"的认定。这属于语境分析的基本功，不属于HNC初始句类分析分内的事。

[*13] 概念树"战备a45"的语境认定只是所谓领域认定的第一步，这是语境分析的基本套路。说详细一点就是：领域认定通常分为五步：第一步是候选语境概念的确定；第二步是语境概念的认定，包括主体语境情况的概念树认定；第三步是一级延伸概念的定位（对主体语境而言）；第四步是单一语境与复合语境的判定；第五步是领域的认定。最终认定的领域多数属于主体语境概念树一级以下的延伸概念，但也可能返回到主体语境概念树或基础语境的某一概念基元。示例句群a453b的情况似乎比较简单，但走过第二步并非易事，上一个注释表明了这一点。本注释涉及第三步，需要运用求证原则，主要是证伪原则的运用。

如果问：语言脑是按照上述五步进行语境认定的么？回答是：不知道！但可以肯定的是，图灵脑只能这么做。就示例句群a453b而言，它只能对概念树a45的四项一级延伸概念逐一进行弃与选的处理，最后是舍弃了前三项而选取了第四项a453（战备谋略）。

[*14] 该大句动态记忆的三项内容是："他们的军事力量没有丝毫的改善"、"坐着"、"预言

对方要失败"。三者是一个因果串，因为他们"预言对方要失败"，所以他们"坐着"；因为他们"坐着"，所以"他们的军事力量没有丝毫的改善"。战备谋略的具体内容是a453t=b,共计三项：政治战备a4539、经济战备a453a和精神战备a453b。动态记忆的三项内容与政治战备有关么？No!与经济战备有关么？No!与精神战备有关么？Yes!不仅如此，动态记忆的三项内容还应该给出a453b(c01)的自动挂接，这一步太玄乎么？未必！但预说只能到此。于是，领域认定就这么胜利完成了。使用了什么套路呢？还是求证原则，证伪与证实并举。从a453b的认定来说，证伪的作用大于证实。但从a453b(c01)的认定来说，则主要依靠证实的作用。

笔者很想把以上的三项注释写得易懂一些，结果可能是事与愿违。本节在力图讲清楚两件事：一是领域认定的重大意义；二是领域认定的基本套路。如果读者对这两点有一个初步印象，那笔者就要说"善哉！善哉！"了。

[*15] 概念关联式曾戏称语言概念空间的信使，信使有内使与外使之别。见[320-4.1]节（句类空间与概念基元空间的对应性）。

[*16] 软实力之γ三力的论述见"综合实力s22(\k)的世界知识"小节（[260-2.2.3]）。

[*17] 强关联符号"≡"可等同于定义式符号"::="，这种定义方式早已使用并说明过，这里就不必多话了。

第 4 节
语境单元 SGU 是领域 DOM 的函数

本节需要讨论的问题主要是本节的标题本身，故不分小节。

本节标题似乎存在一种内在的不协调性，因为语境单元三要素之首就是领域。所以，标题的函数说岂非有点类似于 f(x)=x 形式的函数么？由于曾遇到过对"语块是句类的函数"的非寻常质疑[*01]，所以，这里先说几句"预防针"性质的话。

语境单元 SGU 是领域 DOM、情景 SIT 和背景 BAC 的综合描述，可以把它描述成"领域、情景与背景三者的非分别说"，也可以把它描述成语境的最小单位。而语境最小单位是由领域来决定的，因此，"语境单元是领域的函数"命题的顺理成章性或合理性，就完全等同于"语块是句类的函数"命题。

如果对"语境单元是领域的函数"命题作分别说，那就是下面 3 个子命题：

　　领域是领域的函数。
　　情景是领域的函数。
　　背景是领域的函数。

第一个子命题不言而喻，第二个子命题在上一节作了"充分"[*02]论述，对第三个子命题的论述则是本节的使命了，但重点是该命题的非分别说，即本节的标题。

下面的论述将采取与[330-1.3.2]小节类似的方式，依托于一组具体的句群，现将该句群组分别拷贝如下。原文见附录 4，由 3 个段落构成，每个段落形成一个句群，共 3 个句群，取自同一篇文章《孤独的成功 不要忘记：救助行动起了作用》。下面拷贝的是该文的前 3 段，三者围绕着语境单元"积极经济调控 a25\0*i"而展开，该语境单元是整篇文章的主题。

三个段落分别进行说明，先给出经过 HNC 符号标注的语料。

——句群 01（3228\3+a24）

9 月||由黑暗的周年纪念日||主宰。

(!11R41S0J)

上周-||我们||纪念过||9/11，+这周-||又该回忆||<雷曼兄弟公司|的倒闭>了。

(Y802J+Y802J)

关于那场金融危机的讨论||大多围绕着||一个挥之不去的问题：雷曼兄弟的垮台||[是否]可以避免？

(Y900J,YB2 = f429Y101X32J)

对很多人来说-||，这||是||引发那场危机的主要错误。

(jDJ)

有些人||则认为#，雷曼兄弟||是||诱发因素，++{金融体系的杠杆作用|太强}||，{[-早晚要-]被什么东西|压垮}。

(DJ,DBC = jDJ++P21J;PBC1 = {S04J},PBC2 = {!32!21XY6J})

这里，先介绍一下关于语境单元描述的两个要点。一是关于语境单元的两个基本侧面，那就是对象与内容。语言文本经常采取"明说内容、暗说对象"的表述方式，也就是留下对象的空档，请记住：如果该空档存在，则它就是语境分析的 1 号空档[*00]。二是关于复合语境单元的一种特定表述方式，那就是"3228\3+ay|"，汉语里与危机相联系，其内容包括全部专业活动，从 y=0 所对应的社会危机到 y=8 所对应的医疗服务危机或环境危机。因此，该特定语境单元的认定也许有资格列为语境分析的 2 号空档，暂记为"2 号空档"。

基于上述两个要点，"句群 01"所隶属的语境单元似乎不难确定，那就是"3228\3+a24"，汉语名称叫"金融危机"。但依据第一要点，本句群"金融危机 3228\3+a24"只明说了内容，而对象则是一个明显的空档，即语境分析的 1 号空档。至于"2 号空档"，表面上似乎并不存在，因为"金融危机"的短语已经出现在"句群 01"里了。但是"金融业 a24"这株概念树与随后的另一株概念树"经济与政府 a25"强交式关联，因此，"金融危机"的具体呈现形态将十分复杂，这里存在着众多的空档。语境分析必须具有这种"意识"或"思考"，这当然属于后话。

回到"句群 01"，它由 4 个大句构成，含 7 个小句。下文分 3 组予以分别说。

前两个大句（含 3 个小句），实际上自成一组，可并成一个大句。因为这两个大句都出现了"纪念"这个词语，它是语境概念树 q804（纪念）的汉语直系捆绑词语，因而将激活语境单元 q804。第二个大句出现了语境概念树 q802（回忆）的汉语直系捆绑词语

"回忆",它足以激活语境单元 q802。第二大句的两个小句分别叙述了纪念和回忆的对象与内容,前者是"9/11",后者是"雷曼兄弟公司|的倒闭"。但是,第一大句却把两者都纳入了纪念这株概念树,这是一个疑问,语境分析应该提出这个疑问么?这似乎是一个不寻常的问题,然而对于 HNC 意义上的语境分析来说,却是一个必须面对的普遍性问题,因为 q804(纪念)和 q802(回忆)之间并不存在强交式关联,HNC 不能因为一些特例的存在,而把某种关联性特权强行注入某些概念之间。

这组大句表面上不存在劲敌 A 和劲敌 B,仅存在两个劲敌 C,那就是"我们"和"9/11"。但实际上存在着劲敌 A,因为词语"主宰"通常激活基本句类 R41J,但这里却使用了混合句类 R41S0J,理由是这里的被主宰者 RB2"九月"不太符合 R41J 的预期,但符合 R41S0J 的预期。这个例句颇有一点启示意义,因为它强有力地支持了 HNC 第二公理,同时无情地暴露了动词中心论的偏颇或局限性。

总之,前两个大句仅仅给了我们一个关于语境单元之概念树层级的提示,而这个层级通常是不够的,需要深入到语境概念树的某一级延伸概念。因此,语境分析在这里需要具有"且听下回分解"的"意识"或"思考"。

接着看第三大句,这在上文已经给出了要点分析,那就是被誉为"2 号空档"的激活,此地被激活的语境单元是"3228\3+a24",汉语名称叫"金融危机"。该词语的语境激活功能虽然具有绝对性,但并不全面,因为还缺了对象。这个空档形成了大句 3 的劲敌 05 或深层劲敌 C,"关于那场金融危机的讨论"和"引发那场危机的主要错误"两语块里的"那场"同时也是流寇 13(动态词),英语对应的"the"不存在这个流寇问题,但劲敌 05 照样存在,且其降服的难度不会由于流寇的不存在而有丝毫减弱。

再看第四大句,其中的语块"诱发因素"是一个双重性劲敌:劲敌 B(03)与劲敌 C(05),对应的英语"the precipitating factor"则是一个单一性劲敌 C。从这个意义上说,英语的理解处理难度似乎确实小于汉语,但仔细考察该大句不难看到:其劲敌 C 不是一个,而是三个,将分别记为 SEC1、SEC2 和 SEC3[*03]。三者都是深层的,而深层劲敌 C 一定联系于特定的空档,这一点非常重要,下面用表 3-5 来加以展示。

表 3-5　深层劲敌 C 与缺省的对应性示例

劲敌序号	语段	缺省
SEC[1]	雷曼兄弟	公司的倒闭
SEC[2]	诱发因素	那场金融危机的
SEC[3]	{[-早晚要-]被什么东西|压垮}	(缺 GBK2 或 YC)

所谓特定的空档就是指语言的省略,这里的"雷曼兄弟"是"雷曼兄弟公司的倒闭"的省略,"诱发因素"是"诱发那场金融危机的因素"的省略,SEC[3]省略的语块是"金融体系"。三位劲敌 C 的隐蔽度有所不同,如果拿隐蔽度来衡量,形式上可以这么说:三者依次递减,SEC[1]最深,SEC[2]次之,SEC[3]最浅。语块数量的基础句类知识就可以充分揭示 SEC[3]的省略,但 SEC[1]和 SEC[2]的情况就比较复杂了。两者分别充当是否判断句 jDJ 的 DB 和 DC,该句类是一个最特殊的基本句类,其基础句类知识既可以说最为匮乏(从语块构成来说),又可以说最为丰富(从句类转换来说)。后者只在语块

DC//DB 出现句蜕时，才有用武之地，但大句 4 的 jDJ 不是这个情况。另外还应该指出一点：这里的 SEC[1]和 SEC[2]是有区别的，SEC[2]可以仰仗关于包装品和包装体的语块构成知识，从而推知"诱发因素"乃是偏正结构，而不是动宾结构[**04]，这当然是一个不小的进步，但这仅仅是一个提示而已，对于缺省的填充毫无裨益。至于 SEC[1]的空档，句类分析则要陷入一筹莫展的绝境了。这并不是说，语言理解处理的最大难关就在于缺省的填充，它只是必须被降服的劲敌之一。以上的论述只是试图清楚地表明，句类分析对于某些劲敌的降服显然无能为力，必须另寻出路。

那么，路在何方？

初步答案是：不能局限于单个的小句或大句，要放眼整个句群，也就是语境。众所周知，这是语言分析的一条基本原则，但是，该原则如何运用？不会运用，再好的原则也不过是一句空话或废话。尽管如此，这里还是先给语境原则的运用起一个名字，叫语境分析，符号表示是 SGA。

现在有条件说出下面的话语了。语境分析 SGA 的第一要务是抓住语境单元 SGU，要抓住语境单元，第一要务又是抓住领域 DOM，领域是一把冲破语境分析迷宫的钥匙。但是，领域不是你想抓就可以轻易抓住的，这里的核心问题是两个：一是如何抓住领域，二是抓住了领域以后，如何利用它来破解语言理解处理的一系列难关，这包括全部劲敌的降服和全部流寇的扫荡。

这两个核心问题的阐释，并不是本节的任务，甚至都不是本《全书》所能承担的任务，因为这里的"如何抓住"和"如何运用"不是一个纯粹的理论问题，而是一个理论与技术如何接力的问题。此接力问题形式上做了很多，实质上还没有开始，它关系到语言脑能否解密、图灵脑能否实现、文字数据能否变成文字记忆这个"三位一体"性质的大课题。本《全书》只承担该课题的理论第一棒，因此"如何抓住"和"如何运用"的问题将放在随后的两章里略加浅说，本节不过承前启后一下而已。但承前启后并非易事，本节在尝试一种"畅所欲言+跌宕起伏"的撰写方式。

上文围绕着句群 01"畅言"了半天，最后总算"宕"了一下。下面，把"宕"的话题再扩展一下。整个句群在讲述什么"事情"（"事"）或回答什么"问题"[*05]？这是语境分析的 0 号空档。HNC 把这 0 号空档符号化为 SGU 或(DOM,SIT,BAC)，在 SGU 的 3 样东西里，DOM 这个东西最容易弄到手，也必须最先弄到手。"最容易"和"必须最先"是两个命题，这两个命题是语境分析的灵魂。

本节只说明"最容易"的命题，"必须最先"的命题放在随后的第三章。在语境 SG 这个展示平台上，DOM 往往最显眼，最忙乎，往往不是出现一次，而是出现多次。于是，有的地方就得找替身，有的地方干脆连替身都不要了，这属于语言的艺术性。该艺术性存在着"一枚铜板的另一面"，那就是一种特权，一种主角的特权。该特权的具体呈现是：①主角有权占据着语句的主体构成；②主角有权形式上缺席；③主角有权委托替身，主要是人称代词。主角之外的配角可名之语句的辅助构成[*06]，通常就没有这三项特权了，特别是其中的前两项。这三项特权是 SGU 彼山景象的最大看点。

上面关于主角和配角的概念，是立足于 DOM 而引入的。但这两个概念本身可超越

DOM，因为它们不仅属于 DOM，也属于 SGU。这就引申出一个"SGU 主角辨认"的命题。但是，SGU 主角的辨认，归根结底，就是 DOM 主角的辨认，因此可简称主角辨认。

主角辨认是语境分析的基本功，语境分析一定要从主角辨认做起，这毋庸置疑。但是，主角如何辨认？语言脑一定拥有主角辨认的窍门，其存在性也毋庸置疑。但不能不问一声：大脑和语言学的研究曾直接指向过这个窍门么？答案是令人尴尬的，这很值得反思。HNC 关于语境分析的探索正是从这一反思开始起步的，先给主角辨认的谋略起了一个名字，叫"窍门"。"窍门"必然由一系列窍门构成，HNC 把这个窍门系列叫作"窍门[k],[k]=1-n"，其中的"窍门 1"将名之"大窍门"。这些名称都太俗气，难登大雅之堂。但十年多下来，笔者始终没有想出更好的术语，本节只好先凑合了，因为下文需要用到这些术语。

非常有趣的是，"窍门[k],[k]=1-3"恰好对应于上述 3 项特权[**07]，"窍门 1"对应于特权 1，"窍门 2"对应于特权 2，"窍门 3"对应于特权 3。这可以说是一场人为的巧合，然而，该巧合曾在"九台闭关"期间引发出如下的联翩浮想："窍门[k]"就是语言脑的核心机密。如果连这个核心机密都没有意识到，那语境分析的殿堂将永远可望而不可即；如果能逐步洞晓这个核心机密，那就有希望步入语境分析的殿堂了。一旦进入了这个殿堂，那 3 大劲敌里的 SEC 和 SEB 也许就不那么可怕了，对付劲敌 SEA 也会有更多的手段了。至于流寇的扫荡，那将是一件轻而易举的事了。

这里应该说一声：上文"联翩浮现"以后的话都过于形而上，"一旦"以后的话还显得多余，这是笔者的坏习惯，请原谅。不过，下文将对那些形而上话语作出回应，多余的话语在第五编"论机器翻译"里也会有所回应。

下面回到句群 01，不难看到，"窍门 1"在那里发挥了惊人的作用。"金融危机"大摇大摆地出现在大句 3 的第一个小句里，接着稍微变一下形态（"那场危机"）出现在该大句的第二个小句里，随后又以形式缺席的方式（"诱发因素"）出现在大句 4 里。这就是说，该句群的 2/4 大句都有该 DOM 的身影，这个现象当然应该引起我们的特别关注。这里要特别指出的是，"金融危机"不是一般词语，它是词语里的"贵宾"。在 HNC 符号体系里，该"贵宾"佩戴着耀眼的"名片"：3228\3+a24，SGU 队列的重要成员之一。该名片里的关键词——金融——还出现在大句 4 的第 2 个小句里。

SGU 队列固然十分庞大，但毕竟有限（1 万多位）而有序（5//7//10 系列）[*08]。就句群 01 而言，认定"3228\3+a24"并不困难，甚至可以说是一件轻而易举的事。因为"金融危机"是复合领域"3228\3+a24"的直系捆绑词语。

从"金融危机"到复合领域单元"3228\3+a24"的转换，既是 DOM 的认定，也是 SGU 的认定，是一种双重性认定，将简称**语境认定，是语境分析的第一要点**。这个论断非常重要，因为它与本节的标题强相呼应。如此重要的论断放在这个位置写出来，似乎不太合适，笔者笨拙，只好采取最笨拙的方式把它强调一下，即将该论断的文字表述加上黑体。

围绕着句群 01 的诠释到此似乎可以结束了，但不妨"画蛇添足"，再补充 5 点。

（1）建议读者再看一下表 3-5，同时回味一下关于缺省及其填充的一系列说法。

（2）本句群的大句 1 里出现了"9/11"，它不是常规意义上的词语，也会激活一个佩戴"名片"的 DOM——"3228\2+a13\13"（恐怖活动）。"金融危机"激活"3228\3+a24"，"9/11"激活"3228\2+a13\13"，此类激活将称为 DOM 词语激活。在自然语言空间，"金融危机"与"恐怖活动"没有任何"交集"迹象，但在语言概念空间，两者的"交集"特征应该十分凸显。如果这里说上面的两组 HNC 符号强烈地印证了这种"交集"性，你大约不会感到突兀和费解，但下面的话语可能就会完全不同了。

那话语是：在语言脑的视野里，DOM 词语激活往往仅涉及动态记忆 DM 的转移和状态两侧面；但在言语脑的视野里，则还要涉及 DM 的效应侧面。这段话属于第四编"论记忆"的预说，为什么放在这里呢？因为说起了领域"3228\2+a13\13"及其特例"9/11"，第一世界和第四世界的人们对"9/11"的反应必然存在巨大差异，那就属于 DM 效应侧面的事了。

（3）在一个句群里，可能激活多个 DOM，这比较常见，至于一个 DOM 也激活不了的极端情况，可暂不考虑，因为它只可能出现在诗歌和古龙先生的武侠小说里。句群 01 有两个 DOM 激活，其中的"3228\2+a13\13"实际上只是一个陪衬，这就提出陪衬认定的课题，它属于领域认定 DD 的重要内容之一。

（4）"9/11"的进入动态记忆 DM，需要借助人工干预（通过多次说过的直系捆绑词语库），这是 HNC 的基本设想。但是，对句群 01 里的"雷曼兄弟公司"就不能这么做了。未来的图灵脑应该具有这样一种自学习能力，可直接推知雷曼兄弟公司是一个与金融业紧密相关的大公司。所谓直接推知，就是仅仅立足于句群 01，并运用第一看齐原则（未知向已知看齐）就可以做到。这就是说，该项知识的获得既不需要统计，也不需要查询相关的网站。这个目标并非可望而不可即，而是可望即可即。

（5）上面 4 点都只涉及"如何抓住"的问题，"如何运用"的问题本来也可以呼应一下，但随后各章会有专门论述，这里暂免。

下面考察句群 02。该句群有 5 个大句，前 3 个大句皆仅含 1 个小句，标记成子群 02a；后 2 个不是，分别标记子群 02b 和子群 02c。3 子群分开拷贝，以便于文字说明。

——子群 02a(a25\0*i)

{如果雷曼|没有倒闭}||，{我们|永远不知道|可能发生什么}。

(P21J;PBC1 = {f44Y1SJ},PBC2 ={f44D01J})

但是，我们||可以比较肯定地说#，{没有|雷曼的倒闭}||，也就不可能刺激||政治统治集团||采取行动。

(T30jDJ,T30C = X03J;A = {f44jD1*J},f44Ep,ErJ = XPJ)

{雷曼|倒闭一个月}以后-||，美国政府||采取一系列行动||{恢复|金融稳定}。

(XP21J)

在对子群 02a 进行说明之前，要烦请读者回头温习一下关于"窍门[k]"的论述。

本子句群说了两件"事"，一是"雷曼倒闭"，二是"美国政府采取行动"。那么，这两件"事"谁是主角呢？这里，"窍门 1"的巨大作用简直令人惊叹，它强有力地支持了后者，而否定前者。因为前者在大句 2 和大句 3 里都居于配角地位，而后者则居于主角地位。

"窍门[k]"是一个难登大雅之堂的俗气命名，现在，读者也许多少可以理解一点该命名的"良苦用心"了。"窍门 1"带有基础性"预备动作"的意思，就是为 SGU 或 DOM 的认定作准备，先把句群的主角语句找出来。

但是，认定了句群的主角语句，并不等于认定了 SGU 或 DOM，子群 02a 和前面的句群 01 都充分表明了这一点。这是语境单元 SGU 的常态，当然，两者等同的理想情况也会出现，这是比较理想的情况，大体对应于一个词语就足以激活一个特定领域的情况。不言而喻，语境分析 SGA 绝不能以这种理想情况为立足点，这是完全错误的投机取巧行为。但笔者曾在一段时间里，出于无奈而鼓吹过这种丢脸的事。

那么，从主角认定到 SGU 或 DOM 认定需要哪些"窍门"呢？本节不可能对此给出一个完整的答案，因为那是本编全部论述的使命。但本节有责任给出一个关键性预备处理的清单，如下所示：

预备处理 01，篇章主题的基本分析；

预备处理 02，前面句群的动态记忆；

预备处理 03，当下句群的子群划分；

预备处理 04，主角语句的认定；

预备处理 05，主角语句的句类认定；

预备处理 06，基于认定句类的领域对象内容分解；

预备处理 07，领域对象内容的单一性与非单一性辨析；

预备处理 08，领域非单一性内容的特定处理。

下面对每一项预备处理给一个要点浅说，浅说主要是指出问题。

预备处理 01（篇章主题的基本分析）浅说：

篇章的形态各色各样，首先要确定篇章是否存在。篇章的存在对应于专著或大文章，这时篇有篇名，章有章名，但章名可能只是一个编号，或虚有其名（如《论语》）。篇与章还可以再作分别说（本《全书》属于这种情况），那就会出现篇或章的局部名。大多数文字属于有篇无章的情况，句群 02 就是如此。

篇名、章名或局部名的形态也各色各样。除了编号和虚名，都要作语境对象内容分析。最常遇到的情况是语境对象缺席，当然也可能出现内容缺席的情况，缺席就形成空档。句群 01 和 02 都属于语境对象缺席的情况，专著的篇名往往如此。在出现语境对象缺席的情况下，预备处理 01 就一定要形成一个空档待补的明确意识，这是语境分析的第一要点。

预备处理 02（前面句群的动态记忆）浅说：

领域 DOM 的相继出现具有自身的有序特征，不会乱蹦乱跳，居前的 DOM 会影响居后的 DOM。这很重要，又比较复杂，这里只能"蜻蜓点水"。但预备处理的要点是：一定要让居前的 DOM 以适当的简化形态进入动态记忆 DM。

预备处理 03（当下句群的子群划分）浅说：

现代语言文本都有段落标记,语境分析 SGA 的简明策略就是把一个段落当作一个句群。如果该段落的文字比较长,就需要形成子群的意识,否则就不需要。那么,所谓段落的长短如何认定? 这是预备处理 03 的要点。

预备处理 04(主角语句的认定)浅说:

这是预备处理的关键步骤。如果主角语句搞错了,那么语境分析 SGA 必然满盘皆输,如同句类分析 SCA 搞错了 Eg 一样。这意味着**主角语句的认定是语境分析的第二要点**。因此,语境分析的顶层设计也必须同句类分析一样,配置一个回溯处理模块,以备纠错。语境分析回溯处理模块的重要性远大于句类分析,前者是大哥,后者是小弟。从形式上说,这个比方似乎很不恰当,因为小弟似乎出生于大哥之前。然而,这是语言信息处理习惯性误区的典型表现,考虑一下预备处理清单的前两项,就不难明白这个道理了。因此,预备处理的 04 的要点无非是:给语境分析提供一个确切的答案:要不要调用回溯处理模块,这包括当下调用和随后调用。

主角语句认定的法宝叫"窍门[k]",上面提到了最重要的 3 项。

预备处理 05(主角语句的句类认定)浅说:

这里的关键思考是,不是向着具体的句类代码一步到位,而是要首先弄清一个基本界限:描述该领域的句类是属于广义作用句还是广义效应句? 这是**语境分析的第三要点**。

当然,可以一步到位的情况是存在的,而且并不罕见,子群 02a 就属于这种情况,该子群的最后一个语句就提供了主角语句的具体句类 XP21J,其汉语表述是:美国政府||采取一系列行动||{恢复|金融稳定}。但句群 01 就没有这样的幸运了,其主角语句应该以 Y1J 的形态出现,其具体汉语表述是:"美国||出现了||金融危机。"但句群 01 里并没有这样的语句。这是预备处理 05 面临的第一项困难。

但这项困难只涉及表象,而没有触及本质。本质问题放在下一章论述,这里仅就表象问题略说两点。①句类 XP21J 是一种不稳定型句类,若转换成 XYkJ,可能更便于理解。实际上,"美国政府||采取一系列行动||{恢复|金融稳定}"也可以采取"美国政府||采取一系列行动恢复||金融稳定"的标注方式,这时,EK 取(EQ,EH,E)形态,句类代码就是 XY5J。近年,笔者曾不厌其烦地反复强调"给尔自由"原则,具体到这里,就是要给两种标注方式以自由,也就是给句类分析和语境分析各个环节以适度自由,这里提供了一个不错的范例。②Y1J 句类是一种可转换句类,若转换成 Y102J,可能更便于记忆。

预备处理 06(基于认定句类的领域对象内容分解)浅说:

语境对象和语境内容可挂接于语境概念单元的三要素,但最重要的是对领域 DOM 的挂接,该挂接将形成领域对象和领域内容这两个概念或术语。两者或许将成为今后使用频度最高的术语,不过,其 HNC 符号将采用 SGB 和 SGC,而不采用 DOMB 和 DOMC。

关于领域对象 SGB 与领域内容 SGC 的基本约定是:语境对象一定是具体概念,语境内容一定是抽象概念。这两点,早已作过充分的论述。这里需要补充的只是:①语境对象一定要挂接上特定具体概念。②语境内容一定要挂接上语境概念基元。上述约定的贯彻实施,就是语境分析的**第一位基本功**。

预备处理 07(领域对象内容的单一性与非单一性辨析)浅说:

本浅说涉及语境分析的**第二位基本功**。

领域单一性对象是指该语境单元的领域仅涉及一个对象，非单一性对象是指该语境单元的领域不止涉及一个对象。这里只管领域，不管情景。句群 01 属于领域非单一性对象，英国和法国是关系一方的两对象，还有关系另一方的单一对象——德国，子群 02a 则属于领域单一性对象，仅涉及美国政府。

领域内容的单一性和非单一性同样也局限于领域，而不涉及情景。

预备处理 08（领域非单一性内容的特定处理）浅说：

领域单一性内容是指该内容可以用一个主块来描述，非单一性内容是指它通常至少需要两个主块来描述。这一划分不仅是语境分析的需要，也是记忆的需要。

句群 01 对应于单一性领域内容，子群 02a 对应于非单一性领域内容。

单一性领域内容通常与广义效应句相关联，非单一性领域内容通常与广义作用句相关联，这是 HNC 尚未充分探索的课题。

这里单说非单一性领域内容，因为纯粹的非单一性对象比较简单，不必单列。非单一性领域内容与复合领域没有直接联系，这是两个完全不同的概念或术语。单一性领域可以出现单一性领域内容，也可以出现非单一性领域内容；复合领域同样如此。

非单一性领域内容的特殊处理主要是为挂接特定的语境概念基元服务，也就是为领域认定 DD 服务。

浅说到此为止。下面回到子群 02a。

上文提到，该子群的最后一个语句可选用两种句类代码，一是 XP21J，二是 XY5J。给出的标注语料选择了前者。这里要强调的是，此选择本身不是要害，不具有实质意义。关键在于要抓住子群 02a 领域内容的非单一性，将其句类表示式的 EK 与 GBK2 合并，施行并合处理，这才是语境分析的最高境界，也是下一步施行记忆转换的需要。两种句类代码经过并合处理以后，**殊途同归**。前一句里的所谓最高境界与本句里的黑体**殊途同归**是相互呼应的，烦请静心体会。子群 02a 这个示例，是一片极为可爱的知秋之叶。近年，"一叶知秋"和"给尔自由"成了笔者讲座上的口头禅，主要缘起于此。

下面考察子群 02b。基于下文论述的需要，同时给出了英语原文。

——子群 02b(a25\0*i)

这些行动‖显然使#美国经济‖免于‖彻底崩溃，+从而也挽救了‖全球经济。

(X03J+XY2J,ErJ = X300J)

And it's clear that those actions saved the American —— and thus the global —— economy from total collapse.

(f41\3jDJ,DB = XY2J)

本子群的汉语是一个最简迭句形态的大句，英语是一个"f41\3jDJ"形态的大句。这两种句式分别是汉语和英语的偏好，认识到这种偏好，并由此形成必须施行句式转换的判断，这属于后话（见第五编"论机器翻译"）。这里要说的是：子群 02b 的句式转换不仅是机器翻译的技术性要求，也反映了作者与译者在语境单元要素BACA方面的差异。作者（原文）的"美国老大"意识比较强，译者（译文）淡化了这种意识。

本子群的汉语句类分析遇到了劲敌 04 "这些"、劲敌 03 "崩溃" 和流寇 13 "免于"，英语没有流寇 13 和劲敌 03，这很正常，劲敌 04 "those" 同样存在，还多了一位劲敌 01 "saved"。上面的汉英对比说明也是一片知秋之叶，也相当可爱。这些题外话该打住了，下面转入正题。

本子群的正题讨论需要以预备处理 07 和 08 为基点，我们已知本句群的领域对象是美国政府，它属于单一性语境对象，本句群的领域内容却不是单一性的，而是 "采取一系列行动||{恢复|金融稳定}" 或 "采取一系列行动恢复||金融稳定" 这样的非单一性内容，这样的领域内容就一定要作 "特殊处理"，这属于语境分析 SGA 必须具备的一种基本意识[*09]。这里的 "特殊处理" 包括两层含义或两项处理：一是生成一个有别于句类表示式的领域内容表示符号；二是将该表示符号与某一特定的领域（语境概念基元）挂接。

这两层含义或两项处理不是一个普通的话题，而是一个非同寻常的话题，说到语境分析的节骨眼上了。其非同寻常性也许用得上 "非语言可以表达" 这个短语，这里仅浅说以下两点：①该节骨眼关乎 HNC 理论的全局，前述关于语境分析的 "3 个**要点**"、"两项**基本功**"、若干 "窍门" 和 "预备处理" 等，实际上都是为它服务的。②该节骨眼关乎语言概念空间 3 层级符号体系的综合运用。这两点浅说太形而上，下面结合句群 01、子群 02a 和 02b 说一段比较形而下的话语。如表 3-6 所示。

表 3-6　语境分析节骨眼素描（动态记忆 DM-DD）

标号	领域对象 SGB	领域内容 SGC	认定领域 DOM
01	?	9/11	3228\2+a13
	pea20ad01+Lehman Brothers	a20ae22	
	?	3228\3+a24	3228\3+a24
02a	pea119+USA	(X2Y,a24)	a25\0
02b	USA;pj01	(Y5,a2)	a25\0*i
	(?)		a25\0*i

表 3-6 的正式名称是动态记忆 DM-DD，意思是与领域认定密切相关的动态记忆，它应该成为未来图灵脑的第一号动态记忆 DM[01]。下面依次对表 3-6 作 4 点说明。

1. 关于 "'？'即空档"

表 3-6 里的空档都出现在领域对象 SGB 栏，领域内容 SGC 栏没有空档。这是对语言文本的一种描述。该描述是否具有普遍意义？能否充当一位理性法官？HNC 将给予 Yes 回答，但要加一项补充约定：该描述仅适用于大句、句群或子群，而不适用于小句。为什么 HNC 要引入大句和小句这一对术语？这是最重要的缘起。

Yes 回答的依据是语境空间的 BC 组合，即领域对象 SGB 与领域内容 SGC 的组合，所谓 "事情"（"事"）或 "问题"，必然是该组合的呈现。此说请再参看本节注释[*05]。

2. 关于"语境 BC 组合的基本类型"

"BC 组合"的汉语表述是对象内容组合，在 3 层级语言概念空间，该组合具有截然不同的呈现，这在前文已给出了充分论述。这里对语境空间的对象内容组合作一点补充说明，该组合将简称语境 BC 组合。

语境 BC 组合的基本类型将分为两大类：常量组合与变量组合。常量组合定义为常量之间的组合，变量组合定义为常量与变量之间的组合。常量以概念基元符号表示，符号主体是语境概念基元。变量以句类空间的广义主体基元概念符号及其组合来表示，表 3-6 里的"XY"和"Y"属于变量，其他都是常量，包括"?"。SGB 一定是常量，SGC 可以是纯粹的常量，也可以包含变量，句群 01 和 02 恰好对应于这两种情况。

变量只会出现在表 3-6 的领域内容 SGC 栏里，另外两栏里不允许出现，这是对于表 3-6 的一项基本约定。表 3-6 代表着未来微超动态记忆的框架雏形，当然，这只是一个设想，上述基本约定密切联系此设想，第七编"微超论"里将有所呼应。

从表 3-6 可以清楚地看到：句群 01 不存在变量组合，子群 02a 和 02b 都存在变量组合。

3. 关于"语境 BC 组合的基本原则"

共计 4 条，列举如下：

SGB 与其同行 SGC 常量成员可施行无条件 BC 组合[*10]；

SGC 里的核心变量成员[*11]与其常量成员可施行无条件 BC 组合；

SGB 与其同行 SGC 变量成员可施行 X 组合[*12]；

SGB 与其同行 SGC 变量成员也可施行 Y 组合[*13]。

X 组合和 Y 组合是语境 BC 组合的两种特殊类型，两者不能直接转换成记忆。前两种无条件组合则可以，而且一定要转换成记忆。

用 HNC 惯用的语言来说，这 4 条基本原则就是关于动态记忆的 4 位理性法官，前两位理性法官兼管记忆，后两位不管。

4. 关于"从领域内容 SGC 萃取领域 DOM"

这里只略述现象，不涉及萃取的机制。

常量组合的情况通常可直接萃取到领域 DOM，变量组合的情况通常不能，需要推知。句群 01 属于直接萃取，子群 02a 和 02b 属于推知萃取。

领域萃取或领域认定是语境分析的核心课题，本节只是铺垫，将在随后的第三章里进行浅说。

4 点说明到此为止，使用了一堆新术语，是铺垫文字的大忌，但无可奈何，请谅解。下面转向下一个子群。

——子群 02c(a25\0*i)

[事实上]，金融体系||恢复得极快，

++政府投入的资金||有希望收回||90%，

+*使#这||成为|||[历史上-|]最便宜的金融救助行动之一。

((Y5YJ++T2a1S3J)+X03J,ErJ = Y0J)

[In fact],the financial system||bounced back|| so fast

++that the government||will likely recover||<almost 90 percent of the funds| it|committed|-during those months>,

+*making||this||one of cheapest financial bailouts[|-in history].

主要代表性语言需要建立一座语言博物馆（简称"语博馆"），这是笔者多年的夙愿。本子群可充当"语博馆"的第一件非正式展品。展品需要相应的说明，"语博馆"的说明怎么写？这是一个大问题，需要研究，HNC 团队始终没有机会做这件事。本子群提供了一个说明样板，可惜仅涉及汉语和英语两种语言。该样板采用了 HNC 标注符号，标注方式的要点概述如下。

要点 0，不同语言采取统一的标注符号。

要点 1，标明句群的"大句-小句"宏观结构；

要点 2，标明小句与句蜕的语块结构；

要点 3，标明每一小句的句类和每一句蜕的类型；

要点 4，选择性标注句蜕的句类；

要点 5，兼顾语习短语、语块分离、主辅融合[*14]的标注。

子群 02c 的标注，几乎动用了上列全部要点（仅要点 4 除外）。作为样板，其最大"热点"是："，making||this||one of cheapest financial bailouts[|-in history]."这个语段被标注成小句（以符号"+*"表示）。在传统语言学的视野里，它根本不是小句，但在 HNC 的视野里，它就是一个小句。本子群就是一个由 3 个小句构成的大句，每个小句表述一件事，小句 1 和小句 2 各叙述了一件事，小句 3 论述了另一件事，这就是该大句的本来面目。不承认该语段是小句的理由无非是由于它使用了"making"这个动词非限定形态，而不是该动词"make"的限定形态。把这个理由用于子群 02c，就语言理解而言，可以说是"有百害而无一利"。说句笑话，这个"不承认"可名之语言世界的形态歧视，很类似于人类社会的性别歧视。

上面"有百害而无一利"的说法有点尖刻，很难让人接受，需要作一点辩护。利害需要有一个参照点，HNC 的参照点是劲敌的降伏和流寇的扫荡，或简称敌情和寇情。下面就来考察一下子群 02c 的敌情（表 3-7）。

表 3-7　示例句群或子群的优先领域句类 SCD
子群 02c 劲敌清单（动态记忆 DM-SE）

小句编号	SE01	SE02	SE03	SE04	SE05
1#					金融体系
					the financial system
2#			救助行动	90%	政府
		committed		it	the government
3#				这	
	making			this	

表 3-7 的正式名称是动态记忆 DM-SE，未来的图灵脑仅使用符号 DM-SE，意思是关于劲敌的动态记忆。那么，是否还需要一个关于流寇的动态记忆 DM-RB？请读者思考。

表 3-7 列举了子群 02c 的全部劲敌。有趣的是：劲敌 01 仅出现于英语（实际上是编号 01 和 02 的双重劲敌），劲敌 03 仅出现于汉语，劲敌 05 同时出现于汉语和英语，劲敌 04 的"这"和"this"也同时出现于汉语和英语。上面的叙述十分平淡，那么"趣"从何来？原来这平淡的叙述是一片相当可爱的知秋之叶，其可爱性表现在：①把第一小句里的"仅"改成"常"，就是对英语的合适描述；②第二小句里的"仅"不必改动就是对汉语的合适描述；③第三和第四小句里的两个"同时出现"不仅是对汉语和英语的合适描述，也是对所有自然语言的合适描述。

但是，这片知秋之叶只是"相当可爱"的资格，而不"极度可爱"，因为表 3-7 里英语单独出现劲敌 02 和汉语单独出现的劲敌 04 属于小群 02c 的个别情况，不具有普遍性。用 HNC 习用的语言来说，这两项"单独"仅关乎殊相，与共相无关。实际上，汉语和英语的劲敌 02 和劲敌 04 大体相当[*15]。

在语言生成（传统语言学）的视野里，表 3-7 里的全部劲敌在英语中根本不存在，汉语也仅仅存在一个"救助行动"（是偏正结构还是动宾结构？），"劲敌说"很像是"鸡蛋里挑骨头"的把戏。语义学会[*16]关心"这"和"this"的语义指向问题，也可能关注"救助行动"的语义结构问题和"90%"的省略问题，但绝不会注意到"（金融体系）"和"（政府）"里竟然还潜藏着不容忽视的省略问题。

在语言理解（语言脑或 HNC）的视野里，表 3-7 所呈现的景象则完全不同，表 3-7 里的劲敌并不是超市里的顾客，而是一个项目组的工作成员。HNC 把这个项目组叫动态记忆，包括 DM-SE 和 DM-DD。动态记忆 DM 只是整体项目（任务）的一个环节。任务名称叫语境单元萃取 SGUE，也叫语境分析 SGA。

这里要特别强调的是：动态记忆 DM-SE 必须与动态记忆 DM-DD 相互配合，这就是说，动态记忆的各位成员必须相互紧密配合，才有可能完成自己的任务。这种配合不能各自为政，必须在任务总负责人的统一指挥下才能有效运转[*17]。下面以表 3-6 和表 3-7 为依托，对两项具体配合略施素描。

第一项配合关乎表 3-7 里的劲敌："金融体系"和"政府"，它们需要与表 3-6 里的 USA 挂接。两者都属于典型的空档，但类型不同。前文仅诠释过前者所对应的 BC 型空档，尚未涉及 B[k] 和 C[k] 型空档。

第二项配合关乎表 3-7 里的劲敌："这"或"this"。这是一位非常强大的劲敌，它不仅直接关系到"表 3-6"领域内容 SGC 里的"X2Y"，还间接关系到子群"02c"汉语的前两个小句。前者联系于"这"的所指，后者联系于"这"的能指。所指者，美国政府针对"美国金融危机"所采取的行动也；能指者，子群 02c 最后一个小句得以成立之语境条件也。

现在，应该而且可以对句群 02 给出一个整体性的描述。子群 02a 描述了一项"行动 (X2Y)"，其中提及引发该行动的起因；子群 02b 描述了该"行动"(X2Y)的一种效应(Y1)；子群 02c 接着描述了该行动的另一种效应(Y5)，最后对该"行动"给出了一个"评价"。

"行动"是"事情"("事")的一种类型，汉语名称叫专业活动，概念基元空间的总符号是"a"，语境空间的总符号是"X"。所谓总符号对应于 0 级描述，向下的层级递减描述分别以符号"ao"和"XO"表示。"o"取专业活动的 HNC 符号，例如"a018(t)"就代表具体的行动。"O"取句类代码的字母或数字，句群 02 描述的"事"以"X2Y"表示。下面给出当今世界两件大"事"的对应符号：

"政治斗争"	A13	XR
"大国崛起"	(53d25,pj2*d01)	S3X

这是两大套符号，一套是概念基元空间的符号，另一套是语境空间的符号，两者之间的媒介是句类符号。这 3 套符号体系构成一个有机的整体，就有可能形成对语言脑功能的有效模拟，也就是图灵脑的实现。3 套符号体系缺一不可，笔者以前没有把这句话大声喊出来，确实深感歉疚，因为这造成了多位贤达对 HNC 的误判。

现在，3 套符号体系在理论上的情况大体如下：0 级齐全性（指概念树、基本句类和语境单元）接近 100%，1 级齐全性（指概念树的概念延伸结构表示式或语言理解基因）70%左右，2 级齐全性（指各类概念关联式）也许接近 40%。本《全书》结束时，希望能把 1 级齐全性提高到 90%左右，把 2 级齐全性提高到 60%左右。这是启动微超的基本理论条件。

——句群 3

"不良资产救助计划"TARP 起作用的最好证据‖是‖，{现在多数人|都认为#没有必要实施|该计划}。

(jDJ,DC = {DJ,DBC = YJ})

<曾经支持|这项计划|的参众两院议员>‖现在都和它‖保持距离，

R40J

[-{要攻击|他们当中的任何一个人}-]，最佳方式‖就是‖{指出|他们|{曾投票支持|该计划}}。

++(jDJ,(DC = {!31D0J,DC = {!31R41J}}))

约翰•肯尼迪‖说#，胜利‖有‖100 个父亲，失败‖却是个‖孤儿。

(T30J,T30C = jD1J++jDJ)

但这‖是‖\一个{成功|无人|认领}的奇怪案例/。

(jDJ,DC = \{!21XYaJ}/)

The best evidence that TARP worked is that now,most people think it was unnecessary.

Congressmen and senators who supported it now distance themselves;the most powerful line of attack against any of them tends to be that they voted for the bailouts.

JFK said that victory has 100 fathers, and defeat is an orphan.

But this is the strang case of a success that no one wants to claim.

本示例仅给出了 HNC 基本标注，给读者提供一个理论训练的机会吧。这是本节的需要，也是本章的需要。

HNC 第二阶段理论探索基本结束已经 10 年了，但理论与技术的接力却迟迟没有正式启动。敦促的呼声一定宛如石沉大海，这很正常，不属于意料之外。意料意味着一份期盼，但这里的期盼比较特殊，总是把笔者的心境既推向几十年后的未来，也推向20年来的既往。有人说："20世纪最后的十年被世界公认为'脑的十年'"，"如果说21世纪是'生命科学的世纪'，那我们可以更确切地说，21世纪更将是'脑的世纪'"[*a]。但"脑的十年"与图灵脑完全无关，"脑的世纪"也没有改变这一无关态势的迹象。

注释

[*a]《神经科学扩展》（齐建国主编，人民卫生出版社，2011年），两引文分别在p249和p22。

[*00] 这里是关于空档的第二次论述，涉及（对象，内容）组合的对象空档。第一次空档论述见"情景SIT"小节（[330-1.3.2]），那里有一段关于空档的原则性论述，拷贝如下："意识即缘起于空档，而空档缘起于语言脑的天赋结构或天然特性。意识的形成过程就是语言脑的空档不断被填充的过程，小孩提问就是为了填补其语言脑的空档。"该论述缘起于对象空档，而对象空档缘起于（对象，内容）组合，但该组合不等同于（特指，泛指）组合。这两类组合的异同论述将构成关于空档的第三次论述，见下一章。空档论述仅分散在三个地方，这算是比较小的分散度了。论述的分散性是本《全书》的巨大缺陷或遗憾，但这是笔者有意为之，希望向读者传达这样一项思考，那就是：任何命题都需要从多个视角去考察，而分散论述与集中论述相比较，更有利于多个视角的展现。《论语》是典型的分散论述方式，请理解笔者对这一方式的偏好吧。

本段的随后文字具体说明了1号空档，还说明了暂定的2号空档。在第一号之上，还命名了一个0号空档，见本节的下文。

[*01] 关于该质疑的论述见"基本句类表示式与句类代码"节（[320-1.4]）。

[*02] 这里对"充分"加了引号，因为该节的论述只是开了一个头，重头戏在本编的第二章。

[*03] SEC是劲敌C的符号，SE是英语strong enemy的缩写。类此，今后可能使用SEA和SEB的符号，还可能使用(SE[k],[k]=01-05)和(RB[k],[k]=01-15)的符号，RB表示流寇，是英语roving bandits的缩写。

[**04] 包装品和包装体是HNC特意引入的两个重要概念，最早的论述见"串联第二本体呈现l42\k=3的世界知识"小节（[240-4.2.3]）。HNC尤其珍视包装品的概念，综合逻辑s的sr类概念的就是"语言天"的"专利"包装品，该"专利"既经常用于句蜕的包装，又经常用于化解汉语里的动宾与定中纠结，是识别复杂包装句蜕和汉语纠结性定中结构的利器。这里的"诱发因素"必然是定中，而不是动宾，因为"因素"是sr3的直系捆绑词语。

[*05] 这里的"事情"（"事"）大体等同于本《全书》经常使用的"东西"，其HNC符号是(BC+fr41)，可简记为BCE。另一个常用词语是"问题"，其HNC符号是(BC+fr42)，可简记为BCA。(BCE,BCA)缘起于(BACE,BACA)。这缘起是一段"探索性弯路"，合理的次序应该是先有(BCE,BCA)，后有(BACE,BACA)，但实际情况恰恰相反。不过，这里不妨就便说一声：在设计句式f4和语式f5这两片概念林的时候，关于"事情"、"东西"和"问题"HNC符号表示的思考起了一定作用。这里还应该再说一声：HNC符号体系的三层级设计不是各自孤立进行，而是相互照应的。这一重要举措的过往论述都偏于形而上，这里可以形而下一次了。(f4,f5)这两片概念林的设置，未遵循传统语言学关于句式和句类的基本约定，当时非常纠结，最后是靠着(BC+fr41)//BCE和(BC+fr42)//BCA的符号表示而"蓦然"的。

以上是关于"事情"和"问题"HNC符号表示的过程性叙述，语境空间最终使用的符号见"附录3：语境分析的相关术语与符号"。

[*06] 所谓辅块，就是典型的辅助构成，因果句的PBC1也往往充当辅助构成。HNC特别关注因果句，在内部发表的句类转换论述或讲述中，甚至把它抬高到与是否判断等同的地位，根本原因就在于此。

[**07] 笔者想到这一点是在"九台闭关"期间，当时不免感到震撼。语言世界尚且存在特权现象，何况社会？但是，特权景象仅仅是丛林法则的集中呈现，并不能构成丛林法则的伦理依据，因为特权和丛林法则都需要"序j0"与"度j6"的管辖，没有这个认识，就会陷于对丛林法则的迷信。传统中华文明的仁政与王道理念即缘起于此，在这一点上，似乎略高于希腊文明。以上是关于该震撼及其余波的略说，不过它一直延续至今，影响到笔者对历史与时代、对当下与未来、对专制与民主、对传统中华文明和现代西方文明的思考，从而也影响到本《全书》的撰写全过程。

[*08] 这个论断极为重要，前文已作了充分论述，在后文的两"后论"里还有进一步的呼应。

[*09] 本节已经反复使用了"意识"这个词语，这不过是为未来的微超或语超作舆论准备的一个小花招，目前很有点忽悠的味道，请读者先容忍一下吧。

[*10]"无条件BC组合"这个说法显然不妥，权且暂用。它大体对应于传统语言学的偏正结构或定中结构。结构说立足于词语的词性，这里的"无条件BC组合"则立足于具体概念与抽象概念的组合，尤其看重其中的语境概念基元。句群01里的"雷曼兄弟公司（的）倒闭"和"雷曼兄弟（的）垮台"是"无条件BC组合"的最简情况，但其中的"那场金融危机"和"那场危机"则不属于最简示例，而属于一般情况了。同样，子群02b里的"美国经济"和"全球经济"属于最简情况，但其中的"这些行动"则属于一般情况。这就是说，最简"无条件BC组合"大体对应于偏正结构说，但一般"无条件BC组合"则另有一番含义了，是对HNC"Bv,Bu"组合说的语境空间诠释，对B作了新的限定：具体概念。

"无条件BC组合"在语言概念空间不区分(B,C)和(C,B)两种排序结构，但自然语言空间对这个排序结构十分讲究。这里蕴藏的问题比较纠结，暂时放下为宜。

[*11] 核心变量成员指EK复合构成(E,EH)和(EQ,E,EH)里的EH，(EQ,E)和(EQ,EH,E)的E。

[*12] X组合相当于广义作用句的简称。

[*13] Y组合相当于广义效应句的简称。

[*14]"主辅融合"是主辅变换的一部分，曾有多篇博士论文涉及这个问题，但不够透彻。

[*15] 此句是一个重要论断，是一种关乎语言理解需求的论断，需要论文方式的论述。但传统语言学不关心此类论断，从供求关系来说，也许用得上这么两句话，语言生成的论断似乎早已供大于求，语言理解的论断则一直是远远供小于求，下文即将对此有所论述。这个情况，是本《全书》撰写过程中最痛苦的感受之一。于是，许多论断不得不采取"程咬金"方式，这成为本《全书》的致命伤之一。

[*16] 这里的"语义学会"里埋伏着流寇14，该流寇曾是中文信息学界重点扫荡的对象，打了一场历时多年的热闹战役，但热闹场面背后存在着科学与技术接力探索的惊人失误，曾议乎？曾论乎？

[*17] 任务总负责人必须具备高超的智力、灵巧的手段、必需的条件和合适的工具（请注意，这里的"智力"、"手段"、"条件"和"工具"分别取自综合逻辑概念4片概念林的名称），才有可能统率整个任务，有效协调各成员的工作，全歼劲敌与流寇，最终达到理解文本、形成记忆的根本目的。

附录1　HNC 语料标注的补充说明

HNC 语料标注符号一直没有统一，这表明，标注符号的统一不是一件容易的事，本附录丝毫没有强行规范的意思，不过是笔者近年标注习惯的一个简要介绍。这里包含着笔者的一些思考，也许有一点参考价值。

1. 关于辅块标记

对辅块只采取单边标记，放弃原来曾经使用的双标记方式，单边标记可选用前后两种形式，前标记形式是"||-"或"|-"，后标记形式是"-||"或"-|"。

2. 关于混合句类的标注

（略）

附录 2　复合领域的 4 种基本形态

复合领域的 4 种基本形态分成两组，分别对应于主体领域和基础领域，前者的两种复合形态是变量形态逗号形态"，"，后者对应的两种形态是星号形态"*"和加号形态"+"。

变量形态又区分两种基本类型，一是虚描述，实际上使用高层描述，包括概念林和概念树两个层级的描述，例如，《孙子兵法》和《国富论》就属于概念林层级的描述，前者对应于概念林"军事活动 a4"，后者对应于概念林"经济活动 a2"。《开放社会及其敌人》和《君王论》则属于概念树层级的描述，前者对应于概念树"制度与政策 a10"，后者对应于概念树"政权活动 a11"。

附录 3　语境分析的相关术语与符号

语境单元萃取	SGUE
语境分析	SGA
领域认定	DD
劲敌	SE
流寇	RB
动态记忆	DM-SB（关于劲敌的动态记忆）
动态记忆	DM-DD（关于领域认定的动态记忆）

附录 4　语境分析的典型语料

a25\0*i(= a25e25)（积极经济调控）

9 月由黑暗的周年纪念日主宰。上周我们纪念过 9/11，这周又该回忆雷曼兄弟公司的倒闭了。关于那场金融危机的讨论大多围绕着一个挥之不去的问题：雷曼兄弟的垮台是否可以避免？对很多人来说，这是引发那场危机的主要错误。有些人则认为，雷曼兄弟是诱发因素，金融体系的杠杆作用太强，早晚要被什么东西压垮。

September is the month for anniversaries from hell.Last week we remembered 9/11,and this week it's time to recall collapse of Lehman Brothers.Most of the discussion about the financial crisis has focused on a question that won't go away:could the fall of Lehman have been prevented? For many this was the cardinal error that sparked the crisis. Others believe that Lehman was the precipitating factor,but that the financial system was so highly leveraged that something or other would eventually have broken its back.

如果雷曼没有倒闭，我们永远不知道可能发生什么。但是，我们可以比较肯定地说，没有雷曼的倒闭，也就不可能刺激政治统治集团采取行动。雷曼倒闭一个月以后，美国政府采取一系列行动恢复金融稳定。这些行动显然使美国经济免于彻底崩溃，从而也挽救了全球经济。事实上，金融体系恢复得极快，政府投入的资金有希望收回 90%，使这成为历史上最便宜的金融救助行动之一。

We will never know what would have happened if Lehman had not failed.But we can be fairly sure that without its collapse, it would have been impossible to shock the political system into action. In the month after the fall,the U.S. government made a series massive moves to restore stability to the financial system. And it's clear that those actions saved the American——and thus the global——economy from total collapse. In fact,the financial system bounced back so fast that the government likely recover almost 90 percent of the funds it committed during those months, making this one of cheapest financial bailouts in history.

"不良资产救助计划" TARP 起作用的最好证据是，现在多数人都认为没有必要实施该计划。曾经支持这项计划的参众两院议员现在都和它保持距离，要攻击他们当中的任何一个人，最佳方式就是指出他们曾投票支持该计划。约翰·肯尼迪说，胜利有 100 个父亲，失败却是个孤儿。但这是一个成功无人认领的奇怪案例。

The best evidence that TARP worked is that now,most people think it was unnecessary.Congressmen and senators who supported it now distance themselves;the most powerful line of attack against any of them tends to be that they voted for the bailouts. JFK said that victory has 100 fathers, and defeat is an orphan.But this is the strang case of a success that no one wants to claim.

a453b（精神战备）

华沙陷落之后到挪威事件之间这段为期半年的沉寂，在西方被称作"假"战争，这是援引一位美国议员的用语。我们称它为静坐战，这是针对闪电战的俏皮话。从英法方面讲，这种说法是适当的。在这段喘息时间，他们的确对自己的军事力量丝毫没有加以改善，这简直令人难以置信，他们只是老老实实坐着，预言我们要遭到失败。（引文选自《战争风云》第一部第十七章）

The quiescent half year between the fall of Warsaw and the Norway episode became known in the West as the "phony" war,a phrase attributed to an American senator.

We called it "sitting war",a play on Blitzkrieg.On the British and French side the name was perhaps justified. During the lull they in fact did unbelievably little to improve their military posture, besides sit on their backsides and predict our collapse.

第二章

领域句类与语言理解基因
(SCD,LUG)

本章依然是对语境分析理论基础的描述，围绕着两个基本问题来展开。第一个问题涉及领域句类 SCD 与情景 SIT 的关系，第二个问题涉及语言理解基因 LUG 与领域意识 DOMC 的关系。用围棋的术语来说，前者大体对应于语境分析的"急所"，后者大体对应于语境分析的"大场"。因此可以这样说，没有这两个概念，语境分析必将陷于瞎子摸象的困境。

本章作两节划分，就是很自然的安排，两节的名称如下：

第 1 节，领域句类 SCD 与情景 SIT。

第 2 节，语言理解基因 LUG 与领域意识 DOMC。

领域句类 SCD 和语言理解基因 LUG 这两个概念或术语，是在"九台闭关"期间的几天时间里先后想到的，当时不免有一种"蓦然"的喜悦。但随即出现一种强烈直觉：前者复杂而简明，后者简明而复杂。且后者"赶时髦"的嫌疑比较大，所以当时决定仅公开前者。

本章的愿望就是对(SCD,SIT)和(LUG,DOMC)给出一个符合透齐性要求的阐释，至于能否如愿，笔者完全没有把握，尽力而已。

第 1 节
领域句类 SCD 与情景 SIT

本节分 3 个小节，小节 1 可看作对领域句类定义的诠释，后面的两个小节可看作是情景 SIT 与领域 DOM 相互关系的两种诠释，各自基于不同的视野。

2.1.1 领域句类 SCD 不是句类的简单特指

本小节的标题比较特别，这意味着领域句类 SCD 这个概念或术语不容易给出一个"定义"，笔者只好又一次"绕着虎山行"（请参阅上一章第 3 节的"注释[*00]"）了。

原则上说，无论是基本句类或混合句类都可以用于描述任何具体语境。在一个特定语境下，描述句类的选择是作者的自由。面对一个特定情景，不同的作者会采取不同的描述方式，说"百人百样，千人千样"都不过分。同理，面对一篇特定情景的描述文字，不同的读者也会产生或形成不同的感受。情景的形态如此繁杂纷纭，其中存在什么"万变不离其宗"的东西么？这个问题也可以这样来询问：如果不存在这样的东西，那语言理解的基础如何存在？这就是"九台闭关"期间，长久萦绕于脑际的困扰。

下面分别对"万变不离其宗"里的"宗"、"万变"和"不离"分别略加说明。

特定情景的"宗"就是指它所隶属的领域，更准确地说，是指作者（包括说者和写者）将要描述的主要领域。一个特定情景只对应一个主要领域，该主要领域就是该特定情景的主题，这是语境分析的基本约定或基本前提。特定情景遵守这个约定，作者也应该遵守这项约定，不遵守这个约定的情景属于梦境中的情景，不遵守这个约定的话语属于精神病患者的疯话，不属于 HNC 理论探讨的范畴。

当然，在一个特定情景的描述中，可能会旁及其他领域，句群 01 就出现过这种情况，其主题是美国金融危机，却顺带提到了 9/11，两者属于不同领域。但其 HNC 领域符号大同小异。在语境空间，这不是纯粹偶然，而是某种必然[*01]。

特定情景描述的"万变"就是指作者的句类选择自由。句类是依据广义主体概念基元来划分的，与语境概念基元没有任何直接联系，因此，作者的这种选择自由具有天然的不可剥夺性。句群 02 充分展示了原作者和译者的这种选择自由。

特定情景描述的"不离"就是指被选用的句类里必然包含"宗"的核心信息。就句群 01 来说，其核心信息是"美国金融危机"。就子群 02a 来说，其核心信息是"美国政府 X2Y"；就子群 02b 来说，其核心信息是"美国政府 X2Y 的效应 Y2//Y5"；就子群 02c 来说，其核心信息是"对美国政府 X2Y 的 D01"。所以，句群 02 的核心信息是"美国政府 X2Y"，其 3 个子群分别描述了该核心信息的不同侧面。前文给出了两句群的如下对应领域：

```
句群 01          3228\3+a24
句群 02          a25\0*i
```

前文曾反复强调：语境分析的"急所"就是要抓住领域 DOM，对句群 01 就必须抓住"3228\3+a24"，对句群 02 就必须抓住"a25\0*i"。如何抓住的问题迄今避而未谈，本节将继续如此。但本节将着重诠释：一旦抓住领域以后，对语境分析 SGA 将产生何等奇妙的效应。为了这项诠释，需要引入一个新术语，那就是领域句类 SCD。

对这个新术语，先预说三点。

第一点，领域句类 SCD 并不是句类的新品种，任何一个句类 SC 都可以充当领域句类 SCD 的角色。所谓领域句类，无非是选定某个或某些具体句类来充当一场情景 SIT 的主演角色，这就是本小节标题所要传达的第一项含义。

第二点，对于一个特定的领域 DOM，可选的句类通常都不止一个，而是多个。这是本小节标题所要传达的第二项含义。

第三点，这个"多"可以预知，预知的基本依据就是读者应该比较熟悉的"作用效应链运作说"。下面是前面示例句群对应领域 DOM[*02]的优先领域句类表（表 3-8）。

表 3-8　示例句群或子群的优先领域句类 SCD

编号	优先领域句类 SCD
句群 01	(Y101J;Y301J;P001J;…)
子群 02a	(X2Y1J;X2Y2J;X2Y6J;X2R41J;X2R51J;…)
子群 02b	ditto
子群 02c	(R00SJ;S001J;Y001J;DoJ;jDoJ)
a453b（精神战备）	(XP1J;XY4J;XY6J;…)

表 3-8 使用了"编号"而省略了领域符号，这必然给读者带来不便，请谅解。针对每一"编号"，列举了一些优先 SCD。这列举，是"作用效应链运作说"的灵巧应用，值得详说。但详说将安排在本编的第四章，这里仅只交代几个要点，但将以细节名之。

细节 1：子群 02c 本身牵涉到对所述"事情"的评价，而评价的优先句类一定是：

```
(DoJ;jDoJ)
```

表 3-8 中所列举的"优先领域句类 SCD"都带有符号"…"，唯有"子群 02c"不带，总计 5 项。其依据有二：一是关于作用效应链运作的一项论断"在达到最终效应之后，必然出现新的关系或状态"，这是前 3 项的依据；二是作者对"事"的评价，那是后两项的依据。

细节 2：子群 02c 加强了关于句群 02 对应领域"a25\0*i"的确认。

这里需要回顾一下领域"a25\0"和"a25\0*i"的巨大差异。两者都用于描述"政府经济行为 a25"，前者所产生的效应可以是积极的，也可以是消极的，但后者的效应则必须是积极的，这是约定。此约定是一项十分重要的世界知识，由下列两个概念关联式

```
a25\0=a25e2n
a25\0*i=a25e25
```

来表述。两式见 5 年前撰写的"关于经济治管具体措施 a25\k=0-5"小节（[130-2.5.4]），

当时未赋予编号。

上面的回顾是为了回答下面的问题：子群 02c 的文字属于什么性质的描述？答案是：a25e25，因而加强了领域认定"a25\0*i"的可靠性。

这类问题的提出与回答就是所谓的意识，HNC 就是这样看待意识的，并认为语言脑的这种意识特别强大。HNC 还认为：在语言概念空间，意识的运作无非就是一系列有机符号[*03]的运作，而有机符号运作必须仰仗上面所展示的那种概念关联式。

上面的话语不知道是第几次关于意识的预说了，请注意，这也许是最重要的一次。

细节 3：表 3-8 中所列举的优先领域句类隐而不现。

前面示例语料的实际表现似乎都非常令人失望，因为它们都没有选用表 3-8 所列举的优先领域句类。"隐而不见"的现象曾使笔者十分困惑，并曾"为伊憔悴"。但"蓦然"之后，出现了下述两项感受。第一项感受是：该困惑导源于语言生成的本质，那就是作者对于句类选择的自由，即语言生成的自由或表达自由，表达自由是语言艺术的生命或灵魂。第二项感受是：语言理解截然不同，自由(r03)不是它的生命，恰恰相反，约束(04)才是它的生命。"三二一"原则不是自由性原则，而是约束性原则。如果说语言生成是一个思维释放的过程，那么就可以说，语言理解是一个思维收拢的过程。

细节 4：表 3-8 的句类表示式都非常简洁，这应该归功于新句类表和混合句类的新表示方式。原表和原表示方式的习用者，要欢迎新事物啊。

回到形而下话语吧。实际上，前面的示例语料并不是那么令人失望。

首先考察句群 01。

它出现了领域"3228\2+a24"的直系捆绑词语："金融危机"，也就是领域激活词语。该词语不是出现 1 次，而是 4 次，这一点非常重要，前面已有论述，这里是再强调一下。

第 1 次采取了"几近完整"的形态："那场金融危机"。第 2 次采取了典型的表层省略形态："那场危机"。第 3 次采取了深层省略形态："诱发因素"。第 4 次采取了"迂回"形态："金融体系的杠杆作用太强"。所谓"迂回"，是指该"事"的缘起，包括因与果。句群 01 的"迂回"属于缘起的因。

上列 4 种形态伴随着 4 个小句，每个小句采取何种句类，那是作者的表达自由。语言信息处理当然要尊重作者的表达自由，但绝不能追随作者的表达自由，所谓的"思维收拢"，就是要透过作者通过表达自由所展现出来的各种表象，抓住作者所使用句群的本质：它所隶属的领域、它所描述的特定语境对象与语境内容。这"抓住"，就是对"空档如何存在？空档答案何在？"问题和"领域是'上帝'"命题[*04]的再次回应。就句群 01 来说，其"抓住"比较简单，也许仅仅依靠"HNC 词典"[*05]就足够了，所以，句群 01 未必有资格进入"语博馆"[*06]。

其次考察句群 02。

先不说考察的细节，而直接给出考察的结果。句群 02 所呈现出来的情况与句群 01 有很大差异，也许可以说，两者代表着句群朗度[*07]的两个极端。上面说，句群 01 的领域认定可以完全依靠"HNC 词典"，这里就应该询问："HNC 词典"对于 02 的领域认定能起多大作用呢？这个询问很重要，下面的第三章将详细回应。不过，这里不妨说几点考察细节。

细节 1：子群 02a 的"f44"标注暗含着一项约定："f44"成双出现，否则将采用"f44t"的标注方式。"f44"成双出现的特性目前没有安置在概念树 f44 的概念延伸结构表示里，但特意留下了空位。

细节 2：子群 02a 里的语块标注方式不是唯一的，特别是其中的"采取一系列行动‖{恢复|金融稳定}"也可以标注成"采取一系列行动恢复‖金融稳定"。两种方式优劣的深究并不重要，前文曾提到过。不过，HNC 团队似乎对(EQ,EH,E)的 EK 复合构成形态非常生疏，这常使笔者感到不安和愧疚。

细节 3：子群 02a 里先出现的"政治统治集团"和后出现的"美国政府"是同一个东西，语言脑把握这类同一性东西易如反掌，我们应该追问一声"为什么"，并从这追问中想出一些点子。"HNC 词典"、"1 号空档"和"窍门 1"都属于此类点子，这里选用"窍门 1"替换了"窍门[k]"，那是由于该句群里的"政治统治集团"实际上就是"美国政府"的替身。

细节 4：子群 02b 里终于出现了 XY2J，它跟预期中的 X2Y2J（见表 3-8）差了那么一点。这里要强调指出的是：这点差异在灵巧思维[*08]里就不是差异，因为在子群 02b 所对应的情景 SIT 下，下面的等同式成立：

    XY2J=: X2Y2J

"XY2J"在汉语和英语文本里出现的位置有所不同，这不仅反映了作者和译者的表达自由，还可能反映两位先生的 BACA 差异，前文对此有所论述。

细节 5：涉及子群 02c 里潜藏的敌寇，这是一个特殊的大话题，需要专题论述。这里只是提一下，引起此话题的缘起是子群 02c 里的 1 项汉语表现和 2//3 项英语表现。汉语是"[历史上-|]"；英语是 "so"与"++that"、"+*making"与"it‖one"。

前文曾给出过语言理解处理的劲敌与流寇清单[*09]，敏感的读者会发觉：劲敌的清单编号存在异样，为什么要用两位数？这里就便回答一声，那是为了敌寇的描述，劲敌与流寇不可能截然分开，需要敌寇这个词语来描述这种交织情况。"[历史上-|]"是汉语的敌寇[*10]，"so"与"++that"、"+*making"与"it‖one"是英语的 2//3 位典型敌寇，其中的 HNC 标注符号"++"、"+*"都是敌寇的标签，还有一位未带标签的敌寇，那就是"it‖one"。曾设想过"it‖*one"的标签形式，它表示两语块之间出现 EK 省略。最后决定放弃，因为这会引发无谓的争议。当然，标签"++"、"+*"也会引发这种争议，因为它们所传达的大句描述方式是以语块、句类和小句的概念为立足点的，那似乎是一种要求"高楼大厦"向"四合院"[*11]看齐的蛮横做法。但问题在于：大句经过理解处理以后在语言脑里会以**什么样的形态**呈现呢？答案是："高楼大厦"或"四合院"都不过是处理过程的过客而已，那处理后的大句将以语境单元 SGU 的形态存在，即以

    (DOM,SIT,BACE,BACA)

的形态存在，这才是语言理解处理的关键，也是揭示语言脑奥秘的关键。要问如何从自然语言的大句走向 SGU 的具体描述，如果说这么一句话，应该是没有争议的，即没有高明的谋略与步调是没有指望的。标签"++"和"+*"够不上谋略，但可以算得上高明步

调之一吧，如此而已。最终结局是："高楼大厦"没有了，"四合院"也没有了，根本无所谓谁向谁看齐的问题，留在记忆里的不过是从 SGU 变换出来的另一个东西，该东西里最重要、最关键的又是从 SCD 变换出来的东西，将在下一编里论述它。

所谓的考察就写这些吧。绕了一个大圈子，似乎离本小节的主题越来越远，如果你有这种感受，那是笔者文字的失败，不代表 HNC 的失败。为了挽救文字的失败，请读者抓住上面大圈子的前后两句话，前一句是"万变不离其宗"；后一句是"该东西里最重要、最关键的又是从 SCD 变换出来的东西"。对"宗"的描述归结为 SCD，但 SCD 的实际呈现存在着千变万化，它来源于作者的表达自由。这就是说，特定的领域 DOM 并不对应于固定的 SCD，表 3-8 展示了这个复杂情况，等同式

```
XY2J=:X2Y2J
```

对该复杂性给出了进一步的展示。这样，本小节的主题就基本交代清楚了。

上面曾写下"示例语料的实际表现似乎都非常令人失望"的话语，接着又写下了"并不是那么令人失望"的话语。这里实际上隐藏着一句重要的话，但决定暂时保密。这句话，就当作是本小节的结束语吧。

2.1.2　情景 SIT 的描述必须抓住领域句类 SCD

在前面的多次预说里曾经把领域句类 SCD 这个概念或术语捧得很高，大约使用过这样的高调命题：领域句类 SCD 是 HNC 第三公理的灵魂。本小节是对此命题的阐释，但阐释的方式将彻底摆脱以往预说里的形而上"空谈"，从本节的示例句群引出形而下话语。

句群 02 的领域句类之一是 X2Y2J，其实际呈现往往是 XY2J，下面就用 XY2J 来说话，其句类表示式如下：

```
XY2J=A+XY2+Y2C
```

该混合句类辖属 3 个主块，主块依次对应于传统语言学的主语、谓语和宾语；语义学把主块 A 叫施事，把主块 Y2C 叫受事。格语法理论曾对施事和受事动了很多脑子，但未能取得实质性进展，这一点，在《理论》阶段就已经十分明确了[*12]，语义学各流派的状况大体相同。

那么，句类理论到底取得了什么样的实质性进展呢？这在上一编已经论述过了，这里仅就句类 XY2 按形而下方式说话。句类符号 XY2J 表明，这是一件关乎"利与害"的"事"，主块 A 是该"事"的主宰者，主块 Y2C 是该事的承受者，它必然包含对象与内容两者，等同于基本句类 Y201J 的主块 YBC，不能仅仅是对象或内容。与 Y2C 相比，主块 A 具有迥然不同的特性，它必须包含对象，但可以不包含内容，其内容表示通常可以融合到主块 XY2 里面去。这两样特性不是 XY2J 的个性或殊相，而是一种共性或共相，前者是所有混合句类 XYkJ 的共性，那么后者是否也是一种共相呢？是。除初始效应句和基础判断句之外[*13]，所有"SC 与 EK 符号相同"的句类（包括基本句类和混合句类）都具有这一共性或共相。

此类共性构成句类知识的主体，语义学和语用学的根本弱点就在于，它们没有产生

HNC 的句类认识,甚至连句类的萌芽意识都没有,因而也就不可能产生句类知识的认识。但是,HNC 也曾走过弯路,在一段时间里,对基于句类知识运用的句类分析技术寄予了过高期望,故前文曾多次说过:如果把句类比作是初期的伽利略望远镜,那领域句类就好比是现代的哈勃望远镜。这个比喻的分别说今后将分别简称伽利略景象和哈勃景象[*14],非分别说则将名之"伽哈"景象。下面将立足于句类 XY2J,把"伽哈"景象说得更清楚一点。

混合句类 XYkJ 的主要用户之一是专业活动 a,在这个特别讲究利益至上的时代[*15],XY2J 无疑最受专业活动的青睐。但是,即使我们约定 XY2J 专用于专业活动,其对象和内容依然过于辽阔,还依然不能彻底摆脱"丈二和尚摸不着头脑"的困境。突破这一困境的"蓦然"就在于专业活动领域的具体认定,一旦做到了这一点,那 XY2J 的相应对象与内容就不再是"丈二和尚"的"脑袋"了。例如,就医疗来说,那语块 A 所对应的对象就一定是医生或医院,语块 Y2C 所对应的对象就一定是患者或其家庭,所对应的内容一定是具体疾病。就教育来说,那语块 A 所对应的对象就一定是老师或学校,语块 Y2C 所对应的对象一定是学生,所对应的内容一定是关于学业、课程或素质等方面的东西。这样的例子不必再列举了,联系于 XY2J 的各种对象与内容终于在云雾缭绕中露出一点模样,但其清晰的真容尚未显现。

上面列举的例子皆联系于专业活动的概念林,云雾缭绕即导源于此,如果进一步联系到概念树,那云雾缭绕的影响就会降低,清晰度就会提高。如果再进一步联系到延伸概念,那清晰度就会再提高。最后,那云雾缭绕中的不清晰模样可能变成一只"秃子头上的虱子",上述的"蓦然"实质上就是指:终于看见了那只"虱子"。哈勃景象,不过是如此而已。

句群 02 所对应的领域"a25\0*i"就是这样一只"虱子",它给出的"先验知识"[*16],与上列概念林所描述的"先验知识"相比,要精细得多。它不仅拥有如下的常规约定,即句类 XY2J 之语块 A 所对应的对象一定是政府,语块 Y2C 所应的对象一定是某种经济行业,所对应的内容一定是某种经济活动,还拥有下面的特殊约定,即该句类所产生的效应一定是积极的。前一项约定是通过符号"a25\0*i"自身而获知的,后一项约定则是通过概念关联式

$$a25\backslash 0*i=a25e25$$

而获知的。语言脑里应该存在着与符号"a25\0*i"和概念关联式"a25\0*i = a25e25"对应的东西,也就是说,语言脑里应该具有对应的存在。如果把这两类东西比作一座"冰山"的一部分,那它似乎还远远够不上所谓的"冰山一角"。如果真有读者这么想,那笔者并不感到意外,但会深感失望。不过,那是对于《全书》文字的失望,而不是对于 HNC 理论本身的失望,请看下文。

这里说的"冰山"就是前文反复提到的彼山,在本编的编首语里,曾概括成"基构"、"基件"、"建筑"与"城市"的"八字"彼山描述方式,它已成功用于概念基元和句类这两座彼山。成功的佐证之一就是:两座彼山的容量已经大于相应的此山,就是说,此山的词语不可能在概念基元彼山找不到相应的符号(位置),此山的语句不可能在句类

彼山找不到相应的符号（位置）。以往和当前不曾出现过这个情况，今后也应该不会出现。这是笔者当前的感受，以前却不是这样，而是忧心忡忡，并为此耗费了 8 年多的宝贵时光[*17]。但对语境单元的彼山，笔者不会再去做同样的傻事了。因为此山的句群不可能在语境单元彼山找不到相应符号（位置）。

前面的示例句群不过是信手捻来，但都找到了非常合适的归宿（位置）。这绝非偶然，因为 HNC 已经揭示了该"冰山"的全貌，未来的图灵脑可以依据该全貌的描述，先把概念基元、句类和语境单元这三座"冰山"的"基构"与"基件"配置齐全，随后进行"建筑"与"城市"的建设，其最终成果将统称语言脑的隐记忆[*18]，隐记忆对应的知识就是本《全书》所指的先验知识，这样定义的先验知识，应该不至于引起太大的争议吧。

语境彼山的"建筑"，也就是语境单元萃取 SGUE 或语境分析 SGA 意义下的"建筑"是指：找出或认定一个特定的领域句类 SCD。但是，这项"找出"或"认定"必须灵巧，来不得半点"一根筋"。因为我们已经看到：①一个特定领域对应的领域句类 SCD 不是单一的；②特定领域的实际描述句群所采用的具体句类可能不属于该特定领域预期的领域句类。这里再说一遍，表 3-8 和前面给出的等同式

$$XY2J=:X2Y2J$$

已分别为这两点提供了明确的证据。

这就引出了一个饶有趣味的问题：既然领域句类 SCD 如此难以认定，为什么本子节的标题要使用"必须抓住领域句类 SCD"这样的陈述方式呢？这十年来笔者一直在思考这个问题，所遭遇的困惑与术语"窍门[k]"非常类似，但又有所不同。类似就不必说了，不同则在于下面的等同式：

$$领域句类 SCD=:(领域 DOM+句类 SC) —— [SCD-00-0]$$

概念关联式[SCD-00-0]插在这里，似乎很不协调，因为它属于哈勃景象的形而上诠释。至于它是否有资格充当这个角色，请读者自行判断吧。

关于哈勃景象的形而下话语，已经付出"前所未有"的大段文字了，但实际上仍然言犹未尽。对联系于领域"a25\0*i"之领域句类"XY2J"的描述，两次使用了词语"某种"，某种经济行业和某种经济活动，这两个"某种"的模糊性依然很大。那么，能否缩小和如何进一步缩小其模糊度呢？这似乎是两个问题，其实是一个问题。因为"能否"问题实际上不存在，语言脑给出了无可置疑的肯定答案，问题仅在于"如何"。

面对这个"如何"问题，必须力求避免"一根筋"的思维方式，具体地说，就是不能一味仰仗再延伸的方式（将语境基元 a25\0*i 再延伸），而应该求助于领域的复合，就句群 02 来说，可以求助于(a25\0*i+a24)形态的复合领域。这样一复合，上述"某种"的模糊度就可以大大降低，从概念林"经济 a2"层级降低到概念树"金融 a24"层级。如果句群 02 的语境分析 SGA 能做到这一点，那么，不仅该句群的所有劲敌 C 都会举手投降[*19]，连句群 01 里的隐蔽敌寇（雷曼兄弟公司的身份）也会举手投降。

上面两次使用"举手投降"这个词语表达了一项论述，如果读者对该论述仅略感不妥，那么笔者就喜出望外了。因为这个论述不仅是对上述"能否"问题的回应，也是对上述"如何"问题的回应。这是一项"一而二，二而一"的重要论述，但不是现在才提

出来的,《理论》里已经给出过明确的表述,现将两段原文拷贝如下:

—— 段 1(《理论》pp3~4)

面对语音流的五重模糊(发音模糊、音词转换模糊、词的多义模糊、[语义块]构成的分合模糊、指代冗缺模糊),面对文字流的后三重模糊,大脑的语言感知应付裕如,表现了强大的解模糊能力,自然语言处理技术当前无从望其项背。

近 20 年来,自然语言处理囿于传统模式,不图突破。但是,它所面临的所有重大课题,……都在呼唤语言表述及处理新模式的诞生;呼唤上下文联想处理向"知其所以然"的[语义]理解前进;呼唤向语言感知的方向靠拢。

响应这一呼唤才意味着真正的突破,但突破的契机何在?悲观论者认为:语言感知过程密切依附于大脑中万亿神经元的神经网络,依附于浩瀚无垠的世界知识海洋,在对这个"网络"和"海洋"的奥秘未作充分揭示之前,模拟语言感知是不现实的。

事情果真是如此悲观么?HNC 理论对此进行了近 8 年的探索,结论是,突破的契机是存在的,其要点是:……

—— 段 2(《理论》弁言)

HNC 理论预定的五项理论模式的探索,即

1. 自然语言概念体系的理论模式
2. 自然语言[语义块]和语句的理论模式
3. 句群和篇章要点的表述模式
4. 短期记忆和长期记忆的形成及其相互转换模式
5. 基于文字文本的计算机自学习模式

已完成第一期目标:建立了前两项理论模式,……

远景发展目标是:让计算机能够像常人那样读懂自然语言的文字文本和听懂语音文本。这对于信息时代从当前的以数据处理为主的低级阶段向未来的知识处理为主的高级阶段的转变和发展,显然具有决定性的意义。这一远景目标,过去一直处于"茫茫语海无舟渡"的困境,而现在可以说,出现了"蓦然回首可为期"的契机。为了实现这一远景目标,首先需要正式启动 HNC 预定的后三项理论模式的探索。这三项模式的共同问题同前两个模式一样,仍然是**概念联想脉络的激活、扩展、浓缩、转换与存储**。这些联想脉络当然比语句层面的复杂得多,不可能用一组物理表示式来表达。但是,**语句层面联想脉络表示式可构成事件联想脉络的基础**。因为 57 组基本句类表示式并不是零散的各自独立的局域网络,而具有集群特征,在集群内部和集群之间都呈现出特定的交式和链式关联性。对这些关联性揭示和表达是下一步理论探索的中心任务。

14 年之后重温这两段话语,一方面深感愧疚,另一方面也略感欣慰。愧疚的东西以方括号"[ ]"表示,那就是"[语义块]"(两次出现)和"[语义]理解前进"。欣慰的东西以黑体表示,那就是"**概念联想脉络的激活、扩展、浓缩、转换与存储**"和"**语句层面联想脉络表示式可构成事件联想脉络的基础**"。

这两样东西不仅概括了语境单元探索的目标、谋略和步调,也概括了记忆探索的目标、谋略和步调。当然,两者的重点有所不同,就第一样东西来说,语境单元着重于概念联想脉络的激活、扩展与浓缩;记忆着重于概念联想脉络的浓缩、转换与存储。但第二样东西的运用对两者几乎没有差异。

　　本编第一章，主要是围绕着语境单元的"概念联想脉络的激活与扩展"而展开的，本章才开始运用"语句层面联想脉络表示式可构成事件联想脉络的基础"的思路。

　　前文说到的一系列"认定"与"窍门"其实都是"概念联想脉络激活与扩展"的具体呈现。激活与扩展本来也是一枚铜板的两面，激活这一面的印记比较鲜明，但扩展另一面的印记却比较隐晦，下面将引申说之。

　　这引申需要引入一个新术语，叫领域意识。对于意识这个词语，前文一直在小心翼翼地使用，有时特意加了引号，这里不加了。领域意识将成为 HNC 理论体系的正式术语。

　　本编已给出的和将要给出的表，有些就直接属于领域意识的示例，已给出的包括表 3-2、表 3-6、表 3-8，即将给出的为表 3-9。

　　综合这些示例，可以给领域意识这样一种形而上的描述：领域意识是一种智力，一种语言脑特有的智力，也是未来图灵脑必须拥有的一种智力。前已指出：语境对象与内容的表述是作者的表达自由，但领域意识是它的"宗"，表达自由的"变"离不开这个"宗"。**领域意识就是语言脑的上帝**，这是一个核心命题，一个 HNC 整个理论体系的核心命题，而不要把它误解成仅仅是属于 HNC 第三公理的命题。该命题前文已多次说起过，不过使用的是其简化形式：**领域是语言脑的上帝**。那是不得已的简化，因为那时还没有引入领域意识这个术语。

　　领域意识一定是灵巧的，当然，不同类型群体或个人的灵巧度必然大有差异，"一根筋"的思维方式可能很难适应这个概念或术语。如果要追问灵巧性的具体呈现，也许下面的话语可以勉强凑合：灵巧的领域意识永远舞动着下列三部曲：激活、扩展与浓缩。刚才说了，激活与扩展是一枚铜板的两面，这里要补说一句，扩展与浓缩也是一枚铜板的两面。本编对后一枚铜板的两面性只作预说，正式述说放在第四编"论记忆"里。

　　上面关于领域意识的大段形而上话语是从"(a25\0*i+a24)形态复合领域"引申出来的，下面回到复合领域这个话题。首先应该指出：这并不是一个新话题，在"语境单元 SGU 是领域 DOM 的函数"节（[330-1.4]）里，已经论述过，这里是再论述，将来还会继续。

　　下面，把已经露面的 3 个复合领域示例以表的形式登记如下，其中编号 01a 的部分，形式上并未正式露面，但实际上早有预谋（表 3-9）。

表 3-9　复合领域示例

编号	示例形态	一般形态
01	(3228\3+a24)	(3228\3+a2y);(3228\k+ay,k=0-3)
	（金融危机）	（经济危机）　　（社会危机）
01a	(53e72,a24)	(53e72,a2y);(53e72,ay);
	（潜在金融危机）	（潜在经济危机）（潜在社会危机）
		(53e72,q820);(53e72,dy)
		（信仰危机）　（深层第三级精神生活危机）
02	(a25\0*i+a24)	(a25\0*i+a2y);a25e2n+a2
03	(53d25,pj2*d01)	(53d2n,pj2*d01);(53d2n,ra307)
	（大国崛起）	（大国兴衰）　　（文明兴衰）

表 3-9 中对部分 HNC 符号表述给出了对应的汉语表述，凡以符号"53"牵头的领域都具有潜在或未然的含义，但对于不必强调已然与未然区分的情况就省掉潜在二字。

表 3-9 试图传达下列三项世界知识：

（1）关于"领域之示例形态与一般形态之间的转换"。此转换属于殊相与共相之间的相互转换，是领域意识的基本特性之一。3 种类型的示例都具有这一特性，这一特性隶属于概念联想脉络的激活与扩展环节，是语言理解基因基本属性的展现，下一节会有所呼应。

（2）关于"编号 01 和编号 01a 所表达的世界知识存在着已然和未然的势态区别"。01 语境单元表述已然的危机，01a 语境单元表述未然的危机。危机是势态的重要内容之一，凡势态都有已然与未然之别，危机最为突出。但这一区分未必是领域意识的基本特性。因为西方文明对于势态的已然与未然区分并不在意，语言里仅突出情态的表述就是明证。那么，所谓的西方文明和以中华文明为代表的东方文明是否在势态领域意识方面存在着重大差异？这个话题笔者很感兴趣，前面已经谈论过多次[*20]。这里要请读者回忆一下基本逻辑概念林"基本判断 jl1"的概念树设计，那里特意配置了概念树"势态判断 jl12"，而且其位置在"情态判断 jl13"之前，这包含着在后工业时代为中华文明争取话语权的意愿，前面的"早有预谋"就是指这件事。

（3）关于"复合领域不是一个漫无边际的东西"。表 3-9 给出了两种最重要的类型，第一类拟名之势态型，对应于表 3-9 里的编号 01 和 03；第二类拟名之边际型，对应于表 3-9 的编号 02。这里的边际指世界知识与专家知识的边际，也就是两类知识的交织地带，前文已有多次阐释。这就引出了一个问题，对于"a25\0*i"之类的领域，是否需要赋予一种特殊标志？该标志将激活一种导引，指向前面的预说还未曾提及的一种隐记忆，可名之"复合形态领域清单"。这个问题将留给后来者去探索。

上列 3 项世界知识的地位悬殊，第 1 项当然至高无上，那么，后面两项是否就属于末流？不！两者的地位都很显赫。如果对此存有疑问，那就请回忆并翻阅一下关于语境基元转换的 4 点说明和"九台闭关"的 8 点领悟[*21]吧。

表 3-9 里特意安排了一项非常特别的领域，拷贝如下：

```
(53e72,dy)        (深层第三级精神生活危机)
```

在当下，此片领域似乎不存在相应的领域意识，这样的领域可名之空领域。同样，在概念基元空间一定存在大量的空基元，在句类空间一定存在大量的空句类。如果联系到具体个人的言语脑，其空基元、空句类、空领域的数量之多也许都难以想象。不过，这里应该就便说一声：本《全书》第一卷为(53e72,dy)这片空领域写了太多的预说，其中的(53e72,d1)部分关系到传统中华文明的历史定位，文字最多。言多必有失，更由于兴之所至，步调必然杂乱。请读者"不看僧面看佛面"，对那个话语权意愿给一点理解吧。

领域意识的话题已经拉得太长了，最后回到本子节的标题：情景 SIT 的描述必须抓住领域句类 SCD，这个表述可以改成：情景的感知必须仰仗领域意识。这两种表述完全等价，概念关联式[SCD-00-0]就是对此等价性的表述。

本小节到此结束。读者一定会觉得过于陡然，否则就不可思议了。但这个陡然的感觉将变成瞬间的事，因为下一小节将继续这个话题，不过换了一个视野进行述说。

2.1.3 领域句类 SCD 是情景 SIT 的灵巧性描述

表 3-8 清楚地表明：一个特定领域所对应的领域句类不是唯一的。这意味着特定领域与其领域句类之间不具有确定的对应性，更确切地说，这种对应关系的不确定性是双向的，与上述论断相反的陈述是：一个特定句类所对应的领域也不是唯一的。这是语境单元彼山的基本景象，与这个相反陈述对应的表就不搞了，读者应该欢迎这项"给尔自由"。

上面的话语，实际上是再次重复，上一小节已经不止说过一次了，那些话语大都伴随着那个奇特的等同式"XY2J=:X2Y2J"。这里再次重复，不过是为了本小节标题里的"灵巧性"这 3 个字。

上面郑重地引入了领域意识这个术语，并指出灵巧性是领域意识的根本特性，这意味着描述情景 SIT 的东西或工具也必须是灵巧的。"领域句类 SCD 是情景 SIT 的灵巧性描述"这个标题就是这样引出来的。

本编的编首语介绍过关于"基构"、"基件"、"建筑"与"城市"的 4 侧面思路，以表 3-1 句类空间与语境空间的基本比照的形式，给出过语境单元 SGU 的 4 侧面描述。现在，以 HNC 语言的形式给出更简洁的 4 侧面概述：领域 DOM 对应于"基构"；领域句类 SCD 和背景 BAC 对应于"基件"；语境单元 SGU 对应于"建筑"；语境生成 ABS[*22] 对应于"城市"。

表 3-1 的 4 侧面描述和上面的 HNC 语言"4 侧面概述"之间存在着明显的差异，描述里的"语境基元"和"领域知识"分别变成了概述里的"领域 DOM"和"语境生成 ABS"。第一项变化已经交代过了，应该无可置疑；第二项变化则比较微妙，将用编号"[*001]"的注释给予比较详细的说明。下文将假定该注释已被仔细阅读过。

基于第三次"蓦然"，语境分析与记忆也是一枚铜板的两面，本编论述该铜板的一面（此面），下一编论述该铜板的另一面（彼面）。该铜板的学名是领域意识，语境分析之此面对应于领域意识的"唤醒"（运用），"记忆"之彼面对应于领域意识的更新。这里对唤醒和记忆都加了引号，为什么？请看下文。

所谓领域意识的"唤醒"就是"唤醒"领域句类，这带引号的"唤醒"，不仅包括与该领域有关的显记忆，还包括与该领域有关的隐记忆。显记忆的唤醒属于心理学的唤醒，语用学借用过这个唤醒。隐记忆的唤醒则属于一个尚未形成的学科，该学科的名称本来可以借用莱布尼茨先生提出的"潜意识"这个术语，因为 HNC 通过第一公理到第三公理所描述的东西，实质上主要涉及语言脑的潜意识。可惜，潜意识这个术语经过弗洛伊德先生的《梦的解析》一搅和[*23]，已经与 HNC 试图描述的东西完全背道而驰了。由于经历过"句类"和"语义块"这两个术语的惨痛教训，避开潜意识就成了 HNC 的必然选择，于是就用隐记忆和领域意识这两个术语来作为替代品了。

句类和领域句类都是唤醒隐记忆的基本工具，两者的差异在于：前者是在句类空间进行句类分析的工具，后者是在语境空间进行语境分析的工具，也可以这么说，前者是唤醒隐记忆的通用工具，后者是唤醒领域意识的专用工具。总之，两者是语言理解处理不可或缺的两套工具。两套工具的使用需要灵巧配合，才能形成灵巧性武器，从而让自然语言的五重或三重模糊烟消云散，让一切"敌寇"束手就擒。

本小节的形而上论述似乎够了，下面转入"形而卡"方式。该论述方式的立足点是下列概念关联式（配汉语说明）：

SIT=:(BCN;BCD) —— （SCD-01-0）
（情景等同于事情叙述或事情描述）
BCN=:(XYN+PT+RS) —— （SCD-02-0）
（事情叙述等同于作用效应、过程转移和关系状态的叙述）
BCD=:(XYD+PT+RS) —— （SCD-03-0）
（事情描述等同于作用效应的描述，加上过程转移和关系状态的叙述）
BCN=BACE —— （SCD-04-0）
（事情叙述强交式关联于客观背景）
BCD=BACA —— （SCD-05-0）
（事情描述强交式关联于主观背景）

对这组概念关联式的下列"细节"请予以特殊关注：

（1）它们都以"SCD"牵头，而不是别的语境符号牵头；

（2）它们都属于语境空间的内使；

（3）它们有一个领队，编号为（SCD-00-0），前已给出，其原形态拷贝如下：

领域句类 SCD=:(领域 DOM+句类 SC) —— （SCD-00-0）

（4）叙述与描述的区分只针对作用效应 XY，不针对过程转移 PT 和关系状态 RS，这是 HNC 关于句群理解处理的一项基本约定。该约定既考虑了作用效应链 3 侧面说的各自基本特性，也考虑到未来图灵脑的现实需求。

（5）汉语说明中的"事情叙述"允许以"叙述情景"替代，"事情描述"也允许以"描述情景"替代。这两项允许所体现的灵巧性，请读者自行领会。

概念关联式（SCD-0m-0,m=0-5）是语境空间的 6 位高级内使，他们不仅定义了领域句类 SCD 和情景 SIT，也约定了(SCD,SIT,BAC)之间的基本关系。（SCD-00-0）是 SCD 的基本定义式；（SCD-01-0）是 SIT 的基本定义式；（SCD-0m-0,m=2-3）既可以看作是 SCD 与 SIT 之间的基本关系式，也可以看作是 SCD 的补充定义式；（SCD-0m-0,m=4-5）则可以看作是(SCD;SIT)与 BAC 之间的基本关系式。

这 6 位高级内使都以 SCD 牵头，那么，能不能说它们是对 SCD 的全方位描述呢？或者用 HNC 的话语来说，它们对 SCD 的描述是否满足透齐性标准或面体说的要求呢？回答是：否！因为，单是内使本身一定承担不起这一使命，还必须借助诸多外使的配合或协同。

诸多语境外使中最著名的两位，或者说领头的两位是：①语境对象 SGB 一定是具体概念；②语境内容 SGC 一定是抽象概念。这两位显赫的外使前面已经介绍过多次，读者应该已经比较熟悉了。显赫当然也分层级，上列两位属于最高层级，次高层级是语境子范畴及其概念林，最低层级是语境概念树。但是，仅仅熟悉一些显赫的外使是远远不够的，他们所能提供的语境知识大体对应于伽利略景象。

要从伽利略景象提升到哈勃景象，就必须依靠语境概念树延伸概念层级的外使，他们才是语境外使的主力，是领域意识的主体承载者，他们的 HNC 汉语名称叫领域句类，HNC 符号是 SCD。写到这里，笔者不禁自问，这样的说法是否又返回了形式上，而偏离了"形而卡"呢？回答是：无可奉告。不过，有兴趣的读者可自行考察，前文标注的示例句群里有领域句类 SCD 外使的丰富素材。有懊丧感的读者也不必灰心，本编第四章将对这里的无可奉告作出回应。

本小节标题所要求的诠释到此已告完成。该标题——领域句类 SCD 是情景 SIT 的灵巧性描述——属于 HNC 探索历程中第三次"蓦然"，更准确地说，是该"蓦然"之半（领域意识）的一种描述。领域意识 DOMC 的仿"学院"式阐释[*24]将在下节正式登场。因此，本小节将以下面的蛮横话语结束：本小节标题不仅可以替代本节的结束语，还要替代本编全部铺垫论述（第一章和第二章）的小结。

注 释

[*00] 这种分散论述的弊病显而易见，乃不得已而为之。基本原因在于：HNC论述都必然牵涉到一系列新术语和新命题，它们的拟定和解释并非易事。一系列新术语相互交织，用于描述语言脑概念空间的彼山景象。彼山景象有4个层级，概念基元层级、句类层级、语境层级和记忆层级，每一层级的景象描述都需要引进大量新术语，不同层级之间的新术语也是相互交织的。于是，新术语的诠释方式就成为本《全书》撰写的第一件麻烦事。一系列新命题更是相互交织，许多命题跨接不同层级的彼山，有的还跨接语言概念空间的彼山和自然语言空间的此山。因此，许多新命题的诠释难度可比之"难于上青天"。于是，笔者不得不采取"绕着虎山行"的一贯套路，一概分散诠释或论述。如果分散方式严格遵循由浅入深的常规途径，那应该不会给读者带来困扰。不幸的是：本《全书》基本没有按常规办事。不是有意犯规，而是不得不如此。下面的两份新术语清单也许可以为这个"不得不"提供一点佐证吧。

概念基元彼山（空间）的新术语：概念范畴及其子范畴、概念林、概念树、延伸概念、概念延伸结构表示式、映射词语与捆绑词语……

句类彼山（空间）的新术语：语块、对象与内容、主块与辅块、GBK与EK、EK复合构成、句类、基本句类与混合句类、广义作用句与广义效应句、句蜕与块扩、格式与样式、句类转换、主辅变换、语块分离……

本注释也适用于上一段里关于"举手投降"的两番话语。

[*001] 表3-1句类空间与语境空间的基本比照里的"领域知识"是"领域世界知识"的简称，世界知识这个词语被HNC理论赋予了特殊含义，定义为介乎生理脑管辖的常识与大脑管辖的各种专业知识之间，并与自然语言有关的知识，简称常识与专家知识之间的知识。领域世界知识是世界知识中最重要的部分，常被本《全书》简称为世界知识。

本《全书》曾多次用到两个说法或短语，一个是"形而上思维欠缺"，另一个是"世界知识匮乏"，这两个说法本身和它的使用频度都令人厌恶。但笔者不仅始终不厌其烦地加以使用，还利用各种机会，写过不少关于"形而上思维衰落"和"世界知识匮乏症"的有关论述。这些论述的内容，当下的读者必然难以认同甚至强烈反对，"封建糟粕"和"荒诞幻想"之类的帽子一直回旋在笔者的脑际。笔者对此并不担心，不过，却十分担忧过于形而上的论述方式。

形而上或形而上思维的本意（或HNC定义）是以综合与演绎为主导的思维方式，与此对应的就有以分析与归纳为主导的思维方式，相应的描述就是形而下。所以，本《全书》里的形而上，仅与《现汉》或《现范》"形而上学"的义项①比较接近，而与义项②毫不相干。两种思维方式所使用的语言或表述方式也必然有所不同，分别名之形而上话语和形而下话语。显然，两种思维方式需要相互补充或融合，不可偏废，两种话语亦然。为此，上海交通大学的陆汝占教授曾说过"形而卡"的戏言。可惜，笔者习惯或偏好形而上话语或HNC话语，不善于运用形而下话语，本卷尝试着"形而卡"，但自觉比较失败。

在撰写本章之前，笔者在有意回避"领域意识"这个词语，在撰写本卷之前，也有意回避"灵巧思维"这个词语。因为，这两个词语的诠释都需要"形而卡"，只好"避短"了。

有了上面的铺垫，现在可以回到正文里的微妙变化这个话题了。

语境探索的"九台闭关"时期，依据最初的思考，把语境单元SGU的萃取和语境生成ABS截然分成两个层级或阶段。那时不仅已经明确，语境生成的东西就是记忆，而且已经明确，记忆存在着"隐"与"显"的根本区别，一个人的智力成长主要取决于其隐记忆的成长，而不是显记忆。心理学的记忆只涉及显记忆，基本没有思考过隐记忆的课题，弗洛伊德先生和荣格先生的潜意识并不是HNC所定义的隐记忆，可以说与隐记忆完全无关。

源于语言（包括文字和语音）信息所形成的记忆（显记忆）实际上就是一种特殊形式的摘要，故符号化为ABS，取自英语abstract的前3个字母。那么，为什么不从"memory"或"remember"里选取符号呢？因为HNC觉得这两个词语"太霸道"，完全剥夺了隐记忆的"生存权利"。但这种感觉又不宜公然说出来，所以干脆不去触及记忆这个词语，于是就用语境生成这个词语取而代之，其对应符号ABS实质上就是显记忆的代号或符号。这属于HNC的话语"隐私"之一，回避"领域意识"也是。

ABS所描述的对象与内容无非是一些具体的语境知识，这些语境知识是经过语境分析以后适时获得的，语境分析就是一个组建的过程，表3-1里的"语境知识"即来源于此。该"语境知识"必须以某种符号形式存在，HNC选择了ABS及其表示式，概述里的"语境生成ABS"即来源于此。

这就是说，HNC在其探索历程中，由于各种"隐私"的干扰，自身就制造了一系列的术语混乱。语境知识与语境意识之间、领域知识与领域意识之间、语境生成与记忆之间都存在界限不清的问题，更不用说（语境知识、领域意识，语境生成）三者之间的交织性了。但是，"隐私"的干扰只是表象，实质问题在于："九台闭关"期间和往后的《定理》期间，还没有真正形成"**领域意识就是语言脑的上帝**"这一根本认识。最明显的证据集中在《定理》的45页，那里竟然宣称："原来认为句群与篇章的'比语句层面复杂得多，不可能用一组物理表示式样来表达'。近4年的理论探索进展表明：这一论断是错误的，我们已经得到了句群与篇章的理解处理的物理表示式，那就是(HNC3)和(HNC4)。"在HNC探索历程的诸多宣称中，此项宣称应该说是最为重大的，但又是最被忽视的，同时又是最不郑重的。

诚然，(HNCm,m=1-4)都具有符号化的共同特征，但"(HNC1)&(HNC2)"符号的意义是完全确定的，不难直接转换成程序语言而被运用，而"(HNC3)&(HNC4)"符号的意义并非完全如此，其转换与运用需要一系列高明的"技巧"。《定理》对这些"技巧"进行了当时力所能及的初步探索，概括成"六项原则"，但心里明白，仅仅依靠这些理论原则是不够的，所以写下了下面的话语（《定理》p49）："上列六项原则都是亟待耕耘的理论沃土，这片沃土首先在召唤理论探索者而不是技术开发者。……应该清醒地看到理论召唤与市场召唤的本质差异，不能在连法拉第定律都没有搞清楚的情况下，就忙着去做发电机和电动机开发的傻事。"此段话语里的"理论召唤"和"市场召唤"这两个短语形式上只出现过这么一次，因为市场召唤的力量太强大了，金帅和官帅都是"市场召唤"的后台老板，"理论召唤"连跑龙套的资格都没有，所以后来换了一个"四棒智力"的说法。该说法的典型文字（见"理性行为7322的概念延伸结构表示式"分节[123-2.2-0]）拷贝如下：

由于传统派的无所作为，一个浪潮派在近30年来就脱颖而出，该派以所谓的"语料库语言学"为旗帜，以大规模语料为后盾，以机器学习和统计算法为武器，异军突起，雄心万丈，使信息领域的各路专家趋之若鹜。但这里必须指出：浪潮派的理论基础过于薄弱，根本没有进行过关于语言与思维的些微思考，更不用说建立什么自身理论体系了。它把维也纳学派的缺点全盘继承了，但维也纳学派的优点却一点也没有学到。不过，浪潮派已经并将继续取得自己的辉煌，但是，对这辉煌的局限性一定要有一个清醒的认识，对于那些只需要"技术－产品－产业"三棒智力的知识产业，它会产生微软式或谷歌式的短平快奇迹，但对于那些需要"理论（科学）－技术－产品－产业"四棒智力的知识产业，它一定是"成事不足，败事有余"。语言知识产业恰恰是一个绝对需要四棒智力的产业，可是也恰恰是这个业界最不情愿承认关于三棒智力和四棒智力的论断。浪漫派对机器翻译的雪线尴尬坦然面对，对语言知识处理（包括搜索引擎）的核心科学问题采取机智无伦的忽悠对策。这惊人的坦然和高明的忽悠，与其说是某些聪明脑子想出来的点子，毋宁说是某种文明必将演出的一场科技悲剧。该文明拥有语法和逻辑的厚重文化传统，该传统曾使得该文明赢得某些学科的优势，但如今，该传统却要成为一个拖后腿的东西了，这一点，将在本《全书》第二卷论述[*a]。

本《全书》原本打算只管四棒智力的第一棒——纯粹理论，第一棒与第二棒之间的接力"技巧"都拟完全不予过问，但随着**领域意识**这个概念的渐趋明朗，完全不予过问的想法也随之有所淡化。第三卷的撰写内容从原定的四编扩大到现在的八编就是表现之一，不过，最大的变化表现在撰写方式上。最早撰写的第一卷第一编，采用纯粹的HNC话语，接着撰写的第一卷第三编仅略有变化。后来在撰写第一卷第二编期间，领域意识这个概念有一天"蓦然"出现，这一次的"蓦然"可以看作是整个HNC探索历程的第三次重大"蓦然"，第一次是句类SC，第二次是领域句类SCD，第三次就是领域意识DOMC和语言理解基因LUG了。

第三次"蓦然"之后，对语言概念空间彼山的4层级景象说重新作了一番审视，带着"凡所有相，皆是虚妄。若见诸相非相，即见如来"[*b]的感受，首先是淡化了(HNCm,m=1-4)表示式的数学与物理之分，更淡化了语言理解处理过程的层级划分思考，句类分析与语境分析的划分具有虚妄性，语境分析与语境生成的划分更具有虚妄性。其次是反思了原来引入的诸多术语，包括语境单元SGU、情景SIT、背景BAC、领域句类SCD和语境生成ABS，也包括最早的语块K、句类SC和领域DOM，这些东西都不过是领域意识的不同呈现形态，都具有"诸相非相"的特性。最后是松动了"愤启悱发"的话语情结，开始向着"形而卡"话语的方向尝试努力。这三项变动是第三次"蓦然"的主要内容，该"蓦然"与领域意识互为因果。以"语境生成"替换原来的"领域知识"就是该"蓦然"的诸多具体呈现之一。下面对最后这句话稍加解释。

在"九台"和《定理》期间，"小句的句类分析SCA"、"大句的语境单元萃取或语境分析SGA"、"语境生成ABS"和"记忆MEM"是依次递进的。第三次"蓦然"之后，SCA被SGA吸收了，ABS与MEM相互吸收了，SGA则与MEM融为一体。

本解释使用的是"形而卡"话语，不宜再行解释，这样，本长篇注释就可以结束了。

[*a] 那些论述直接写下了"那两样拖后腿东西（即语法和逻辑）将造成学术灾难"的观点，也写下了"重灾区不仅是语言学，也包括脑科学和心理学"的观点。论述中还特意引入了"玩新"这个术语，以区别于创新。

[*b] 原文见《金刚经》"第五品 如理实见分"。

[*01] 为便于读者对此段话语的理解，将有关词语的HNC符号引录如下：

金融危机	3228\3+a24
9/11	3228\2+a13
纯粹偶然	jl12c01
某种必然	(jl12d01,l91\3,SIT)

[*02] 此段论述都略去了领域DOM的HNC符号，因为前文都已有说明。特别关心HNC符号的读者请再看一眼表3-6（[330-1.4]节）。

[*03] 有机符号这个术语是第一次使用，暂不详说。与有机符号对应的是无机符号。当前数据库里的数据本质上都属于无机符号，自然语言本质上也属于无机符号，汉字略带一点有机性。有人曾据此而推出"汉字基因工程"，其志可嘉，惜其语言功底和世界知识的广度与深度都远远不足。HNC的最初理论目标就是试图建立一个关于全部自然语言的有机符号系统，因此，如果仅仅把HNC理论与汉语捆绑在一起，那就是对HNC的一种误解了。

[*04] 该问题和该命题的提出见"情景SIT"小节（[330-1.3.2]）。

[*05] "HNC词典"的说明见"基础语境和基础语境基元"子节（[330-1.1.1.2]）。

[*06] "语博馆"的说明见"语境单元SGU是领域DOM的函数"节（[330-1.4]）。

[*07] 句群明朗度是语境分析的一个专用术语，这里是第一次使用。与它对应的另一个术语叫领域认定难度，明朗度越高，则领域认定难度越低。这两个术语用于描述句群的同一种现象，说多余了一个没有错，说不多余也对。对明朗度或难度的量化描述，HNC将采取灵巧方式，不追求统计意义下的数值描述。

[*08] 灵巧思维这个术语已多次使用，这里使用它，是由于上文已经使用了"语言脑"，文字上想换个花样，如此而已。这不等于说，灵巧思维等同于语言脑思维。这两个术语在特定语境下可相互替换，但并不完全等价。

[*09] 语言理解处理的劲敌与流寇清单见[240-4.1]的注释[*02]。

[*10] 这位敌寇与HNC提出的三项语言描述概念有关，一是Eg和El的概念，二是主辅变换的概念，三是汉语的辅块一定在EK之前的概念。依据这三点，Eo(Eg//El)前后的辅块fK就成为判断该Eo属性的重要依据之一。

[*11] "高楼大厦"与"四合院"是笔者引入的两个比喻性说法，用于描述英语和汉语这两种代表性语言大句结构的区别特征。最早的论述见[240-1]章引言。

[*12] 该论述见《理论》里的两篇短文，一是《论语句表示式——兼论"格"》；二是《再论"格"》。

[*13] 这两个术语是伴随着"句类新表"引入的，这里点明了其用途之一，但这项用途并不是新表引入两术语的真正缘起。这是多余的话么？读者不妨想一想。

[*14] 此比喻曾啰唆过多次，比较正式的一次见"句类空间与概念基元空间的对应性"节（[320-4.1]）。

[*15] 指当下的后工业时代初级阶段pj1*bd37。

[*16] 这里特意使用了"先验知识"这个词语。这是对康德哲学中a priori knowledge的翻译，也有人译作"验前知识"。

[*17] 这里所说"8年多时光耗费"就是指HNC理论探索两阶段之间的停顿。

[*18] 隐记忆将在第四编"论记忆"里详说。

[*19] 请读者自己考察一下句群02里的劲敌C，就当作是读懂本章的必要练习吧。子群02c的情况见表3-7。

[*20] 这些论述都是围绕着"势"这个汉字而展开的。古汉语对"势53"的论述都非常精彩，其文字往往是哲学与艺术的完美结合，读起来是一种独特的精神享受，现代读者恐怕已无缘这种享受了。忧患意识也许是势态领域意识中的最为重要的一种，范仲淹先生的"先天下之忧而忧，后天下之乐而乐"名言，孔夫子的"人无远虑，必有近忧"命题，都是对这一领域意识的精彩表达。在西方的名著里，有相应的名言么？知之者请赐告。

[*21] 前者见"领域DOM"节，后者见"关于语境单元要素的思考"小节。两者的编号分别是[330-1.2]和[330-1.3.1]。

[*22] 语境生成及其符号ABS将在第四编"论记忆"里说明，没有安排在本编。这对于提前在网上阅读此文的读者很不方便，不过，已上网的"理性行为7322"节（[[123-2.1]）曾对语言脑作了长篇预说，那里有关于"ABS[DOM]"的简要说明，"ABS[DOM]"就是"九台闭关"时期或《定理》时期的"ABS"。

[*23] "搅和"这个词语只针对《梦的解析》，否则就是对弗洛伊德先生的大不敬了。先生后期的"自我"和"本我"理论摆脱了《梦的解析》的狭隘性，但已经超出潜意识的范畴了。

[*24] "学院"式论述就是指现代论文的格式化或标准化论述，曾戏称之"论文八股"。"八股"里的规矩当然有道理，但笔者对任何规矩都存在强烈反感。这种反感心态是本《全书》文字伤痕的重要原因之一。

第 2 节
语言理解基因 LUG 与领域意识 DOMC

本节标题在形式上与上节完全相同，都涉及两项内容，两者皆以"与"相连接，"与"字前后的两样东西高度交织，但交织的特质有微妙的区别。就领域句类 SCD 与情景 SIT 来说，可以给出下面的命题：领域句类 SCD 是情景 SIT 的**透齐性描述**工具。就语言理解基因 LUG 的 HNC 定义式(LUG-1-0)[*a]来说，我们可以在它与领域意识 DOMC 之间给出相应的命题，但是本节将避开该定义式，仅就其减缩形态(LUG-1b-0)讨论语言理解基因 LUG。这样，相应的命题就不成立。上节为了透齐性描述，搞了 3 个小节，本节就没有这个必要了。

本节的撰写方式将有大别于前文，这有两方面的原因。①语言理解基因和领域意识这两个概念或术语是 HNC 探索历程的副产品，是"半路杀出来的程咬金"。语言理解基因是延伸概念的副产品，领域意识是领域句类的副产品。但是，这两项副产品非常特殊，这里的正与副不是一般意义上正品与副品之间的关系，而是一枚铜板的两面关系。延伸概念与语言理解基因的关系是一枚铜板的两面，领域句类与领域意识的关系也是如此。②对于 HNC 来说，延伸概念和领域句类具有"纯种"特性，而语言理解基因和领域意识则具有"杂种"特性。"杂种"者，可与自然语言符号共处于一体之内也。

上述两点对于《全书》的撰写来说，并非意料之内的事，而是一个意外。意外导致一种希望，那就是宁愿把文字的安置搞得随意一些。还应该说明的是：本节的内容已经安排了诸多预说，某些预说的内容将被本节引用或拷贝。也许可以说：本节不过是那一系列预说的综述。但是，本节将不按综述的样式撰写，对全部预说采取遗忘的态度，文字上不作任何回顾和呼应，用另外一套话语再宣讲一遍，目的是向科普文字靠拢。

语言理解基因 LUG 应该是语言脑皮层柱特有的一种认知结构，在生理脑基础上先于语言脑演化出来的图像脑、情感脑和技艺脑都没有这种认知结构，后于语言脑演化出来的科技脑也没有这种认知结构。不过，它们都需要借用语言脑的这种认知结构。

哲学应该追问：大脑存在图像脑、情感脑、艺术脑（技艺脑）、语言脑和科技脑的区分么？语言哲学应该追问：语言脑存在以自然语言理解为核心的认知结构么？这两项追问的答案并不复杂，关键在于提出。把问题明确地提出来了，问题也就随之解决了。两项追问的答案都应该是肯定的，而不是否定的。神经科学对这两项追问所持的态度，在 HNC 看来，是过于慎重了。目前，人们对语言脑认知结构的物理、化学和生命特性在微观方面已经所知甚多，但在宏观方面却所知甚少，甚至可以说是"一无所知"。如果要继续追问该答案的依据，大体上可以这样说，对第一项答案的追问可以反问：要追问"1+1=2"的依据么？但对第二项答案的追问就不能这么做了。因为在第二追问里的认知结构前面加了"以自然语言理解为核心"的说明，凭什么断定语言理解就是语言脑的核心认知结构呢？

语言理解与语言生成是语言脑功能的两个基本环节，这个说法应该不会引起太大的质疑。但是这两个环节居于同样重要的地位么？两者是一枚铜板的两面么？也许有人会说，这是两个很无聊的非学术问题。但是，它们并不无聊，也非"非学术"。相反，两者是语言学的根本问题，然而却长期被忽视了。语法学事实上只紧紧抓住语言生成这一基本环节大做文章，而置另一个基本环节——语言理解——于不顾，这是西方语言学的传统俗套，天才的乔姆斯基先生也未能脱俗。但是，中国的传统语言学——小学，从来不曾陷于这个俗套，这就是许嘉璐先生一接触 HNC，就把它视为知己的根本缘由了。

诚然，20 世纪的符号学开创了脱俗的先河，其"三语说"[*01]为语言学研究指出了下述新思路：语形学最终离不开语义学的帮助，语义学最终离不开语用学的帮助。此说似乎振聋发聩，但理论上起不到、实际上也没有起到"振"与"发"的作用，因为，"三语"只能构成"面"，不能构成"体"。故前文有言："三语说"依然是点线说，而不是面体说，它并没有直接去触及上述根本问题。

关于动物语言的诸多研究，关于儿童语言习得过程的诸多研究，关于盲、哑、聋人的教学研究，也许可以为上述根本问题的解答提供重要线索。但两个因素导致笔者抱憾终生，"望洋兴叹"：一是忙碌；二是更信任先验理性的洞察力和效率。

先验理性对语言或语言脑的探索一定首先抓住如下的基本事实和基本假设开始思考：基本事实是自然语言空间的符号形态数以千计；基本假设是语言概念空间的符号形态应该具有唯一性，与自然语言空间的"千计"没有任何牵扯。言语脑（语言脑的现实呈现或实存）里存在的东西应该首先是**那个唯一性东西里不可或缺的部分**，其次才是那**数以千计东西里的一件或几件**。由此出发，如果进一步承认：那唯一性的东西（共相）对应于语言理解，那数以千计的东西（殊相）对应于语言生成。那么，上述根本问题的解答就基本有了眉目，为什么？因为先验理性的基本法则是：如果"先共相、后殊相"的形而上途径走得通，那就一定不要勉强去走"先殊相，后共相"的形而下途径，这就是康德先生特别强调的理性法官原则。理性法官对上述根本问题的判决词是：**语言理解是语言脑的核心环节，语言理解与语言生成这两个环节不是一枚铜板的两面，语言理解环节是语言脑的 CPU,语言生成环节只是语言脑的接口 I/O(interface)**。

沿着语言脑 CPU 的思路，HNC 构建了语言概念空间的 4 层级符号体系以及相应信使（内使与外使）的符号体系。这个符号体系极其庞大，它本身又存在 CPU 与 I/O 的区分，如果将 4 层级符号体系本身对应于 CPU，那些信使符号就对应于 I/O。此 I/O 是语言理解的内部 I/O，不是语言生成的外部 I/O。语言脑的 CPU 和内部 I/O 都属于隐记忆，而外部 I/O 则属于显记忆。以上，可以看作是上述理性法官判决词的 2 号附件，这意味着还有一个 1 号附件。

1 号附件的内容是：4 层级符号体系不具有同等地位，概念基元 CP 和语境单元 SGU 居于核心地位，用比喻来说，概念基元 CP 是"母亲"，语境单元 SGU 是"父亲"，语境生成 ABS 是他们的"子女"。这样，句类 SC 似乎不过是一位"媒人"，然而，这是一位神通广大的"媒人"，是促成"爱情"、"婚姻"和"亲情"的伟大"媒人"。

理性法官的上述判词和两个附件可以说是 HNC 探索历程的终极感悟，在这一感悟的基础上，HNC 语言概念空间就充满了生命气息，那些描述概念范畴、子范畴、概念林、概念树、各级延伸概念的枯燥数字（从概念范畴到概念树及其概念延伸结构表示式）似乎呈现出一种大脑皮层柱与神经元的生动类比，如果说 HNC 概念范畴和概念林乃是对应于语言脑皮层柱的宏观景象，概念树及其概念延伸结构表示式乃是对应于语言脑皮层柱的介观景象，那么，每项延伸概念就是对应于语言脑皮层柱的微观景象了。于是，语言理解基因 LUG 的概念或术语就成为该微观景象的自然产物，HNC 理论由此又获得了一种新的思考方式或视野。

在语言理解基因 LUG 的视野里，导源于《理论》时期底层与中层概念的本体论描述 OD 和认识论描述 ED，就自然变成了 LUG 的氨基酸，这两类 LUG 氨基酸被命名为第一类和第二类氨基酸。前文的预说[*02]已对此作了充分论述，这里需要深化的是下列 4 个问题：①对《理论》中提出的所谓中层和底层概念在 HNC 探索的第二阶段出现了 LUG 氨基酸的"蓦然"，该"蓦然"非同寻常，那么，能否给出一个"解剖麻雀"方式的阐释呢？②如果中层和底层概念变成了 LUG 的氨基酸，那《理论》最早引入的五元组(v,g,u,z,r)在 LUG 中处于什么地位？③LUG 氨基酸只涉及 LUG 的末端或末段构成，其前还有中端或中段，再往前还有前端或前段。如果把中段对应于概念树、概念林和概念子范畴，把前段对应于范畴，那么，与中段和前段对应的东西在 LUG 中处于什么地位？④LUG 氨基酸与 20 种生理基因氨基酸如何进行对比考察？

下面将回答上述 4 个问题，关键是第一个，随后的 3 个问题就便科普一下就可以了。第一个问题的阐释将采取比较独特的方式，且文字冗长，不是一般性的冗长，而是迷宫般的冗长，请读者在阅读过程中保持耐心和冷静。该迷宫不仅包括"根"、"宝"、"多"这 3 类特殊 LUG 的说明，包括 LUG 信使（概念关联式，内使与外使）的说明，还包括语言脑之特殊开放性的初步说明，后者将以纷争课题与纠结课题的对比形式予以表述。

首先要就便说明的是，第二个问题在预说里早已给出了答案，五元组被命名为 LUG 的第三类氨基酸。这个排序没有实质性意义，关键在于：为什么 OD、ED 和(v,g,u,z,r) 这 3 类符号竟然具有语言理解基因 LUG 的奇特功能呢？这个问题似乎很难回答，其实不然。让我们想一想汉语的"牵一发而动全身"、"差之毫厘，谬以千里"、"四两拨千斤"等成语吧，这些富含哲理的成语并不适用于任何情况，但确实极度适用于一种特殊情况，那就是基因变异。因为基因变异最令人惊叹的特性就在于：它根本不涉及整个氨基酸链条(DNA)的巨大变动，只要变动其中的一片或几片氨基酸，就足以产生"面目全非"的巨变。让我们记住这个特性，并把基因技术与现在已经十分成熟的其他技术（例如整容术）比较一下，那就不难看出其中的天壤之别。基因技术充分展示了那些成语所描述的哲理，在天上；而整容术等则与那哲理毫不相干，在地下。也许我们可以推论说：多数技术处于天地之间。现在可以发问：OD、ED 和(v,g,u,z,r)处于什么位置呢？答案是一清如泉的，它们都在天上，不在天地之间，更不在地下。

本《全书》多次写下"一清如泉"这四个字，每次都比较踏实，但这一次有点不同了。因为，如果对 OD、ED 和(v,g,u,z,r)这三者缺乏最基本的认识，那么，这里的论述方式充其量也不过是貌似"形而卡"而已。诚然，前文已经对三者都给出过系统的理论阐释，也给出过众多的示例性说明。然而，那些理论阐释和示例说明毕竟比较分散，深度更远远不够，本节是进行补救的最后机会了。但如何补救，是一个不小的难题，下文勉力为之，大体上采取对三者进行分别说的方式。

本体论描述 OD 分 3 种类型，第一种叫交织延伸，符号有$(t; \alpha; \beta; \gamma)$；第二种叫并列延伸，符号有$(\k=k_{max};\k=0-k_{max};\k=m)$；第三种叫包含延伸，符号有$(-;-0|;-k_{max})$。交织和并列延伸的第二项里存在常量"8"和"\0"，两者被赋予特殊命名，叫根概念（"根"）。交织延伸的第三项"β"也被赋予特殊命名，叫作用效应链呈现，并戏名之延伸概念之宝（"宝"）。交织延伸里最常用的符号是"t=b"，它又具有多种相态（"多"）。下面就来回顾一下关于"根"、"宝"、"多"的诸多预说，此回顾不求全面，仅举例一二。

"根"有两种，先说交织延伸的"根"。预说里最突出的示例是关于理性行为 7322 唯一的一级延伸概念 $7322\alpha=b$（见[123-2.2]节），其汉语说明拷贝如下：

$7322\alpha=b$	理性行为的四元本体表现
73228	先验理性行为
73229	经验理性行为
7322a	浪漫理性行为

7322b　　　　　　　　实用理性行为

这是本节的第一只"麻雀"，原诠释是该"麻雀"的形而上描述，拷贝如下：

理性行为 7322 的概念延伸结构表示式也是封闭的，其主体构成也仅用语言理解基因的第一类氨基酸来表达，这两点与理念行为 7321 完全相同，但也存在本质区别，那就是以"α=b"替代了"t=a"，这替代含义深刻，它借用了康德沉思的基本成果，其对应的通俗话语就是：理性之根乃人类的天赋。天赋者，先验也，故以符号 73228 表示先验理性行为乃 HNC 理论的必然选择。

此诠释揭示了理性这个人们常用的词语要比《词典》的解释复杂得多，它存在 4 种基本类型，而先验理性乃全部理性之根。这里的理性不仅大大有别于日常话语里的理性，也有别于专家话语里的理性[*03]。这两种话语理性将统称词典理性，因为两者都与词典的理性解释一致。当下的许多国际争端，六个世界之间或每个世界或国家的内部争端，确实在某种程度上反映了理性分歧，但词典理性在这里似乎使不上多少劲。当然，争端的一方可以把对方说成"非理性"，但那不过是口舌之争而已。那么，理性行为的四元本体表现 $7322\alpha=b$ 是否可以对上列争端和分歧给出更合适一些的解释呢？答案是肯定的。例如，第一世界与第四世界的尖锐分歧，新老国际主义者之间的尖锐分歧，就包含着浪漫理性与经验理性之间的根本分歧[*04]；而美国与欧盟之间的某些政策分歧则包含着功利理性（实用理性的极端形态 7322bd01）与经验理性之间的"奇特"分歧[*05]。当然，上面的解释只不过是略有改进，因为所有争端与分歧皆主要缘起于利益之争或三争，这就要到理性行为的后续延伸概念里去寻求答案了。

理性行为 7322 的二级延伸概念非常特别，共两项，其符号表示、汉语说明和最紧要的概念关联式拷贝如下：

```
7322(~8)t=b              理性三争行为
7322bd01                 功利理性行为
(73228,jlv00e22,a0099t) —— （7322-0-1）
（先验理性行为无关于三争）
(7322(~8)t<=a0099t,t=b) —— （7322-0-2）
（理性三争行为强流式关联于三争）
```

理性行为 7322 的三级延伸概念仅 1 项，其符号表示和汉语说明也拷贝如下：

```
7322(~8)(t)e2n           理性三争行为的辩证表现
```

面对上面的引文，按常理应该发问：上面的符号和伴随的内使是否给出了正在寻找的答案呢？它们是否比词典理性更确切地反映了"理性"这个词语的意义呢？其实，这样的发问已经不在要害上了。要害在于：下列 4 样东西所提供的世界知识是多么重要和宝贵，它们提供的方式又是多么简明和巧妙。4 样东西依次是：

（1）符号序列里的那个"α=b"；

（2）那个根概念"73228"和伴随的内使（7322-0-1）；

（3）那个特殊的二级延伸概念"7322(~8)t=b"和伴随的内使（7322-0-2）；

（4）那个独特的三级延伸概念"7322(~8)(t)e2n"。

这 4 样东西这么摆着似乎就足够了，不是吗？两位内使所宣告的世界知识不仅重要和宝贵，而且在当下这个十分特殊历史时期，是否还处于匮乏状态？符号"α=b"、"(~8)"、"(t)"和"e2n"所体现的是一种提供世界知识的崭新方式，它们是否简明和巧妙？它们的功能是否很类似于 DNA 链条中某一截"独特"的氨基酸？在生理脑的景象里，那么一截独特的氨基酸足以引发 DNA 的变异，语言脑里是否存在类似的景象呢？在未来的图灵脑里，上列符号为什么不能形成类似于言语脑里的语言理解景象呢？

面对上述提问，笔者禁不住又想起"一清如泉"这个词语了。

上面的回顾以"理性行为的四元本体表现 7322α=b"这只"麻雀"为依托，主说了"根"里的"8"，同时也顺便说到了另外两件事：①通过内使（7322-0-2）对"宝"β进行了"画龙点睛"式的描述，因为该内使指明，三争的源头在 a00β，这个β概念可不寻常，她[*b]是专业活动共相概念林 a0 之共相概念树 a00 的一级延伸概念，a0099t=b 是她的"长子长孙"，这位"长子长孙"是"三争"的"祖宗"。而理性三争行为 7322(~8)t=b 或 7322(~8)(t)不过是这位"三争祖宗"的众多"子女"之一。②通过三级延伸概念"理性三争行为的辩证表现 7322(~8)(t)e2n"，展现了认识论描述 ED 成员之一"e2n"的妙用[*06]。

下面转向另一项回顾，涉及并列延伸的"根"（\0）。使用两个示例，对应于本节的"麻雀"2 和"麻雀"3，"麻雀"2 的汉语名称是"经济活动的基本要素"，"麻雀"3 的汉语名称是"市场基本类型"。前者是一级延伸概念，后者是二级延伸概念，其 HNC 符号及汉语说明拷贝如下：

```
a20\k=0-4      经济活动的基本要素
a20\0          经营
a20\1          商品
a20\2          资金
a20\3          财务
a20\4          劳力

a20b\k=0-5     市场基本类型
  a20b\~0*7      资源
a20a\0         消费市场
a20b\1         物资市场
a20b\2         能源市场
a20b\3         信息市场
a20b\4         劳力市场
a20b\5         金融市场
```

这两只"麻雀"都带有"根"（"\0"），两者都属于经济活动的"共相概念树 a20"。与第一次回顾所依托的概念树"理性行为 7322"不同，其一级延伸概念不是一个，而是两个：a20t=b 和 a20\k，分别属于本体论描述 OD 的交织延伸和并列延伸。"麻雀"2 是一级延伸概念 a20\k，"麻雀"3 是二级延伸概念 a20a\k。对这两只"麻雀"的理解，不可能各自为战，必须借助于方方面面的相互依靠，这就是 **HNC 概念诠释与词典之传统词义注释之间的本质区别**。下面，先拷贝 5 段比较重要的 HNC 诠释或阐释，诠释 3 项，阐释 2 项，共 5 项，编号为引文 1 到引文 5，原文见[130-2.0]节。3 项诠释都有相应的词典解释，读者不妨逐一进行比较，一定会有所收获。随后，以引文为依托，着重进行"根"、"宝"、"多"的浅说，借以突出 HNC 概念诠释的若干基本特征。当然，引文和浅说并不限于"根"、"宝"、"多"，它们只是语言理解基因的 3 类氨基酸中的"耀眼"部分，而不是全部。"耀眼"之外的东西也会进入引文和浅说，浅说里可能包含一些期待性话语，涉及一些有待探索的课题。

——关于市场的 HNC 诠释（引文 1）

古代的市场似乎只是"士农工商"之"商"的独占领域，其实不然，它从来就是整个社会的舞台，渗透到社会生活的方方面面，不过这一特性到了现代才更加明显而已。人类的两类劳动和三类精神生活都与它息息相关，这就是将市场列为 a20b 而不是 a209 的缘故。

——关于商品的诠释（引文 2）

商品 a20\1 是经营的第一要素。商品不仅包括有形的东西，也包括无形的东西（如信息和服务），这一广义商品概念古已有之，所以商品这个概念并不具有历时性。物品和产品历来是而且依然是主要的商品，但两者本身并不等同于商品，而只是潜在的商品，映射符号是 rw53a20\1。

——关于资金和资本的诠释（引文 3）

经营的第二要素是资金 a20\2，资金是经营的生命表征。在市场 a20b 这个特殊空间里，资金 a20\2 具有作用效应链的整体表现，工业时代到来的基本标志就是资金成长为资本 ra20\2*(d01)[**c]，所以工业时代也叫资本时代。资金 a20\2 这一概念导源于货币，货币是经济活动的第一伟大发明，是为了便于商品流通而发明的商品替代物。

——关于经营 4 要素的阐释（引文 4）[*07]

所有的专业活动活动领域都存在与经营对应的四项要素。不过，在其他专业领域，把商品 a20\1 叫作项目、任务、产品、作品等，把资金 a20\2 叫作经费，把成本 a20\3*3 叫作费用，把高级劳力 a20\4c33 叫作干部、人才等。

经营四要素分别具有下列概念关联式：

a20\1:=ju725——（a20\k-01-0）
（商品具有根基意义）
a20\2:=ju726——（a20\k-02-0）
（资金具有主干意义）
a20\3:=ju72(n)e22
（财务具有"上层"意义）
a20\4d01:=ju721b
（高层主管具有关键意义）

——关于市场基本类型的阐释（引文 5）

消费市场 a20b\0 概括了市场的基本内涵；物资市场 a20b\1、能源市场 a20b\2 和劳力市场 a20b\3 概括了市场的语境对象，信息市场 a20b\4 和金融市场 a20b\5 概括了市场的语境内容，后者是经济活动本身高度发达阶段的产物。

市场必有相应的资源，资源将采用变量定向延伸符号 a20b\ki。按照市场的对象内容划分原则，资源也有对象与内容之分。市场语境对象构成对象资源(a20b\ki,k=1-3)，市场语境内容构成内容资源(a20b\ki,k=4-5)。每一个人作为市场的对象只具有劳动者//消费者这两种身份，没有第三种身份。

每类市场可继续并列延伸，这里暂不处理。但需要先说明两点：一是信息市场将延伸为 a20b\4k=2，a20b\41 代表原始意义的信息市场，a20b\42 表示知识市场。二是资源是一个强 g 类概念，具有 p//w 前挂特性，对象资源可前挂(p; w)，内容资源可前挂 rw。

引文 1 是市场的 HNC 诠释，此诠释与汉语的词典解释存在比较大的差异。其中的"这就是将市场列为 a20b 而不是 a209 的缘故"需要浅说一下，它暗示了"多"的一项默认意义。"多"是交织延伸里最常用符号"t=b"的基本特性，本节引入这个带引号的"多"时，已经指出过这一点。所谓"多"，就是指一个交织延伸家族内部各项概念之间具有多种不同类型的交织特征。HNC 对交织类型未予表示，不是未曾作过努力，但最后放弃了，因为在许多情况下，"t=b"的类型特征具有飘忽性。但是对(9,a,b)的排序，仍有一项默认约定，那就是：它们与其他概念家族的交织度依次递增，或自主性依次递减[*08]。a20t=b 完全符合这一约定[*09]，该概念家族的汉语说明拷贝如下，以便利读者作初步考察。

a20t=b	经济活动的基础要素
a209	经济制度
a20a	经济组织
a20b	市场

"t=b"三员家族的交织类型有"一主两翼"、"三足鼎立"、"多重联姻"等，"t=a"二员家族的交织类型有"兄弟"（或姐妹）、"夫妻"、"父子"等，前两卷仅有示例性说明，远未形成系统，但其深入探索似乎已跨入专家知识的范畴了。这里的"a20t=b"就难以与上面列举的 3 种交织类型挂钩，飘忽性就是指这种情况。

引文 2 是商品的 HNC 诠释，与汉语词典解释的差异也不小。该引文也有"耀眼"的新东西，涉及语言理解基因的染色体，而引文 1"耀眼"的东西只涉及语言理解基因的氨基酸。语言理解基因染色体的"耀眼"成员（"贵宾"）是"53"、"52"、"rw"和"gw"。引文 2 里的"rw53a20\1"不仅是"贵宾"，而且是一位不寻常的"贵宾"，因为它佩戴着"rw"和"53"的双重贵宾标记。以上所说，就属于典型的"期待性话语"了。

引文 3 是资金、资本和资本时代的 HNC 诠释，前两者与汉语词典的解释实质上差异不大，后者未进入词典。其中"耀眼"的东西是"ra20\2"。

引文 4 表达了 HNC 的一项核心思考，那就是把经营 4 要素与概念林"基本属性 j7"的"第一号"殊相概念树[*10]"主次 j72"全面地关联起来，表现为该引文里的四位内使。普通内使（未带编号）和一级内使（带特殊编号）各两位，普通内使所描述的世界知识为人们所熟知，但两位一级内使的命运却相当奇特，下面将借此而写下一大段"奇谈怪论"，作为前此类似谈论的最终陈述。

经营 4 要素的一级信使仅列举了两位，这当然远不足以反映经营的基本世界知识。信使不仅有内使，还有外使，《全书》残缺版第一卷未包含外使，这是它的重大内伤，正式版将予以适度补救。这里给出 3 项补救示例：

```
(ra20\2*(d01)+a62t,jl111,(sr3ju724,lv43e21,311+pj1*a)
                                        —— (a20\k-0-01)
```
（资本与技术是工业时代诞生的决定性因素）
```
((XY,ra20\2*(d01)+a62t),l00*13be26;s33,pj1*b) —— [a20\k-0-01]
```
（在后工业时代，资本与技术的作用效应功能将趋于退化）
```
((XY,ra20\2*(d01)+a62t),jl00e21(d01),pj2*\k=6;s33,pj1*b)
                                        —— [a20\k-0-02]
```
（在后工业时代，资本与技术的作用效应功能强关联于六个世界）

特级内使（a20\k-0-01）不过是 HNC 对经济学第一公理的简明描述，其使节编号的汉语诠释是：经济活动的 1 号特级内使。对资本与技术的这一独特认识是亚当•斯密先生和熊彼特先生的伟大贡献，HNC 完全同意这一独特认识，并据此而将资本与技术比喻为工业时代的亚当与夏娃，是上帝派送人间的第二代始祖，将来还会为后工业时代派来第三代始祖。

特级外使[a20\k-0-0m,m=1-2]是对经济活动 1 号特级内使的必要补充，它们表明经济学第一公理仅适用于工业时代，而不适用于后工业时代，两位外使将分别命名为经济活动的 1 号和 2 号特级外使。

上列三位特使都由"a20\k"牵头，这类以领域概念牵头的概念关联式，不论是特殊的还是一般的，应另外给予一个名称，以区别于一般概念关联式，因为两者所传递的世界知识有所不同。例如，上列三位特使所传递的世界知识就关涉到三个历史时代核心认知，其作用显然比一般性世界知识更大。概念关联式所描述的知识都是世界知识，但领域概念牵头的概念关联式所描述的知识，其档次更高，将另名领域意识 DOMC。这就是说，领域意识不过是一种高档次的世界知识。前文反复申说的世界知识匮乏症，实际上主要是领域意识匮乏症。

下面将以领域意识为基础，对当下流行的各种思潮进行评说。

三位特使的真实面目比较形而上，曾遭受过并继续遭受着 4 类迷雾的笼罩：迷雾 1来自于马克思的答案，迷雾 2 来于列斯毛革命，迷雾 3 来于对社会包装品的崇拜，迷雾4 来于科技迷信。答案和专利是对 1 号特级内使的**诡异**否定，崇拜和迷信则是对两位特级外使的**断然**否定。**诡异**者，答案与专利仍存在大量追随者也；**断然**者，普世价值和科技迷信已成为当下世界的最高级神话也。普世价值密切联系于社会包装品，科技迷信密切联系于进化论，这两者乃金师和第一世界顶尖精英通力合作的伟大创造。因此，4 类迷雾的消散谈何容易！蕲乡老者的悲观，主要缘起于此。

亚当•斯密先生不可能预见到工业时代的短暂性，更不可能预见到后工业时代竟然会在 20 世纪后半叶悄然来临。但其洞察力远远超过其同时代贤哲，他不仅深知经济生活不过是社会生活的一部分，而不是全部；更深知法治只是社会治理的一部分，而不是全部。因此，他以一位先知的睿智，花更多精力写了另一部巨著——《道德情操论》。有感于亚当•斯密的睿智，笔者近年在多次讲座中，曾以上列三位特使（特别是 1 号特级内使）为依托，阐释过三个历史时代和六个世界的概念或术语，这是当下最为重要而又最被忽视的世界知识。

本《全书》第一卷对这里列举的特定答案、专利、崇拜和迷信分别给予了不同程度的浅说。其中关于社会包装品的浅说耗费了最多文字，那些文字必然为新国际者所不齿。但是，随着第一、第二和第三世界综合力量对比的巨变，随着第四、第五和第六世界的日渐成熟，诞生于工业时代的一系列崭新的社会认识和宏大的法治系统将日益显示出其时代局限性，因为，后工业时代的核心挑战并不是经济力量的发展，而是人类家园的拯救。工业时代引以为豪的崭新社会认识和庞大法治系统，归根结底，皆缘起于丛林法则和庸俗发展论。该缘起本身已开始走向反面，不能再继续充当人类家园的救星，而演变成人类家园的灾星了。这是一幕奇特的历史巨片，正在全球上演，救星与灾星的角色或景象在同时呈现。已登上后工业时代豪华列车的豪华乘客[*11]比较关注灾星的景象，而尚在工业时代快速列车上的小康乘客则更为关注救星的角色。这里把后工业时代的标志简化为豪华乘客和小康乘客的两分，把工业时代的标志简化为列车乘客与牛车乘客的两分。这简化就意味着：当下的地球村实质上已经不存在牛车乘客了，那些农业时代的遗老遗少，早已退出了历史舞台，不过，第五世界和与之接壤的第四世界还有一些残留。

四类乘客都有大、中、小户之分，三者的划分以疆域和人口为标准。工业时代是一个列车乘客欺压牛车乘客的时代，是一个小户列车乘客可以征服大户牛车乘客的时代。在一段时间里，全部牛车乘客都沦为殖民地或半殖民的悲惨境地，丛林法则和庸俗发展论得到了令人信服的验证。在工业时代初期，列车乘客全部来于蕞尔西欧，都属于中户甚至小户，但这批中、小户曾雄霸全球，摧枯拉朽，创造了辉煌的征服业绩，西方的亚历山大大帝和东方的成吉思汗及其子孙都望尘莫及。在工业时代中期，这个格局发生了重大变化，北美大陆和欧亚大陆各出现了一位列车大户乘客，拉丁美洲出现了一批列车乘客的移民散户。工业时代后期，在蕞尔西欧的另一端——东亚——冒出了最后一位列车乘客，这位老幺把列车乘客的全部劣根性和疯狂性发挥到了极致。两位列车大户乘客和那位老幺对工业时代后期以来的世界局势产生过重大而深远的影响。该影响里的 3 件头等大事是：①欧亚大陆的那位列车大户乘客举办了第一次十月革命的历史盛宴。②一位牛车大户（古老的中华帝国）在古老的亚洲大陆首举民主革命大旗之后，又举办了第二次十月革命的历史盛宴，其间，那位老幺起了"无心插柳"的关键性助推作用。③北美大陆的那位列车大户变成了一位历史面貌并不清晰（因为其历史地位迄今尚难评说）的超级帝国。

回顾 20 世纪，人们津津乐道的是下列 7 件大事：①两次世界大战；②第二次工业革命和企业帝国的涌现；③两大敌对阵营的形成与冷战；④原殖民体系解体，"第三"世界[*12]猛然出现；⑤苏联解体、冷战结束和美国成为唯一的超级大国；⑥信息技术、金融产业和创新企业迅猛发展；⑦全球化浪潮。

当然，七大事件只是一个清单，不足以说明 20 世纪的全貌，这就如同作为工业时代进程标志的八大事件一样，不足以说明工业时代的全貌。因此，许多学者提出了一些"非清单"式的描述，其中比较有影响的有：①发达国家和发展中国家的国家两分论；②异类国家论；③普世价值论；④文明冲突论；⑤新地缘政治论。此 5 论将简称为论 m(m=1-5)，

5 "话题"触及文明主体构成的经济、政治和文化三大方面，但缺乏当下全球文明势态的时空视野，下面针对这一缺乏或略加或细加评说。

——关于论1：国家两分论

论1素描了全球的经济地图，按经济发展水平区分两类国家，发达国家和发展中国家，两类国家的经济增速存在明显差异。发达国家不可能重现以往的经济增速了，发展中国家里的所谓新兴经济体正在快速前进。发达国家之间的文明态势大同小异，发展中国家则包罗万象，差异极大。论1的主题仅涉及经济，可以回避对文明态势的描述，但不宜或不能回避下列课题，这些课题都属于未明状态，故将以未明 n(n=1-7)编号。未明1：发达与发展中的态势如何延续呢？未明2：难道不会出现发达度趋于饱和的景象么？未明3：难道不会出现发展中国家都发达起来的前景么？未明4：难道不应该发出反对过度发达或过度小康的伟大呼唤，从而提出发达度（或适度发达）或小康度（或适度小康）的重要概念么？未明 5：发达度或小康度的趋于平衡不就是人类一直追求的大同世界么？实际上，发达度在广袤的第一世界内部的基本平衡已经实现，那么，争取小康度或发达度在第一世界之外广大地域（它们占有地球村约80%的陆地）实现平衡，不是一个伟大而明智的呼唤么？未明 6：难道不应该把发达与小康比喻成是历史与现实相互联姻而生下的双胞胎么？不可以把这对双胞胎看作是上帝或真主在 21 世纪送给人类的珍贵礼物么？如果这样思考发达与发展中的概念，那么，发达的核心问题就应该不再是数量上的更发达，而是质量上的更发达，是从不那么善美的发达走向更加善美的发达。同理，小康的核心问题也应该如此思考，要依据不同地区、不同国家的文明基础要素或特质确定小康的长远走向或目标，发达不是唯一的答案，更加善美的小康也许是一个更明智的选择。未明 7：如果全球采取统一的发达度标准，那么，发达度差异的消失对于人类家园意味着什么？是否意味着某种意义下的世界末日呢？

不能说第一世界的衮衮精英不曾思考过这 7 个相互关联的未明课题，但要害在于，他们的表现或状态可大体概括如下：对未明1和未明2不敢面对；对未明3和未明7深感焦虑；对未明4退避三舍；对未明5和未明6不敢想象。这4点是"世界知识匮乏症"的典型呈现，而世界知识的匮乏又导源于形而上思维的衰落。这一论断对于许多读者来说，一定很难接受。所以，下面以著名的"金砖BRIC"为例，写一大段形而下话语。

金砖 4 国 BRIC 或金砖 5 国 BRICS 是近年国际政治经济领域非常流行的词语，其发明人和他所在的投资公司因此而声名大噪。但是，如果用 HNC 世界知识来考察该词语，就会发现：BRIC 只包含了第二、第三和第六世界的代表（大户），BRICS 增加了一个第五世界的代表，那么第四世界何在？缺席了。难道第四世界没有"小康乘客"的大户么？非也！人口位居世界第四（超过 2 亿人，未来有可能跃居世界第三）的印度尼西亚就是大户之一。那么为何弃之不理？无非是由于：当发明人想起 BRIC 的时候，这第二个"I"还没有多少投资价值。可是，为什么不把眼光放长远一点，考虑其潜在投资价值？因此可以说，对 BRIC 作"金砖 4 国"、而不是"金砖 5 国"的诠释，反映出一种可悲的愚昧（不是疏忽）心态，那就是对第四世界和第五世界的赫然存在熟视无睹！对偌大而屹立了 14 个世纪之久的第四世界缺乏一个整体性的文明特征认识。从公元 7 世纪到 16 世纪，现在的第四世界在西部战线与现在的第一世界进行了长达千年之久的地盘争夺战，在那个千年里，双方基本上打了一个平手。现在第一世界与第四世界的疆域分界线大体上回复到千年前的状态，第四世界与北片第三世界的分界线也大体如此。与此同时，第四世界在中部和东部战线斩获巨大，现在大体上回复到其极盛时期的状态。第四世界整体性文明特征的两项核心内容是：①伊斯兰教曾经占据过的地盘不可能再次丧失，因为"落后就要挨打"这一至理名言仅适用于工业时代，已完全不适用于当下的后工业时代了。"落后"的革命国家就敢于不断主动出击，向强大无比的超级大国叫板，而那个超级大国竟然经常处于"只有招架之功"的被动状态。②伊斯兰教将继续向着脆弱的第五世界强行渗透与扩展，并可能取得出人意料的进展，因为在部落特征依然浓重的国家内部与国家之间，"落后就要挨打"和"越落后越能打"的现象可并行不悖。在宗教的意义上，伊斯兰教具有无与伦比的生命力和攻击性。上述世界知识不重要吗？非也。那么，是否可以说，BRIC 是无视上述世界知识的典型代表之一呢？可也。

从字面意义来说，"豪华乘客"和"小康乘客"的说法似乎是"发达国家"和"发展中国家"的翻版，但实质上不是。前者是蕲乡老者在《对话》续篇里提出来的，有兴趣的读者可在"关于六个世界和三种文明标杆的回应性叙述"分节（[280-2.2.1.3-4]）里找到系统的论述。

下面转向论 m（m=2-5）的评说，但尽量从略。

——关于论 2：异类国家论

异类国家还不是一个正式的流行术语，但毫无疑问，它流行于第一世界衮衮精英的心中，也得到第一世界之外新国际者的强烈共鸣。对异类国家的描述不能采取"叩其两端"的方式，采取广义与狭义描述的方式更合适一些。狭义描述的异类国家目前仅存在一种文明视野，那就是第一世界的视野，其定义是：一切不承认普世价值的国家都是异类国家。广义描述的异类国家则存在过并继续存在着多种文明视野，古老中国曾把夷狄视为异类（孔夫子也未能免于这种偏见，说过"夷狄之有君，不如诸夏之亡也"的话语），基督国家和伊斯兰国家曾互为不共戴天的异类，社会主义国家和资本主义国家曾互为不共戴天的异类。这些历史恩怨和偏见本来早应该进入淡化和逐步消逝的过程，但依然是当下地球村一项严重的存在。不过，残存的东西主要集中在一个焦点上，对该焦点可借用 3 个流行的说法，依次是"邪恶"国家、"反恐"和"圣战"。"邪恶"国家目前有 3 位代表，将简称"三邪"。三者按人口排序是伊朗、朝鲜和以色列，"三邪"头衔依次是：伊斯兰原教旨主义（"邪 1"）、阶级专政主义（"邪 2"）和犹太复国主义（"邪 3"）。"三邪"分别属于第四、第二和第一世界，但三者并不能充当各自世界的代表，甚至还都是各自世界内部的异类。高举"反恐"旗帜的代表国家是美国，高举"圣战"旗帜的代表国家是伊朗。两位代表国家针锋相对，对"三邪"的态度截然不同。美国的视野里只有"两邪"，"邪 3"非邪，其政治战略比较简单化：对"邪 1"和"邪 2"仅专注于一个"反"字，对"邪 3"则极尽保护之能事，对它的邪性一点不敢触动。伊朗的视野则十分特别，不仅伊斯兰世界之外皆邪，伊斯兰世界内部也有大邪，故其政治谋略十分复杂：紧咬"邪 3"，拉拢"邪 2"，分化第四世界，在第二、第三、第六和第五世界广交朋友，也在第一世界物色各种"内应"。这两位代表尽管力量悬殊，却在各种政治较量中平分秋色；"三邪"在某种意义上都非常"弱小"或"落后"，但不仅没有挨打，而且还经常耀武扬威，让对手心惊胆战。这种诡异实质上是后工业时代曙光里最具有标志性的信号，可惜，被围困在工业时代柏拉图洞穴里的人们却没有看明白这个信号的意义。

——关于论 3：普世价值论

普世价值论实质上密切联系于论 2 的狭义异类国家说。

不同文明对普世价值各有自己的表述，如果承认文明之不同类型的存在性，就应该对普世价值论持谨慎态度，因为不同类型的文明存在着不同的核心价值观，并对其核心价值观有自己的独特表述方式。就古老的中华文明来说，其核心价值观是"仁"和"君子"，由此衍生出"仁政与王道"、"德治第一、法治第二"的政治理念，衍生出"仁义第一、利益第二"、"己欲立而立人，己欲达而达人"、"万恶淫为首，百善孝为先"等伦理理念，在现代观念里，这些东西都非常可笑。但笑者就能充当真理的代表么？未必！恐怕还是谨慎一点为妥。诚然，"仁"与"君子"的核心价值观不能衍生出"竞争与效益"、"资本与技术"、"实力与利益"等基本发展原则，因而不能适应工业时代的现实需求。但应该看到：工业时代毕竟只是人类历史长河中一个短暂的过渡时期，已经结束（对于发达国家）或即将趋于结束（对于发展中国家），一个远比农业时代更为漫长的后工业时代正在到来。成长于工业时代的普世价值论完全适用于后工业时代么？后工业时代是否需要对分别诞生于农业时代和工业时代的文明理念加以综合与提升呢？这是关于普世价值论的两个基本课题，其深入思考与探索绝对不能脱离三个历史时代的时间视野，也绝对不能脱离六个世界的空间视野。

——关于论 4：文明冲突论

随着苏联的崩溃和两大军事集团之间冷战的结束，普世价值论似乎成了毋庸置疑的真理。但并非所有的政治学者都被"胜利冲昏了头脑"，有人清醒地看到：各种形式的冲突依然在全球范围内涌现。于是，文明冲突论应运而生。此论不过是冷战思维的纵横扩展，其新思考主要表现在：淡化军事的核心地位，突出专业活动另外 7 个殊相领域（概念林）的作用，突出全球化和软实力的作用。但它极度缺乏后工业时代和六个世界的时空视野。

——关于论 5：新地缘政治论

新老地缘政治论都是一种豪梦的产物，那豪梦的名称叫"日不落帝国"，这是一顶最令人神迷的桂冠。上一次世纪之交，大不列颠正式戴上这顶桂冠；本世纪之交，另一个国家戴上了这顶桂冠，该国总统喜欢发誓说：他的国家要永远戴下去。

老地缘政治论是关于该桂冠的童话，新地缘政治论依然是关于该桂冠的童话。布热津斯基先生的新著《战略远见：美国与全球权力危机》不过是该童话的续篇。

把新老地缘政治论贬低成童话，显然难以被认同。但这是 HNC 世界知识论的一项重要内容，第二卷曾以较大篇幅予以说明，这里将予以概述。在政治与军事的视野里，老地缘政治论提出过不少真知烁见，但也有童话成分，这里就不老话重谈了。这里要强调的是：在文明基因和文明主体的视野里，新地缘政治论就是一个典型的童话，理由如次。联系于文明基因的下列三大景象为人们所熟知，但却为新地缘政治论所严重忽视：①第一、第四和第二世界的社会传统存在本质差异，三者不可能也不应该被统一；②北片、东片和南片第三世界的社会结构也存在本质差异，也不可能、不应该被统一；③第四世界内部的两大宗教派系同样不可能和不应该被统一。联系于文明主体的下列两大景象也为人们所熟知，但同样为新地缘政治论所严重忽视：①发展中国家存在中等收入陷阱，发达国家也存在高收入陷阱。但新地缘政治论只盯着前者而无视后者。②无论发达国家还是发展中国家，富裕国家还是贫穷国家，张扬国家还是低调国家，都存在严重的"季孙之忧"[*13]，但新地缘政治论从来只论"颛臾"，不论"萧墙"，或者准确地说，只盯着外部"颛臾"的"萧墙"，而无视"季孙"内部的"萧墙"。在这一点上，新地缘政治论和普世价值论如出一辙。

综合上列 5 点可知，新地缘政治论的根本弱点在于：它对不同类型文明的基因差异和各种特定文明的整体景象居然完全不予理会，以为拿着普世价值论的万能"社会检测治疗仪"，凭着所向无敌的超级硬实力，就可以继续主宰全球运转的态势。反映这种雄心与胆量的新地缘政治论一定沦为一种无视后工业时代基本特征的侈谈，而侈谈就一定是点说。点说越高明，就越近乎童话。童话可以催眠，第一世界的领袖和民众都需要催眠，这样他们才能够在工业时代柏拉图洞穴里继续安心地睡觉。

然而，时代变了，单纯地探讨地缘政治军事势态已经不合时宜了；是时候对地缘文明的全球势态加以综合考察了。

后工业时代的地球村由六个世界构成，六个世界形成两环两跨[*14]的地缘形态。其中的北跨属于单一的第一世界，内部已完全不存在地缘政治纷争（除了一个直布罗陀的"飞地"问题），基本课题是豪华纠结。南跨关系到第四、第五和第六世界，基本课题是小康纠结，但同时存在着第四和第五世界之间的严重地缘纷争。太环关系到第五世界之外的五个世界，印环关系到第六世界之外的五个世界。因此可以说，21 世纪的地缘课题首先是太环地缘，其次是印环地缘，再次是南跨地缘。如果沿用地缘政治的术语，那么 21 世纪的第一课题是太环的政治军事纷争（纷争 1），第二课题是印环的政治纷争（纷争 2），第三课题是非洲南北两世界（第四与第五世界，属于南跨和印环）的政治纷争（纷争 3）；第四课题是欧洲东西两世界（第一世界与北片第三世界，属于北跨）的政治纷争（纷争 4）。如果使用地缘文明的术语，那么 21 世纪的第一课题则是太环的豪华与小康纠结（纠结 1），第二课题是印环的小康纠结（纠结 2），第三课题是南跨的小康纠结（纠结 3），第四课题是北跨的豪华与小康纠结（纠结 4）。

上面概述了地缘文明的两类课题，即纷争与纠结，各自拥有 4 大项课题，编号与重要性对应，依次递减。

纷争课题与纠结课题当然是相互交织的，但毕竟是两类不同性质的问题。传统的工业时代思维模式专注于纷争课题，对纠结课题缺乏应有的探索，不是一般的缺乏，而是严重的缺乏，是世界知识匮乏症的重灾区。不明白自己生活在工业时代柏拉图洞穴里的人们会说：什么纠结课题！什么重灾区！什么工业时代柏拉图洞穴！那都不过是 HNC 的臆想，是一堆典型的傻话或疯话。

但是，不妨向穴中人反问：①在 21 世纪，纷争与纠结两类课题孰轻孰重？②从哥本哈根到多哈的碳排放之争，核心症结何在？③豪华乘客要依靠小康乘客的市场新疆域维持自己的豪华，可是你们真不担心小康乘客们也必将紧随其后而豪华起来么？共同富裕与双赢发展的话语里没有各怀鬼胎的东西么？④市场新疆域（即"金砖"）与地理大发现之前的地理新疆域一样，必有穷尽的一天，"金砖"总有拾尽之日，到时候"土砖"又没有资格继任，难道还有什么"钻石砖"前来接班么？不少非凡智者设想的太空掏宝或太空移民到底能提供多少拯救人类家园的指望呢？这 4 项反问的后 3 项不必多话，下面仅略说反问 1。

在近 10 年的时间里，对纷争课题的探讨多如牛毛，但逃不出论 1～论 5 的范围。纠结课题则尚未正式提上日程。如上所述，该课题有表层的 4 分和深层的 7 分。表层 4 分的编号是：纠结 m(m=1-4)。深层 7 分的编号是：未明 n(n=1-7)。对纠结 m，目前仅出现过关于纠结 1 的诸多话语，但还谈不上讨论，对另外 3 项，则似乎连话语都还没有出现。未明 n 的探索似乎尚未正式启动，前文已经指出："国际社会对未明 1 和未明 2 不敢面对；对未明 3 和未明 7 深感焦虑；对未明 4 退避三舍；对未明 5 和未明 6 不敢想象。"为免除读者翻阅的麻烦，这里将未明 n 的内容概述如下：未明 1 涉及发达与发展中的态势如何延续；未明 2 涉及发达度趋于饱和的挑战或危机；未明 3 涉及发展中国家都发达起来的"恐怖"前景；未明 4 涉及发达度与小康度；未明 5 涉及发达度或小康度的平衡与世界大同；未明 6 涉及发达与小康乃是历史与现实相互联姻的比喻；未明 7 涉及全球发达与世界末日。其中的未明 5 和未明 6 属于社会学领域亟待开垦的处女地。

关于"纷争与纠结课题孰轻孰重"的反问就略说至此，当然，答案可以"仁者见仁，智者见智"，但不宜或不能回避。

现在，应该对上面的大段"奇谈怪论"作一个简短的回顾了。为此，要引入概念关联式的 HNC 符号，以便给出语言理解基因 LUG 的一般表示式。概念关联式就是语言概念空间的信使，可简称信使，其 HNC 符号为 CSE，取自英语(concept,space,emissary)3 词语的首字母。信使有内使与外使之分，有普通信使（无编号或普通编号）和特殊信使（带特殊标志编号）之分，特殊信使又有一级（末位符号为-0）与特级（第二位符号为-0）之分。特殊信使传递特别重要的世界知识，一级信使传递的世界知识通常已基本取得共识，特级信使（特使）传递的世界知识则尚远未取得共识，多数是 HNC 为后工业时代的未来需求而准备的。这些约定前面都已经交代过了，这里只是梳理一下。下面还需要使用符号(CSE)|，它表示一组概念关联式或一组信使。语言理解基因 LUG 的一般表示式如下：

LUG*::=(SGP*,(CSE*)|)
（语言理解基因定义为特定语境基元及其信使群的并列组合）

这就是说，语言理解基因 LUG 由两要素构成，一是语境基元 SGP（第一要素），二是信使（概念关联式）CSE（第二要素）。这里有两个重要细节请读者注意：一是两要素的组合方式必须取"，"而不能取"+"；二是后缀"*"，乃"特定"的对应符号表示。

上述"奇谈怪论"（下文将简称"奇谈"）缘起于以"经济活动基本要素 a20\k=0-4"为第一要素的语言理解基因 LUG（可简记为 LUG*a20\k）。"奇谈"的前奏，介绍了该 LUG 的基本情况和两位一级内使，接着引出了三位特使（一位特级内使和两位特级外使），从而为语言理解基因 LUG 提供了一个比较像样的样板 LUG*a20\k。

从该样板的基本情况介绍可知，此特定语境基元(SGP*)关系到经济活动的根基 j725 和主干 j726，随后展开了一篇宏大的"奇谈"，下面将对此"奇谈"进行回顾与辩护，此前，应交代一声两个"细节"。

"细节"之一是："奇谈"的立论基础完全基于三位特使所提供的世界知识。这项世界知识十分特别，也许用得上"鲜为人知"这个词语吧，故"奇谈"不得不从 4 类迷雾谈起。本《全书》第一卷对 4 类迷雾都反复进行过论述，迷雾 1 与迷雾 2 同源，可简称迷雾左（或迷雾 L）；迷雾 3 与迷雾 4 同源，可简称迷雾右（或迷雾 R）。但对迷雾右给予了更多的篇幅，原因在于：在 20 世纪，迷雾左的危害曾远大于迷雾右，但 21 世纪则完全反过来了。那些论述的多数文字并不具备论述的资格，常名之素材，这里的"奇谈"，请看作是又一批素材吧。

"细节"之二是：这批素材的概括性很强，引用了诸多的 HNC 术语，但一概未予解释，也未注明出处（指本《全书》的相关章节）。这是一个万般无奈的"漏洞"，将依靠《全书》正式版的术语索引表来解决。

围绕着特定语言理解基因 LUG*a20\k 的"奇谈"分 4 个环节。环节 1 从亚当·斯密的特殊睿智开始，以 20 世纪 7 件大事的略述结束。环节 2 从"论 m"（m=1-5）的列举开始，细说了论 1（发达国家与发展中国家的国家两分论）的弱点或不足，并以金砖 4 国为例进行了本《全书》罕用的形而下论述。环节 3 略述了论 2（异类国家论）的历史与现状，对异类国家表现出来的两诡异和以色列的邪性给予了特殊关注。环节 4 概述了论 3（普世价值论）、论 4（文明冲突论）和论 5（新地缘政治论）的根本弱点。这 4 个环节不是简单的并联或串联关系，而是相互交织的复杂关系。

所有上述弱点、诡异或邪性可以说皆密切联系于两无视和两误判[*15]。两无视是：①无视文明基因决定的基本景象，不同文明世界的社会传统、社会结构和宗教派系具有不可统一性。②无视文明主体决定的基本景象，发达国家和发展中国家存在不同性质的收入陷阱和内忧外患。两误判是：①误判了普世价值论和超级实力的作用或威力，以为凭借这两者就可以继续主宰全球运转的态势。②误判了传统地缘纷争模式的价值和意义，不明白现代地缘纠结与传统地缘纷争之间存在本质差异。

无视将导致错觉和幻觉，错觉者，以为全球化浪潮必将冲破不可统一之文明壁垒也；幻觉者，以为发达国家不存在高收入陷阱和伴随的特定"萧墙"之忧也。

错觉与幻觉主要是第一世界自身的事，这里不再多说。无视与误判则关系到六个世界和人类家园的未来，需要多说几句，并从下列 10 大纷纭性话题谈起。它们的名称是：伊拉克战争和阿富汗战争（战争话题或话题 01）、"天鹅绒革命"和"阿拉伯之春"（革命话题或话题 02）、中国崛起（崛起话题或话题 03）、印度和其他"金砖"国家的成长（成长话题或话题 04）、美国战略重心东移（霸权话题或话题 05）、伊朗和朝鲜的"挑衅"[*16]

（"挑衅"话题或话题 05）、俄罗斯的再演变（演变话题或话题 07）、不可预测战争（主权纷争话题或话题 08）、碳排放限制的无止境争议与环境恶化（环境话题或话题 09）、资源短缺与争夺（资源话题或话题 10）。这 10 大话题未包括发达国家（豪华乘客）和发展中国家（小康乘客）各自的烦恼与困境及其相互纠结，非其不重要也，而是不完全符合纷纭性标准故也。纷纭者，不同视野的景象有天壤之别也。10 大话题名称赋予了殊相和共相两种形态，共相形态的名称放在括号里。

10 大话题的排序体现了重要性、时间性和媒体关注度的综合。在后工业时代曙光降临之前，战争话题和革命话题的地位最为显赫，故编号为 01 和 02，将合称显赫话题。崛起话题和成长话题将成为 21 世纪最重要的话题，故编号为 03 和 04，将合称巨变话题。霸权话题、"挑衅"话题、演变话题和主权纷争话题是相互紧密关联的 4 项话题，将合称纠结话题，故编号为 05、06、07 和 08。环境话题和资源话题相互紧密关联，将合称拯救话题，故编号为 09 和 10。这样，10 大话题可另名 4 大话题：显赫话题、巨变话题、纠结话题和拯救话题，可统称人类家园话题或 21 世纪国际话题。4 大话题的后 3 项话题紧密相关，显赫话题反而有一种"高处不胜寒"的意趣。顺便说一声：这意趣，正是后工业时代的标志之一或有趣景象之一。

显赫话题在 21 世纪已经不可能再像以往那样显赫了。

就战争话题来说，21 世纪前 10 年两场战争的发动者做的是赔本买卖，不是他们甘心赔本，而是为后工业时代的史无前例形势所迫。伊拉克和阿富汗的战后结局可比拟于第二次世界大战以后的德国和日本，而不能比拟于第二次世界大战初期的波兰和法国，更不能比拟于殖民时期和农业时代的战败者。因为现在的伊拉克和阿富汗同第二次世界大战后的德国和日本一样，将因原统治者的战败而受益。这大体反映了后工业时代战争的基本景象，战争发动者已经不能简单地等同于传统的侵略者了。可是，生活在工业时代柏拉图洞穴里的许多人不这么看，老国际者更不这么看，他们宁愿坚持等同性思维。

尽管新老国际者对所谓的革命战争、正义战争、惩治邪恶的战争、保卫神圣领土的战争、维护国家利益的战争等还依然保持着工业时代以来形成的众多陈旧观念，但是，在战争技术与毁灭力发生了连先知也未曾预言的巨变以后，战争已成为一个典型的"雷声大，雨点小"话题，即使满脑子形而下的专家也不轻言"必有一战"的预测。如果说在农业和工业时代，战争是政治的延续或主力队员，那么在后工业时代，战争主要是充当政治拉拉队的角色。

就革命话题来说，情况更复杂得多。考察这个问题必须把握三个历史时代和六个世界的时空视野。首先应该指出：在 21 世纪，政治革命的价值和意义不但已经大不如农业时代到工业时代的过渡时期，也已经大不如苏联的勃兴与解体时期了，这是 1 号特级内使和 2 号特级外使向所有小康乘客明确提供的世界知识。技术革命的价值和意义也已经大不如前了，这是 1 号特级外使向所有豪华乘客明确提供的世界知识。新老国际者由于不接受三位特使，对特使传递的信息一概弃若敝屣。其次应该指出："天鹅绒革命"和"阿拉伯之春"的作用与性质有所不同，不可混为一谈。"天鹅绒革命"涉及政治制度 a10e2n 的 a10e2ne2n 之争，当下不是任何国家的急所。"阿拉伯之春"仅涉及政治体制 a10m 的

a10(m)e2n 之争，是多数第四世界国家和部分北片第三世界国家的急所。因此可以说，前者不过是对北片第三世界的锦上添花，而后者则是对第四世界的雪中送炭。新老国际者都不区分政治制度与政治体制，将两者混为一谈，因而也将"天鹅绒革命"和"阿拉伯之春"混为一谈，一概视为自由民主潮流。不过，新老国际者的态度有本质区别，老国际者简单地把"天鹅绒革命"和"阿拉伯之春"都看作是瘟神。新国际者则有痴情和老练之别，痴情派与老国际者截然相反，一味欢呼；老练派则比较谨慎，对"阿拉伯之春"要进行是否亲西方的审查，对"是"者"拉"而对"否"者"打"。"天鹅绒革命"由于鲜明的亲西方色彩而备受所有新国际者的宠爱，同时，必然遭到所有老国际者的唾弃，第二世界的老国际新生代[*17]则对"天鹅绒革命"和"阿拉伯之春"都保持高度警惕。最后应该指出：革命话题已经出现了符合后工业时代精神的清醒声音，"告别革命"和"告别斗争"的呼唤就是其中之一。当然，它会遭到老国际者的严厉谴责，也不会得到新国际者的轻易认同，但绝不会被扼杀。其命运将如同康德先生在200多年前发出的"告别战争"。那个原本显得很乌托邦的康德呼声，在饱受战争苦难的西欧，不是已经得到了没有任何疑义的奇迹般回应么！

巨变话题是当下人文-社会学界的热点话题之一。本《全书》曾给予过系统论述[*18]，本节在豪华乘客和小康乘客的素描里，又以纷争和纠结为题作了进一步的论述。这里仅就此话题的两个认识"误区"，试作一些分析。这里把误区加了引号，因为认识误区这个说法现在很流行，但带有很大的公婆性（即"公说公有理，婆说婆有理"的常见争议态势），引号是对此的标记或提醒。

巨变话题第一个认识"误区"是对崛起与成长不加区分，仅关注崛起与发展的非分别说，不理会崛起与成长的分别说。崛起与成长的区分很类似于桂冠和帽子，下文将把崛起当作桂冠，定义为成长的顶级形态。这就是说，崛起不能光以经济或军事实力的增长速度来衡量，而应该主要以成长后的文明效应来衡量。若依据这个定义，则农业时代只出现过两次崛起，第一次是马其顿帝国的短命崛起，它推动了希腊文明的传播。第二次是蒙古帝国不算短命的崛起，它打乱了伊斯兰世界的扩张势态。工业时代实质上也不过发生过三次崛起，先是大英帝国的崛起，但接替它的不是一个，而是两个：美利坚和苏联。那时，地球村出现过两大敌对阵营的短暂世界格局。这样，曾充当过工业时代杰出领头羊的荷兰、出现过拿破仑辉煌的法国、勃起过希特勒疯狂的德国都没有资格戴这顶桂冠，许多经济学家曾预言国内生产总值（GDP）或国民生产总值（GNP）即将超过美国的日本也没有资格戴这顶桂冠，更不用说等而下之所谓亚洲四小龙之类了。目前，戴着这顶桂冠的只有一个美国，这似乎应验了汉语"一山容不下二虎"的谚语。那么，地球村是否容不下两个或多个超级大国呢？这是一个意义重大而难度更大的问题，奥威尔先生[*19]也许是这个问题的第一位思考者。在他进行这一思考时，后工业时代的文明曙光和六个世界的文明地图还没有任何呈现的迹象，故其3个超级帝国的设想只能是一种世界末日式的寓言。如果奥威尔先生现在来重作思考，他会作出重大修正，将其描述模式改写如下：

$$(1,1,1) =: (1,1,1,0,0,0) => (1.0,0.6,0.4,0,0,0)$$

(1,1,1)是《一九八四》的地球村描述，(1.0,0.6,0.4,0,0,0)是修改后的描述，每个数字对应于一个世界，6 个数字依次与六个世界对应。其中的"1"表示完全合格的超级帝国，"0.6"表示基本合格的准超级帝国，"0.4"表示接近合格的准超级帝国。

这就是说，在下一个世纪之交或可预见的未来，地球村将呈现出 1 个超级大国和两个准超级大国的文明格局。此格局的基本内涵可概括成下列 4 点：① "尽占诸沃土，全操众要津"的第一世界不会分裂，他们自身及其在其他 5 个世界里的追随者会继续拥戴那个已然存在的超级帝国，让它继续坐在"1.0"级别的超级帝国的宝座上；②第二世界将出现一个"0.6"级别的准超级帝国；③第三世界将出现一个"0.4"级别的准超级大国；④第四、第五和第六世界连准超级帝国都不可能出现。

关于地球村未来文明地图的上述 4 点描述并没有什么新东西，不过是在当下的诸多预测中，作了一番特殊的简化和选择而已。与 4 点描述唱反调的论述用得上"汗牛充栋"这个成语，不过，值得说明一下的不是那些反调，而是该描述的一项特殊举措：仅给偌大的第三世界佩戴一个"0.4"的符号标记。此举既会极度伤害北片第三世界里那位曾经风光无限的小康乘客，也会重度伤害东片第三世界里那位特殊身份的豪华乘客，因为那个"0.4"不是为他们准备的，而是为南片第三世界里的那块"金砖"准备的。

现在，可以回顾一下巨变话题的开场白，读者也许能够对崛起与成长的 HNC 区分或分别说多了一分理解。崛起从来就是极少数得天独厚国家的专利，这是一项很特别的世界知识，也许是人文社会学领域一项最重要的世界知识。对世界知识，以前使用过"重要、极度重要、最重要"等修饰语，后者一定是针对某一特定领域的。这里又一次使用了"最重要"，针对的是人文社会学领域，不过加了"也许"的前修饰。但笔者很想把这个前修饰去掉，以便把上述世界知识表述成一项公理。这样，我们就可以说：工业时代以来，太多的政治狂人曾带领他的国家做过违背这一公理的蠢事或伟业，并造成过巨大的战争灾难。对此类政治狂人来说，崛起会产生一种语言兴奋剂的作用，激发起一种征服野心或霸权梦魇，故该词语宜慎用而不可滥用。

回顾以往，崛起的历史剧情寥寥可数；面对当下并展望未来，(1.0,0.6,0.4,0,0,0)的前景应该是一种比较合适的文明格局。相对于一度存在过的(1,1,0,0,0,0)文明格局，相对于那格局遽然崩溃后再次出现的(1,0,0,0,0,0)文明格局，(1.0,0.6,0.4,0,0,0)文明格局应该看作是人类家园的吉祥景象。已经并继续存在的那个"1.0"由于拥有"全操众要津"的地缘优势，因而再出现另外的"1.0"未必是人类家园的好事，但再出现一个"0.6"和一个"0.4"却一定是好事，有益于整个人类家园的和谐。此"好事说"是对所谓"多极世界"论、"世界重心转移"论等热门话题的 HNC 诠释。奥威尔先生设想过的(1,1,1)多级格局显然最为糟糕，曾经一度存在过的(1,0,1)两极格局则极度恐怖，毛泽东先生和尼克松先生的世纪性握手就是为了改变这一恐怖格局。幸运的是，它已经不存在了，(1,0,1)格局遽然变成了(1,0,0)格局。但这个格局只可能是一个历史的瞬间。正在形成中的是(1.0,0.6,0.4)文明格局，这是一种比较好的多极世界格局。"好事说"即基于此，下面的纠结话题里还会对此有所呼应。

巨变话题第二个认识"误区"是用发展的概念概括巨变话题的基本内容，这容易造成下面的误导性命题：

$$发展 =:(崛起;成长)$$

要诠释此命题的误导性，既可以说非常简单，也可以说极度复杂。简单的诠释密切联系于下述形而上思考："发展"与"成长"分别属于"过程趋向性139"的"收敛与发散139e2n"[*20]，而"崛起"属于"演变过程10a"的"突变10ae22"。由此可见，该命题本身就存在着严重的概念混乱，故其误导也，必然。发展的升级概念叫发达，属于发散性概念，成长的升级概念叫成熟，属于收敛性概念。无论是豪华乘客还是小康乘客，无论是发达国家还是发展中国家，如果大家多思考一点关于成长与成熟的概念，并把这一思考引向发展与发达，那必将对巨变话题的深入探索有所裨益。

复杂的诠释则密切联系于下述形而下思考：利益与斗争至高无上，并必然贯穿始终，仁义道德或普世价值都不过是美丽的语言面具，而人类家园的拯救则纯粹是一种高明的忽悠。故其误导也，不仅必然，而且比较严重。

纠结话题是21世纪国际话题的主流，包含上面列举的4个子话题：霸权话题、"挑衅"话题、演变话题和主权纷争话题。放大或夸张是媒体的本性之一，多数专家为媒体所裹胁，不得不投其所好，推波助澜。这些子话题无一不被放大，而且不是简单的放大，还必然伴随着扭曲，甚至是严重的扭曲。纠结话题本来就存在纠结性，一经放大和扭曲，就越发纠结了。现在看到的纠结话题谈论多数属于"痴人"说梦，清醒的话语寥寥无几。许多"痴人"大名鼎鼎，"痴人"者，皆妙人也，因为他们是真痴，还是假痴，很难判断。例如，"大乔"和"小乔"[*21]就是典型的妙人，近来中国网络上颇有名气的所谓"四大恶人"也是。

凡纠结话题都切忌点说，而妙人却酷爱点说。六个世界妙人的视野大不相同，其点说的特色也必然大异其趣。

就霸权话题来说，第一世界妙人的状态比较单一，都明白那遽然出现的(1,0,0)文明格局不可能持久，都特别担心(1,1,0)文明格局的出现，但又明白不可能加以阻止，阻碍或遏制就成了唯一的选择，于是就出现了"战略重心东移"和"导弹防御系统前移"的大动作。第一世界的妙人把这两件大动作看作是21世纪棋局的大场和急所，但实际上不过是21世纪棋局的收官[*22]。这项收官大动作属于霸权话题的基本误判，它所引起的巨大反响必然非同寻常，第二世界的老大、北片第三世界的老大和"挑衅"国家都必将针锋相对，大做文章，从而促成了三者的隐性"统一战线"。因此可以说，大动作的策划者既是"智力第一本体全呈现 s10α=b（目的论、途径论、阶段论和视野论）"的贫困者，也是"谋略第一本体全呈现 s11α=b（追求、路线、步调和调度）"的贫困者。昙花一现的(1,0,1)文明格局不过是历史进程中一种偶然之必然，(1,1,0)文明格局则是偶然之必然的另一种形态，两者相继出现乃是小概率事件，而(1.0,0.6,0.4)文明格局的出现则是大概率事件。把一个小概率事件当作大概率事件来对待，可不是一般的误判，而是实至名归的基本误判，误判者也就是实至名归的智力贫困者了。可以说，第一世界诸多妙人的妙言妙论皆缘起于此。

那么，第二世界的妙人在霸权话题方面是否高明一些呢？对这个问题的思考或考察，首先要明确以下 3 点：①当今的妙人都是 20 世纪的产儿，他们不可能摆脱 20 世纪 4 类迷雾的障眼约束；②第一世界之外的妙人都深受两位师傅[*23]——资师傅和社师傅——的深刻影响；③中国的妙人不可能免除 20 世纪中华文明大断裂深远而消极的影响。基于这 3 点，就不能不对"是否高明"的问题保持特别谨慎的态度，首先是不宜寄予太高的期望，因为"青出于蓝而胜于蓝"的胜景毕竟难得一见。

在 20 世纪初，中国的妙人曾经分化成阵线分明的两派，用 HNC 话语来说，就是新老国际主义者两大派。两派殊死斗争的结局是造成了现代中国的两岸形态。现在，中国大陆和台湾都出现了阵线分明的两派妙人，但妙人的生态已经发生了巨大变化，不是也不可能是 20 世纪初期历史的重演了。

就中国大陆的妙人生态来说，阵线分明的两派描述已经完全不适用了。所谓的新老国际者最近获得了一个比较正式的名称，据此，新国际者可简称"邪路"派，老国际者可简称"老路"派。这两派在中国大陆不占据主流地位，占据主流地位的可暂名之主导派，因为他们正主导着大陆全部专业活动的发展态势。中国大陆三大妙人派的生态构成都非常复杂，主导派的源流形态尤为奇特。"老路"派以社师傅为师，"邪路"派以资师傅为师，他们都全心全意恪守各自师傅的传承，故这两派的妙人皆妙而不奇。但主导派不同，其妙人特性则既妙且奇，因为他们既以社师傅为师，也以资师傅为师，不仅如此，他们对两位师傅都不是全心全意，甚至连半心半意都谈不上。所以，新老国际者都把主导派看作是一个不折不扣的异类，中国的主导派也不妨另称异类派。

两位师傅的文明主张本来水火不相容，但异类派硬是把两者拢在一起。这一招，就够异类的，似乎注定是个短命的东西，然而，不！迄今已经拢了 30 多年，其结果是拢出了一个很可能是空前绝后的经济超高速发展期，拢出了一个世界第二大经济体，而且即将跃居世界第一。30 年前，世界上两个超级人口大国的经济发展水平大体相当（但军事技术水平差异很大），现在的经济发展差距之大令人目瞪口呆，这一下子把那些当年盛行一时的关于两位师傅优越性的 20 世纪结论[*24]全搅乱了，使两位师傅的声望出现了一些微妙的变化。

对异类派来说，硬拢的惊人成效会不会造成一种让胜利冲昏了头脑的效应呢？这种冲昏效应的基本表现将是：对"1.0"的艰巨性认识不足，从而可能形成对"1.0"的盲目追求甚至迷恋，既不会考虑"0.6"乃是中华文明的最佳选择，更不会考虑到(1.0,0.6,0.4)将是 21 世纪的最佳文明格局。这种选择和这种文明格局是否体现了一种未来智慧或 21 世纪智慧呢？请读者思考。

那么，异类派里有没有出现冲昏效应的迹象呢？不能说没有。

胜利会冲昏头脑，失败也会冲昏头脑，这就会造成两种特殊的社会病症：胜利病症和失败病症。在 20 世纪，这两种社会病症曾给人类家园带来过多次空前的灾难。但当前（2012 年年末）人类家园的基本景象是：整个第一世界和北片第三世界的主角处于失败病症的恢复期，整个第二世界处于胜利病症的浮躁期，东片第三世界的主角处于失败病症的彷徨期，南片第三世界的主角处于胜利病症的迷惑期，第四世界的不少国家处于胜利病症的狂热期或失败病症的受难期，第五、第六世界基本不存在这种特殊病症，第四和第三世界许多国家也是如此。总的说来，这幅景象是一个态势比较良好的兆头。

那么，上述人类家园景象会持续多久？这只能等着瞧。关键看点在于：第一世界会再次出现胜利或失败病症的狂躁么？第二世界能安然度过当前胜利病症的浮躁期么？第二世界会出现失败病症的受难期么？新老国际者对第一个看点会给出截然不同的答案，但对第二和第三看点则会给出几乎完全相同的答案。此"相同"非常有趣，值得说几句。"邪路"派自以为是正路的当然代表，对那个"邪"字十分反感，但那个"相同"是否带有一些"邪"气呢？20多年来，你们关于中国必然崩溃的诸多预测怎么就不曾灵验过一次呢？

纠结话题的探索离不开对当下人类家园基本景象的考察，离开了就会走样。而人类家园基本景象的考察则离不开三个历史时代和六个世界的时空视野，离开了也必然会走样。前面曾就"金砖"话题给出了一个来自第一世界的走样，这里将就"美国重返亚洲"话题给出一个来自第二世界的走样。

"美国重返亚洲"本来就是一个伪命题，将简称"重返"话题，美国自来到亚洲后，从来就不曾离开过，何来重返？局部离开不能与整体离开混为一谈。当然，"重返"话题也不是空穴来风，是美国战略重心东移引起的一种变形表述。问题在于：中国大陆的"老路"派和主导派在这个话题上似乎找到了共同语言，"老路"派把"重返"叫作"亡我之心不死"，主导派把它叫作"遏制"或"围堵"。语言上似乎差异很大，其实本质基本相同，都认定美国一定要维持(1,0,0)格局不变，要全力阻止(1,1,0)格局的形成。这里存在着严重的误判，误判的认识论根源在于没有感受到后工业时代的曙光和地球村六个世界态势的赫然存在。但这个误判同时也充分揭示了纠结话题的核心纠结，那就是第一世界、第二世界、北片第三世界的衮衮精英都陷入了(1,0,0)//(1,1,0)//(1,1,1)格局的死结，没有想过应该从这个死结里走出来，去探索另外的解套思路。应该说，上述的(1.0,0.6,0.4)文明格局就是解套思路一种可供选择的答案。这一解套思路并不神秘，更非玄想，不过是丛林法则柏拉图洞穴外面的正常景象而已。

相对说来，第一世界的衮衮精英也许还比较灵活一些，最近的"太平洋足够大，可以容纳不止一个大国"的说法就是一个迹象，一个可以看作是向着(1.0,0.6,0.4)文明格局靠拢的迹象。但是，此说是真话还是烟幕弹？"重返"论者当然认定那只是烟幕弹。但本纠结话题可以回避这个或此类问题，并就此结束。

最后略说一下拯救话题，将主要使用形而上话语，而不像巨变话题和纠结话题那样，搞那么多形而卡。

拯救话题不是一个单纯的经济话题或物质文明话题，而是关乎整个人类文明走向的大话题，这是一种视野。近年来，许多有识之士已经开始从这个视野进行论说了，但这样的论说一定得不到应有的积极响应。在中国大陆，新国际者对此类论说更表现出深恶痛绝，就如同他们的前辈当年对待辜鸿铭先生那样。因为，在新国际者的视野里，普世价值就是拯救话题的纲领或灵丹妙药，中国大陆急需的是普世价值的拯救。

本话题必须首先说出的形而上话语是：普世价值的概念并不是上列三位特使传递的信息或内容，因为普世价值仅仅是现代文明的一种包装品，而不是文明的本体。但在普世价值论者心中，普世价值本身就是现代文明的本体，而且独此一家，别无分店。但是，这种认识或坚信是一种典型的世界知识匮乏症。这个论断很过分么？否！因为其依据就在任何一本现代世界地图册的说明里，那里会给出各国宗教信仰的人数占比。依据皮尤公司(Pew Research Center)公布的最新数据，可给出下面的宗教信仰全球素描（表 3-10）。

表 3-10　宗教信仰的全球素描

类型	人数/亿人	比例/%
基督教徒	22	32
伊斯兰教徒	16	23
无特定宗教信仰者	11	16
印度教徒	10	15
佛教徒	5	7
其他宗教徒	5	7

对此表先给出下列 3 点说明：①基督教徒仅有略多于 40% 的人生活在第一世界；②伊斯兰教徒的近 80% 生活在第四世界；③"无特定"者主要生活在第二世界。

基于上列 3 点，下面来浅说一下普世价值的缘起及其态势。普世价值发源于第一世界，在该世界获得了辉煌的成就，这是事实。但该世界的人口毕竟只占全球的 9%，这"9%"，怎么可以自封"91%"的代表，戴上普世的桂冠呢？新国际者确实可以对此给出一系列强有力的论据，大体上可以归纳成下列 5 点：

普 0，普世价值创立了现代文明；

普 1，所有的基督教徒都容易接受普世价值；

普 2，印度教徒、佛教徒和其他宗教徒已经接受了普世价值；

普 3，伊斯兰教徒正在接受普世价值；

普 4，无特定宗教信仰者应该接受普世价值。

这个"1 创立、4 接受"的论据，文字上显得很有说服力。下面，仅对该论据提出 HNC 方式的质疑，基本不作论证。

——质疑普 0（普世价值创立了现代文明）

普 0 在新国际者心中的地位等同于上帝，故编号为普 0。但在内容逻辑（形式逻辑管不了这类事，只好求助于内容逻辑）的视野里，普世价值与现代文明的关系是"鸡与蛋"关系的典型样板，而不是简单的因果关系，因此，普 0 的"创立"用词是不妥当的。这样说，并不否定创立问题的存在性及其重大历史意义，不过答案不是普 0 的"创立说"那么简单。本《全书》曾对这个问题进行过全方位的论述，这里只打算补说一句话：所有那些论述的立足点就是本节给出的 3 位特使，而"创立"说却与 3 位特使唱反调。

——质疑普 1（所有的基督教徒都容易接受普世价值）

普 1 的"容易接受"说似乎无懈可击，其实不然。因为皮尤统计里的基督教徒包括东正教徒，而东正教徒生活在北片第三世界，这个世界接受过资师傅和社师傅的双重熏陶。这里特别值得指出的一点是：在北片第三世界，资师傅的熏陶是非正统的，而社师傅的熏陶是正统的。双重熏陶所产生的历史效应还有待观察，普京现象就提供了一个观察窗口，应看作是双重熏陶的印迹，该印迹的存在性就表明普世价值未必完全适用于北片第三世界。

——质疑普 2（印度教徒、佛教徒和其他宗教徒已经接受了普世价值）

普 2 的"已经接受"说似乎相当靠谱。南片第三世界的印度和泰国，东片第三世界的日本和韩国，似乎是普 2 的第一批成功范例，普 2 在第五世界的本征队列（即第五世界不与第四世界直接接壤的国家）似乎也取得了不小进展，近年，在南片第三世界又有新的收获。然而，在这些范例、进展和收获的背后，隐藏着一个重大的问题，这些世界的选票可以等同于第一世界的自主型选票么？这个问题的回答放在下一个质疑里一起说明。

——质疑普 3（伊斯兰教徒正在接受普世价值）

普 3 的"正在接受"说这两年似乎获得了最新见证。

第四世界的北非队列和伊朗队列[*25]近两年再次发生了剧变，但它是"正在接受"说的见证么？未必。

伊斯兰世界近两年的剧变主要是对变相君主制的清算，这项清算能等同于对普世价值的响应么？诚然，对清算以后的乱局，都采取了民主与选票的政治治理模式。但是，第四世界出现的民主与选票能够与第一世界的对应东西画等号么？这里提出了两个能否画等号的问题，后者也就是上一项质疑里所提出的问题。答案是显而易见的，不能贸然画上等号，贸然画上就是一种典型的右派幼稚病（幼稚病 R[*26]）。幼稚病 R 患者在第一世界并不少见，毕业于著名的耶鲁大学的小布什先生就是一位这样的著名患者。

幼稚病 O[*26]是世界知识匮乏症的病症之一，其标志性症状就是患者完全不知道一个重要概念，那就是关于选票基本类型的概念。他们竟然不屑于探索选票存在着自主型、协商型和认同型的基本区别，从而不理解 3 种基本类型选票各有自身的优势与弱点，分别适用于不同类型的文明、社会和组织。这个问题曾在"选举行为 7332i 世界知识"小节（[123-3.2.4]）给出过系统的论述，这里只强调一下 3 类型选票的符号意义，因为它与语言理解基因 LUG 有密切联系。

3 类型选票的 HNC 符号是 7332ie5m，其中的"i"和"e5m"分别属于语言理解基因的第一类和第二类氨基酸。把"7332i"定义为"选票行为"属于 HNC 的常规操作，这里"i"的选择具有唯一性。但是，把"7332ie5m"定义为 3 类型选票则属于 HNC 的非常规操作，因为这里的"e5m"并非唯一选择，还可以有"e5n"之类的其他氨基酸选择。这个选择性话题非常有趣，也许关系到语言脑最有趣、意义最为重大的奥秘，所以在"选举行为 7332i"小节（[123-3.2.4]）里特意提了一下。形态对偶"e5m"的基因意义包含两个要点：第一，具有"两头小、中间大"的橄榄形特征；第二，无褒贬意义。这不仅意味着 3 类型选不存在优劣之分，还意味着协商型选票 7332ie52 才是选票里的"中产阶级"，而第一世界特别推崇的自主型选票 7332ie51 不过是选票里的"贵族"。

然而，在第一世界和新国际者的视野里，"3 类型选票 7332ie5m"的概念是不可思议的，其不可思议性等同于"政治制度的辨证表现 a10e2ne2n"。

现在，是第一世界和新国际者的精英们思考一下这个不可思议的东西的时候了。因为，认同型选票 7332ie53 不仅已经在茉莉花盛开的第四世界大行其道，也在独联体各国大行其道，实际上，在第五世界和部分第六世界，它早已大行其道，不仅如此，即使是第三世界的日本和印度，其选票也具有浓厚的认同型特征。只不过由于精英们的语言脑里，还没有生长出 7332ie53 的语言理解基因，因此把 7332ie53 混同于 7332ie51。不过，这样的表述似乎过于超前了，转换成下面的说法也许更合适一点，那就是：在当今人类的语言脑里，语言理解基因 7332i 比较发达，而语言理解基因 7332ie5m 并不存在。但是，这个特定的无（不存在），是一种"不应无之无（暂态无）jl11e22e22"。这里，突然冒出了这么一句形而上话语，为何？无可奈何也；没有它，就需要千言万语也。所谓后工业时代的曙光，绝不是笔者的臆造。时代的曙光当然总是伴随着新现实的出现而呈现，从而引发出对新思维与新概念的呼唤，并呼唤出一个历史时代的异彩。但是，时代的异彩并非都是精华，也有糟粕，甚至是比封建糟粕更糟粕的糟粕。"小户列车乘客可以征服大户牛车乘客"的异彩就是这种糟粕的典型案例。自主选票当然不属于工业时代异彩的糟粕，但是，它是选票（rw7332i）的唯一合理存在（jl11e21e25）么？非也。后工业时代的曙光已经昭示了认同型选票（rw7332ie53）的赫然存在，未来还会昭示协商型选票（rw7332ie52）的出现。这是两项新现实，一个已经出现，一个尚未出现[**d]；前者需要发觉，后者需要呼唤。但是，在 21 世纪的当下，存在后工业时代的觉悟者和呼唤者么？这不是一个可以轻易回答的重大问题，然而可肯定一点：它是一个最容易被忽视的问题。

这里，不妨回味一下关于英雄与时势的古老话题，即"时势造英雄"与"英雄造时势"的话题，这是一个典型的"鸡与蛋"话题。当工业时代曙光在 17 世纪开始呈现时，一批伟人应运而生，17～19 世纪是人类历史上最辉煌的伟人辈出时代，这包括工业时代众多的伟大觉悟者和呼唤者。回顾这段历史，有两件历史事实特别值得回味。第一件是：所有工业时代的伟大呼唤者都出自第一世界，且主要出自本《全书》一再提到的"蕻尔西欧"。第二件是：工业时代的伟大觉悟者，只有两个人出自第一世界之外。因此，在整个工业时代，在第一世界之外，只有这两位伟人的祖国赶上了工业时代的时代列车。

在后工业时代曙光开始呈现的 21 世纪，第一世界会再次成为时代的领跑者么？"蕻尔西欧"似乎有所行动，但不仅没有出现伟大的觉悟者和呼唤者，甚至连出现的迹象都没有。这也是整个第一世界的悲剧，此悲剧开始消停之日，必将是以普选迷信为首的 6 大迷信开始消散之时。这个时日，也许就是薪乡老者的期盼乐趣之一吧。

话说回来，对于已经赫然存在的认同型选票 rw7332ie53，第一世界的精英们倒不是视而不见，而是见而不思。第四世界和北片第三世界的选票，有很多第一世界看不惯的东西。但是，新国际者习惯于把这些东西简单归结为"民主制度初级阶段"或"法制不健全"的乱象，事情真是那么简单么？这些被看不惯的东西里面，是否隐藏着一些第一世界精英不熟悉甚至不知道的新东西？

至于那个似乎尚未出现的协商型选票 rw7332ie52，第一世界和第二世界精英们的态度倒是殊途同归。对于这么一个普通而可爱的概念，前者由于对普选的迷恋和迷信而拒绝，后者恰恰相反，由于对普选的生疏与误解而拒绝。普选是什么？不过是 rw7332ie51

而已，只是选票的一种形式而已。那么是否可以说：当下自然语言的选票或普选概念需要深化一下？

第一世界的精英们习惯于把选票或普选当作其他世界是否接受其普世价值的试金石。这块试金石真的那么灵验么？未必！

本质疑依托于概念 7332ie5m，其中的协商选举 7332ie52 尤为重要，原论述言有未尽，这里以一个附注加以补充[**27]。

——质疑普 4（无特定宗教信仰者应该接受普世价值）

对普 4 的"应该接受"说和普 3"正在接受"说，笔者都加了一点"调味剂"，使之更加"赤裸裸"一些。善于运用语言面具的精英们，当然不会直接使用这种低级的陈述方式。

"应该接受"说当年（60 年前）曾有一位很有点名气的祖师爷[*28]，苏联的解体似乎应验了那位祖师爷的预见。那个预见真的那么灵验么？不见得。苏联解体前 20 年发生过一起重大历史事件[*29]，可他却没有预说过一个字。其实，那预见里没有什么神奇的东西，不过就是现在流行的普世价值说而已。

上面的话语可以看作是"置疑普 0"的补充，那么为什么要放到这里来说？请允许笔者啰唆几句。普 0"创立说"里最伟大的一项创立就是所谓的"三权分立 a11(t)i"，这是新国际者里宪政派的理论基石。在实践方面，"三权分立"确实为第一世界的政治与法治建设作出过伟大贡献，但也应该指出：它在第三、第五和第六世界的广泛实践却乏善可陈；在理论方面，"三权分立"可以为相对权力政党赢得 a11ie25 的善美符号或崇高的概念地位，可以给绝对权力政党烙下 a11ie26 的丑恶符号描述。因此，老国际者和官帅对"三权分立"都十分厌恶，那是再自然不过的事。

但是，"重大贡献"也好，"十分厌恶"也罢，都不过是工业时代柏拉图洞穴里的有趣景象之一而已，不可能影响到 HNC 对"政党 a11i"后续延伸概念的符号设计：以符号 a11ie2m 表述相对和绝对权力政党，而不使用 a11ie2n。对于这一选择，在"选举行为 7332i"小节（[123-3.2.4]）里给予过充分的诠释[*30]，这里不妨以本节使用的特殊语言重申一下它的要点，那就是："三权分立"和"相对权力政党"**不可能**发出**反对过度发达**的伟大呼唤。而这一呼唤是拯救人类家园的时代性需求，属于后工业时代的天籁之音。笔者笨拙，黑体字的"**不可能**"和"**反对过度发达**"，就请看作是掩饰笨拙的无奈之举吧。

那么，可以指望什么力量来发出这一伟大呼唤？这里只能这么说，该力量既在 a11ie2m 和 7332ie5m 的"不言"中，也在下面将要说明的无特定宗教信仰人群里。

在后工业时代的天籁之音里，"文明基因 3 要素 a30it=b"将相互协同，即神学、哲学与科学（三学 gwa30it=b）将和谐鼎立，这将是后工业时代乐章的主旋律。对比之下，农业时代的神学独尊乐章，工业时代的科学独尊乐章，不过是"下里巴人"而已；同样，政权的"三权分立"与三学的"三足鼎立"相比，也不过是"下里巴人"而已。

写到这里，可以正式进入"质疑普 4"的主题话语了。让我们先回过去看一眼表 3-10，该表列举了 6 大人群。如果据此绘制一张信仰人群分布图[*31]，它一定不会像世界地图册的地形、国家或交通图那样让人眼花缭乱，而会给人一种"竟然如此分明"的惊叹。不仅如此，它还会接着给你另一个惊叹，那就是：6 大信仰人群分布图与 HNC 描述的六个世界原来可以如此奇妙地吻合。其中最引人注目的是：无特定宗教信仰人群的分布地域竟然与第二世界呈现出实质性重合。该人群位居第三，其前是基督教徒和伊斯兰教徒，其后是印度教徒，四者一起占全球人口的 86%。这些数字虽然重要，但并非要害。要害是：无特定宗教信仰人群是 6 大信仰人群里的一个异类，一个唯一未曾遭受过神学独尊氛围熏陶的异类，一个唯一保持着大一统帝国[*32]长达 22 个世纪之久的异类。环顾全球，这两个唯一性确实非常异类，故传统中华文明也可名之异类文明。异类文明必有自己的特殊素质，但资师傅和社师傅都没有充分注意到这一点，因此也就不可能对此进行深入探索。伏尔泰、黑格尔和马克思不过从万里之外看了一眼，罗素走马看花跑了一趟，汤因比套用过一番他的那个下乘理论[*33]模式，都说过一些著名的素描式话语[*34]。但著名往往缘起于其点线说特征，资师傅关于传统中华文明的素描式话语，大体如此。

无特定宗教信仰人群如此异类，怎么可以轻易给出"应该接受"的推断呢？但新国际者却对此项推断满怀信心。这种信心浪潮并非第一次出现，老国际者当年也曾掀起过一阵另一种类型的全球性信心浪潮，而且也是采取"应该接受"的推断方式，在这一点上，新老国际可谓异曲同工。信心无非缘起于语言脑，不同个体对不同事物的信心差异可以简单归结为言语脑的个性差异。但 20 世纪以来出现的两种全球性信心浪潮则是另一回事，不能仅仅把它们看作是言语脑的殊相现象，还应该与语言脑的共相现象联系起来进行考察。

《全书》各株概念树概念延伸结构表示式的设计实质上就是在干着这项"联系起来"的工作，开始的时候，只有"会心一笑"的乐趣，后来则增添了"哑然失笑"的乐趣，这要感谢互联网的横空出世，因为后者即缘起于新老国际者在网络空间的激烈争吵。"会心一笑"来自于两项领悟：一是"沧海一粟"的领悟，原来每一种自然语言不过是语言概念空间"沧海"里的"一粟"。二是语言理解基因的领悟，原来人类认识的巨大差异不过是起源于一片语言氨基酸（语言理解基因氨基酸的简称）的替换。所谓"哑然失笑"，则来自于对"以点说代替体说"或"张冠李戴"的感慨，新老国际者所信奉的某些"真理"原来不过是一些替代品，普选这个词语就是这种替代品的范例——以 7332ie51 替换7332ie5m 或 7332i。要感谢这些 HNC 符号，否则，要说明这种替代关系确实很不容易。正是基于这一感受，普选崇拜被列为第一世界的六大崇拜[*35]之首。如果有人说：上述感受不过是一种符号游戏，那笔者要补充说，不是"不过是"，而是"就是"，因为语言脑奥秘的物理探索本身就是一场符号游戏。

关于两乐趣和符号游戏的上述说明，对于大多数读者来说，可能过于突兀了。尽管如此，这里还要加上一句更加突兀的话语，那就是两乐趣不仅可以充当本节的结束语，甚至可以充当本《全书》的结束语。为了减少这种突兀性的过度冲击，下面回顾一下本节的特殊撰写方式，特殊者，本《全书》中独一无二之谓也。

本节以"语言理解基因 LUG 与领域意识 DOMC"为标题，依据常规，它应该首先给出 LUG 的定义，随后展开论述。但本节反其道而行之，把 LUG 的定义安置在文本的中间。这样，本节的全文就被划分为定义前后的两大部分，两大部分的分工是：前者铺垫，后者广（而）告（之）。铺垫的基本内容实质上是 HNC 探索历程的回顾，广告的基本内容则围绕着 21 世纪的展望性话题。展望性话题里充满着领域意识 DOMC 的阐释，其中包含大量的未然领域意识。

回顾与展望是天然的搭档，但前提是两者的对象与内容必须相同。那么，上述回顾与展望符合这一前提条件么？这里面存在一定的机缘性。所以，下面将从另一个视野，分别对铺垫和广告进行一番说明。

所谓另一个视野是什么？是指 HNC 探索历程中的"蓦然"，围绕着语言理解基因 LUG 和领域意识 DOMC 的"蓦然"。

当笔者 23 年前（1989 年）带着两追问（本节开始叙述过的哲学追问和语言哲学追问）的巨大疑惑开始 HNC 探索的时候，后工业时代的曙光其实已经相当明显了，然笔者迟钝，当时没有丝毫感觉。但是，索绪尔先生关于语言概念历时性和共时性的深刻揭示却不断撞击着概念基元的初期符号设计，该撞击贯穿于从概念范畴到概念树梳理的全过程。本来，面对着那 1000 多个极具代表性的汉字，笔者曾信心满满，以为对这些汉字进行概念基元矩阵[*36]的转换不过是举手之劳，但是，基本劳动（后来的正式命名是第一类劳动）和基本信仰（后来的正式命名是第二类精神生活）的巨大时变性，惊破了"举手之劳"的美梦。但该美梦的目标并没有幻灭，因为问题症结所在的解套办法并不复杂，在概念基元矩阵的转换中，引入三个历史时代这一关键性概念就可以了。这属于 HNC 探索历程的第一番"蓦然"的一半，不过，该半"蓦然"的符号表示方式却经历过一个相当曲折的过程，现在回想起来，既可笑，也有趣。为什么对该"蓦然"使用了"半"的修饰语？因为还有另外一半，那就是与它伴随而生的另一个概念——六个世界。这两个概念或第一番"蓦然"是一对双胞胎，若问其生日，与本世纪挂钩就记住了。

在第一番"蓦然"以后，两类劳动和三类精神生活初期符号设计中遇到的诸多困扰都迎刃而解。再回望最近这 30 年来的全球文明态势，其后工业时代特征可谓已历历在目，其中最明显的一项景象就是：经济公理[*37]的高段特征（对应于后工业时代）已在所有发达国家（即整个第一世界加上东片第三世界的日本）赫然呈现，那就是所有发达国家层出不穷的各种经济险情；经济公理的中段特征（对应于工业时代）也在处于正常状态的所有发展中国家赫然呈现，那就是 GDP 的快速增长。从这个视野看，对发达国家的各种"失去 N 年"说，对发展中国家的各种"金砖"说，都不过是对经济公理现象的一种扭曲描述，一种形而上思维衰落的典型症状。

第一番"蓦然"引发的思考贯穿于本《全书》一切重要论述的始终，在铺垫里，引用过多段与该"蓦然"直接有关的文字。

HNC 探索历程的第二番"蓦然"是一个思维"怪物"的哇哇坠地，那"怪物"其实一切正常，没有任何怪异之处。然笔者愚钝，那个伴随着句类"怪物"出现的阴影[*38]又一次袭上心头，颇让笔者心神不宁了好一阵子，从而决定把那个坠地的"怪物"暂时隐藏起来，秘而不宣。在那段日子里，一方面深信该"怪物"就是两最初追问的终极答案，另一方面又在等待着脑科学研究某种证据的出现。后来恍然明白：语言脑的存在性问题在当下的脑科学里根本还不存在，何来某种证据？等待是没有任何指望的。这才决定把那"怪物"公之于众，名字当然早就起好了，那就是语言理解基因 LUG。

名字或正名不过是为了便于言顺，关键在于名字所对应的对象与内容，以及该对象与内容所对应的基本构成。这就涉及两个核心概念，即语言理解基因 LUG 的两构成要素，一个叫语境基元 SGP，另一个叫概念空间信使 CSE。这可不是两个寻常的概念，完全有资格充当 HNC 探索终极成果的两位代表，将简称 HNC 两代表。本《全书》到此为止的全部内容，说到底，不过就是围绕着这两位代表打转。考虑到这一点，在本节开始撰写时，HNC 探索历程缩影的想法不禁油然而生，就是把本节写成一个小"剧本"（故事），一个描述 HNC 探索历程缩影的小"剧本"，预定的基本写作手法是：（铺垫，主题，广告）三部曲。铺垫以已有的丰富素材为依托，凸显 HNC 两代表的巨大功效，以便为下面的广告提供简单明了的理论依据。广告以 21 世纪基本话题为依托，凸显本世纪急需引入的新思考或新思维，借以表明：语言理解基因 LUG 是一个巨大的宝藏，迄今为止，人类不过仅运用了其中的一小部分。不仅如此，六个不同世界的语言脑都还笼罩在各自的"点雾"[**39]里。

第二番"蓦然"实际上也是一对"双胞胎"，本节标题就是对这对双胞胎的命名。

铺垫部分先给出了 HNC 两代表的若干示例，并特意加上了三位特使。以示例与特使为依托，以"奇谈"为题，描述了地球村正在演出的 7 大"剧情"，其标题依次是①4 类迷雾、②4 类乘客、③5 论（论 m=1-5）、④7 未明（未明 n=1-7）、⑤4 纷争、⑥4 纠结、⑦5 普世（普 m=0-4）。7 大"剧情"说是本节的新说辞，但每项"剧情"本身，前文都给出过充分论述，这里不过是集中加以概括而已，目的是为下文的广告提供支撑。"奇谈"行文松散，似乎在绕着大圈子说话，希望这一段文字，能缓解一点该松散性造成的消极印象。

广告部分的核心内容是 21 世纪的 10 大纷纭性话题，从两无视与两误判起谈，因为两者的意义就如同铺垫部分的示例与特使。随后，将 10 大话题凝练成下列 4 大话题：显赫话题、巨变话题、纠结话题和拯救话题。

显赫话题包括 10 大纷纭性话题的"冠军"和"亚军"：战争与革命。此话题在 20 世纪特别显赫，但其显赫地位在 21 世纪已经一落千丈，广告里试图用一句话就把它轻松地打发掉，那句话是："显赫话题在 21 世纪已经不可能再像以往那样显赫了。"但这个试图可能埋藏着极大的误导，故紧接着提出了一个关于未来地球村的数字式"帝国"模式：

$$(1.0, 0.6, 0.4, 0, 0, 0)$$

该模式是对（文明；历史，现实）的综合与演绎，其正式名称是未来地球村的文明格局。在语言脑的世界知识视野里，此"帝国"模式或文明格局的公理性就如同经济公理那样简明（一清如泉）。但其遭遇必将如同经济公理一样，被弃若敝屣。这是一个非常有趣的现象，媒体每天报道的重大话题，各类国际组织和各国智库不断提供的无数报告，都不过是该有趣现象的生动写照。这从另一个侧面表明：语言脑的存在性问题固然有待探索，语言脑现状的洞穴性问题[*40]更亟待探索。广告不辞浅陋，试图从洞穴外的视野对该"帝国"模式或文明格局进行一番解说。该解说的要点可归结为这样一句话：(1.0,0.6,0.4,0,0,0)文明格局的出现是未来地球村的大概率事件。这里应强调说一声：就前三个世界来说，

(1.0,0.6,0.4)是对(1,1,0)//(1,1,1)的否定。不要以为后者是笔者的臆想，已经出现的所谓 G2 就是(1,1,0)的对应臆想物，如果 20 年后再出现一个 G3，那就是(1,1,1)的对应臆想物了。

文明格局描述里的"1.0"不是 GDP 的对应物，更不是什么导弹核武器、航母战斗群或其他任何现代或超现代武器系统的对应物，那么，它是什么东西的对应物？是综合国力么？这样说也许大体不差。但笔者却以为，古汉语的六个字更为精当：天时、地利、人和。因为这六个字是对文明三基础要素的精练概括。从这个意义上看，欧盟、俄罗斯和日本，再怎么努力，也达不到"1.0"的标准。因为欧盟极度缺"地"，俄罗斯极度缺"人"，而日本则属于三缺国度。这个地球村只有那么一个幸运国家，不仅三不缺，而且三者都得天独厚。对这么一个文明三基础要素都厚实无比的"1.0"，随意说三道四，很难不落下杞人忧天的下乘。G2//G3 说者或许想过另外还有两个具备三不缺特征的国家，但其着眼点主要放在 GDP 总量和人口数量上，忽视了这两个国家在"天"、"地"两方面的重大固有弱点，其厚实度与"1.0"的要求差距甚大，这就是(1.0,0.6,0.4)"帝国"模式的基本依据了。

(1.0,0.6,0.4)"帝国"模式是对 21 世纪全球势态的素描，此素描的前提是六个世界的存在，如果第二世界根本就不具备存在的资格，那该模式就纯粹是胡说，而这正是新国际者的基本观念。新国际者对(1.0,0.6,0.4)"帝国"模式采取不屑一顾的态度，那太自然不过了，不这样反而是咄咄怪事。多少有点出人意外的是：官帅也大体如此。由于事关重大，笔者不得不厚着脸皮，特意请出了宗教信仰的全球素描（表 3-10），并立足于此，对新国际者的 5 项信条[*41]和官帅的傲慢[*42]提出了一系列质疑。质疑的基本立足点是：当下语言理解基因 LUG 的透齐性描述还很不到位，本节通过"选举行为 7332i"给出了一个到位描述的示例，即 7332ie5m 的描述方式。这意味着语言脑存在着巨大的可塑性，或名之可完善性。这是广告部分的主旨，也是 HNC 探索的基本宗旨。

"剧本"到此谢幕，文字很差，但想说的毕竟都说到了，缩影的愿望基本达成，足矣！今后，可能还会出现这种"剧本"型的文字了，特此预告。

注释

[*a] 语言理解基因的3类型定义见本卷第一编的第六章（[310-6]）。

[*b] 由于前面已有母亲和父亲的比喻，这里用她来指代概念基元，如果今后用他来指代语境单元、领域或领域句类代码就是顺理成章的事了。

[**c] 这里的"*(d01)"用宋体，因为是临时添加的，以示与原文有别。资本这个概念在工业时代极为重要，为什么HNC没有在概念树a00里给予一个显赫的位置呢？这涉及两点思考：①她在农业时代和本来的成熟期后工业时代都并不重要。②其词典意义或语言意义模糊不清，受到"资本 =: 资本主义"的严重扭曲，其严重程度甚至超过了儒家学说在20世纪中国的凄凉境遇。在概念林"政治a1"的论述（见[130-1]章）中，笔者有意避免使用词语"资本主义"，在社会制度a10t=b的汉语描述中，使用的是王权制度a109、资本制度a10a和后资本制度a10b的词语。但是，对后资本制度的一种特定类型a10b3，却使用了社会主义制度的词语，而读者应该已经比较了解，HNC是把一切"主义"都纳入点说层次的东西。

[**d] 这里的选票乃纯指政治领域的普选和全民公决，既不包含议会里的投票，也不经济"王国"

里的种种投票。这里的"尚未出现"说是以此为前提的，实际上，协商型选票作为一种决策工具早已存在，李世民先生就很会使用这一工具。

[*01]"三语说"是语形学、语义学和语用学的综合说，是20世纪20年代创立的符号学对语言学作出的一项重大奉献。现代汉语语法学到20世纪后期才对"三语说"略有注意。

[*02] 关于LUG氨基酸的第一次预说见"期望行为7301\21"子节（[123-0.1.2.1]）的子节结束语。随后的预说就不一一列举了。

[*03] 在"主体语境和主体语境基元"子节（[330-1.1.1.1]）里，曾质疑过"思维方式理性化"的命题，意在说明：当今关于理性的世界知识非常匮乏，六个世界无不如此。也许第一世界的匮乏度略小一些，但实质上高明不了多少。

[*04] 经验理性和浪漫理性的根本分歧另有论述，这里主要指下述两点：①经验理性尊重传统，也尊重发展与变革；浪漫理性则以摧毁传统为己任，热衷建立自己的偶像，并竭力加以维护而不图发展与变革。②经验理性拒绝先验理性，但讲究手段，重视伦理；浪漫理性容纳先验理性，但不择手段，轻视伦理。

[*05]"奇特"分歧缘起于：功利理性在对待先验理性、手段和伦理方面是浪漫理性的朋友，但在对待传统、发展与变革方面又是经验理性的朋友。

[*06] ED成员"e2n"的极致妙用是"e2ne2n"，曾用于"政治制度a10e2n"的描述，并由此推演出，除了"a10e26e26"之外，另外3种政治制度都可供选择，三者分别适用于六个世界所对应的不同文明。这3种政治制度将构成后工业时代3种文明标杆的基本要素，本《全书》第一卷曾试图对此作多视野的探索，但论述分散，文字粗糙，造成了时光耗费的遗憾。至于必将招来的非议，倒属于"蓦然"之外耳。

[*07] 引文有两个特殊编号概念关联式（一级内使），原文未予编号。

[*08] 此项默认约定也用于概念树的排序设计，前两卷曾多次指出或论述过。

[*09] 如果对这里的"完全符合"说进行专家式论证，也许一篇像样的论文都很难做到。但在HNC世界知识的视野里，此说一目了然，无须论证。本注释的文字显得十分蛮横霸道，但细读过"经济活动共相a10"节的读者，这样的感受或许不会太强烈吧。

[*10] 这是一个带引号的"第一号"，形式上不言自明，但其含义很不寻常，是一项非常独特的世界知识，通过网络先读此文的读者不可不知。《全书》的基本属性概念林j7部分尚未撰写，所以就把"第一号"硬拉进来"滥竽充数"了。"第一号"殊相概念树的初期描述与最终描述有比较大的区别，已出版的HNC著作里都只给出了初期描述，这里先将最终描述拷贝如下：

```
j72          主辅与要素
j72:(m,n;1t=b,(n):(e2m,c01,d01))
  j72m
  j720
  j721          主
  j722          辅
    j721t=b
    j7219          重要
    j721a          大场
    j721b          关键，急所
  j72n          要素
  j724          核心要素
```

j725	根基
j726	主干
j72(n)e2m	要素两分对偶描述
j72(n)e21	基础
j72(n)e22	上层建筑
j72(n)c01	伴生
j72(n)d01	衍生

其中的部分HNC符号未给出汉语说明，这反映了自然语言的"弱项"，它通常缺乏概念家族非分别说的对应词语，也缺乏对立统一概念"0"和"4"的对应词语。本例里的要素和核心要素是非常珍贵的例外，基础和上层建筑也比较珍贵。

[*11] 下文有时以豪华乘客另称发达国家，以小康乘客另称发展中国家，以牛车乘客另称农业时代国家。

[*12] 这个带引号的"第三"世界是20世纪50年代以后出现的正式国际政治词语，用以指称两大阵营之外的国家，这些国家还搞了一个不结盟运动。为了与HNC定义的六个世界里的第三世界相区别，这里加了引号。当年的"第三"世界包括HNC定义的第四、第五、第六世界和南片第三世界，现在的"第三"世界大体与发展中国家对应。

[*13] "季孙之忧"的短语出自《论语》"季氏"章（16），原文是："吾恐季孙之忧，不在颛臾，而在萧墙之内也。"这里用来比喻一个国家的内忧外患，"萧墙"代表内忧或内部，"颛臾"代表外患或外部。

[*14] 两环指环太平洋地域和环印度洋地域，简称太环和印环。两跨指跨北大西洋地域和跨南大西洋地域，简称北跨和南跨。见《对话》续篇。

[*15] 误判通常包括高估和低估，此处仅涉及前者。

[*16] 挑衅是媒体的习惯用语，近年的使用多涉及大规模杀伤性武器的国家拥有权问题，目前大体上已归结为核武问题或无核问题。这是一个特定的内政与外交课题，十分复杂。但西方世界习惯于对第一世界之外的中小国家采取简单粗暴的思考方式和处理方案，挑衅是该习惯的常见语言呈现，故此处加了引号。

[*17] 老国际新生代的术语是第一次使用，也是临时使用。该术语的内涵尚未定义，也不打算予以定义，因为该术语的内涵正处于形成过程。当下，第二世界国家的掌权者都属于老国际的新生代（仅古巴除外），对其中的改革开放派曾正式名之官帅。不过，总的说来，此新生代依然戴着厚重的神秘面纱，其文明主张一直比较含糊其词，字面上或"左右逢源"，或"宁左勿右"，实质上暗藏无限玄机。这些，不仅与第二世界的奇特母体密切相关，也与中华文明的独特传统密切相关（在这个意义上也需要把古巴除外）。因此，待定义的做法是HNC的必然选择。

[*18] 主要内容见关于六个世界的专题章节和《对话》续篇。

[*19] 奥威尔先生在其小说《一九八四》里，描述过地球村出现3个超级帝国的奇特情景。3帝国分别是大洋帝国、东亚帝国和欧亚帝国，大洋帝国（英国为其一省）以美国为主体，东亚帝国以中国为主体，欧亚帝国以苏联为主体。在正文里，将把小说里的这3个超级帝国用符号表示为(1,1,1)。考虑到该小说乃写于1948年，如果用"令人拍案叫绝"去形容作者的想象力、洞察力和判断力，持异议者应该不会太多。

[*20] 收敛性与发散性过程趋向139e2n是HNC提出的一对十分特殊的对偶性概念，本《全书》第一卷给出了它的基本论述，拷贝如下：

收敛与发散139e2n是过程趋向的一项基本属性。这两个术语虽然来自数学，但语言概念空间所关心的并不是数学意义上的收敛与发散，而是实际过程趋向的收敛与发散现象。中国哲学传统对这一现象无比重视，甚至把139e2n视为善恶福祸之本源。

这段引文可作为HNC探索的典型表述文字，最后两句表达了笔者晚年的集中感受。本《全书》对传统中华文明的诸多辩护缘起于此，第一卷第二编第一级（类）精神生活里关于科技迷信、关于现代四字真经或需求外经的论述也缘起于此，本节关于发达国家与发展中国家、关于豪华度与小康度的论述同样缘起于此。

[*21]"大乔"指著名的语言学家乔姆斯基先生，"小乔"指中国台湾的李敖先生。这在第一卷第二编里有多次论述，查阅可借助人名索引。

[*22] 此说不拟解释，也请借助人名索引。

[*23] 两位师傅有多种多样的名称，早期的流行名称是资本主义-帝国主义和社会主义-共产主义，简称"资"与"社"，下文将名之资师傅和社师傅，这个名称实际上早已名不副实。现在的流行名称是自由民主主义和集权专制主义，似乎比较名实相符，实质上也并非如此。资师傅经历过经验理性（以英国为基地）、先验理性（以德国为基地）、浪漫理性（以法国为基地）和实用理性（以美国为基地）相互融合的数百年历练，造就了如今的第一世界。该世界依然健在，但面临着日薄西山的困境。社师傅是一个浪漫理性与实用理性匆忙联姻的早产儿，仅经历过从马克思答案到列斯毛革命的快速演变，造就过一个横跨欧亚大陆的貌似强大无比的社会主义阵营，但已经面目全非，虽然苏联的解体并不等于该阵营的消亡。实际上，两位师傅的说法并不能描述全球文明的未来势态，三位师傅的说法才比较全面。

[*24] 20世纪结论即"资"胜于"社"结论的简称，当以20世纪的民主德国和联邦德国、朝鲜与韩国、中国大陆与中国台湾、西欧与东欧为依据进行"资"与"社"的政治经济分析时，该结论的正确性似乎无可置疑，因而该结论也为普世价值论提供了似乎无可辩驳的历史依据。

[*25] 第四世界被划分为9个队列，并对他们的政治状态进行过4级描述，其中的一段话语有点"先见之明"的味道，拷贝如下：

> 4级描述也可简化两级描述：未定（含待定）与已定（含准定）。未定者，存在国家最高领导人终身制或存在父子相传的政治模式也，可简称变相君主制也；已定者，政治状态不需要进行重大变革者也（如已实行民主制的土耳其）。目前伊朗队列里的伊朗和叙利亚、北非队列里的利比亚和埃及、伊拉克战争前的伊拉克都是变相君主制的范例。

在写这段文字的时候，那些被放在3个未定政治状态队列的国家都还平安无事，但"未定"的定义就强烈暗示着必将出事。至于半年后猛然出现的茉莉花，则属于意料之外。

[*26] 幼稚病有多种形态，右派或左派幼稚病只是其中的两位代表，简记为幼稚病R和幼稚病L，两者将统称幼稚病0。列宁先生曾写过一本关于幼稚病L的专著，但笔者未曾见到过关于幼稚病R或幼稚病0的专著。知者请赐告。

[**27] 概念7332i的汉语说明叫选举行为，其实叫选票行为更合适一些。因为选举对人不对事，而选票则可以兼顾两者，这才符合概念7332i的本意。但是，选举可以兼作动词和名词，而选票不能，据此而决定了其汉语说明的最终选择。这几句话，就当作是HNC探索历程中的一小段"花边新闻"吧。

延伸概念7332ie5m的设置不过是一些历史故事的简单综合与演绎。这些故事有古希腊、罗马文明黄金时期的，也有传统中华文明一些特定时期的。不过，在所有的相关故事里，也许罗斯福先生的《租借法案》让笔者印象最深。这些印象的概念升华就是协商选票7332ie52，这里蕴涵着一种智慧，而不仅仅是谋略。《租借法案》的故事就表明：7332ie52其实早已静悄悄地在第一世界存在着，而且发挥着极其重要的作用。不过，站在前台表演的是7332ie51，风光无限；而在后台起主导作用的7332ie52却鲜为人知。这个现象曾一度使笔者深感困惑，但在金帅、官帅和教帅的概念产生以后，也就基本释然了。

[*28] 这位祖师爷叫杜勒斯，曾任美国国务卿，其弟是美国中央情报局的祖师爷。

[*29] 该事件指社会主义阵营的两分解体，其重大历史意义至今未引起有关学界的足够重视。本《全书》曾以"20世纪的两次世纪性握手"为题，对此略有阐释。

[*30] "选举行为7332i"小节是概念树"个人行为7332"论述的最后一个小节（第4小节），前面的3个小节依次论述"个人'理念'行为7332\1"、"个人理性行为7332\2"和"个人观念行为7332\3"（三者的章节编号依次为[133-3.2.m，m=1=3]）。这3个小节里的第2和第3小节文字冗长，是第4小节的必要铺垫。围绕着该株概念树，该节的论述释放了最多的自然语言尚不存在的**未来**型延伸概念，用本小节的话语来说，就是未来的语言理解基因，一种后工业时代必将出现的语言理解基因，这种新的语言理解基因必将伴生出新的语言概念和词语。因此，笔者是带着一种"浪子回头"的心情撰写该节文字的，放开了胆子。一个探索者，一个历史浪子，在"蓦然"之后，他的胆子一定是放开的。现在回读两年半之前写下的那大段素材型文字，没有改动一字的念头，因为"蓦然"之后提供的素材就理当如此。素材里使用的许多词语当然是建议性的，再丑陋也无所谓，因为仅供参考。本质在于那些词语所映射的那些概念，产生那些概念的关键在于它们所依托的那株特殊的概念树。那株概念树虽然很特殊，但同所有的概念树一样，其生命呈现取决于它所依托的语言理解基因氨基酸和染色体。生命是基因的运作，语言脑也是如此，而基因运作，归根结底，不过就是氨基酸和染色体的组合。本节处于《全书》的尾声位置，需要展示一下氨基酸组合的奇妙性。展示需要醒目的实例，7332ie5m的选中，正是由于其**未来**特质最为突出。

[*31] 信仰人群分布图比较容易绘制，可以考虑与六个世界的文明地图并在一起。本《全书》应该提供这样一张地图，但由于笔者是一位特殊的残疾人——图像脑和艺术脑的残疾人，故一直未促成此事。这里建议世界地图册加上这项内容，与世界地形、世界交通等并列。

[*32] 这里的大一统帝国仅指第二世界的主体——中国，与整个第二世界的含义有所不同。

中国的大一统历史当然不会那么完整，有过"合久必分，分久必合"的周折，但与其他所有的古老文明比较起来，其周折的烈度最低，疆域的变动性最小，文明根基的稳定性最强。当然，"三最"的具体呈现当然非常复杂，不同历史时期具有不同的文明特质或精神风貌。那么，大一统中国的历史进程如何分期？也许4个时期的素描最为合适。4时期是：两汉时期、魏晋时期（包括南北朝）、唐宋时期和元明清时期。两汉才是大一统中国的真正创立期，因为那不是一个以武力与暴政为基本依托的形式大统一，而是一个深层次的文明大统一。也许可以说：两汉文明特质或精神风貌的现代意义诠释，依然是一个有待继续探索的重大课题。4时期意味着古老中国经历过3次文明大周折，其中，第一次大周折对大一统文明的破坏最为严重，持续时间最长（4个世纪），其文明影响也最为深远。该周折的推动者是曹操先生，从这个意义上说，笔者也十分同意为曹操先生翻案，可惜翻案者似乎都没有抓住这个要点：第一次中华文明大周折的推动者。这个历史定位很平常，且早为人知么？未必。两汉的"两"非同寻常，不同于晋、宋王朝的"两"，也不同于罗马帝国的"两"，它也许是人类历史上独一无二的"两"，对第一次大周折的考察，不能不与这一独一无二性联系起来。

[*33] 下乘说是牟宗三先生对汤因比《历史研究》的评价，笔者完全同意。

[*34] 马克思先生没有像其他几位师傅那样，对传统中华文明说过著名的素描式话语，但他确实

也同伏尔泰和黑格尔一样，只在万里之外看了一眼，对这个异类文明的特殊素质可以说完全不了解。否则，奴隶社会的历史地位，在其历史唯物主义理论体系里也许就不会被抬得那么高了。

[*35] 第一世界的六大崇拜是：①普选崇拜；②需求外经崇拜；③票房崇拜；④纯法治崇拜；⑤科技崇拜；⑥霸道崇拜。六大崇拜也就是工业时代柏拉图洞穴的基本景象，比较集中的论述见"个人理性行为7332\2"小节（[123-3.2.2]）。

[*36] 概念基元矩阵的术语仅在《理论》里使用过，后来不再使用了。但该术语是构建概念基元空间的思考起点，其过渡性贡献或价值不应该被忘记，故这里特意重提一下。

[*37] 经济公理的第一次论述见"三迷信行为7301\02*ad01t"分节（[123-0.1.0.2.1-2]）。

[*38] 该阴影指：一切真理都需要实践的验证。

[**39] "点雾"是第一次使用，下文可能正式使用。其含义是：以点线说替代面体说所造成的认识迷雾。如果说对圣战的"现代"崇拜是"点雾"的范例，或许第四世界之外的人们都比较容易接受，但如果说第一世界的六大崇拜（见注释"[*35]"）、第二世界对列斯毛革命的残余崇拜，也都是"点雾"的范例，那无异于捅马蜂窝。不幸的是，许多马蜂窝实在绕不开，只好壮起胆子捅一捅了。

[*40] "语言脑的洞穴性问题"这个说法是第一次使用，其含义就是指"工业时代的柏拉图洞穴"，而这个命题，前文已论述过多次，比较集中的论述见"个人理性行为7332\2"小节（[123-3.2.2]）。

[*41] 5项信条被命名为普m(m=0-4)，已一一加以质疑。

[**42] 凤凰卫视有一个节目《一虎一席谈》，是笔者长期关注的节目之一。不过，近来关注度在日益下降，主要原因就是"看不惯"那些官帅代表言语中的傲慢。那种傲慢其实都非常浅薄，但可怕的不是那傲慢本身，而是那种傲慢语境的日渐扩展，即官帅特征的日益突显。笔者对该傲慢语境与官帅特征很感兴趣，可是又没有精力去探索，于是就造成了带引号的"看不惯"效应。

第三章

浅说领域认定与语境分析

(DD;SGA;BACE+BACA)

本章和下一章的标题皆以浅说打头，不分节。

"领域认定"和"语境分析"都是技术性词语，而本《全书》的本意只管理论，不涉及技术。这样，本章就有违规之嫌，只好打着浅说的旗号了。

在本章内容的 HNC 符号表述中，呈现出一种"锋、主、卫"的阵容，语境分析 SGA 是主体，领域认定 DD 是锋线（进攻），背景分解 BACE+BACA(=:BACR)是卫线（防守）。这是一个比喻性的说法，但这个比喻正是本章试图传递的基本信息，因为语言理解处理可比拟足球比赛。在足球比赛中，攻破对方的大门（进球，得分）主要靠抓住战机的进攻，保障己方的大门不被攻破（不失分）主要靠固若金汤的防守，语言理解处理也是如此。领域认定等同于抓住了战机的得分，背景分解等同于固若金汤的不失分。这个大句或许太突兀了，但请保持耐心，下文就是对该大句的两小句进行分别说和足球赛比喻的非分别说。这样，本章应作如下三项内容的阐释：

内容 1，领域认定 DD 的阐释。

内容 2，背景分解 BACR 的阐释。

内容 3，语境分析 SGA 的阐释。

但是，实际上本章并不对上列三项内容进行阐释，而只是略作浅说。因此，每项内容的独立成节资格就被取消了，但给出三大段的明确标记"——"。

三大段的撰写方式将别具一格，以出自本编的引文为主，不注明来源，以仿宋体加以标记。本章添加的文字使用宋体。

——关于领域认定 DD 的浅说

本浅说分 3 个部分：领域认定与语境认定的关系；领域认定的基本手段；领域句类的作用。下面分别浅说，先给出引文。

第一，领域认定与语境认定的关系。

> 语境的认定实质上就是领域的认定，
> 领域是语境基元的常量表示形态。
> 领域可采取语境基元的简化形态。
> 领域 DOM 可以看作是语境基元 SGP 的灵巧性表示。
> 领域跟语境基元一样，也存在两大基本类型：主体领域和基础领域。

引文共 5 句话，句 1 提纲挈领，原文为黑体；句 2 和句 3 给出了领域的定义；句 4 是对句 3 的重要诠释；句 5 总结。

第二，领域认定的基本手段。

> 直系捆绑词语者，可直接激活领域也，因而可将脑谜 8 号置于不顾也。
> "金融危机"是复合领域"3228\3+a24"的直系捆绑词语，也就是领域激活词语。
> "善事"是基础领域 rwc50*j82e71 的直系捆绑词语，"恶行"是对应基础领域 rwc50*j82e72 的直系统捆绑词语。这就是说，在领域的视野里，符号 rw50*j82e73 所对应的领域被舍弃了，或者干脆就说，那样的领域在常人的语言脑里不具有存在的价值。
> "金融危机"激活"3228\3+a24"，"9/11"激活"3228\2+a13\13"，此类激活将称为 DOM 词

语激活。在自然语言空间，"金融危机"与"恐怖活动"没有任何"交集"迹象，但在语言概念空间，两者的"交集"特征应该十分凸显。

　　在一个句群里，可能激活多个 DOM，这比较常见，至于一个 DOM 也激活不了的极端情况，可暂不考虑，因为它只可能出现在诗歌和古龙先生的武侠小说里。

　　（1）一个特定领域对应的领域句类 SCD 不是单一的；（2）特定领域的实际描述句群所采用的具体句类可能不属于该特定领域预期的领域句类。

引文共 8 个大句，前 6 个围绕着一个中心，后两个围绕着另一个中心。

中心 1 引入了两个 HNC 特别重视的概念：直系捆绑词语和领域激活词语，就语境基元而言，两者是同一个东西，为领域认定 DD 提供了一件打开局面的利器。前者为理论技术接力的递棒者而引入，后者为接棒者而引入，多乎哉？不多也[*01]。

大句 4 和大句 6 是对"（1-1）"里句 3（领域可采取语境基元的简化形态）和句 4（领域 DOM 可以看作是语境基元 SGP 的灵巧性表示）的"热情"呼应。

激活词语毕竟只是打开局面而已，领域认定还存在一系列复杂课题。大句 7 和大句 8 对此作了一个"叩其两端"的素描。此素描里大有文章，部分要点在第四编"论记忆"里提及，但正式撰写非笔者力所能及，只能拜托后来者。

第三，领域句类的作用。

　　情景 SIT 的实质就是领域句类 SCD，获得这个认识是一次非同寻常的"蓦然"，而且是 HNC 第三公理探索历程中最关键的一次"蓦然"，领域句类 SCD 是 HNC 第三公理的灵魂。

　　在第三公理的[*a]3 种陈述方式里，应该说"语境无限而领域有限"的方式最为简洁而协调，但它透彻而不齐备。若以透齐性为标准，当然就只能是现在的最终选择了。

　　如果把句类比作是初期的伽利略望远镜，那领域句类就好比是现代的哈勃望远镜，这个比喻的分别说今后将分别简称伽利略景象和哈勃景象。

引文共 3 个大句。大句 1 自吹自擂，大句 2 言有未尽；大句 3 大言不惭。

大句 1 用 4 个小句概述了领域句类 SCD 在语境单元空间的独特地位。遗憾的是：该大句使用了科技文献的异类甚至禁用词语，这包括小句 1 里的实质，小句 2 和小句 3 里的"蓦然"，小句 4 里的灵魂。这里需要说明的是，HNC 本来就是一个跨文理的东西，这些词语岂可禁用？这属于无奈；"蓦然"的引号诚然不足以淡化自吹自擂的色彩，但表达了笔者的一点敬畏之心；小句 1 的表述方式有些欠缺，但不拟弥补，这是偷懒，请谅解。

大句 2 的言有未尽属于细节，这里就便一说。原文对"但它透彻而不齐备"未予解释，不齐备者，未包含语境基元 3 要素之一的背景 BAC 也。

在理论技术接力的意义上，大句 3 最为重要。这里要强调的是，该大句形式上大言不惭，实际上惭愧至深，因为本编并没有把伽利略景象和哈勃景象全面而清晰地展现出来。这件事做起来并不容易，一定要联系到语言理解处理的根本障碍——5 大劲敌的降服与 15 支流寇的扫荡——来进行讨论，下一编"论记忆"或许能有所弥补。

——关于背景分解 BACR^[*b]的浅说

BACE ≡ (s22+s23+s3+s4) —— [BAC-01-0]
（客观背景强关联于实力、渠道、条件和广义工具）
BACA ≡ (s1+s20+s21) —— [BAC-02-0]
（主观背景强关联于智力、手段和方式）

[BAC-0m-0, m=1-2]是两位极不寻常的特级外使，其表示式表明，客观背景与主观背景形成了一个无缝隙的互补关系。语境单元之背景者，综合逻辑也，主观背景占据着综合逻辑的前 5 株概念树，客观背景占据着综合逻辑的后 11 株概念树。彼山景象如此清晰，还需要多说什么？

概念关联式 [BAC-01-0]右式包含的 4 项内容非常独特，两株概念树和两片概念林，四者皆属于综合逻辑概念。引文所说"两者的交织性特征非常隐蔽"和"背景真实面貌的扭曲效应必将非常严重"，其实皆缘起于这位外使的基本特征。因为，实力、渠道、条件或广义工具虽然都具有客观性的基本特征，但其客观性不可能是纯净的，主观性可以进入它们各自的诸多方面。以实力 s22 为例，其二级延伸概念"关系力 s22\2*9"、"知识力 s22\2*a"和"理想力 s22\2*b"（简称软实力之 γ 三力）的主观性色彩都非常浓重。为了语境单元描述的需要，HNC 只好置此于不顾，一方面把它们强行纳入 BACE 的范畴，另一方面保持低调对策。

引文包括两位一级外使和两个句群。两外使分别是客观背景和主观背景的定义式，句群 1 论述了背景 BAC、客观背景 BACE 和主观背景 BACA 定义的透齐性，句群 2 概述了客观背景 BACE 与主观背景 BACA 的相互交织性。两句群的最后一个大句都值得予以特殊关注，分别说明如下。

（1）所谓"彼山如此清晰的景象"，不仅并非众所周知，而且是非常生疏，甚至近年很出风头的普京先生也不例外。该"清晰景象"密切联系于 HNC 所描述的综合逻辑，而综合逻辑是一种比较高深的世界知识，不属于某一特定学科，故人们对该"景象"非常生疏是最平常不过的事。但这一生疏会导致一种特殊的世界知识匮乏症，可名之背景偏执^[*02]，其基本表现是：不知道区分主观背景 BACA 与客观背景 BACE，对前者一味迷恋，对后者缺乏冷静分析。背景偏执是人性的基本表现之一，总是习惯性地把错误全推给别人，把自己装扮成永远正确，强加于人，"马列主义上刺刀"（这是"文化大革命"时期的流行语），这些话语都是对背景偏执的生动写照。所谓"世无完人"，就是指背景偏执的完全免除几乎是不可能的。一般人有点背景偏执无所谓，但政治人物则必须另当别论。他们容易发展成为背景偏执狂，这样的政治狂人就会在某种正义旗帜或崇高目标（如保卫国家核心利益）的掩护下，对三争无所不用其极。在"鹰专制政治制度 a10e26e26"的配合下，他们一定会掀起某种崇拜浪潮（其中必然包括个人崇拜），上演一连串重大历史悲剧。20 世纪以来，这样的历史悲剧在当今六个世界的故土都上演过^[*03]，相信普京先生会以史为鉴，不致重蹈覆辙。

（2）所谓的"强行纳入"与"保持低调"，是一种相互弥补的灵巧处理谋略，"低调"就是要对 BACE 保持一种高度质疑的态度，这不仅是出于对背景偏执干扰的预防，也是出于对语言面具性的预防。在理论上，不仅要提出质疑与预防的思路，也要给出相应的解决方案，但后者不是本章的责任。

——关于语境分析 SGA 的浅说

领域 DOM 对应于"基构"；领域句类 SCD 和背景分解 BACR[*c] 对应于"基件"；语境单元 SGU 对应于"建筑"；语境生成 ABS 对应于"城市"。

笔者多年来反复鼓吹过[*d]"三二一"原则。该原则里的"三"指"三看齐"：未知向已知看齐，模糊向确定看齐，高层级概念向低层级概念看齐，简称看齐原则，区分第一、第二和第三看齐原则。"三二一"原则的阐释急需写多篇论文，"三看齐"原则尤为需要。……"二"指"两协调"，指语块构成的对仗性协调和句式构成的对仗性与因果性协调，简称协调原则，也叫对仗性原则，区分第一和第二协调原则。……"一"指求证，包括证实与证伪，也简称求证原则，区分证实原则和证伪原则。"三二一"原则是语言理解处理的最高原则，是 HNC 技术最重要的法宝。

引文包含两个句群，对原文有两处小改动，改动文字使用宋体，在两注释[*c]和[*d]里作了说明。

句群 1 把语境单元与语境生成更紧密地连接在一起。依据"建筑"与"城市"的类比，HNC 第三公理也可以表述成："城市"无限而"建筑"有限，任何城市总是由那些有限类型的建筑构成的[*04]，古今中外，莫不如此。语言概念空间的"城市"将名之显记忆，即人们熟知的或心理学所定义的记忆。该"城市"里的"居民"就在那些由语境单元构成的"建筑"里生活与劳动，这就是语言概念空间的终极景象，也是语言脑的终极景象，未来的图灵脑不过是这一终极景象的承载者。本编是对"建筑"的描述，下一编（"论记忆"）是对"城市"的描述。前面已经指出，"建筑"有基础与主体之分，"城市"也有相应的基本两分，这很类似于旅游景点的基本两分：城市景观与自然景观[**05]。旅游的乐趣依赖于对景观内涵的深切理解，没有这份理解，旅游仅虚有其表。众所周知，科学探索的两大旅游景点是宇宙和大脑，对前者的旅游已宏及宇宙的边际及其中的各类"奇点"，微及全部费米子和玻色子。但对后者的旅游，这里不能不十分遗憾地说，基本上还处在一个虚有其表的状态。

大脑这座"城市"最有特色的景观在语言脑，大脑或意识的奥秘主要在语言脑，故其探索应该以语言脑为突破口，这涉及科技探索的一项根本性谋略。把生理脑、图像脑、情感脑、艺术脑、语言脑和科技脑搅和在一起，做一些认知科学或神经生理学实验研究，甚至组织当下最时髦的大数据战役，会取得一些符合应用目标的成果。但对于大脑或意识奥秘的揭示这一宏伟目标来说，那无异于盲人摸象，不可能取得实质性进展。

以语言脑为突破口的谋略并不是一个妄图"毕其功于一役"的乌托邦谋略，而是一个与图灵脑的研发相互印证且相互启迪的可实现谋略。在 HNC 视野里，不采取这一探索谋略是不可思议的，然而，脑科学的探索却似乎始终在这一不可思议中彷徨。HNC 试图推动这一状态的改变，它假定语言脑的景观里必然存在一些富有特色的"建筑"，并力求对这些"建筑"的基本面貌给出一个符合康德标准（即透齐性标准）的描述，上面的引文乃是此项努力的"点睛"描述之一，故在此向语言信息处理的 HNC 技术接棒者郑重推荐。

句群 2 概述了"三二一"原则，原文放在注释里，且语焉不详，其中的"最高原则"、"最重要法宝"等短语都不符合现代论文的语言规范。下面以 6（3+2+1）点浅说加以补充，并以浅说 0m(m=1-6)予以标记。

浅说 01：第一看齐原则（未知向已知看齐）主要服务于领域认定。

这里的未知与已知不是泛指，而是特指——特指领域信息。领域信息必然寓于下列 3 项资源之中，一是各级标题，二是已被处理的邻近句群，三是正在处理的句群。从这 3 项资源中萃取出来的领域信息，要在句群处理的全过程加以保存，在句群转换时也不能全部抛弃，还要基于继承或连贯原则作选择性保留，HNC 之所以特别强调动态记忆这一概念或术语（见下一编），即缘起于此。

语言流所描述的领域不会乱蹦乱跳，领域认定的困境总能从上列 3 项资源中找到出路。这样的语言景象描述虽然显得很不正规，但千万不要拒绝，语言理解处理的技术接棒者请牢记斯言。该景象的运用，涉及领域信息如何萃取、如何保存和如何筛选等重大课题，这不属于本章的任务。前面仅就第一项说过一些比较轻松的话，中心话题是语境概念基元的直系捆绑词语。该话题表面轻松，实际上非常沉重，需要 HNC 递棒者与接棒者的高水平协同作战。

浅说 02：第二看齐原则（模糊向确定看齐）主要服务于敌寇的消除。

第二看齐原则本身就是一项特别重大而又复杂的课题，我们首先需要追问：语言模糊性有哪些最显赫的表现？语言确定性又有哪些最显赫的表现？不是说语言学不曾进行过这两项追问，但追问的层次一直比较低。就中文信息处理来说，似乎过于关注下列两大祸害：①汉字的动名形无形态标记，导致定中、动宾、主谓结构之间的模糊；②汉语的词语之间无空格标记，导致分词歧义。据说还有一个第三大祸害，叫作"汉语短语与句子同构"。这三大祸害就足以使中文信息处理难度远大于英语，并造就了一个流传甚广的"神话"，叫作"语言规则必有例外"。

如何看待三大祸害和那个"神话"？如果你对 HNC 所概括和所描述的东西略有所知的话，那就会坦然以对。原来那三大祸害根本就没有抓住语言模糊性的本质与要害，而那"神话"不过是一个笑话。这里"HNC 所概括的"是指 5 大劲敌和 15 支流寇，"HNC 所描述的"主要是指下列 4 项：①句类之两基本类型划分；②语块的句蜕与块扩特征；③两代表语言（英语与汉语）在句式特征和多元逻辑组合特征方面的巨大差异；④词语意义的终极决定者是领域。第 1 项代表着有限概念基元空间与有限句类空间联姻景象的"蓦然"描述；第 2 和第 3 项代表着有限句类空间与语句空间联姻景象的"蓦然"描述；第 4 项代表着三有限语言概念空间（概念基元、句类、语境单元）联姻景象的"蓦然"描述。

"所概括的"是语言模糊性的显赫表现，"所描述的"是语言确定性的最显赫表现。第二看齐原则者，以确定性驾驭模糊性也，它与第一看齐原则相得益彰。

浅说 03：第三看齐原则（高层概念向低层概念看齐）是前两项看齐原则不可或缺的得力助手。

第三看齐的最早表述形式是"同行优先"，笔者一直没有把这个术语讲透彻，下面的浅说，请当作是最后的弥补吧。让我们从下面的两个概念关联式[*e]说起。

    a25\0=a25e2n
    （经济调控强交式关联于经济治管基本效应）
    a25\0*i=a25e25
    （经济调控基本目标强交式关联于积极经济治管）

两关联式（概念基元空间的两位内使）表明：虽然"经济治管基本效应 a25e2n"是一个一级延伸概念，但"积极经济治管 a25e25"却应该当作是一个二级延伸概念来对待，因为她与"经济调控基本目标 a25\0*i"强交式关联。"同行优先"的表述形式包含了"a25e25"与"a25\0*i"广义同行的含义，但未包含前者应该向后者看齐的含义。这就是说，广义"同行优先"只是给出了两延伸概念的世界知识可以共享的一般性表述，但共享不等同于"等量互惠"，共享中没有吃亏者，但可能有沾光者。这里沾光的意思是：高级别延伸概念总是沾低级别延伸概念的光，这一"沾光"意义与词典意义恰好相反，蕴涵着一种比较罕见的哲学意趣。广义同行优先没有把这一点交代清楚，第三看齐原则做到了。

在理论技术接力的接棒者看来，第三看齐原则或许没有资格与前两者并列，"沾光"现象有多少实际意义呢？本浅说只作一句话的辩护，那就是：为了改善哈勃景象的清晰度。这句话，也可以看作是本章标题的"点睛"之笔。

下面转向浅说 04～06，对这个转向，需要先来一个非分别说，大话与实话各一句。

一句大话是：看齐原则是 HNC 的专利，是语言景象的基本描述原则。

一句实话是：协调与求证原则是语言现象的描述原则，语言理解处理需要清道工作，但以往的清道工具或装备太落后了，两原则正是实施"现代化"改造的强大"武器"。

下面作浅说 04～06 的分别说。但这 3 项浅说都只是正式文字的一个铺垫，正式文字留给后来者。理由是：正式论述需要一定的像样语料，而那样的语料目前并不具备，到下一编完成时，这个情况或许会略有改观。

浅说 04：第一协调原则（语块构成的对仗性）主要服务于小句内部的边界模糊处理。

对仗性是语块并联结构的宝贵特性。汉语为并联结构准备了多个专用汉字，以"和、与、及"为主，以"同、跟、加"为辅，以"都、皆、诸；等、……"为呼应，这些汉字并非全是概念树"并联 141"之二级延伸概念 142c22e21 的**直系**捆绑词语，部分属于非**直系**，非**直系**意味着还有"兼职"，"和、与、同、跟"就是 4 位需要予以特殊关注的"兼职"成员，因为他们也充当语块对象标记符"102"的**非直系**捆绑词语。非直系捆绑词语可简称兼职词语，直系捆绑词语可简称专职词语[**06]。

在语言理解处理的视野里，语言流里的词语应区分为两大类：①激活性词语与非激活性词语；②在激活性词语里又需要区分专职词语与兼职词语。激活本身又区分为 3 类：句类激活、句式激活与领域激活。所谓"(l,v)准则"，就是这 3 激活的概括。在提出该准则时，只知道句类激活和句式激活，还不知道领域激活为何物，但现在我们知道：领域激活不过就是"句类激活+领域认定"，故"(l,v)准则"依然适用。

前文曾多次说到，语言理解处理过程需要灵巧的调度，而灵巧调度的诀窍就在于：①对非激活性词语先置之不理，只关注激活性词语；②对专职激活性词语，一定要抓住不放；③对兼职激活性词语，一定要灵巧周旋。

语言流里的多数词语是非激活性的，激活性词语的多数又是兼职的，这就是语言理解处理一切重大难关的总根源，因为凡兼职词语都一定会给语言理解处理带来特殊的难题或困扰。这并不是说如果不存在兼职词语（或者说，所有的词语都是单义词），语言理解处理就没有任何困扰，因为非激活性词语之间依然存在着如何相互组合的重大课题。

用军事术语来比喻，对任何困扰的应对或处理都是一场战斗，而一个小句的处理通常都要面对多次战斗，因此一个小句的处理就要比喻成一个战役，从小句到句群的处理就是一系列规模递增的战役。一个小句的处理，虽然在理论上不过是其中最小的战役，但可能出现惊天动地的战况。

HNC 曾把语言理解的困扰划分为劲敌与流寇两大类，总称敌寇，其中劲敌 5 类或 3 类，流寇 15 支，曾把语言理解处理的战役划分为 25 类[*07]。对这些战役继续系统深入的分析是语言理解处理的大急课题。

就汉语来说，"的、和"这两个"兼职"汉字可谓首当其冲，故被列为 25 项初战清单的冠军与亚军。两者分别简称为"的"之战与"和"之战。

"的"之战是应对劲敌 B 的关键战役，与第二看齐原则的关系更为密切，与协调原则关系不大，这里按下不表。

"和"之战则与第一协调原则关系密切，下面多说几句。这里的"和"是"和、与、同、跟"的代表。

"和"之战所面对的困扰将名之边界困扰。理论上，边界困扰包括全局性和局部性两大类，前者指语块之间甚至是小句之间的边界困扰（即复句困扰），后者指语块内部各短语之间的边界困扰。这里的边界困扰则是两类困扰的交织性呈现，但主要是针对后者。通常，它不仅要面对劲敌 B，还要面对多支流寇，特别是其中的流寇 RB[01]。

第一协调原则试图针对"和"之战提出如下的基本对策。首先考察"和"两侧文字流是否存在对仗性特征，"否"则判定为 GBK 标记，"是"则**暂定**为并联标记。这里，判定与**暂定**的划分是递棒者的事，但接下来，**暂定**的最终确定则是接棒者的事。那无非是以下两项：一是对仗性的形式与内容分析，二是**暂定**的进一步落实。这两件事都不简单，需要专文讨论。这里对暂定二字特意使用了黑体，那是有缘由的，这放在注释"[***09]"里说明。

浅说 04 如果到此结束，似乎显得过于仓促，所以下面再补说两点。

（1）"和"两侧文字流对仗性的形式与内容分析就必然牵涉到左侧文字流的前边界和右侧文字流的后边界，因此，边界困扰问题就被隐藏在上述对仗性处理对策之中了。

（2）现代汉语语法学为汉语文字流的多个同级并联结构引入了顿号标记"、"，无疑是做了一件大好事，一定要善加利用。

浅说 05：第二协调原则（句式对仗性与因果性）主要服务于小句间的相互参照处理。

第二协调原则的具体内容在括号里给出了文字说明，一是句式对仗性，二是因果性。对仗性或因果性在小句之间的呈现，用 HNC 话语来说，既是一种语言现象，也是一种语言景象。作为一种语言现象，对仗性与因果性的具体呈现都与语种有关，汉语小句的句式对仗性呈现尤为突出，曾在骈文流行时期达到一种顶峰状态，唐诗、宋词、元曲以及历代（包括民国时期和现代中国）的官方文字，都很讲究小句之间的句式对仗性。作为一种语言景象，乃是语言的形态共相，集中表现为小句之间的共享现象。当然，在不同语种之间，共享方式或形态的差异必然存在。例如，EK 和 GBK 的共享方式，在英汉两种语言之间差异就很大。但这种差异，如果没有语块的概念和视野，是看不到这个景象的。因此，这里不能不说，对这一差异的景象考察才刚刚开始，还远远不够。

汉语小句句式对仗性的一种突出表现就是迭句（GBK1 共享）的大量存在，一个句群甚至可以一迭到底。英语很少采用迭句，一迭到底的情况似乎根本就不存在，无论是小句主体还是句蜕里的"迭"，其迭句的 EK 似乎一定采用非限定形态。两"似乎"皆有待求证，这里不过是姑妄言之而已。

小句之间的因果性考察应把重点放在语言景象侧面，其突出呈现是：因果句的句类代码形态独一无二，拷贝如下：

$$P21J=PBC1+\{P21\}+PBC2$$

P21 的省略现象常见于汉语，而罕见于英语么？混合领域句类代码 XP21J(DOM)是记忆转换的常用工具之一么？这是两个不寻常的问题。顺便说一声，HNC 理论体系在语言景象的描述方面依然存在不少有待考察的课题，此后将陆续有所披露，以上所说，也许是第一次吧。

句式对仗性原则的运用，实质上就是三看齐原则的综合运用。当小句之间存在对仗性时，一个小句里的词语层级模糊，或许向另一个小句一看齐，就可能迎刃而解。如此重要的论断，应该是给出一大堆示例。然而，这种迎刃而解的亲身感受实在太宝贵了，代劳者表面上是在帮忙，实际上是在作孽，所以这里就不代劳了。

浅说 06：求证原则服务于：①语块要素的匹配处理；②"孤魂"处理。

语块要素匹配处理包括两方面的基本内容，一是不同语块核心要素之间的匹配；二是同一语块内部修饰部分与被修饰部分之间的匹配。HNC 符号体系的设计力求把这两类匹配凸显成所谓的同行性，这在苗传江博士的《HNC（概念层次网络）理论导论》里有生动的示例说明，"同行优先"[**08]原则是 HNC 符号体系特征的简明概括。"同行优先"有狭义与广义之分，狭义同行是指同一概念基元的五元组匹配，广义同行是相互强关联的不同概念基元之间的五元组匹配。《HNC（概念层次网络）理论导论》里给出的系列生动示例主要涉及抽象概念，这里作两点重要补充：①最鲜活、最实用的狭义同行是具体概念 o 与 xo 之间的同行；②r 类概念应看作是同行运作的"天使"。对于"天使"说，过去给出过不少示例，这是一个大课题，笔者已力不从心，就留给后来者吧。

"同行优先"处理或"语块要素匹配"处理实质上也是看齐原则的综合运用，其应用场合无非是以下两个方面：一是句类检验；二是多元逻辑组合的处理。

句类检验应首先区分主体检验和句蜕检验。

两代表语言的主体检验方式差异很大。为描述这一差异应引入长程检验和短程检验的术语，GBK 之间的检验通常都属于长程检验，但 GBK 与 EK 之间的检验则有长程与短程之别。就英语来说，GBK1 与 EK 之间的检验通常是长程的，而 GBK2 或 GBK3 与

EK 之间的检验则通常是短程的，汉语恰恰相反。这是由于英语 GBK 的核心要素一定居前，而汉语 GBK 的核心要素一定居后，这里的"居前"与"居后"也属于本章唯一三星级注释"[***09]"里所说的铁定规则。

上述"居前"或"居后"的铁定规则是多元逻辑组合的基本规则，分别对应于英语和汉语。在语言理解处理的敌寇清单中，多元逻辑组合与头号流寇 RB[01] 挂钩。该流寇可理解为流寇的总称或共相，故取了一个很长的名字，叫"广义对象语块 GBK 多元逻辑组合的分析"，其内涵十分庞杂。庞杂的东西里存在万变不离其宗的"精灵"么？说出来很可笑，那就是"同行优先"。

下面来浅说"孤魂"处理。

粗略地说，"孤魂"是汉语文字流里的特殊现象，指经过词典匹配处理以后剩下的单个汉字。频度最高的"孤魂"是"的"，频度次高的有"着、了、过；这、那、其；在、上、下、中、内、外、里"（第一组），等而下之的有"把、对、向、就；于；又、并、而、且"（第二组），与之同级别的还有"和、与、同、跟"（第三组），再等而下之的有"之；给；将、可、能、会；一"（第四组）等。上列"孤魂"是现代汉语"孤魂"的主体，用传统语言学的术语来说，它们分别属于介词与连词（虚词）。用 HNC 术语来说，它们首先属于语法逻辑概念 ly，其次属于基本逻辑概念 jl1y，再次属于语习逻辑概念 fy。此外，还有两类特殊"孤魂"：将名之动词伴侣和伪词（目前排名最后的流寇 RB15）伴侣。下面就来浅说一下这两位伴侣，因为她们是汉语信息处理的两项特殊难题。

先说动词伴侣。上述第一组"孤魂"里的"着、了、过"是最著名的动词伴侣，等而下之的有"得、到、出、住"等。"孤魂"或伴侣也有专职与兼职之分。但在上面的清单里，严格说来，连一个专职的都没有，问题似乎很严重。其实不是这样，因为只要这些"孤魂"字出现在动词之后，它们就一定充当伴侣的角色。这里的"一定"就是一条证实性规则，一条关于汉语动词伴侣的求证规则。该规则如何运用属于接棒者的事，这里就不说了。作为递棒者，其职责在于确定：该规则是否存在例外？这不是一个理论性的问题，而是一个典型的实践性问题，其答案必须仰仗足够规模的语料库。

如果说动词伴侣现象是诠释证实原则的生动示例，那么伪词伴侣现象就是证伪原则的生动示例。现代汉语以双字词为主体，伪词的出现容易造成"孤魂"或分词交织现象的出现。一个双字词的前后（或前或后，或前后同时出现）一旦出现了"孤魂"，那首先就要进行相应的伪词辨认处理，这是递棒者必须给出的建议。至于如何处理，那是接棒者的事了。这就是说，伪词与"孤魂"为伴的现象（即伪词伴侣现象）可用来形成一条证伪原则以用于伪词的辨识。

由于伪词辨认问题一直未受到应有的重视，这里多说了几句。但千万不要误会，以为证伪原则主要是用于伪词辨认。证伪原则的最大"市场"在于句类检验，特别是 GBK 与 EK 之间的检验。句类检验不仅要使用证实原则，也要使用证伪原则。要证实与证伪并举，证伪原则有时比证实原则更有效。这是一个特别重大的话题，总之，不会证伪，就最多只能练就句类检验的一半功力，但本浅说只能点到为止。

本章到此就结束了，不作正式的小结。但需要为"三二一"原则补说两句话：①看齐原则主要为语境认定服务，协调原则和求证原则主要是为句类分析服务。②句类分析 SCA 是语境分析 SGA 的清道夫。

注 释

[*a] 这里的"第三公理的"未使用仿宋体，因为是引文添加的。

[*b] 背景分解这个短语，以前未使用过，本章需要，符号BACR由此而来，其中的R取自英语的 resolve。

[*c] 这里以"背景分解BACR"替换了原文的背景BAC，故未使用仿宋体。

[*d] 本段引文摘自[330-1.4]节的注释"[**10]"，这里的"过"未使用仿宋体，是对原文"的"的改动。

[*e] 这两个概念关联式摘自[130-2.5.4]小节。

[*01] 这是鲁迅先生短篇小说《孔乙己》里话语，偶然借用，有无自嘲之意，读者自判。

[*02] 笔者曾将背景偏执戏称为自是度，并采取超级大国（帝国）的量化方式，约定其最大值为 1.0。笔者对关系人的支持度，通常都采取与其自是度成反比的态度。

[*03] 这些历史悲剧就不回顾了，不过应该指出，这种悲剧在当今的第一世界已永绝后患，一切在向第一文明标杆看齐的国家今后应该也可以做到。

[**04] 在[130-2.1.2.1]子节里对此有详尽阐释。

[**05] 景观也可作广义空间意义下的内外两分：①形态或外貌景观；②内容或内在景观。内容景观通常也叫作人文景观。城市景观必然包含人文景观，甚至是第一位的。自然景观有所不同，但自古以来也带有人文色彩，那主要是宗教和文学的功绩。

[**06] 许多读者一定会觉得，HNC最令人讨厌的毛病之一就是乱造一些新术语，专职词语和兼职词语不就是单义词和多义词么？为什么另搞一套！对此，首先要交代一下形而上话语与形而下话语的基本区别。形而上话语也可以称作景象话语，是站在语言概念空间俯瞰自然语言时，对所得感受的描述。形而下话语也可以称作现象话语，是站在语言空间仰望自然语言时，对所得感受的描述。俯瞰的景象感受和仰望的现象感受必然存在重大区别，需要以不同的词语加以描述。

专职词语和兼职词语的"专"与"兼"是以句类、句式或领域的激活为依托的，"专"与"兼"仅对上述3种激活力给出了一个粗略的两分（必然与可能）描述，是语言景象描述的工具，而"单义词和多义词"是语言现象描述的工具，两者不是一回事。

上述3种激活力需要一个更细致的描述，HNC以往的努力过于分散，"(l,v)准则"、"劲敌与流寇清单"、"初战清单"都属于这项努力的一部分。

本章部分内容补写于本卷第四编完成之后，"专职词语、兼职词语"的术语将仅在这里使用，不用于替换"直系捆绑词语、旁系捆绑词语"的术语。

[*07] 该项初战清单是为一项具体开发项目而拟定的，但清单内容关系到句类分析的全部基础性或大急性课题，这里暂不公布。

[**08] "同行优先"这个短语已使用了多年，曾多次想把它改成"同行相吸，异行相斥"，这更为符合该短语的原始思考，但最终还是放弃了这个想法，理由如次：①即使是同行，也存在"反"、"非"与其本相的相斥；②认识论描述的许多延伸概念自身，其共同体内部各成员之间就存在相斥性；③"异"行并非一定相斥，相互强关联的异行之间也可以相吸。因此，"同行优先"的说法体现灵巧性，而相吸与相斥的说法则具有蛮横性。蛮横性表述是浪漫理性的酷爱，HNC力求敬而远之。这里顺便

说两点：①蛮横性表述往往威力无穷，依然是中国大陆文风的主流，鲁迅先生的魅力即在于此；②对付人为的"违法"语言，如乔姆斯基先生的"无色的绿色思想在狂怒地睡觉"，传统语言学的招数就显得无能为力，但上述蛮横表述对其"违法"的判定却十分有效。

[***09] 汉语信息处理学界流行着两个十分有趣的说法，但都未引起深入的讨论：一个是语言规则必有例外，另一个是规则不是越多越好。第二个说法的提出者曾论证说，一个曾拥有6000多条规则的机器翻译系统，在规则被缩减成2000多条以后，其性能反而大大提高。看来，两说法的说者都不太了解规则与法则的区别，他们心里的规则只有语法规则。而单纯语法规则的追随者难免会走上"和尚打伞，无法无天"的歪路。这里的"天"是指语言概念空间的四重天，这里的"法"既包括语言现象的"法"，也包括语言景象的"法"。语言景象的"法"（语言法则）是没有例外的，且与语种无关。语言现象的"法"则有铁定规则与灵活规则之分，且密切关联于具体的语种。HNC的4项公理就属于语言法则；广义作用句最少3主块、最多4主块，广义效应句最少2主块、最多3主块也属于语言法则。现代汉语的辅块一定在EK之前，英语广义作用句不存在规范格式等，属于铁定规则；"并"组合两侧语言片段的对仗性呈现则属于灵活性规则。

为应对语言规则的灵活性，这里特意提出了暂定这一处理术语或程序术语。这个术语与早已提出的句类检验、自知之明、动态记忆等术语是遥相呼应的。

第四章
浅说语境空间与领域知识
(SGS,DOMC)

本章也不分节，与上章相同。但两者又有很大差异，上章属于必写之章，主要是为了对"三二一"原则的阐释，本章则没有对应的东西献给读者，属于不写亦可之列。

意识被称为现代科学中最后一个有待攻克的堡垒，对这个堡垒，还存在"拿不下"和"拿不得"的意见。

斯大林先生有句名言：堡垒是最容易从内部攻破的（见《联共（布）党史简明教程》）。依据"不因人废言"的汉语古训，本章将从意识堡垒的内部"结构"说起。

这个"结构"带引号是为了与生理意义上的大脑结构相区别，神经生理学属于严谨的或纯粹的科学，但意识问题不仅属于科学，也属于哲学和神学。本章所说的意识或意识堡垒乃是一个三学都必然涉及的特殊领域。

在 HNC 的视野里，意识首先应该区分生理意识、形象意识、情感意识、艺术意识、语言意识和科技意识 6 大类，六者分别与生理脑、图像脑、情感脑、艺术脑、语言脑、科技脑相对应。脑的上列"6 分说"是功能的划分，而不是结构的划分，本《全书》一直在使用，这个说法并没有得到脑科学的认同。但在神经生理学的专著里，并不存在直接否定"6 分说"的论述，所以笔者就自作主张了。

如果意识堡垒存在内部"结构"的 6 分，那意识就不能单作非分别说，还需要作分别说。意识分别说就相当于施行意识堡垒的内部攻破谋略。

那么，该谋略的施行应该从哪里着手呢？这一点，需要好好琢磨。HNC 的建议是：从语言意识寻找突破口最为合适。理由如次[*01]。

（1）语言意识的诞生是人类诞生的唯一实质性标志。没有语言意识，就没有人类；有了语言意识，才有了人类。语言意识使得此前出现的生理意识、形象意识、情感意识和艺术意识从一种前"蓦然"状态迈进到一种"蓦然"境界，同时凝练出语言意识的主体——神学与哲学意识，并在这一基础上，再向前开拓出科学意识或科技意识。

（2）语言意识历来是思考与智力的源泉，既是人类一切智能的源泉，也是人类一切智慧的源泉。在后工业时代到来之前，甚至可以说它是人类文明的总源泉，也是文明基因三要素（神学、哲学和科学）的总源泉。

（3）但是，语言意识在意识空间的核心地位正在受到严重的挑战。似乎应该发问：语言意识的作用是否在不断下降，而科技意识的作用是否在不断上升呢？长此以往，是否会出现语言脑趋于萎缩而科技脑趋于过度膨胀的势态呢？本《全书》曾不断提到，随着后工业时代的降临，人类面临着拯救人类家园的严峻挑战。这项挑战不仅关系到人类物质家园的拯救，更关系到人类精神家园的拯救，而后者就包括对语言意识应有地位的维护。这些话，是杞人忧天的梦呓么？不宜轻易作出结论，需要深思。

（4）现代技术早已开发出模拟生理脑各种功能的机器或机器人，也在努力开发模拟图像脑、艺术脑甚至情感脑的机器或机器人，语音技术取得了长足进展。但是，图灵先生早在 20 世纪 40 年代就提出的模拟语言脑功能之伟大构思（即图灵脑），却始终处于冷宫状态。尽管近年出现了"21 世纪将是大脑世纪"的说法，尽管美国和欧盟都提出了大脑神经回路图谱之类的宏伟计划，但冷宫态势依然，因为该说法和那些计划都与图灵脑毫不相干。为什么会出现这种态势呢？是图灵脑不可实现，还是图灵脑不具有市场价值或社会价值？这关乎科技领域发展的大战略，更需要深思。

这就是说，本章将仅致力于语言意识的说明，既不去触及意识的非分别说，更不去触及生理意识、形象意识、情感意识、艺术意识和科技意识。关于意识的以往论述大体上或基本上都以非分别说为立足点。前文曾多次提及的第一名言与第二名言就是这种论述方式的典范[*02]。两名言都置意识的分别说于不顾，单凭这一点，就需要警惕两名言的各自局限性。

当然，单就语言意识本身，也存在非分别说与分别说的区别，而分别说本身又存在各种各样的分类标准或分类方式。HNC 的探索历程，可以概括成下面的两个大句：①它力求首先认清语言景象，把语言现象或事实的探索与认识放在第二位；②它集中关注语言景象的**层次**、**网络**、**数字**式描述，**层次化**与**网络化**服务于语言脑奥秘的揭示，**数字化**服务于图灵脑的技术实现。在 HNC 探索的第一阶段，仅定位于语言概念基元空间和句类空间，在"望尽"与"憔悴"中反复挣扎，最终在概念基元空间"蓦然"出主体、语境与基础[*03]三分的语言意识；在句类空间"蓦然"出语块、广义作用句与格式、广义效应句与样式的语言意识。在 HNC 探索的第二阶段，定位于语境空间和语言记忆空间，其"望尽"与"憔悴"的过程比较短暂，根本原因就在于随着领域意识 DOMC 的出现而一切"蓦然"。

回顾 HNC 的整个探索历程，可以说相继出现过 6 次重大"蓦然"：第一次是作用效应链（即主体基元概念）的"蓦然"，第二次是语块 K 与句类 SC 的"蓦然"，第三次是语境单元 SGU、领域 DOM 与领域句类 SCD 的"蓦然"，第四次是语言概念空间信使 CSE（即多种类型的概念关联式）的"蓦然"，第五次是语言理解基因 LUG 的"蓦然"，第六次就是本章所说领域意识 DOMC 了。这 6 次"蓦然"出来的东西可统称语言意识，与语言意识对应的知识就是 HNC 所定义并曾反复申述过的世界知识。

6 次"蓦然"可依次组成 3 对，可归纳成 3 番"蓦然"。每番"蓦然"都是多轮"望尽"与"憔悴"交替阵痛之后的蓦然来临，但 3 番"蓦然"之后的感受则各自大不相同。第一番"蓦然"（即第一、第二次"蓦然"）的基本感受是震惊，于是接下来就做了一件不可思议的蠢事，中止原定的探索步调，耗费 5 年以上的时间对句类的有限性进行验证。第二番"蓦然"（即第三、第四次"蓦然"）的基本感受是惭愧，本应该是一件水到渠成的事，却落得个九曲回肠的迟到。第三番"蓦然"（即第五、第六次"蓦然"）的基本感受是忐忑，因为基因太科学，而意识又离不开神学与哲学。前文对震惊与惭愧的感受可能说得太多，而对忐忑的感受则说得太少，基本采取隐而不言的态度，下面做一点未必恰当的弥补。

HNC 定义的语言理解基因之符号载体有宏观与微观之别，宏观载体是 456 株概念树[*04]描述符号，微观载体主要是本体论和认识论描述符号[*05]。如果拿自然科学的术语来比拟，HNC 宏观符号载体即对应于物理学的分子到银河系或生物学的细胞到器官，而微观符号载体则对应于物理学的粒子到原子或生物学的氨基酸到蛋白质。这个比拟，形式上显得大言不惭，实质上则是诚惶诚恐。为什么本《全书》对语言理解基因这一术语的引入甚晚，而对于领域意识的术语则一直避而不谈呢？其基本缘由就在于对这一心中比拟的诚惶诚恐。

但近年来，在与 HNC 理论技术接力之递棒者与接棒者的接触中，笔者日益强烈地感受到，语言意识问题已成为相互交流的根本障碍。HNC 引入的每一个术语[*06]，都代表一种新的语言意识，语块与句类、句蜕与块扩、广义作用与广义效应、格式与样式都是一种语言意识，语言空间与语言概念空间、语言现象与语言景象、句类检验与领域句类是一种更高档次的语言意识。这些语言意识是 HNC 提出来的，与传统语言学所阐明的系列语言意识[*07]有本质区别，这一本质区别，不仅表现于语言景象描述的有与无，也表现于语言现象描述的细与粗。意识问题本身和意识转变的难易问题都非常微妙，笔者给出过关于意识之第一名言（存在决定意识）和第二名言（意识决定存在）的说法，曾自以为对两名言所蕴涵的哲理，体会颇深[**08]。但现在看来依然非常浅薄，以致对意识的强大惯性力量严重估计不足，对新意识之培育与建立过程的艰巨性更是严重估计不足。在 HNC 引入的新意识中，句类意识和领域意识是两项最核心的意识，前者是句类空间的核心意识，后者是语境单元空间的核心意识。句类意识的"点睛"描述就是基于句类代码的"句类检验"，领域意识的"点睛"描述就是基于领域句类代码的"境义合一"[**09]。这里把句类检验和境义合一这两个四字短语都特意加了引号，因为笔者深感无可奈何。要让两者分别变成鲜活的句类意识和领域意识，或者说，这两项语言意识的培育、成长与壮大，或许还有漫长的路要走，岂能不诚惶诚恐？

对第六次"蓦然"的忐忑感受，诚惶诚恐是一个非常合适的描述词语，但它对第五次"蓦然"并不适用。遗憾的是，一直未能找到描述该忐忑感受的合适词语，这里就用一个小故事来替代吧。笔者曾多次在 HNC 团队聚会的场合，以玩笑的口吻提及 CEKM 公司的创办，说：该公司成功之日，就是图灵脑有望之时。CEKM 里 C 代表中国，EKM 来自于语言理解基因符号之一的"ekm"。纯玩笑[*10]乎？非也！

这一"乎"一"也"，是笔者此刻心情的生动写照，就让它替代本章的小结，也替代本编的跋吧。

注释

[*01] "理由如次"的4点说明实际上都是本《全书》的老生常谈，是以往论述的普及样式，有的采取了问句形式。本章所说的语言意识实质上就是本《全书》所定义的世界知识，第三点里所说的"语言脑趋于萎缩"就是指世界知识匮乏和形而上思维衰落这两大社会景象或社会病症，而"科技脑趋于过度膨胀"就是指科技迷信。两病症和一迷信的论述散见于多处，它们都不符合专业论文的要求，但符合本《全书》所遵循的透齐性标准。

[*02] 第一名言是"存在决定意识"，第二名言是"意识决定存在"。对两名言的评介首见[121]篇的前言。传统中华文明似乎不太熟悉两名言所表达的哲学思考，故汉语不存在如此界限分明的名言，但存在着"时势造英雄"和"英雄造时势"的命题性话语。这两句话实质上就是两名言的另一种表达形态，形态上使用了非哲学性语言，但更生动地表达了同样的哲学思考。

[*03] 这里的基础概念基元既包括抽象概念里的基本概念j、基本逻辑概念j1、语法逻辑概念l、语习逻辑概念f和综合逻辑概念s，也包括各类具体概念和相应的物性概念x。

[*04] 概念树的总量以456株来描述，从某种意义上说，是一种语言游戏式的描述方式，主要着眼

于这个数字的便于记忆，当然同时也考虑到它十分接近于语言概念基元空间的实际景象。不同概念林的体量差异已经不小，概念树的体量差异就更大了。未来图灵脑的研发者完全有权对此作灵活处置。

[*05] 语言理解基因的微观符号载体还有五元组以及HNC定义的各类前挂符号与后接的自延伸符号，故这里加了"主要"的修饰词。

[*06] 这里说的"每一个"不包括HNC探索初期引入的一些术语，有的彻底被淘汰了，如抽象概念矩阵；有的后来有重大发展，如中层和底层层次符号等。

[*07] 这里说的传统语言学是指西方的语法学，它所描述的语言意识主要是以动、名、形、介为主体的词类意识和以主、谓、宾、状为主体的语句意识。但中华文明的传统语言学（小学）不是这种情况，HNC提出的"无境无义，无义无境"说法不过是对小学精髓的一点微薄体会，小学是一座宏伟的殿堂，笔者从未进入其中，有幸在少年时受到过一点点濡染。

[**08] 该体会的简明陈述是：既有决定于存在的意识，也有决定存在的意识；这是性质不同又相互交织的两类意识；既有先于意识的存在，也有后于意识的存在，这也是性质不同又相互交织的两类存在。从作用效应链的视野来考察，两类意识的差异判若云泥，而且前者的价值远低于后者；两类存在的差异也比较明显，但前者的价值总体上远高于后者。从伦理属性的视野来考察，则两类意识和两类存在的差异就不那么明显了。以上，是存在与意识相互关系的基本特征。在整个农业时代，该基本特征不是那么明显，因此，也许只有柏拉图一人对此进行过最深入的思考，这在其《理想国》里留下了鲜明的痕迹，惜后人的诠释都未能得此要领。到了工业时代，关于存在与意识的上述基本特征已经相当明显了，但恰恰在这个时候，第一与第二名言却分别大行其道。要说历史吊诡现象，恐怕没有比这更吊诡的了，故本《全书》特意赋予第一名言与第二名言的桂冠。

[**09] 境义合一这个短语是第一次使用，但其含义则在本编里给出过大段论述，其要点是：词语的多义特征在特定语境（领域）下将立即化为乌有。

大多数词语可以比喻成一个多变的小妖精，其真身并不重要，那是词源学的专业课题，麻烦在于其角色多变而形态不变。自然语言的魅力在于：写者可以让这些小妖精以**某一**角色进入其语句，这实质上相当于一个"安检"过程，以保证每一位进入者在特定语境下具有语义唯一性。随后，写者依然让这些小妖精以其不变形态出现在读者眼前。从这个意义上说，"语言理解过程本质上就是让每一小妖精显露其**特定**角色"的论点并没有错，"词的多义模糊消解"的表述也没有错。但是，从综合逻辑的视野来考察，情况就完全不同。该论点或表述仅涉及目的论（追求），却完全没有涉及途径论（路线）、阶段论（步调）和视野论（调度），用孙中山先生的话来说，就是"革命尚未成功，同志仍须努力"。"境义合一"说是这一努力的体现，它至少把目的论和途径论融合在一起了，前文曾把它比作如来佛的法掌。至于"立即化为乌有"，不过是一种极而言之的话语，请读者当作是"加油"或"给力"之类的词语来看待吧。

现代汉语词语最有灵气的小妖精是"的"字，在现代汉语里，最简明的语法游戏（最简串联）一定要用到它，最复杂的语法游戏（句蜕）离不开它，最有趣的语习游戏之一（块尾标记和句尾标记）也一定要用到它。要对付"的"这位小妖精，"境义合一"说显然就不是什么如来佛法掌。然而要知道，对付最简明的语法游戏和最有趣的语习游戏，固然用不上该法掌，但要对付复杂的句蜕游戏能抛开它么？

[*10] 这不是一个孤立的玩笑，本《全书》在涉及语言理解基因符号"β;e4o,e2o;r,…"时，曾多次使用过类似的玩笑语言。

第四编 ——————————————————————

论记忆

读者应该记得，HNC 的理论探索之路，是从"三无限与三有限"的 3 项假设起步的，后来才加上"显记忆无限而隐记忆有限"的第 4 项假设。这 4 项假设最终演变成关于语言脑的 4 项公理，这意味着本编应该是关于第四公理的论述。

但本编的标题是"论记忆"，理由如次：①本《全书》此前所论，可以说都是关于隐记忆的，本编将是显记忆的专题论述，不涉及隐记忆；②显记忆就是人所熟知的记忆，不过，仅涉及大脑的语言脑，不涉及大脑的非语言脑部分。加上"显"，仅仅是为了第四公理表述的需要或便利，本编的文字就没有必要带着这个累赘了。但是，不带着这个累赘，很容易造成不堪忍受的误会，HNC 多次经历过此类惨痛的教训，句类是一个，语义块更是。这两个命名曾使 HNC 后悔不迭，由于这个缘故，过去一直把语言脑的显记忆叫语境生成。不过，语境生成这个术语将依然保留，《全书》里以往出现的"语境生成"都不必改成"显记忆"，更不用说《定理》和《理论》了。

记忆是一个古老的话题，自心理学正式诞生以后，出现了许多关于记忆的专著和论文。这些，本编拟彻底避而不论，回避度将远大于此前对语言学的回避，如果说本《全书》对语言学的回避度约为"0.6"，那么对心理学记忆的回避度就接近于"1.0"了。这是模仿上一编关于"帝国"的量化描述方式，此话已经非常直白，再添点什么就是多余的话了。

本卷的后四编，不属于本《全书》最初的预定计划，是后来添加的，因为它们已经超出了纯粹的理论范畴。这添加的四编，与科幻作品有某种类似性，其撰写方式将尽量向科普作品靠拢。但笔者对这类作品，既生疏又畏惧，只能"摸着石头过河"。本编位置介乎前三编与后四编之间，有趣的是，其内容的特质也介乎两者之间，这使笔者感到"左右为难"，最后想到的是下列 12 个字：仿效科普，谨言慎写，少出差错。

本编分 5 章，各章编号、汉语命名和相关 HNC 符号如下：

　　这里未安排记忆总论，将在第一章里略说。五章的设置体现了 HNC 关于记忆的全部重要思考，这些思考密切联系于 HNC 探索历程中的基本心得。在"相关 HNC 符号"栏里，给了记忆两种符号：ABS 和 MEM，这将在第一章里说明，其他的在相关章节里说明。

第一章

记忆与领域

这里首先要说明的是，本编所论的记忆，仅指语言脑的记忆，而不涉及大脑其他构成（这包括生理脑、图像脑、情感脑、艺术脑和科技脑）的记忆。这就是说，本编所说的记忆只是心理学记忆的一部分，是狭义记忆，HNC 符号为 ABS，取自英语的 abstract。心理学记忆是广义记忆，HNC 符号为 MEM，取自英语的 memory。由于本编主要跟狭义记忆打交道，故狭义记忆将简称记忆。而广义记忆的广义二字，则一般情况不省略，不过，引用心理学术语时可以例外。

英语词语 abstract 的汉译是摘要，将狭义记忆符号化为 ABS，体现了 HNC 的下述思考：语言脑记忆的实现通常就是摘其要，而且 HNC 已经搞清楚了如何摘其要，本编的前两章，就是试图说明如何摘其要。这些话很关键，但仅适用于语言脑，未必适用于生理脑、图像脑、情感脑、艺术脑和科技脑。因为，面对后列各脑所处理的对象与内容，我们还不知道如何摘其要。也许可以说，这从一个侧面为语言脑的存在性提供了一个间接证据。

用计算机科学的术语来说，记忆就是语言脑的 RAM，也是语言脑的数据库 DB。用人们熟悉的术语来说，记忆就是语言脑的词典或百科全书。

那么，语言脑这个特殊的"RAM、数据库、词典或百科全书"如何编辑、存取和更新？这是关乎记忆的天字第一号课题，本章将为该课题提供第一组答案，具体内容划分成下列 3 节：

第 1 节，同一领域的记忆分置于不同位置是不可思议的。

第 2 节，不同领域记忆区块（记忆单元）之间的信息传递（记忆单元之间的信息传递）。

第 3 节 ，同领域记忆区块（记忆单元）之间的缓冲区。

各节都不分小节，这将成为本《全书》此后的惯例。

第1节
同一领域的记忆分置于不同位置是不可思议的

本节标题有点怪异，其用意在于再次突出一下 HNC 关于记忆的下述假设：记忆应该按领域划分区块。下文将这个假设称为第一记忆假设，在 HNC 视野里，该假设具有天经地义性，是关于记忆的公理。

形成此假设的前提是：HNC 对领域 DOM 这个概念或术语拥有自己的一套独特描述方式，且自我感觉良好。此良好感觉的基本依据何在？一句话，就在此前的全部论述里，就在 HNC 四假设//公理的前三个里。不过，这里不妨写一下笔者本人的一段心路历程。初期的想法是：领域拥有的语境概念树数量多达 236 株，占据了语言概念空间的大半壁江山，HNC 已经从理论上把这片江山描述得很清楚了，记忆不过是这片江山在言语脑里的一种景象而已。但后期逐步形成了另外一种想法：那 236 株语境概念树诚然类似于如来佛的手掌，记忆很像千变万化的孙悟空，孙悟空当然逃不出如来佛的手掌心。然而，对于如来佛的手掌，我们毕竟还只有那么一个物理层面的理论认识。要真正揭开语言脑之谜，还有待于微超和语超的研发。这个想法，在一定程度上是从《全书》向着《定理》回归，也是一种愿景。在《定理》中，曾以一篇文字（篇名是"在反思中前进，在碰撞中成长"）结束语的形式，对该愿景给予过充分表述。本《全书》第三卷添加的后五编，不过是对该愿景的若干技术性交代而已。

这增加的五编必将带有浓重的科幻色彩，文字上只好勉为其难，力求普及。此前的全部论述，可以说就是为了表明：该色彩可以脱离虚幻，变成现实。本编前两章所选用的标题，就是为了凸现这个要点。

"脱离虚幻，变成现实"的基本依据是关于语言脑的 4 项公理，下面先对前 3 项公理给出一个通俗性的复述，依次名之要点 m(m=1-3)，统称 3 要点。

要点 1：自然语言空间的每一个词语，无论是哪个语系的，也无论是以往的、当前的或未来的，一定可以在概念基元空间（语言概念空间的第一层级）找到自己的对应位置——语境基元 SGP 或非语境基元~SGP，该位置的数量可以是一个，但多数情况是多个。反过来看，第一层级语言概念空间的每一个概念基元，不一定能在自然语言空间找到自己的对应词语。如果能够找到的话，其词语数量永远是多个，即使是对于一种特定的语言，也基本如此。

要点 2：自然语言空间的每一个小句，无论是哪个语系的，也无论是以往的、当前的或未来的，一定可以在句类空间（语言概念空间的第二层级）找到自己对应的位置——基本句类 SC 或混合句类 MSC。基本句类的数量是(8=4+4;68=30+18+20)；混合句类的数量，理论上是 68*67=4556[*01]。反过来看，第二层级语言概念空间的每一个句类，特别是其中的混合句类，不一定能在自然语言空间找到自己的对应小句。某些自然语言，可能基本句类都不完整；某些发展中的语言，其至可能连最基础的 8 种类型都不完整。

要点 3：自然语言空间的每一个句群，无论是哪个语系的，也无论是以往的、当前的或未来的，一定可以在语境单元空间（语言概念空间的第三层级）找到自己对应的位置——主体语境单元 SGU 或基础语境单元 ~SGU。语言脑的语境单元总量不存在精确的数字，因为该总量的计算方式本身就需要一定的灵巧性。不过，对 10^4 量级的估算则是可以信赖的，这是由于 HNC 仅服务于语言脑所管辖的世界知识，这就可以对大脑其他构成所管辖的海量知识，特别是其中的专家知识，采取"睁一只眼，闭一只眼"的灵巧处理策略。单一句群对应的语境单元数量可能不止一个，这意味着语境模糊现象可能暂时呈现，但"三二一"原则一定可以把语境模糊度降到最低。反过来看，第三层级语言概念空间的每一个语境单元，不一定能在自然语言空间找到自己的对应句群，这主要是由于许多语境单元是为后工业时代而预先设计的。在人类历史长河中，工业时代毕竟只是短暂的一瞬，而后工业时代才刚刚降临。后工业时代将会产生现在人们难以想象的句群，正如同农业时代的人们，难以想象工业时代出现的那些句群一样。这就是说，与概念基元和句类相比，语境单元或语言理解基因[*02]的时代性演变将更为显著。部分读者可能觉得这个话题比前两个话题更难理解，没有关系，记住要点 m(m=1-3)的下述省略说法就是了。

3 要点也可以概括成这样一句话：语言脑的概念空间里，存在着许多空概念基元、空句类、空语境单元或空语言理解基因。这句话，可以诠释成语言脑所特有的"四大皆空"，是佛学四大皆空总原则的一个特例。没有这四"空"，语言脑的适应性是不可思议的，思维的演变与发展也是不可思议的。

下面回到本节的主题——记忆。

记忆是什么记忆如何实现？本节回答第一个问题，下一节回答第二个问题。

"记忆是什么"这个问题在语言脑的奥秘中，可以说是最简单的，但也可以说是最复杂的。

说它最简单是因为，没有一个正常人不能回忆起当天、最近以及以往的"事"。这个带引号的"事"，就是记忆，回忆就是记忆的呈现。

说它最复杂是因为，一些关于记忆的简单追问似乎还没有透彻的答案。例如，能不能说婴儿根本就没有记忆？如果说婴儿有记忆，它却不可回忆，为什么？可关于回忆的起始年龄，不同人的差异甚大，为什么？记忆应该随着时间而减弱，但老年人的记忆却会出现"新'事'如烟，老'事'如昨"的奇特景象，为什么？失忆现象是记忆 ABS 或广义记忆 MEM 本身发生了故障，还是记忆接口 I/O 发生了故障，或两者兼而有之？这样的追问，可以列出一个很长的清单。

但是，这样的追问不在多少，而在于是否具有尖刀性[*03]。尖刀性追问是：记忆如何编辑？而该追问的前追问应该是：语言脑在记忆之前是否需要一个学习编辑基本功的时期？婴儿是否就是该基本功的学习期？该学习期的时间长短是否因人而异？这 3 项前追问的答案都应该是：Yes。这样，也就大体回答了上列追问清单的前三项。

对"记忆如何编辑"的深入追问，HNC 一如既往，从假定做起。其基本假定是：记忆应该按领域来编辑，同一领域的记忆应该安置在语言脑的同一个记忆区块里。该假定不过是把汉语的一句成语换了一个说法，该成语是："物以类聚，人以群分。"不要小看这句成语，它揭示了类聚哲理的精髓。HNC 从自然语言理解处理的视野，对该说法或该哲理进行过系统的论证，该论证的核心论点是：语言脑对自然语言的理解处理最终归结为语境分析 SGA，而语境分析的关键举措是**领域认定**，因为领域一旦被认定，语言理解处理过程所遇到的一切劲敌和流寇都将束手就擒。这个要点，将在第七编"微超论"里作进一步论述，对本节请先采取"姑妄信之"的态度。这些话书生气十足，其实可以用一字来替换它，那就是"懂"，汉语词语"懂事"的懂。该词语通常仅用于夸奖孩子，似乎不宜用于其他年龄段的人，那是误解。懂的前提是领域的认定，懂的效应是形成记忆，懂的结局是把记忆存放于某处。

这某处如何确定？如果你想过要追问这个问题，那答案还不明显么？两个字：回家。那家，就是已被认定的领域。有家不归，四处流浪，那才不可思议。本节之所以采用比较怪异的标题，到此总算有个交代了。该标题可变换成如下的简明陈述：记忆按领域聚居，同一领域的记忆聚居在一起，这是记忆的基本原则。

本节到此可以结束了，但似乎缺了点什么。记忆是什么？上文的说法是："这个带引号的'事'，就是记忆，回忆就是记忆的呈现。"这就是正式答案么？请读者自行思考。不过，这里将提供一批最早的素材，以供参考。相关素材拷贝如下：

> 对当前的计算机来说，言外信息是不存在的，不具备言内信息与言外信息相互耦合的基本条件，因而也就不可能形成交际语境。这就似乎出现了"皮之不存，毛将焉附？"的严峻态势。但是，言内信息与言外信息并不是毛与皮的关系，而是类似于鸡与蛋的关系，是相互依存的关系。
>
> 传统语境研究仅面向交际语境，它主要关注鸡生蛋的过程，即语境的运用。而交互语境的研究则应首先关注蛋生鸡的过程，即语境的生成。交际语境里的"鸡"只有人，交互语境里的"鸡"加入了计算机；交际语境里的"蛋"首先是口语，交互语境里的"蛋"则应首先定位于书面语，而且最好是先避开诗歌、童话和特殊运用方式的方言。交互语境是交际语境的简化，是交互引擎简化交际引擎的模拟中最重要的一个环节，主要目的是为了便于实现交互语境的生成。HNC 语境说主要是基于这一思考而启动自己的探索。
>
> 如果我们说：听和读在大脑里留下的东西就是语境，语境就是言语的效应。那上述"皮之不存，毛将焉附？"的矛盾就不复存在，而交互语境的生成就有希望了。
>
> 如果我们说：语境当然具有个人、民族、地域、专业的特性（个性），就如同言语具有类似个性一样。但是，语境必然和必须具有共同的基本框架特征，承认这一点，我们就有可能着手这一框架的设计了。（以上引文见《定理》p37）
>
> 语言学提出过话语的四项基本原则：真实原则 quality（不说假话）、适量原则 quantity（不多不少）、扣题原则 relevance（不说无关的话）和明晰原则 manner（条理清晰）。实际语言并不严格遵守这四项基本原则，但相对说来，对扣题原则的偏离最小。扣题就自然形成句群，句群就是围绕着一个特定概念展开的话语，"题"就是指一个特定的概念。"题"的转移就意味着句群的变动。这个"题"在语言空间并不显现在音和形上，而是隐现在义上。人是通过概念联想脉络抓住这个隐现之"题"的，但计算机就困难了。HNC 概念基元符号体系的作用就是把这个语言空间

隐现的义转变成语言概念空间显现的义，这样，计算机就有可能抓住这个"题"了。(《定理》p39) [*04]

  "题"之有限性问题似乎走进了死胡同，……摆脱这一困境的关键在于抽取"题"之要素，HNC 语境说将"题"之要素抽象为领域 DOM、情景 SIT 和背景 BAC 三项。第一要素领域 DOM 来于言语活动主要面向人类活动的思考；第二要素情景 SIT 来于万事万物都必须遵循作用效应链规则的思考；第三要素背景 BAC 来源于上述言内信息必须与言外信息相互耦合的思考。我们把这三要素构成的东西命名为语境单元 SGU，如 (HNC3) 所示。HNC 认为：抓住了这三项要素就等于抓住了语境构件的牛鼻子，其他都是枝节了。(《定理》p40)

  这里还应该指出，语境单元三要素并不构成一个三维度独立且等价的空间，而是一个以领域 DOM 为主轴的三维空间，其情景 SIT 和事件背景 BACE 都是领域的函数。领域 DOM 这一主轴类似于我们熟悉的实际空间的铅直坐标。(《定理》p41)

  引文中说："听和读在大脑里留下的东西就是语境，语境就是言语的效应。"这话没有错，而且，其中的语境可以换成记忆。这个论断，也请读者自行思考，笔者不作任何解释了。

注释

  [*01] 在以往的 HNC 文献里，长期使用过"基本句类 57，混合句类 3192"的正式陈述。不过，笔者曾多次呼吁过，不要对这两个数字过于较真，关键在于那个"8=4+4"。对于这里的 68 和 4556 这两个数字，应发出同样的呼吁。

  [*02] 语境单元和语言理解基因是两个概念，形式与内容都存在很大差异。但实质上，两者是一枚钱币的两面，语境单元的总量与语言理解基因大体相同。这里用"或"字把两者联系起来，如果感到突兀，那就请回过去翻阅一遍上一编"论语境单元"。

  [*03] 尖刀和抹布曾是笔者极度喜爱使用的两个词语，不过，在知道分别说与非分别说，想到"点说、线说、面说、体说、点线说和面体说"等词语之后，该喜爱有所减弱。在《理论》的"论辅块"里（p191），对该喜爱的渊源给出过一个值得回味的说明，有兴趣的读者可以参阅。该页的文字有笔误，其中"我父亲当时 46 岁"里的"46"应为"44"。

  [*04] 本段引文里的义，是意义的义，而不是语义学的义。当时单用一个义字，不用语义二字，就是为了与语义学的义划清界限。那时，这个认识虽然刚刚起步，但已经比较坚定了。

第 2 节
不同领域记忆区块之间的信息传递
（记忆单元之间的信息传递）

本节标题包含 5 个关键词，不同、领域、记忆、区块和信息传递，也可以说包含 3 个关键词，不同、领域记忆区块和信息传递[*a]。这里的词是词//词组的简称。下面按 3 个关键词来说明，先说领域记忆区块，次说不同，最后说信息传递。

上节说，同一领域的记忆应该安置在语言脑的同一个记忆区块里，领域记忆区块这个关键词即缘起于此。领域记忆区块将名之记忆单元，故本节标题也另名为"记忆单元之间的信息传递"。

那么，单个记忆单元是个什么样子（形态）？可以比作一个住户么？如果可以的话，那它与左邻右舍是什么关系？对这些问题，现在只能先说几句不太离谱的话，每个记忆单元可以比作一个住户，其左邻右舍多半是同一姓氏或类似职业的人员，来往比较密切，像农业时代乡间的村庄或城市里的胡同，不像现代城市公寓大厦里的住户，基本上老死不相往来。

记忆单元的构成或形态描述是第二章的事，所以，上述第一和第三个问题的答案都要放到以后来说明，本节只讨论记忆单元作为语言脑住户的有关话题。

不同这个极为重要的词语在《现汉》和《现范》都没有收录，这是一个不应有的小失误。略知英语的读者都知道，英语有对应词语 different。本节以"不同"修饰"记忆单元"，这似乎是很平常的事，其实并不寻常，需要一个比较深入的思考，这主要体现在下述四个方面：第一，本节的不同是基本概念的不同，不是基本逻辑概念的相异[*01]；第二，本节的不同具有范畴性、层次性和局网性[*02]的三级区分；第三，本节的不同包含分别说和非分别说的灵巧运用[*03]；第四,本节的不同还包含记忆单元本身的过程性变化。

关于不同记忆单元的上述四项说明，第一项实质上仅关乎记忆单元的定义，对记忆单元之间的信息传递没有什么影响，但后三项却都与信息传递有密切关联。从信息传递的视野看，记忆单元的住户比喻似乎不那么恰当。

现代住户有自己住宅的信箱或门牌号（包括邮编号码）、电话号码（座机与手机）、电子邮件地址，这些东西是住户的信息传递工具。但是，住户的这些工具能够与记忆单元的领域代码挂钩么？答案比较有趣。除了门牌号之外，相邻住户的手机号码和电子邮件地址谈不上多少关联性，仅座机号码的关联性可能多一点。记忆单元的领域代码则截然不同，相邻记忆单元之间的关联性在其领域代码里得到了充分体现。这就是说，一个记忆单元的领域代码要比一个住户的全部信息传递工具"高明"得多，如果把记忆单元比作语言脑的住户，那么就可以说，每一位住户的基本信息都包含在其领域代码里，这包括该住户的身份证及其全部信息联系方式，不仅如此，其紧密邻居的相应信息也可以由该领域代码推知。这意味着语言脑里的住户可没有人类住户的那些隐私和自由，其境遇很类似于大秦帝国的老百姓。

这就是说，在信息传递的意义上，语言脑的记忆单元就相当于大秦帝国的住户。

但是，即使是大秦帝国的住户，也有走亲访友（虽然秦帝国对此类活动有严密限制）之类的交际，更不用说繁重的劳动了。这两样东西，语言脑的记忆单元拥有对应者么？

说来有趣，答案是：Yes。"劳动"的对应者是本编第四章要论述的动态记忆，那么，"走亲访友"的对应者是什么？可以设想，对应者应该是远方的亲友，问题在于：对远方亲友的探访需要信使 CSE（全称是概念空间信使 CSE，也简称使者或使节）的帮助么？

信使 CSE 属于隐记忆，与概念基元（包括语境基元和非语境基元）捆绑在一起。如果记忆单元的探访活动需要信使 CSE 的协助，那记忆单元就需要与隐记忆挂钩。这就是说，记忆与隐记忆不可能截然分离，从而会引发一系列非同寻常的问题。例如，记忆单元如何保存探访活动的档案？那档案里是否需要记录有关信使的名单呢？请注意，这两个问题的性质有所不同，档案是如何保存的问题，不是保存与否的问题，因为探访活动必须以某种形式存档。信使名单则不是如何记录的问题，而是记录与否的问题，因为参与探访活动的信使不一定需要存档。从这两个问题的表述来看，似乎谈不上什么非同寻常，那么，非同寻常从何而来？答案是：来于记忆单元本身的复杂性，它不仅如上所述，不像现代城市公寓大厦里的住户，也大有别于村庄或胡同里的住户，而是与皇宫里的各级"主子"住户有得一比。那些"主子"的探访活动档案不是一个"内务府"可以包办得了的。实际上，记忆单元的情况可能比皇宫里的"主子"住户还要复杂[*04]。非同寻常者，此其一也，仅关乎对外交际也。也许可以这么说，如果把一片语境概念林类比于一个帝国，那么，一株语境概念树就可以类比于一个王国，语境延伸概念可以类比于该王国的各个部门和机构（政府的和非政府的），而记忆单元则可以类比于该王国的各类住户或居民。

下面来说明一下非同寻常的"此其二"，它涉及记忆单元的过程性变化，该变化关系到记忆单元的内部信息传递。住户有红白喜事，记忆单元亦然，但其频度可能要大得多，其内容的丰富度或许也远非世俗的红白喜事可比。

每个人都有自己的专业领域和非专业领域（业余爱好是其中的一部分）。专业领域必须与专家知识打交道，主要是科技脑或艺术脑的事[*05]，但世界知识的作用对某些专业领域的作用可能依然极为重大，甚至不亚于专家知识。非专业领域的情况则完全是另外一番景象，世界知识的作用经常远大于专家知识。而世界知识主要是语言脑的事，那就要同本节的记忆单元打交道了。该交道的核心课题就是本节的"此其二"，说它不寻常，那一点也不夸张。本节将这"此其二"的不寻常性，概括成 6 项追问，简记为追问 m(m=1-6)，目录如下：

追问 1，记忆单元的首次激活（将简称初次记忆[*06]）是否需要记录一些特殊信息？

追问 2，记忆单元对多次激活的结果如何进行重组与改写？（将简称记忆单元的重组与改写）

追问 3，记忆单元的激活与调用如何区别处理？

追问 4，记忆单元与记忆群如何区别处理？

追问 5，记忆区块是否需要设置一个"特区"，以便实现记忆与隐记忆的互动？

追问 6，长期不被调用或激活的记忆单元如何处理？

对于上列 6 项追问，广义记忆理论能回答多少，笔者并不清楚，也不介意。因为，广义记忆理论是一种关于大脑的大统一理论，不区分大脑的 6 大功能构成，而大脑之不同功能构成的记忆机制能被统一描述么？笔者深表怀疑。以追问 1 为例，情感脑最有可能产生强烈的初次记忆，突出表现为：对第一次情感活动的有关细节可能终生都在记忆里珍贵保存。所谓"一见钟情"或"初恋"，并非全是小说家的虚构，每个现代人都会有自己的素材，这些素材是"初次记忆"说的生动例证。但语言脑的初次记忆应该比较少见[*07]，其他脑也应该如此。这里把初次记忆列为追问 m 之首，似乎过度照顾了广义记忆的探索需求，从而偏离了本《全书》的撰写宗旨。其实情况并非如此，这样做，主要是由于考虑到：初次记忆与那些关于记忆的简单追问（见上一节）密切相关，而 HNC 理论对此无能为力，但记忆（语言脑的记忆）又不可能与它完全脱离干系。把无能为力的东西放在追问的首位，是一个探索者应有的态度。关于追问 1 就浅说这些吧。

现在来浅说追问 2。广义记忆理论关于追问 2 有大量论述，按照已经交代过的原则，本节仅就语言脑说一些极度粗浅的话，共 10 点。粗说 01：任何记忆单元的原始形态都是一块白板[*08]。粗说 02：每一记忆单元在第一次被激活时，其语境可能差异甚大，所形成的记忆初态（即初次记忆的特定形态）也可能差异甚大，两者的差异建议用低、中、高 3 个档次来加以描述。粗说 03：语境与记忆初态的档次并不直接对应，因人而异。少数人可以获得高档次的记忆初态，尽管其第一次遇到的语境档次并不高，多数人只能获得低档次甚至极低档次的记忆初态，尽管其第一次遇到的语境档次可能并不低。粗说 04："3 档次"说也可以用于记忆单元的态势描述，三者对应于记忆单元态势的 3 次质变：从白板变成初态记忆、从初态记忆变成中态记忆、从中态记忆变成高态记忆。粗说 05：所谓"记忆单元的重组"，不仅涉及记忆单元态势的升级过程，更重要的是，还涉及记忆与隐记忆的相互作用。粗说 06："3 档次"的每一档次可以再细分，记忆单元态势的这种细分仅对应于量变而无关乎质变，它相当于 HNC 概念延伸结构理论的自延伸环节。粗说 07：所谓记忆单元态势的升级过程可以是质变，也可以只是量变。质变是不可逆的，而量变是可逆的。粗说 08：记忆单元态势的低态、中态、高态占比因人而异，也因语境领域而异。粗说 09：所谓记忆与隐记忆的相互作用主要是指记忆单元的质变与语言理解基因的相互作用，非初态记忆的形成可能反过来带动语言理解基因 LUG* 的生长，特别是语言脑信使 CSE* 的生长，高态记忆的反作用力度应远大于中态记忆。粗说 10：一个人的智力不仅取决于其隐记忆的丰富度，也取决于其高态记忆的占比[*09]。这 10 点将简记为粗说 m(m=01–10)。

上面引入了低态记忆、中态记忆和高态记忆的术语，这些术语能否得到认同并不重要，重要的是，没有此类相应的术语，记忆的重组与改写问题就比较难以描述。记忆重组是对记忆单元质变的对应描述，记忆改写是对记忆单元量变的对应描述。紧跟着的问题是，此质变与量变的内容可以给出具体的描述么？或简单地说，两者可以量化么？这是一个致命的问题，但现在没有条件作答，只能放到下一章去，理由是明摆着的，就不必说什么了。

接着来浅说追问 3。首先要说明一下激活和调用这两个术语的异同。两者都会牵涉到特定的记忆单元，这属于同；激活是直接牵涉，调用是间接牵涉，这属于异。那么，怎么区分直接牵涉与间接牵涉呢？我们已经知道：语境单元与记忆单元是一一对应的，如果正在处理的语境单元恰好就是对应的记忆单元，那就叫作直接牵涉，或该单元被激活。如果不是这个情况，而是由于动态记忆的参与，牵涉到其他的记忆单元，那就叫作间接牵涉，也可以说有关记忆单元被调用了。

被激活的记忆单元一定要进入追问 2 所描述的重组或改写处理，被调用的记忆单元则不是一定要进入，而只是可能进入。此浅说里也留下了一个尾巴，就是动态记忆，那是第四章的事了。

下面该轮到追问 m(m=4-6)上场了，先说这么一句话吧，它们都不会出现留尾现象。

追问 4 涉及记忆单元与记忆群的区分与处理。我们已经说明过，记忆单元是一个与语境单元对应的东西，语境单元又是一个与语言理解基因对应的东西，因此，记忆单元也是一个与语言理解基因对应的东西。把握这些对应性是回答追问 4 的要点。

记忆单元有分别说与非分别说之分，记忆群有大、中、小之分，这些是应该首先澄清的两组概念。这些区分，在语言理解基因的论述里已相当详尽，依样画葫芦就行。不过，这里还是科普一下为宜。分别说记忆单元，是指一个与常量语境延伸概念对应的记忆单元；非分别说记忆单元，是指一个与变量（包括常量的非）语境延伸概念对应的记忆单元，但其中可以包含带小括号的变量符号（语言理解基因的氨基酸符号）。大记忆群指依托于语境概念林或语境概念树的记忆群，中记忆群指分别依托于一组 OD 或 ED 描述的记忆群；小记忆群指依托于一个特定 OD 或 ED 描述的记忆群。

现在，为什么本节标题采取一主一辅的特殊表示方式就一清二楚了，原来是为了把记忆群也包含进来。记忆单元之间的信息传递方式与记忆群之间有那么一点微妙的差异，那就是常量信使与变量信使的差异。记忆单元只利用常量信使，记忆群则主要利用变量信使。变量信使也可以叫作使团，常量信使是使团里的个别成员。信使就是所谓的概念关联式，有内使与外使之别。HNC 已经花费了很大力气探索语言脑的各类信使 CSE*，收获巨大，追问 4 涉及的问题不过就是信使的调用，有什么可追问的呢？此问有点尖刀性，回答只好"绵里藏针"：请回去看一眼粗说 09 吧。该粗说里实质上隐藏着一只 HNC 暂时也抓不住的狐狸尾巴，即显、隐记忆如何相互作用。所以上面的不留尾巴说是打了马虎眼的，因为，那只抓不住的狐狸尾巴，同样也将在追问 5 和追问 6 里显现。

追问 5 涉及记忆特区这个概念或术语，也可以叫作显记忆的过渡形态或过渡记忆。这一概念的引入很费了一番周折，因为脑科学或神经科学应该存在类似的术语，但笔者未能查询到，只好"别出心裁"了。记忆特区或过渡记忆是为了描述记忆与隐记忆的互动。在隐记忆的全部论述中，可能会给读者造成一个错觉，以为 HNC 主张：隐记忆与记忆的关系是鸡生蛋的关系。所以，这里要郑重申明一下：隐记忆与记忆的关系是鸡与蛋的关系，而不是鸡生蛋的关系。这种关系就决定了，记忆必然存在特区，记忆特区里的记忆，或过渡记忆，其基本特征是：既不姓"显"，也不姓"隐"，其语境基元或语境单元的归属暂时未定。

可以想象，记忆特区的体量[*10]将随着年龄的增长而减小，通常，到不惑之年将减至最小[*11]。每一片特定记忆特区将经历一个从不显不隐状态到显状态的转换过程，该过程也就是相应隐记忆从原初形态走向成熟形态的转换过程，语言脑的整个成长历程与这些转换过程相伴随。该历程大体可以区分成下列6期：婴儿期、幼儿期、朦胧期、青春期、学士期和后学士期，其中"朦胧期、青春期、学士期"的年龄段大体对应于现代的"小学、中学、大学"，但不同个体的差异甚大，某些人可以在10岁前就在许多方面达到学士期，有些人则可能一辈子在某些方面也达不到。这两类人与孔夫子所说的"上智"与"下愚"有一定联系，但绝不等同。孔夫子的"上智"与"下愚"以人的整体表现为参照，HNC则以语言脑功能的多侧面呈现为参照。依据上述关于隐记忆与记忆相互作用的阐释，一个人的智力，可以在某些方面表现为"上智"，又可以在另一些方面表现为"下愚"。在孔夫子看来，一个文盲不可能是"上智"，但HNC不这么看。

上述阐释涉及语言脑记忆发育过程的要点，也涉及智力成长过程的要点。该要点可以归结一个字——学。此学是指"禀赋作用效应链7220β"（见[122-2.0-1]分节）之"仁、学、义"里的"学"，专属于语言脑，主要学习世界知识，而不是专家知识，将简记为"学"。"学"不同于词典意义的学习，也不是所谓"刺激-反应"理论里的学习。"学"是语言脑的一种天赋，一棵善于"学"的语言脑，即使是文盲，也会成为"上智"。一棵不善于"学"的语言脑，即使专家知识再高明，也可能仍然属于"下愚"。现代化的学习过于看重科技脑或艺术脑的学习，一言以蔽之，现代化的学习实质上仅围绕着专家知识打转，也可以说仅围绕着科技知识打转。这是一个科学独尊的时代，不仅人文-社会学都要披上科学的外衣，甚至整个神学与哲学的探索也都巴不得披上这件外衣，以方便进入大雅之堂。现代化学习形式上不能说不关注语言脑，甚至可以说非常关注语言脑，但实质上仅关注语言脑的语言生成，并不关注语言脑的语言理解或"学"。这样，就在科学独尊的大时代背景下，造成了现代社会的世界知识匮乏症。这个话题，前文曾给出过多次论述，这里是最后一次的呼应了。

上一节曾叙说过一些关于记忆的简单追问，提及"可回忆的起始年龄"的差异问题。这里就便呼应一下，那差异，即缘起于不同个体朦胧期的差异。

记忆特区或过渡记忆的概念与术语，是否会碰上比语块和句类更不幸的遭遇呢？很有这个可能。但一个探索者要不在乎遭遇，并且不怕献丑。这是本节撰写过程的基本态度。

最后来浅说追问6，它包含两个性质完全不同的问题：记忆的调用与激活，简记为追问6-1和追问6-2。为了回答追问6-1，不妨先引入下列两组概念：雏形记忆与成型记忆、记忆的淡忘与消失。然后引入下述假设：雏形记忆如果长期不被调用，便会从淡忘走向消失；成型记忆不同，它只会淡忘，不会消失。这应该是记忆的基本特质，从而也就对追问6-1给出了一个初步回答。上述两组概念里的第一组似乎需要说明一下，雏形记忆与成型记忆不同于追问5里所阐释的过渡记忆，前两者都是语言脑记忆住户的正式户口，而后者是临时户口。拿鸡与蛋的比方来说，雏形与成型记忆对应于鸡生蛋（基于隐记忆而产生记忆）的过程，过渡记忆则对应于蛋生鸡（基于记忆而生成并完善隐记忆）的过程。

上述对追问 6-1 的回答都是假设，是否成立需要验证。在这里，先验理性的作用或许用得上"到此为止"这个话语了。下面对追问 6-2 的回答亦将面临同样的状况。

追问 6-2 的假设性回答是：雏形记忆要经过反复激活，才能转变成成型记忆。"上智"的特征之一是：完成该转变所需要的激活次数很少，"下愚"反之，所需要的激活次数很多。但无论是雏形记忆还是成型记忆，长期不被激活的效应只会淡忘，不会消失。

本节把记忆比作语言脑的住户，最后，对此比喻作两点说明。①该比喻意味着隐记忆不是住户，那么，隐记忆如何安顿呢？语言脑的政府与组织机构应该是比较合适的类比了。②由住户的比喻而引入了正式户口和临时户口的说法，第二世界以外的读者可能对这两个词语感到难以理解，这好办，向你身边的中国大陆人询问一声就 OK 了。

注释

[*a] 按照词的组分（笔者习惯于用"词的组分"替代中文信息处理学界习用的"分词"）来说，该词组也可以采取"不同领域、记忆区块和信息传递"这样的对称划分方式。为了突出记忆与领域的紧密联系，这里故意采取了文中给出的不对称划分方式。

[*01] 基本概念"不同j762"对应于(j5,j4)，基本逻辑概念"相异j1002"对应于(j4,j5)。两者在意义方面存在细微而重大的区别，这种区别用自然语言来表述就比较低效，而HNC符号却可以游刃有余。

[*02] 局网性这个术语也许是第一次使用，局网泛指概念树的延伸结构表示式，本节则特指语境概念树。

[*03] 这第三点，部分读者可能觉得难以理解，没有关系，第四章会有呼应性说明。

[*04] 看过《甄嬛传》之类的电视剧的读者，或许对此段描述并不感到陌生。但实际上，记忆单元的情况和面貌，我们还没有给出任何描述，那是第二章的事。这算是一个悬念吧。

[*05] 此话要谨慎对待，在"文法理工农医艺军"八大专业领域里，它或许十分适用于"理工农医艺"这五者，但对于"文法军"三者，可能就不那么十分适用了。

[*06] 这里的初次记忆实际上是初次广义记忆的简称。

[*07] 语言脑的初次记忆往往缘起于一些震撼性话语。笔者在中学时曾有过多次这样的"奇遇"，胡适先生的"要东摸摸，西看看"话语（见"关系心理行为7301\03"子节里的"关系行为第一形态7301\03e4n综述"[123-0.1.0.3.1]）是一次，**"人民日报是党报**，你不能这样铺在地上坐"话语是另一次。当时笔者是一个极度顽皮的落后学生，于是，一位进步同学就及时发出了那样的"警告"。半个世纪之后，曾谈起这件往事，当年的说者虽已毫无印象，但当年的听者却依然如在昨日。这两次"奇遇"，在笔者语言脑的初次记忆中，印象最为深刻，可给予冠军和亚军的头衔，如果还要弄出一个季军的话，那就是"尖刀与抹布"的"奇遇"（见上一节的注释[*03]）了。

[*08] 白板说似乎是一句废话，其实不然。例如，主张"右脑是祖先脑，左脑是自身脑"的脑科学流派就不会认同白板说。

[*09] 前文曾有"智力主要决定于隐记忆"的说法，这里对该说进行了修正。

[*10] 这里的体量是指记忆特区的潜在特质，而不是指它的实际状态。实际体量的变化曲线应该

是先增后减。

[*11] 这里借用了孔夫子的"四十而不惑"说法，不过，对该说法不宜过于较真。康德先生曾有一个著名的沉寂十年，但其时间并不在"不惑"（沉寂即为了解惑）之前，而主要是在半百之后。

第3节
不同领域记忆区块之间的缓冲区

对本章而言，本节或许是多余的，因为它也可以放到第五章里。现在的安排方式是想再次突出一下记忆单元与语境基元的对应性，也就是记忆单元与语言理解基因的对应性。

本卷一开始介绍过 HNC 理论的 4 项基本假设，其实，在这 4 项之上，HNC 理论还有一项更基本的假设，不过，该假设产生于 4 假设之后，更准确地说，乃产生于 4 假设变成 4 公理之后。论地位，该假设高于 4 假设，从演绎的视野看，它应该先于 4 假设，但实际上不是"先于"，而是"后于"。这就是说，它实际上是从 4 假设归纳出来的东西，这就引出了一个疑问：该东西的出现是否正常？本卷的前三编，都提过形而上思维功力的话题[*01]，这"后于"现象，实质上是不正常的，因为它是形而上思维功力不足的典型呈现。

这个地位更高的假设一直没有明说，现在是时候了，其汉语表述如下：

人类的世界知识主要由语言脑来承担，专家知识主要由科技脑和艺术脑来承担；生存知识主要由生理脑和图像脑来承担，其他知识主要由情感脑来承担，或者说，情感脑是知识的不管部。

此陈述也包含 4 项假设，是关于 4 类知识的假设。每项假设的陈述都带有"主要"二字，那是对 4 类知识之间复杂交织性的一种取巧性（不是灵巧性）描述方式。这里要告诉读者一个隐情，HNC 理论虽然抱有知识应该划分为上述 4 类的明确想法，但又觉得这毕竟超出了 HNC 探索目标，不宜明说，因此一直有意回避对 4 类知识的正式命名。HNC 的探索目标仅仅是语言脑的奥秘，因此 HNC 必然要对语言脑所管辖的知识给予特殊关注，并给予它一个正式命名：世界知识[*02]。

关于 4 类知识假设的陈述带有典型的"颠三倒四"特征，但事出有因，因为 HNC 只关注,也只需要该陈述的第一句：**人类的世界知识主要由语言脑来承担**。HNC 探索历程的全部"憔悴"都投放在世界知识的描述方面，而该描述里的最大"憔悴"又投放在领域的划分方面，这就自然引出了本节的标题。

标题里的不同领域主要是指语境范畴（含次范畴）的不同，可能包括某些语境概念林甚至语境概念树的不同，至于语境延伸概念的不同，则一律不在其列，这是本节标题的特殊约定。此约定体现了 HNC 的一项一直未敢明言的思考（假设），那就是：不同语境范畴的记忆区块应该拥有自己的特定区间，两类劳动与三级精神生活的区隔或许如同地球村的东西两半球，而三级精神生活的区隔或许类似于地球村的欧亚非三大洲，不同语境概念林和不同语境概念树的区隔或许类似于欧亚大陆上的不同世界。

本节标题里的"缓冲区"，在 HNC 看来，既如同地球村的太平洋和大西洋，也如同地中海、波罗的海、日本海与东海、墨西哥湾与加勒比海；既如同亚洲的喜马拉雅山和非洲的撒哈拉大沙漠，也如同西欧的阿尔卑斯山和比利牛斯山。语言脑记忆区块的所谓缓冲区，不过就是这么一回事。

这就是说，本节标题实际上也代表了一项假设。凭借大脑信号当前的检测技术，已经完全有条件对此项假设进行检验。那么，HNC 为什么不提出相应的基础研究计划呢？这有三点考虑，第一点涉及此项检验的价值，第二点涉及信息处理学界的主流态势，第三点涉及 HNC 理论如何赢得业界的起码信任。下面仅略说前两点，第三点放到第五编"论机器翻译"里说明。

语言脑奥秘的核心在隐记忆，而不在记忆。因此，即使此项假设得到了实验证实，对于语言脑奥秘的揭示，并不具有实质性意义。记忆与隐记忆的领域对应性是一种合乎逻辑的想象，即合乎基本逻辑里的"应有之有 j11e21e21"。但记忆与隐记忆的形态对应性则是不可思议的，而且，在不同领域的隐记忆之间，不仅存在着不同隐记忆基本载体[*03]的配置问题，更存在着各类信使大军的部署与指挥问题。

信息处理学界的大数据[*04]思维，语言信息处理学界的语料库思维，是经验理性思维在科技界异军突起的奇葩，其一统天下的态势方兴未艾。一切先验理性思维的形而上设想，在这朵奇葩面前，就如同"侏儒"面对"巨人"，挺起胸膛也没有用。HNC 虽然没有任何理由把自己看作"侏儒"而自惭形秽，但实际上始终未能摆脱被巨人戏弄的悲剧，其典型表现就是不敢逆流而上，也在随波逐流。故"不提出"者，因胆怯而不敢提出也。

小 结

本章试图对"记忆是什么"这个貌似平凡的问题给出 HNC 方式的回答，答案是：记忆是语言脑的住户，正式名称叫记忆单元。这里的住户与居民同义，但未选用后者，为什么？考虑到还有隐记忆，而它是比记忆更重要的居民，本节并没有直接描述住户本身的情况，而只是描述了各种住户区。这里的住户区不能理解为住宅区，住宅区仅涉及生活，而住户区还要涉及劳动。换句话说，这里的住户区兼顾了劳动与生活两方面的功能需求，可以是农村，也可以是城市，可以是民众区，也可以是华尔街，更可以是政府所在地。

这是本编的第一个小结，就写这些，不像小结，但却是本编的样板，也是今后各编的样板。

注释

[*01] 每次提及该话题的表述方式有所不同，三次使用的表述如下：

第一编　　如果没有形而上思维的足够功力，你是很难看清彼山基本景象的

第二编　　惜形而上学思维功力未达"阑珊"境界，招致了不少遗憾

第三编　　不能说没有一点"蓦然"的喜悦，但主要是形而上思维功力不足的懊恼

[*02] 这个说法并不意味着专家知识、生存知识和其他知识不是正式命名，但也不意味着它们就是正式命名。关键在于世界知识与专家知识的交织性，这在以往的论述里给予了充分阐释。至于生存知识和其他知识这两项，模糊一点是明智的做法。语言脑以外的命名也应作如是观，例如，艺术脑曾另名技艺脑，两者含义差异很大，但也不妨混用。

[*03] 隐记忆基本载体也许是第一次使用，定义为"概念基元CP、句类SC和语境单元SGU的综合体"。

[*04] 大数据是最近才流行起来的术语，但大数据思维不是，大数据思维者，统计物理之思维方式也，这是它的狭义理解。不过，物理学界的前辈大师们对此早有广义思考，大数据的提出者是否了解这些历史，笔者不敢妄评。

第二章

记忆与作用效应链
(ABS,XY)

　　本章是对记忆单元本身的描述。用上一章的比喻说法，本章是对语言脑住户的描述，上一章是对住户区的描述。所以，这两章的顺序可以交换，现在的顺序是从大到小，交换后的顺序是从小到大。前者是汉语的表达习惯，后者是英语的表达习惯。汉语的表达习惯实质上就是形而上思维的习惯，HNC接受这个习惯，历来如此。读者对此应该已经比较习惯了。

　　本章的标题——记忆与作用效应链(ABS,XY)——意味着，所谓语言脑住户的描述 ABS，无非就是作用效应链 XY 的呈现或展现。

　　作用效应链是 HNC 理论体系的命根子，当然也是语言脑住户的命根子，如果说语境单元所描述的是语言脑住户的肉体，那么，作用效应链所描述的就是语言脑住户的灵魂。当然，这里的肉体与灵魂都是比喻，是哲学意义而不是神学意义上的比喻，但接受了"灵魂不灭"的伟大思考。这一思考里的不灭性是隐记忆与记忆的基本特性，而记忆之所以具有这一特性，是因为它是一项转换的产物。那转换叫情景转换，就是把语境单元 SGU 的情景描述 SIT 转换成记忆 ABS 的作用效应链描述 XY。HNC 对"记忆是什么？记忆如何实现"之答案的求索，就是以这一转换为基点的。

　　标题里的符号 XY 乃是作用效应链描述的总代表，它包含作用效应链的 6 个环节。但 6 环节有作用与效应、过程与转移、关系与状态的 3 侧面划分，3 侧面的符号分别是：XY、PT 和 RS。那么，总代表的符号不是与作用效应侧面的符号发生混淆了么？这是本章首先需要解答的问题。HNC 把这个问题归结为描述与叙述的区分，但这项区分是非常纠结的，其纠结度类似于所谓的客观与主观或唯物与唯心，远大于所谓的形而上与形而下，更远大于所谓的辩证法与形而上。本大句里的"类似于"属于哲学话题，"远大于"和"更远大于"则属于准哲学话题，这里只是提一下而已。

　　本章与上一章一样，也分 3 节，标题如下：

　　第 1 节，作用与效应侧面的记忆以殊相记忆为主——(XYD,XYN)。

　　第 2 节，过程与转移、关系与状态侧面的记忆以共相记忆为主——(PT,RS)（记忆模板论）。

第 3 节，广义作用效应链之判断侧面在记忆中的角色（D 句类和 jD 句类在记忆转换处理中的特殊角色）。

两章都采取 3 节划分形式，这种巧合不是偶然的，但对此不进行讨论。

本章前两节的标题分别使用了殊相记忆和共相记忆的术语，这两个术语以前曾分别用于描述现在定义的显记忆和隐记忆。这就是说，HNC 曾对这两个术语赋予了不同的定义，这里正式宣告，原定义作废，但使用原定义的原有文字将保持原貌而不予改动。

第 1 节
作用与效应侧面的记忆以殊相记忆为主——(XYD,XYN)

本节和下一节的标题分别采用了殊相记忆和共相记忆的术语，多数读者可能对它们比较生疏，这两个术语还具有不应有的 HNC 多义性,这不太符合本章撰写方式"仿效科普"的约定。现在对这两个术语的新定义进行说明，希望通过它们传递如下极为重要的世界知识：人们对同一事物[*01]的记忆可能差异很大，殊相记忆的术语缘起于此；也可能大体相同，共相记忆的术语缘起于此。前者主要属于该事物的作用与效应侧面，后者主要属于该事物的过程与转移侧面或关系与状态侧面，这两个"主要属于"是本章要传递的核心世界知识。传递不等于论证，它可以小于论证，但大于举例说明。下文就按照这个思路来撰写，至于其"成败利钝"，则"不拟逆料"[*a]。

一个语境单元的情景 SIT 描述需要经历一项关键性的转换，那就是把该句群实际使用的句类代码转换成该句群所对应的领域句类代码 SCD。同理，一项记忆 ABS 的生成也需要一项关键性的转换,那就是把领域句类代码描述转换成作用效应链的 3 侧面描述，其中最重要、最复杂的转换是作用效应侧面的转换，因为该侧面的记忆具有鲜明的殊相性。但是，殊相不是全部，对作用效应侧面的共相记忆也不能置之不理。基于这一考虑，HNC 引入了两个记忆符号——XYD 和 XYN，前者用于表示作用效应侧面的殊相记忆，后者用于表示作用效应侧面的共相记忆。两符号里的"D"和"N"分别取自英语词语 descriptive 和 narrative 的首字母，因此，殊相记忆将另名描述性记忆，共相记忆将另名叙述性记忆。

下面，应该给殊相记忆和共相记忆来一点信手拈来的举例说明。不过，此刻浮现在脑际的，竟然又是笔者亲身经历的三次震撼性"奇遇"[*02]，它们所激发的记忆，都是典型的 XYD，而不是 XYN。这个举例仅照顾了笔者个人感受，实在对不住读者。于是，前文曾多次提及的工业文明清单[*03]就被信手拈来了。那个清单列举了 8 项内容，7 项可纳入 XYN，但第四项的地理大发现则不可，而必须纳入 XYD，因为那个"发现"伴随着血腥的殖民暴行。故地理大发现完全不具备 XYN 的资格，它是典型的描述性记忆 XYD。这种描述仅属于蕞尔西欧或第一世界。原来就生活在那片土地上的民族（这里有意回避了土著民族这个术语），不太可能也不应该接受这种 XYD 型的表述。

上面介绍了语言概念空间关于记忆的两个极为重要的概念或术语——殊相记忆和共相记忆，澄清了此前的术语混乱，接着以两个"主要属于"的模糊方式表述了作用效应链 3 侧面的记忆特征差异，进而引入了两个极为重要的符号 XYD 和 XYN，两者的汉语表述是作用效应侧面的描述性记忆和叙述性记忆。写到这里，对本节标题的文字不协调性[*04]大体给出了一个形式上的交代，但实质性交代则有待"下回分解"。

先说[*05]下列 4 项内容：①从 SCD 到(XYD,XYN)的转换处理；②(XYD,XYN)内容的明晰性；③(XYD,XYN)之间交织性的处理；④XYN 是最华丽的语言面具。

这 4 项内容下文将简记为内容 m(m=1-4)，内容 1 是 4 项内容的纲，将详说，其他都简说。内容 2 与内容 3 具有内在的不相容性，将采取比较轻松的说明方式。内容 4 可有可无，将随意发挥一下。

——内容 1：从 SCD 到(XYD,XYN)的转换处理

内容 1 的论述方式比较特别，先以较大的篇幅进行铺垫，使正题的阐释只需要少量的话语，这当然只是一种期望，未必能够如愿。

本章引言中提到，符号 XY 既是作用效应链的总代表，又是作用效应链之作用效应侧面的代表，为免除符号上的多义（混淆），HNC 约定对后者引入了符号 XYD 和 XYN。这本来是一个直截了当的简明回答，但引言却弃而不用，而另外写了一些似乎不着边际的话，其典型话语有："HNC 把这个问题归结为描述与叙述的区分"，"但这项区分是非常纠结的"。为什么要这么做？有两点"未言之隐"。

其一：作用效用链 3 侧面的符号表示(XY,PT,RS)似乎不言自明，无懈可击，其实情况并非如此简单。该符号不仅是每一侧面非分别说的代表，也是每一侧面分别说的代表。那里对此"隐而未言"，这里是交代清楚的时候了。这里的分别说存在 5 种形态，其通用表示式（采用变量符号 Om,m=1-2）如下：

$$(O_1,O_2,(O_1+O_2),(O_1,O_2),(O_2,O_1))$$

其二：强调了作用效应侧面的描述与叙述区分，从而引入符号 XYD 和 XYN。对作用效应链的另外两个侧面，实际上暗藏着"网开一面"的打算，但未明说。不过，上面的分别说通用表示式，把那隐藏的机关吐露出来了，3 侧面的描述与叙述表示如下：

```
XYD=:(X;XO)
XYN=(Y;YO)
PTD=(T;TO)
PTN=(P;PO)
RSD=(R;RO)
RSN=(S;SO)
```

此处仅一个采用了符号"=:"（等同于），其他都采用了符号"="（强交式关联于或优先于）。这既是一种约定，为了便于施行从领域句类代码 SCD 到记忆 ABS 的转换；也是一种叙述，它反映了作用效应链各侧面的一项基本特性。

以上是内容 1 的底层铺垫。

内容 1 之转换处理的起点是领域句类代码 SCD，弄清这个起点的状态，是做好转换处理的前提，但这样的认识还不够透彻或不够"蓦然"。"蓦然"境界的说法是：此起点正是该转换的牛鼻子。

就种类和形态而言,领域句类代码 SCD 仍然是一群普通的牛,但又是一群奇特的牛。前者的牛鼻子符号是(GX,GY),对应于通常意义下的广义作用与广义效应；后者的牛鼻

子符号是(GX*,GY*)，对应于特定领域意义上的广义作用与广义效应。

如果把(GX,GY)比作一群"待价而沽"的牛或原生态牛，那么，(GX*,GY*)就是一群已经沽出的牛，可简称领域牛，因为买主被统称领域。领域牛与原生态牛相比，其种类和形态并未出现任何变化，但其习性却由于不同买主的调教而发生了巨变。领域牛的习性，就是其买主禀性的复制品。这项复制工程其实没有多少秘诀可言，然而却显得奇妙无比，于是，许多杰出学者都宁愿相信这是上帝的创造[*06]。这项并不奇妙的复制，正是语言理解基因的奥秘所在，也是语言脑强大理解功能的奥秘所在。

上面的"没有多少秘诀"和"并不奇妙"说法，通常不用于正式的科学表述，属于科普语言，它们缘起于上面的比喻。该说法所对应的正式科学表述，已经在第三编"论语境单元"里花费了大量文字[*07]。不过，这里应该补充一点，上面关于(GX,GY)与(GX*,GY*)的比喻，完全可以与"一定类型特指191\2"和"唯一特指191\4"对应起来，这项对应性是天经地义的。因此，如果你对类型与唯一之间的天壤之别有一个清晰的感受，就也会对 SC 与 SCD 之间的天壤之别有一个清晰的感受。而如果有了这种感受，那领域牛的奇妙习性就一点也不奇妙了，这就是一种佛学所说的般若或王国维先生所说的"蓦然"。所以，这里不妨说一下，比喻有时确实可以产生画龙点睛的语用力量。

以上是内容 1 的上层铺垫。

那么，内容 1 的中层铺垫是什么？这就要回到关于作用效应 3 侧面的描述与叙述表示式了。这组表示式将用于从领域句类代码 SCD 到记忆 ABS 的转换，这项转换，无非就是重写一组(GX*,GY*)，其中最为常见、最重要的内容是本节的(XYD,XYN)。这项重写当然需要一套规则，但特别有趣又特别关键的是，这套规则的生命或灵魂仅在于两点：扣题与简明。扣题就是领域认定 DD，简明就是重写一组(GX*,GY*),而作用效应 3 侧面的描述与叙述表示式使该重写得到了简明性的可靠保证。这里不需要精细，更不存在所谓对例外规则的担忧，因为语言脑记忆 ABS 的固有特征就是如此。

许多读者可能对上面的话语很不习惯，所以下面来一段内外两呼应。内呼应涉及本卷第二编里的基本句类代码新表和混合句类代码新规则，它们就是为这里所描述的记忆转换服务的。外呼应涉及语言学里著名的话语四原则：真实原则 quality（不说假话）、适量原则 quantity（不多不少）、扣题原则 relevance（不说无关的话）和明晰原则 manner（条理清晰）。这里要呼应的是,话语四原则的后两条对于记忆具有重要的直接启示意义，不过把明晰改成简明而已。前两条原则也具有一定的间接启示意义，但两者都需要质疑并予以改变。实际上，两项改变都非常大，真实原则被改变成描述性和叙述性记忆，适量原则被改变得面目全非，变成上一章所描述的各种记忆形态。

铺垫到此结束。关于内容 1 的讨论，还需要说点什么呢？似乎重复一下在上层铺垫里的那句"'蓦然'境界的说法"就可以了，不是吗！

——内容 2：(XYD,XYN)内容的明晰性

如果说内容 1 还有那么一些新的说法，那么内容 2 就可以说完全是旧话重提了，因为它不过是 HNC 三公理的一次非分别说而已。所谓"(XYD,XYN)内容的明晰性"，不过就是 HNC 三公理的一种具体呈现。这个说法的形而上色彩比较浓重，有违科普方式的

初衷,因此,可以考虑下面的说法:句类代码新表和混合句类代码新规则不仅为"从 SCD 到(XYD,XYN)的转换处理"提供了便捷的工具,也为"(XYD,XYN)内容的有限性"提供了理论保障。这样说,形式上更切题一些,但依然不够科普。科普式的说法是:句群里凡以 X 领头的句类一律纳入 XYD,凡以 Y 领头的句类一律纳入 XYN。这里以两个"凡以"修饰的两个"领头"意味着一种规范语言脑住户身份的方式,它不仅用于 XY 侧面的住户,也将用于 PT 和 RS 侧面的住户。句类代码新表和混合句类代码新规则,就是 HNC 为语言脑住户最新设计的身份证。身份证的设计有巧拙之分,最新设计未必最佳,请记住这一点。

——内容 3:(XYD,XYN)之间交织性的处理

犯糊涂,瞎追崇,被忽悠,受骗上当,主要是语言脑对(XYD,XYN)之间的交织性处理不当的结果。把 XYD 当成 XYN,或者反过来,把 XYN 当成 XYD,是语言脑常见的两种失误。前者可能导致误认假恶丑为真善美的失误,后者可能导致误认真善美为假恶丑的失误。

上述现象是一切社会的主流,可纳入前文曾多次提及的柏拉图洞穴景象。柏拉图洞穴有农业时代与工业时代的两层级之分,后者与前者相比,其空间尺度的扩张,何止亿万之巨!于是,生活在工业时代的人们未免过于怡然自得而忘乎所以,竟然不知洞外有天。这种忘乎所以甚至可以埋没旷世奇才,在所有的时代性悲剧中,这大约是最容易被忽视的场景了。然而,此场景的伟大的思考者历来大有人在。有趣的是,农业时代反而为该项思考提供了更肥沃的思维土壤,因为当时人们生活的洞穴太狭小了,那些旷世奇才更容易萌发出洞外有天的遐想,柏拉图就是这些旷世奇才的代表之一。但在整个工业时代,这样的旷世奇才只出现了一位,那就是前文多次提到的康德先生。

上面的两段文字乃是为了表明,(XYD,XYN)之间交织性的处理可以暂时置之不理,也就是说,可以按照内容 2 里所表述的两"凡以"原则办事。

本节"前言"交代过:"内容 2 与内容 3 具有内在的不相容性,将采取比较轻松的说明方式。"轻松文字的游戏就到此为止吧。

——内容 4:XYN 是最华丽的语言面具

内容 3 提到了语言脑常见的两种失误,这里必须强调的是:第一种失误,也就是把 XYD 当成 XYN 的失误,其危害性要远远大于第二种失误,也就是把 XYN 当成 XYD 的失误。第二种失误误于过度警惕,而第一种失误则属于完全丧失警惕。过度警惕强交式关联于有备无患,而完全丧失警惕则强关联于愚不可及。两者不可同日而语,故这里仅对第一种失误以"最华丽的语言面具"为名随意发挥一下。

该种语言面具的示例,前文给出过不少,这里不打算旧话重提,仅提供一段最新的范例,它来自于奥巴马先生的 2013 年度国情咨文。

Now, if we want to make the best products,

(XY1J),[a25e25,积极经济治理]

we also have to invest in the best ideas.

(XY5J),[a25e25,积极经济治理]

Every dollar we invested to map the human genome returned $140 to our economy——

every dollar.

(XY02J),[a25e25,积极经济治理]

Today, our scientists are mapping the human brain to unlock the answers to Alzheimer's.

(XY3J),[a63e22i,第二类实验研究]

They're developing drugs to regenerate damaged organs

(XD01J),[a629c37,产品开发]

;devising new material to make batteries 10 times more powerful.

(XD01J),[a629c37,产品开发]

Now is not the time to gut these job-creating investments in science and innovation.

(jDJ),[a25e25,积极经济治理]

Now is the time to reach a level of research and development not seen since the height of the Space Race.

(jDJ),[a25e25,积极经济治理]

We need to make those investments.

(XYJ),[a25e25,积极经济治理]

现在，如果我们想制造出最好的产品，　　　(XY1J)
我们还要在最好的想法上进行投资。　　　　(XY5J)
我们用于测出人类基因图谱的每一美元都给我们经济带来了 140 美元的收入——每一个美元。　　　　(XY02J)
今天，我们的科学家为解决老年痴呆症正在测出人类大脑的图谱。
　　　　(XY3J)
他们正在研制可以让我们器官再生的药品，　(XD01J)
发明可以让电池储电量比之前强 10 倍的新材料. (XD01J)
现在不是损毁科技革新领域可创造就业方面的投资的时候。
　　　　(jDJ)
现在是在一个让研发达到一个自从太空竞赛以来从未见过之高度的时候。
　　　　(jDJ)
我们需要进行这些投资。　　　　(XYJ)

　　本段语料（句群）的标注方式比较特别，结果也比较有趣，下面略加说明。①仅给出每个小句的句类代码，未标记语块和句蜕。②两位代表语言[*08]的句类代码全部相同，一一对应，作用型混合句类 XOJ 七个，是否判断句 jDJ 两个。此现象并非偶然，是一片知秋之叶，很不寻常。③对英语给出每个语句的领域信息，同时标出相应的汉语说明。汉语译文大体无误，领域信息雷同，故予省略。④在 9 项领域信息中，6 项属于同一领域——a25e25（积极经济治理），2 项属于 a629c37（产品开发），1 项属于 a63e22i（第二类实验研究）。
　　上述 4 点涉及语言理解处理的诸多难题，其中最难的一项似乎是领域认定 DD，因为这里的每一个相关语句都没有预期领域的直系词语。但此项难题的解决，在这里可谓轻而易举，因为那不过是一项原则[*09]的简单运用。但这里需要讨论的不是这些难题，而是该句群的语言面具性。

此句群给人的印象是：奥巴马先生在叙述美国制造业的现状，奥巴马先生本人可能也是这样认为的。但实际上，该句群不是叙述，而是论述，其真实面貌是 XYD，而不是 XYN，附带的句类标注指明这一点。此项标注不是一个普通的东西，而是一项很特别的东西，是 HNC 理论假定会发生在语言脑里的东西，是设想中的微超必须追求的东西。不过，这里并不深究这个话题，而只指出一个现象，即奥巴马先生本人或许十分相信并确定：对"在最好的想法上进行投资"，一定会"制造出最好的产品"；对"人类基因图谱"项目一美元的投入可以赢得 140 美元的回报；对"大脑图谱"的绘制，可以为"解决老年痴呆症"找到医疗妙方；"让我们器官再生的药品"和"让电池储电量比之前强10 倍的新材料"即将问世。问题在于：①奥巴马经济治理清单里的"一定"、"可以"和"即将"具有多大的可靠性？②就算该清单的目标都能实现，它能再现 20 世纪第二次工业革命所创造的辉煌么？下文将简称这两个问题为质疑 1 和质疑 2。

质疑 1 里包含许多技术性或专家知识范畴的问题，个别问题存在明显的漏洞，这就不去说它了。但质疑 2 里却存在着许多重大的世界知识问题，下面将围绕着它来科普一下。

关于 20 世纪第二次工业革命所创造的辉煌，这里只打算用两句名言来加以描述。第一句名言是："苏维埃+电气化，就是共产主义。"第二句名言是："现在的英国+共产党领导，就是共产主义。"两名言[***10]分别来自于第二次工业革命的曙光和夕阳时期，考虑到共产主义在两位说者心目中的崇高地位，考虑到两名言的时间跨度，我们可以说"电气化"或"现在的英国"都可以作为第二次工业革命辉煌的标志。可是，在奥巴马经济治理清单里，那种标志性特征的东西何在呢？是"新想法"所造就的"1:140"投资回报么？是老年痴呆症防治和器官再生新药品的问世么？是种种强 10 倍的新材料的诞生么？是研发新高度的不断呈现么？所有这些，既没有"电气化"的那种简明性，更没有"现在英国"的那种形象性。看来，奥巴马先生显然没有注意到，其"4 新"（新想法、新药品、新材料、新高度）的双刃剑特征已开始出现重大变化，那就是很可能弊大于利。因为该"4 新"的主要受益者将是 1%的富豪，而不是总统先生所关注的广大中产阶层和10%的贫困者。而且，总统先生也不应该忘记，美国的 2008 年金融危机不正是一系列杰出"新想法"和"新高度"的杰出产品么？总统先生的国情咨文很有才气，但有悖于经济公理，科技迷信和需求外经的色彩都非常浓重，故不揣冒昧，质疑如上。

上面的文字里，对一个奇特现象没有直接面对，那就是描述 4 新的语句，约半数未使用语境单元"积极经济治理 a25e25"所对应的领域句类代码 XYkJ，敏感的读者会想到借助相关使者的信息支持，这当然是正确的思路，但不够完备。其中，两个使用了 jDJ 的语句尤其值得关注，这将在第 3 节专门进行讨论。

总之，奥巴马先生的 2013 年度国情咨文充斥着 XYN 语言面具的高明游戏，上面不过选取了其中的一段。毫无疑义，奥巴马先生是缝制语言面具的高手，当下的世界并不缺乏这样的高手，却十分缺乏剥开语言面具的高手。当然，缝制高手一转身，就可以成为剥开高手，但这一转身不属于现实行为7331，而属于个人行为7332。因此，在当下这个历史阶段，该转身必然是小概率事件。但小概率不是零概率，对奥巴马先生寄予这种转身期待也许算不上荒谬之极，因为他毕竟曾经对华尔街的过度贪婪，发出过非常严厉的警告。

本节是一次冒险的科普方式试写，到此可以戛然而止了。科普文字不讲究结束语之类的形式，诸如"对本节标题，需要灵巧式理解"之类的话语就不必说了，不是吗！

注 释

[*a] 这里出现了两个带引号的四字文言表述，取自诸葛亮的《后出师表》，文字略有改动。

[*01] 这里的事物就是HNC所说的对象与内容（第三章另有专题讨论），其最大载体可以是地球村的任何一个世界（首先指HNC定义的六个世界，也包括学界和媒体所描述的各种世界）或一种文明，其最小载体可以是任何个人或其任何一项行为。

[*02] 请参看上一章第2节的注释[*07]。

[*03] 工业文明清单的内容是：（文艺复兴,宗教改革,科技革命,地理大发现,工业革命,英国宪政革命,启蒙运动,法国大革命），不过，这里用","代替了原初的"+"，并在清单前后加了括号。本《全书》是在关于文明基因（神学、哲学和科学）的首次论述中顺便提到这个清单的，该论述的核心内容是康德的哲学哥白尼式革命和马克思答案，见"理想行为73219世界知识"小节（[123-2.1.1]）。

[*04] 本节标题破折号两边的内容似乎符合破折号的约定，其实不然。相对于破折号右边的表述而言，左边的表述很像"脱裤子放屁"，如果把标题改成"作用与效应侧面的殊相与共相记忆——(XYD,XYN)"就OK了。但本节标题偏偏采取了这种非OK方式，为什么？请读者先自行思考。

[*05] 这里特意使用了"先说"，因为"下回分解"的部分内容要分流到第3节。

[*06] 《心灵、语言和社会》的作者塞尔先生是其中之一。这涉及心灵的话题，在"行为与理性7322"节（[123-2.2]）有所讨论。

[*07] 主要论述文字见"语言理解基因LUG"小节（[330-2.2.1]）。

[*08] 两位代表语言指英语和汉语，这个说法并非第一次使用。第三位代表语言指阿拉伯语，这将成为本《全书》的惯例。

[*09] 这里的"一项原则"是故意抛出的马虎眼，具体说明见下一章的第3节。

[***10] 第一句名言来于列宁先生，人所熟知；第二句名言来于王震将军，鲜为人知。后者显然是前者的复制，但内在含义有本质差异。第二句名言暗示了王震将军的一项独特领悟，那是关于"资本+技术"等同于现代"亚当+夏娃"的领悟。对第二句名言可以有多种形式的其他理解，不过，那都难免落入形而下的下乘。顺便说一声，该领悟里的现代仅对应工业时代，在后工业时代，上帝还会给人类送来新的"亚当+夏娃"，那应该是21世纪后期的事了。

第2节
过程与转移、关系与状态侧面的记忆
以共相记忆为主——(PT,RS)

（记忆模板论）

本节标题十分特别，撰写方式也比较特别。对此不加解释，寄希望于心领神会效应的出现，哪怕只有那么一点点。

作用效应链的 3 侧面划分类似于语言理解基因"天字 1 号"氨基酸 t[*01]的一主两翼划分，作用效应侧面 XY 是主体，PT 和 RS 两侧面是两翼。这两翼也都是广义作用与广义效应的综合体，理论上也可以制造描述性记忆，如前文关于 3 侧面的描述与叙述表示符号。不过，高明的语言面具制造者都明白，两翼描述可能赢得的震撼效应远不如主体描述。因此，两翼表述出现以叙述为主的态势可以说是语言脑的本色表现，这就是本节标题的理论依据了。

上一段 7 次使用了"两"字，此"两"中有两，即广义作用与广义效应各一。这一点，一定要明晰于心。

本节需要以科普语言说一说这些两中之两，这包括主体 XY 的"两"中之两。

在基本句类代码新表中，基本句类被分为三大类，其命名、编号及标记字母如表 4-1 所示。

表 4-1　基本句类空间交织性的简明呈现

命名	简称	编号	标记字母
广义作用	X 型	X01–X30	X;T;R;D
两可	B 型	B01–B18	X;T;Y;jD
广义效应	Y 型	Y01–Y20	P;Y;S;T;R;jD;D

表 4-1 充分表明，在作用效应链的 6 环节或广义作用效应链的 8 环节中，过程 P 和状态 S 这两个环节最为"贞节"，没有"外遇"，另外 6 位都不老实，有"外遇"，其中的转移 T 简直就是一位"花花公子"。表 4-1 实际上是广义作用效应各环节老实度的展现，汉语和英语在表述方式方面的大异与这里的老实度之间存在密切联系。这里特意用了"贞节"、"外遇"和"花花公子"这三个词语，不过是一个噱头，为了引起读者的兴趣。下文的正式论述并不照单全收，只留下带引号的"外遇"和"花花"。

汉语和英语在表述方式方面的大异集中表现为格式与样式、句蜕与块扩、句群结构与逻辑组合这三大方面，前文已对此进行过系统论述。下文将结合上述老实度，对两语种表述方式的大异给出下列 5 点"补充"。这里把补充加了引号，是由于考虑到，下面的许多话语是否与以往的论述重复，笔者自己也不大记得了。为了先给读者一个整体印象，下面将 5 点"补充"的标题集中宣示如下：

补充 01，关于过程 P 和状态 S 的独特表现。

补充 02，关于效应 Y 的传奇"外遇"。

补充 03，关于转移 T 的可理解"花花"。

补充 04，关于关系 R 的可理解"外遇"。

补充 05，关于两可句类的记忆转换处理。

——补充 01：关于过程和状态的独特表现

过程句 P 和状态句 S 没有"外遇"，显得非常老实，同时，它们的样式也基本不存在变易形态，这是其老实性的又一呈现。过程与状态描述的老实性可能是不同语种的共性，这一共性对于机器翻译具有一定的实践意义，因为这时不需要考虑样式转换。但是，不同文明对过程和状态的理解可能存在比较大的差异，从而导致语言描述的差异，并进而导致不同语种的过程句和状态句可能存在句类偏好的大异。上述两方面的景象确实存在于英语和汉语这两种代表语言之间，也就是标题所指的独特表现。不言而喻，它应该放在更大的自然语言视野里进行考察，惜乎笔者没有这个能力。

——补充 02：关于效应 Y 的传奇"外遇"

作用效应链的效应环节，HNC 曾付出过最多思量。其概念树及延伸概念的设计最早完成，并保持着"不倒翁"的光荣外号，该外号意味着效应 HNC 描述的透齐性得到了一定程度的验证。这几句形而上话语放在这里似乎很不协调，但不得不说。因为记忆中的(XYD,XYN)将主要来自于 HNC 所设定的效应环节，而且该环节的前两个效应三角[*02]更是主力中的主力。人类当下关心的重大话题无一不与这两个效应三角具有最紧密的联系，前文已引用过的奥巴马先生的国情咨文证明了这一点，各国政府的工作报告也莫不如此。

应该指出，人类社会一直存在一个十分有趣的现象，那就是过度关注前两个效应三角，同时过度忽视第三个效应三角的价值。农业时代以来一直如此[*03]，当下的态势不过是更为强烈而已。十分巧合的是，表 4-1 里的 Y"外遇"者不是"别人"，恰好就是第三个效应三角，它是双对象效应句（编号 B17）这一名称的缘起。发现这一巧合是十多年前的事，困扰笔者良久，故这里以"传奇"修饰之，并将简称 Y 传奇。

Y 传奇的理论和实践意义都值得略说。理论上需要略说两点：①第三个效应三角在效应概念树序列中处于靠后的位置，其交织性已大于纯净性，与关系概念林的交织尤为显著，故其广义对象语块 GBK 采取了 YBm 形态，与单向关系句的 RBm 相对应。②Y 传奇的句类代码以 Y 牵头，依据两"凡以"原则，纯粹的双对象效应句将一律被纳入记忆 XYN//YN。实践上也需要略说两点：①英语的双对象效应句表述优先于作用形态，汉语反之，优先于效应形态。因此，双对象效应句的汉英翻译，对形态转换要给予特别注意。②在思维与语言的关系方面，本《全书》曾多次对一些似是而非的经典论述表达过 HNC 的基本论点[*04]。不过，如果单就双对象效应句来说，经典论述的一项推论——汉语和汉字不适合于现代思维的中国特色判断，不能说没有一定道理，因为双对象效应句的实际运用可能更优先于广义作用形态，而不是广义效应形态。当然这只是一项预期，英语的记忆方式似乎更贴近这一预期，而汉语反之。这是一个比较奇特而神秘的话题，或许在补充 05 里有所呼应。

——补充 03：关于转移 T 的可理解"花花"

在作用效应链的 6//8 个环节中，唯有转移 T 这一环节最"花花"，遍及基本句类的 X 型、B 型和 Y 型。在 30 项 X 型句类中，转移句占据半壁江山，达 15 项。不过，在 B 型句类中，其占比没有那么高，为 5/18，在 Y 型句类中则仅为 2/20（1/10）。可见，转移 T 的"花花"绝不是西门庆式的"花花"，不是简单的事出有因，而是更深刻的事有缘起。在作用效应链的 6 个环节中，转移 T 的主块特征独树一帜，在量的方面，唯有它要求 4 块俱全；在质的方面，对象 B 与内容 C 的分野，唯有它特别清晰。这意味着转移对象与转移内容的判断具有得天独厚的优势，是句类分析或语境分析极为珍贵的先验知识。自然语言的语句有一个从单主块形态到 4 主块形态的演进过程，其中包括 2 主块和 3 主块的演进，最终是 4 主块演进。4 主块演进的关键性缘起就是转移，而不是作用链的其他环节。

上面的论述是对转移世界知识的科普表述，是关于转移 T 的 HNC 认识。没有这些认识，就意味着还没有达到对作用效应链认识的"蓦然"。如果达到了这个"蓦然"，那么，对转移 T 的种种"花花"表现就会心中有数，不难理解了。因为那无非就是 4 类主块(BK,CK,EK,AK)之间的种种省略或融合，例如，传输句是 TA 省略，自身转移句是 (TA,TC)融合，而替换句则是"(TA,TC)融合+TB 省略"。

——补充 04：关于关系 R 的可理解"外遇"

关系 R 也有自己独树一帜的东西，那就是单向性和双向性的鲜明区分。请注意，这里使用了"鲜明"二字，它意味着单向与双向并非关系的专利，但鲜明是它的专利。鲜明者，"外遇"缘起于双向也。该"外遇"仅有一次，那就是双向关系句 RkJ（编号 Y09）。可理解者，即指此也。

——补充 05：关于两可句类的记忆转换处理

现代语言对夫妻有一个比喻说法，把夫妻双方的另一方叫作另一半，HNC 对这个比喻说法很感兴趣，因为它不仅完全符合 HNC 关于半和整的定义[**05]，也完全适用于作用效应链的 3 侧面描述，每一侧面就相当于一对夫妻或一个家庭。理论上，作用充当作用效应侧面的丈夫，效应则充当妻子；过程充当过程转移侧面的丈夫，转移则充当妻子；关系充当关系状态侧面的丈夫，状态则充当妻子。实践上，所谓丈夫和妻子不过都是家庭的一种角色，而角色可以相互转换。用句类空间的语言来说，X 型句类是丈夫充当主角，可名之 X 型语言家庭；Y 型句类是妻子充当主角，可名之 Y 型家庭；B 型句类是丈夫与妻子交替充当主角，可名之 B 型家庭。HNC 理论的"蓦然"贡献之一在于：它揭示出每一个语言家族[**06]都由 3 类语言家庭[**07]构成，这样，对数以万计的语言家族就可以用一个统一的模式，即(XY,PT,RS)模式加以描述。该"蓦然"的另一种表述方式就是：语言家族的描述模式也就是语言脑的记忆模式，这里要提醒的是，在所谓的"另一种表述方式"里，实际上隐藏着一项相当有趣的埋伏。那埋伏何在？读者不妨先自行思考一下。

那埋伏在于，语言理解和语言记忆将面对完全不同性质的挑战。前者的主要挑战是，如何降伏潜藏于语言流中的众多敌寇；后者的主要挑战是，如何规范 3 对夫妻或 3 类语言家庭的档案记录。降伏敌寇的工作属于语言理解，它必须仰赖 3 类语言家庭的辨认。规范档案记录则完全是另外一种性质的工作，它关注的是整个语言家族的全貌或整体景象，而不是家族内部各语言家庭的具体特征。这就是说，无论是哪一类语言家庭，夫妻双方是谁充当主角已经不重要了，重要的是该家庭对整个家族的贡献，语言记忆的责任只是把这些贡献都记录在案。

写到这里，本节的 5 点补充似乎可以结束了，但本节不能到此戛然而止[*a]。下面的论述不仅是本节的主体，也是本章的主体，甚至还是本编的主体。

那么，如此重要的论述，为什么安排在这么一个"上不着天，下不着地"的处所呢？回答是：无奈又无能。

作为一个语言家族整体面貌的记录，语言记忆的粗线条形态已经给出了，那就是：

```
(DOM;(XYD,XYN,PT,RS)[n];BAC[n])=:ABS=:(HNC4)
(XYD,XYN,PT,RS)[n]::=ABS[n]
```

对上面的表示式，虽然使用了"语言脑记忆的粗线条形态"的说法，但 HNC 理论实际上把它看作是**语言脑的记忆模板**，可简称**记忆模板**。上节和本节的论述，实质上是围绕着这个**记忆模板**而展开的。记忆模板里的 ABS[n]将被命名为主体记忆或记忆主体，BAC[n]将被命名为备注记忆或背景记忆。这两个命名，后文有呼应性说明。

记忆模板存在 6 项要素，这就是 HNC 理论对(HNC4)或摘要 ABS 的基本思考和基本结论。这 6 项要素，读者应该都不陌生，因为前面已给出了充分说明。这里需要补充说明的只是附加的符号[n]，其含义相当于多个"特定"。详说如下：记忆由多项**特定**主体记忆 ABS[n]和与之一一对应的**特定**背景记忆 BAC[n]组成，**特定**者，对应于某一具体领域 DOM 之意也。

上面是关于"语言脑记忆的粗线条形态"的粗线条描述，下面试图把这个粗线条描述尽可能搞细一点，也就是试图对记忆模板进行细说。但力不从心，只好采取细说 k–m 的笨拙方式。其中的"k"仅取 1 或 2，k=1 对应于主体记忆 ABS[n]；k=2 对应于背景记忆 BAC[n]。

细说 1–1：关于 ABS 与 ABS[n]

在记忆里，同一领域的摘要数量是不确定的，有的很多，有的很少，甚至没有，这因人而异。但一般情况是，语言脑某一领域记忆的摘要有多项，每一项代表一次特定的摘要，这是记忆的基本特征。符号 ABS 反映这一基本特征，符号 ABS[n]则代表一次特定的摘要。符号 ABS 与 ABS[n]的差别相当于 HNC 爱好的两个词语——非分别说和分别说。

细说 1–2：关于 ABS[n]的排序

一项特定的摘要 ABS[n]来于一次特定的读或听，这就提出了 ABS[n]的排序问题。这个排序问题看似简单，但实际上并不能像计算机的堆栈那样处理。因为，如果出现读或听的重复情况，要不要进行相应的并合处理呢？能不能说，语言脑记忆肯定会适时或及时进行这一并合处理呢？回答应该是：Yes。但图灵脑能做到这一点吗？又如何做到呢？这似乎是个难题，其实不是，因为检查一下该领域是否被记忆过，问题就可以迎刃而解。当然，这里的"迎刃"并不那么轻松，在后续的细说里会有所呼应。

细说 1–3：关于 ABS[n]的更新

主体记忆 ABS[n]形式上包含 4 项，实际上包含 8 项。这里也有排序问题，HNC 约定：按照 ABS[n]定义式所指示的顺序排列。这意味着 ABS[n]就是一张规范表格，一次读或听所生成或更新的 ABS[n]，实际上只是在该表格里填写部分内容。开始时，该规范表格可能呈现出大量的空，经过多次填写以后，那些空才变成不空。ABS[n]的多次填写对应于心理学的记忆加强，但这里宁愿加一句下面的话：它强关联于细说 1–2 里提到的所谓难题。

细说 1–4：关于领域句类代码的再表示

主体记忆 ABS[n]里每一项的符号表示究竟是个什么东西？这才是语言脑记忆的核心问题。然而，这个核心问题的答案却非常简明，其正式陈述是：那东西就是各种具体领域句类表示式或具体领域句类代码的**再表示**。我们知道，所谓的领域句类表示式或代码，无非就是一些特定的基本句类或混合句类表示式或代码。因此，这项正式陈述里的新东西就是那个**再表示**，或者说，记忆核心问题的答案就在这个**再表示**里。

记忆命题 1：领域句类代码**再表示**的整体形态等同于一个具体的概念关联式或语言概念空间的一位使者。

这里，把"领域句类代码的再表示"诠释为一个命题，一个等同性命题，被命名为记忆命题 1，也就是一个关于"领域句类代码**再表示**的整体形态"的命题。该命题右方的内容是读者所熟悉的，这不过就是采取了以已知诠释未知的常规技巧或词典技巧。把这个技巧用在这里，效果却不寻常。那么，这里要不要给出几个示例，把这个不寻常的效果突出一下或展示一下？这可要让读者失望了，因为回答是：请参照下面的细说自行练习。

细说 1–5：记忆命题 1 续谈 1——再说记忆模板

概念关联式或使者把不同的概念以逻辑符号关联起来，句类代码实质上也是干着同样的事。不过，句类代码里的概念全部是主块，其主块符号，无论广义对象块 GBK，还是特征块 EK，它们都含有自身的内在逻辑。就 GBK 来说，XJ 的 A 代表一般作用，相当于语言世界的上帝，而 X0J 的 X0A 则仅代表物理世界的作用，相当于语言世界的一位圣灵；RB1 代表关系双方的主动方，相当于语言世界的一类施事，RB2 代表被动方，相当于语言世界的一类受事；TB 或 TB2 代表转移的终点，TB1 代表转移的起点，TB3 代表转移的路径或路途中的站点，三者都被命名为转移对象；TC 被命名为转移内容，实际上正是被转移的对象，其中，T2C 代表被转移物，T3C 代表信息。就 EK 来说，X 和 Xm 虽然都是作用，但其意义大不相同；T0 与 Tm(m≠0)的意义也大不相同，D 与 jD 的意义更大不相同。这些，就不必一一列举了，总之，记忆模板的主体记忆 ABS[n]仍然是广义对象语块 GBK 和特征语块 EK 的一个特定组合。不过，两类语块的符号形态则经历了又一次"面目全非"的巨变。这又一次实际上是第二次，第一次巨变缘起于从自然语言符号形态到 HNC 理解符号形态[*08]的变换，第二次则缘起于从 HNC 理解符号形态到 HNC 记忆符号形态的变换。面目全非这个修饰词语，第一次巨变当然是 100%当之无愧，第二次巨变肯定达不到这个程度，但依然是一次巨变。为引起读者的注意，就使出了一个带引号的"面目全非"。

这里还需要指出另一个要点，它关系到 HNC 记忆符号体系里的逻辑关联表示。在记忆模板里，EK 本身的作用等同于记忆命题 1 里的逻辑关联符号，这就是说，领域句类代码再表示里的最高层级逻辑关联符号可以直接由 EK 转换而来。这里的"最高层级"和"转换而来"值得一说，前者意味着领域句类代码再表示式或记忆模板通常具有多层级的逻辑关联符号，后者意味着这些逻辑关联符号并不是 EgK 或 ElK 本身，而是其转换形态"y"[**09]。此"y"对应于"100*y"里的"y"，在概念基元空间里，"100*y"是其内使（概念关联式）经常采用的逻辑关联符号。

细说 1-6：记忆命题 1 续谈 2——三说记忆模板

记忆模板对多层级逻辑关联符号的运用，意味着记忆模板的结构类似于英语的高楼大厦，而不同于汉语的四合院结构。这一形而上思考的结果，似乎为"汉语不适合于现代思维"的怪论（将简称"头号语言怪论"[*aa]）提供了炮弹。然而只是似乎而已，因为自然语言的高楼大厦和记忆结构的高楼大厦之间不存在任何对应关系，从前者到后者的过渡，要施行一系列的符号处理，其要点可以归结为两个方面，一是去粗取精[*10]，二是重新组合。重新组合的基本内容是：①指代、重复与省略的变换处理；②主辅变换的还原处理；③记忆生成的累积处理，也称记忆更新处理。记忆更新处理的基本内容是下列两转换：从 SCD 到 ABS[n]的转换和从 BAC 到 BAC[n]的转换。前两项处理属于语言理解处理过程的事，即语境分析 SGA 的事。两转换则属于记忆生成过程的事，即语境生成ABS 的事，是记忆模板处理的关键步骤之一，或者干脆就说是最关键的步骤，也无不可。下文将结合具体示例，对此给予进一步的说明。

现在，我们并没有汉语的四合院结构不利于上述两项转换处理的证据。所以，这里建议头号语言怪论的坚持者，最好是对记忆的转换处理做点实际研究，例如，考察一下以英语为母语者的记忆转换速率是否比以汉语为母语者快速。

细说 1-7：记忆命题 1 续谈 3——四说记忆模板

三说里为头号语言怪论提供了第一颗炮弹，这里再提供第二颗炮弹，它来自于多元逻辑组合的布局特征。让我们来回顾一下英语和汉语在该布局特征方面的巨大差异，英语"永远"[*aaa]是核心要素在头部，而汉语永远是核心要素在尾部，因此，这两种代表性语言在进行机器翻译时，必须施行多元逻辑组合短语或语块的"换头术"处理。记忆模板里的 GBK 当然会存在大量的多元逻辑组合，HNC 约定，其组合方式将向英语看齐，也就是说，核心要素将置于该组合结构的头部，而不是尾部。这样说来，在生成记忆模板时，英语似乎可以免除"换头术"的变换处理，而汉语则似乎必须进行这一处理。这"似乎"难道不是显而易见的真实么？这第二颗炮弹的有趣度是否大于第一颗？笔者无意深究，读者就把这两颗炮弹当作是语言脑记忆模板沙盘上的两枚棋子来思考吧。

细说 1-m 到此为止，从 SIT 变换到 ABS[n]的有关具体问题都涉及了。这"都"字，意味着其广度符合透齐性要求，但"涉及"二字，却回避了透齐性的深度侧面。这回避是刻意的,是无奈又无能的表现,然而,也是本《全书》的本色。因为,此深度侧面必然要跨出理论第一棒的范围,进入技术第二棒。细说 1–m 的撰写风格大体如此,并将在下面的细说中继续。

细说 2–m 涉及从语境单元 SGU 变换到记忆 ABS 的第二个环节:从(BACA,BACE)到 BAC[n]的变换,该变换将简称背景变换,而细说 1–m 涉及的变换将简称情景变换。两变换的复杂度各有千秋,它反映在两者的各自细说清单里。在细说"2–m"之前,不妨先重复一下 HNC 关于语言理解和语言记忆的一些基本思考。

语言理解处理的关键步骤是语境分析 SGA,语境分析的硬仗之一是揭开语言的面具或面纱,让语言显露真容,记忆生成也面临着同样性质的硬仗。打硬仗都需要相应的谋略和武器,揭开语言面具之战也不例外。但 HNC 为语言信息处理所需要的相应谋略和武器另外起了一个名字——揭具。在语境分析之战时,该揭具是(BACA,BACE);在记忆生成之战时,该揭具是(XYD,XYN)。这两套揭具,已经给出了充分说明,请读者一定要了然于胸(即把握住要点),因为,对细说 k–m 的考察,都要以上述两揭具为立足点。下面就来进行"2–m"的细说。

细说 2–1:BAC[n]是(BACA,BACE)的非分别说

本细说将从"六何"说(何故、何事、何人、何地、何时、何如)[**11]说起,先说一下其透齐性的不足。

就透彻性来说,"六何"说存在着范畴认识方面的失误,这个状况与词类说非常类似。显而易见,如果把"何故、何事、何如"纳入一个范畴,那么,"何人、何地、何时"就应该纳入另一个范畴。因为,前"三何"大体上可以说是 ABS[n]的专属概念,但后"三何"则一定不能这么说,因为它们不仅会涉及 ABS[n],也必然会涉及 BAC[n]。

"人、地、时"之"三何"(即上述后"三何")不仅有说//写者与听//读者的基本两分,还有不同句类里三者的巨大角色差异。基本两分的信息应纳入 BAC[n],角色差异的信息则应纳入 ABS[n]。这个话题虽然说来话长,但要害已经点到了。

就齐备性来说,"六何"说距离"蓦然"境界的差距就更大了。"六何"既远不足以反映语境单元情景 SIT 的要点,也远不足以反映语境单元背景 BAC 的要点。单就抽象概念与具体概念的基本划分来说,具体概念的物(w,jw,pw,…)竟然被"六何"遗忘了,偌大的两可概念阵营 x 也被遗忘了。单就后"三何"来说,它不过是综合逻辑概念 s 里一片概念林的一部分。那片概念林叫"条件 s3",在"六何"里,可以说(s1,s2,s4)统统被遗忘了。当然,"六何"的"何事"包含面很宽,它可以包含人类社会的两类劳动,也大体可以包含第一类精神生活,但是,对第二和第三类精神生活就不能这么说了,它也许可以包含这两类精神生活浅层方面的全部内容,但深层方面最重要的东西,是不宜纳入"何事"的。我们不可以把"般若"和"上帝"的概念纳入"六何",也不可以把孔子的"仁"和老子的"道"纳入"六何",玄奘大师是深思过这一点的,"阿耨多罗三藐三菩提"的译文就是一项明显的证据。齐备性话题就写这些吧。

(BACA,BACE)是对后"三何"说的透齐性补充。在语境分析 SGA 的视野里,BACA 与 BACE 两者的分别说固然非常重要;但在记忆生成 ABS 的视野里,两者的分别说却

没有那么重要了。因为，在从 SGU 到 ABS 的变换中，仰赖于两者分别说的东西已经分别融合到主体记忆 XYD 和 XYN 里面去了，因此，(BACA,BACE)里未融合到主体记忆里的"残余"部分，就不必再搞什么分别说了。把两者统起来，搞一个非分别说，显然是一个明智而经济的选择。

这个统起来的背景以符号 BAC[n]表示，被命名为备注记忆，因为它起着主体记忆 ABS[n]的备注作用。

细说 2-2：备注记忆家庭 BAC[n] -o(o=(p;s;t))

本细说的汉语标题名称及其符号表示虽然都属于细节[*12]，但需要先交代一下。

备注记忆家庭就是指"人、地、时"之"三何"，其符号表示将采取 BAC[n] -o 的形态。变量"o"的对应常量符号集合为(p*;wj2*;wj1*)，代表"人、地、时"。下面进入细说的正文，说 4 点：一总说，二说人，三说地，四说时。

——总说 BAC[n] -o

备注记忆里的"人、地、时"和主体记忆里的"人、地、时"不是同一样东西，或者说，主体记忆和备注记忆各自拥有自己的"三何"，这个界限不容混淆。BAC[n] -o 代表备注记忆里"人、地、时"拥有自己的基本特征，那就是前文说到的"说//写者与听//读者的基本两分"，但需要添加此两分的非分别说，即两分的综合。

——说人 BAC[n] -p*

备注记忆里的"人"可划分成 3 大类：写者或说者；读者或听者；中介者。下文将简称写者、读者和介者。此三分类似于对偶概念的"m"三分，因为介者实际上就是写者与读者的综合。这样，备注记忆里"人"的符号表示就采用 BAC[n] -p*m 的形态。

写者、读者和介者的细分，既烦琐，又交织。但是可以说，烦琐不是问题，交织才是问题。对于"BAC[n] -p*m"，HNC 符号表示并不怕烦琐，但对交织还是有点怕，原因又有两点：①可能需要设置相应的使者；②可能已经跨入了专家知识的范畴。下文试给两个示例。

示例 1：奥巴马的 a25e25 片段

```
BAC[n] -p*1      ((ppa101\1,USA);((Obama);[奥巴马]))
BAC[n] -p*2      (p-a11a,USA)
BAC[n] -p*0      (gwa35(\k);(State of the Union address))
```

示例 2：《战争风云》片段

```
BAC[n] -p*1      ((gpa41e22ac43,German);)
BAC[n] -p*2      ()
BAC[n] -p*0      (((ppa31ba,USA);[•沃克]);(The Winds of War))
```

这两个示例试图传递下述基本论点：①语言脑记忆的主体符号不是自然符号本身，而是由自然语言转换而来的概念符号，如示例里的 ppa101\1、p-a11a、gpa41e22ac43 和 ppa31ba。这些概念符号在不同母语的语言脑里是相同的，与母语无关，将命名为语言脑共相记忆符号，简称共相记忆符号。②自然语言的专名符号可直接进入语言脑记忆，如示例里的下列符号：

> USA、((Obama);[奥巴马])、(State of the Union address)
> German、[•沃克]、(The Winds of War)

这些符号将命名为语言脑的殊相记忆符号，简称殊相记忆符号。③共相记忆符号载体的物理、化学和生理特征是语言脑的生态奥秘，这项生态奥秘也许是上帝最珍视的"知识产权"之一，虽然上帝一定欢迎其一切奥秘的探索者，但对于这项特殊的"知识产权"，人类的明智做法可能是：在探索该生态奥秘的同时，也致力于其功能奥秘的探索，这就是图灵先生的伟大思考。④HNC 理论是图灵思考的忠实追随者，上列 HNC 符号就是语言脑共相记忆符号的对应载体。⑤HNC 共相记忆符号不难与自然语言文字符号接轨，也不难与语音符号接轨。⑥示例实际上给出了记忆模板的描述形态或描述结构。

以上论述缘起于备注记忆里的"人"，但实际上是 HNC 理论探索要点的再述说，也是记忆要点的再述说。其基本原则不仅适用于全部备注记忆，也适用于主体记忆。

下面交代一下示例中的若干细节。其符号表示仅供技术第二棒接力者参考。

细节 1：三类代表性语言的殊相概念符号将分别采取不同的括号予以表示，英语采取了圆小括号，汉语采取了方括号，阿拉伯语拟采用花括号。每类语言的子类区分可考虑后接[k]（HNC 的 10 进制数字表示）的方式。

细节 2：记忆模板出现空项，乃是记忆的常态，但"人"之记忆有所不同，有两个特殊情况值得注意，一是空项出现于 BAC[n] –p*2 的位置，二是记忆者自己占据着该位置。前者见于示例 2。

细节 3：示例对 BAC[n] –p*0 记忆项给予了特殊照顾，如(State of the Union address)和(The Winds of War)。两者还可以变成下面的表示：

> ((State of the Union address);[国情咨文])
> ((The Winds of War);[战争风云])

为什么要对 BAC[n] –p*0 给予特殊照顾？这就要请读者回去再看一眼前面的"细说 1-6"，那里提到了记忆模板处理的最关键步骤——记忆的累积或更新处理。该特殊照顾可以看作是对特定记忆住户之[n]号内容的查询便利记录。如果该记录尚未出现过，那就施行"$n=n_{max}+1$"的内容项添加处理；如果该记录已经出现过，那就要施行[n]号内容的更新处理。下面以上面的那段奥巴马国情咨文为例，给出稍微具体一些的说明。

那段咨文的记忆住户叫 a25e25（积极经济治理），该住户对应于一个巨大的话题，通常是一个大户人家。在任何一篇国情咨文或政府工作报告里，都可能多次说到这个话题。这就是说，该记忆住户的某一特定[n]号内容在同一篇文字里会多次出现，特定[n]乃与同一篇文字或同一信息来源对应，多次出现意味着特定的[n]将多次呈现。对这个"多"，必须进行"归一"处理，即将多次呈现的[n]并合到同一个[n]里去，这就是所谓的记忆累积或更新处理。该项处理的关键举措就如同法律或人事活动中对有关对象的情况查询，BAC[n] –p*0 的特殊照顾无非就是为记忆处理的情况查询提供一个方便条件。"[国情咨文]"和"[战争风云]"方便于汉语记忆住户的查询，"(State of the Union address)"

和"(The Winds of War)"方便于英语记忆住户的查询。这方便，就好比是秃子头上的虱子，不是吗！

HNC 把该项方便条件与"人"捆绑在一起，而不是与"地"和"时"捆绑在一起，这好理解。但是，为什么要与 BAC[n] –p*0 捆绑在一起，而不是与 BAC[n] –p*1 或 BAC[n] –p*2 捆绑在一起？这个问题不仅不难理解，且不必回答。因为它属于这样的一类问题，提出来就足够了，不必费神去解答。

说人的话题可以结束了。最后就便针对上述怪论要再次啰唆一句，上面特意使用了"汉语记忆住户"和"英语记忆住户"的短语，在示例的记忆模板里，前者不过是以"国情咨文"和"战争风云"分别进行相应英语表示的替代。这样的替代，可能对记忆或思维产生可察觉的影响么？不妨想一想。

——说地 BAC[n] –s*m

这里的"地"是场合的意思。这"地"，也可以同"人"一样进行"m"类型的对偶三分，这个意思用自然语言来表述比较累赘，不如下面的使者表示式：

$$BAC[n] –p*m:=BAC[n] –s*m:=BAC[n] –t*m$$

这就是说，BAC[n] –s*1 对应于说者的场合，BAC[n] –s*2 对应于读者的场合，BAC[n] –s*0 对应于介者的场合。说、读、介三者与其场合之间存在着不同程度的密切联系。这一特定联系，有的属于世界知识，有的属于专家知识。例如，示例 1 的国情咨文一定在美国首都华盛顿的国会大厦宣读，它对应于 BAC[n] –s*˜0，属于世界知识。但是，示例 2 之《战争风云》所对应的 BAC[n] –s*1 则属于专家知识，而不属于世界知识。HNC 的建议是：①该特定联系是否属于世界知识，一定要在记忆模板的 BAC[n] –s*栏目里表示出来；②如果属于世界知识，那就必须加以表示。表示的方式无非是两种，一是捆绑于记忆模板的某一栏目，二是委任相应的使者。

在说人的示例里，捆绑方式仅用于 BAC[n]–p*0，那只是示例而已，不是捆绑唯一性的约定。"地"之世界知识可以运用捆绑方式或使者方式，或两者并用，这是理论第一棒必须指出的原则。至于捆绑指向的具体实施（即指向 BAC[n] –s*m 里的哪一位）问题，就留给技术第二棒接力者去处理吧。

——说时 BAC[n] –t*m

时 BAC[n] –t*m 是 BAC[n] –o*m 家庭的老三，上面的使者表示式适用于他，关于老大和老二的基本论述也适用于他，那么，老三还有什么独特话题？回答是：没有。

但是，应该就这个话头，说一下 BAC[n] –o*m 符号里面的[n]，它是记忆家族各户家庭的统一编号，对 ABS、BAC、XYD、XYN、PT 和 RS 都适用。HNC 约定：[n]为 10 进制符号，不会与语言理解基因氨基酸的符号"n"相混淆，请技术第二棒接力者注意到这一点。以上不过是插话，正式话题是下面的记忆命题 2。

记忆命题 2：各记忆家庭的编号[n]取决于 BAC[n] –t*2。

此命题的文字形式，如同记忆命题 1 一样，笔者自己也很不满意。所以，前文的"无奈又无能"短语是真心话。

记忆空间里不同记忆家族的分布景象，在不同记忆者的语言脑里可能存在天壤之别。某些语言脑里的显赫家族，在另一些语言脑里不过是普通平民，甚至是希腊文明意义上的奴隶或印度文明意义上的贱民，反之亦然。为什么要从记忆家族的显赫性、平民性和贱民性谈起呢？因为，这不仅牵涉到心理学的凸显问题，也牵涉到记忆家庭的编号问题，最终还可能影响到记忆家族的排序问题。

语言脑里的各记忆家族最初都处于空状态，这应该是没有疑问的。但是，从空到不空的巨变，不同记忆者或不同语言脑是否仅仅取决于他们本人所特具的语境呢？答案是：Yes。这个答案多半让读者感到迷惑甚至震惊，不能不说一段下面的话。

HNC 的语境既是内因与外因的分别说，也是两者的非分别说，与综合逻辑 s 概念树"语境条件 s34"里的语境相对应。总之，依据 HNC 定义的语境，此"Yes"答案具有公理性。基于此答案，不妨先说几句形而上话语：语境的特具性等同于语境的无限性，但这一特具性或无限性只能在有限的语境单元舞台上展现，记忆是该展现的记录。接着再说几句形而下话语：这个记录很特别、很高明，现代监控技术再怎么发展也比不上它，即使未来的监控技术能达到学术和技术双重意义上的全息高度，也仍然比不上，如果我们继续以今天的纯粹形而下思维和方式探索大脑奥秘的话。

HNC 仅形而上关注语言脑和语言记忆的奥秘，本章仅涉及记忆家族和记忆家庭的奥秘。奥秘的揭示离不开揭具，这里要强调指出的是，符号 BAC[n] -o*就是备注记忆的基本揭具，而该揭具的核心"部件"就是 BAC[n] -t*2。请读者对这里的两个"就是"多给一点注意，因为它代表了一项认识，该认识也许配不上"蓦然"这个词语，但应该相差无几。本节在推出记忆命题 1 之后，又推出记忆命题 2，缘由即在于此。下面试用通俗的语言把记忆命题 2 再说一遍。

一个记忆家族的各户记忆家庭都居住在其记忆家族领地，这在原则上似乎是没有任何疑问的[*13]。但是，每一记忆家族领地的整体疆域如何描述？每一记忆家庭的住处（住宅的位置）又如何描述？记忆的形而上思考，必须回答这两个根本问题，前者曾略说了一下，下面略加呼应；后者还未曾提及，下面进行第一次略说。

呼应性略说归纳成下列 5 点：

（1）记忆家族疆域的变动不会脱离自己的记忆部落和记忆国家。记忆国家主要与主体语境的概念树相对应，记忆部落与语境延伸概念的变量形态相对应。这意味着，记忆世界的空间景象很类似于农业时代农耕民族的社会，而不是游牧民族的社会，更不是现代的全球化社会。这样的比喻，必然遭到现代读者的嫌弃，那只好说一声抱歉了。

（2）记忆家族不仅有豪强、精英、民众、游帮的基本区别，甚至还有绝户。人类社会虽然经历了从农业时代到后工业时代的巨大变迁，但"豪强、精英、民众、游帮、绝户"的基本景象并没有消失，它不会消失也不应该消失，而是必将随着地球村和人类的存在而存在。记忆世界和记忆家族的景象也是如此。

（3）"豪强、精英、民众、游帮、绝户"[**14]代表记忆单元的 5 种景象（不是类型），但五者并不能直接作为记忆家族的标签，因为正常的语言脑都各自拥有自身的不同标准，此语言脑里的豪强可以是彼语言脑的游帮甚至绝户，反之亦然。但是，此景象可用于记忆家庭的描述，这将在下文说明。

（4）如果把记忆单元的 5 种景象与语境单元的类别联系起来，那么，记忆空间景象的整体分布形态必然是语言脑智力水平的一种表征。这是一项不可忽视的世界知识，而心理学或许恰恰忽视了这一要点。

（5）记忆空间的豪强与绝户现象特别值得注意，不同文明拥有各自的豪强与绝户特征，六个世界也是如此。这里愿意再次提醒读者关注一下政治理念 d11 和宗教 q821 这两株概念树，那里的豪强与绝户景象特别令人触目惊心。

关于记忆家族的呼应性略说到此为止，略说中使用的术语未采用读者熟悉的词典意义，所以，请对注释"[**14]"多加关照。下面来略说记忆家庭及其住宅的描述问题。

让我们从搬家这个词语说起，这里的搬家就是指 ABS[n]的[n]变动，此[n]的变动就是记忆家庭 ABS[n]的搬家。此搬家现象应该是记忆空间的常态，甚至可以说每时每刻都可能发生。这是 HNC 记忆理论的一个重要命题，关系到 HNC 关于记忆的一项基本假定。

该基本假定的自然语言陈述是：①"豪强、精英、民众、游帮、绝户"的划分是 HNC 理论关于人的基本描述方式[**15]，对这一描述方式，记忆家族、记忆家庭以及记忆家庭之住宅形态都可以借用。但借用时仅能充当形式标签，而不能充当内容标签。5 种记忆住宅形态可依次名之豪宅、精宅、民宅、游宅和绝宅。②记忆家族的形式标签[*16]与人之基本描述具有大体上的对应性，但与其记忆家庭的形式标签则不具有任何这种对应性。就是说，任何人都会拥有 5 种形式标签的记忆家族，但其豪强和绝户记忆家庭却各自具有自己的独特性。这段话大约不太容易理解，下面会采取使者的符号形式另加说明，请读者对照。

记忆的搬家就是指记忆家庭的住宅变动，搬向精宅就是记忆加强，搬向游宅就是淡忘，搬向绝宅就是遗忘。住在豪宅的记忆家庭比较少，属于"刻骨铭心"之类，多数记忆家庭应该是住在精宅和民宅里。

语言脑记忆搬家现象的实验研究似乎已具备足够的前提条件，但该项实验的设计和施行都比较复杂，这就不去说它了。但应该指出，图灵脑的记忆搬家现象则不难进行实验研究，因为我们可以随意对语言脑"电子白老鼠"（即微超）进行解剖或手术。此"鼠"前文曾多次预说，这里算是一次呼应吧。

笔者幼年和少年时，经历过"城市—农村—城市"的搬家，那也是一次初进祖宅和永离祖宅的搬家。成家以后，经历过从"绝户"（无住宅）到接近"精宅"的多次搬家。因此，搬家这个记忆家族的景象，在笔者语言脑里可能有点特别，它具有从豪宅到绝户的叠影，而语言脑的通常情况是：豪宅、精宅与民宅这三类住户应占据搬家记忆家庭的显要位置，它们都对应于符号 ABS[1](q746β)。下面对搬家所对应的记忆家族或记忆家庭，给出四位使者示例，相关的概念或术语出现在四位使者的队伍里。

```
ABS[1](q746β):=r4075——[ABS(q746β)-01]
（搬家记忆家庭的 1 号住户对应于自身）
ABS((~c)746+pj52*)=a15——[ABS(q746)-01]
（在农业和工业时代，民族迁徙记忆强交式关联于征服活动）
ABS(c746,144,pj2*):=jru73c01——[ABS(q746)-02]
（在后工业时代，移民记忆属于常态）
```

ABS(q746β)=p56b3d5m—— [ABS(q746β) -01-0]
（搬家的记忆家族强交式关联于人之基本描述）

针对这四位使者，需要说三段话。①第一位使者很特别，只有它带有符号"[1]"，表示它是记忆空间必须派出的外使。②不带符号"[n]"的记忆空间外使都可以变成概念基元空间的内使，那么，语言脑或未来的图灵脑需要配置两套使者么？③最后一位使者是特使，前三位使者所传递的世界知识都比较普通，但这位特使不同，它所传递的世界知识非常纠结。那么，如何对这一纠结性世界知识进行解构处理？

对上述两个问题，纯粹的形而上思考或许无能为力，因而也难以达到"蓦然"境界。不过，这里愿意对那位特使说几句话：它可以变成记忆家庭的形式，那就是将"ABS"改写成"ABS[n]"；该特使是对一个奇特（难以理解）论点的呼应，那就是：人之基本描述与其记忆家族的形式标签具有大体上的对应性，但与其记忆家庭的形式标签则不具有任何对应性。

"从搬家这个词语说起"的话题拟到此结束。其预期目标是：对 HNC 理论引入的记忆家族和记忆家庭这两个重要概念或术语，给出一个比较鲜活的素描形象。这个目标达到了么？笔者并没有多少把握。

不过，细心的读者可以察觉到："说时 BAC[n] -t*m"论述里的漏洞远多于前面的两"说"。漏洞有大节（j721）与小节（j722）之分，但这两者的区分在形而上和形而下的视野里往往截然不同。下面将不理睬这些，就漏洞问题略说两点。

第一，关于编号[n]的漏洞。

上文说到记忆家族和记忆家庭的形式标签，其符号表示最终落实为编号[n]，它是记忆家族和记忆家庭的共享编号，可名之一级编号，而记忆家庭还需要二级编号，不过上文没有明说。对于这个解释，敏感的读者立即会提出反问：上面的第一位使者仅使用共享编号"[1]"，然而却被命名为"搬家记忆家庭的 1 号住户"，二级编号何在？这就是关于编号[n]的漏洞。

此漏洞的考察要与该使者的特殊身份——搬家——联系起来。搬家这个概念对于言语脑和图灵脑存在十分独特的差异，言语脑通过其承载者可以获得搬家的亲身感受，而图灵脑不可能有这种感受。这意味着：与搬家这个记忆家族相联系的"记忆家庭 1 号住户"这个概念，对于言语脑显得比较自然，对于图灵脑则显得相当各色。言语脑的搬家"记忆家庭 1 号住户"似乎不需要二级编号，但图灵脑不同，领域符号本身可能不足以提供该住户的身份（从豪强到绝户）信息，这就需要二级编号的支持。总之，记忆家庭之一级与二级编号的概念，可能更适用于图灵脑，而并不完全适用于言语脑。但是二级编号果真不存在于实际言语脑之中么？这个问题似乎过于玄妙，可暂不探求。这些问题的进一步探索，纳入技术第二棒的范畴比较合适。

没有任何理由认定记忆家庭住宅区的景象类似于人类社会住宅区的景象，但也没有任何理由认定这两种景象之间不具有某种相似性，例如，富豪区和棚户区的鲜明对照。承认某种相似性的存在是一种比较明智的选择或思考。记忆家族和记忆家庭术语的引入，本节的一切论述，都是此项选择或思考的必然产物。这一点，务请读者注意。

第二，关于记忆命题 2 的漏洞。

该命题说："各记忆家庭的编号[n]取决于 BAC[n] −t*2。"这里的漏洞不是一个，而是两个。一是关于"[n]"的漏洞，上文已经说过了；二是关于"*2"的漏洞，显然，把它改成"*2//"更为适当。记忆是图灵脑作为读者而形成的效应物（rw），这正是符号"*2"试图传递的信息。但言语脑不仅是读者，也可以充当写者或介者，这就是符号"*2//"可以传递的信息了。当然，一位成熟的语超也可以充当写者或介者，甚至是非常高明的介者，但那毕竟是十分遥远或渺茫的事。此中的心情巨变[*b]，不可能不对本《全书》的撰写产生深刻影响。这里的漏洞与这种影响之间存在微妙的联系。

下面对本节略作回顾，它可以划分为两大段：段 1 和段 2。两大段本来可以划分成两个小节，为了遵守本编约定，就没有这么做。段 1 论述了记忆 6 要素或记忆模板；段 2 论述了记忆家族与记忆家庭。记忆 6 要素也可以表述成记忆 3 要素——领域 DOM、主体记忆 ABS[n]和备注记忆 BAC[n]，但论述中回避了"3 要素"表述。这里有两点考虑：一是把领域与另外的 5 项或 2 项并列为要素之一，在严格的理论意义上并不妥当；二是试图突出对 XY 的特殊优待，唯有它，被赋予 XYD 与 XYN 的划分。任何理论的透齐性都存在一定前提，HNC 记忆理论当然也不例外。段 1 着重于阐释 HNC 记忆理论的透齐性，但段 2 也涉及其现有形态的不足。所以，本节多次使用了理论第一棒和技术第二棒的说法。

最后应该说一声，本节的注释比较重要，请一定要同步阅读，特别是其中的带"**"部分。对注释区分"*"和"**"两类，但对两者统一编号。本节或许是第一次这么做，往事已矣，来者可追。这八个字的文言表述，就当作是本节的结束语吧。

注释

[*a] 这里也许是第二次使用"戛然而止"这个词语，本编的第一次使用是在第一章第 1 节的末尾处，那里说"可以"，这里说"不能"。为什么？这多少有点微妙，请读者玩味。

[*aa] 头号语言怪论是中华文明断裂的一项不俗表现，流行于中国，特别是中国大陆，经久不衰，在博客里还可以经常见到，且支持者不少。该怪论的提出与奠定要归功于许多人，中国的许多著名人文学者是当然的主力，但外国人文学者也起过重要作用，其中的某国学者还得到过某国政府的大力支持。

[*aaa] 这里，对永远特意加了引号，因为现代英语已有例外，某些多元逻辑组合方式居然出现了向汉语看齐的趋向。当然，该趋向目前仅限于一些特定情况，主要是某些专用复合概念的表述。

[*b] 此话语显得比较突兀，请参阅[340-1.1]节。

[*01] 语言理解基因"天字1号"氨基酸的说法是第一次使用，将来可能引入"天字m号"、"地字m号"和"人字m号"等名称。"天地人"将分别用于语言理解基因第一、第二和第三类氨基酸的区分，这样做可能有利于科普。语言理解基因氨基酸的论述最早见于预说，在"期望行为7301\21"的子节结束语里，该子节编号为[123-0.1.2.3]，可参阅。

[*02] 效应三角是效应概念林独有的概念树分布现象，共计3个。第一个指"生与灭、利与害、显与隐"3株概念树，第二个指"增与减、立与破、调控"3株概念树，第三个指"连与断、选择、聚与散"。后两个效应三角的概念树汉语命名各有一个不带"与"字，那就是"调控"和"选择"，但两者序位不同，很不协调。显然，把第三个效应三角里的"选择"换到老三的位置比较合适，考虑到木

已成舟，采取了维护不倒翁形象的保守做法，但这项思考仍然值得告知读者。

[*03] 这里"一直如此"说具有比较大的片面性，因为佛学特别重视第三个效应三角，前文曾说过，《心经》里的"不垢不净"就是指第三个效应三角。佛学的般若智慧主要就是教导人们懂得放弃，而放弃是第三个效应三角的核心理念。

[*04] 此说的理论依据来于自然语言空间和语言概念空间的本质区别，前者拥有一套规则，而不是原则，该规则主要用于语言生成，与语言理解无关。后者拥有一套原则，以原则指导相应的规则系统，该原则与规则主要用于语言理解，并支持语言生成。语言与思维的关系主要涉及语言理解而不是语言生成，脱离这个要点的论说就难以避免似是而非的弱点，在[123-0.1.1.3.3-2]里，曾对此有所论述。

[**05] 这个比喻里的夫妻双方对应于"整j41-c22"，另一方对应于"半j41-c21"。这个比喻说法似乎只适用于采取一夫一妻婚姻制度的社会，其实不然。因为对于半，可以施行j41-c21\k的延伸，如果其中的"k"含根概念，可用于妻妾婚姻制度的描述；不含根概念，可用于多妻（或多夫）婚姻制度的描述。

[**06] 本编的语言家族与上一编的语境单元完全对应，语言家族就是语境单元的科普描述。

[**07] "3类语言家庭"说实际上是"4类语言家庭"说的简化。第4类语言家庭是(D,jD)，这读者应不难想到。下一节将对该语言家庭作专门论述。

[*08] "HNC理解符号形态"这个短语大约是第一次采用，但读者应该能够心领神会，所以这里就不解释了。该短语里的两个关键词是"HNC"和"理解符号"，如果对两者的组合词语加以解释，那显然是对读者的大不尊重。

[**09] 这里的"y"是充当逻辑关联角色的HNC记忆符号，不带五元组符号，实则是对v之省略，这是约定。从这个意义上说，动词中心论确有其一定道理。EK的自然语言形态经常采用带EH的复合结构，还会出现分离现象，这属于自然语言的烦琐。在这一点上，英语和汉语差异不大，大哥莫说二哥，但"y"可以免除此类烦琐。

[*10] 去粗取精的内容比较复杂，需要专题探索。语言脑的质量在很大程度上决定其"去粗取精"的水平，有人比较关注细节，有人善于抓住要害。这些，是记忆个性特征或殊相呈现的重要内容，因而也应该是记忆研究的重要内容，但似乎还是空白。

[**11] "六何"说是陈望道先生于20世纪30年代提出来的，英语世界有相应的"[m]W"说，这里的[m]是HNC使用的10进制数字表示符号，读者不会感到生疏吧。在HNC的视野里，"六何"和"[m]W"的根本弱点在于：既未区分语言理解处理过程的情景SIT与背景BAC，又未区分语言记忆生成过程的主体记忆ABS[n]与备注记忆BAC[n]。仅从"六何"和"[m]W"的排序来说，这一根本弱点就已经暴露无遗了。对于每一个"何"或"W"的阐释或分析，未超出词典的水平，距离透齐性的标准还比较远。HNC在第一次引用"六何"说（见《定理》p36）时，没有说这些话，那是有意回避。

[*12] 这里的细节除了其通常的词典意义之外，还有一项笔者赋予特定含义：临时性约定，服务于行文之便，不影响"第二棒技术"的修改自主权。"第二棒技术"或"第一棒理论"属于HNC语言，特意加了引号，其含义读者应该明白，无须解释。

[*13] 家庭住处位于家族领地的说法，在农业时代都不完全适用，何况现代？所以，这句话使用了"原则上"和"似乎"的修饰词语。但对于记忆家庭和记忆家族，这两个修饰词语或许并不需要。这是一个很有趣的形而上课题，是神经生理学的形而上课题。在神经生理学专家的视野里，此课题无疑属于无聊的蠢话，但笔者宁愿说一句更蠢的蠢话，神经错乱的原因之一就是：许多记忆家庭乱搬家，离开了其记忆家族的领地，从而造成思维的混乱。

[**14] 对记忆家族和记忆家庭使用这一组比喻术语，一些读者可能感到很不习惯，这里依次略加叙说。这里的豪强不是词典意义上的豪强，是指社会金字塔的顶层人物，例如，农业时代的贵族和高级官员，部落或宗教团体的领袖，现代社会第一世界的金帅、第二世界的官帅和第四世界的教帅更是豪强的范例。精英和民众的意义也大不同于词典，前者是指第二类劳动的主体承担者，对应于中国封建社会"士农工商"里的"士"与"商"，对应于现代全球意义上的中产阶层。后者是第一类劳动的主体承担者，对应于中国封建社会"士农工商"里的"农"与"工"。游帮是笔者与池毓焕博士在"二人沙龙"中想出来的名词，接近于金庸先生小说里的丐帮，是"精英+民众"集合的异类。绝户的意义也不同于词典，比较接近于孔夫子"兴灭国，继绝世，举逸民"乌托邦主张里的逸民。不同社会的游帮和逸民各有自己的特点，六个世界皆然。20世纪的中国，曾出现过两位著名的绝户代表，本《全书》不止一次提到过，第一位是辜鸿铭先生，第二位是陈寅恪先生。21世纪的中国也可能出现绝户代表。最令人不安的是，2000年来，曾充当中华文明脊梁的儒家、佛学和道教，都可能沦为中国大陆的绝户。"民"、"人民"、"公民"、"群众"、"大众"这些概念或术语是对"精英、民众、游帮和绝户"的非分别说，也是"士农工商"的非分别说，有时甚至还可以把"豪强"和"高官"都包括进来。这些术语含有丰富的智慧和高明的谋略，容易为编织语言面具的高手所滥用，故本《全书》很少使用，其HNC符号是40\12~e51，意义也不同于词典。

[**15] 人之基本描述的HNC符号如下：

p56b3d5m	人之基本描述
p56b3d51	豪强
p56b3d52	精英
p56b3d53	民众
p56b3d54	游帮
p56b3d55	绝户

符号56b3d5m是符号56b3okm的形态之一。后者的汉语表述是"社会等级的弱不公正划分"，前者具有下列使者：

56b3d51≡q742
（豪强强关联于别居）
56b3d52=q742
（精英强交式关联于别居）
((6b3d54,56b3d55),j100e22,q742)
（游帮与绝户无关于别居）

[*16] 这里对记忆家族和记忆家庭都赋予了"形式标签"的术语，该术语的意思相当于城市里各类市区的名称和编号。这里似乎需要强调一下，记忆空间的家族和家庭是广义的，市区类型里的行政、商业、制造、金融、教育、科研、居民等复杂区分，不过是记忆家族或记忆家庭的一部分，甚至只是一碟小菜而已，因为它们都可以通过记忆6要素里的第一要素（领域DOM）来加以精细描述。

第3节
广义作用效应链之判断侧面在记忆中的角色
（D句类和jD句类在记忆转换处理中的特殊角色）

从作用效应链到广义作用效应链的发展是 HNC 探索历程中的一次"蓦然"，这在前文已经论述过了。但本节需要回顾一下该"蓦然"的要点，那就是把概念基元的两个子范畴分别纳入广义作用与广义效应这两个基本侧面。那两个子范畴分别是"思维 8"和"基本逻辑 jl"，两者对应于本节标题里的"判断侧面"，并与另一个子范畴"综合逻辑 s"强关联，所谓"判断侧面在记忆中的角色"与这项世界知识密切相关。

上节通过逻辑符号"=:"给出了记忆模板 ABS 或(HNC4)的定义式，同时给出了主体记忆 ABS[n]和备注记忆 BAC[n]的定义式与相应的说明。这些定义式及其说明是 HNC 记忆理论终极形式的表述，与此前的表述略有不同[*01]。

对 HNC 理论比较熟悉的读者可能发问：在(HNC4)的原初形态里，"判断侧面"赫然存在，而在所谓的终极形式里，却隐而未见。发问者可能会产生一种"屡错屡改何时了"的感叹，其至会产生一种"今不如昔"的错觉，笔者本人也经常遇到这种情况。在一个漫长的探索历程中，那感叹，多数是思考过程的正常涨落现象；那错觉，则多数是思维惯性作祟的结果。在记忆模板的定义式里，XYD 和 XYN 的引入，就意味着"判断侧面"的赫然存在。在记忆家庭类型的阐释里，对"3 类语言家庭"说特意附加了一个带"**"的注释，那里明确指出了还有一个第四类语言家庭，其两位基本成员是(D,jD)，两者分别与"思维 8"和"基本逻辑 jl"直接对应，这两项对应关系就是两位外使，是句类空间和概念基元空间之间的普通外使，不是特级外使。如果以前不曾介绍过他们，读者应该有一种"见面熟"的感觉，表示式就免写了，这样做不过分吧。

下面先略说一下第四类语言家庭的两位基本成员：D 和 jD。

第 2 节一开始给出了基本句类空间交织性的简明呈现（表 4-1），使用了"外遇"和"花花"这两个不"雅观"的词语，用以描述表中三类语言家庭基本成员的状况，但没有提及 D 和 jD。现在翻回去看一眼就知道，第四类语言家庭的这两位基本成员也都有"外遇"表现。不过，两者的"外遇"问题并不严重，都属于可理解类型，查看一下基本句类新表就一清二楚了[*02]。这里要指出的是：语境分析和记忆转换的关注点应有所不同，前者应优先关注"外遇"问题，而后者则应优先关注语言面具性问题，尤其是 jD。这里顺便再说一声，语言面具的高明编织者都是运用 jDJ 和 jD1J 的高手，这两个基本句类在英语和汉语这两种代表语言里有截然不同的样式呈现，这是一个十分有趣的课题，似乎未引起语言学界应有的重视[*03]。

"外遇"和语言面具性是两个不同性质的问题，为什么这里放在一起来讨论？这是基于下述思考：在记忆转换处理中，两者是纠结在一起的。不过在正式讨论前，不妨先回顾一下"D 句类"和"jD 句类"的基本情况。前者在广义作用句 X-m 中占有（3+1）个席位[**04]，在广义效应句 Y-m 中另占 2 个席位。后者在广义效应句 Y-m 中占有 8 个席位，在两可句类 B-m 中另占 1 个席位。另占就属于"外遇"。

在语境分析环节，领域句类具有"可求而不可遇"的特征，如果对这一特征不给予充分重视，那就谈不上什么语言信息的灵巧性处理。这一点，前文曾多次提及，在第七编"微超论"里将作比较系统的说明。这里仅就上面引用的奥巴马国情咨文片段，说一段便于激活感性认识的话语。

在那一小段国情咨文语料的描述中，明确指出其领域属于概念树"经济与政府 a25"的一级延伸概念"a25e25 积极经济治理"，并依据这一关键信息对英语语料给出了比较完整的一级标注，同时写下了如下的带马虎眼的话语：

> 这里的每一个相关语句都没有预期领域的直系词语。但此项难题的解决，在这里可谓轻而易举，因为那不过是一项原则[·09]的简单运用。

这里的马虎眼不仅有"一项原则"，还有"轻而易举"，两者紧密相关。配合这个马虎眼，那里还故意隐瞒了两项关键信息：一是领域 a25e25 拥有直系捆绑词语：汉语的国情咨文、政府工作报告等就是；二是领域 a25e25 具有丰富而又不难辨认的复合领域，该段语料可以比较轻松地纳入复合领域"a25e25+a219\2"。所谓的"一项原则"，就是指"三看齐"原则的未知向已知看齐，此已知直接来自于标题，标题提供的语境信息可全文使用，"轻而易举"的依据就在这里。当然，不是所有的标题都直接提供语境信息，标题语境信息的运用也不是一个"未知向已知看齐"可以完全概括的。这里仅强调指出：复合领域和三看齐的话题里有许多十分有趣的课题，而且是理论第一棒的课题，但不宜在这里展开，让后来者去探索吧。

以上所述，属于本节的铺垫。下面还要再加一个关于领域句类代码的话题，说两点：一是领域句类代码通常并不具有唯一性，但一定具有优先性；二是同一个句类代码可以为不同领域所共享，这种共享现象是交织性的一种必然呈现，而强交织性存在于不同领域之间乃是语言概念空间最壮丽的景象[**05]。

下面可以进入本节的主题了，共三点，分别以要点 O-m 标记。要点 0-m 依然具有铺垫特征；要点 1-m 面对 D 句类；要点 2-m 面对 jD 句类。其中，要点 1-0 和要点 2-0 是总纲，后续的"要点 O-m"(O=(1;2),m≥1)是总纲的分别说。

各要点的论述，将主要采取问答形式，这更加符合探索者的身份，但有意含糊问者的身份，因为可以是自问。

要点 0-1：主体记忆 ABS[n]定义式包含的核心思考。

描述与叙述的区分是主体记忆 ABS[n]的核心概念，但基于此，并未引申出 ABS[n] 的 6 要素说，而是 4 要素说，这是主体记忆 ABS[n]定义式的基本约定。约定不同于规定，它可以拥有更大的灵活性或变通性，其具体呈现前文已给出了交代。

主体记忆的基本约定试图反映这样一条世界知识，那就是：作用效应侧面 XY 的描述与叙述之分特别重要，因为它是识破语言面具的关键性揭具。过程转移侧面 PT 和关系状态侧面 RS 当然也有描述与叙述的区分，但先可以置之不理，也就是不进入记忆，因为它们都不是关键性揭具。任何事物的任何争论，归根结底，主要是围绕着该事物的作用效应侧面 XY 展开，在总体上，过程转移侧面 PT 和关系状态侧面 RS 都处于附属地位。

要点 0-2：备注记忆 BAC[n] 与 D 句类或 jD 句类都没有直接联系。

这是一个急所性课题，但留给后来者。

要点 1-0：描述与叙述的区分能以 D 句类的出现与否为基本判据么？

这是要点论述中第一次使用问句，并带着浓重的志忑心态，为什么？因为 HNC 一直没有把 D 句类的特殊性说清楚。下面的论述需要 D 句类的 HNC 符号表示，顺便把 jD 句类也带上（表 4-2）。

表 4-2 D 句类和 jD 句类的 HNC 符号表示及其特使[**06]

汉语名称	HNC 符号	相关特使
D 句类	SC(D)//SC(DO)	SC(D) ≡ 8
jD 句类	SC(jD)//SC(jDO)	SC(jD) ≡ jly

表 4-2 中的第一位特使非常特异，它指明：D 句类仅与概念子范畴"思维 8"强关联，其子类与"思维 8"的概念林不发生直接联系，更不用说概念树了。从这个意义上可以说，D 句类是基本句类中唯一的特异句类，因为其他基本句类都拥有与其概念树直接对应的子类，包括 jD 句类。对语言概念空间的这一特异现象，前文曾有所解释，但笔者本人也并不满意。要点 1-0 的志忑即缘起于此，志忑里又抱着一种招来凤凰的期盼。这里的所谓凤凰就是指下面的"要点 1-m"(m≥1)，梦在招来，略说为引，故采用问答方式。本节下面的论述，都照此办理。

要点 1-1："思维 8"这个子范畴包含 6 片概念林和 20 株概念树（其一为虚设，实际是 19 株）。HNC 对概念林与概念树的布设都遵循"纯净度递减，交织度递加"原则，该原则（可简称两递原则）在这里依然适用么？

答案是：Yes。但是，两递原则与句类的对应性特征[*07] 在 D 句类里却荡然无存，每一 D 句类原则上适用于"思维 8"的任何一片概念林或任何一株概念树。那么，某一特定 D 句类是否就不存在概念林或概念树的优先倾向？大体上可以这么说，但新增的 D02J 例外。

要点 1-2：所有的 D 句类都强关联于描述，不带语块 DA 的 D 句类也不例外。说一句不文雅的话吧：只有傻瓜才会把 D 句类所给出的陈述当作是叙述。

上面的不文雅话语在于强调：D 句类是明码实价的描述，语境分析和记忆转换处理首先要抓住这个要点。所谓"不带语块 DA 的 D 句类"，好比是犹抱琵琶半遮面，要点 1-2 不过是为未来的图灵脑提供一件揭具，以便拿掉那只琵琶。

言语脑的叙述与描述错位现象非常严重，这是智力误判的重要原因之一。对未来的图灵脑当然不宜苛求，但也不宜过于低就，拿掉琵琶之说即缘起于此。否则，图灵脑可能成为增加言语脑错误或低水平判断的帮凶，而不是减少错误或低水平判断的有益助手。这段话，如同痴人说梦，但请勿见笑。当大数据的辉煌终于显示出其巨大局限性时，人们会回过头来重新思考：图灵脑真的就不能实现么？

要点 1-3：D 句类有两名"外遇"，被纳入广义效应句 Y-m[*08]，他们也强关联于描述么？

答案依然是：Yes。为什么？因为它们是省略了 DA 的句类，其中的两主块简明判断句 D1J 还是一个将 BK 与 CK 融合在一起的句类，如此而已。此说过于粗线条，细线条论述留给后来者，这包括英语和汉语的差异性表现。顺便说一声，此课题属于大官子，不是急所。

要点 1-4：为什么基本句类新表要对 D 句类的广义作用句增加一个子类？为什么不把它放到两可句类 B-m 里去呢？

这又回到了叙述与描述的错位问题，不过这里将换一个角度来考察，从标签这个词语说起，此标签不是词典意义的标签，而是一个复合概念，其 HNC 符号是：

(23\6,110,2398bju731)
（标签是关于一种特定论述的标记）[**09]

人类社会一直受到各种标签的困扰，当然，困扰只是标签效应的一个侧面，远非全部。标签也可以是一种高级享受品，享受者不仅不会感到困扰，甚至感到快意。多数被困扰者也不会感受到这种困扰，要么是该困扰本身变成了他们自身的一种观念，要么是把该困扰当作是一种理性来对待。因此，这里的所谓"标签困扰"，其基本含义有下列三点：①少数人在制造或灵巧运用一些标签；②很多人愿意信奉此类标签；③许多人把此类标签等同于真理。从这个意义上也许可以说，教徒与非教徒并不存在本质区别，只不过两者所信奉的标签有所不同而已。

上述三点的前两点属于叙述，第三点则属于描述[*10]。标签困扰的要害恰恰在于标签的描述性，基本句类新表所添加的双对象判断句 D02J 可以把这种描述性发挥到极致。笔者这一代中国人都十分熟悉下列短语，"资产阶级知识分子"、"臭老九"、"走资派"等，这些短语都具有描述的极致性，曾发挥过巨大的语用力量。但我们可能没有注意到，这些短语其实都是 D02J 的浓缩品，都涉及关于某种对象的类型判断，就是把一组对象与一类对象捆绑在一起或等同起来。这种捆绑属于一种判断，属于思维 8 的最后一株概念树"'共识'843"，其 HNC 符号及汉语直系捆绑词语如下：

843d31　　　　　认定

双对象判断句 D02J 的基本特点在于：①判断的正确与否不是第一位的，捆绑的技巧才是第一位的；②判断者深深隐藏于幕后，不直接现身。这两点相互支撑，构成该句类捆绑技巧的要点，那就是：彻底抛弃作用效应链的面体说，而以点线说进行替代。就上面的三个短语来说，它们所对应的语句[*11]有一个共同特点，那就是只抓住对象（知识分子和官员）的关系或状态环节，而完全置另外 5 个环节于不顾。在 HNC 视野里，这就是典型的纯点说[*12]。纯点说需要高明的捆绑技巧，且语用力量巨大，注释"[*11]"里的 3 个例句也许可以提供一点佐证。判断的纯点说需要一个陈述平台，那就是双对象判断句 D02J。同时，它本身也是一只琵琶，一件揭具，HNC 不过是"借力使劲"而已。基于此，D02J 被编号为 X-22 就是 HNC 的必然选择了。

在某种意义上可以说，新增句类 D02J 乃是思维概念树"843'共识'"的专利。

要点 1-5：D 句类的 3 位主要代表是 D0J、D01J 和 DJ，上面的论述却避开了它们，仅论及 D 句类的 3 位异类：D02J、D1J 和 D2J。这是为什么？

如果把 3 位主要代表比作是朗朗乾坤，那 3 位异类就好比是茫茫黑夜。上面针对后者，描绘了一幅走向光明出口的路线图。至于该描述是否到位，那是另外一个性质的问题：理论第一棒与技术第二棒相互交接的问题，这里只能说抱歉了。

下面该说一下那朗朗乾坤的事了。D 句类的 3 位主要代表分别展示了广义作用句的 3 项基本法则：最少 3 主块法则、最多 4 主块法则和块扩法则，这 3 项基本法则对应于广义作用句的 3 种基本句式：3 主块句、4 主块句和块扩。块扩现象仅发生在广义作用句的某些特定句类身上，其承载者一定是基本句式的最后一个语块（GBK2 或 GBK3），而绝不可能是第一个（GBK1）。以上所说，属于句类知识 ABC，要考察 D 句类的朗朗乾坤现象，就要紧紧抓住这 3 项句类知识 ABC[***13]。下面，给出这一考察结果的初步清单，分别以结果 0m(m=1-4)进行标记。

结果 01：3 位主要代表的 DA 都不能省略，该 DA 是主体记忆的特级贵宾[*14]。对这位贵宾，绝不能慢待。这个态度，要在句类分析、语境分析和记忆转换这 3 个处理阶段一以贯之。

结果 02：3 位主要代表都有可能进入思维 8 的任何一株概念树。或以基本句类的形式直接进入，或以混合句类的形式间接进入。

结果 03：3 位主要代表的混合句类应主要采用 DO 形态，罕用甚至不用 OD 形态。这是一项始终伴随着 HNC 探索历程的困扰，该困扰对于技术第二棒的影响又始终处于不明朗状态，似乎仅具有理论意义，故其深入探索将继续搁置。

结果 04：3 位主要代表及其 DO 形态混合句类对于"思维 8"的不同概念树可能具有不同的分布形态或所谓的优先性，这是一个大官子性质的理论第一棒课题，但一直处于搁置状态。由于"思维 8"这一概念子范畴的撰写日程安排在后面，该课题的研究似乎缺乏前提条件，这是完全错误的认识。"思维 8"各片概念林和各株概念树的设置早已敲定，该课题的探索不必等待有关概念树的概念延伸结构表示式。

下面转向要点 2-m。

要点 2-0：最常用的两种 jD 句类是否貌似叙述而实为描述？

最常用的两种 jD 句类指 jDJ（是否判断句）和 jD1J（有无判断句或存在判断句），将合称简易判断句。如果说小孩最早学会的语句一定少不了简易判断句，大约不会有太大的反对意见。但如果说，即使在小孩的语言里，简易判断句也未必是叙述，恐怕就没有那么幸运了。

这里是故意提出这么一个怪异的问题，期待引发读者对下列问题的思考兴趣。在语言脑的记忆里，是否存在大量的简易判断句？绝大多数言语脑是否都把简易判断句误认为是叙述,而不是描述？如果是,那是否意味着语言脑本身始终在演出一场宏伟的悲剧？人类社会的许多宏伟悲剧是否与此有密切联系？

要点 2-1："基本逻辑 jl"包含 2 片概念林和 6 株概念树，为什么 jD 基本句类的总数不是 6 而是 9？

基本句类有生母与养母之分，生母对应于"作用效应链 φy"[*15]，养母对应于"思维 8y"和基本逻辑 jly"。生母的孩子形成六大句类家族，其家族成员与"φy"的概念林和概念树直接挂钩是理所当然或顺理成章的事。养母的孩子形成两大句类家族，其中一个家族（D 句类）的家族成员分工清晰，都不与"8"的概念林和概念树直接挂钩，这也可以理解。但是，另一个家族（jD 句类）给人的印象却大不相同，各家族成员的分工既不清晰，挂接又没有章法，这是否意味着对 jD 句类的探索还没有达到"蓦然"境界？

概念树数量与基本句类数量的对应性或挂接性是句类理论第一棒应该阐释的一项重要课题，但以往一直处于零敲碎打状态，烦请后来者加以弥补吧。下面仅针对"基本逻辑 jl"略加说明。

这需要首先略说一下基本句类新表相对于旧表的改动。旧表的基本判断句（jD 句类）共 7 组，其句类代码力图保留相应概念树的印记，但实际上又不可能完全做到，从而陷入了一种"憔悴"的困境。新表放弃了句类代码与概念树挂钩的"妄念"，但"明智地"保留了大体与概念林挂钩的思考[**16]。同时，将基本判断句增加了两个：两块句 jD0*J 和 jD1*J，这两位新成员实质上分别是 jD0J 和 jD1J 的"新"品种，"新"在"盲肠"[*17] 的切除。这样，新表就消除了旧表在 jD 基本句类方面的"憔悴"，至于它是否已达"蓦然"境界，由后来者去检验吧。

要点 2-2：在基本句类新表里，不带句类代码数字符号的句类共 4 个，这很有趣，因为它们恰好与 HNC 常说的"二生三四"相呼应。下面以略微不同于新表的形式把它们写在下面，如表 4-3 所示。

表 4-3　不带数字代码的句类

句类代码	建议汉语命名
XJ = A+X+B	"蓦然"作用句
OJ = OB+O, O = (P;Y;S)	"望尽"效应句
DJ = DA+D+DBC	"蓦然"判断句
jDJ = DB+jD+DC	"望尽"判断句

这 4 个句类显然被赋予了特殊使命，因而具有特殊贡献，但第二编"论句类"并没有明说，为什么？其中的 XJ 甚至还没有汉语命名，那么，表 4-3 中建议的命名是否符合 HNC 的意向？

谢谢给出表 4-3。这 4 个句类确实都负有特殊的使命，并都作出了特殊贡献。对其作详尽阐释都需要一篇专文，要点 2-2 仅回答前两者，对 DJ 和 jDJ 的回答将放到要点 2-3 和要点 2-4 里去。下面的论述，很大程度上带有回顾性，有些来自于内部文字，故一概不标明出处，其内容将超出本节标题的范围，是对前两节不可或缺的补充。

XJ 的设置体现下述两方面的意向：一是直接与概念林"作用 0"挂接；二是为混合作用型句类的代码书写提供便利。两意向所凝聚的句类知识可概括成下面的语块构成表示式：

B(XJ)=XB+YB+YC

此表示式提供了 XJ 或 XOJ 最重要的世界知识：其 GBK2（宾语）一定具有复杂构成；其中的 YB 不可省略，但经常被分离出去，与 EK（即 X 或 XO）融合在一起。这一语块分离现象值得予以特殊关注，因为它在现代汉语里比较常见，苗传江博士的《导论》对此有比较精致的分析。如果该书再版，希望作者加上英语的对应考察，因为 XJ//XOJ 及其句类知识并不是汉语的专利。

下面，将插写一大段关于理论工程的话语。《定理》之后，笔者已近 10 年不再使用理论工程这个短语了，因为在现代语境里，工程已成为产业的专用"茅台"，其他领域几乎没有资格享用。不过，在历史上，著名词典（字典）或全书的编纂实际上都是浩大的理论工程，是许多学者协同工作、攻坚克难的结晶，如法国启蒙运动时期的《大百科全书》，中国乾隆年间的《四库全书》。当然也有例外，如物理学家王竹溪先生编纂的《新部首大字典》。句类和相应句类知识的细化描述在形式上类似于词典，而且基本"词汇"仅 68 个，"词组"最多 4556 个，规模似乎并不大。但是，句类"词典"完全不同于传统意义上的语言学词典，其每一"词条"的阐释，"内涵"都很简单，一个句类代码而已。但其"外延"的描述规模则可比拟于英语的 get、put 等词汇。这些词语的意义随着语境的变动而变动，不同的语境要搭配不同的词汇以形成相应的复合 EK 构成（这里不得不借用一下 HNC 语言），它们所涉及的词法和句法知识，用"说不完，道不尽"来形容不算过分。但英语词典的编纂者对此并不感到疲倦，而是乐此不疲。无论现代信息工具多么高明，它代替不了词典编纂所需要的那种敬业精神和蕴涵于其中的一叶知秋的智慧，句类"词典"的编纂更要谨记这一点。

幸运的是，句类"词典"并不存在语言词典面临的"说不完，道不尽"困扰，因为语言词典面对的，是概念无限和语境无限的严酷现实，而句类"词典"所面对的，却是概念基元有限和语境单元有限的朗朗乾坤。所谓句类"词典"的"外延"描述，无非是下列两方面的内容：一是句类空间内部的使节派遣，二是向概念基元空间和语境单元空间派驻各类各级外使。这两件事虽然并非"说不完，道不尽"，但毕竟需要一定的 HNC 理论素养,故在《定理》里曾名之《句类知识手册》，手册是需要专家来编纂的。

这样的句类"词典"或《句类知识手册》应该说是一项创举，是 HNC 理论第一棒的一项重大理论工程，但排不上第一号，而是第二号。第一号理论工程是：对概念基元空间里的每一概念基元施行词语捆绑，首先是代表性语言（例如英语和汉语）的词语捆绑，此项理论工程可名之 HNC 概念"词典"。句类"词典"和 HNC 概念"词典"是 HNC 语言知识处理系统不可或缺的两笔"资本"。没有这两笔"资本"，就绝对不可能形成真正意义上的 HNC 语言知识处理系统，从而造就新一代的语言知识处理产业。HNC 语言知识处理系统的核心技术叫语境分析 SGA 和记忆转换 ABST。没有上述第一号和第二号理论工程的扎实成果，语境分析技术 SGA 和记忆转换 ABST 技术就不可能过硬，相应的产品就会变成危楼，即使出现了相应的产业，那也不过是这样的一片高楼群：貌似宏伟，却矗立在沙滩或沼泽地之上。总之，"理论—技术—产品—产业"四棒接力的前两棒全新范式打造，是新一代语言知识处理产业不可或缺的前提条件。对这项前提条件的基础建设，尽管 10 多年前就开始了，但我们依然要抱着"从零开始"的谦虚态度，因为当年的起步太匆忙了，后来，又没有及时吸收 HNC 理论探索第二阶段的成果，已逐步陷于一种故步自封的落后状态[*18]。

理论第一棒与技术第二棒的接力，传统的范式比较简明。在物理学范畴内，理论第一棒的最终成果无非是一组数学物理方程式的建立、诠释、求解与验证，技术第二棒接力的核心任务是对各种已被验证过的方程和算法加以综合运用，理论第一棒与技术第二棒的接力过程（下文将简称**理论技术接力**）几乎是静悄悄的，这是绝大多数产业**理论技术接力**的经典范式。现代多数产业的理论技术接力早已完成，有的经历过不止一个世纪的考验。于是，抓产业可以直接从技术第二棒甚至产品第三棒入手。因此，"立足需求，创造需求，狠抓产品，放眼产业"的思考模式，在现代语境下，几乎是"放之四海而皆准"。但是，语言知识处理领域却是一个明显的例外，人们对此依然缺乏最起码的反思。美国 CYC 公司的"壮志未酬"，许多著名机器翻译公司的"兴也勃焉，亡也忽焉"，几乎没有听到尖刀之声的追问，如果是在 20 世纪上半叶，应该不会出现这种情况。而这种"沉默"的赫然出现就是缺乏必要反思的明显证据。这些公司的失败不在于他们没有抓好产品第三棒和产业第四棒的接力，而在于公司创立者完全不懂得**理论技术接力**（此后将不再使用黑体）。至于谷歌和脸谱等网络公司的辉煌，那是由于他们明智地选择了纯数据处理的技术路线，一条可以避开理论技术接力的捷径。此捷径正在受到所谓大数据时代的鼓舞，但其局限性就不会造成巨大的技术泡沫么？该技术泡沫可以永远屏蔽人类先验理性思维的尖刀之声么？

应该强调指出，语言知识处理学界的理性派历来非常重视理论技术接力。但问题的要害在于：理论第一棒如何描述语言知识和相关的世界知识？在传统的处理方略里，其理论第一棒所依托的理论是西方传统的语言学理论，那个理论体系所接力出来的技术与语言理解毫不相干，因为该理论体系本来就不管语言理解，仅主管语言生成。而语言知识处理面临的各类劲敌和流寇（汉语的分词困扰只是 15 支流寇里的一小股）都与语言理解密切关联，传统语言学理论甚至连"敌军"的部队番号都没有搞清楚，那如何能够克敌制胜？由于对复杂的语言现象束手无策，最近才想起来要向语义学讨救兵，未来可能还会想起来向语用学讨救兵，然而，这些都是典型的急病乱投医。关于这个重大问题，许嘉璐先生是中国的第一批先觉者之一，林杏光先生也是。许先生曾在 2000 年召集过一次关于语言知识处理的高级学术沙龙，林先生在沙龙上作了一个石破天惊式的发言。近年，许先生多次提到林先生那个发言，深表嘉许。什么样的石破天惊？许先生又如何嘉许？这里不拟明言。但要说一声，这是一个极度不寻常的插曲，完全有可能成为未来语言知识处理领域的一个标志性事件，后来者不可不知。考虑到语言知识处理产业终将摆脱语言数据处理的低级形态或阶段，在未来世界的文明舞台上扮演重要角色[*19]，特将该事件隐记于此以备忘。

插写的文字到此结束，原计划放在第五编"论机器翻译"和第七编"微超论"里细说。由于本卷后四编的撰写将推迟到最后，为防万一，略说于此。

回到 XJ 句类之特殊使命与贡献的话题。该句类可充当广义作用句的代表，形成句类"词典"的 8 大样板之一。该样板的重点内容是下列 5 点：格式知识、GBK1 省略知识、GBK1 与 GBK2 要素之间的关联知识、GBK2 分离知识、XJ 与 X0J 的分工。

在上列 5 点知识中，第一点似乎达到了理论第一棒的"蓦然"，并已普及化。但后 4 点肯定不能这样说，都还大有文章可做。这里应该特别指出，XOJ 是领域句类代码的主力军，特别是其中的 X0YkJ。因此，要敏锐地看到此项理论课题的实践意义。

下面转向广义初始效应 OJ 特殊使命与贡献的阐释。

如果问：HNC 理论探索中的第一次"蓦然"是什么？是抽象概念与具体概念的划分么？本《全书》并没有对此给出明确的答案。这里有点蹊跷，蹊跷就在于该答案的"一明一暗"特性。明的方面是：HNC 理论确实明确无误地将语言概念区分为抽象概念和具体概念两大类，让抽象概念唱主角，具体概念唱配角。在为语言概念基元空间配置的 456 株概念树中，具体概念仅占据区区 28 株，占比仅为 5%。这个景象与常识大相径庭，在任何词典的视野里，特别是在各种专业词典的视野里，如此占比的 HNC 概念"词典"简直就是一头"怪兽"。暗的方面是：将抽象概念与具体概念的交织性呈现集中赋予另一个大类，对这一大类仅配置了一个字母符号 x，给出了该符号的挂靠约定，仅此而已。既没有正式的命名，也没有独立的文字说明。如此独当一面的概念大类竟然没有自己的"地盘"，这是本《全书》众多理伏里的第一号。理伏者，暗也。对 x 曾使用过物性概念这个术语，但它仅适用于 xw，而不适用于 xp，其非正式性显而易见。最后，必须交代一声，在句类知识里谈及抽象概念和具体概念时，x 一定归类于抽象概念，"赦免"其交织性。这是一项约定，下面就要派上用场。

初始广义效应句 OJ，曾被赋予如下的句类知识：PB 一定以抽象概念为核心要素；SB 一定以具体概念为核心要素，YB 两可。这是一项约定，该约定体现了 HNC 理论探索的一项基本追求：语言理解处理必须以排除一切不合理性为目标，把一切不合理的东西一律打入另类，因为语言通常不允许另类的存在[*20]。这就是说，语言理解处理的本质使命是：确定语句或句群的合理性存在，排除一切另类的存在。在《理论》阶段，给这一使命起了一个名字，叫"自知之明"，它来于汉语的一个现成词语，其意义也基本等同于词典的解释。然而，当时并未强调指出：自知之明就是语言理解的本质特征[*21]。如果用使节的形式来表示，那就是：

$$语言理解 \equiv 自知之明$$

以上所说，是 HNC 探索的基本思路，是综合逻辑意义上的基本思路[*22]。为了实践这一思路，就必须制定各种合理性准则。HNC 的探索历程，可以说就是一个将各种合理性准则施行符号化的努力过程，而这一努力过程必须在 4 个层级（概念基元层级、句类层级、语境单元层级和记忆转换层级）分头进行并相互配合，不能仅限于一个层级。如果仅限于一个层级，那必将陷于泥沼之中，甚至可能万劫不复。这项认识在"望尽"阶段是比较明确的，但在"憔悴"阶段，反而曾一度模糊甚至忘乎所以，对合理性准则的制定与阐释掉以轻心，曾出现过过度仰仗某一层级的泥沼性失误。关于"两一定，一两可"准则的原始论述是掉以轻心的典型事例；关于自知之明的"语义距离"测度说是泥沼性失误的典型事例。下面对此给出一个比较具体的说明。

"两一定，一两可"准则是一个次高层级的合理性准则[**23]，仅适用于初始广义效应句 OJ。如此重要的内容在原始论述里都没有明确地指出来，技术第二棒接力者怎能顺利接棒？下面试图有所弥补，先用 3 个例句来说明该准则的接力应用。

例句 01：心脏||停止了。（PJ, ? ）

例句 02：Colourless green idea||sleep furiously.(SP401J, ?)

（无色的绿色思想||在狂怒地睡觉。）

例句 03：所有的石头||都死了。（SP401J, ?）

从词法和句法来说，这 3 个例句都是合法的，但都不合理。从句类知识来看，它们都是显而易见的异类，前两句尤为明显。心脏不符合 PB(PJ)的抽象概念要求，"idea"（思想）不符合 SB(SJ)的具体概念要求。但这两例句的情况有很大差异，汉语的"停止"不仅可以激活基本句类 PJ，还可以激活混合句类 XP0J 和 S0P0J；而"睡觉"则只能激活混合句类 SP401J。对 XP0J 来说，其 GBK1 的核心要素不排斥具体概念；对 SP401J 来说，其 GBK1 核心要素不仅必须是具体概念，还必须是有生命的具体概念。基于上述句类知识的最后一点，例句 03 的异类判断，也是一件轻而易举的事。但是，这一切轻而易举的判断都必须建立在正确句类认定的基础之上，而句类认定本身并非易事。所以，它被列为语言信息处理的 5 大劲敌之首，也被命名为 3 大劲敌的劲敌 A。如果说以往没有把这个要点说清楚，现在是不是稍微清楚了一些呢？借这个机会，下面还要再写一大段"题外"话，这段话在笔者脑际盘旋了 10 多年，现以文字形式公开，供来者参考。

上面对初始效应句 OJ 的句类知识描述，只是句类知识描述的冰山一角。这样的句类知识描述是 HNC 理论第一棒的一项历史性使命，因为句类空间的这些世界知识是 HNC 技术和 HNC 产品的命脉。以往，对这项使命的重要性说得不算少，但对其繁重性和紧迫性则说得太少。这就造成了一种误解，以为 HNC 理论第一棒的命脉性课题不过是传统意义上词语知识库建设的另一种形态。这一误解早已造成了十分严重的后果，上述 HNC 概念"词典"和句类"词典"的建设已严重滞后，这必然导致 HNC 技术的智力水平长进得很慢，基本功依然很弱。HNC 技术一直忙于提升产品第三棒的外功，顾不上理论第一棒和技术第二棒接力的内功培育。当然，产品第三棒和产业第四棒的外功非常重要，在全球的所有竞争舞台上，都是外功在表演，这是世界潮流，不跟随世界潮流是不行的。但不应该忘记，绝大多数第一流外功的背后都有深厚内功的支撑，有些内功甚至经历过几个世纪的磨炼。语言知识处理产品和产业还没有出现第一流的外功，语言数据处理终究不能完全替代语言知识处理。语言知识处理的内功（即理论技术接力）培育拥有充裕的战略机遇期，远远多于 10 年。所以，笔者对于上述的"顾不上"，并不介意，因为急功近利的现实意义并非词典的解释。尽管如此，还是要清醒地认识到，内功的培育要花大力气，要组织高水平的专业队伍，不能老是耽搁，HNC 技术的内功更是如此，因为它几乎没有老本，一切都要从零开始。本《全书》所做的，仅仅是最基础的理论探索与阐释。10 多年前，笔者曾向一位创新技术投资企业家说，要搞 HNC 语言知识处理产业，首先要举办"HNC 黄埔军校"，并推荐了一位年轻的校长人选，这一下就把对方吓跑了。

回到上面的 3 个例句，从语言游戏[*24]的视野来看，三者都属于语句层级的语言游戏，其下有词语和短语层级的语言游戏，其上是句群层级的语言游戏，共 4 个层级，但传统语言学基本未涉足句群层级的语言游戏。用 HNC 语言来说，语言游戏的层级表述方式有很大差异，词语大体对应于概念基元；语句大体对应于句类；句群大体对应于语境单元；短语与语块，则连大体对应都谈不上；至于 HNC 的记忆 ABS，就根本没有对应的东西了。HNC 的语言游戏以概念基元为基础，以语境单元为中枢。因为语言知识处理必须面对各路劲敌与流寇，如果没有领域句类知识的引导，对于复杂的语句或句群，就难以形成有效的或高效的作战谋略与方案。但是，领域句类的形态与句类完全相同，因此，句类知识与概念基元知识共同构成语言脑的基础世界知识，对这一世界知识的把握与运用是语言脑的固有功能或基本内功。句类新表和混合句类新规则的制定就是为这一基本内功的训练提供更多的便利。顺便说一声，这里的训练当然是针对图灵脑的，但也可能有益于言语脑。

上面叙述了 3 例句句类知识的运用，在语句所属句类被认定的前提下，3 例语言游戏里的"猫腻"都被轻易地解决了。但是，那些句类是如何被认定的呢？前文仅略说了"停止"，言有未尽，没有说到"死"，下面将略加补说。不过，在补说之前，不能不提一下传统语句游戏的根本弊端，那就是脱离语境知识的运用。单一的语句或短语通常不可能提供语境信息，正因为如此，单一的语句游戏可以玩得很精彩，例如"咬死了猎人的狗"。但如果把此类游戏放到句群（即语境单元空间）里去考察，通常就没有多少游戏价值了。

"停止"必须配置 3 个句类代码，这是句类"词典"的职责。概念"词典"不可能完全代劳。在主体基元概念里，这是过程 1 和状态 5 的根本特性，而转移 2、效应 3 和关系 4 的概念"词典"却可以承担起大部分代劳职责。这意味着对过程 1 和状态 5 的激活词语，需要慎重对待。这是一个意义重大的理论第一棒课题，但笔者仅说过一些零星的话语，未作过正式探索，就便备案于此。

3 例句里的激活词语十分简明，分别是"停止"、"睡觉"和"死"。对这一组特例的考察，传统语言学与 HNC 的"(l,v)准则"几乎没有分歧。不过，HNC 更关注下列语言现象：三者都是 2 主块句，都没有辅块，都没有复杂的语块构成。因此，这 3 个语句游戏似乎在 HNC 视野没有多少游戏价值，其实不然。因为"停止"和"死"属于过程 1，"睡觉"属于状态 5。不过，"睡觉"这个词语在英汉两种代表语言里的表现都非常老实，"停止"的汉语表现也比较老实，英语的表现则非常滑头，"死"的表现则恰恰相反。这个情况必须在 HNC 概念"词典"里得到充分反映。"停止"是概念基元 1078^e22 的汉语直系捆绑词语，而英语似乎并不存在该概念基元的直系捆绑词语，但旁系捆绑词语为数众多，分别用于不同语境。有趣而重要的是，这些旁系词语都没有冲破概念联想脉络的底线，因此概念使节可以大显身手，派上用场。"死"是概念基元 14eb6 的汉语直系捆绑词语，同时又是许多其他概念基元的重要旁系捆绑词语，其中特别重要的两个概念基元是 j60c37 和 462。因此可以说汉语的"死"非常滑头，同样有趣而重要的是，其滑头表现并没有冲破概念联想脉络的底线。英语的"die"不同，它仅能充当 14eb6 的直系捆绑词语，其另外的两个词项都冲破了底线，需另行处置。概念"词典"的工程性就来于上述两类麻烦：一是选派概念使节的麻烦，二是对冲破底线者另行处理的麻烦。

回到"句类如何被认定"的话题。这是一个非常重大的话题，HNC 曾以为，这个话题在《理论》里已经讲得很透彻了，现在看来远非如此。《理论》的基本论点是：一个实际语句的句类必须通过句类检验加以认定，不通过者一律打入另类，请求人工协助。句类检验要以句类知识和概念关联性知识为基本依托。这些话原则上没有错，但句类检验如何施行？如果说当时的想法比较天真，那并不过分。那想法可以概括成下面的陈述：句类检验就是语块核心要素之间的概念关联性检验，而概念关联性是完全可以预期的。可预期性的展现方式无非以下两种：直接方式和间接方式。直接方式是对 HNC 概念基元符号自身的解读，间接方式是在不同概念基元之间建立概念关联性表示式，间接方式的发展就是后来正式命名的概念关联式或使节。此陈述里的"完全可以预期"和"无非两种方式"都没有错，甚至其中的"完全"二字也没有错，HNC 的第二阶段探索成果不仅没有形成对两者的否定，甚至反过来加强了对两者的肯定。那么，问题出在哪里？出在以下两个方面：一是对"HNC 概念基元符号解读"处理技巧的特殊性过于忽视；二是对庞大使节系统的建设缺乏一个明确的规划。所以，上面的"比较天真"说辞实质上是一种"自我宽恕"，而后者乃是人类的天性之一，在笔者的睡梦里，曾多次出现过"自我宽恕"的辩护情景。这个问题，将在第七编"微超论"里安排一段回应性说明。本段论述，是对"语言理解的本质就是预期及其检验"这一论断的回应，因此，读者不妨再看一遍本节的注释"[***13]"。

下面从语言游戏的视野，对 3 个例句再作一番比较，并将以 3 项"如果说："结束要点 2-2 的讨论。

沿袭传统语言游戏的习惯，3 个例句都被当作大句来对待，上面的句类标注和句类分析就是这么做的。但这种做法与实际语言呈现的差距比较大，后两个例句完全是人为的，就撇开不说了。例句 01 可能是一种实际的语言呈现，不过，它可能是一个小句，而不是大句。如果它果真是一个小句[*25]，句类检验的结果当然不受影响，它依然是一个异类。但对该异类的处理方案则应该截然不同，不是直接请求外援，而是先作内部协调。内部协调者，纠错处理也。例句 01 可能是"心跳停止了"的笔误，也可能是"心脏停止了跳动"的语音省略。

如果说例句 01 是一个小句，所属的语境是已知的，例如，属于主体语境单元"治疗 a82a"或"灾祸善后 a84b"。那么，请你思考一下，上述内部协调或纠错处理的事依然是一种梦幻般的难事么？把此类梦幻般的难事搞出一些样板来就没有显示度么？就会落得个悲惨下场么？就一定不会在主流之外，闯出一条异军突起的新路么？

如果说句类检验是 HNC 语言知识处理的必由之路，它不仅是句类分析 SCA 的必由之路，也是语境分析 SGA 的必由之路；它不仅是小句分析的必由之路，也是大句分析的必由之路；它不仅是所有主句分析的必由之路，也是所有句蜕分析的必由之路。那么，请思考一下，你认同此段陈述么？

如果说通过句类分析 SCA 发现异类，通过语境分析 SGA 决定异类的处置方案，那么，请思考一下，你如何看待此段陈述呢？

要点 2-3：关于块扩判断句 DJ 的特殊使命与贡献。

句类代码不带数字的基本句类都是基本句类世界的"元勋"，不过，对 4 位"元勋"特殊使命和贡献的认识过程与深度则差异甚大。如果以认识的最高"蓦然"度"1.0"为标准，那么，在 HNC 探索的第一阶段，四者的"蓦然"度如表 4-4 所示。

表 4-4 基本句类"元勋"在 HNC 探索第一阶段的"蓦然"度

句类代码	初始"蓦然"度
XJ	1.0
OJ	0.3
DJ	0.8
jDJ	0.6

表 4-4 是一种特殊形式的回顾，不对其中的"蓦然"度作具体说明，但该数字系列可充当本节全部论述的重要参照。至于后 3 者的当今"蓦然"度，就留给读者去猜度吧。

关于广义对象语块 GBK 可以扩展为语句的认识，可以说缘起于两个基本句类：一是"元勋"之一的 DJ，二是句类新表里的新成员 T30J。但后者经历过一番折腾，前者没有。因此可以说，DJ 是诞生块扩概念最重要的句类缘起，其特殊贡献即在于此。

这里应就便强调一下，块扩概念不仅缘起于句类，也缘起于对语言进化过程的考察，也就是对语块属性演变过程的考察，那就是前文多次论述过的(B,C,E.A)演变过程。此项考察没有语言"化石"的直接证据，似乎不具备科学考察的资格。但是，是否可能存在着下述情况：语言"化石"隐藏在一些原始语言或原始语言的遗迹里[*26]，而我们却视而不见呢？

至于 DJ 的特殊使命，那是 HNC 第二阶段探索才正式形成的。其正式陈述是：为"描述 XYD"提供最直接、最可靠的证据，DBC(DJ)一定属于描述，而不属于叙述。这是一项再明显不过的世界知识，但多数言语脑却不懂得，HNC 不希望未来的图灵脑步其后尘。

要点 2-4：关于是否判断句 jDJ 的特殊使命与贡献。

使命与贡献的非分别说特别适用于 jDJ，可归纳成下列 4 点。

（1）jDJ 是最原始的 3 主块句，jD 是最原始的 EK。同时，它又是最简明的基本句类，是一种具有使节形态的句类，这不能不引起下述联想，jDJ 很可能是最常用的记忆模板。HNC 很愿意把这一联想提升为 HNC 二级基本假定[**27]之一。

（2）任何句类都可以转换成 jDJ，句类转换的概念缘起于此。英汉两种代表性语言都存在这一句类转换现象，但转换方式的差异性很大。这是一个与第一点相互呼应的课题，非常有趣，值得深入考察。

（3）古汉语的"……者，……也"现象是汉语的"!0jDJ"样式，英语无此句式。

（4）英语 jDJ 的 DB 与 DC 的位置可交换现象是英语的"!1jDJJ"样式，汉语无此句式。

回顾性文字到此基本结束，下面补说一下关于词语层级的语言游戏。两例句[*28]如下：

例句 04：秋天的北京||是||美丽的季节。

例句 05：盐||-在血液循环中||起着重要地位。

如果读者对句类检验的要素原则、排位原则、"三二一"原则里的对仗性原则还有一点印象的话，那么，现在就烦请你综合运用一下"要素原则"、"排位原则"和"对仗原则"，去检验一下例句 04。你可能敏锐地发觉，只要把"秋天的北京"换成"北京的秋天"，一切就 OK 了。因此，你可能产生一种错觉，以为所谓的"综合运用"，不过是一种"虚张声势"。因为真正管用的就是一个"对仗原则"。"秋天的北京"与"美丽的季节"太不对仗了，"北京"是具体概念（且不说它是专用具体概念），而"季节"是抽象概念，基本句类 jDJ 的 DB 和 DC 不允许这种不对仗性的存在。这里不得不说，如果你真的这么想，那就大错特错了。这是一个重大话题，将安排在第七编"微超论"里详说，下面仅预说一下。为此，先把例句 04 改换成语句层级的语言游戏，即下列变化形态。

例句 04a: 秋天||是||北京最美丽的季节。

例句 04b: 北京最美丽的季节||是||秋天。

例句 04c: 秋天的北京||是||美丽的。
　　　　　北京的秋天||是||美丽的。

例句 04d: 秋天的北京||（真//很//最）美（丽）。
　　　　　北京的秋天||（真//很//最）美（丽）。

上列变换形态都可以通过句类检验。在这里，"对仗原则"无"用武之地"了，但"要素原则"与"排位原则"依然适用。上面把"要素原则"排在第一位，把"排位原则"排在第二位，把"对仗原则"排在第三位，不是偶然的，请看下文。

要素原则和排位原则是一切语言现象的根本原则，要素原则无语种个性，故排在第一位，排位原则有语种个性，故排在第二位。任何语句的句类检验都要应用这两条根本原则，两者无所不在，无处不用。你刚才说真正管用的就是一个"对仗原则"，这可是典型的睁着眼睛说瞎话，因为对仗原则不过是要素原则与排位原则所辖属的一条特殊原则，三者之间的关系如同祖孙三代艺人的传承。在例句 04 里，第三代的表演固然精彩，但你不能把第一代和第二代的奠基性贡献给一笔抹杀了。原则具有"一以贯之"特性，西方文明不太重视这一特性。所以，乔姆斯基先生虽然醒悟到要在语法规则之上抓住更高的语言原则，但实际上，他并没有抓住什么重要的东西，以下所说，他都没有抓住。

排位原则在英汉两种代表性语言里的具体表现十分清晰，这里再次强调一下以下三点。①排位原则不仅是语块构成的基本原则，也是短语构成的基本原则。②排位原则包括语块的排位原则，这包括主块排位原则和辅块定位原则，前者指广义作用句的格式原则和广义效应句的样式原则，后者特指现代汉语的 fK 一定位于特征块 EK 主体部分前方的原则。③排位原则还包括大句里的小句排位原则，所谓汉语的"四合院"特色和英语的"高楼大厦"特色即缘起于此。这里要特别强调的是，以上三点具有"一以贯之"的鲜明特性。排位原则的系统阐释需要一部专著，英汉两代表语言上述特色的阐释应成为该专著的重点。这些，只能寄希望于来者。

要素原则的以往阐释比较分散，可能远没有排位原则那么明晰，这里将略加整理，试图理出一个简明的头绪，概括成以下 4 点，可另称要素原则 4 要点。

（0）要素原则里的要素是指语块构成里的要素成分，要素原则乃是对语块要素之间概念关联性的描述。这不仅指 GBK 要素与 EK 要素之间的关联性，也指 GBK 要素之间的关联性，还包括主块 K 与辅块 fK 之间的在特定条件下的某种特定关联性。动词中心论（包括动词价位论）之所以遭到 HNC 理论的最多闲话，主要缘起于此。这里应顺便指出，EK 要素的核心成分可能不是动词，而是名词或体词。无论是英语还是汉语，这种情况都十分常见。因此，这里的语块要素之间的关联性不能等价于动词与名词或体词之间的关联性，也不能等同于主语与谓语或谓语与宾语之间的关联性，前者的含义宽于后者，更深于后者。

（1）从语言进化的视野看，最先诞生的语块要素是对象 B，随后诞生的语块要素是内容 C，这两步，大体对应于道家哲学所说的"一生二"。接下来的第三步是道家哲学所说的"二生三"，那位"老三"被命名为特征要素 E，其诞生的意义，就如同大脑进化历程中语言脑的诞生。再往后的第四步是 HNC 所说的"二生三四"，那位"老四"被命名为作用者 A。

(B,C,E,A)被统称为主块 4 要素。除了主块 K 的 4 要素之外，与"二生三"或"二生三四"同步诞生的，还有辅块 fK 的 7 要素，它们依次是：方式 Ms、工具 In、途径 Wy、参照 Re、条件 Cn、原因 Pr 和结果 Rt。

主块 4 要素和辅块 7 要素是要素原则的第一要点。

此点所述，是否符合康德先生反复强调的透齐性标准？请有哲学思考兴趣的读者协助考察。在此基础上，不妨与传统语言学的"主谓宾定状补"说作一番对比考量。

（2）主块要素是句类的函数，这就是语块原则的第二要点。其基本阐释如下：句类是有限的，基本句类 68 组，混合句类最多 4556 组。这是 HNC 语句理论（即句类理论）的最终结果，正是基于这一结果，语句无限而句类有限的 HNC 第二假设才变成了 HNC 第二公理。句类的有限性必然导致主块要素类型的有限性，要素原则第二要点的诀窍即在于此。该要点是"语块要素之间概念关联性描述"的纲，具有"天网恢恢，疏而不漏"的特质。

Fillmore 先生和 Schank 先生关于语句理论的先行工作曾对要素原则第二要点的探索产生过重要启示，但两位先行者都未能摆脱语句类型无限性的困扰。对两位先生的"壮志未酬"，《理论》里曾表示过深切惋惜，但 HNC 理论永远不能忘记这两位先行者之未酬壮志的重大启示意义。

（3）要素原则第二要点的"天网"毕竟具有"不漏而疏"的特性，技术第二棒的接力很难适应这一特性。那么，能否把"疏而不漏"转变成"密而不漏"么？这正是要素原则第三要点所要回答或解决的问题。

要素原则第三要点的通俗陈述是：它把要素原则第二要点所构成的"天网"加密了 100 倍以上。加密的诀窍不过是对第二要点加上两个字——领域，把"主块要素是句类的函数"改成"主块要素是领域句类的函数"，后者就是语块原则的第三要点。

语块原则第三要点怎么就能够把"天网"的密度扩大 100 倍以上呢？道理非常简单，因为领域句类向每一个主块要素所提供的先验性世界知识非常明朗和具体。如果把语境单元空间的景象比作朗朗乾坤，那句类空间的景象就好比是雾霾地域。语言理解处理所面临的各类劲敌与和流寇，在朗朗乾坤下都不难给以精确打击，远比雾霾地域的作战容易得多。那么，"100 倍"的依据何在？在于语境单元与基本句类的数量比，这个比值在 100 以上。这个比值不是数字游戏，也不是维特根斯坦意义下的语言游戏，而是事关语言脑核心奥秘的语言理解处理游戏，或名之语言智力游戏。本卷的前三编，就是关于该游戏的基本教材，而本《全书》的前两卷，则是该教材的基础性素材。

HNC 的句类分析技术一直在雾霾地域作战，为什么不向朗朗乾坤的战场进军呢？当然，这场语言智力游戏的伟大进军需要从理论技术接力做起，但该课题一直没有正式启动。是时候了，启动吧！下定决心吧！从 HNC 概念"词典"和句类"词典"做起。

本节到此，本来可以结束了。但意犹未尽，还想漫谈一下例句 05。下面，先将该例句拷贝，并沿袭例句 04 的做法，把原例句从词语游戏转化成小句游戏。

例句 05: 盐||-在血液循环中||起着重要地位。

例句 05-0: 盐||-在血液循环中||起着重要作用。　　　(X0YJ+Re)

例句 05-1: 在血液循环中-||盐||起着重要作用。　　　(Re+X0YJ)

例句 05-2: 在血液循环中-||盐||具有重要作用。　　　(Re+X0YJ)

例句 05-3: 盐||对血液循环||起着重要作用。　　　(!11X0Y0J)

例句 05-4: 在血液循环中-||盐的作用||非常重要。　　　(Re+S04J)

例句 05-5: <盐对血液循环的作用>||非常重要。　　　(S04J,SB=<!11X0Y0J>)

例句 05-6: \{盐作用于血液循环}的机制|||非常特别。　　　(S04J,SB=\{X0Y0J}/)

首先要说明的是，这是一个不寻常的混合句类，其句类代码是 X0YJ。其次要说明的是，此小句配置了一个不寻常的辅块 Re。对这两项不寻常性，将给予充分讨论。不过，在此之前，先介绍一下例句群 05-m(m=0-6)各自充当的角色，随后给予简要评述。

例句 05-0 是病句（例句 05）的改正形态，将简称原例句，后续的 6 个例句都是原例句的各种等效形态。例句 05-1 仅前移了辅块的位置；例句 05-2 不仅前移了辅块位置，还变换了 EK 构件的词语；例句 05-3 还原了原例句的原初句类代码；例句 05-4 对原例句进行了句类转换；例句 05-5 和 05-6 不仅进行了句类转换，还引进了句蜕，前者引进了 EK 要素句蜕，后者引进了原型包装句蜕。这些游戏表演具有典型性或样板性，将作进一步的说明。

例句 05 的原意只是玩一下词语游戏，这种游戏不能说没有一点词法意义，但如果不提升到概念基元关联性的层级去考察，其意义毕竟有限。为什么"起着"不能与"地位"搭配，可以与"作用"搭配呢？这样的问题语习性比较强，漫无边际是其基本特征，属于语言生成领域的课题，不属于语言理解领域。HNC 不涉足此类漫无边际的问题或课题，仅关注"语言如来佛手掌"，例句 05-m(m=0-6)可视为"语言如来佛手掌"的一种描述样板。

例句 05-m(m=1-6)示例了语言的句类转换、句式转换、句蜕和块移[**29]现象。这里出现了 4 个 HNC 术语，读者对其中的前 3 个，应该已经比较熟悉了。这些术语既是"语言如来佛手掌"的基本描述工具，也是复杂语言现象的强有力揭具。

就句类转换来说，本例句展示了两种常见的句类转换：一是主块数量减 1 的句类转换, 二是向简明状态句的句类转换。本例句的原初句类代码是 X0Y0J, 例句 05-m(m=0-2) 对应于前一种句类转换, 例句 05-m(m=4-6)对应于后一种句类转换。前一种常见句类转换一定伴随着主辅变换, 后一种常见句类转换一定伴随着句蜕或多元逻辑组合。请注意, 这里使用了两个"一定"。倘存疑问, 请尝试证伪。无论证伪成功与否, 都值得写出论文。

这里还不妨略事回顾, 简明状态句 S04J 和是否判断句 jDJ 一直被 HNC 当作是句类空间的两位特级贵宾, 因为两者是语言或语言脑进化历程中的两座丰碑, 前者是跨进两主块句(B,C)的标志, 后者是跨进三主块句(B,C,E)的标志。这个认识以前未敢明言, 而以"任何语句都可以转换成 jDJ 和 S04J"的论断予以隐晦表达。不过, 隐晦中存在重大失误, 那就是过度强调了汉语对 S04J 的偏好, 这可能导致英语无 S04J 的误会[*30]。偏好这个词语仅适用于描述语习概念 f 所导演的语言现象, 不宜滥用, 以前没有把握好这个尺度。对这里所描述的无条件句类转换现象它就不适用。此转换, 可名之语言返祖现象, 名之语言活"化石"现象也许更合适一些。

例句 05-3 展示了汉语最常见的格式自转换现象[**31]; 例句 05-5 和例句 05-6 分别展示了 EK 要蜕和包装原蜕的现象; 例句 05-1、05-2 和 05-4 展示了块移现象。

如何看待上列语言现象? 如何透过现象去抓住本质? 有些术语仅纯粹用于描述现象, 有些术语则力图描述本质, 当然, 兼顾两者的术语居多。但关键在于, 一定要分清前两类术语, 这里不能不遗憾地说, 语法学的术语基本属于前者。

句类代码 X0YJ 的不寻常性在于以下两点: ①该句类代码指明, 该语句属于两主块广义作用句; ②其句类代码必须取 X0YJ, 而不能取 XYJ。

前文曾多次强调过一项铁律: 广义作用句的主块数量最少 3 个, 最多 4 个。那么, 本例句是否违规呢? 铁律是不允许这个情况出现的。那么, 对此如何解释? 两条出路: 一是某主块被省略(劲敌 C 或劲敌 05)了; 二是某主块被变换成辅块(流寇 05)了。本例句属于后者, 其中的"在血液循环中"是 GBK2(X0Y0J)的主辅变换, 句类代码 X0YJ 本身就包含着这一项非常有趣的知识, 这样说未免太神奇了吧! 非也! 它就蕴涵在符号 X0YJ 里, 可以通过一位特级内使把这项知识明确无误地表示出来, 该内使的表示式如下:

$$X0YJ=:(!32X0Y0J,GBK2=>Re;Re=Cn) —— (X0YJ-01-0)$$

早在《理论》阶段, 这类有趣而神奇的知识就被命名为句类知识。句类知识是句类分析必须具备的预期知识, 没有这些预期知识, 句类分析就不可能施行句类检验。遗憾的是, 无论是笔者的《理论》和《定理》甚至《全书》, 还是苗传江博士的《导论》, 对句类知识的阐释都不过是冰山一角或沧海一粟。然而, 重要的是: 该冰山或沧海是可以描述的, 这可描述的冰山或沧海, 不妨名之 HNC 冰山或 HNC 沧海。如果读者能通过例句 05-m 的阐释, 对该冰山或沧海的奇妙性有所认识, 则笔者将不胜欣慰。

"HNC 冰山或 HNC 沧海是可以描述的"是一个语法意义上的普通小句, 也可以说是一个意义非凡的"是"字句。因为本《全书》就是为它服务的。本来已经为该小句安排了一个重要注释, 现决定把该注释变成正文, 拷贝如下。

本《全书》曾多次使用过"冰山一角"和"沧海一粟"这两个词语, 暗含着与"HNC 理论工程"相呼应的意图。但这两个词语很容易造成一种消极印象, 如同当年的"HNC 黄埔军校"那样。

本注释希望对这两个词语注入一点积极因素。现实的冰山水下部分不可见，现实的沧海显得广袤无垠，两者的整体面貌似乎不可知，两者的局部面貌也似乎不可描述。但 HNC 冰山或 HNC 沧海完全不同，不可见或广袤无垠、不可知、不可描述的困境都已不复存在，其 4 层级空间（概念基元空间、句类空间、语境单元空间和记忆空间）的整体面貌已一清如洗，每一层级空间自身与相互之间的宏观与介观面貌也已基本一清如洗，其类型区块分明，联想脉络清晰。类型区块与联想脉络的描述手段与工具已十分齐全，各种类型区块的总量有限，各种联想脉络的总量也有限，这是 HNC 理论 24 年探索的基本成果。类型区块总量为 10^4 量级，联想脉络总量为 10^5 量级，这两点，可以看作是 HNC 理论探索从"望尽"到"蓦然"的基本标志。所以，HNC 冰山或 HNC 沧海的描绘是一项这样的理论工程，其应有的一切前提条件都已准备就绪，可谓万事俱备，只欠东风。那东风不过是一项认识与决心。那项认识的要点是：没有这项理论工程的支撑，HNC 设想的语言智力就只能是一句空话，HNC 曾引以为豪的自知之明宣扬就是一种忽悠；图灵脑就永远是一座海市蜃楼；语言数据就永远是没有生命力的无机数据，而不是有机数据，再大的大数据、再超级的计算能力也改变不了这个语言数据无机性的尴尬局面；语言信息处理就只能永远停留在数据处理的低级阶段，提升不到知识处理的高级阶段。反之，如果认真启动 HNC 理论工程，那空话就能变成现实；那忽悠就将是一项伟大的创新；那无生命力的无机语言数据就会变成有生命力的语言记忆；那图灵脑就将成为谋士"张良"，充当后工业时代人类的益友。

总之，理论第一棒与技术第二棒的又一次历史性接力在呼唤 HNC 理论工程的启动，这是对语言脑深层奥秘探索的呼唤，是大脑深层奥秘探索最关键的一步。第一世界的美国和欧盟不可能领悟到这一点，不可能真正理解这一呼唤里所蕴涵的深层四棒接力意义，第三世界的俄罗斯、日本、韩国和印度也同样做不到。本《全书》不过是为响应这一历史性呼唤略尽绵薄之力而已。

下面对这一段拷贝文字略加发挥。如果说"现代学术思潮容纳不了理论工程这样的概念"，那也许有点过分。但可以肯定地说，如果仅打着理论工程的旗号，那一定会沦为学术领域的乞丐。这不仅是第二世界中国的主流景象，第一世界也基本如此，第三世界的俄罗斯和日本更加如此。那么，理论工程只有死路一条么？非也！势不可违，而事有可为，"瞒天过海，暗度陈仓"之计古已有之，关键在自我清醒耳！

要清醒地认识到：语言学的老祖宗遗产太表象，现代先行者为理论第一棒提供的知识基础太薄弱，两者对语言真谛或语言脑奥秘的揭示都贡献甚微。因此，要真正实现具有语言智力的知识处理或图灵脑技术，就必须给理论工程一个十分独立的地位。如果将 HNC 理论工程降格为数据库意义上的语言知识库建设，那不仅图灵脑技术没有指望，具有自知之明的机器翻译技术也没有指望，笔者只能言尽于此了。

下面回到例句 05 的漫谈，主要围绕着例句 05-m 的句类代码标注，都属于细节，以细节 05-n(n=1-4) 的名义排序，其部分阐释与上面的发挥有所呼应。

细节 01：关于"+"的使用。在 SCJ 与 fK 之间使用的逻辑符号只有"+"，没有"，"。那么，这个星球的自然语言里，是否存在(fK,SCJ)或(SCJ,fK)的语言呢？笔者不知。"+"意味着 fK 存在插入现象，它可以居前或殿后。居前常见于汉语，殿后常见于英语。这一语言景象非常明显，也比较有趣，多个 fK 的出现对此没有任何影响。那么，该景象的汉英差异是否与两种文明的思维方式差异有关呢？笔者尚未曾见到这方面的讨论。

细节 02：关于"X0YJ 是 X0Y0J 的主块减 1 变换"论断的补充说明。前文仅提到主块数量减 1 的句类变换必然伴随着主辅变换，但并未指出相应辅块的优先类型，这个问题很值得探索。例句 05-m 的句类代码标注和特级内使（X0YJ-01-0）给出了此项探索的初步结果。值得进一步探索的是，该特级内使可否提升为的形态呢？

(X0OJ-01-0;O=(P,Y,S))

细节 03：为什么对例句 05 的混合句类代码选取 X0YJ 而不选取 XYJ 呢？这涉及 XJ 与 X0J 的基本分工。HNC 约定：XJ 用于描述以精神或社会作用为主导的作用，X0J 用于描述以物质作用为主导的作用。例句 05 的作用者是盐，属于基本物 jw53，因此，X0YJ 乃是 HNC 的必然之选。这里，"盐"（语块 AK）与"起作用"（语块 EK）对于此选择的贡献旗鼓相当。通过这个例子，读者不妨重温一下前文关于"主块是句类的函数"与"句类是语块的函数"的讨论，并自问一声，是否受到过"动词决定句类"论的潜意识误导？此潜意识危害巨大，因为它会演变成句类检验的隐形杀手。还应该指出的是，潜意识的说法并不确切，它实际上是赫然存在的显意识，"句类是语块的函数"说就是一个强悍的证据，其强悍性来自于它拥有一个强大的后盾，那就是显赫的动词中心论或谓语中心论。

细节 04：关于 S04J 的无条件句类转换。"任何句类都可以无条件地转换成 jDJ 和 S04J"，在微小的 HNC 世界，这个论断早已成为陈词滥调了。例句 05-m(m=4-6)为该论断里的后者提供了一项新证据，可能会给读者留下一个比较深刻的印象。但该组例句的用意不仅在于印象，更在于下述假设：S04J 很可能是最常用的记忆模板之一。此假设前仅用于 jDJ，现在扩展到 S04J，这就把 jDJ 和 S04J 都推上了记忆空间特级贵宾的地位，可分别名之 jDJ 记忆模板和 S04J 记忆模板。这就是说，在自然语言空间里，"S04J 的无条件句类转换"表述是不成立的，因为它仅适用于汉语，并不适用于英语。但在记忆空间，情况或许并非如此，两种母语的语言脑对 S04J 记忆模板将一视同仁。

本节的撰写方式非常特别，多处违反常规。广泛的回顾与深入的预说插入其间，许多重要的论述放在注释里，以"**"或"***"予以标记。这些，就是本节的基本特色吧。

小 结

本章的篇幅大大超出了预期，撰写期间的一次沙龙和一次会议诱发了笔者心中的波澜，对原已封存的一些老问题进行了再思考，其结果主要反映在第 3 节。这使得该节的内容与原定的标题不太匹配，但这毕竟属于细节，就决定不改动了。

注释

[*01] 此前表述见《定理》p35和《全书》残缺版p1002。

[*02] D"外遇"为简明判断句D1J和D2J，编号为Y-15和Y-16；jD"外遇"为标准基本判断句jD*2J，编号为B-18。

[*03] 英语和汉语在jDJ样式方面的大异其趣现象，前文曾给出过爱因斯坦名言(Subtle is the Lord,but malicious He is not)的示例，该名言的样式不过是《圣经》里著名诗句(Great is the Lord)的模仿。其他类型的示例，请读者自行留意。不过，最值得关注的是HNC定义的标示性句式f41\3，它在两代表语言中存在巨大落差。

[**04] 这里用（3+1）代替4，不过是为了突出指明一个语言现象：其中存在一个块扩句类。基本句类新表最终确定的块扩句类为8个，而不是原初确定的7类。原先还提出过某些基本句类可能块扩的错误提法，例如Y3J，那是形而上思维功力不足的典型表现。这里用"**"来标记这条注释，是希望下面的两段题外话能引起读者的注意。

（1）"特殊块扩的辨认"这项课题（编号流寇07）的提出即缘起于可能块扩的错误提法，但基本句类新表确定之后，该课题并未取消，不过，"特殊块扩"的含义改变了。"特殊"所指，乃块扩替换句和块扩双向关系句。两者编号分别为X-29和X-30，即广义作用句的最后两位。两者的Ep和Er紧密连接在一起，很容易与特征块EK复合构成的分析（编号流寇10）发生混淆。在对15支流寇进行编号时，由于受到"20项难点"排序的影响，没有把两者排在一起，可惜。

（2）自然语言的两位代表——英语和汉语，块扩句的形态呈现出大异而小同的特征，这是一个非常有价值的课题，是一片待开垦的处女地,不仅具有一定的理论意义，也具有一定的实践意义，使之成为机器翻译的第一个突破口。HNC完全可以在这里潇洒一把，作出自己的漂亮贡献，可惜始终处于"按兵不动"的状态。

[**05] 这里故意使用了"最壮丽景象"的短语，不是一般意义上的为了"吸引眼球"，而是为了突出HNC理论体系的一项基本构想：图灵脑不仅可以模拟语言脑的神经元组或皮层柱，也可以模拟神经递质。神经递质的模拟者就是概念空间使者CSE。没有这个前提，图灵脑诚然不可实现；如果拥有这个前提，那别开生面的态势就有希望了。概念空间使者CSE是描述强交织性的强大工具，穿梭在概念基元、句类和语境单元空间的内外使者，我们已经提供了众多的示例。所谓领域之间的强交织性就是语境单元之间的强交织性，所谓的描述不过就是那些示例的如法炮制而已。勇敢地去直接面对语言脑奥秘的探索吧！束手无策的尴尬态势正在或即将发生重大变化（此话有隐，暂不明言）。现在，已经不是"冬天已经来了，春天还会远吗"的时节，而是惊蛰的时节，后来者不可不察。

但必须指出，不同纬度地区的惊蛰景象有很大差异，这里说的惊蛰大约对应于北纬40°地区的惊蛰吧。因为，本《全书》不过是语言概念空间的粗线条描述，从理论第一棒向技术第二棒的全面传递，仅有这些理论第一棒的粗线条描述是远远不够的，还需要众多的细线条描述。在概念基元空间、句类空间、语境单元空间和记忆空间，细线条描述都不是一般的缺乏，后面的3层级空间尤为严重。《全书》里的"后来者"这个词语，都可以看作是需要进行细线条描述的标记。但那些标记多半是信手拈来，未对其急所性和大官子性仔细衡量，这是一件非常遗憾的事。今后，在撰写各空间的残缺部分时，或将有所改正。

[**06] 此表仅给出两个示例，实质上是两个示范，可以推广于许多HNC形态的语言陈述，也简称HNC语言陈述。下面给出一些常用的例子，左列为HNC语言陈述，右列为HNC符号。

作用效用链或主体基元概念	(GX,GY)
广义作用效应链或广义主体基元概念	(GX*,GY*)
作用效应链的作用效应侧面	XY
作用效应链的过程转移侧面	PT
作用效应链的关系状态侧面	RS
作用句或 X 句类	SC(X)//SC(XO)
效应句或 Y 句类	SC(Y)//SC(YO)
过程句或 P 句类	SC(P)//SC(PO)
转移句或 T 句类	SC(T)//SC(TO)
关系句或 R 句类	SC(R)//SC(RO)
状态句或 S 句类	SC(S)//SC(SO)
广义作用句类	SC(GX)//SC(GX*)
广义效应句类	SC(GY)//SC(GY*)

[*07] 本短语可能是首次使用。其基本含义是：混合句类的使用频度随着交织度的增加而增加，原以为此论断也具有实践意义，故前文曾为此花费了一些文字。但多年观察表明，其实践意义可能微乎其微。

[*08] 两"外遇"的句类代码分别是D1J和D2J，命名为简明判断句，以2主块和3主块的修饰词加以区分，编号为Y-15和Y-16。英语和汉语对这两个句类的运用方式差异很大，值得关注,是一枚大官子。

[**09] 在语法逻辑概念树"串联142"的论述（见[240-4.2]节）中，最初引入包装体和包装品的概念，用于描述包装句蜕的基本结构特征。其中的一段重要话语拷贝如下：

"包蜕142\3"还引入了再延伸概念142\3*t=a，这个再延伸概念同"串联第一本体呈现142t=b"一样，纯属彼山景象，没有直系捆绑词语。它纯粹是为"包装品"和"包装体"这两个重要概念而设置的。

后来，在关于文明的论述中，也曾多次使用包装体和包装品的概念，但属于借用。借用时往往比较突出两者的主辅之分，包装体为主，包装品为辅，而两者的原定义并不强调这一点。借用意义的变化缘起于对资本与技术联姻的感悟，但本《全书》并未对该感悟明说，仅在一项注释（见本编第二章第1节的注释"[***10]"）里比喻了几句。这里的标签相当接近于包装品的借用意义。

[*10] 叙述与描述的HNC符号如下：

```
(narrate;叙述;):=23989
(describe;描述;):=2398(~9)
```

[*11] 三示例短语所对应的双对象判断句D02J有多种陈述形态，这里给出一种比较接近叙述的形态，各一个例句。例句1：知识分子按照其意识形态的阶级属性来说，可称为资产阶级知识分子。例句2：在"文化大革命"时期，知识分子的社会状态，排在地主、富农、反革命分子、坏分子、右派、叛徒、内奸和走资派之后，故被戏称为"臭老九"。例句3：不执行毛主席的革命路线，就必然追随刘少奇的反革命资产阶级路线，于是，这样的领导干部就被叫作走资派。

[*12] 纯点说是点说的一种类型，其基本特征是：攻其一点，不及其余。点说作为面体说的分别说，本来是一种正常的陈述。但纯点说的基本特征必然带来片面性，这应该引起高度警惕。纯点说这个术语也许是第一次使用，带有贬义，但又不宜过贬，故使用了一个纯字。应该指出：纯点说往往具有透齐性二重性表现，既有透彻性的淋漓尽致，又有齐备性的极度欠缺，此二重性是一切高明纯点说的固有属性。

[***13] 李颖博士曾在一次四人沙龙上（加晋耀红教授、池毓焕博士和笔者）介绍说，他在阐释句蜕和块扩这两个概念时，发现前者比较容易为受众所接受，而后者很难。那么，为什么不能将块扩纳入原蜕的范畴呢？李颖博士的提问是对"句类知识ABC"的不寻常挑战，其不寻常性在于对HNC思考方式提出了某种质疑，而不仅在于块扩这个概念本身。下面的长篇文字主要是对HNC思考方式的阐释。李颖博士的具体问题将放在最后略说几句。

书面语的复杂性，归根结底，就是语块构成的复杂性。HNC把语块分成两大类，主块K和辅块fK，主块又分成广义对象块GBK和特征块EK两大类。K与fK，GBK与EK，都会出现非常复杂的结构（简称语块复杂构成），尤其是广义作用句基本格式里的最后一个GBK（GBK2或GBK3）。如果出现块扩现象，它一定发生在这里，而不会出现在别的地方。

广义对象块GBK的编号三分（GBK1、GBK2和GBK3）形式上似乎是对传统"主宾"说和"双宾语"说的继承，实质上不是，而是在作用效应链与主块4要素(B,C,E,A)之间进行联姻思考的结果。此项联姻思考经历了一个漫长的历程，感受过"望尽"—"憔悴"—"蓦然"的三阶段（三者分别对应于王国维先生所说的三种境界）巨变。三阶段巨变可以有一轮和多轮的呈现。就探索永远没有穷期来说，它一定是多轮的。就HNC的语言脑理论探索来说，它仅完成了一轮，HNC不考虑下一轮的启动，但不断询问自己：真的完成了第一轮的全过程么？下文是对这一自询的简略回答，以三阶段的基本标志为名进行示例性说明。

"望尽"阶段的基本标志是无数的质疑，这里仅举1例，那就是：为什么一个句子可以有双宾语，就不能有双主语和双谓语？双宾语说是否过于稚嫩呢？双宾语的实质不就是对象与内容的基本区分么？在"憔悴"阶段已经明白：双宾语的说法实际上仅适用于4主块转移句和判断句的描述，而不适用于句类空间里的绝大多数成员。

"憔悴"阶段的基本标志是诸多困扰，举4例。①广义作用句和广义效应句之间赫然存在一个广阔的交织空间，如何处理？②词语和语句概念化所提供的预期知识（即句类知识），似乎远不足以降伏语言信息处理所面临的各种劲敌和流寇，怎么办？③语言理解的本质就是预期及其检验（《理论》阶段叫句类检验），那么，检验的基本原则是什么？④预期检验的本质又是预期能力的检验，那么，影响预期能力的决定性因素又是什么？

前文曾介绍过HNC理论探索历程两阶段的截然划分，两阶段之间停顿过长达9年的时间。上列"憔悴"也可以看作是停顿期的苦楚，主要是后两项困扰引发的苦楚。针对困扰3，当年曾借用过两句古汉语来加以应对，"憔悴"之甚，由此可见。那两句古汉语是"合则留，不合则去"，取自苏轼先生的《范增论》。不过，"合则留，不合则去"所表述的逻辑思考不可小觑，往后的许多"蓦然"都受益于它的启发。

"蓦然"阶段的基本标志是若干领悟，也举4例。①影响预期能力的决定性因素是兄弟俩，哥哥叫领域DOM，弟弟叫动态记忆DM。②理解处理（包括句类分析和语境分析）和记忆转换处理应遵循侧重点有所不同的处理谋略，前者的处理谋略可概括成"宁细毋粗"，后者的处理谋略可概括成"宁缺毋滥"。③"宁细毋粗"谋略最重要的内容是：灵巧运用"三看齐、二对仗、一求证"原则（简称"三二一"原则），不放过对任何疑点的追查。④"宁缺毋滥"谋略最重要的内容是：紧紧抓住主体记忆ABS[n]和背景记忆BAC[n]的框架，慎重填写每一个栏目，不让任何一个带有疑点的内容进入正式记忆。

下面回到李颖博士的具体问题。

HNC把复杂语块构成分为三大类：句蜕、块扩和多元逻辑组合。句蜕和多元逻辑组合现象可出现于任何一个句类的任何一个语块里，但块扩现象只能出现在30种广义作用句的8种里，且其位置一定对应于基本句式排序的最后一个GBK。如此鲜明的句类知识怎能不倍加珍惜？从理论意义上说，自然语言进化历程本身就是块扩现象的展现，最原始的语言只有语块BK，第一次进化是从BK块扩出CK，第二次进化是从CK块扩出EK，第三次进化是从BK块扩出AK。关于自然语言进化历程的上述**思考**是"望尽"阶段的产物，但当时没有胆量写进《理论》里。这里特意用**思考**替代了论断，因为作为论断，必须依赖相应的证据，那是语言考古学的事。这里不妨说一声，为什么本《全书》对古汉语的"者，也"句式情有独钟？就因为它可以看作是自然语言进化的活"化石"，是第一次语言进化的标志性产物。

诚然，语块复杂构成的句蜕、块扩和多元逻辑组合三分说，与八大词类说和六大句子成分说类似，也具有许多理论上的不严谨性，虽然程度上远没有后者那么严重。此三分说存在许多深层次的课题，而HNC始终没有来得及给予足够重视，这里试说三点。①三者不属于同一层次的东西，句蜕和块扩的概念以语句为参照，多元逻辑组合的概念以语块、短语或语段为参照，三者不能并列，HNC没有把这一点交代清楚。②对三者之间的形式相似性景象缺乏最基础的考察，这包括原蜕与块扩的形式相似性，要蜕、包蜕与多元逻辑组合的形式相似性。③对三者自身或相互之间的并串交织景象缺乏必要的考察。形式相似性景象和并串交织景象是语块构成复杂性的集中呈现，这两种语言景象的语种个性很强，两种代表性语言（英语和汉语）的表现尤为突出。总之，语块构成现象的考察需要新视野和新工具，期盼着李、池二博士不畏艰险，走出"憔悴"，般若"蓦然"。

[*14] 贵宾这个词语也许是本《全书》的第一次使用，但笔者很希望把它变成一个HNC描述的专用术语，以往在讲座中多次使用过。在记忆空间里，贵宾的地位将仅次于使者。使者有特使与普通使者之分，贵宾亦然。

[*15] 这里特意使用了久违的符号"φ"，目的在于说明："望尽"—"憔悴"—"蓦然"的演进过程并不是通常意义上的那种攀登，不总是越攀越高，也不总是越走离目标越近。实际上是一种"瞻之在前，忽焉在后"的感受。这里使用符号(φy,8y,j1y)以展示广义主体基元概念的最高层面貌，但实际使用的是(y,8y,j1y)。希望这个例子能够对上述感受有所启发，这两组符号分别是"望尽"阶段和"蓦然"阶段的产物。

[**16] 这句话里的"'明智地'"和"大体"有其特定含义，直接联系于下列两个句类代码：

$$jDJ=DB+jD+DC（是否判断句）$$
$$jD2J=(DB,DC)（势态判断句）$$

前者凌驾于基本逻辑概念林之上，后者则突破了基本逻辑概念林的底线（基本逻辑未设置概念林j12）。"大体"来于此，带引号的"明智"也来于此。

这两个句类是原有的，仅改动了后者的汉语命名。多数读者对势态判断句jD2J可能比较生疏，对它与势态句S3J的微妙区别就更加生疏了，这里试用几个例句略加浅说。"敌人一天天烂下去，我们一天天好起来"属于势态判断句jD2J，"东风压倒西风"属于势态句的混合句类S3Y02mJ。古汉语里有一个著名的示范，那就是"屡败屡战"和"屡战屡败"，前者属于势态判断句的混合句类jD2YJ，后者则属于势态句的混合句类S3YJ。此混合句类都是两主块句，各自拥有自己的EK，对应的汉语表达分别是"屡败屡战"和"屡战屡败"。上面的示例可能产生两种效应，一种是积极的，觉得句类空间的景象确实由于基本句类新表的诞生而变得更加清晰了；另一种是消极的，觉得句类空间如此复杂的景象连语言学家都难以把握，何况常人的言语脑或未来的图灵脑？

[*17] 两块句jD0*J的缘起是：当两相比较的对象与内容先出现于条件辅块Cn时，相互比较判断句jD0J就由3主块句式缩减为两主块句式。这一语言现象属于主辅变换，但该课题的探索始终未能走出"憔悴"阶段。在制定句类新表时，曾试图对该课题施行一下各个击破的谋略，添加jD0*J是措施之一，

删除旧表里的所有∑TBn也是。

两块句jD1*J的缘起思考完全雷同于jD0*J，不过jD1*J的参照句类是jD1J，当其DB进入条件辅块Cn时，jD1J就减缩为两主块句式。不过与jD0*J不同，占据第一块位的，不是GBK，而是EK(jD1J)。这就是说，jD0J的DB2和jD1J的DB在出现主辅变换以后，都变成了多余的"盲肠"，jD0*J和jD1*J所传递的句类知识仅仅是：那"盲肠"已被切除。

[*18] 这里的教训非常复杂，也非常深刻，笔者愚笨，无力思考。

[*19] HNC将语言知识处理与语言数据处理严格加以区分，区分的标志是：懂或理解。懂者或追求语言理解者为语言知识处理系统，不懂者或不追求语言理解者为语言数据处理系统。

[*20] 在HNC的前期理论阐释中，特别强调对诗歌和童话的回避，对口语中各种怪异现象的回避。但是，在完成HNC第二阶段理论探索之后，回避问题已隐而不谈了。因为在语境知识的引导下，那些怪异问题不过是多了一类特殊的"敌寇"而已。

[*21] 在想起自知之明这个词语时，也同时想起了"知之为知之，不知为不知，是知也"的话语，此话语是对理解最合适的描述。"基本等同于词典的解释"里的"基本"二字即来于此。许嘉璐先生曾批评过《理论》的参考文献竟然未引用《论语》，当时笔者深感惶恐，因为引发了一阵数典忘祖的愧疚。

[*22] 思路这个词语的HNC符号是sr10α，词典的解释是：思考问题的线索、脉络。读者不妨对两者进行对比考察。

[**23] "次高层级的合理性准则"这个短语大约是第一次使用，短语里的"次高"需要解释一下。为此，又需要先说明一下HNC意义上的准则，它与词典意义的准则有所不同。HNC把准则或原则定义为一种伦理属性j8，而不是自然属性j7。伦理属性j8拥有7株概念树，因此应该具有7大类准则，合理性准则是其中之一，符号是jr84e71。HNC约定：合理性准则适用于语言脑，但未必适用于大脑的另外5大构成。合理性准则同任何准则一样，都有自己的适用范围，有的准则适用于语言脑的整体表现，有的准则仅适用于语言脑的局部表现，这样，准则就有一级与二级之分。语言脑的一级准则有：语言概念的抽象与具体两分、抽象概念的作用效应链呈现、抽象概念基元的范畴三分、语块要素的四分、句类的广义作用与广义效应两分、语境单元的范畴五分：两类劳动与三类精神生活。这些一级准则或最高准则虽然都没有以准则直接名之，实际上都是语言脑的最高准则。为什么不明说？因为它们不一定都是语言脑的"专利"。语言脑的二级准则或次高准则通常以准则或原则名之，前面多次提到的"三二一"原则就是其中之一。准则或原则主要是先验理性的产物，为区别一级与二级准则，通常对二级准则给予"被赋予"的说明。这里的"两一定，一两可"就属于典型的二级或次高准则，因为它仅适用于广义初始效应句0J。

[*24] 语言游戏是维特根斯坦先生最先提出的概念，非常深刻。本《全书》曾多次引用。

[*25] 只要不出现标点符号错误，这里的"果真"判断没有任何困难。

[*26] 语言"化石"的术语并非首次出现，也许以前曾名之语言活"化石"。在笔者看来，古汉语的"……者，……也"句式就是汉语的语言"化石"之一，故本《全书》经常使用。

[**27] "二级基本假定"是近年来一直萦绕于脑际的一个短语，这里是首次使用。HNC理论的后续探索需要一系列二级假定，"jDJ很可能是最常用的记忆模板"应该是其中的重要成员之一。HNC理论的一级假定仅仅是4个，简称"4无限与4有限"假定，现已演变成关于语言脑的"四有限"公理。语言脑探索所需要的二级假定数量肯定远大于4，首先，概念基元空间、句类空间、语境单元空间、记忆空间的精细描述都需要一些二级假设；其次，语言脑听觉（语音）与视觉（文字）接口的描述都需

要一些二级假设；再次，语言脑记忆模板与动态记忆的精细描述也都需要一些二级假设。这些假设就是语言脑探索的"问路投石"。大脑的解剖结构虽然已经非常明朗，但其功能结构并非朗朗乾坤，语言脑也仍然不是，古老的投石问路方式是落后的东西么？非也！这段话语，就当作是笔者向HNC后继者的赠言吧。

[*28] 例句Om(m=3-5)在《理论》p44里首次被引用，当时未注明这3个例句的首创者，如今上网搜寻未得，就不补上了，仅深致歉意。

[**29] 块移这个词语是第一次使用，是语块位置移动的略称。与块移对应的有句移，是小句位置移动的略称。以前曾分别用名块序调整和句序调整，统称位序调整。术语命名的不易与烦琐，笔者不拘小节的积习，造成了HNC术语的混乱，其危害已不容忽视。成立一个术语小组的时机似乎已经到了，其任务就是编辑并出版一本HNC术语的双语（英语与汉语）词典。

[*30] 英语的S04J句类仅见于英语罕用的迭句之中。从这个意义上说，S04J的独立使用，也许确实就是汉语的专利。

[**31] HNC理论在其发展历程中多次出现过术语混乱的悲剧，格式、格式转换和格式自转换的演出悲剧尤其严重。格式与样式是句式的两种基本类型，分别对应于广义作用句和广义效应句。格式是广义作用句的"专利"，样式是广义效应句的"专利"。格式自转换是格式转换里的一类特指，含义有二。一指基本格式之主动式与被动式之间的相互转换，英语非常严谨，及物和不及物动词的区分即缘起于此。汉语则比较随意。二指汉语的一项基本句式特征：凡复合EK含有EH的语句将优先采用!11格式。这些句类知识对于劲敌B的降伏和英汉两代表语言之间的机器翻译皆有神效，属于理论第一棒与技术第二棒接力排练的急所。总之，语言理解处理的全部劲敌都是急所，前10支流寇也是。急所处理无不需要理论第一棒与技术第二棒的高水平接力，准确率与召回率之类的简单信号处理概念，无力承担此两棒接力水平的描述，应另行设计。

第三章

记忆与对象内容(ABS,BC)

本编的前两章，主要是探讨记忆如何生成的问题，是记忆生成的分别说。本章所论，则主要是记忆如何唤起的问题，是记忆唤起的分别说。下章所论，则是记忆生成与记忆唤起的非分别说。

相对说来，本章需要阐述的问题比较简单。然而，这建立在一项基本定义或约定的基础之上。该定义或约定涉及记忆空间的对象与内容。前文已经说过，记忆空间的对象一定是 HNC 所定义的具体概念，记忆空间的内容一定是 HNC 所定义的抽象概念，包括两可概念 x。

基于上述，本章的分节问题就比较简单，各节的标题命名如下：

第 1 节，具体概念的记忆唤起（对象记忆）。

第 2 节，抽象概念的记忆唤起（事件记忆）。

第 3 节，记忆索引小议。

这些标题的含义不言自明。但前两节暗含着如下假定：具体概念和抽象概念将分别构成语言脑记忆的两大阵营，与前两章所论述的基础性记忆阵营三足鼎立。这当然只是一项假定，但已有条件进行实验测试。在前言里写下这样一段话，无非是希望引起有关学界的注意而已。

关于记忆的按领域聚居原则第一章已进行了充分讨论，本章将补充另外两项基本原则，安排在本章的第 1 节作简明论述。本章的主体论述实质上都是一些推测，所以，本章各节的主体内容将分别以推测 $km-n(k=1-3, m=1-m_{max}, n=1-n_{max})$冠名，"k"与本章的 3 节对应，"m"的含义在各节说明，"n"不言自明。

第 1 节
具体概念的记忆唤起
（对象记忆）

前两章介绍过记忆单元、记忆家族、记忆家庭、记忆模板等概念或术语，第一章还着重论述了 HNC 关于记忆的一项基本原则：按领域聚居原则。该原则虽然便于记忆的生成，却不便于记忆的唤起，这对于具体概念尤为明显。

按照记忆的领域聚居原则，一个特定人的记忆可能散布在非常广阔的不同领域，例如，作为政治家、军事家、战略家、革命家和诗人的毛泽东先生，其活动领域遍及如下的殊相概念林：政治 a1、经济 a2、文化 a3、军事 a4、改革 b1、竞争 b3 和观念 d3。显然，记忆的领域聚居方式通常不利于名人记忆的唤起，那么，是否应该追问一声，记忆除了领域聚居方式，是否还有其他的聚居方式？名人记忆是否可能构成记忆另一种聚居方式？即不同于领域聚居原则的另一种记忆方式？该记忆方式是否可能更类似于对亲人、朋友或熟人的记忆？所有这些追问的答案应该是：Yes。这些追问可以归结为这样一个问题：某些特定具体概念或抽象概念的记忆是否应该分别采取对象聚居原则和内容聚居原则加以安置，以便有利于相关记忆的唤起？回答也应该是：Yes。

本章将假定：言语脑的记忆存在 3 套基本原则或 3 种记忆方式：一是领域聚居原则或领域记忆方式；二是对象聚居原则或对象记忆方式，三是内容聚居原则或内容记忆方式。与此相对应，言语脑应该存在 3 类记忆区块，可分别名之领域记忆区块、对象记忆区块和内容记忆区块，本章将分别简称领域记忆或领域区块、对象记忆或对象区块、内容记忆或内容区块，内容记忆将另称事件记忆。

言语脑 3 类记忆区块之间如何分工与配合？言语脑记忆区块与大脑另外 5 大功能区块之记忆区块之间又如何分工与配合？这是本章不可回避的两个基本问题，然而又恰恰必须回避，因为当前对两者的探索还缺乏最基本的思考依据，说白了就是：迄今为止，记忆面纱的透明度并不比意识面纱的透明度好多少。因此，本章的探索只能采取猜测或推测的方式，本编的编首语之所以特意写下类似科幻作品的话语，主要缘起于此。本编之所以不分小节，也主要缘起于此。

类似于领域记忆以领域为纲一样，对象记忆应以特定对象的名称(专名或类名)为纲。

领域有两类劳动与三类精神生活的范畴划分，名称有"人 p"与"物 w"的范畴划分。这就是说，对象记忆应该有"人 p"与"物 w"的范畴两分。因此，本节的猜测将以"1m-,m=1-2"编号，"11-"对应于子范畴"人 p"，"12-"对应于子范畴"物 w"，两者将分别简称特定人记忆与特定物记忆。

下面，先给出关于对象记忆的推测 1m-n,随后依次述说关于特定人记忆的推测 11-n 和关于特定物记忆的推测 12-n。

推测 1m-1：对象记忆应该存在某种类型的层次网络描述。

领域记忆在范畴之下，有子范畴—概念林—概念树—各级延伸概念的层次网络描述，那么，对象记忆在范畴之下，是否也应该存在某种层次网络描述？答案是：Yes。

那么，如何进行对象记忆的层次网络描述？HNC理论关于自然物和挂靠物的庞大设计就是对此课题的基础性思考。当然，从这些思考到对象记忆的具体描述需要写出相应的系列论文，但这已不是本《全书》的事，而是后来者的事或职责[**01]。

推测 1m-2：言语脑的某些对象记忆与图像脑或情感脑的记忆存在强交式关联，对于这里的"某些"，不难列出一个相应的清单，但其理论技术接力的探索是一个全新的课题，需要从零做起。

推测 1m-3：言语脑的对象记忆应该以特指对象为主体，但如何处理类指对象？这也是一个全新的课题，需要从零做起。

下面进行特定人记忆的推测。

推测 11-1：特定人记忆存在若干个天生的"特区"，但多数特定人记忆乃是从领域记忆区块转移而来。这就是说，特定人记忆存在特区特定人记忆与转移特定人记忆的两分。

推测 11-2：特区特定人记忆应该包括 3 个子范畴，自身记忆、亲人记忆、关系人记忆。

推测 11-2a：自身记忆除自身之外，应辖属两个小特区，爱人与情人。

推测 11-2b：亲人记忆应包含 3 个小特区，上辈亲人、同辈亲人和下辈亲人。

推测 11-2c：关系人记忆应包含 6 个小特区，"同学"、"同事"、"友人"、伙伴*、对手*和仇敌。带引号的 3 个小特区是词典意义的扩充，"同学"包括老师；"同事"包括上级与下级；"友人"包括自身的施惠者（恩人）和受惠者。带"*"的伙伴*和对手*则是词典意义的收缩，附加了两项具体约定：①仅以自身为参照；②仅联系于两类劳动，特别是第二类劳动。仇敌的意义同词典，但不仅要区分仇人与敌人，还要区分自身与非自身的不同参照。

推测 11-3：转移特定人记忆应该包括 2 个子范畴，名人记忆与熟人记忆。

推测 11-3a：名人记忆应包含 2 个小特区 $pa00i\alpha=a$ 和 $gpa00i\alpha=a$。泰戈尔先生、毛泽东先生和康德先生分别属于前者的 $pa00i8$、$pa00i9$ 和 $pa00ia$；贾宝玉和孙悟空则分别属于后者的 $gpa00i8$ 和 $gpa00i9$。

推测 11-3b：熟人记忆应包含 6 个小特区，$rpq64$、$rpq70$、$rpq71$、$rpq72$、$rpq73$、$rpq74$，分别对应于 6 类熟人，其汉语名称分别是：服务劳作熟人、语言行为熟人、交往熟人、娱乐熟人、竞赛熟人和行旅熟人。

推测 11-n 还可以继续，但大急（大场与急所）内容大体如上。

推测 11-3 所描述的转移记忆皆以挂靠具体概念表示，但仅仅挂靠到概念林，后续工作尚多，皆拜托后来者。

推测 11-2 所描述的记忆，都有可能从领域记忆转移而来，除了自身记忆里的自身。这里需要进一步深入考察的课题甚多，一概拜托后来者。不过，还是应该说出下面的沙龙话语，无论语言脑是否存在上述记忆转移现象，未来图灵脑的记忆必须采取上述转移措施，把原来存放在领域记忆的部分内容转移到对象记忆里。此项理论技术接力当然会牵涉到一系列"官子"性质的课题，但皆繁而不难，这是可以肯定的。

下面转向特定物记忆的推测 12-n。

推测 12-1：特定物记忆存在特区记忆与转移记忆的明确子范畴区分么？回答应该是：No。那么，存在从领域记忆向特定物记忆的转移现象么？回答应该是：Yes。

推测 12-2：特定物记忆应区分下列 4//6 个子范畴：自然物 jw 与 rw、基本挂靠物 wj、人造物 pw 与 gw、特定属性物 $x^{*[*02]}$。

下面写一段沙龙话语，以助读兴。

如果你对 rw 感到生疏，那就请联想一下云彩、朝霞、夕阳等古老词语，联想一下驰名全球的世界三大瀑布与三大海潮，也请联想一下北京的昔日沙尘和当今雾霾。

如果你对 gw 还不很熟悉，那就请进行下列 10 项联想：一联想《圣经》与《古兰经》；二联想宪法与国际法；三联想各种条约、契约、规章与合同；四联想各类文件；五联想书籍、刊物与各类现代媒体；六联想《国富论》与进化论；七联想《战争与和平》与《红楼梦》、"蒙娜丽莎"与"命运"、"维纳斯"与"自由女神"、舞蹈与芭蕾、戏剧与话剧、电影与电视剧；八联想各种其他技艺与"文物"；九联想美元、欧元及其前辈；十联想现代的各种证券及其前辈。

如果本节到此结束，似乎太急促了，写一段多余的话吧。

上面，给出了特定物 rw 的 3 类联想清单和 gw 的 10 项联想清单；前面，给出了特定人的联想清单。依据这些清单，不难在概念基元空间找到自己的挂靠基元。通过这些挂靠基元概念及其使节，对象记忆空间就可以形成自己的"独立王国"。那么，言语脑存在这样的独立"王国"么？对此，最好的回答是下面的答非所问：图灵脑必须建立起自己的对象记忆独立王国，并将被赋予使节的任命与派遣特权。

注 释

[**01] 凡本《全书》所说后来者的事或职责，其理论阐释都需要写出相应的论文。此类论文的探索性太强，要符合现代刊物的标准，需要做很多徒劳无益的迁就工作，否则很难找到发表处所。因此，应该考虑创办一个自己的网络刊物，时机已到。大数据时代里毕竟出现了一股语义东风，不可盲目跟随，但应巧加利用。

[*02] 关于"特定属性物x*"的章节目前尚未撰写，这里仅举例说明其含义，黄金、钻石、珠宝、药材是其中的固态类，矿泉水与硫酸是其中的液态类，香与臭以及毒气是其中的气态类。

第 2 节
抽象概念的记忆唤起

（事件记忆）

上节讨论了对象聚居原则或对象记忆方式，本节将讨论内容聚居原则或内容记忆方式。

对象记忆是以特定人或特定物为中心的记忆，内容记忆是以特定事件为中心的记忆。所以，内容记忆也可另称事件记忆。

对象记忆里的特定人记忆有特区记忆与转移记忆的基本区分，这是 HNC 记忆理论的一项基本假定。在特定物记忆的讨论中，回避了这个问题。那么，关于内容记忆的讨论可以继续回避么？回答是：不能。那么，言语脑的内容记忆也存在天生的特区么？回答是：Yes! 但应该指出，部分言语脑的特区内容记忆区块可能从未被动用过。

言语脑的内容特区记忆是否对应于弗洛伊德先生提出的潜意识呢？请读者思考。这里要说明的是：本节不讨论特区内容记忆或潜意识，只讨论从领域记忆转换而来的内容记忆。这里暗含着 HNC 记忆理论的另一项基本约定：HNC 内容记忆不涉及特区内容记忆或潜意识。

那么，内容记忆是否也同对象记忆一样，存在两范畴的基本区分么？回答是：Yes。

内容记忆的两范畴是：主体语境记忆与基础语境记忆。这两个名称或术语应该属于最自然不过的水到渠成，这里就不加解释了。两种内容记忆分别缘起于主体事件和基础事件，但事件记忆与事件本身是两个概念，同一个事件，会在不同言语脑里产生各不相同的事件记忆。还应该指出，重大事件或热点事件形成事件记忆的概率当然比较大，但就可能接收到该事件信息的言语脑总和来说，形成事件记忆的占比可能并不大，多数记忆应该存放在领域记忆里，甚至是一项空记忆。事件记忆占比将来可能成为一个受到学界重视的概念，因为点击率、收视率之类的流行概念毕竟只服务于商业需求，并不能满足认知学和心理学深入探索的深层需求，而本节定义的事件记忆可能更有益于这一需求的服务。

下面将给出一张特殊的表：主体事件示例（表 4-5，每一事件给了编号 0m，共 50 项）。这些事件皆发生于 20 世纪，附有相关世界栏目，有些事件附加了标记"**"，栏目和标记的意义将在本节最后加以说明。

基础事件示例不胜枚举，仅略举数例。这些例子主要照顾中国读者。

> 黄河花园口 1938 溃决、1942 河南大饥荒、大跃进效应；
> 滇池故事；
> 非典疫情、汶川地震、2009 印度洋海啸、2011 日本大地震。

表 4-5　主体事件示例

事件名称	相关世界
01 第一次世界大战、02 第二次世界大战、03 冷战；	（第一，第三）世界
04 第二次工业革命；	
05 朝鲜战争、06 越南战争；	（"第二"，第一）世界
07 第一次十月革命、08 第二次十月革命[**01]、09 苏联解体；	（第三，第二）世界
10 抗日战争；	
11 伊拉克巨变、12 阿富汗巨变；	（第四，第一）世界
13 恐怖浪潮与反恐；	
14 三十年代大萧条、15 罗斯福新政[*02]；16 "战后西欧新政"[*03]；	第一世界
17 奥斯维辛惨剧**；	
18 民族平等运动**、19 妇女解放与平等运动**、20 性解放运动**；	
21 欧盟诞生；22 欧元问世；	
23 辛亥革命、24 五四运动**、25 北伐、26 十年内战、27 大跃进、28 文化大革命**；	第二世界
29 肃反、30 反右；	
31 波尔布特疯狂*；	
32 朝鲜统独之争；33 古巴屹立；	
34 改革开放；	
35 中国崛起；	
36 印度独立；48c 民族独立运动；	第三世界
37 东亚突起*；38 俄罗斯重建；39 东欧重建；	
40 苏联大清洗**、41 古拉格惨剧**、42 卡廷惨剧**；	
43 日军暴行**；	
44 埃及革命[*04]、45 伊朗革命[*05]；46 茉莉花革命；	第四世界
47a 军事政变[*06]；	
48b 民族独立运动；	
48a 民族独立运动、49 南非巨变；47b 军事政变；	第五世界
50 中等收入陷阱；47c 军事政变	第六世界

注：顿号前后是同类同级并列，而分号前后是同组不同类并列

内容记忆的两类示例试图展示下列 8 项意向，列举如下：

（1）主体事件记忆一定由（具体概念+抽象概念）共同组合而成，缺一不可，但该组合的核心一定是抽象概念。但是，抽象概念不一定直接联系于相应事件的语境单元，具体概念可以省略，如编号为 23~30 的事件都省略了"中国"。这是事件记忆提出的两项特殊挑战与机遇，将在下节作专门讨论。这里不妨先指出一个要点：可省略的具体概念一定属于特指，不可省略的具体概念则一定属于类指，如表 4-5 里的妇女、民族、非典。本意向描述了事件记忆的典型模式，将名之 j 记忆模式。

（2）基础事件记忆可采用 j 记忆模式，还可以采用 rw 记忆模式。前者见基础事件示例的前两行，后者见第三行。

（3）主体事件记忆全部示例都属于"第二类劳动 a"这一概念子范畴，而且都属于概念林 ay 的概念基元，无一例外。而且，绝大多数示例的完整表达并不需要 ay 之间的概念基元复合，也不需要与其他语言概念子范畴的概念基元复合，这并非有意为之，纯属巧合。此项大出意外的巧合当然会伴随着一种喜出望外，为了让读者也能分享这一"意外之喜"，将另写一大段细节说明[**07]。此"意外之喜"不禁激起了下述畅想，那就是："第二类劳动 a"这一概念子范畴的描述周全性[**08]很可能远好于预期，在这个似乎一切日新月异的后工业时代，它依然展现出无与伦比的适应能力，可以为语境分析服务很长一段时间。

（4）虽然主体事件记忆全部示例都属于"第二类劳动 a"，但描述事件的核心概念有相当一部分来于"a0"，这些事件使用了 8 个词语：革命、解体、巨变、运动、改革、开放、崛起和重建，其中的"革命和重建"各使用了 2 次，"巨变"则使用了 3 次，但它们都不是"a0"的直系捆绑词语，而主要来于子范畴"by"。这一语言现象应该受到高度重视，因为它似乎足以动摇 HNC 理论关于语境分析的理论基础，事情果真是如此严重么？这个问题将留给后来者去回答。不过，这里要提醒 3 个要点：①这些事件里以"十月革命"命名的两事件有别于历史学的正式命名，HNC 的命名方式显然有助于激活两事件的联想。②以"巨变"命名的前两个事件已有流行的名称，分别叫"伊拉克战争"和"阿富汗战争"，但这两场战争的战争效应与工业或农业时代的战争有本质区别，故以巨变名之以示区别，这有利于与南非巨变的接轨。③以"重建"命名的两事件还没有正式的流行名称，特别应该指出的是，人们对"俄罗斯重建"的认识还极度缺乏后工业时代的视野。这 3 个要点显然也是 3 个巨大的难点，但未来图灵脑的生命力将恰恰缘起于此。

（5）事件记忆弱关联于事件本身的真相，对于同一个事件，不同语言脑记忆的总和也不一定就足以反映事件真相。从这个意义上说，某些事件的真实面貌可比拟于康德先生的物自体，其真相很难完全探知，示例里的两次十月革命就属于这样的事件。这意味着真相的追问不可以无条件施行，适度回避对真相的追问是一种智慧，未来的图灵脑应具有这一智力。

（6）事件记忆同对象记忆一样，是世界知识的精华，是语境分析不可或缺的知识后盾，是形成动态记忆的基本源泉。

（7）事件记忆具有下列 5 项文明特性：历时性、民族性、专业性、心理性和观念性。前两者缘起于基本概念，专业性缘起于两类劳动，特别是第二类劳动，心理性缘起于第一类精神生活，观念性缘起于第二和第三类精神生活。历时性与民族性是文明时空差异性的记忆呈现；专业性是文明主体差异性的记忆呈现；心理性与观念性是文明基因差异性的记忆呈现。

（8）主体事件记忆的文明特性最突出，基础事件记忆里的"j 事件"次之，非"j事件"又次之。

8 项意向陈述结束，本节的文字可以到此为止。但最后两项意向的陈述似乎过于偏离"力求普及"的承诺，下面略事弥补。

事件记忆的文明时空差异性呈现在表 4-5 里以多个"相关世界"的方式进行标记，

例如"表"里的前 4 项事件记忆（01 第一次世界大战、02 第二次世界大战、03 冷战和 04 第二次工业革命）采用了"（第一，第三）世界"的方式，后面的两项（05 朝鲜战争、06 越南战争）采用了"（第二，第一）世界"的方式。这些标注里有三个细节值得提醒一下：一是用"，"而不用"＋"；二是前 4 项记忆里的第三世界实际上仅特指北片的俄罗斯和东片的日本；三是后两项记忆的第二世界实际暗含苏联，故"第二"加了引号。

事件记忆的文明主体差异性呈现以单一"相关世界"的方式进行标记。事件记忆的文明基因差异性呈现则以"**"进行标记。

表 4-5 里还有另外两个重要细节：一是某些事件的命名，如"滇池故事"；二是某些事件编号另加字母，如"47a 军事政变"。这些在注释[**07]里都有所交代。

注释

[*01] 20世纪的共产主义革命或马列主义浪潮曾席卷全球，其高潮是社会主义阵营的建立。该阵营在建立之初就有两面旗帜或两个样板，本《全书》分别名之第一次和第二次十月革命，两次革命的共相是：在马克思主义的理论旗帜下，粉碎民主革命的一切成果；在暴力革命和无产阶级专政的谋略旗帜下，赋予共产党以绝对权力，赋予党领袖以最高权杖。理论旗帜与谋略旗帜交相辉映，曾赢得巨大的软实力。两次革命的殊相是：第一次十月革命采取城市武装起义的革命路线；第二次十月革命采取先建立农村革命根据地、以农村包围城市的革命路线。这是两种革命样板，前者是列宁的创造，可简称列宁样板或列宁-斯大林样板（列斯样板）；后者是毛泽东的创造，可简称毛泽东样板。理论上，列斯样板显然仅适用于第一世界，而毛泽东样板则适用于第一世界之外的另外5个世界。但实际上，列斯样板仅成功于一个俄罗斯，毛泽东样板也仅成功于中国、越南和古巴。两样板如今分别演变为第三世界的俄罗斯模式和第二世界的中国-越南模式，这两种模式都是21世纪的新事物，对这两种社会模式的考察，需要新文明视野的同步探索。本《全书》的第一卷，曾为新文明视野的探索提供了一些素材。

[*02] 罗斯福新政的核心就是政经"两手论"。两手是指：不可见的市场之手和可见的法治之手，市场之手的基本内涵是资本的运作与营利性需求的开拓，法治之手的基本内涵是基本法制的建立、执行与监督，以及非营利性需求的保障。"两手论"就是中国人熟悉的语言：两手都要抓。说详细一点就是：让两手各司其职，相互协调配合，不可让一手独占鳌头。政经"两手论"本来应该成为一项普通的世界知识，但其简明景象或面貌却由于受到各种极端社会思潮的巨大冲击而变得模糊不清。恢复其真貌者，凯恩斯先生也，罗斯福新政之明智乃缘起于凯恩斯主张之睿智。

[*03] "战后西欧新政"这个短语好比是一只巨大的集装箱，内容非常广泛，所以加了引号。历史上的西欧不曾形成过一个实际的统一帝国，国家（包括城邦）之间和教派之间的战争绵延不断，直至第二次世界大战结束。历史西欧的这一基本特征密切联系于地理西欧、民族西欧、语言西欧、宗教西欧、文明西欧的多样性与独特性。"战后西欧新政"的呈现是全方位的，在第二类劳动的所有领域都有重要贡献。考虑到上述两点，对"战后西欧新政"的评说要特别慎重，即使对其最醒目表现的赞赏也应如此。最醒目表现中的两项是：豪华的社会福利制度和德国人对法西斯历史的彻底反思，两者可以当作示范模板来要求于他人么？这就值得思考。"战后西欧新政"的集大成之作是欧盟与欧元的诞生，这两样东西，其他地域至少在21世纪是不可复制的，这是最普通不过的世界知识，然而有点"邪性"。可是，偏偏不信这个"邪"的人，并非不存在，韩国的前总统金大中和日本的首位民主党首相就基本属于这样的人。

[*04] 埃及革命可另名纳赛尔革命，是阿拉伯世界在第二次世界大战后的民族独立运动与世俗军人夺权运动相结合的革命样板，当年曾在阿拉伯世界产生过重大影响。

[*05] 伊朗革命可另名霍梅尼革命，是伊斯兰世界什叶派宗教扩张运动的革命样板。

[*06] 军事政变是人类历史上政权更迭的基本方式之一，但如今可以宣告：它在第一世界已绝迹半个世纪以上，在第二世界不曾出现过，在第三世界广袤而复杂的三大片大地上竟然皆奇迹般消亡，在第四世界也趋于衰落，在第六世界已消失多年，仅在第五世界还没有消停。

上述关于军事政变的全球态势，前述关于两个国家的胆气，在50年前都是不可思议的，因为两者皆史无前例。虽然此态势与该胆气并不能充当划分三个历史时代和六个世界的直接依据或广义作用依据，然而却可以作为后工业时代已经到来和六个世界赫然存在的有力旁证或广义效应依据。

[**07] 本注释将对表4-5所列50项事件进行HNC说明。这里特意使用了"HNC说明"这一短语，以区别于词典的释义。读者对此应该不会感到太生疏，因为前面已通过大量示例凸显了两者的基本区别："HNC说明"以语境意义的揭示为纲，服务于语境单元核心要素——领域——的激活，直接面向语言理解；词典则以语义解释为纲，奉行词语本位原则，热心于语义"芝麻"，采取置语境"西瓜"于不顾的高明策略。高明的表现是：①以举例方式加以应付；②把语言理解的重任向上推给语用学，向下推给语形学或语法学。

表4-5里的50项事件包含下列关键词：（01）世界大战、（02）冷战、（03）工业革命、（04a）朝鲜战争、（04b）越南战争、（05）十月革命、（06）苏联解体、（07a）伊拉克巨变、（07b）阿富汗巨变、（07c）南非巨变、（08）恐怖浪潮、（09）反恐、（10）大萧条、（11）新政、（12）民族平等运动、（13a）妇女解放运动、（13b）性解放运动、（14a）欧盟诞生、（14b）欧元问世、（15）五四运动、（16a）北伐、（16b）十年内战、（17）大跃进、（18）文化大革命、（19）肃反、（20）反右、（21）波尔布特疯狂、（22）朝鲜统独之争、（23）古巴屹立、（24a）改革、（24b）开放、（25）中国崛起、（26）民族独立运动、（27）东亚突起、（28a）俄罗斯重建、（28b）东欧重建、（29）奥斯维辛惨剧、（30）卡廷惨剧、（31a）苏联大清洗、（31b）古拉格惨剧、（32）皇军暴行、（33）埃及革命、（34）伊朗革命、（35）茉莉花革命、（36）军事政变、（37）中等收入陷阱。列举的关键词共计37项，其中的若干项含有分项。

下面就来对这37个关键词进行HNC说明。这个说明比较庞杂，将划分为以下4个方面。方面01：事件记忆的宏观领域挂接。方面02：事件记忆的语境单元挂接。方面03：事件记忆的命名及其符号表示。方面04：事件记忆的特殊标记。就语境分析或未来的图灵脑来说，这4个方面的相关课题，既是挑战，又是机遇。下面的论述，请把它看作是一次练习，一个粗糙的样板。这4个方面之间具有特殊的关联性，下文会给出呼应性论述。最后，还要加一个"方面05：关于记忆的若干思考与细节"。

方面01：关于"事件记忆的宏观领域挂接"

依据上列关键词所提供的语境信息，表4-5里所列50项事件可分别纳入下列宏观领域。

——a0：（03）工业革命、（05）十月革命、（06）苏联解体、（07a）伊拉克巨变、（07b）阿富汗巨变、（07c）南非巨变、（15）五四运动**、（24a）改革、（24b）开放、（25）中国崛起、（28a）俄罗斯重建、（28b）东欧重建（共8//12项）。

——a1：（08）恐怖浪潮、（09）反恐、（12）民族平等运动**、（13a）妇女解放与平等运动**、（13b）性解放运动**、（14a）欧盟诞生、（18）文化大革命**、（19）肃反、（20）反右、（21）波尔布特疯狂**、（22）朝鲜统独之争、（23）古巴屹立、（26）国家独立运动、（29）奥斯维辛惨剧**、

（30）卡廷惨剧**、（31a）苏联大清洗**、（31b）古拉格惨剧**、（32）日军暴行**、（33）埃及革命、（34）伊朗革命；（35）茉莉花革命、（36）军事政变（共计19//22项）。

——a2：（10）大萧条、（11）新政、（14b）欧元问世、（27）东亚突起、（38）中等收入陷阱（共计5项）。

——a4：（01）世界大战、（04a）朝鲜战争、（04b）越南战争、（16a）北伐、（16b）十年内战（共计3//5项）。

上列宏观领域清单仅涉及"专业活动子范畴a"的4片概念林a0、a1、a2和a4。其中，"a1"记忆竟然最多，"a2"与"a4"寥寥，"a3"缺位。这样的记忆清单，对于今天的"80后"，几乎是不可思议的。这里将不对此进行评说，而仅略说一下"a0"清单，因为与后续的3份清单相比，该清单显得更难理解。

"a0"清单里的抽象关键词是革命、解体、巨变、运动、改革、开放、崛起和重建，它们都不是"a0"的直系捆绑词语，从概念基元来说，这8个词语的对应HNC符号如下：

革命：=b11
解体：=4123
巨变：=309a(d01)
运动：=109
改革：=b10
开放：=b21e25i
崛起：=30a9(d01)
重建：=3518ju78e81

下面就来一一说明上列词语或概念基元的组合游戏规则,这些组合游戏有其唯一的特定服务目标,那就是领域认定。

——"b11（革命）"的组合规则：

（0）优先^vo或Bv组合形态；

（1）当以^vo形态与ay组合时，纳入相应的领域ay，惟a21β（工业）例外，纳入领域a0*；

（2）当以Bv形态与wj1（时间）或wj2（地域）组合时，纳入领域a1，惟"十月革命"例外，纳入领域a0*；

（3）当以Bv形态与f32\0e2m（姓名）组合时，按该人的主体专业属性纳入相应的领域ay。

——"4123（解体）"的组合规则：

（0）优先ov组合形态；

（1）当以ov形态与pj2*d01（帝国）组合时，纳入领域a0*。

——"309a(d01)（巨变）"的组合规则：

（0）优先ov组合形态；

（1）当以ov形态与pj2*（国家）或wj2*-0（地域）组合时，纳入领域a0*。

——"109（运动）"的组合规则：

（0）优先ov组合形态；

（1）当以ov形态与ay组合时，纳入相应的领域ay；

（2）当以ov形态与wj1（时间）组合时，纳入领域a13（政治斗争），五四运动被纳入领域a0*，是特殊例外；

（3）当以ov形态与（pφ；φ:pay）直接或间接组合时，纳入领域a13（政治斗争）；

——"b10（改革）"的组合规则：

（0）优先vo组合形态，汉语反组合居多；

（1）当以vo形态与ay组合时，纳入相应的领域ay。

——"b21e25i（开放）"的组合规则：

（0）与b10（改革）类似，优先vo组合形态，汉语正组合居多；

（1）当以vo形态与ay组合时，纳入相应的领域ay；

——"30a9(d01)崛起"的组合规则：

（0）与309a(d01)（巨变）类似，优先ov组合形态；

（1）当以ov形态与pj2*d01（帝国）或wj2*-0（地域）组合时，纳入领域a0*。

——"3518ju78e81（重建）"的组合规则：

（0）优先vo组合形态；

（1）当以vo形态与pj2*组合时，纳入领域a0*；

（2）当以vo形态与ay组合时，纳入相应的领域ay。

上面给出了"事件记忆的宏观领域挂接"的一些示例规则，这里应强调指出的是站在这些规则后面的两个要点：①以基元概念子范畴(φ,b)为组合的此方；②以基元概念子范畴a和oj为组合的彼方。这两个要点涉及语言信息处理规则制定的根本困扰，将在方面05里作出重要的呼应性说明。

方面02：关于"事件记忆的语境单元挂接"

这里的"语境单元挂接"可以看作是"领域认定"的同义词。方面01所阐释的"宏观领域挂接"实质上就是领域认定的预备动作，也就是认定所属领域的高层，领域高层分两级，一级是领域概念林，二级是领域概念树。在领域高层里，共相领域概念林与概念树属于领域贵宾。这里引入了"高层、一级、贵宾"等醒目词语，确实"别有用心"，将在方面05里有所呼应。

上面指出过，"a0"事件的领域认定都遭遇重大麻烦，另外3类（a1、a2、a4）事件的领域认定则都比较轻松。对付麻烦需要借助规则，轻松还有这个需要么？这里实际上提出了一个关于"麻烦与轻松"的有趣话题，它十分重要。如果对这样的话题不感兴趣，不深入探索，能够承担起语言知识处理理论技术接力的重任么？这个问题很不寻常。下面的文字试图引起对这个话题或这个不寻常问题的兴趣，能否如愿，则毫无把握。

也许从关键词谈起是一个不错的做法，方面01也是这么做的。考察一下"方面01"所列举的关键词表，你不难发现，"~a0"里的关键词对领域认定的作用很大，远非"a0"关键词可比。但是，你的这一发现如何**变成**计算机的发现呢？先说这么一句话吧，HNC已经使这项**变成**变得易如反掌，看下面的对应表就"一清二楚"了。

请注意，这里特意对一清二楚加上了引号，因为目前还不具备做到这一点的一项基本资源，那就是上面反复说到的HNC概念"词典"。遗憾的是，该"词典"目前还不存在，下面，仅利用一下其理论基础的清晰性，考察一下那些"~a0"关键词的HNC对应符号。这些对应符号涉及许多细节，将随地加以说明。以（说明：……）加以标记。对有些关键词的HNC符号，还给出类似于使节形态的汉语说明。

恐怖浪潮	(rva13e26(d01),l16,(pe,pj01*\4));
反恐	(a13\13,l02,a13e26(d01));
民族平等运动	rva10e259pj52*;
妇女解放运动	rva10e25ajw63e22;

性解放运动　　　　　　　(rva10e25be26,l10,50a(c2n)3);

（说明：这5个关键词里，有2个没有使用任何逻辑符号，另外3个使用了"ly"。两者的区别在于天赋性的存在与否，前者存在，后者不存在。这里的天赋性相当于康德先生的先验性或验前性，是HNC关于逻辑组合的一项基本约定，不宜深说，就这么打住吧。此外，还有4项细节约定。一是符号"rv"的使用（共计4次），属于语言理解基因第三类氨基酸组合应用的重要形态之一，对应于汉语的"浪潮、运动"等词语。二是自延伸符号(d01)的使用，属于延伸概念内在开放特征的重要形态之一，对应于汉语的"极端、极度、最大、最高"等词语。三是关于恐怖浪潮的"pe"选用，这与"l16,(pe,pj01*\4)"的组合密切相关，如果这里选用"p-"或"pe//p-"，那就落入小布什先生的下乘了。四是关于"性解放运动rva10e25be26"符号里的"e26"选用，合法同性婚姻也将作同样处理，必遭谴责，不图辩解，仅致歉意。）

　　　　欧盟诞生　　　　(311+EU);

（说明：这是"a1"清单里唯一不带"a1"符号的事件记忆，欧盟诞生是整个西欧历史上的空前事件，虽然目前欧盟面临着种种困难，但这丝毫不影响它的伟大历史意义。欧盟属于"a1"，而不属于"a0"，这是实情，也是约定。如同上面的"a0"事件记忆一样，"a1"事件记忆也会直接参与语境分析的领域认定。）

文化大革命　(a13\22e2me26(d01),l15*j2,China;l15*j1,pj12*-00+[1966-1976]);
　　　　　　（1966～1976年，极端消极性党派内外政治斗争在中国的呈现）
肃反　　　　(a12\1*te26+a13\12e2n,l15*j2,China;l15*j1,pj12*-00+[1955]);
　　　　　　（1955年，单一性意识形态治理和正邪性阶级斗争在中国的呈现）
反右　　　　(a12\1*te26+a13\12e2ne2n,l15*j2,China;l15*j1,pj12*-00+[1957]);
　　　　　　（1957年，单一性意识形态治理与正邪辨证性阶级斗争在中国的呈现）

（说明：这3项"a1"事件记忆采取了同样的记忆形态，给出了同样的标准化汉语说明。这3项事件的汉语说明做到了容纳左、右之争的目标，但相应的HNC符号不能也不应该理会这个目标，因而有符号"e26"的使用。这一点，务请读者留意。从语境单元的概念树属性来说，文化大革命仅属于概念树a13，肃反和反右则同属于概念树a12+a13。三者之间的差异性比较微妙，但相应的HNC符号给出了清晰表示，这一点，也务请读者留意。）

波尔布特疯狂　　((a13\13e2n,Cambodia);l15*j1,pj12*-0+[1970]);
　　　　　　　（20世纪70年代柬埔寨的绝对正邪之争）
朝鲜统独之争　　((a133,Korea),l11,a13i9e0n);
　　　　　　　（采取农业时代武力夺权方式的朝鲜国家分合之争）
古巴屹立　　　　((r471,Cuba),l03,a11e1ne22);
　　　　　　　（古巴对非正常政权更迭的适应性呈现）

（说明：这也是3项"a1"事件，但抽象概念与具体概念的组合方式截然不同，这里使用了最简明的串联符号","，而未采用上面的"l15*j2"符号。两者的差异在于：是否具有专利性，前者"是"而后者"否"，这是HNC关于逻辑组合的又一项基本约定。3项事件记忆的汉语命名与其HNC符号表示之间不存在直接联系，请读者先行玩味，下节会有所呼应。）

国家独立运动　　^(rva15e05t);
奥斯维辛惨剧　　(rva12\2e21(d01),l01,Germany Fascist;l02,Jew);
　　　　　　　（德国法西斯针对犹太人之对内极端政治应变措施）
卡廷惨剧　　　　(rva12\2e22(d01),l01,Soviet Union;l02,(pa43a,Poland))

	（苏联针对波兰战俘之极端政治应变措施）
苏联大清洗	(a12\2e21(d01),l01,Soviet Union; l02,p(j42eb5,a11ie22)); （苏联针对绝对权力政党内部人员的极端政治应变措施）
古拉格惨剧	(rva12\2e21(d01),l01,Soviet Union;l02,p-40\k); （苏联针对各种关系人员所采取的极端政治应变措施）

（这5项"a1"事件对上述说明里的3项"约定"给出了又一次展示，一是符号"rv"的应用，二是自延伸符号"(d01)"的应用，三是事件记忆的汉语命名与事件HNC符号表示之间的不一致性。顺便说一声，如果把汉语命名中的惨剧改成行动或举措，那只要把相应HNC符号表示里的"rv"取消就对了，对苏联大清洗就是这么做的。下面，将借机写下一段重话和一点感慨。

重话如下：如果现在使用"rv的妙用"和"(d01)的妙用"这两个短语，读者应该不觉得突兀吧，这种感觉很重要，要加强对它的培育。如果没有它，HNC理论第一棒与技术第二棒的成功接力是没有指望的。这一感觉的培育离不开对相关HNC符号及其组合约定的熟练把握，这需要花很大的工夫。

感慨如下：专业活动各概念树的概念结构表示式设计，已是六七年前的事了。回想当年，常有不堪回首之叹。今天带着一种喜悦的心情，看到了"a12\2e2m内外政治应变"和"a11ie22绝对权力政党"在上述记忆事件中的巧妙描述功效，不禁增添了一份慰藉。）

日军暴行	((7331\3e26,p-(a41e5m,Japan));s34,a15e05);
埃及革命	(a11e1ne22\2,l15*wj2,Egypt);
伊朗革命	(a11e1ne22\3,l15*wj2,Iran);
茉莉花革命	(a11e1ne22\3,wj2*-0+Arab);
军事政变	a11e1ne22\2;

（说明：本组示例展现了HNC逻辑组合的3种基本类型，请读者自行解读。）

大萧条	((ra20bbe43(d01),pj01*\1),l15*j1,[20]wj12*-+[20-30]wj12-0);
新政	a25e25;

（说明：大萧条和新政竟然都是经济活动a2这片概念林相应延伸概念的直系捆绑词语，应该说，也是一次慰藉。）

欧元问世	(331,s34,a25\1+EU);

（说明：本例又一次展示了逻辑符号"s3y"的约定功效，请回看"欧盟诞生"的说明。）

东亚突起	(a20\0*3+j50e25e25u10ae22,l15*j2,wj2*\1+j21ae902); （东亚财富效应的迅猛繁荣）
中等收入陷阱	(r53e72,s33,a20\0*3(d36)); （财富效应中级发展阶段的危机）

（说明：这是关于经济活动a2的最后两个示例，其中的关键概念（不同于关键词！）是"a20\0*3"，对应的汉语名称叫经营财富效应。在其原始论述中有如下话语："经营a20\0面临的第六项课题是经营的财富效应a20\0*3，经营者总是力求扩大企业的财富效应，……经营a20\0面临的基本课题当然不止上列六项，但对于交互引擎来说，上列六项所对应的世界知识是最关键的。"其中的"不止上列六项"值得一说，在细节方面，它是对"a20\0"概念延伸结构表示式采取封闭形态的两可性提示说明。在内容方面，它隐去了a20\0的时代性呈现，符号上可取(a20\0*t=b,a20\0*t := pj1*t)加以明确表示，为什么放弃了呢？因为另有自延伸的备用手段。可约定：a20\0*3对应于工业时代，a20\0*3(c01)对应于农

业时代，a20\0*3(d01)对应于后工业时代。以上，是关于"经营财富效应"原始论述的后台思考，对后来者或有参考价值。下面再说两个细节。

一是关于"东亚突起"这个名称，学界或媒体曾经流行的说法是"日本战后崛起+亚洲四小龙"。

二是关于符号"wj2*\1+j21ae902"的使用，意指亚洲的东偏北，除了"四小龙"里的新加坡外，其他都符合"东偏北"的标准。空间位置和空间方向的世界知识描述非常烦琐，一般的言语脑都搞不明白。不过，HNC依然搞了一套比较精准的描述方式，未必合用，仅供参考。）

世界大战	a42xwj2*-;
朝鲜战争	(a42e2m,Korea);
越南战争	(a42e2m,Vietnam);
北伐	(((a42e21,China),l15*j1,[1926-1927]),l01,Kuomintang; l02,p-*a123(n)e26ju21(t)ae22eb6))
十年内战	((a42e21,China),l15*j1,[1927-1936])

（说明：这是关于军事活动a4的5项事件记忆，命名借沿用了流行词语。在HNC符号的使用方面应指出两点：一是"e2m"和"e21"用在这里非常到位；二是东西南北的HNC符号似乎过于烦琐的问题，这里给出的辩护词是：言语脑可能嫌麻烦，但图灵脑未必。）

细节性说明到此为止，这些事件记忆的领域认定是否易如反掌呢？请读者自行思考。

方面03：关于"事件记忆的命名及其符号表示"

在方面02里所列举的事件记忆与其HNC符号表示，绝大多数情况是相互匹配的，但也有少数情况并非如此。这个话题不能回避，下面就来说一说。具体涉及下列事件记忆，以表4-6的形式给出一个示范性解说。

表4-6　事件记忆命名与 HNC 符号表示的失配

事件名	失配呈现	备注
波尔布特疯狂	无"波尔布特"，无"疯狂"	可加疯狂外使
奥斯维辛惨剧	无"奥斯维辛"	可加";pwa13i9t+ Auschwitz"

（外使：疯狂=:7121td01ju806）
　　　　梦=:7121td01(ju816+ju81e72)

备注栏里的pwa13i9t请稍加注意，其对应代表性词语是"concentration camp"或"集中营"，汉语是英语的直接翻译。这个组合词的意义，从其组合元素几乎得不到任何启示，但pwa13i9t却给出了滥刑与奴役这一农业时代的两大邪恶性政治特征，读者不妨将HNC的这一符号表示与词典的释义进行比较。

备注栏使用"可加"，意味着也可以不加。因为疯狂本身的语境意义在"a13\13e2n"里已经得到了充分体现。充分体现了么？Yes。这类"Yes//No"问题的深入讨论属于理论技术接力的大急，然而，当代语境的现实是：它大不起来，更急不起来，这也就是写本注释的基本缘起了。

方面04：关于"事件记忆的特殊标记"

这里，先套用一句广告词的说法：同一个事件，在一千个人的言语脑里，有一千个不同的事件记忆。同时，还应该加上两个说法：①绝大多数事件，在绝大多数的言语脑里不会形成事件记忆。②许多重大历史事件，只会在相关专家的言语脑里形成事件记忆。考虑到这三点，所谓"图灵脑是言语脑之模拟"的说法是很不严谨的,因为它没有说明是什么样的言语脑。那么,如何界定该说法里的言语脑呢?请允许先使用一下常规的花哨陈述,那就是:图灵脑不是那种一千个人的言语脑,不是对绝大多数事件不形成事件记忆的言语脑,也不是对重大历史事件形成专家式事件记忆的言语脑。图灵脑是一种特殊的言语脑,是语言超人的言语脑,它自身拥有一套独特的事件记忆规则与方式,本节的正文里已经指出过8个要点(名之意向),其一是图灵脑的事件记忆带有一些特殊标记。至于言语脑是否也具有这一特征,可打入不必过问的事。

表4-5里的相关世界栏实质上也是一种特殊标记,这是必须呼应一声的。该表还给出了另外两种标记:"**"和"*",其一已给出了说明,这里要补充说明的是"*",它表示该事件已有许多命名,但都不具有尖刀特征。图灵脑希望给出一个符合这一特征的命名,典型示例就是"第二次十月革命*"。这些话,不过是对以往论述的呼应。

总之一句话,言语脑的事件记忆未必带有特殊标记,但图灵脑不可或缺,是图灵脑探索的重要理论课题之一,本节所论,只是一个起步。

方面05:关于记忆的若干思考与细节

这里只给出一个略说式或提问式清单。

若干思考的清单如下:①自然语言符号体系的某些原始形态特征,如特定对象所对应的语音符号或文字符号,应该进入语言记忆,它们在语言理解处理全过程中也应该扮演一种不可或缺的角色。因此,HNC理论关于语言概念空间符号体系完全不同于自然语言符号体系的说法显然需要加一条附注:那"完全"不能等同100%。②对象记忆与事件记忆的个体差异和群体差异是一个十分有趣的课题,事件记忆的群体差异尤为有趣。当前流行的各种社会调查报告都是事件记忆群体差异性的展现,因此,不妨引入群体记忆与个体记忆的概念以简化描述,两者又皆有对象与事件的区分。③人文社会学似乎都只关心群体记忆,社会学这么做乃天经地义,但人文学是否就不能这么说呢?个体记忆的研究、特别是个体事件记忆的研究是否还未引起足够重视?④个人的精神特征和智力特征与其个人事件记忆之间应该存在紧密联系,这一紧密联系(一种关联性)又与个人行为的可预期性之间存在紧密联系(另一种关联性),这些联系或关联性的研究是否尚未正式提上日程?

若干细节的清单与上述若干思考的清单将大体一一对应,也是4项。①所谓"自然语言符号体系的某些原始形态特征",归根结底就是一个词语记忆问题,词语记忆必然涉及母语和外语的问题,也必然涉及拷贝式记忆和理解式记忆的问题。②个体的对象记忆与事件记忆的记忆区块是分开安置还是统在一起?③HNC意义上的个体记忆仅涉及言语脑,但是,言语脑记忆是一个独立的实存(实际存在之简称)么?这个问题能打入细节么?Yes!因为言语脑记忆的独立存在性是一个不成问题的问题,否则,盲人就不会有记忆了。④脑科学的现代研究工具(以功能核磁共振仪为代表)似乎足以承担起个人对象记忆与事件记忆的测量工作,但尚未见到这方面的实验研究报道。这并不奇怪,因为大脑功能区块显然存在着生理脑、图像脑、情感脑、艺术脑、语言脑和科技脑的基本区分,然而,如此显然的世界知识竟然尚未在人们之间达成共识。这个情况与三个历史时代和六个世界的遭遇十分类似。

这是本《全书》迄今最长的一篇三星级(最高级,如同当代所有正常国家的将级军官一样)注释。篇幅之长出乎意料,原来预定的一些呼应性话语就免了吧。

最后,写几句不可不写的题外话。笔者有一个极坏的习惯,就是对已经写过的东西,愿意闭上眼睛默想一番,可能把部分段落重写一遍,但绝没有通篇重看一遍的耐性。故本《全书》的繁重校对审查工作,一直依赖池毓焕博士。池博士多年来遭受痼疾的折磨,今年尤甚。这篇三星级注释的校对工作,本来不应该再麻烦他了,但又别无选择,因为三星级的文字更需要三星级的审查者。

[**08] 第二类劳动作为一个整体，笔者历来都回避"描述周全性或设计透齐性"的话题，在这里却见诸文字了。这不仅违背了本编预定的撰写宗旨，也违背了波普尔警告，请看作是"即兴之言"吧。

第3节
记忆索引小议

本节标题里的记忆仍然是指狭义记忆，言语脑里存在一个记忆索引的特殊区块么？这也许是一个不曾引起足够注意的问题，本节将给出 Yes 的答案，并简称记忆索引。

记忆索引的基本特征类似于汉语的现代词典，这是 HNC 记忆理论的又一项基本假定。现代汉语词典一定配置两套索引，一个是按拼音顺序排列的索引，这是所有词典的共相；另一个是按汉字笔画数和偏旁特性排序的索引，这是汉语词典的殊相。两者将分别名之共相索引与殊相索引，共相索引可以看作是一种自然性存在，而殊相索引则可以看作是一种人为性存在。汉语现代词典为这两种存在性的存在提供了毋庸置疑的哲学依据，这份功劳不能不在这里记上一笔。

基于上述基本假定，记忆应具有两套基本索引：共相索引与殊相索引。共相索引对应于第一章所论述的领域记忆，殊相索引则对应于本章所论述对象内容记忆。

对象内容记忆有对象记忆与事件记忆的基本区分，两者是共用一套索引，还是各自拥有一套索引？回答是：都有可能，"公有制"与"私有制"同时存在的可能性最大。对于某些言语脑，"公有制"占主导地位，对另外一些言语脑，"私有制"占主导地位。这里还不妨作出下述假定：专家言语脑的"私有制"比较发达，而常人言语脑的"公有制"比较发达。

汉语现代词典的比喻只是一个对记忆索引的素描，这个素描或许抓住了言语脑记忆的根本特征，但素描毕竟只是素描，记忆索引不太可能只有两套。黄蓉母亲对《九阴真经》的记忆不能看作是金庸武侠小说的神话，它是实际生活的现实。《黄侃传》和《黄焯文集》里都有生动的记载，有兴趣的读者不妨一读。

小 结

在第四届 HNC 与语言学研讨会上，笔者曾宣读过《把文字数据变成文字记忆》的论文，本章实际上是该文的续篇。在探索意义上，本章并没有提出什么新东西。不过，对象记忆与事件记忆的基本区分可以看作是此续篇的新思考，续篇对两者进行了比较深入的分析。但着眼点并不在言语脑本身，而在于未来的图灵脑或语言超人，务请读者留意斯言。

第四章

动态记忆 DM 与记忆接口 (I/O)M 浅说

　　这是本《全书》的第三次浅说，与前两次不同，本浅说放在标题的后方，并不依托于 HNC 理论体系，或者说它与 HNC 的联系相当松散，这就是说，本浅说与前两次浅说的前提存在本质差异。

　　所谓的"前提存在本质差异"密切联系于语言信息处理学界当前流行的一种说法，叫混合策略。此混合就是一个"规则+统计"的简单包装品[*01]，问题是：言语脑的发育过程，或者说儿童的语言习得过程需要这个简单包装品么？言语脑对语言的理解处理需要运用这个简单包装品么？对这项追问，不能轻易给出 Yes//No 的简单回答。但前两次浅说对这项追问采取完全不予理会的态度，因为言语脑的理解处理过程不可能使用什么统计工具或统计知识，句类分析与语境分析的理论思路都严格照此办理。但是，图灵脑不应该这么干，人家言语脑并不是单干户，还有另外 5 位伙伴从旁协助，而 HNC 设想的图灵脑可是孤家寡人一个，其语境分析怎能不考虑搞点外援呢？那外援，首先就是本章要浅说的动态记忆，它多少会与统计挂点钩。至于语言接口方面，虽然理论上离"蓦然"境界似乎还差得很远，但毕竟统计技术已经取得了辉煌战果。这意味着本章要浅说的东西将同上述包装品存在某种联系，也就是不再对上面的追问采取完全不予理会的态度。

　　本章也分 3 节，目次如下：

　　第 1 节，动态记忆 DM 浅说。

　　第 2 节，记忆输入接口 IM 浅说。

　　第 3 节，记忆输出接口 OM 浅说。

第 1 节
动态记忆 DM 浅说

引言里未叙说 HNC 引入动态记忆 DM 这个术语的缘起，这里略作回顾。该术语笔者首见于 Schank 先生的著作[*02]，觉得这个概念是对心理学短时记忆概念的重要补充与发展，对于语言信息处理至关重要，但那只是"望尽"阶段的一种粗浅认识。十多年以后，笔者重新认识了语境的意义，领悟到它在语言脑理解处理过程中的关键性作用，发现了语境单元的有限性。这时，语境单元与句群之间的奇妙联系不再是一幅模糊不清的景象，而是一目了然，一次从"望尽"到"蓦然"的巨变终于完成了。那巨变的标志，可以说就是语境 SG 与语境单元 SGU 的符号选取。这里写出这么一句大怪话，读者应该不会感到突兀吧，但愿如此。那么，下面就要接着写出另一句大怪话了，那就是：动态记忆 DM 不仅是语境分析 SGA 不可或缺的手段或工具之一，也是句类分析 SCA 的重要手段或工具。

这大怪话其实早已是老生常谈了，这里如此郑重其事，不过是又一次对"头版头条"效应有所期盼而已。下面，浅说一番动态记忆 DM 的要点，以 DM0m 编号。

——DM01：必须抛弃狗熊掰棒子的语句处理方式

此标题令人厌恶，所以这里先写点讨人喜欢的东西，从下面的示例说起。它们皆取自前文[*03]，其中的示例语句附有 HNC 标注。

Now is not the time to gut these job–creating investments in science and innovation.

(jDJ),[a25e25,积极经济治理]

现在不是损毁科技革新领域可创造就业方面的投资的时候。

（同上）

新政　a25e25;

这里首先应该发问的是，凭什么把一个句子和一个词语裹在一起当作示例？回答是：就凭那个语境概念基元或语境单元"a25a25 积极经济治理"。下面先说两句话，第一句：如果没有动态记忆 DM，对于示例里的那句 jDJ，很难得到"a25e25"的领域认定。第二句："新政"与"a25e25"之所以能够形成正确对应，并不是无条件的，而是密切依赖于"新政"与"罗斯福"和"战后西欧"的组合[*04]，而该组合是动态记忆的一种呈现，特别是后者。下面来对这两句话作进一步的说明。

示例里的那句 jDJ 是一个 7 大句段落（句群）里的第 5 句，整个句群并没有出现语境单元所属领域 a25e25 的直系捆绑词语。但在处理该句群时，依靠动态记忆可以立即形成"a25e25"的领域预期，其中的奥秘，前文已给出了充分论证。不过那论证只揭示了该句群理解处理过程的两项依靠或已知，一靠国情咨文总标题的已知，二靠该句群里若

干 "a2" 词语的已知。其实，该论证实际上打了一个埋伏，它并没有去触及前面句群已经获得的已知。HNC 关于动态记忆的再思考就是把这 3 项已知看作是构造动态记忆的基本资源，此乃旧话重提，这里要特别强调的是：这 3 项已知非同寻常，将分别名之 "知0"（来于标题的已知）、"知-1"（来于前面句群的已知）和 "知 1"（本句群的已知），三知是言语脑的天赋之一。不同言语脑的这一天赋有高低之分，但不存在有无之分，三知的组合或运用就叫作动态记忆，动态记忆是形成领域预期的可靠保证。言语脑的这一天赋不可模拟？所谓尖刀之声或尖刀之问，这就是一个，因为它关系到未来图灵脑的命运，读者先思考一下此问的答案吧。

此旧话首次提出的时间并不长，10 年前多一点，笔者的表述方式又一直十分笨拙，这包括本编的全部论证，所以，听者不能理解或不予理睬都是正常现象，"狗熊掰棒子"的比喻，就当作是本浅说的第一声呼唤吧。

接着说一下第二句话，此新政不是词典意义的新政，而是 a25e25 意义的新政，特指经济活动有形之手（政府之手）与无形之手（市场之手）的积极配合，两手的消极配合就是 a25e26。关于资本与技术联姻活动的上述两手比喻是凯恩斯和哈耶克两位先生的联合奉献，这是一项伟大的奉献，是政治经济活动 "a25 经济与政府" 中的一项无比重要的世界知识。因此，HNC 理论赋予它一个十分显赫的位置：a25e2n，并将新政划归 a25e25 的直系捆绑词语。a25e2n 必然与概念树 "a10m 政治体制" 发生联系，已通过相应的使节予以表示（见[130-2.5.1]）。新政的词典意义是：一般指新制定的政纲、政令，它虽然反映了这种联系，却掩盖着两项重大失误，一是混淆了两株重要专业活动概念树（"a10 制度与政策" 与 "a25 经济与政府"）的各自独立地位，二是对 "新制定的政纲、政令" 未必具有积极作用或意义这一点含糊其词。这种混淆与含糊，就是前文反复念叨过的世界知识匮乏症。至于 "一般指" 三字，则是语义学的惯用马虎眼了。前文有言："由于对复杂的语言现象束手无策，最近才想起来要向语义学讨救兵，未来可能还会想起来向语用学讨救兵，然而，这些都是典型的急病乱投医。" 斯言可恶，但属于尖刀之声，因为语义学和语用学都没有直接触及语言脑理解自然语言、语言理解基因与记忆的奥秘。

DM01 的标题很不雅观，那就用下面的话语弥补一下吧。狗熊的习惯注定不能改变么？非也，从动态记忆做起就行了。丰富的动态记忆 DM 是语言脑的秘诀之一[*05]，是语言理解处理的关键因素之一。图灵脑的本质是什么？就是试图把狗熊转化成人杰。这转化可能么？进化论者或其怀疑者都会对此嗤之以鼻。但此转化不是自然进化，而是人为的转化，嗤之不等于有理，还是拭目以待吧。

——DM02：动态记忆 DM 是免除坐井观天的火箭

坐井观天是汉语中的著名成语，带贬义。但是，坐井观天恰恰是思维和言语脑的常态，词语和句子就是言语脑的井（言语井），语境是语言脑的天（语言天），通过言语井以观察语言天乃思维之必然过程。言语井是无限的，但语言天有限，语言天者，语境单元也。这是 HNC 第三公理的另一种陈述方式。前面介绍过不少言语井的示例，远的（在第一卷）有康德先生和柳宗元先生的言语井各一，近的有沃克先生和奥巴马先生的言语井各一，这四口井将分别名之康井、柳井、沃井和奥井，它们分别讲的是哪些语言天呢？

表 4-7 所示。

表 4-7 言语井与语言天的对应示例

言语井	语言天（HNC 符号）	语言天（汉语命名）
康井	a30it=b	文明基因
柳井	a30\12	理念文明
沃井	a453b	精神战备
奥井	a25e25	积极经济治管

　　如果满足于坐在井底，能看清井上的那片语言天么？这个问题比较复杂，与井的语言形态和天的语境类型密切相关。在上列四井里，康井和柳井都属于古典形态，文字上似乎柳井的障碍更大，其实这只是表面现象，关键在于两者对应的语境天都比较深奥，康井尤然，运用动态记忆的火箭并非易事[*06]。沃井与奥井的情况则有本质区别，动态记忆的火箭不难借用，只要上升到井口，对应的语境天就历历在目。前文就两井所进行的 HNC 标注，都是那历历在目景象的 Smart 记录，该记录的 Smart 特性则隐而未谈。这里，作出相应的交代，这交代里也包含相应火箭的奥秘。

　　让我们再次回到奥井 HNC 标注里最 Smart 的一幕：

Now is not the time to gut these job-creating investments in science and innovation.

(jDJ),[a25e25,积极经济治理]

其中的 "Now is not the time" 是语言面具，核心内容是 "these job-creating investments"，这里的 "investments" 就是前文所说的 "知 1"，它单独与 "知 0" 相组合，已足以形成那 Smart 一幕里的 "a25e25"。

　　"知 0" 通常是孤独的，但 "知-1" 与 "知 1" 通常都不孤独。本《全书》尚未提供过 "知-1" 的示例，那是由于 "知-1" 与 "知 1" 是一回事，"知-1" 是 "知 1" 的既往，"知 1" 是 "知-1" 的当今。这个 "既往-当今" 说当然只是形式视野里的景象，在内容视野里就不能这么说了。动态记忆的核心任务就是将 "知 1" 与 "知-1" 进行比较，确定两者内容的异同，从而谋划记忆转换的后续处理方式。这几个小句显得很突兀，特别是最后一个小句，下文就来抚平这个突兀性。

　　"知-1" 和 "知 1" 的符号描述方式过于简化了，合适的描述如下：

　　"知-km" 和 "知 kn"　（k//m//n 都是有限的自然数）

符号 "k" 对应于一个 HNC 句群[*07]或一个语境单元，"m" 或 "n" 则对应于句群里的一个大句。前文对奥井和沃井的描述都只涉及其中的一组 "知 kn"，"通常都不孤独" 的意思就是：$n_{max} > 1$。在奥井描述里，$n_{max} = 7$，该段落包含 7 个大句。这里应该追问下列两个问题，一是前后两个甚至多个段落是否可能描述同一片语言天？二是同一个段落里是否会描述不同的语言天？

　　HNC 对这两项追问的答复如下：如果同一片语言天由相继两个段落加以描述，那也先标记成不同的语言天，即指定不同的 "k" 值，随后进行语境天的并合处理[**08]。第一个问题比较简单，上面的答复应该可以凑合，但第二个问题则比较复杂。从理论上说，一个段落应该只描述同一片语言天，但这句话本身就存在很大问题。什么叫"同一片语言天"？其中的"应该"如何理解？HNC的每片语言天可不是沙滩上的一粒沙子，而是如同社会里的一位活生生的人。如果说一个社会人的亲人、朋友和关系人可能比较复杂，那就不妨说，语言天的对应情况比社会人更为复杂。如果把一个段落仅仅看作是对一片语言天的特写，那就未免太天真了。然而，这还只是问题的一面，还有更为严重的另一面。同一片语言天的景象，在写者与读者的心中，可能或必然存在巨大差异。写者十分熟悉的"亲朋"和"关系人"，读者可能根本就不认识或不知道，写者信手拈来的东西，读者可能莫名其妙，这是语言理解过程的常态。那么，这是否会造成语言交际的根本障碍呢？答案是清楚而又不是完全清楚的，我们将暂时把这个问题叫作言语脑的特殊奥秘。从维特根斯坦先生开始的语言哲学的宏大语用学转向并没有认真涉及或探讨过这项特殊奥秘。

HNC认为，此特殊奥秘不可回避，有关思考过程大体如下：语境分析通常不难做到对同一段落内出现的不同语境天进行区分，同时又可能对其中的某些大句找不到合适的"婆家"，语境分析的基本对策是，找不到时就老老实实承认找不到，绝不搞强迫"婚姻"。到记忆转换处理时，进行一次舍弃处理[***09]，但是，部分被舍弃的东西可能纳入记忆特区备案。

总之，对语境天描述的段间并合处理或段内舍弃处理是记忆转换的一项Smart运作，代表着言语脑的一种天赋功能。此项功能的实践，必须借助动态记忆，因为动态记忆里存有"知0"和"知–km"的知识资源。利用这些资源，言语脑才能够从井底上升到井口去观察更大的语境天景象，取得并合或舍弃的依据，从而决定如何进行这两项处理，即上文所说的记忆转换后续处理。

现在，应该说一下"知0"了。它也可能出现"知0–km"和"知0kn"的情况。这时，"知0"也不是孤独的，需要对"知0"的知识加以综合运用，这属于动态记忆的高级形态。也许可以这么说，孔夫子是深谙高级动态记忆的中华第一人，司马迁继而光大之，而编辑《论语》的孔子贤徒们并不明白这一点。亚里士多德是深谙高级动态记忆的西方第一人，而他的老师柏拉图似乎忽视了这一点。

DM02的论述可以打住了。最后应该说一声，标题不够严肃，火箭的比喻显得过于夸张，目的在于引发读者对于并合与舍弃处理的注意。两者是动态记忆DM的命根子，特别是后者，为此特意分别安排了二星级和三星级注释各一个。但整体阐释还不够透彻，笔者只能力尽于此。这里就便说一句闲话，动态记忆的迄今论述是对编首语里一句话的充分呼应，那句话是：如果说本《全书》对语言学的回避度约为"0.6"，那对心理学记忆的回避度就接近于"1"。

——DM03：动态记忆DM是剿灭敌寇的利器

言语脑在语言理解过程中如何剿灭敌寇的话题已经说过无数次了，本节可以不再安排这部分内容，由于舍弃处理概念或术语的引入，进入这个话题的念头又一次被引发起来了。下文将从这个话题的最原始论述谈起，原文拷贝如下：

面对语音流的五重模糊（发音模糊、音词转换模糊、词的多义模糊、语义块构成的分合模糊、指代冗缺模糊），面对文字流的后三重模糊，大脑的语言感知应付裕如，表现了强大的解模糊能力，自然语言处理技术当前无从望其项背。

　　……句类分析，是对大脑语言感知过程的初步模拟，在上述五重模糊或三种模糊的消解方面，在理论上，句类分析应能接近甚至超过常人的水准。(《理论》pp3-4)

　　15 年前的这段文字在今天依然适用么？首先要说的话是：必须作 4 项实质性改动。一是把"语义块"里的"义"字去掉；二是把"大脑"改成"语言脑"或"言语脑"；三是把"初步"改成"功能"；四是把"句类"都改成"语境"。这 4 项改动是相互紧密联系的，无分孰轻孰重。但第三编"论语境单元"可能造成一种第四项改动最为重要的印象，这种印象并非全错，但毕竟不是"蓦然"境界的东西。所以，下面将借着"利器"与"舍弃"的话题，对 15 年前的那段文字是否依然适用的问题作进一步的说明。这个说明将围绕着两个短语来浅说，一是"解模糊"，二是"甚至超过常人"。

　　自从明确了语言理解处理的敌寇清单之后，"解模糊"这个术语就基本不再使用了，因为所谓的"词的多义模糊、语义块构成的分合模糊、指代冗缺模糊"已经分别被表述为

　　　　劲敌 k(k=01-05) 或 劲敌 O(O=A//B//C) [*10]
　　　　流寇 m(m=01-15)

　　劲敌的降伏或流寇的扫荡并不是通常意义上的选择，而往往是直接的舍弃。在特定语境下，词语意义具有唯一性，语块分合具有清晰性，指代冗缺具有分明性，这样，上述语言模糊景象皆不复存在，何来"模糊"可"解"？因此可以说，所谓语言模糊现象不复存在的"唯一、清晰与分明"说是 HNC 理论技术接力的核心课题，但本《全书》只管理论第一棒，不管接力。这里有条件写出下面的话语了，那就是：本《全书》连理论第一棒都不可能完全管好，何况接力？概念基元空间的概念树有 456 株之多，句类空间的基本句类有 68 组之众，语境空间的语境单元有一两万之巨，这"之多、之众、之巨"里的每一个都拥有自己的丰富世界知识，要拥有并运用如此庞大的世界知识谈何容易！然而，这正是语言脑的奥秘所在，即每一个正常的言语脑都具有一种天赋——拥有并运用如此庞大世界知识的天赋，该天赋仅存在高低之分，不存在有无之别。所谓理论第一棒的使命无非就是：对言语脑的天赋功能给出一种形式化 [*11] 描述，有了形式化描述以后，天赋就能模拟或制造。这是康德先生的信条，HNC 不过是追随这一信条而已。本《全书》为言语脑天赋功能的形式化提供了详尽的描述与足够的样板，这些描述与样板，是接力核心课题探索的基础与保障，具有绝对必要性。只有把这个基础与保障搞扎实了，接力核心课题的探索才有可能大踏步前进，货真价实的 HNC 语言理解处理技术才有可能诞生。这项认识，并非产生于 HNC 探索的"蓦然"阶段之后，而是在"望尽"与"憔悴"期间，前文提及的"HNC 黄埔军校"闹剧就是一项力证。遗憾的是，在那场闹剧之后的很长一段时间，笔者对这个"速利是图"的时局，依然缺乏足够清醒的认识。曾多次妄图使之有所改变，好听的说法叫屡败屡战，实际上就是屡战屡败。

　　"解模糊"的漫谈到此可以结束了。至于"甚至超过常人"，只需要改动一个字，那就是把"甚至"换成"以至"。未来的图灵脑如果做不到这一点，那就只是一个不及格的成功，或者用前面关于大国崛起的量化说法，叫"0.5"级别以下的成功。

以上所说似乎是离题万里，实际上都是在呼应"舍弃"说。五重或三重模糊的共相是"多"，"多"意味着一个集合，从集合里选取概率最大的"1"，这就是统计思维的精髓，HNC 初期也使用过"多义选一"的说法。但是，言语脑的思维历程不是玄奘的西游，而是拥有现代导航设备的旅行者，不存在"逢岔必问路"的困扰，那个"多"已转化成"一"，因为言语脑拥有自己的"导航仪"，那就是句类代码、语境单元和领域句类代码。由于前面已经有了那么多的铺垫，这句话应该不再是一个过于突兀的东西了。

但突兀性毕竟不可能完全消失，那就再拷贝一次那个具有 Smart 特性的句子，接着往下浅说。

Now is not the time to gut these job-creating investments in science and innovation.

(jDJ),[a25e25,积极经济治理]

现在不是损毁科技革新领域可创造就业方面的投资的时候。

此句里的"gut"是一个不寻常的"多"。这里应该追问，当写者把词语"gut"用在这里时，会去思考该词语的其他众多义项么？HNC 的回答是：他当时需要一个表述概念基元 3428//3528 的词语，而其 HNC 概念"词典"里，"gut"恰好是"3528"的直系捆绑词语之一，于是就被写者偶然地选中了。在这个过程中，会存在一个"gut"的诸多义项闪现于写者脑际的景象么？如果追问仅仅到此为止，那就完全不符合 HNC 的思维习惯或思考方式，HNC 一定会进一步追问，当读者阅读这段文字，碰到这个"gut"时，其诸多义项会闪现于读者的脑际么？这么一个关于"诸多义项闪现于脑际"的存在性问题，答案似乎有点微妙，对于写者和读者可能有所不同。有人说，熟练的写者不需要依靠词典，而不熟练的读者一定要依靠词典，这不就是"可能有所不同"的证据么？追问与提问将到此为止。下文就不再慢条斯理了，来一点蛮横，浅说允许蛮横。

在本节唯一的三星级注释里，特意提到了两项自动变换及其主要依靠，那里的论述实际上隐藏着一个天然合理的假定：读者通常会追踪写者的思考。假定读者与写者都在使用同一型号的"导航仪"，假定读者与写者言语脑的 HNC 概念"词典"也大体相同，那么，在遇到那句拷贝话语时，其中"gut"在读者言语脑中引起的反应，应该就是写者当初景象的大体翻版，应该不会引起"gut"的"诸多义项闪现于脑际"，而不过就是预期中的一个"就是她"[*12]。这个"就是她"，于写者是一种预期，于读者也是一种预期。那个"她"，就是 HNC 概念"词典"之"3428//3528"里的一个直系捆绑词语。拷贝文字的汉语译者选择了"损毁"，实际上也可以选择"削减"，后者属于"3428"的直系捆绑词语。这段论述里的两假定、两应该和两预期，以及那个"就是她"，当然都属于典型的蛮横表现。对上一段的全部追问。就以这样蛮横的方式予以回答了。不过，关于"gut"汉语译文的"削减"替换建议，并不蛮横，但是，这又引发出一个问题，那个"3428//3528"是怎么冒出来的呢？这当然超出了单纯动态记忆的范畴，而动态记忆 DM 是必须与句类分析 SCA 紧紧捆绑在一起的。这涉及语言理解处理一个最基本或最基础的课题，下一节会给出呼应性论述。

动态记忆 DM 浅说到此结束，最后蛮横了一把，比较过瘾。不过，笔者期待被记住的仅仅是下面的话语：①舍弃处理是记忆转换的基本运作，没有舍弃，就没有记忆。

②语境分析 SGA、记忆转换 ABST 和动态记忆 DM 的三足鼎立局面是语言理解处理框架的基本面貌。遗憾的是，这些话语并未出现于本节的正文，而是放在编号为"[***09]"的三星级注释里。

注释

[*01] 此前曾给出过包装品与包装体的各自定义，这里的包装品则是两者（包装品+包装体）的组合。

[*02] 那是1989年的事，Schank先生曾写过一本名为Dynamic Memory的专著，1992年出版。

[*03] 第一个示例取自奥巴马的2013国情咨文（见本编第一章第1节），第二个是相应的网上汉语译文，第三个取自该节三星级注释"[***10]"里的"方面02"。

[*04] 这里隐藏着如下话语：新政并不是在任何语境下都可以激活a25e25的领域认定，尽管它是a25e25的直系捆绑词语。

[*05] 这意味着短时记忆和长时记忆不是语言脑的秘诀，而只是大脑某些功能区块的一种特征，图像脑和科技脑这一特征或许更为明显，语言脑的这一特征如何表现？疑问尚多。

[*06] 前文曾对康井和柳井给予了特殊描述，有兴趣的读者不妨一阅，它们在"理想行为73219的世界知识"支节（[123-2.1-1]）。

[*07] HNC句群SG的定义是：围绕着同一个语境单元进行语言描述的一组大句，对应于语境空间的符号是SG//SGU，简称句群或语境单元。最近，许嘉璐先生的博士研究生朱筠在其博士论文里引入了基本句群的术语，其实际含义就是这里所说的HNC句群。HNC句群与语言学所论述的句群存在本质差异，朱筠博士却没有指出这一点，这很有趣。该论文正式出版时，是否通过注释的方式把这一点讲清楚？

[**08] 语言天的数量在1万～2万范围内，这是依据语言天的类型和层次区分得出的基本结论，是语言天封闭性呈现的一面。同时，语言天的数量又可以扩展，这是语言天开放性呈现的另一面。开放性导源于语境单元的可组合性和概念树延伸结构的开放性（包括自延伸特性）。封闭性与开放性的兼备，是语言天的基本特征。语言天的类型区分以语境概念树为标准，语言天的层次区分以语境概念树的延伸概念为标准。在语境分析阶段，对每一个语句都必须力求精细，不精细就不能降伏劲敌和扫荡流寇。但记忆转换阶段的处理要求则恰恰相反，不是力求精细，而是追求粗化，要善于抓住要点，抛弃细节。在这个基础上，对相邻段落的语言天（语境单元）进行并合处理。

[***09] 舍弃处理是记忆转换的基本运作，没有舍弃，就没有记忆。这里的舍弃包含以下4层含义：①对一个段落来说，通常只容许选取一个语境单元（一片语言天）进入相应的记忆单元，其他的语境单元则一概舍弃之，这属于粗化处理的极致形态。②某些没有搞清楚其语境身份的大句，也照此办理，即不进行记忆转换，这是记忆转换处理的头等大事。③主要依靠已知语境单元提供的世界知识，把词语义项的"多"自动变换成"一"。④主要依靠已知句类提供的世界知识把语块组合结构的"多"自动变换成"一"。舍弃处理不仅是记忆转换的常规操作，也是语言输入接口的常规操作。上列4点都显得极为粗暴，两项自动变换似乎更是蛮不讲理，然而这正是记忆的根本特性——粗暴性。我们必须尊重记忆的粗暴性，对记忆粗暴性的尊重就是对读者权利的尊重。读者对写者写出来的东西，总是会粗暴地舍弃一些。"粗暴的舍弃"乃是读者的天赋权利，这是一个十分神秘的课题，这里只能浅说。但可以肯定的是，它必然密切联系于动态记忆，因为如果没有动态记忆，那上述的两项主要依靠就一定会落空，从而那两项自动变换也一定会跟着落空。所以，HNC将把施行舍弃处理的任务交给动态记忆去

办理，言语脑很可能也是如此。近年来，一有合适的场合，动态记忆DM这个词语就会挂上笔者的嘴边，这里总算是交了一个底。最后应该指出，言语脑记忆转换舍弃处理的神秘性对于未来的图灵脑并不存在，如果它只对付文字文本的话。这句话会造成读者的困惑么？如果没有，那就表明图灵脑有希望了。

本注释被赋予三星级的待遇，因为就其内容的重要性来说，完全有资格进入本编的编首语，至少要进入本章的引言，但基于前文多次提到的"胆怯"与"照顾"因素，决定后移。但结果变成了一项注释，这并非预定安排，只好采取提升注释级别的下策了。

语境分析SGA与记忆转换ABST这两大语言理解处理环节不是截然分开的，必须相互配合，动态记忆DM就是两者相互配合的中介，中介作用的集中体现就是上述的两项主要依靠与两项自动变换。在某种意义上可以说，三者的三足鼎立才是语言理解处理框架的基本面貌。

[*10]"词的多义模糊"主要对应于劲敌A；"语义块构成的分合模糊"主要对应于劲敌B；"指代冗缺模糊"对应于劲敌C。

[*11] 这里的形式是康德意义上的形式，指文明基因三要素——神学、哲学与科学——里的科学，即可以通过形式化的方式加以精确描述的自然和部分社会现象，而人文和大部分社会现象的探索则属于哲学，纯粹精神现象的探索属于神学。形式上，关于文明基因三要素的这一定义是HNC提出的，但实质上不过是笔者反复阅读康德先生"三大批判"以后的一项心得。

[*12]"就是她"是套用电影《红色娘子军》导演的一句话，他当年为物色扮演片中女主角的演员跑遍各地，后来偶然在火车上遇见了祝希娟，一眼看中，冒出了"就是她"。这句话很传神，故用以描述言语脑理解处理中两项"多"变"一"变换（皆名之自动变换）的基本特征。

第 2 节
记忆输入接口 IM 浅说

这里，对记忆输入接口使用的 HNC 符号是 IM，而不是 IABS，这并不意味着本节所说的记忆就是广义记忆，而只是试图表明，在记忆接口方面，狭义记忆与广义记忆的区分就不像记忆本身那么重要了，因为记忆接口与生理脑的联系更为密切。

古汉语概括的眼、耳、鼻、舌、身都是信息输入接口的部件，但本节要浅说的记忆输入接口仅涉及眼与耳。就文字文本来说，其 IM 主要关乎眼；就语音文本来说，其 IM 主要关乎耳。眼与耳作为信息输入的两个主体接口部件，现代科技对两者的研究已经取得了十分辉煌的成就，浅说意味着还存在一些有待探讨的重要课题，那么，本节可以拿出什么东西来浅说呢？

像上节一样，那东西无非是一些追问。本节仅浅说两项追问。

追问 01：语言的声音或文字载体（将统称语言原始信息）在 IM 里以什么形态存在？是原初形态还是经过某种变换以后的另一种形态？

追问 02：语言信息的原初形态如何激活语言理解处理系统的概念符号体系呢？

追问 01 很可能已经被探讨过，笔者并不了解情况，也没有进一步了解的意愿，下文将以一位探访者的身份说话。追问 02 的问题比较复杂,"如何激活"是一个多层次的问题,首先是概念基元层次,接着是句类、语境单元和记忆转换层次,描述这 4 个层次的符号体系是 HNC 第一个提出来的,并给出了详尽描述,但不能由此就说,追问 02 还不曾被探讨过。因为认知心理学[*01]至少对第一层次的"如何激活"问题曾有所探讨,心理词典的提出及其相关论述就是一个明显的证据。

仿照上节的论述方式,下文将以 IM01 和 IM02 编号。

IM01 对应的追问比较简单,相应的篇幅不大,但 IM02 对应的追问十分复杂,涉及言语脑的核心奥秘,故将以较大的篇幅进行浅说。

——IM01:语言原始信息以变换形态流水般暂存于 IM。

此标题里有 3 个关键词:语言原始信息、变换形态、流水般暂存于。下面依次进行浅说,并继续采取以追问为主的浅说形式。

语言原始信息的基本情况众所周知,有两种原初形态的信息流,一个叫语音流,另一个叫文字流。两流的深说都是专门的大学问,HNC 不敢问津。本浅说首先要强调指出的是,两流的终极归宿是个什么东西?这是需要追问的。如果仿效黑格尔先生关于"哲学的开端就是一个假设"的说法,那么就可以说"HNC 的开端就是一个追问",即关于"语音流和文字流的终极归宿究竟是个什么东西"的追问。HNC 把这个东西叫作概念海洋,它是语言海洋的本相,并把那海洋正式命名为语言概念空间,本浅说将给它一个符号 SLC。陪伴这个符号的还有 SIC(图像 image 概念空间)、SEC(情感 emotion 概念空间)、SAC(艺术 art 概念空间)和 SSTC(科技 science-technique 概念空间)。这组符号曾打算在本卷的卷首语里亮相,撰写时觉得不妥,就安排在这里了。这 5 个符号分别与语言脑、图像脑、情感脑、艺术脑和科技脑相对应,但请注意,这里并没有给生理脑一个对应的符号 SPC(生理 physiology 概念空间),为什么?因为生理脑是上列 5 脑的基础设施,它自身就没有独立构造一个上层建筑(即概念空间)的必要性了。

无论是拼音语言还是有别于拼音语言的其他类型语言,都存在语音流和文字流两种原初形态,世界语试图将两种原初形态合而为一,汉语曾试图向拼音语言看齐。两试图皆其志可嘉,但其智不嘉。这一历史教训非常有趣,但似乎未被深究。"其智不嘉"的根本原因就在于没有进行上述追问。在西方文明全球性征服浪潮的严峻挑战中,许多古老文明都面临着灭顶之灾,根基不深的很快就被灭顶了,根基比较深厚的虽然都遭受过文明主体(政治、经济、文化)的一度灭顶或半灭顶的灾难,但处于这一灾难中的各种文明,都对自身的文明基因(神学、哲学、科学)采取维护为主的态度。有一个唯一的例外,那就是中华文明。中华文明的这一奇特态度充分表现在"汉字不灭,中国必亡"的著名论断里。现在,人们似乎都愿意接受该论断之"其志可嘉,其智不嘉"的表象,但是,该论断的语境缘起并未被追问。现代汉语学界对此一直心安理得,不认为有这一追问之必要。而这一追问与上述"语音流和文字流的终极归宿究竟是个什么东西"的追问之间是有密切联系的,可合称追问 01 的第一项追问。

语言流的原初形态会拷贝于 IM 之中么?这是追问 01 的第二项追问。回答不能是简单的 No,因为有下章要杂谈的拷贝记忆在那里摆着。但在一般情况下,IM 不应该是语言流原初形态的拷贝，必然有所变换与舍弃[*02]。变换对语音流和文字流都需要，舍弃则主要是语音流的事。

语音流和文字流的变换是两套东西，这就是说，两者各有一套 IM 接口，文盲就不拥有文字流 IM 接口。但语音流 IM 接口是正常人的天赋，是上帝赐予人类的宝贝，没有这个宝贝，胎教就是瞎掰了。该宝贝的奥秘就在于要施行一种变换，把自然语言符号变换成言语脑的对应符号。这个语言密码本一直锁在上帝的保险柜里，是否曾有人试图打开这个保险柜拿出那个密码本？笔者不知，但语音流 IM 的浅说并不能因此戛然而止。因为语言学对语音流本身的研究已达到很高水平，声母与韵母的面貌已非常清晰，因此，那个语言密码本在语言这一头的代码是相当清楚的，那就是音节及其组合，但对该密码本在概念那一头的对应代码，则一无所知，因此语言理解处理一直处于朦胧状态。HNC 的思路是，不去打开上帝的那只保险柜，而是去制造一个功能相仿的语言密码本，用以完成不可思议的语言解码，即语言理解。

记忆输入接口 IM 只是那语言密码本的绪论，该绪论分语音 IM 和文字 IM 两部分。

先浅说语音 IM。上文说到，那是正常人的天赋，但该天赋在不同人之间有天壤之别，有人是语音 IM 的超级天才或上智，有人则是语音 IM 的下愚[*03]。上智的语音 IM 丰富而多元，下愚的语音 IM 则贫乏而单一。这里要浅说的是语音 IM 的索引问题，即语音单元（音节及其组合）的排序问题。能否设想上智的语音 IM 具有多套索引，而下愚的语音 IM 只有一套索引？HNC 的回答是：全人类都共享一套索引，这是上帝的安排，多套索引的设想是荒谬而不可思议的。不过，索引的具体内容有类型之分，有贫乏单一与丰富多元之别，如此而已。这是一个不寻常的话题，在浅说了文字 IM 之后，还要作进一步的申说。

接着浅说一下文字 IM，文字基元发生变化的花样远没有语音单元那么多。如果说语音基元是个孙悟空，那文字基元顶多是个猪八戒。世界第一类语言（拼音语言）的孙悟空和猪八戒是一对双胞胎，兄弟俩长得很像，但世界第二类语言（非拼音语言）却不是这样。例如，汉语猪八戒就完全不像汉语孙悟空，那是汉字造的孽。但关键是，世界第一类语言的兄弟俩尽管长得很像，并不能相互替代，两类语言还是都需要另外一个文字 IM，语音 IM 并不能替代文字 IM。那么，文字 IM 是否如同语音 IM 一样，是人类的又一天赋呢？这个问题远不明朗。语音 IM 天赋的存在性可以说已经是众所周知的了，许多人都可以根据亲身体验对此津津乐道一番，但文字 IM 天赋的存在性则依然笼罩在浓重的迷雾里[*04]。这里只想说这么一句话，文字 IM 天赋也必然存在，因为上帝不会疏忽。

下面，就要专门浅说一下语言 IM 天赋之物理基础这个问题了。

语音 IM 天赋之物理基础是个什么东西？上面说到有限的音节及其排序索引，那只涉及表象，未触及本质。语音 IM 天赋之物理基础的本质在于：音节及其组合是一个"音义结合体"。这是语言学教科书的经典说法，按照这个说法，文字 IM 天赋就只能是一个臆想的东西了，因为它没有物理基础。这就是说，该经典说法似乎存在一个隐患或问题，这个问题对于世界第一类语言似乎不是一个问题，但对于世界第二类语言却不能这么说了。这个问题很有趣，因为它关系到"音义结合体"说法的完美性，它完全适用于世界第一类语言，但可能不完全适用于世界第二类语言。所以，笔者十分支持以"音形义结合体"替换"音义结合体"的说法，并曾在《理论》里写过一段呼应性话语[*05]。"音形义结合体"是对语言流的非分别说，分别说则是"音义结合体"和"形义结合体"，前者完全对应于语音流，后者可大体对应于文字流。"音义结合体"只是语音 IM 天赋的物理基础，"音形义结合体"才是语言 IM 天赋的物理基础，把文字流也包含进去了。这就是说，教科书里的"音义结合体"说法是一个有严重缺陷的说法，我国传统语言学（小学）的前辈对此缺陷可谓洞若观火，在这一点上，现代汉语语法学不应该再继续"薄古厚洋"了。

天赋一定存在年龄特性，语言 IM 天赋的年龄特性尤其值得关注，这是一点。语音 IM 天赋和文字 IM 天赋可能具有巨大差异，因为后者必然强交织于图像脑，而前者应该不存在这种交织性，这是第二点。这两点都是需要进行实验研究的课题，而且其应用价值可能不同寻常，但以往一直被忽视。本浅说愿意借机说一声，在这个全球化时代，该课题不应该再继续被忽视了。中国应该带头从事这项研究，因为汉语尤其需要关于文字 IM 天赋的科学认识，其研究成果可能有益于对外汉语教学，有助于汉语走向世界的伟大事业[*06]。

现在回到语言密码本的话题，也就是第二个关键词"变换形态"所展开的话题。上面质疑了"音义结合体"的说法，但质疑之声里使用了许多含糊的词语，"似乎"与"可能"是合乎常规的含糊表现手法，但"形义结合体可大体对应于文字流"的说法就不那么合乎常规了。为什么要使用这么别扭的陈述呢？因为语言密码本只有一套，并没有两套，或者说，语言密码本并不存在语音密码本与文字密码本的区分，该密码本在语言这一头只有一套索引。上文说："全人类都共享一套索引，这是上帝的安排，多套索引的设想是荒谬而不可思议的。"那么，"音义结合体"的说法是否点出了语言 IM 的本质呢？"形义结合体"的本相是否就是"形-音-义结合体"呢？文字流的理解处理过程是否暗藏着一个"形-音转换"的环节呢？这里应该老实交代，对 3 个问题，笔者自己跟自己争论了 20 多年，依然没有定论。于是就产生了上面的说法："语言 IM 索引的具体内容有类型之分，有贫乏单一与丰富多元之别，如此而已。""内容有类型之分"者，乃"K类语言"说[*07]之缘起也；"贫乏"者，文盲也；"单一"者，一种语言者也；"丰富"者，知识分子也；"多元"者，多种语言或多种方言者也。结论是：贫乏者（文盲）可以多元，无缘丰富；单一者（非文盲）可以丰富，也可以多元；贫乏者只拥有语音 IM，丰富者则兼有语音 IM 和文字 IM；丰富者的语音 IM 与文字 IM 共同享用一套索引，将名之语言 IM 索引。

形态变换问题就浅说这些，疑点尚多，那属于深说的范畴了。下面转向"流水般暂存于 IM"的浅说。

"流水般暂存"这 5 个字是 HNC 决定以"动态记忆"替代"短时记忆"的真正缘起，动态记忆不仅是句类分析与语境分析的绝对需求，也是语言 IM 的绝对需求。也许可以说，动态记忆是语言密码本的关键奥秘。

发现口误是一般人的本能，发现笔误是丰富者的本能，在嘈杂的语音环境里，排除干扰，抓住所需，是一种更奇妙的本能；对于一位入神的思考者或阅读者，充耳不闻是一种常见现象；对于一位具有"一目十行"潜能的阅读者，跳跃式扫描是一种习惯性表现。对上述本能、现象与表现，已有的追问或许都远远不够，这里仅给出一个诱饵性追问及其诱饵性答案。上述本能、现象与表现之间是否存在一种共同的内在机制呢？答案只能是：Yes，因为相反的答案就是对上帝奇妙性的不信任。

让我们从汉语的"名字"说起，它原本是一个复合概念，名归名，字归字，分别用于自称与他称。例如，曹操名操，字孟德，诸葛亮名亮，字孔明。HNC 已经给那个"共同的内在机制"起了一个汉语原本意义的名字，名舍弃，字动态记忆。"流水般暂存"者，乃动态记忆之基本特征也。

好了，针对追问 01 的 IM01 可以结束了。这里又一次突出了上节三星级注释"[***09]"的地位。但该注释文字虽多，却笔力低下，甚感遗憾。

——IM02：激活主要是 HNC 概念"词典"的双向运用。

在第三编"论语境单元"里，讲了一番动态记忆，也是"文字虽多，却笔力低下"。那里和这里的动态记忆是同一样东西么？这个提问有点傻，因为那肯定不是同一样东西，一个在语言理解处理的操作中枢 SGU，一个在语言输入接口 IM，怎么可能是同一样东西？但是，这两样东西却名字相同，这体现了一种意图，强烈指明两者的"心心相印"程度非同寻常，就如同量子纠缠现象[*08]那样神奇。对文字流来说，其神奇性可能远小于语音流。尽管如此，两者毕竟是两个动态记忆，因此，下文将把语言输入接口 IM 的动态记忆标记成 DM(IM)，DM 则专用于 SCA 或 SGA。

关于追问 02 的浅说 IM02 将只涉及文字输入接口 IM，避开语音[*09]。在上节的那个三星级注释里，曾使用一个非常累赘的短语——"对于未来先只对付文字文本的图灵脑"，原因即在于此。

古汉语的文字文本是没有标点符号的，这里先说一段关于古文阅读的亲身感受。笔者在 13 岁以前经历过一段极度奇特的生涯，那时只接触过老版古文[*10]。在 HNC 第一阶段探索告一段落之后，笔者曾不时翻阅那阔别了 44 年之久的部分古书，绝大多数属于新版。新版都增加了标点符号，然而那东西给笔者带来的感受是累赘而不是便利。部分新版还给出了译文，大多难以卒读，糟蹋美味佳肴之感，"情何以堪"之叹，萦绕脑际，挥之不去。这些感受曾使笔者困惑良久，后来把它与记忆输入接口 IM，特别是其中的动态记忆 DM(IM)联系起来，基本得以缓解。

以上文字，只是 IM02 浅说的铺垫，下面才开始正式浅说。这些浅说实质上不过是关于上述困惑缓解过程的一些思考，故以浅思名之，以浅思 0m 编号。编号本身是由浅入深的体现，文字上，浅思 01～浅思 03 比较简短，属于铺垫性质。浅思 04 代表一种转折，从纯粹的 IM 浅说逐步转向语言理解处理的浅说。高潮在最后的两项浅思：浅思 06 与浅思 07。这些话语是在向读者打个招呼，本节的文字非常不协调，将远远超出本节标题的范围，也就是将大大扩充预定的撰写计划。这必然会造成读者的诸多困扰，吁请耐心与谅解。

浅思 01：记忆输入接口 IM 的转换特征具有多样性，某种特征一旦建立起来，即具有高度稳定性，会伴随着记忆者的一生，长期不被调用也不会遗忘。被笔者丢弃了 44 年之久的美味佳肴感，再现时竟然比当年更为鲜活。这里肯定有记忆输入接口 IM 的贡献，而不仅仅是理解力提高或深化的因素。

浅思 02：记忆输入接口 IM 的符号转换不是单个词语的个体户行为，而是一组词语有组织的群体行为，有组织群体行为是 IM 符号转换的基本特征。有组织的含义是：让一个词语群体在一个特定司令部的指挥下有条不紊地协调行动，这意味着记忆输入接口 IM 的中心使命是让一组词语与其相应的司令部取得联络，而不是让相继进入的文字各自独立与语言概念空间的概念基元直接挂接。独立的直接挂接方式绝对是一种幻觉，然而，该幻觉确然存在，且事出有因，不可小觑。事出有因者，查字典乃该幻觉之缘起也；不可小觑者，有人曾利用该幻觉论证过图灵脑之不可实现[*11]也。

浅思 03：司令部指什么？司令部与被指挥部队（即一组词语）之间取得联络的方式是自上而下为主，还是自下而上为主？司令部与被指挥部队之间的互动如何进行？司令部的转换或交接如何进行呢？所谓记忆输入接口 IM 的转换特征，至少应该包含上列 4 个方面的问题，这 4 个方面的非分别叫激活，那是 HNC 最常用的词语之一。后续的浅思就是对上列 4 个问题的尝试性回答。

浅思 04：关于"司令部指什么"

对于 HNC 来说，这也并不是一个容易回答的问题。比方说，可以把司令部概括成两种基本类型，一种叫句类，另一种叫语境单元。还可以进一步说，前者可比喻成部队常规建制的司令部，后者可比喻成战线–战场和战役–战地指挥司令部。

就句类来说，既可以给出类似于军兵种的最高层级横向划分：作用、过程、转移、效应、关系、状态、判断与基本判断，也可以给出类似于兵团、军、师、团的纵向划分，XJ、X0J、X11J、X301J 是一个样板，PJ、PkJ、P11J、Pk01J 是另一个样板。

就语境单元来说，其战线–战场与战役–战地司令部的情况似乎比人类历史上曾经发生过的任何战争都要复杂。就战线–战场来说，最复杂的第二次世界大战也只出现过 4 个：苏德战场、西欧与地中海战场（历史学家通常把这个战场分为两个战场，即西欧战场和地中海战场）、太平洋战场和东亚战场，而 HNC 的战场情况则要复杂得多。撇开基础语境单元不说，仅主体语境单元即存在 5 大战场：两类劳动与三类精神生活。就战地来说，第二次世界大战的战地指挥部能达到万的量级么？可语境单元的指挥部数量却肯定在 1 万个以上。

以上所说是比喻，不妨再接着往下说三点。①战争或 HNC 的"战地指挥部"当然都不只兵团、军、师、团 4 级，但"战地指挥"的这种 4 级划分具有某种"天机性"[*12]。②HNC 的兵团与军对应于概念林与概念树，其师与团对应于概念树的一级与二级延伸概念。③HNC 的概念子范畴可纳入战场指挥部的细分。

上述比喻还应该从另外一个视角说一点，那就是句类代码与领域句类代码的关系。句类代码 SCJ 就是 HNC 的部队，不过，投入战斗的部队与待命中的部队毕竟有所不同，于是给前者另外起了一个名字，叫领域句类代码。战争是由部队来承担的，两种基本类型司令部指挥下的部队是同一种实体，不是两种，句类代码与领域句类代码的关系就是如此。这么简明的事当年却折腾了很长一段时间，事后回想起来，不禁哑然失笑。

浅思 05：关于"取得联络的方式是自上而下为主，还是自下而上为主"

这里特意使用了"为主"这个词语，目的在于引出下面的话语。"为主"是一种存在，各种主义就是存在的一种集中呈现。但是，存在 jl11e2m 本身就包含"无"，存在还具有

```
jl11e2m:(e2m,e2n,3)
```

的基本属性[*13]，因此，HNC 曾发出过"何必'主义'之以对立"的感叹。

上面的话语试图说明，此问题的提法不妥，为什么要对谁"为主"那么重视？没有这个必要。说"自上而下者有之，自下而上者亦有之"就可以了。比方说，假定"相应司令部"已经就位，那"取得联络"的方式自然就是自上而下了。这里的"自上而下"有两类不同的含义：①司令部指领域；②司令部指句类。这两类司令部的功能差异很大，这在第二编"论句类"和第三编"论语境单元"里已有详细论述，但这里需要强调一点：两者实质上乃是一个"一而二，二而一"的关系，因为 SC 与 SCD 的本相就是如此。

所以，自上而下的含义包括下列三点：①由于领域已被认定，语言输入接口 IM 可放手运用 HNC 概念"词典"，把对应自然语言里的直系捆绑词语都取出来，存入一张预期表格。②将动态记忆 DM(IM)里的词语与预期表格里的词语进行比照，对上了号的词语就自然而然地完成了符号变换，于是，相应词语的多义性困扰就会彻底消失，上述关于舍弃的天赋功能就可以大展身手。③预期表格与动态记忆的比照技巧是语言输入接口 IM 的核心奥秘，将在下文作呼应性论述。

如果一篇文字的标题比较贴切，那么，对其最初的陈述文字似乎都不妨先采取自上而下的联络方式。问题在于，言语脑如何知道其贴切与否？那么是否可以说，第一次"取得联络"的方式一定是"自下而上"呢？这些都是傻话，不过是一个由头，藉以进入 HNC 语言"词典"这个特殊话题。

HNC 语言"词典"同已经浅说过的 HNC 概念"词典"是什么关系呢？两者的相互关系是否相当于"英汉词典"与"汉英词典"？这里首先要说的话是，基本不相当。其次要说的话是，HNC 语言"词典"是一个长期被 HNC 忽视的重大课题，回思 HNC 技术起步的匆忙，不禁痛心疾首。现在，把一些思考写在下面，供后来者参考。

让我们从"咬死了猎人的狗"和"南京市长江大桥"这两个著名的歧义短语说起，如果在两者前面分别有"那只"和"……会见了"，那曾被津津乐道的歧义表现就完全消失了。面对这类语言流，再傻的言语脑也不会把那个歧义短语先切割出来，去做"短语消歧"的傻事。这傻事曾备受关注，业界也知道那消歧要依靠上下文。但是，如何依靠呢？这么多年下来，无非是"规则或统计"这两条奇特的路，后来还出现了更奇特的两者综合之路。

规则之路似乎遇到了上下文景象无限的困扰，统计之路据说遇到了数据稀疏的困扰。在 HNC 看来，景象无限的困扰只是一个假象，数据稀疏的困扰不过是一个借口，一种婉转的掩饰，面对语言流里层出不穷的罕见搭配或"新词"，统计之路肯定束手无策。有限的句类和语境单元是揭穿假象、游刃稀疏的 HNC 法宝，而各种类型的 HNC 语言"词典"是 HNC 法宝的第一件利器。

动态记忆 DM 是该利器的一种呈现形态，其建立、更新与变换方式都很 smart，数据容量也应如此。因此，短时记忆关于词语数量上限的著名发现很可能是一个误会。为了说明这一点，下面将把上面示例短语加点上下文花样，再游戏一把。

游戏 1　那只老虎"咬死了猎人的狗"，
游戏 2　那只"咬死了猎人的狗"的老虎，
游戏 3　一只"咬死*了猎人的猴*"
游戏 4　那**知**"咬死了猎人的狗"，
游戏 5　……将路过"南京市*长江大桥"*
游戏 6　"南京市长江大桥"很能干，
游戏 7　"南京市*长江大桥"真雄伟，
（后带"**"或"*"的词语表示有疑点，将在下文说明）

这 7 个游戏的词语都超过了短时记忆的上限，这里需要进一步追问的是：①它们是否必须同时存在于记忆输入接口 IM 的动态记忆 DM(IM)中呢？②它们都满足动态记忆更新的必要条件么？③它们的变换方式是否有所不同呢？④动态记忆会无条件地接受这些语言流片段么？

现在，从游戏 6 和游戏 7 说起。假定 DM(IM)的预期表格里存有下面的汉语知识项：

```
能干:=u7212e71
雄伟:=(xpwa219\11;xwj2*12)
```

那么，这两股语言流里的所谓分词歧义问题（流寇 14）就会立即迎刃而解，依据预期表格提供的预期知识，语言输入接口 IM 确定：游戏 6 在描述一个人，游戏 7 在描述一座建筑物或一座山峰。就游戏 6 来说，IM 的自我感觉将非常良好，它将把这 10 汉字的语言流捆绑成一个"信息包"递交给下面的句类分析 SCA。游戏 7 的情况有所不同，IM 的自我感觉不是那么良好，但它依然像游戏 6 一样，也捆绑出一个"信息包"向下传递。所述"信息包"与原始语言流的本质区别在哪里？仅仅在于用 HNC 符号替换了原来的"能干"和"雄伟"，其他的基本原封不动。但这一步替换极为关键，如同刑侦工作的第一步突破，认定了犯罪嫌疑人的身份。

游戏 6 和游戏 7 最后逗号的有无，对言语脑根本无所谓，但图灵脑应该对该符号采取热烈欢迎的态度。因为它提供了捆绑一个"信息包"的"充分条件"[*14]。这样的提示信息在上列游戏里占比竟然高达 6/7，达到了统计意义上的满意标准。当然，这只是顺便说句笑话，因为那 1/7 里还存在其他问题。

上述"信息包"是一个接一个打包的，因此，它仅存在后边界课题。该信息包将名之 IM 信息包。IM 的唯一使命就是打包，包括 3 项使命。

IM 使命 1：将输入语言流里的自然语言符号，尽其所能转换成概念基元空间的对应符号，但一要保证高度可靠性，二要坚守最低程度的模糊性。这样，IM 信息包的基本形态是语言符号和概念符号的混合体。在一次阅读过程中，IM 信息包里的语言符号在开始阶段可能占多数，随后逐步减少，至于最终是否会减少到接近于 0，不必深究。

IM 使命 2：对 IM 信息包的形式进行认定，它可能是一个短语、一个语块、一个小句甚至是一个大句或复句，但绝不允许是一个语习类短语。

IM 使命 3：IM 信息包不是一个完全被动的符号转换者，它同时还是一位不可思议的舍弃者和生疑者。

3 项 IM 使命的有关问题，前文已有所说明，后文还有进一步的说明。

下面就依据 IM 使命来考察一下上面的 7 个游戏。

言语脑的考察结果如下：①游戏 1~3 仅"咬死了"未进行符号转换；游戏 4 的"那知咬死了"未进行符号转换；游戏 5 仅转换了一个"将"，其他都保持原来的自然符号；游戏 6 仅转换了"很能干"，而且转换符号是"u7212e71(c33)"；游戏 7 仅转换了"雄伟"。由此可见，IM 之后的 HNC 符号转换的任务可能很艰巨，也可能很轻松。②游戏 1、游戏 6、游戏 7 是一个小句，游戏 2、游戏 3、游戏 5 是一个语块，游戏 4 存疑。③游戏 4 的"那知"一定要释疑，游戏 3 里"猴"和游戏 5 的"市"则不一定，因为言语脑的 IM 大约也做不到，那是后话。

上述 3 项考察实质上规定了后续句类分析 SCA 和语境分析 SGA（下文将简称两分析）的 3 项任务：一是对 IM 信息包里所有未转换的自然语言符号施行 HNC 符号转换；二是为每一个 IM 信息包正名，也就是让它们各得其所；三是实行质疑处理，不能释疑者或等待，或请求援助。任务 1 是两分析的必经过程；任务 2 是两分析的必然结果；任务 3 是两分析的可能呈现。

看到这里，读者可以回想一下前文写下的招呼。本节的文字已经开始与标题脱节了，下面还将扩大。这并非原意，但也可以说正是原意。因为 IM 不可能脱离两分析而独立行动。不过相对而言，IM 使命 1 的独立性要远远大于后面的两项使命，所以，下面先对使命 1 给出一个超出浅说范畴的分析。

（1）在言语脑里，语言流从自然语言符号到概念符号的转换是分阶段进行的，有即时方式（即时，real time，信号处理领域通常翻译成实时），也有非即时方式。即时方式在记忆输入接口 IM 进行，将名之即时转换 TRT；非即时方式在两分析阶段进行，将统称延时转换 TDT。以上所说，对于言语脑是假设，对于图灵脑就是模拟法则。两分析阶段各自完成的转换将分别符号化为 TSC 和 TSG，两符号含义不言自明。

（2）即时转换 TRT 第一要保证可靠性，宁缺毋滥。具有组合歧义的词语一律不入选；第二要保障简明性，该词语最多两义项，义项数≥3 的词语一律不入选。这是 IM 的两条基本游戏规则。上列 7 个游戏就是这么玩的。

（3）为了实现上述可靠性和简明性，必须为 IM 配置一个小而精的专用词典。这个专用词典是上文所说 HNC 语言"词典"的一种特殊版本，也是"预期表格"的一种特殊形态，专用于自下而上的联络方式，可视为 IM 的核心机密之一。

上文说，各类 HNC 语言"词典"是 HNC 法宝的诸多利器之一，当时冒昧地放出这个话，还围绕它给出了许多论述，那确实显得很突兀。这么呼应一番之后，笔者觉得尽力了。

以上三点，属于理论技术接力范畴的内容，这违背了本《全书》的撰写初衷。但"论记忆"的编首语已有申明在先，不算犯规。

对 IM 来说，所谓"自下而上"就意味着与司令部失去了联络，本浅思着重论述了在这种情况下的对策。

浅思 06：关于司令部与被指挥部队之间的互动

标题里的"被指挥部队"是指语言输入接口 IM，文字上是一个新话题。但此"新"是理论技术接力意义上的新，这里的互动实质上在第二、三编里已经作了充分论述，下文将借助上列 7 个游戏，大体以漫谈的形式，讲一些与 IM 密切关联的话题。这些话题属于理论技术接力的范畴，近年有一种"避而远之"的情绪。这种情绪的残存可能对下面的文字产生一定影响，这句话，请当作是预致歉意的替代品吧。

让我们从两个带"*"的"市"字说起。

游戏 5 与游戏 7 里的"市"是多余的字，因为那里说的对象是"长江大桥"，一座特定的建筑物。从这个意义上说，如果语言流里果真出现了"南京市长江大桥"这么一组词语，那么，其词语切分实际上根本不存在歧义现象，"南京|市长|江大桥"的切分方式是唯一的选择，因为它说的对象必然是一个特定的人，这是游戏 6 的选择。人与能干、建筑物与雄伟的搭配堪称"绝配"，语言流一定是若干"绝配"的呈现，没有"绝配"的语言流就不是语言，至少不是规范语言，把"南京长江大桥"弄成"南京市长江大桥"就有失规范（下文将简称失范）。但失范语言现象就如同失范社会现象一样，具有吸引眼球的价值，其被过度重视就不必奇怪了。

言语脑不难发现"绝配"，对语言流里的失范现象具备高度敏感性，图灵脑能做到这一点么？这就不能不说一说下面的"废话"了。所谓"司令部与被指挥部队之间的互动"就是指更有效地寻求"绝配"，从而发现失范。自然语言的符号体系把这些"绝配"搞得面目全非，造成了无数的"咫尺天涯"悲剧，HNC 的目标不过就是恢复这些"绝配"的本来面目，从而为消解"咫尺天涯"悲剧提供多层次的世界知识。

在 HNC 探索第一阶段结束时提出过"同行优先"的说法，它是这里"多层次的世界知识"的原初形态。就游戏 6 来说，"市长"与"能干"是比较容易辨认的"同行"，就游戏 7 来说，"大桥"与"雄伟"是绝妙的"同行"，但在游戏 5 里，似乎就不存在"同行"之类的东西了。对"同行"这个概念或术语，早就应该深入追问一系列问题，然而却一直处于按兵不动状态，上文所谓"痛心疾首"[*15]者，此其第一号也。下面就来梳理一下有关"同行"问题的要点，以同行 0m 编号。

同行 01：同行的原意不仅用于描述近距离搭配（即语块内部搭配）的符号特征，也用于描述 GBK 要素之间、GBK 与 EK 要素之间的符号特征。这一点原来没有说清楚，下面将分别有所论述。

同行 02：绝妙型与易辨认型"同行"在语言流里占有多大比例？是门可罗雀，还是门庭若市？这是一个十分重要的数据，却一直阙如，这是一项尴尬。但更为尴尬的是：以往仅强调了抽象概念五元组之间的同行，却未强调 x 类概念与相应具体概念之间更为可爱的同行，实际上后者比前者更有实用价值。游戏 6、游戏 7 都生动展现了这一可爱性，可以说，这一疏忽造成了巨大遗憾[**16]。

同行 03：GBK 要素之间的同行性表现实质上就是句类知识的一种体现，不同句类的表现度差异很大，表现最为突出的句类叫简明状态句 S04J。汉语偏爱该句类，英语很少采用，但也会在迭句中偶尔出现[*17]。游戏 6、游戏 7 都是简明状态句，该句类的游戏规则最简，SB 和 SC 核心要素之间的同行性表现最突出，两者的间距也极度靠近。游戏 6 的"市长"与"能干"乃是绝配，游戏 7 的"大桥"和"雄伟"也接近绝配。这些绝配会激活一种强大的预期威力，这种预期威力不仅足以使游戏 6、游戏 7 里的"南京市长江大桥"分词歧义现象一下子烟消云散，甚至会同时对游戏 7 里的"市"字，产生一种是否多余的疑惑。下文将把这种预期能力叫作合适感[*18]，绝配也许是合适感里最具活力的一种形态，言语脑的奥秘就在于它具有强大的合适感，情感脑和艺术脑的这一特征也十分突出。依笔者的愚见，要搞好 HNC 的理论技术接力，必须在合适感的培育方面下大力气。如果没有这种感受，HNC 理论技术接力就不可能彻底摆脱传统规则思路的非灵巧特征，句类分析 SCA 和语境分析 SGA 就不可能达到预期的水准，图灵脑也就绝对没有希望。反过来说，如果一个语言知识处理系统善于发现绝配并善于利用合适感所蕴涵的丰富世界知识，那上面的"不可能"就会变成"可能"，上面的"没有希望"就会变成"大有希望"。合适感如此重要，为什么到这里才给出这个术语呢？说来话长，但主要是笔者的迟钝所致。前面曾说过"HNC 黄埔军校"的戏言，这里来一个该军校的校训：意识与智力的生命，不是语法与逻辑的学习，而是合适感的培育。这当然又是一则戏言，不过是为了强调一下合适感的极度重要而已。

合适感是句类和语境单元的函数，不同的句类有不同的合适感，不同的语境单元也有不同的合适感，句类空间和语境空间的合适感又有天壤之别。这一点，在第二、三编里已经给出过系统的论述。但句类空间和语境空间都是庞然大物，遗憾的是，在那些论述里可能过于强调了两者的庞大特征，而忽略了"庞大寓于简明"的阐释，此简明者，句类空间之广义作用效应链（亦名广义主体基元概念）也，主体语境空间之两类劳动与三类（也叫三层级）精神生活也。这些话似乎过于玄虚，能否用一些不太玄虚的话去替代它们呢？也许加一段下面的话语是适当的，然后，再回到上列 7 个游戏加以具体说明。

句类空间形式上似乎并不庞大，基本句类的数量不过 68 组[*19]，但混合句类的数量却高达千计量级。与传统语言学的 4 大句类说和 6 大句子成分说相比，HNC 的句类说显然是一个庞然大物，难以赢得受众或普及。这意味着 HNC 从诞生之日起，就面临着一个可名之"消解庞大性困扰"的艰巨任务或使命，"HNC 黄埔军校"的想法就是这么诱发出来的。在撰写《全书》的过程中，此项任务的艰巨性不时涌现于脑际，有时甚至会严重干扰撰写的思路，但毕竟也因此而逐步形成了一些感受，下面略说其一。

该感受仅针对句类空间，其要点可概括成下面的两句话，第一句是：在庞大性困扰面前，要善于凝练；第二句是：在凝练过程中，要善于选择具体对象，并投身于热烈的HNC "恋情"。凝练的要点是：基本句类归根结底只有 8 大类，于是混合句类就可以凝练成 56 类。各大类之间的差异十分鲜明，这一鲜明性很容易带入混合句类，句类新表就是为了这一凝练与带入的便利而重新设计的，其中最明显的改动有两个：一是新表里的Y–01o、Y–02o、Y–03o、X–12、X–13 和 X–24；二是重新制定了混合法则，以求得最大简明性。这里故意不使用句类代码，而使用句类编号，那是为了暗示如下的反省：原设计的广义作用句大节不亏，小节有大量失误；广义效应句恰恰反之，小节基本无误，而大节有亏。至于 HNC"恋情"的选择，确实一言难尽。不过，不妨说一句普通不过的话：千万不要搞什么"风情万种"，而没有一次真正的"恋爱"。基于上述感受，对专利文本的机器翻译，笔者仅仅推荐过一个需要重点研究的对象，叫双对象效应句，编号 B-17。在读了朱筠的博士论文以后，这里愿意再次表达推荐之意。如果 HNC 团队只顾得"收获秋天"的忙碌，并由于忙碌而"风情万种"，从而惧怕进入那"初恋"预备期的寒冷冬天，那句类分析 SCA 技术的春天还能到来么？

下面回到 7 例游戏，从游戏 7 说起。

游戏 7 会联系于什么样的语境？为了回答这个问题，不妨设想一个如下的描述过程：第一步，与范畴"q7 表层第二类精神生活"挂接；第二步，以跨越一步的方式，与概念树"q741 旅游"挂接。接着应该发问：这样的两步挂接方式可以保证万无一失么？回答是：依据一个孤零零的游戏 7 肯定做不到这一点。再傻的言语脑也绝不会做这样的傻事，它一定要在左顾右盼（古汉语文本是上顾下盼）之后，才能作出向哪一株概念树挂接的最终决策。这就是言语脑的天性或天赋，它以句群为信息处理单位，而不是单个的语句。这就是第三编"论语境单元"的基本缘起[**20]。

当然，游戏 7 的语境可以隶属于概念树"q741 旅游"，但也可能隶属于概念树"q745 '出差'"、"观赏 q721"或其他。游戏 7 的语句是"观感 rq702\1"的典型呈现，该观感可能缘起于旅游、"出差"、观赏或其他，我们看到，旅游与"出差"属于同一片概念林 q74，但观赏则属于另一片概念林 q72，两者都属于 q7 的殊相概念林，而观感则属于这群殊相概念林的根概念林 q70。

上面的两段话语特意携带了 HNC 符号，一方面试图表明：游戏 7 的上下文（语境 SG）在自然语言符号空间可以自由翱翔，但在语言概念符号空间，就享受不到这样的自由了，它逃不出子范畴 q7 的佛掌。至于它最终落在 q7 的哪一株殊相概念树，或该概念树的哪一项延伸概念，其上下文一定会提供明确的依据。那大桥是写者亲眼所见，还是写者由某一展览所见，也会有所交代。另一方面则试图询问：在包含游戏 7 的 DM(IM) 里，如果说言语脑可以从中获得明确的世界知识，那么，倚仗着上列 HNC 符号，为什么图灵脑就不能获得？顺便说一句多余的话，如果已认定游戏 7 属于 q7，那个"市"字就是一个人为的多余。对此进行语法分析似乎是必要和有效的，但那分析本身是否又是一次人为的多余？至于统计分析，那是否纯粹就是一种高级玩笑呢？

接着说游戏 6。它主要是为了表明该游戏的语境将与游戏 7 截然不同，那里的"市"字不可或缺，仅凭着"市长"这个词语（注意，它可不是动词，其 HNC 符号是 pa12ae22* ），就足以将输入语言流纳入概念林 a1。游戏 6 的 DM(IM) 不仅一定可以提供特定概念树 a12 的充分信息，还一定可以进一步提供其特定延伸概念的充分信息，例如，最终可纳入概念树"a12 国家治理与管理"的 3 级延伸概念：

    a123e213   民政

这两个示例游戏试图向读者传递一项 HNC 无比珍视的信息：数以万计的语境单元何足道哉？提纲挈领可也！这纲领，可概括成如下表述：句类+领域。这两者之"+"是纲领，"+"意味着一体，不区分主次、阴阳与上下，但需要区分躯体与灵魂；句类是躯体，领域是灵魂；句类代码只是一个没有灵魂的躯体，领域句类代码则是生命；句类的语块只是一个躯体的一个物理构件，而领域句类的语块则一个生命体的生理部件。语言流原初形态的生命特征处于沉睡状态，言语脑的使命不过是实施唤醒。这唤醒本身是一项技术，是现代科技尚未进行认真探索的一项崭新技术，牵涉到一系列的崭新课题。这些崭新课题的探索，实质上就是理论技术接力的一次崭新探索，语言输入接口 IM 和语言动态记忆 DM(IM)乃是此项探索的先锋部队。先锋部队负有侦察和扫除外围障碍的特殊使命，必须配备相应的特殊武器或资源。在《理论》阶段，曾把那特殊武器概括成(l,v)准则，这项概括具有尖刀性，但远不全面。上面添加了一件武器，叫"小而精的专用词典"，后文将简称"绝配词典"。这里再添加一件武器，叫"样板句类"。"能干"一定入选"绝配词典"，但"市长"并不入选。简明状态句 Y-20 一定入选"样板句类"，但基础效应句 Y-01o 一定不入选。总之，可以毫不夸张地说，哪些词语该纳入"绝配词典"，哪些基本与混合句类该纳入"样板句类"，是 HNC 理论技术接力课题里最大的大场和最急的急所。这里突然冒出"样板句类"这个术语，部分读者可能很不习惯，请稍微耐心一点，在下面"咬死了猎人的狗"的有关游戏里会提供一些具体说明。

言语脑是否拥有"绝配词典"与"样板句类"？这不必妄加猜测，但图灵脑肯定需要这两样东西，两者主要为 IM 而配置，但后续的 SCA 和 SGA 不仅可以使用，而且必须使用。

"绝配词典"与"样板句类"不是两件孤立的武器（硬件），必须依靠相应的使团（软件）才能形成一个强大的武器系统。如果该武器系统的功能得到了充分运用和发挥，那么，传统意义上的系列难题（即 HNC 概括的劲敌与流寇）的解决方案就会出现新的思路、谋略或途径。这里涉及的传统难题包括：游戏 6、游戏 7 里的分词消歧，游戏 6 里的人名（江大桥）辨认，游戏 7 里的"市"字多余性和新词"大桥"的辨认。新思路的要点就是所谓的"三二一"原则，就这里的游戏 6、游戏 7 来说，那就是：在上下文没有任何其他信息的前提下，输入语言流的整个"南京市长江大桥"部分将被当作一个**未知**，直至那个"能干"或"雄伟"出现，而这两个词语将被当作一个**已知**，于是，一个"未知向已知"看齐的处理方案就开始启动。非常神奇的是，这么一看齐，那输入语言流中**未知**片段里的重重迷雾就会烟消云散，语言分析的种种难题就会迎刃而解。这一翻天覆地巨变的诀窍在哪里？回答将竟然如此简单，诀窍就在于"绝配词典"和"样板句类"的存在，"能干"和"雄伟"一定赫然存在于前者，而 S04J 一定赫然存在于后者。言语脑的实际运作过程是否如此简明，暂且不论，但未来的图灵脑必将或必须如此。

游戏 6、游戏 7 的目的性似乎讲得比较清楚了，下面转向游戏 5。

游戏 5 似乎比较麻烦，如果段尾没有"，"，该语言流唯一的"已知"只是一个"将"。除了上述"未知"之外，它增加了一个两字孤魂[**21]"路过"。"将"的已知性来自于 HNC 语言理解处理的另一项资源，将命名为"lf 词典"[*22]。这就是说，游戏 5 在 IM 接口这个环节几乎无戏可玩，其动态记忆 DM(IM)仅能完成"将"的符号变换。面对这类情况，IM 应该如何处理？这就要说到 HNC 语言理解处理的又一项资源了，将命名为"灵巧字典"，两字孤魂里的孤字"路"与"过"，上述"未知"里的"桥"都可能出现在该"词典"里，而它们联起手来，或许能提供某种惊喜，将名之"意外绝配"。实际情况可能是：游戏 5 里的 3 个孤字可能都与 HNC 符号"22b"发生联系，若果真如此，那就提供了"物自身转移"的"意外绝配"信息。如果能敏锐地抓住它，那就会出现从"疑无路"到"又一村"的巨大转机。言语脑是否具有这种功能？这也不必妄加猜测，但图灵脑多半需要这项特异功能，如果希望未来的图灵脑能够轻松地读懂中国古籍，那就更是必需的了。"灵巧字典"将在下文作进一步介绍，至于它引发的"意外绝配"，则将发配到第七编"微超论"里，这里只是一个引子而已。

上面以挤牙膏方式粗略讲述了语言理解处理必须具备的 4 类资源："绝配词典"、"样板句类"、"lf 词典"和"灵巧字典"，其中的带"典"者都属于前述 HNC 语言"词典"，将合称配套"词典"。顾名思义，配套"词典"并不是 HNC 语言"词典"的主体，主体部分将名之主体"词典"，它由 HNC 概念"词典"反向转换而来，仅在反向这一点上，主体"词典"与概念"词典"的关系才与英汉或汉英词典大体对应。

前文曾为主体"词典"的编辑方式写下了许多话语，这里就不作任何补充了，配套"词典"是 HNC 语言信息处理亟待补充的资源，但并非全部，也许同样重要甚至更为重要的资源是"样板句类"。这 4 类资源是静态的，还有 4 样动态资源，将分别命名为"流水句类"、"流水领域"、"流水对象"和"流水内容"，4"流水"[*23]可以说是动态记忆的配套，而前面定义的动态记忆则是动态记忆的主体。这 8 项东西共同构成 HNC 语言知识处理系统的完备配套资源。

写到这里，不禁想对"游戏 5 似乎比较麻烦"的话语加一句下面的回应："但实际上并没有多少麻烦"。

最后，拟以下面的表述充当"南京市长江大桥"游戏的结束语，没有配套、只有主体的资源不是 Smart 资源，没有配套、只有主体的动态记忆不是 Smart 记忆。Smart 资源和 Smart 记忆是消解一切歧义游戏的利器。

下面来考察"咬死了猎人的狗"游戏，为它搞了 4 把再游戏，拷贝如下，同时给出 HNC 标注。

游戏 1	那只老虎"咬死了猎人的狗"，	X0P4J
游戏 2	那只"咬死了猎人的狗"的老虎，	GBK
游戏 3	一只"咬死*了猎人的猴*"	GBK?
游戏 4	那**知**"咬死了猎人的狗"，	SCJ//GBK?

依然以合适感为准绳进行考察，言语脑对游戏 1、游戏 2 会产生合适感，而对游戏 3、游戏 4 则会产生不合适感。但文字重点将放在"灵巧词典"的浅说上。

游戏 1、游戏 2 都把歧义短语"咬死了猎人的狗"里的歧义一扫而光，用传统语言学的话语来说，游戏 1 里的"那只老虎"是主语或施事，"咬死了"是及物动词谓语或施加性动作，"猎人的狗"是宾语或受事。此描述之简明确实是登峰造极，造成了一种"高山仰止"的幻觉。但是，游戏 1 的 HNC 标注则打破了这种幻觉，施加性动作多矣，言语脑岂能不加区别。基本句类新表的 30 种广义作用基本句类（编号 X–01 到 X–30）的谓语都符合"施加性动作"的定义，由其牵头的 30*67=2010 种混合句类也是如此。从这个数量可知，"语句无限，而句类有限"的 HNC 第二法则（句类空间法则）未免过于庞大了，所以上面特意提出了"样板句类"的概念或术语。X0P4J 拟纳入"样板句类"，它将专用于延伸概念（作用过程混合）"14ebn3"的描述。"样板句类"都需要相应配套"词典"的配合，前面举了"绝配词典"的示例，这里将给出"灵巧字典"的示例。

下面介绍一下"样板句类"的 4 项示例：X0P4J、XY0J、S0R62J 和 S0P4J，每个句类都要配置自己的使团，而某些使节可能还拥有自己的"灵巧字典"。

——X0P4J 使团的基本阵容如下：

```
X0P4J<=14eb(~5)3//14ebn3;
DOM:=a59a9//q726//q612
X0A(14eb63):=(pa59a9/p;jw62u00c33);
X0A(14eb73):=(p321a;pa82);
X0A(14eb53):=pa82,
X0B(14eb53):=(p5314eb5(d35),jw62\7xjw62e22u5314eb5(d35));
（作用对象对应于临产孕妇，或临产的雌性哺乳动物）
(DOM,l14,jw62):=(q726,q612),
X0B(jw62):=(jw62u00~c33,p);
```

初期的对应"灵巧字典"如下，以"外使"形式予以表示，下同。

```
(X//O⁺,死):= 14eb63
(狮;虎,豹;狼;鳄;鲨;):=(jw62u00c33,jw62-9\a)
(狗,犬;):=(jw62u00c32,jw62-9\a)
```

——XY0J 使团的基本阵容如下：

```
XY0J<=14ebm*3+309e2n*3
DOM:=ay
A:=pa+pea
BB:=a01//ay
BC:=r14ebm
```

初期的对应"灵巧字典"如下：

```
(X,活):=14~eb2*3
(X,活):=14eb2*3
(活力，生气，生机):=BC(14eb~2)
(崩溃，危机):=BC(14eb2)
```

——S0R62J 使团的基本阵容如下：

```
S0R62J<=14eb6+50+462
DOM:=3228\k//(a84\3;a43)
SB:=(pe;pj2*;wj2*;pj01*-00;p)
SCB:=(p,jw62,jw61)
SCC:=j41c2n
```

初期的对应"灵巧字典"如下：

```
(死,了)=:EK
```

——S0P4J 使团的基本阵容如下：

```
S0P4J<=50+14ebn
DOM:=50a\11
SB:=f32\0
SCH:=(wj10*;wj10*+)
```

对应"灵巧字典"的"外使"配置如下：

```
(生,于):=14eb5
(死,于):=14eb6
(活,了):=14eb7
```

通过以上 4 个示例，概述了"样板句类"和"灵巧字典"的知识表示范式，仅供参考，目的在于促进 HNC 概念"词典"和 HNC 语言"词典"的启动与建设。此范式涉及一系列原则性与技术性问题，将分别在注释"[*24]"和"[**25]"里作必要说明。

下面简说一下游戏 3、游戏 4，两者都涉及所谓"不合适感"的话题。合适感与不合适感都的言语脑的天性或天赋，两者的孪生性就如同正反、善恶一样，所谓"自知之明"大体上就对应于合适感与不合适感的非分别说。这里想强调的是，就语言理解处理来说，不合适感与合适感的培育同样重要，前者甚至更为重要。就未来的图灵脑来说，不合适感的培育不仅是理论技术接力的重要课题，也是技术产品接力和产品产业接力的重要课题。

游戏 3 与游戏 4 有所不同，后者带有"，"，前者不带，因此，言语脑 IM 对两游戏的处理方式也应该有所不同。对游戏 4 可以启动 IM 处理，对游戏 3 则应该采取等待策略，如果那"猴"是第一次出现的话。这里在暗示着一个比较深层次的课题，那就是 IM 不能对输入语言流采取绝对信任的态度，文字流可能出现笔误或缺失，这就引出了纠错处理的课题。言语脑具有纠错处理的天赋功能，图灵脑安能置身事外？游戏 3、游戏 4 的安排，就是为了对纠错处理做一点初步考察。

这项考察谈何容易，但也不要只是望天兴叹。如果有那么几十个（不是全部）基本句类和几百个混合句类（整个句类空间的一小部分）拥有上面所示例的"样板句类"，那不仅 IM、SCA 和 SGA 都可以大显身手，纠错处理也可以启动。反过来说，如果"样板句类"和上述配套"词典"（包括"灵巧字典"）都接近于"空"，那 HNC 技术（自然语言理解处理技术）肯定就走不出"忽悠"的低水平阶段。

游戏 3 和游戏 4 都可能需要纠错处理，那带"*"和"**"的字可能有错。当然，纠错处理通常是 SCA 和 SGA 的事，不是 IM 的事。但是，如果游戏 3 带有"，"，那 IM 就要承担起一定"责任"。下面就来说一说这个 IM"责任"问题，这得从"灵巧字典"说起。

先说一段关于"灵巧字典"的题外话，该"词典"并不是汉语的专利，英语也需要。下列符号的存在就是上述论断的基本依据。

```
down,of,off,on,up,
-ly, -ion, -ism,
ad-,pre-
```

当然，英语对"灵巧字典"的需求度远低于汉语，其作用也不像汉语的"灵巧字典"那样功德无量，但它对于英语理解处理的 SCA 和 SGA 分析，也必然大有裨益。

回到 IM "责任"的正题，让我们从"灵巧字典"的两位"外使"说起。一位是前面已给出的

$$(X//O^+,死):=14eb63$$

另一位是下面的"外使"或"使团"，将简称"伤使团"。

$$(X,伤):=(509a*c01,l16,jw62u00\sim c31) \ —— \ [伤-00]$$
$$(狗,犬;猪;蛇;):=(jw62u00c32,jw62-9\backslash a) \ —— \ [伤-01]$$
$$(X,l14,[伤-01])=:(X,l14,jw62u00c33) \ —— \ [伤-01a]$$
$$(熊;猴;):=(jw62u00c32,jw62-9\backslash3*e21) \ —— \ [伤-02]$$
$$(牛;):=(jw62u00c32,jw62-9\backslash b) \ —— \ [伤-03]$$
$$(驴;骡;):=(jw62u00c32,jw62-9\backslash3*e22) \ —— \ [伤-04]$$

这"伤使团"非同寻常，6 位外使都赋予了特殊编号。下面将插写一段"非同寻常"的说明，它涉及一项令人畏惧的课题，那就是世界知识与常识的交织性。Cyc 之梦的破灭，与这一课题的处理失当有密切联系。下面将浅说游戏 3 与"伤使团"的联想处理，在此之前，需要对 6 位"外使"略加介绍，而在进行这项介绍之前，又需要做一个预介绍。预介绍的核心内容涉及所谓的止步难题，不过，其中的许多话语属于前文的重复。

HNC 集中关注联系于语言脑的知识，并把这项知识命名为世界知识，以与高端的专家知识和低端的常识相区别。该命名的前面实际上省略了"语言"二字，因为各项非语言脑也会拥有自己的世界知识，此省略不过是文字上的一种卸包袱举措，特此说明。

世界知识必然会与高端的专家知识和低端的常识分别发生交织，交织性知识的表示是 Cyc 的"死穴"，也是 HNC 的重大难题，可名之交织性止步难题，或简称止步难题。两端的止步难题具有时代性、范畴性、地域性和交叉性（专家知识与常识的交叉）特征。时代性特征集中呈现于第一类劳动和第二层级精神生活，以符号"q"予以简约表示，其低端止步难题多于高端；范畴性特征集中呈现于第二类劳动和第一、第三层级精神生活，其高端止步难题远多于低端；地域性特征集中呈现于深层精神生活和语法、语习逻辑概念，基本不存在止步难题；交叉性特征则集中呈现于主体基元概念，两端都存在复杂的止步难题。

止步难题的解决，HNC 采取彻底的开放态度，绝对放弃"包干"或"主义"方式的野心，仅向后来者赠送一件"法宝"，取名**自延伸**。它是 HNC 最为珍视的术语之一，但其正式推出，大约是 2007 年的事，其前，经历过 10 年以上的"望尽"与"憔悴"折腾。自延伸概念的符号表示，存在一系列原则与细节问题，但 HNC 最初仅"约法三章"。

—— "约法" 01：自延伸仅用于任何概念基元的头与尾，不可用于插入。

——"约法"02：尾部自延伸符号包括：①语言理解基因的全部第一类氨基酸符号；②语言理解基因的全部第二类氨基酸符号或其特定逻辑表示。头部自延伸符号包括：r;52,53;x;6m,9,c;rw,gw,pw,o;(˜,^)。

——"约法"03：自延伸概念以符号"(…)"表示。

"约法三章"显然比较粗糙，故一直"犹抱琵琶"，今天才正式露面。实际上，它依然存在着两个重大问题，将本着"不包干"原则，留给后来者去处理。一是对低端与高端延伸未加区分，而在许多情况下，这是需要加以区分的，这属于"自弃"；二是自延伸标记符号的非唯一性，许多情况以符号"*"替代"(…)"，这属于"自乱"。前文多次说过"不拘小节"的坏习惯，这"自弃"与"自乱"，是该习惯的典型表现。《全书》的这一祸害随处可见，后期略有好转。至于该祸害的彻底消除，笔者只能说一声对不起了。

在政治斗争、战争、刑事案件、恐怖事件以及其他各种天灾人祸的语境里，伤亡是多么重要的概念，可是，如此重要的一个概念竟然在当下的概念基元符号体系里缺位，这是否需要反思？回答是：在设计延伸概念 509t=b 的时候已经深思过了[*26]。所以，对该延伸概念使用了一个比较特别的汉语命名："生命的异态表现"。其汉语说明可作为上述回答的旁证，现拷贝两句如下："生命状态 509 的 t 表示 509t=b 描述生命体的非正常状态，即自然语言所说的疾病与伤残。"这段拷贝文字里说到了疾病与伤残，但伤残没有下文，也就是没有相应的延伸概念表示。为什么？下面写两段题外话，回答寓于其中。

题外话 01：主体基元概念是整个 HNC 理论体系的理论基础，在《全书》里的编号是第一卷第一编。该编定稿于 2005 年，其时正值笔者的"生命异态"之时，不得不以简练性为描述的第一要务。描述到的东西不一定给出对应的 HNC 符号，未给者，开放也，放弃"包干"也，留待后来者去处理也。那个时候，自延伸的概念或术语尚在母胎之中，伤残的没有下文，基本原因在此。

题外话 02：主体基元概念的论述方式是《全书》各编文字的一个异类，既有形而上的极致形态，也有形而下的极致形态。造成这种异类表现的根本原因并不是由于对两端的止步难题感到把握不准，而是由于当时的自我感觉过于良好，从而选择了以提示性描述为主的省略方式。上面的拷贝文字就是提示性描述之一，但它毕竟过于省略,这种省略举措在该编里几乎无所不在，这会给读者带来极大的阅读困难或不便。故 8 年以来，重写该编的打算曾多次出现过，但最终还是决定放弃，理由是：①一个异类文本的改造绝非易事，搞不好反而变得不伦不类。②读者的阅读困难或不便，只是商业意义上的绝对坏事，在学术意义上未必如此。

回到伤残话题，下面给出它们的延伸符号，同时给出两位特级内使。

```
509a*o01          伤亡
509a*c01          伤
509a*d01          亡
509a(i)           残
14eb6=509a*d01——（14ebn-01-0）
14eb7=509a*c01+509a(i)——（14ebn-02-0）
```

预介绍到此可以结束了，下面回到"伤使团"的介绍，其共同"使命"是缓解低端止步难题。特殊编号[伤-00]"外使"是该"使团"的领队，描述非弱势动物 jw62u00~c31 引发的"伤509a*c01"，汉语对此项 EK 描述通常采取独特的组合方式，即[伤-00]左侧的"(X,伤)"方式[*27]。不同类型的非弱势动物，其 X 所使用的"工具"有所不同，这属于常识。后续的4位"外使"对这项常识加以粗略描述，4类非强势动物所使用的"工具"分别是牙、上肢、角和后肢，其 X 所对应的词语则差别很大，前后两类比较固定，分别是咬和踢，中间两类则有多种选择，缺乏固定的词语。这些常识（联系于语言生成）的符号表示不属于"伤使团"的使命，而是延伸概念 jw62-9\k 的使命。但是，一位特殊"外使"[伤-01a]仍被安排在"伤使团"里，在 HNC 看来，这属于低端止步难题不可推卸的责任。

上面给出了"灵巧字典"的两个示例，可暂名"L 死使团"和"L 伤使团"。"L"者，局部也，它们仅描述了"死"与"伤"的动物性缘起，离"G 死使团"和"G 伤使团"还有一定距离，"G"者，全局也。就汉语低端止步难题来说，容易想到这样的问题：组建全部"G 使团"的工作量是否过于庞大？需要多少个"人年"？但这里要说，问题不在数量，因为这样的"G 使团"不过区区百计，关键在于各"G 使团"能否独立组建。浅思06的行文比较长，其中心意图就是想表明：独立组建之路是可行的。问题仅在于有关项目的领导者能否冲破现代商业思维令人叹为观止的功利枷锁，把理论技术接力队伍的打造提高到语言知识处理产业的战略高度去推进。

现在，可以继续进行游戏3、游戏4的浅说了。

为什么游戏3会产生不合适感？说起来有点"好玩"，它就是来自于"死"的"灵巧字典"里没有"猴"，IM 因此产生了疑问，并把这一疑问传递给后续的 SCA 和 SGA。这两个后续环节如何处理这个疑问，那近乎科幻话题，因为 SCA 和 SGA 可能会想到"猴"或来自于键盘的误击。所以，本浅说不拟进入，但应该追问一声：为什么该不合适感的判断来自于 IM 而不是 SCA？那是由于，该文字流在形式上提供了"<!12X0P4J>"的充分依据[**28]，因此，该项判断由 IM 来承担属于语言信息处理的步调性课题，这里也不宜进入。不过，这里应该加一句话，借助于"死"的"灵巧字典"，游戏3的流寇"咬死了"（编号流寇13）在 IM 环节已经被扫荡掉了。这一点，游戏1~4是一致的。

为什么游戏4会产生带双星号"**"的不合适感？这个问题就不能说"好玩"了，因为它既简单，又复杂。说它简单是由于前述 IM 使命2（语块或其一部分还是语句的认定）不难应付一下；说它复杂则是由于，要让图灵脑像言语脑那样履行 IM 使命3（舍弃与生疑），那未免过于异想天开了。

游戏4的 HNC 标注"SCJ//GBK？"乃是对图灵脑必然固有弱点[*29]的照顾，因为言语脑的 IM 不难判定该文字流就是 SCJ，而不是 GBK。理由是：言语脑知道，"知"不太可能是"只"的误选，这属于汉字输入知识。同时，言语脑 IM 不难对处于该文字流首位的"那"起疑，因为它违反了"那"的语法知识（这包括"哪"与"知"的联用知识）。

但是，图灵脑的 IM 也不会像白痴一样毫无反应。游戏4给出了 SCJ 优先于 GBK 的 HNC 标注，就意味着起疑，而疑点必然是指向"那"与"知"。这两个汉字当然会入选汉语的"灵巧字典"，至于它们对游戏4的起疑会起到多少作用，这里就不打算讨论了。

浅思 06 的篇幅已经远远超出了预定计划，但没有超出"关于司令部与被指挥部队之间的互动"的范畴。把"被指挥部队"定义成"语言输入接口 IM"，是本浅思全部论述的基石。部分读者可能对该定义很不以为然，至少在文字上不符合语言学界的规范。这里想对这部分读者说，你应该想一想传统西方语言学研究的根本弱点在那里，为什么它对语言脑奥秘的探索几乎没有起什么作用。是否应该追问：传统西方语言学是否始终就没有搞明白"语言司令部"与"被指挥部队"这两个基础性概念及其相互关系？语法、语义、语用可以代表"语言司令部"么？"语言现象"可以代表"被指挥部队"么？HNC认为：这里存在严重的误会，该误会已经严重阻碍了语言脑奥秘的探索。这些话，就当作是浅思 06 的结束语吧。

浅思 07：关于司令部的转换或交接

这个话题的说明将采取比较轻松的方式，汉语对说明的最轻松方式有一个说法，叫一言以蔽之。本话题的"一言"就是：让不同类型的司令部各司其职。这"一言"，既是对语言理解处理系统调度功能的精粹表述，也是对其战术原则的基本描述。

请注意该"一言"里的一个细节，"司令部"的修饰词语是"不同类型"，而不是在浅思 04 里介绍过的"两种类型"。下文将围绕着"不同类型的司令部"和"各司其职"这两个子话题进行说明。

——关于"不同类型的司令部"

浅思 04 是关于司令部类型的全面静态描述，那么，是否还需要一个全面的动态描述呢？这是一个轻松的提问，读者应该已经想到，司令部不同类型的动态描述包括两个侧面，一是句式（格式与样式），二是全局语句和局部语句（句蜕）。"不同类型的司令部"主要讨论后者，前文曾把它叫作"司令部的转换或交接"。

但是，下文将"司令部的转换或交接"另名为"指挥部的转换或交接"，这就是说，司令部的动态描述将另称指挥部，司令将另称指挥。

HNC 对两侧面的动态描述都给出了命名与符号。其中的一项默认约定似乎以往未曾交代过，那就是：指挥部带 J，指挥不带 J。指挥部的统一符号是 SCJ 或 SCDJ，指挥的统一符号是 SC 或 SCD[*30]。全局语句的指挥部叫 EgJ，局部语句（句蜕）的指挥部叫 ElJ。

指挥部或指挥将专用于语言理解的动态描述，司令部或司令将用于语言理解处理的一般描述，两种描述所使用的是同样一套核心概念与符号，这是一项浩大的纯理论工程，HNC 为此承受了近 20 年的磨炼。为了理论技术接力的便利，下面将为 EgJ 和 ElJ 补充一些符号，以服务于"浅思 07"论说。

为 EgJ 补充的符号是 GSCJ，它又有 GpSCJ 和 GrSCJ 的区分，分别代表块扩句的前提句和扩充句，两司令 GpSC 和 GrSC 必然各不相同。为 ElJ 补充的符号是 LSCJ，原来设计的三种基本符号形态<SCJ>、{SCJ}和\SCJ/继续使用，但将进行下示形态的改装：

$$m<SCJ>n、m\{SCJ\}n 和 m\backslash SCJ/n$$

前挂数字变量 m 表示并联句蜕，后挂数字变量 n 表示串联句蜕（句蜕里的句蜕）。数字 m 与 n 可能同时存在，但通常仅存在其一。

下面先给出一个具有古典"四合院"之美的句群[*31]，随后对其 HNC 符号略加说明，最后来着重阐释司令部的转换或交接。

	粗略标注	精细标注
{将|百万之军}，	1LSCJ	1{!01S001R41J}
{战|必胜}，	2LSCJ	2{jD2Y0J}
{攻|必克}，	3LSCJ	3{jD2Y0J}
吾||不如||韩信。	GSCJ=:jD0J	DBOC:=(1+2+3)LSCJ
{运筹|帷幄之中}，	1LSCJ	{!01D1SJ}
{决胜|千里之外}，	2LSCJ	{!01Y001J}
吾||不如||张良。	GSCJ=:jD0J	DBOC:=(1+2)LSCJ=:{P21J}

该句群的 HNC 标注分为粗略标注和精细标注两部分。粗略标注的内容是：该句群由两个大句构成，两大句都选用相互比较判断句 jD0J。大句 1 的前 3 个"小句"是一组并联的句蜕；大句 2 的前 2 个小句也是一组并联的句蜕，两句蜕可组成一个因果句原蜕。下文将把这两个大句简记为大句 1 和大句 2。精细标注的内容是每项句蜕的类型、句类代码与句式。

这里要向读者宣告的是：未来的图灵脑必能给出这样的粗略标注，其"IM+SCA"环节一定能够圆满完成这一任务。这"圆满完成"的依据非常简单，因为两大句都清晰地出现了"样板句类"的贵宾 jD0J，其句类知识不仅足以保证该任务的顺利完成，甚至可以说是易如反掌。

上面这段宣告必然引起多数读者的满腹疑团，所以，下面将说一大堆大白话，以大白话 0m 编号。

大白话 01：未来 IM（未来图灵脑 IM 的简称，下同或类似）碰到第一段文字流时，可能不知所措，只能等待，因为那"将"字的模糊度很大[*32]。

大白话 02：但是，接下来的两段文字流非常简明，两块效应句的句式活灵活现，相应的句类并不生疏，未来"IM+SCA"应能顺利过关，把这两段文字流认定成两个小句，指挥部 jD2J 对此认定过程起关键作用。这时，该指挥部还应该知道，是运用"二原则"[*33]的大好时机了，依据该原则，她就把两块效应句的预期给文字流 1 套上，于是，"将"字的巨大模糊将随之基本消解，甚至可以说迎刃而解。

大白话 03：接下来，未来"IM+SCA"遇到了一个惊喜，一位"样板句类"的贵宾竟然以"裸奔"的形态出现，她就是 jD0J，并顺理成章地担当起大句"总"指挥部的责任。这时，大句的整体面貌已"大白于天下"，前面的 3 个指挥部被统统降级了，所属"部队"皆用于填补 DBOC 的缺位，依据这一预期要求，相应的 3 个小句就变成了 3 个并联的原蜕。

大白话 04：以上 3 段大白话，实质上是在讲述(IM+SCA)处理调度过程的 3 个要点。①要紧记"大树底下好乘凉"法则，把"样板句类"当作好乘凉的大树，要坚信"样板句类"的杰出指挥才能。本大句的杰出指挥就是 jD0J，尽管她是一位女将。②要紧记"三二一"原则，审时度势，该出手时就出手。本大句将出现两次及时出手的大好时机，第一次是将文字流 1 向小句 2、3 看齐；第二次是把前面的 3 个小句都降格为原型句蜕。③要紧记等待时机原则，千万不要蛮干。本大句需要一次等待，那就是对小句 1 暂不处理。

大白话 05：(IM+SCA)的调度处理要点当然不只是以上的"三紧记"，但它们都是第一位的要点。剩下的第一位要点主要涉及句类检验的范畴，将在"各司其职"里讨论。

大白话 06：上面的大白话未涉及下面的两个重要细节（即精细标注部分）：

文字流 1 取句类代码!01S001R41J，而不取!31R41S0J；

文字流 2、3 取句类代码 jD2Y0J，而不取基本句类代码 jD2J。

上列混合句类代码都不太可能进入"样板句类"，上述选择是一种功力。显然，不能要求未来的图灵脑具有这种功力，因为大多数言语脑也没有这种功力。但这不会严重影响言语脑对该大句的基本理解，图灵脑也会如此。所以，前文曾对"细节决定成败"的流行话语表示过异议，但是，这些大白话只是基于一项个案。从语言理解处理的视野来说，可以说一句点说色彩不那么浓重的话语：细节决定于功力，它有时甚至会决定成败。这个说法，对于 HNC 理论技术接力的探索，或具有指导意义，因为，就图灵脑而言，培育句类代码的辨认功力，毕竟是"HNC 黄埔军校"最为重要的课程。

关于"不同类型的司令部"的子话题就写这些，它实际上是围绕着(IM+SCA)的调度而展开的，既未涉及句类检验，更未涉及领域句类。这些，将放在下一个子话题里略说。

——关于"各司其职"

上面说到了大句 1 主体结构前面的 3 个并联原蜕，指出其句类代码的准确选择并不是一个那么致命的环节。但是，这并不是说，对它们就可以一无所知。这些话，同样适用于大句 2，这里的"它们"就是指每一段输入文字流的各个指挥部。下面依然以大白话的形式进行描述，并继承上面的编号。

大白话 07：所谓语言理解处理，首先就是指图灵脑的(IM+SCA)要抓住一个大句的总指挥部，然后在此基础上，理顺总指挥部与各分指挥部之间的关系。这样说似乎道出了语言理解处理的诀窍，可名之调度诀窍。调度诀窍所面临的形式难题是：大句有自己的指挥部 EgJ（总部），小句也有自己的指挥部 ElJ（分部）。如果一种自然语言对总指挥部和分指挥部分别给出明确的标记，那区分总部与分部的困惑就不复存在，岂不妙哉。以英语为代表的第一类自然语言就具有这一妙哉特性，以汉语为代表的第二类自然语言则不具有。但是，理解的核心课题是指挥部（不论总部与分部）的类型确认，什么叫抓住和理顺指挥部（句类代码）？其本质就在于句类的确认和语境的确认。两确认才是语言理解的本质，才是调度诀窍的根本难题[***34]。理顺总部与分部之间的关系固然重要，但更重要的是两确认。所以，HNC 把两确认命名为语言理解处理的第一号劲敌或劲敌 A；把理顺总部与分部之间的关系命名为语言理解的第二号劲敌（即句蜕认定），是劲敌 B 的一部分。

大白话 08：本示例句群的大句 1 和大句 2 都非常幸运，在大句最后，遇到了仅出现比较对象的"样板句类"jD0J（相互比较判断句）。由此可万无一失地推知：在 jD0J 之前的那些文字流都是关于比较内容 DBOC 的预备性描述，这是 jD0J 句类知识所提供的铁律。该铁律仅属于汉语么？这是一个十分有趣的问题，其趣味在于该问题隐藏着一项重要的语言知识，涉及汉语与英语在句式和语块构成方面的根本差异，传统语言学是否对此缺乏足够的觉察？出现过尖刀性的论述么？[*35]

大白话 09：大白话 08 的内容实际上已经涉及劲敌 C，劲敌 C 是劲敌 04（表层指代、省略与重复）与 05（深层指代、省略与重复）的非分别说。本句群乃是劲敌 C 的典型示例，这不仅关系到 jD0J 的 DBOC，还关系到 jD0J 中 DB1 与 DB2 相互关系的认定，从而直接关系到流寇 13 的扫荡，将在下面的大白话 11 里顺便说明。

大白话 10：相互比较判断句 jD0J 之所以入选"样板句类"的贵宾，基本原因是：其 DBOC 的描述一定透漏出语境单元或领域的相关信息，这意味着语言理解处理模式的一种自然转换，是语言理解处理的基本模块之一。用大白话来说，语言理解处理的基本模块可概括成表 4-8。

表 4-8　语言理解处理基本模块 LUPm(m=1–8)

模块命名	HNC 符号	编号
升级转换	IM => (IM+SCA)	LUP1
句类确认	SCA => GSCJ	LUP2
降级转换	OSCJ => LSCJ	LUP3
核心转换	(IM+SCA) => (IM+SCA+SGA)	LUP4
劲敌降伏	VSE(vanquish the SE)	LUP5
流寇扫荡	WRB(wipe out the RB)	LUP6
语境确认	SGA => DSGU	LUP7
记忆确认	SGU => ABS	LUP8

表 4-8 概述了语言理解处理 LUP 的 8 大模块，对"各司其职"的全部职能部门给予了命名。这些命名似乎注入了许多新东西，其实一件都没有，全是老调重弹，不过是集中地搞了一次正名而已。如果"语超论"和"微超论"有那么一天竟然出现在读者面前，那不过是对此表的一个比较系统的阐释而已。

可以说，表 4-8 概括了 HNC 理论技术接力的全部内容，更准确地说，它是 HNC 理论向 HNC 技术递棒的合适描述，但未必是 HNC 技术对 HNC 理论接棒的合适描述。希望这两句话能引起后来者的关注。前文曾对每一处理模块都有所涉及，但没有对一个进行过系统论述。不过，HNC 理论技术接力的探索毕竟可以说已经到达了"望尽"阶段，该阶段相当于通常意义上的初级阶段，但有别于那种瞎子摸象的盲目阶段。为了与盲目阶段相区别，这里特意以语言理解处理 LUP 替代传统的自然语言处理 NLP。

语言理解处理 LUP 之 8 大模块的第一号以符号"IM => (IM+SCA)"表示，就意味着 IM 的独立性比较弱，IM 与 SCA 的紧密捆绑乃是 LUP 的第一号课题。从大白话 01 开始，一直在围绕着这一课题展开论述，大白话 10 可看作此项论述的终结。随后的大白话，就不再是语言理解处理单一模块的分别说，而是各处理模块的非分别说了。

大白话 11：语言理解处理 LUP 的 8 大模块，除了头尾两模块，其他都不是按编号顺序进行运作的。因此，8 大处理模块的运行必须以"见机行事，灵巧调度"为其基本原则。

为便于记忆，8 大模块可概括成：三转换、两制敌、三确认。8 大模块是言语脑理解处理的主体模块，也是未来图灵脑理解处理的主体模块。用 HNC 语言来说，三转换是语言理解处理的过程转移侧面，两制敌是语言理解处理的作用效应侧面，三确认是语言理解处理的关系状态侧面。这样的描述（将名之言语脑理解处理的 β 说或简记为 "β说"[*36]）是否比较符合面体说的要求，不同于通常的点线说水准？读者不妨思考一下。

对游戏 6（"南京市长江大桥"很能干）有一定印象的读者可能会提出质疑，那里的流寇扫荡 LUP6 不是在 LUP1 之前么？对这样的质疑，只好用大白话"过于轻率"来评说了。因为，实际情况并不是在**之前**，而是在**其中**。那里，古典句群的流寇扫荡（"韩信"与"张良"流寇身份的消失）也属于这个情况。**其中**者，属于升级转换 LUP1 的处理范畴之内也。两处的流寇扫荡皆必须仰赖相应的"样板句类"，形式上，游戏 6 是借助了"绝配词典"，但实质上是仰赖了汉语著名"样本句类"简明状态句 Y-20 所提供的句类知识，古典句群也是如此，它所仰赖的是"样本句类"的贵宾——相互比较判断句 Y-13。

大白话 12："β说"是"各司其职"的 HNC 诠释，这样的诠释方式显然不符合"力求普及"的初衷，但笔者已深感力不从心了。多年以来，笔者曾反复申说，准确率和召回率的概念不适用于语言理解处理系统的功能测试，但毫无效果，这里将以大白话的形式作最后一次申说。

在上面列举的 8 大模块中，升级转换 LUP1 和核心转换 LUP4 是必然和必须存在的两个处理模块，是言语脑或未来图灵脑必然和必须进行的两个处理环节（模块）。因此，用大白话来说，对这两个处理模块谈召回率，就如同对一个传统[*37]男人谈论他本人的怀孕问题；谈准确率就如同对一个健康人谈论其明天死亡的概率问题。

语言信息处理的召回率和准确率这两个术语，是从经典信号处理的虚警与检测概率转换过来的，这本来无可厚非。不过，在 HNC 看来，召回率问题确实类似于怀孕问题，准确率问题则类似于健康问题，这两个问题不能像虚警与检测概率那样无条件地捆绑在一起。如果你稍微深入想一想，就会觉察到：劲敌降伏 LUP5 和流寇扫荡 LUP6 实际上都不存在怀孕问题，仅存在健康问题，记忆确认 LUP8 也基本如此。但是，8 大模块的另外 3 个（降级转换 LUP2、句类确认 LUP3 和语境确认 LUP7）则确实既存在怀孕问题，也存在健康问题。这就是说，语言处理学界流行的准确率和召回率标准实质上是一个"以 3 概 8"的典型科技忽悠。

当然，凡流行的忽悠都具有一定的合理性。当下主流语言信息处理系统所面对的各种"难关"，实质上仅仅涉及流寇扫荡 WRB 里的一些零碎课题，用当前的流行话语来说，就是没有顶层设计，传统语言学提供不了顶层设计的理论基础。于是，主流语言处理学界就机智地把各种"难关"转化成一系列的"多选一"问题，这样，统计魔力就可以在大数据的基础上大展身手。在统计视野里，怀孕与健康问题无条件地绑在一起，就一点也不奇怪了。

大白话 13：核心转换 LUP4 是语言理解处理的核心环节，是 8 大处理模块"承前启后"的枢纽。这里，核心与枢纽的含义完全符合其词典意义，但承前启后不同，其含义有别于该成语的词典意义，所以加了引号。

就"承前"来说，它固然需要继承 LUPm(m=1–3)的成果，但是，实际上很可能出现 LUP2 不能确认句类的情况，这就会导致 LUP3 不能有效施行降级转换的困境。这时，理解处理 LUP 必须硬着头皮强行进入 LUP4 处理模块，以寻求已有和未来 IM 里有关语境单元 SGU 的"碎片"信息，以便发挥它们的杠杆效应，从而回馈句类确认 LUP2 与降级转换 LUP3 两模块的处理。

就"启后"来说，这里只打算说下面的大白话。如果下面的命题——LUP7（语境确认）和 LUP8（记忆确认）是 LUP 的终极目的，而 LUP5（劲敌降伏 VSE）和 LUP6（流寇扫荡 WRB）不过是 LUP 的手段——成为未来理解主义[**38]的旗帜，并在未来的 LUP 学界拥有众多粉丝。那未来的 LUP 学界即使出现了现代意义上的能人，那 LUP 技术最多也只能搞出一些能赚钱，甚至能赚大钱的图灵脑，或新一代语言智能机器人，而不可能为语言脑–大脑奥秘的探索开辟出一条真正的阳关大道。

大白话 14：这是本大白话系列的最后一项，将说一说句类检验的窍门。同池毓焕博士小沙龙时，他说这个窍门以前没有讲过，笔者不禁大吃一惊，因为 EgJ 与 EIJ 句类检验是相辅相成、缺一不可的。如果只做 EgJ 检验，无异于以单足跳代替正常行走。

那窍门的形而上话语是：句蜕处理的本质就是句类检验。那窍门的形而下话语是：句蜕是句类检验的最佳场所，句蜕处理是句类检验的试金石。

古典句群示例的 HNC 标注就是上述句类检验窍门的印证。

该窍门的要点在于：简单句蜕的文字流片段一定是语句的朴素形态，原蜕保持语句的原貌，非原蜕也大体如此，只不过变了一点花样。这段话里的 3 个词语——简单、朴素和"一点花样"——需要略加说明。

"简单"的含义是：不包括复杂句蜕。后者一指句蜕自身的再句蜕，二指句蜕与其他短语混在一起共同构成一个语块。因此，简单句蜕也可以这样来定义：简单句蜕等同于一个语块或语块的并联构成之一。

"朴素"的含义是：语块分离、主辅变换、句式违例等复杂语言现象基本不会出现。

"一点花样"的说法形式上似乎仅适用于汉语，其实不然，英语也一样。不过，现代汉语的"一点花样"确实与众不同，堪称独放异彩，它集中呈现为对一个汉字的运用，那个汉字就是"的"。这是关于现代汉语现象学的一个重要论断[*39]，也是所谓"l,v"准则的重要内容之一。

（简单+朴素±"一点花样"）的句蜕将简称简易句蜕，简易句蜕的价值可以用三句话来概括：①它是句类检验的最佳训练场；②它是句类分析的万灵敲门砖；③它是出现频度最高的语言现象。第三句话不必进一步申说，下面仅对前两句话分别进行论述，在正式论述之前给出一个示例句群，随后对该句群作简要说明，说明之后才推出正式论述。

——关于简易句蜕是句类检验最佳训练场的论述

01 we want to make the best products,

02 we also have to invest in the best ideas.

03\Every dollar{we invested to map the human genome}/…

04… {to unlock the answers to Alzheimer's}.

05…<drugs to regenerate damaged organs>

06…<new material to make batteries 10 times more powerful>

07… {to gut these job–creating investments in science and innovation}

08… {to reach <a level of research and development not seen since the height of the Space Race>}.

09 We need to make those investments.

本句群取自奥巴马国情咨文的原始语料（见本编第一章第 1 节），将暂名奥氏句群，附汉语译文。该句群共 9 个"小句"，其中带"…"的小句仅摘取了句蜕部分。这 9 个"小句"仅 3 句不含句蜕，另有 1 句（编号 08）含非简易句蜕，这就是说，在 9 个"小句"里，含简易句蜕的情况竟然高达 5/9，而且每一"小句"的简易句蜕都只有 1 个。这里的"5/9"与"只有 1 个"是一种直觉性数字，但已足以表明（汉语叫"见微知著"）现代英语的一种语言现象，那就是：简易句蜕极为常见。这一语言现象并不是英语或第一类语言的"专利"，它也是汉语或第二类语言的基本特征。没有简易句蜕，就没有汉语的"四合院"，也没有英语的"高楼大厦"，这就是说，简易句蜕是"四合院"和"高楼大厦"的基本构件。

前面的古汉语经典句群表明了这一点（指简易句蜕的极为常见特征），这里的奥氏句群再次表明了这一点。两特定句群只是语言林海的"一叶"，但具有"一叶知秋"特性或"知秋"性。"知秋"性并不是一种漫无边际的普适法则，而是一种特定范畴的呈现。两句群的"知秋"属于简易句蜕的范畴，是简易句蜕的"一叶"。然而，凭着这"一叶"就足以"知秋"，或者说，抓住一两个直觉性数字就足够表明一种"知秋"现象的存在。表明不同于证明，证明才需要精确的统计数字，而表明并不需要。

以上是对奥氏句群简要说明的铺垫，下面给出正式说明，共两点。①铺垫叙述使用了带引号的"小句"，这是由于：任何句群里的小句通常都有真假之分。但无论真假，LUP 的 LUP1 模块都**一律**把它们当作"小句"来处理，到 LUP3 模块才进行小句真假性的终极辨认。②简易句蜕实际上都是假小句，但 LUP1 模块并不理会这个，**一律**把它们当作"小句"来先行处理。总之，在 LUP1 的视野里，既不存在小句的真假区别，也不存在句蜕的形态区别，一律把它们当作"小句"来处理。

基于上面的正式说明，关于句类检验最佳训练场的论述，就可以模仿中国人熟悉的"猫论"来加以表述：管它是真小句还是假小句，管它是原蜕还是非原蜕，都先按"小句"来处理，对它们施行句类检验。通过的以好猫标记，基本通过的以准好猫标记，有困扰的以疑点标记，明显有待补充的以待查标记，通不过的以另类标记。

上面的"仿猫论"，就是为了保证 LUP1 模块有一个良好的开端。那么，该保证所依据的谋略思想是什么？以下的 5 种说法都有所涉及。说法 1：治大国，若烹小鲜；治众如治寡，斗众如斗寡[*40]。说法 2：抓两头，带中间。说法 3：先易后难，易在两头。说法 4：近水楼台先得月，向阳花木早逢春。说法 5：堡垒是最容易从内部攻破的。对上列说法，部分读者可能有一种虚无缥缈的感觉，这关系不大，下文会有一些呼应性描述。

下面将不辞烦琐，将前示游戏、古典句群和奥氏句群里的各"小句"依次按好猫、疑点、待查和另类[**a]的标记方式罗列如下，如表 4-9（简称"罗列"表）所示。

表 4-9　"小句"检验结果罗列

序号	内容	标记
游戏 1	那只老虎"咬死了猎人的狗",	好猫
游戏 2	那只"咬死了猎人的狗"的老虎,	好猫
游戏 3	一只"咬死*了猎人的猴*"	（待查，另类）
游戏 4	那**知**"咬死了猎人的狗",	（疑点+待查）
游戏 5	…将路过"南京市*长江大桥"*	（好猫+疑点）
游戏 6	"南京市长江大桥"很能干,	好猫
游戏 7	"南京市*长江大桥"真雄伟,	（好猫+疑点）
古典 1	{将|百万之军},	疑点
古典 2	{战|必胜},	（待查，好猫）
古典 3	{攻|必克},	（待查，好猫）
古典 4	吾||不如||韩信。	（好猫+待查）
古典 5	{运筹|帷幄之中},	（待查，好猫）
古典 6	{决胜|千里之外},	（待查，好猫）
古典 7	吾||不如||张良。	（好猫+待查）
01	we want to make the best products,	好猫
02	we also have to invest in the best ideas.	好猫
03	\Every dollar {we invested to map the human genome}/… (returned $140 to our economy--every dollar.) （每一个我们用于测出人类基因图谱的美元）	（待查+好猫+疑点）
04	…{to unlock the answers to Alzheimer's}. (Today, our scientists are mapping the human brain) （为解决老年痴呆症）	（待查+好猫）
05	…<drugs to regenerate damaged organs>; (They're developing) （让我们器官再生的药品）	（待查+好猫）
06	…<new material to make batteries 10 times more powerful>. (;devising) （让电池储电量比之前强 10 倍的新材料）	（待查+好猫）
07	…{to gut these job-creating investments in science and innovation}.(Now is not the time) （损毁科技革新领域可创造就业方面的投资）	（待查+好猫）
08	…{to reach <a level of research and development not seen since the height of the Space Race>}. (Now is the time) （达到一个自从太空竞赛以来从未见过之高度）	（待查+好猫+疑点）
09	We need to make those investments.	好猫

　　表 4-9 共计罗列了 23（7+7+9）个"小句"，在语言海洋里，它不过是沧海一粟。但关键在于应该发问：沧海的探索可以始于其"一粟"么？HNC 的答案比较简明，要点有三，要点 1：语言概念海洋的信息特征具有类型的有限性，这缘起于概念基元、句类和语境单元的有限性。要点 2：每"一粟"都会含有语言概念海洋的特定信息特征。要点 3：足够多的"一粟"就会充分展示某特定信息特征的全貌。HNC 曾把上述三点名之语言海洋的"一叶知秋"特性。这就是说，表 4-9 虽然只是语言海洋的沧海一粟，然而它必然可以充当语言概念海洋的一片知秋之叶。

　　下面，将对这片知秋之叶作进一步的考察。该考察将完全跳出本节的预定撰写范围，浅思的标题名称显然不宜继续沿用了，大白话之类的派生标题名称更不宜沿用。所以，下面将另外选用两个标题名称：递棒与准接棒。两者侧重点有所不同，顾名思义可知也。

　　递棒和准接棒可分别看作是"句类检验最佳训练场"和"句类分析万灵敲门砖"的一种阐释方式，前者着重于语言现象或理论侧面，后者着重于语言理解处理基本模块或技术侧面。递棒和准接棒的各自使命可以用下面的两个四字成语来素描，前者，投怀送抱；后者，相濡以沫。递棒者投送的东西和接棒者需求的东西，表面上不过是一种供求关系，似乎没有多大的复杂性。但这里不能不说一声，无论是自然语言信息处理 NLP，还是语言理解处理 LUP，其间供求关系的复杂性与现代经济相比较，即使不能说更为复杂，至少也可以说大体相当。NLP 学界一直把这个特定的供求关系想得太简单了，那么，HNC 的 LUP 探索之路又如何？一言难尽，以下将以一个递棒系列和一个准接棒系列来分别进行论述。

　　这些论述都不能不涉及一些反思，反思就难免重复，重复往往令人厌烦，仅向读者预致歉意。但更为抱歉的是，下面的递棒 0m 和准接棒 0m 根本不是一个系统性的论述，不是什么"美食城"，连小吃"大排档"的档次都够不上，不过是 60 多年前中学大门口的小吃摊[*d]而已。论述方式也仿效那些小吃摊，很不正规，但味道绝对正宗。不过现代美食家（接棒者）很可能既不喜欢那种落后的摆摊方式，也不喜欢那味道，这个方式与味道问题不属于歉意的范畴，请以一种探讨的心情去对待吧。

　　递棒 01：真实语言文本与好猫集合

　　语言流里出现坏猫的情况是偶然现象，即口误或错别字情况。一些著名的人工语言流示例，如"无色的绿色思想在狂怒地睡觉"、"所有的石头都死了"和"咬死了猎人的狗"等，是语言学家制造的一种坏猫游戏，对语言流真实面貌的探索实际上没有多少意义。真实语言文本的基本状况应该是：好猫占绝大多数，这里说的好猫或坏猫都是言语脑视野里的景象，也是未来图灵脑视野里的景象。这个说法一定会遭到许多读者的强烈质疑，言语脑只是 HNC 的一个命名，图灵脑还八字没有一撇，那视野及其景象从何而来？

　　这个递棒系列正是要从这个视野及其景象问题谈起，理由有虚实两方面。虚的方面前文面已有详尽论述（即关于上述 HNC 答案 01 和答案 02 的理论阐释），这里就光说实的方面，那就是指表 4-9，该表就是一个关于好猫与坏猫情况的典型展示。

　　"罗列"表里带纯粹好猫标记的"小句"诚然不多，仅占 6/23。但不带好猫标记的"小句"也很少，仅占 4/23。而且，其中 3 个自来于人为文本，来自于真实文本的仅 1

个。这意味着真实文本里的绝大多数"小句"属于好猫，从而验证了"好猫占绝大多数"的说法。好猫就意味着其句类检验必将获得通过，从而可以保障 LUP1 的开张大吉。如何保障？下文会有所呼应。

当然，"好猫占绝大多数"的说法很像小吃摊的叫卖声，但作为真实文本的一个命题，它是对其本来面目的一个合适描述。如果相反的命题成立，真实文本存在大量"坏猫"，那 LUP 是没有指望的。上面的两个原版语言游戏就属于两只人为的"坏猫"，传统语言学喜欢搞这类"坏猫"游戏，其消极效应不可忽视。《理论》曾就"坏猫"问题（那里叫语言的不规范现象）写过一段比较有趣的文字，拷贝如下：

> 关于这个模型（注：指语句的表述模型，其终极 HNC 形式是 SCJ）问题，可以说存在两种态度，一种是得过且过，在短语结构模型的基础上修修补补，不去触动它的根本缺陷，希求通过受限的约束避开语言的种种不规范现象，也就是避开对语言本质的探索。另一种是相信乔姆斯基关于自然语言是一个 ill-defined 的东西的说法，脑子里存在大量比喻的和夸张的，乡土的和诗歌的，儿童的和怪诞的例句，并为之困扰而不知自拔，不相信对自然语言的表述可以出现牛顿力学对机械现象或麦克斯韦方程对电磁现象的突破。但是他们不曾想过，如果当年牛顿不是专注于天体的运动，而是专注于羽毛在狂风中的飞舞，麦克斯韦不是专注于电磁场在自由空间中的一般规律，而是专注于方孔的衍射，他们也将一事无成。（《理论》p193）

上文把那两场"坏猫"游戏改编成两场好猫游戏，"坏猫"和好猫这两个词语不可能进入词典，但这里将把好猫这个词语当作一个专用术语来使用。在中国，该词语通过著名的"猫论"（"无论白猫黑猫，逮着耗子就是好猫"）发挥过历史性的巨大语用力量。这里必须说明，此好猫可不是 HNC 的宠物，而是 HNC 用来逮捕语言耗子的技术猫。语言耗子多矣！HNC 以 5 大劲敌和 15 支流寇加以概括。本递棒系列主要关注其中为害最大（相对于汉语来说）的一种，叫句蜕，即劲敌 02。在传统的"坏猫"游戏里，一个短语就如同那飞舞于狂风中的一片羽毛，比耗子还难对付，但在好猫游戏里，那短语只是 HNC 羽毛扇里的一个部件，就变成一只容易对付的耗子了。

羽毛的飞舞性固然不必关注，但制作一把羽毛扇又有什么意义呢？应该承认，HNC 的探索目标确实是希望制作出一种功能特殊的羽毛扇，并非常乐意充当一位制作该羽毛扇的工匠，以便揭示语言脑的奥秘，因为大脑奥秘的揭示应该以语言脑为突破口。但 HNC 遇到的窘境却是：人们说，在这个空调时代，羽毛扇有什么用呢？但说者不知，现代空调对太上老君的炼丹炉并没有多少用处，而 HNC 羽毛扇却另当别论，大白话 10 里的表 4-8 给出了该羽毛扇宏观结构的素描，那可不是一部空调机可以比拟的。说者还应该想一想，信息领域诚然在继续创造着信息处理能力每三年翻两番的技术奇迹，但它有助于解决或缓解机器翻译领域一直面临的"雪线"尴尬么？真能对大脑奥秘的探索作出决定性贡献么？这都需要进行深层次的系统反思。然而，现代科技迷信在无情地扼杀着这种反思。最近，谷歌公司的一位高管放出豪言，说其新一代智能手机将跨越那可怕的"雪线"，他本人每周都在关注该项研发的进展，显得活灵活现。但笔者深表怀疑，很难设想那位高管会真正了解该"雪线"里所隐藏的基本科学难题。可以肯定地说，那豪言就是一种科技忽悠，那豪言的信者就是现代科技迷信的受害者。至于那放话者是存心还是无意，倒不必追究，因为他本人很可能也是一位受害者。

递棒 02：一个似乎言之有理的著名论断

表 4-9 指明，真实文本的绝大多数"小句"是带"待查"标记的好猫，这里的"待查"是什么意思呢？这需要明确。它有两层意思，将分别名之形态待查与内容待查，前者类似于人们熟悉的身份证或出入证检查，后者则类似于古代的验明正身或现代的 DNA 检验。验明正身者，EgJ 与 ElJ 之判断也。第一类语言为形态待查配置了相当完备的身份证或出入证（将名之形态证件），这是一项伟大的创造，对其语言生成作出了令人惊羡的服务。作为第一类语言的代表，英语的形态证件就非常发达，相应的假"小句"（ElJ）一望而知，因此，需要验明正身的情况比较少见，故英语里不易辨认的假"小句"获得了花园幽径句的美名，这是英语的巨大优势。汉语似乎恰恰相反，它存在形态证件么？这本来应该是语言学里的一个共相问题，而不是殊相问题，但不同类型语言的巨大差异把这个共相问题隐藏起来了，而且隐藏得很深。这样，汉语的形态证件问题就成了一笔糊涂账，人们似乎默认着一个基本"事实"：汉语没有形态证件。一个没有形态证件的语言，当然不可能施行形态待查，从而必然给语法学高度重视的语法分析带来巨大困难。没有形态证件的汉语是难以进行语法分析的，现代汉语语法学据此理所当然地认为，有必要向世人表明汉语的这一严酷现实。"咬死了猎人的狗"的著名语言游戏就是这么玩起来的，其影响深远的结论是：汉语短语与句子同构，同构就必然导致短语和句子之间的难以区分，所以中文信息处理之难度必然远大于西语。这一论断似乎是秃子头上的虱子，无可置疑，最终竟然演变为中文信息处理学界一切悲观论调的理论支柱。

但是，语言分析不只是形态待查，还有更重要的内容待查。遗憾的是，语法学根本不存在内容待查的概念。HNC 从双待查（形态与内容待查）的视野，早就对那"秃子头上的虱子"提出过尖刀性的质疑，但人微言轻，丝毫无损于该"虱子"的权威地位。

递棒 03：常规语法对应性与句蜕语法对应性（汉语真的没有形态证件么？）

许多读者很可能对这个标题的正式陈述感到很别扭，所以在括号里加了一个非正式的副标题。正式陈述里实际上推出了两个新术语：常规语法对应性和句蜕语法对应性，对这两个新术语将采取娓娓道来的方式。让我们先来考察一下奥氏句群里 03-08"小句"，对它们作一个小手术，把英语原文里带形态标记的词语剥离出来，同时把汉语译文的对应部分也作相应的剥离，制成表 4-10（简称"列示"表）。

表 4-10　汉英形态待查标记列示

编号	英语	汉语
03	Every...invested to map...	每一个……用于测出……的……
04	to unlock...	为解决…
05	...to regenerate...	让……再生的……
06	...to make...10 times more powerful	让……比之前强 10 倍的……
07	to gut...-creating	损毁……创造……的……
08	to reach...not seen...	达到……从未见过之……

　　表 4-10 展示了一个惊人的东西，就是那些用黑体标示的 "**的**"、"**之**" 和 "**为**"。之所以说它们惊人，就是因为它们**必然**（不是偶然）与英语的(to, –ing, –ed)对应，03、05、06 里出现了 "**的**" 与 "to" 的对应，07 里出现了 "**的**" 与 "–ing" 的对应，08 里出现了 "**之**" 与 "–ed" 对应。这项对应性非同寻常，不同译者的译文可以异彩纷呈，但这几个 "**的**" **不会变**，非同寻常者，此对应性之不变也。这种不变的对应性是一种语言景象，而不是语言现象。但是，这一语言景象是否一直逃过了我们的视线呢？

　　这一**不变对应性**的形而下描述是 "**的**"、"**之**" 与(to, –ing, –ed)之间的对应关系，其形而上描述是**句蜕语法对应性**。在英语与汉语之间，这一对应性显而易见，随处可见，表 4-9 所展示的 4 个 "**的**" 和 1 个 "**之**" 就是一片所谓的知秋之叶。但应该追问一声：这一片叶子就够了么？秋天的景象（不是现象！）是绚丽的，就英语来说，不仅有所谓非限定形态短语的秋景，还有各种类型的所谓 "从句" 和 "状语" 的秋景。上面的一片叶子只反映了前者的秋景，但完全没有触及后者的秋景。汉语如何应对后者的秋景呢？回答是："**的**" 依然是其重要语法手段之一，但更为奇妙的手段是汉语的 "四合院" 语言建筑艺术。总之，句蜕语法对应性有狭义与广义之分，两者如何划分还有待探讨，HNC 建议的谋略是：从标准要蜕做起，把它做到底，达到 HNC 定义的或要求的透齐性标准。

　　句蜕语法对应性是 HNC 引入的一个新术语，请读者记住它，与之配套的还有另外一个新术语，叫常规语法对应性。后者是指 "**的**"、"**之**" 与(of;adj)之间的对应性，这一对应性可谓众所周知。现在应该追问的是，现代汉语语法学是否只知其一，不知其二？

　　不言而喻，"**的**" 的这两种语法对应性都很重要[*41]，但句蜕语法对应性更为重要。因此，不能只管其一，不理其二，更不能对两者等量齐观。可是，现代汉语语法学事实上就是只管了常规语法对应性，而没有理会句蜕语法对应性，这可不是一件小事，而是一件大事，一件关乎句蜕这一根本概念之建立的大事。"咬死了猎人的狗" 这一著名语言游戏已经触及这个根本性概念，但毕竟失之交臂。该语言游戏的主持者之所以出现这一闪失，是由于他没有往 "大" 里去想，没有往语言的更高层次（即语言概念空间）去想。但这无关于该主持者本人的学术功力，而是关乎西方语言学整体性学术根基的缺陷。于是，围绕着该著名语言游戏的探索不仅没有赢得应有的学术成果，反而形成了一些不利于语言理解处理的理论描述，从而为中文信息处理悲观论提供了华丽的理论依据，递棒02 的 "一个似乎言之有理的著名论断" 即缘起于此。这里不能不说一声，是抛弃上述悲观论的时候了。

　　这里顺便说一声，与句蜕语法对应性并列的东西并不是常规语法对应性，而是多元逻辑组合语法对应性，其核心要点是前文多次阐释过的 "换头术"。对此，现代汉语语法学的表现又如何？读者自行评判吧。

　　递棒 04：表 4-10 里使用的符号 "…" 是要蜕的构件之一，更是标准要蜕不可或缺的构件。

　　表 4-9 里使用过同样的符号，那是该符号的通常意义。表 4-10 里的 "…" 不同，它是要蜕的一个构件，与 "v"（表 4-10 里的 "测出"、"再生"、"创造" 和 "见过"）和 "的" 一起共同构成要蜕的模板或架构。要蜕里的局部结构 "v 的…" 或 "…的 v" 为人们所熟

悉，但实质上缺乏深层理解，至于标准要蜕及其整体结构，那就相当生疏了。句类检验之所以一直处于酝酿阶段，与这项特定的生疏或许有某种联系，所以，下面将以标准要蜕为话题，写一段或许不算多余的话。

所谓标准要蜕，是指下列 6 种架构形态的要蜕：

(102,GBK2,EK,的,GBK1)	── [<GXJ>-01-0-2]	（GBK1 要蜕）
(19y//jlu1y,EK,GBK2,的,GBK1)	── [<GXJ>-01a-0-2]	（GBK1 要蜕）
(GBK1,EK,的,GBK2)	── [<GXJ>-02-0-2]	（GBK2 要蜕）
(101,GBK1,EK,的,GBK2)	── [<GXJ>-02a-0-2]	（GBK2 要蜕）
(GBK1,102*,GBK2,的,EK)	── [<GXJ>-03-0-2]	（EK 要蜕）
(GBK1,102*,GBK2,的+EK)	── [<GXJ>-03a-0-2]	（EK 要蜕）

这里用 3 名特级外使描述了汉语标准要蜕的 6 种架构，它们是(l,v)准则的一个重要组成部分，是"l"与"v"之间的 6 种汉语架构形态。这组特级外使包含 4 个要点和 2 个细节，列举如下：

——外使要点 01：在外使表示式里放入了汉字"的"；

——外使要点 02：以 GBKm 替换了前面陈述里的构件"…"；

——外使要点 03：以 EK 替换了前面陈述里的符号"v"；

——外使要点 04：在外使表示式[<GXJ>-03a-0-2]里使用了组合符号"的+EK"。

——外使细节 01：在外使编号里增加了一个末项符号"-2"；

——外使细节 02：在外使表示式里使用了"未名"符号"102*"。

外使要点 04 里的"的+EK"表示："的"可插入到复合 EK 的当中，如 EQ 与 E 的中间，或 E 与 EH 的中间。外使细节 01 里的符号"-2"表示这些外使仅适用于汉语。外使细节 02 里的"未名"符号"102*"表示，其直系捆绑词语与"102"有比较大差异，例如，"102"最常用的汉字是"把"（"把"字句的大量研究即缘起于此），但"102*"竟然并不使用，而比较常用另外一个汉字——"对"。

这里应该插写一段题外话，汉语标准要蜕特级外使里的"l0y"必然涉及语言生成的诸多细节，但此类细节属于"知秋"性之外的问题，超出了本节的讨论范畴。这意味着标准要蜕的特使表示式本身就包含一定的"忽悠"因素，这一点要予以足够重视，但不必恐慌。表 4-11 或许有益于恐慌性的减弱。

表 4-11 标准要蜕里 l0y 直系捆绑汉字示例

l0y	直系捆绑汉字
101	(被;(受,遭)),
102	(把,将;对,向;让,令,使)
102*	对

注：表里的"(受,遭)"可相互搭配，它们还都可以搭配汉语的常用 hv

回到汉语标准要蜕的接力性阐释。我们看到，3 类汉语标准要蜕都具有两种形态的区分，这很有点意思，值得品味，但更值得品味的是下列两项陈述：陈述 1，标准要蜕仅适用于 3 主块句的完整表达，而不适用于 4 主块句的完整表达；陈述 2，它仅适用于广义作用句，而不适用于广义效应句。这两项陈述与语种无关，汉语和英语都适用。但是，标准要蜕的具体内涵对汉语和英语毕竟有很大差异，这项差异的探索不仅是简易句蜕的大急，也是整个句蜕研究的大急，这里不过是开了一个头而已[**42]。

开头意味着它没有资格充当理论技术接力意义上的样板，样板包括递棒与接棒两方面的技巧，开头者，只管递棒也。语言理解处理 LUP 的理论向技术递棒是一项**没有先例**的艰难探索，许多读者一定对这个黑体字的**没有先例**难以认同，这里也不打算对此直接进行辩护。不过，不妨想一想以下问题，HNC 递棒过程是否出现过多次失误？而且许多失误还屡错屡犯？如果这个情况确实存在，那它们与"没有先例"之间是什么关系？我们是否对"没有先例"的严重后果缺乏必要的认识？

基于上述思考，下面将给"不算多余的话"写下两段结束语性质的闲话，然后结束递棒 04，转入递棒 05。

闲话 1：如果输入文字流形式上完全符合上述模板架构，则语言理解处理模块 LUP1 就可以无条件地将其纳入广义作用句，而不论其 v 是否具有两可性呈现。这叫作句类检验的反推方式[*43]。

闲话 2：如果输入文字流的"l0"不在表 4-11 的范围之内，但具有"l0"属性，则 LUP1 依然可以将它按标准要蜕处理，不过要加上关于"l0"疑点标记。本编曾一再强调灵巧处理方式，但很少给出具体的示例。以上两段闲话，就请当作是灵巧处理的两朵示例小花吧。

递棒 05：汉语与英语之间的句蜕语法对应性还有一系列细节问题有待考察。

表 4-10 里的（"为,让,之, –creating,seen"）都有待深入考察，有待深入考察的更大问题是：表 4-10 里没有英语从句，也没有著名的花园幽径句。这些问题将统称为句蜕语法对应性的细节。李颖博士大约不同意这里的细节提法，因为这些细节直接关系到译文的成败，而且其中的从句和花园幽径句在理论上也不应该属于细节。但对此不必争论，重要的是要抓住以下两大要点。要点 01 是：一方面，要看到将这些细节考察做到"蓦然"境界绝非易事，另一方面更，要看到该"蓦然"境界绝非高不可攀。要点 02 是：句蜕作为概念树"l42 串联"的第二本体呈现 l42\k=3，要蜕是其天字第一号 l42\1。句蜕的研究一定要以要蜕为突破口，而要蜕的研究又一定要以标准要蜕为突破口。看清突破口，是一切谋略和途径思考的灵魂。

递棒 06：形态上的标准要蜕就一定是要蜕么？它一定不会与全局语句 EgJ 发生混淆么？

这个问题很重要，具有尖刀性。将在未来的 WM 沙龙上[*44]进行专题讨论，请池毓焕博士开展先行研究，并担任第一次沙龙的主讲。

递棒 07：关于两种好猫——G 好猫与 L 好猫

表 4-9 里的好猫有两种，一种是描述全局语句 EgJ 的好猫，另一种是描述句蜕 ElJ 的好猫，将分别记为 G 好猫和 L 好猫。下面对两种好猫加以标注，从而形成一个简化的"罗列"表（表 4-12）。

在表 4-12 里，"待查"与"L 好猫"的组合有两种形态："+"形态和","形态。前者表示该 L 好猫的身份"完全确定，无可置疑"；后者则表示该 L 好猫的身份"基本确定，仍存疑点"。"待查"与"G 好猫"的组合只出现了"+"形态，","形态还没有出现，但不能由此推定它一定不存在。好猫还有另一种分类方式，将在准接棒 02 里说明。

表 4-12 简化的"罗列"表

序号	标记	序号	标记
游戏 1	G 好猫	古典 6	（待查，L 好猫）
游戏 2	L 好猫+待查	古典 7	（G 好猫+待查）
游戏 3	（待查，另类）	01	G 好猫
游戏 4	（疑点+待查）	02	G 好猫
游戏 5	（L 好猫+待查+疑点）	03	（待查+L 好猫+疑点）…
游戏 6	G 好猫	04	…（待查+L 好猫）
游戏 7	（G 好猫+疑点）	05	…（待查+L 好猫）
古典 1	疑点	06	…（待查+L 好猫）
古典 2	（待查，L 好猫）	07	…（待查+L 好猫）
古典 3	（待查，L 好猫）	08	…（待查+L 好猫+疑点）
古典 4	（G 好猫+待查）	09	G 好猫
古典 5	（待查，L 好猫）		

递棒系列就写这些，很可能给读者一种杂乱无章的印象，接棒者甚至可能会觉得这些内容根本无关紧要。对此，这里不能不作出一点回应，但回应的出发点或立足点应该放在什么地方呢？笔者可以想象熟悉计算语言学、计算机科学和信号处理背景的读者会怎么想，但难以想象熟悉现代汉语语法学背景的读者会怎么想。有计算语言学背景的读者会很自然地想到句法树，有计算机科学背景的读者会很自然地想到有限状态自动机，有信号处理背景的读者会很自然地想到最佳处理器。本递棒系列则希望传达一个截然不同的信息，句法树和有限状态自动机及两者的各种派生物诚然是描述程序语言的法宝，也是施行数据处理的雄狮，但却是自然语言知识处理的笨蛋。因此，不可能靠这两位去承担表 4-8 所描述的任务或使命，至于最佳处理器，更是数据处理的雄狮，但它如果不能摆脱统计的羁绊，那也同样会沦为一个笨蛋。那么，这项史无前例的任务或使命要从哪里起步呢？答案是：标准要蜕。这个答案与语种无关，但要蜕在英语和汉语里的形态差异极大。因此，标准要蜕的处理又要从英汉这两个代表性语言的形态差异做起。为什么"'的'之战"曾被列为汉语 LUP 处理系列之第一战？那是由于现代汉语的"的"字在句蜕中承担着不可思议的"天使"角色，它不仅是一切要蜕（包括标准要蜕）的"天使"，也是包蜕的"天使"。

上述递棒系列只管标准要蜕，先把这一步走好吧。笨蛋的说法或许太重了，让我们在未来的 WM 沙龙里充分探讨吧。

下面转入准接棒，将采取比较特别的论述方式。具体说，就是小心翼翼地分三步走：第一步，叙述一下某一特定的 LUP 景象；第二步，提出问题；第三步，对问题给出相应的回答。至于所列 LUP 景象是否具有代表性或"知秋"性，请读者自行判断。

准接棒 01：关于"L 好猫"汉英差异的技术考察

如上所述，"L 好猫"是"小句"或句蜕里易于处理的东西，本准接棒要考察的汉英差异是指"待查"与"L 好猫"的组合形态。我们看到，奥氏句群本身及其汉语译文全是"+"形态，游戏句群也是如此，但汉语古典句群则全是","形态。这是表 4-9 所呈现出来的突出景象，该景象的技术意义特别值得关注。

相应的问题是：如果把句蜕比作是语言流里的肿瘤，那"+"形态就类似于良性肿瘤，","形态则类似于恶性肿瘤。那么，是否可以说，英语的良性肿瘤占比要远远大于汉语，而汉语的恶性肿瘤占比要远远大于英语？且古汉语更为严重？

相应的回答分两段，先回答第一个问题，答案可谓一清如泉，甚至都不必寻求直觉性数字的支持。然而问题在于，句蜕只是语言流的一类肿瘤，而 HNC 列举的 5 大劲敌和 15 支流寇都是肿瘤，每一类肿瘤都有恶性与良性之分。就劲敌 1 或劲敌 A 来说，英语和汉语良性与恶性占比如何？是否与劲敌 2 的情况恰恰相反呢？形式上这是一个纯理论课题，实际上是一个理论技术接力课题，很值得一探。由此可见，上述第一个问题的论述属于典型的点说，作为点说，它完全正确；但如果冒充体说，那就大谬不然了[*45]。

这里就便说一声，表 4-9 的标注隐藏着许多不足。例如，奥氏句群 07 小句的句蜕标注是"（待查+L 好猫）"，但是，该 L 好猫实际上面临着劲敌 1 的困扰，其英语呈现是"to gut"//"gut"，汉语的对应译词"损毁"及其句蜕译文大体上属于忽悠，因为此处"gut"比较符合语境意义的译词是"撤资"，但在英汉词典里找不到这个解释。该句蜕比较准确的译文是"在科技革新领域撤出可创造就业的投资"或"在科技革新的创造就业领域进行撤资"。

再说第二个问题。古汉语的句蜕恶性肿瘤是否比现代汉语更为严重？这是一个有待探索的大课题。但这里不能不说，这个问题的提出本身就是近百年来中华文明大断裂在语言学领域的反映。现代汉语研究对汉语的独特性（音、形、义三位一体，不同于第一类语言的音义结合体）以及汉语大句句式与英语大句句式之间的巨大差异，大体处于一片茫然的状态，前文对此已有详尽论述。为了给读者一点感性认识，这里就"罗列"表里的古典句群也搞一次语言游戏，将该句群的第一大句改成下面的形式：

韩信者，百年一遇之军事天才也，　　　　　S04jD0*1J　　　G 好猫
将│百万之军，战│必胜，攻│必克。　　　　!31R410J　　　G 好猫
（"将│百万之军":=R4+RB2；"战│必胜，攻│必克":=RC）

这个语言游戏是否有点趣味？修改后的大句多么简明，前者是一个完整的语句，一只比较容易辨认（混合句类）的 G 好猫；后者是一个汉语惯用的迭句，是一只更易于辨认（基本句类）的 G 好猫[*46]。两者都易于理解，跟恶性肿瘤完全扯不上关系。但此类感性认识毕竟只是一个起点，所以，下面还要以形而上话语说一说此语言游戏的 LUP 景象。两个古典大句的两种形态在 LUP1-LUP3 阶段差异很大，修改后的大句依次出现了两只纯净的 G 好猫，而原来的大句到最后才出现一只不纯净（带"+待查"）的 G 好猫，其前的 3 段 IM 是 3 只不老实的 L 好猫。但是，到了 LUP4 阶段，两者大体上殊途同归。

LUP5 和 LUP6 的境遇也差异很大，但 LUP7 和 LUP8 又一次殊途同归。这就是所谓的 LUP 景象，言语脑具有看清这一景象的火眼金睛，未来的图灵脑也必能如此。此火眼金睛对应于 HNC 常说的"蓦然"境界。表 4-8 就是关于如何达到这一境界的综合逻辑描述。当然，该景象里存在许多细节问题，该大句修改前后的句类标注方面，有许多很不寻常且十分值得玩味的表现，这都要烦请读者去自行研究了。

准接棒 02：两类好猫之间是否存在着不同的辨认标准

上文说到了 G 好猫和 L 好猫，L 好猫有 3 种类型，其中的原蜕好猫在形态上可能[*b]与 G 好猫完全相同，两者将合在一起名之 g 好猫。要蜕与包蜕好猫的形态和 G 好猫存在显著差异，两者也合在一起，名之 p 好猫[*c]。这里的两类好猫是指 g 好猫与 p 好猫，而不是指 G 好猫与 L 好猫。如果追问：g 好猫与 p 好猫之间是否存在着不同的辨认标准？这是一个带有一定尖刀性的问题。

在本《全书》的文字里，曾力求把语言景象和语言现象加以区分，前者专用于语言概念空间的描述，后者专用于自然语言空间的描述。但这两类空间不可能总是截然分开的，许多概念或术语同时适用于两类空间，这时，对景象与现象的分开描述就比较困难。g 好猫与 p 好猫正好是一对适用于两类空间概念或术语，上述追问的尖刀性，即缘起于此。

从语言景象来说，两类好猫的辨认标准是一样的，那标准就是句类检验。对于不同类型的语言，如汉语和英语，施行句类检验的基本课题和操作方式没有本质区别。这是一个答案，是语言景象视野里的答案，在下面的准接棒 03 里，将给出一点呼应性论述。从语言现象来说，上述追问的答案则是：对于不同类型的语言，其基本课题不同，操作方式也迥异。下面将以上面介绍过的 3 种标准要蜕为依托，对此作比较详尽的说明。

标准要蜕是汉语的常见 p 好猫之一，抓住标准要蜕，是汉语 p 好猫辨认的"大急"课题之一。上列架构形态不能仅看作是标准要蜕的描述方式，也应该看作是抓住（认定）标准要蜕的有效手段。这就是说，一段输送给 IM 的文字流，只要在形态上符合上述架构标准，那就先把它认定为标准要蜕。在这一认定过程中，对其中的 GBK 构件，可采取"粗而不细"的句类检验谋略，这意味着默认（或先验性假定）其句类检验的成功率很高，可酌情采取粗查过关的高效率处理方式。

上面描述了汉语 p 好猫辨认的一项"大急"课题，也描述了对于该课题的相应操作方式。这样的课题和方式可以说是汉语的专利，因为对英语来说，那个整体架构形态就完全用不上。到此，"基本课题不同，操作方式迥异"的论断已经交代清楚了，但应该补充一句话，"粗而不细"的谋略或方式对英语依然适用，因为那属于景象描述。

下面，将插写一段关于态度问题的话语，然后转向 p 好猫辨认的细说。

对标准要蜕的上述概括属于典型的先验理性产物，行文也属于典型的形而上话语。对于这样的产物和话语，西方传统语言学可以理所当然地采取不屑一顾的态度。另外，本《全书》的细心读者可以感受到，HNC 论述里也经常流露出一种类似的态度。这种态度仅在理论范畴就已经是完全错误的，到了理论技术接力范畴就更是荒谬绝伦了。本编撰写之初，笔者就给自己敲了警钟，但警钟长鸣并不容易，这里将再敲一次。具体做法就是，把标准要蜕说放到表 4-9 中去检验一番。

为便于下文的阅读，现将标准要蜕的汉语架构形态拷贝如下：

(102,GBK2,EK,的,GBK1)	—— [<GXJ>-01-0-2]	（GBK1 要蜕）
(19y//jlu1y,EK,GBK2,的,GBK1)	—— [<GXJ>-01a-0-2]	（GBK1 要蜕）
(GBK1,EK,的,GBK2)	—— [<GXJ>-02-0-2]	（GBK2 要蜕）
(101,GBK1,EK,的,GBK2)	—— [<GXJ>-02a-0-2]	（GBK2 要蜕）
(GBK1,102*,GBK2,的,EK)	—— [<GXJ>-03-0-2]	（EK 要蜕）
(GBK1,102*,GBK2,的+EK)	—— [<GXJ>-03a-0-2]	（EK 要蜕）

检验的第一项内容当然是标准要蜕在表 4-9 中的占比，其结果或许令人十分失望，在游戏系列仅占 1/7，在古典句群为 0/7，在奥氏句群也不过 3/9。但更令人失望的是，3 种标准要蜕仅出现了其中的 1 种——GBK1 要蜕，但形态完全符合规范。这个事实很重要，以表的形式展示（表 4-13）。

表 4-13 "罗列"表里的标准要蜕（标准要蜕展示表）

名称	占比	"实物"	
游戏系列	1/7	那只"咬死了猎人的狗"的老虎，	[<GXJ>-01a-0-2]
奥氏句群	3/9	让我们器官再生的药品 （可再生被损毁器官的药品） <drugs to regenerate damaged organs>	[<GXJ>-01-0-2] [<GXJ>-01a-0-2]
		让电池储电量比之前强 10 倍的新材料 （让电池储电量增强 10 倍的新材料） （可 10 倍增强电池储电量的新材料） <new material to make batteries 10 times more powerful>	[<GXJ>-01-0-2] [<GXJ>-01a-0-2]
		……可创造就业方面的投资 （那些可创造就业的投资） …these job-creating investments	[<GXJ>-01a-0-2] （多元逻辑组合）

表 4-13 展现了标准要蜕里一片"知秋之叶"的"全方位"情景，下面就要来重点阐释这一"全方位"的含义。这里特意给"全方位"打了引号，为什么？因为全方位本身通常都是一个非常复杂的课题，一般来说，一种点线说不把自己打扮成面体说是罕见的，一种主义不把自己装扮成全方位特征更是罕见。当然，这里的全方位仅涉及语言理解处理第一次接力过程的一个侧面——标准要蜕，但是万万不能小看这一特定接力过程的复杂性，递棒者与接棒者之间的默契和配合也绝非易事。

标准要蜕的"全方位"含义的阐释不是一个纯理论问题，而是一个接力性问题，下面将以这个问题为起点，展开准接棒课题的一系列讨论。

标准要蜕的提法本身就意味着还有非标准要蜕，那么，两者之间存在清晰的界限么？前面的论述并没有完全回避这个问题，附属于表 4-11 的说明，递棒 05 里的闲话 2，都对该问题有所涉及，但并不彻底。该问题能彻底解决么？让我们首先来考察一下

表 4-13。

标准要蜕有两位贵宾，表 4-13 缺席了一位，那就是"GBK2 要蜕"，现在让我们来把这位重要的缺席者和其他类型的缺席者先用一张补缺表试展一下（表 4-14）。

表 4-14　补缺表（大句 4 样板）

编号	汉语	英语
01-1	他们||可以夺走||你的一切，	They||take||[everything
01-2	+但夺不走||你的思想和心灵，	except your mind and your heart],
01-3	++那||是||<我|下定决心绝不放弃|的东西>。	<those things|I| decided not to give away>.
02a-1	\ "不良资产救助计划" TARP 起作用的最好证据/||是||，	\The best evidence {that| TARP worked}/ ||is||
	{现在多数人都认为{没有必要实施该计划}}。	{that now, most people think {it was unnecessary}}.
02b-2	<曾经支持|这项计划|的参众两院议员>|现在都和它||保持距离，	<Congressmen and senators who supported it> || now distance || themselves;
02b-3	{要攻击他们当中的任何一个人}，	[the most powerful line of attack against any of them]||
	最佳方式||就是指出||{他们曾投票支持该计划}。	tends to be||{that they voted for the bailouts}.
03-1	但令人悲哀的现实||是||	But the sad reality|| is|| {{that
	{年轻人大多缺乏辨识力}，	young people are rarely discerning} and,
	由于{不善管理|时间}||，	[by dint of] poor time management skills||,
03-2	他们||最终往往浪费||过多宝贵的、一去不复返的时间	{often [end up] wasting an inordinate amount of precious, never-returning time}
	+收看||垃圾节目，	+{watching trash},
03-3	让大脑||沉溺于||精神倦怠的深渊中。	{their brains wallowing in a trough of mental lethargy}}.

表 4-14 给出了 4 个大句，分别标记为大句 01、大句 02a、02b 和大句 03，大句 02o 属于同一句群，四者展现了另外一番语言景象。下面，尝试把它们当作 4 片知秋之叶，给出 6 项描述，随后针对每项描述提出相应的问题，同时试作相应说明，统名之试说。两者分别以描述 0m 和试说 0m 编号。

描述 01：4 大句无一不含有句蜕。

描述 02：4 大句里除大句 01 外，英语都含原蜕，共 6 个，大句 03 的原蜕尤为丰富多彩。

描述 03：4 大句里出现了两个要蜕，但其英语表达未采取上述的非限定性动词短语形态 "(to, -ing, -ed)"，而是下面的两种形态：

```
<those things|I| decided not to give away>（大句 01）
```

<Congressmen and senators who supported it>（大句02b）

描述 04：英语与汉语之间的要蜕对应性比较强，包蜕也基本如此。

描述 05：英语与汉语之间的原蜕对应性比较弱。英语的许多原蜕可转换成汉语的小句，英语的某些多元逻辑组合可变换成汉语的原蜕。前者常见，在大句 03 里有充分展现，后者不多见而有趣，其示例拷贝如下：

```
the most powerful line of attack against any of them||,
                    {要攻击他们当中的任何一个人}，最佳方式||
                    (\{攻击他们当中任何一人}的最佳方式/|||)
[by dint of] poor time management skills||,
                    由于{不善管理|时间}|||,
```

试说 01：描述 01 里的"4 大句无一不含有句蜕"是对语言现象的描述，属于一种就事论事的描述。然而，它是对所有发达自然语言景象的一种描述，目的在于强调句蜕的普遍存在性。也许可以说，没有什么别的语言景象比这一景象更重要的了。4 大句还表明，英语的句蜕现象远多于汉语，英汉这两种代表性语言大句景象的基本差异即在于此。如果要描述英语与汉语的不同大句景象，那也许可以说，没有什么别的东西比上面的"远多于"描述更重要的了。"高楼大厦"和"四合院"的比喻，就是对这一"远多于"景象的形象表述，这里的大句 01-m 和 03-m 提供了两个特别生动的示例。

01 和 03 大句的最后那段文字流拷贝如下，同时带上原有的标点符号。

```
,<those things|I| decided not to give away>.
,{their brains wallowing in a trough of mental lethargy}.
```

任何一个文字处理系统都不难把这两段文字流辨认成一个完整的 IM，但是，要将两者分别辨认成一个要蜕和原蜕，是一件容易的事么？回答是：不太容易，但也绝不是难于上青天。要蜕的关键依据是，那 IM 是一个采用违例句式[*f]的广义作用句(!21GXJ)；原蜕的关键依据是，那 IM 是一个采用基本句式的广义效应句(!0GYJ)。这两项关键依据不过是句类知识的 ABC，那么，如何让这个 HNC 理论的 ABC 转变成 LUP 系统的 ABC 呢？让我们在 WM 沙龙上见个真章吧。

试说 02：描述 02 强调了原蜕的普遍存在性。这里要补充的是，4 大句里的 6 个英语原蜕可明显区分为两种形态：正规形态与正常形态。作为接棒者，要高度重视这两个概念或术语。下面把两类形态的示例连同其全部伴随证据拷贝在一起：

```
is {that now,most people think {it was unnecessary}}.        （02a-1）
tends to be||{that they voted for the bailouts}.            （02b-2）
is|| {{that young people are rarely discerning}and,         （03-1）
[by dint of] poor time management skills||,
{often [end up] wasting an inordinate amount of precious, never-returning
time}+ {watching trash},                                    （03-2）
{their brains wallowing in a trough of mental lethargy}}.   （03-3）
```

很凑巧，两种形态的原蜕各占 3 个，前面的 3 个是正规形态的原蜕（正规原蜕），后面的 2 个是正常形态的原蜕（正常原蜕）。其中（03-2）里有 2 个，故有"各占 3 个"之说。

"正规"何来？因为它们与英语句法规定的正规语句没有任何差异；"正式"何来？因为这些语言流的词语都严格按照英语句法的"主谓宾"要求依次出现，只是那"谓"换了一个"-ing"形态而已。

原蜕是"小句"的类型之一，当然也要接受形态待查与内容待查。英语和汉语这两种代表性语言在形态待查方面存在巨大差异，前文已有所论述。在要蜕的形态待查方面，汉字"的"发挥着极为独特的作用，这里要补充的是，在句蜕的形态待查方面，英语的"that"与汉字"的"**旗鼓相当**。在此黑体**"旗鼓相当"**的启发下，下面将写出"2+1"句大白话，希望给读者留下一个比较深刻的印象。没有"的"，就没有现代汉语的要蜕和包蜕；没有"that"，就没有英语的原蜕和包蜕；没有"非限定形态动词+关系代词+违例格式"，就没有英语的句蜕和块扩。第一句，前文已给出了充分论述；第二句，这里给出了清晰的证据；第三句，请列为 WM 沙龙的重大外围议题之一吧！

那么，核心议题是什么？**两项**。第一项是内容待查，即句类检验或句类知识的运用；第二项是"高楼大厦"与"四合院"的相互转换，主要是英语假小句（句蜕）与汉语真小句之间的相互转换。关于这**"两项"**的形而上话语，已经讲得太多了，这里来点形而下。为阅读之便，把大句 02a-1 拷贝如下：

```
02a-1  \"不良资产救助计划"TARP 起作用的最好证据/||是||,
       \The best evidence {that TARP |worked}/||is||
       {现在多数人都认为{没有必要实施|该计划}}。
       {that now,most people think {it|was unnecessary}}.
```

此大句的句类是 jDJ。jDJ 者，一切命题之基本表达方式也，故曾名之广义效应句样板句类的第一号贵宾。本大句充分展现了该贵宾的豪华风貌。与这一豪华性相对应的 HNC 标注符号，可以说相当"性感"，那"主语 DB"的包蜕形态，那"宾语 DC"的双重原蜕形态，不都显得很"性感"么！那"是"或"is"两边的符号"||",那个"\…{…}/"和"{…{…}}"符号形态，都够"性感"的！然而，对这些"性感"的东西丝毫不必感到惊讶，因为它们都应该在 SCA 的意料或预期之中，因为那不过是 jDJ 句类知识的 ABC 而已。可是，要知道，如果没有广义效应句样板句类第一号贵宾、要蜕、原蜕、包蜕……这一类的新概念或新术语，这些关于句类的 ABC 知识就难以描述。就便说一句不中听的话，靠"主谓宾定状补"行吗？

英语"The best evidence"与"that"的组合，汉语"的"与"最好证据"的组合，都构成包蜕的**绝佳**包装品，这属于句类检验的基本职责。英语"think"和汉语"认为"的出现，会引出原蜕或块扩的呈现，这也属于句类检验的基本职责。这是两类不同性质的基本句类检验，前者与句类无关，后者强流式关联于样板句类 DJ 和 D01J。这些问题，包括那个黑体**绝佳**，应该受到 WM 沙龙的欢迎。

试说 03：描述 03 试图把英语要蜕的基本类型描述齐全，但不敢明说，采取了一种"犹抱琵琶"的暧昧陈述方式，英语的要蜕不存在透齐性描述么？

表 4-9 给出了英语要蜕的一种类型(to, –ing, –ed)，表 4-14 展示了另外的两种。这 3 类型都尚未正式命名，让我们把这个任务交给 WM 沙龙吧。

写到这里，老调重弹的文字疲乏感特别强烈，忽然想起电影术语蒙太奇，决定也来试用一下。设想手头有一份来历不明的讨论记录（下文简称《记录》），讨论者三人：两位博士和一位语言学的教授。下面将对该《记录》进行摘录，以充当试说的回应部分。与试说 03 有关的一段如下：

有人认为（博士甲），英语要蜕的三类型说很"过得去"，不必再去追求什么英语要蜕透齐性的其他描述了。但有人（博士乙）不同意，认为还"差得远"，基本理由有如下 4 点。英语要蜕三类型之一的(to, –ing, –ed)形态不仅常用于要蜕，也常用于原蜕；汉语标准要蜕与非标准要蜕的区分非常复杂；现代汉语也有高楼大厦，那就是复杂句蜕；"英语要蜕的透齐性描述"本身就是一个伪命题，因为所谓三类型句蜕是不可能截然分开的。这时，有人（一位语言学教授）出来说，你们两位的争论，都是上了 HNC 的当，按传统语言学的路数来描述，这些麻烦根本就不存在，何必自讨苦吃？这番话把博士乙搞懵了，不过，博士甲只面带微笑，随后向大家展示了前面例句里的 4 句自拟译文：

Every dollar we invested to map the human genome returned $140 to our economy

—every dollar.

每一美元我们投资去绘制人类基因图谱，返回了 $140 到我们的经济——每一美元。

Now is not the time to gut these job-creating investments in science and innovation.

现在不是这个时间，去破坏这些创造就业投资在科学和创新。

Congressmen and senators who supported it now distance themselves;

参议员和众议员们支持了它，现在要脱身；

the most powerful line of attack against any of them tends to be that they voted for the bailouts.

攻击他们任何人的最强有力的绳索倾向于是，他们投票赞成过那保释。

接着，博士甲说，这是 4 句模拟当前翻译机的译文。译准率应在 95% 以上；对齐处理做得相当不错；"了、着、过"和"要"的运用十分到位；每一句还添加了一个逗号，颇有创意。这使得整个译文的忠实度和可理解度都说得过去。但在我看来，这是典型的"两面派"翻译手法，一方面在忠实地遵循传统语言学的路数；另一方面在灵活地"揣着糊涂装明白"。译文里的"，返回了"和"，去破坏"，"支持了它，"和"倾向于是，"都是忠实与灵活相结合的生动表现。这表现来之不易，经历了几十年的磨炼。教授，您刚才提到了上当问题。我觉得，如果您认为，上面的模拟翻译基本接近机器翻译的上限水平，那也许反而是您上了西方传统语言学的当，完全不理解 HNC 的探索目标了。就机器翻译来说，"揣着糊涂装明白"和"力求明白，诚实糊涂"是两种完全不同的路数，HNC 的机器翻译谋略不过是试图把前一种路数改变成后一种而已。这个路数与上当话题，涉及语言景象的深层次描述，现在还不是同教授您讨论这个问题的时候。当然，这里的问题并不是单纯理论性的，让未来 10～20 年的实践去检验吧。

试说 04：描述 04 把要蜕与包蜕放在一起来讨论英语和汉语的对应性是完全正确的，前文曾多次使用过原蜕和非原蜕的说法，即缘起于此。不过，HNC 曾多次宣称过，包蜕的形态与内容待查存在一个特别的突破口，它关系到包装品的位置信息及其词语的概念属性。英语和汉语的包装品位置一定分别配置在相应语言流的前端和后端；其词语优先于综合逻辑概念或基本概念短语，特别是其中的 sr 概念和数量短语。这就是说，如果在一段英语语言流的前端或汉语语言流的后端出现了综合逻辑词语或基本概念短语，那就可以判定该段语言流为包装句蜕。HNC 的此项宣称将名之包蜕判据，接棒者关心的是：该判据的可靠性如何？

《记录》的相关文字如下：

（在博士甲的下面发言过程中，博士乙的面部表情先晴后阴，教授则显得高深莫测）

博士甲：表 4-9 和表 4-14 实际上都示例了多个包蜕，不过有的未加标注。下面，让我们以更加精细的标注方式把其中的两句展示一下，第一句还给出了包装品无分离的另一种翻译方式。

```
\Every dollar {we invested to map the human genome}/
||returned ||$140 to our economy—every dollar.
\[-每一个]{我们|用于测出|人类基因图谱}的美元/||
都给我们经济||带来了||140 美元的收入——每一个美元。
（\{我们|投资于绘制|人类基因图谱}的每一美元/||
都给我们经济||带来了||140 美元的收入——每一个美元。）
\The best evidence {that| TARP worked}/ ||is||
{that now,most people think {it was unnecessary}}.
\{"不良资产救助计划"TARP|起作用}的最好证据/||是||,
{现在多数人|都认为|{没有必要实施|该计划}}。
```

这两个示例是对包蜕判据的有力证实，是两片非常珍贵的知秋之叶。我的看法是，包蜕判据不存在证伪问题，因为不符合这一标准的就可以纳入存疑，这就是所谓"力求明白，诚实糊涂"的态度。自知之明是有限度的，让我们把包蜕判据当作是限度之一吧。

当然，汉语的后包装品会经常出现前分离现象，如示例中的"[-每一个]"，这属于写者的表达自由。但这个自由也是有限度的，能分离出去的只是其中 19y，这应该是汉语一种语言景象，而不是语言现象。我听说，在 HNC 的赤壁初战中，安排了一个什么"一种"之战，并在几十项战斗系列中高居第三号，显然是基于这一重要思考。

但更应该清醒看到的是，英语和汉语这两种代表性语言实质上都未能做到分别为要蜕和包蜕配置两套可靠的专用形态证件。形态上，英语确实显得比汉语高明许多，但那高明并不实用，它对语言的理解处理没有多少实质性帮助，到最后的记忆转换阶段，都逃不脱被舍弃的宿命，那高明岂非浪费？任何语言的形态待查标记都存在猫腻，说英语具有独立施行要蜕与包蜕待查的语法手段，那是最典型不过的"揣着糊涂装明白"。所有的句蜕待查最终都必须依赖内容待查，即 E1J 的句类检验。

博士乙：学长刚才的发言我基本赞同。奥氏句群的最后两句都有包蜕，那两句里的"time"实际上都是标准包装品。对它是否加以标注，属于灵巧处理的典型示例。学长对"一种"之战的阐释相当到位，我很受启发。但是，关于英语形态"并不实用"和"被舍弃的宿命"之说则完全不敢苟同，且整段论述霸气十足，学长不是王道论的追随者么？该不是"揣着明白装糊涂"吧！

试说 05：描述 05 把原蜕与多元逻辑组合放在一起来讨论英语和汉语的对应性，是明智的举措。"对应性比较弱"与"(转换,变换)"的提法已经相当具体，这两个提法就如同是一枚铜币的两面。这样的描述非常到位，又给了接棒者以充分自由，难道接棒者还会产生"丈二金刚"的感觉么？

《记录》的相关文字如下：

博士乙：试说 05 以表 4-14 的大句 03 为依托，凭着这么一片叶子，怎能得出"已经相当具体"和"非常到位"的结论呢？软件不讲自由，"充分自由"的承诺简直就是开玩笑。对于接棒者来说，这些话语就是典型的"丈二金刚"，它们对于翻译规则的制定毫无意义。

博士甲：描述 05 的表达方式偏重于英译汉，这是一个明显的内在缺陷，试说 05 里的"(转换,变换)"也存在类似缺陷。这项缺陷不难弥补，这里暂不讨论。但该缺陷不影响试说 05 对英译汉的重大指导意义。让我们从表 4-14 里 03 大句谈起吧，它有一定的典型性或代表性。该大句竟然在一个语块里出现了 4 个原蜕，汉语能照办么？显然不能。面对这种情况，接棒者绝不应该拒绝从"高楼大厦"与"四合院"的比喻里吸取灵感，不能把灵感的源泉混同于"丈二金刚"，因为那灵感就是"把后面的 3 个英语原蜕转换成汉语小句"之翻译思路的缘起，指导意义就在于此。这一步，属于 HNC 翻译 6 项过渡处理（两转换、两变换、两换位）里的句式转换，而且是句式转换里最醒目的大场。实际的译文就是这么办理的，而且还搞了一个漂亮的变换[*8]。就这个具体大句来说，未来的图灵脑肯定也能做到。软件需要灵感，而灵感离不开自由，语法学最大的问题也许就是与"灵感+自由"拉开了太大的距离，阁下的"软件不讲自由"说也是霸气十足啊！

博士乙：我不否认表 4-14 的 03 大句具有一定的代表性，但是，"把后面的 3 个英语原蜕转换成汉语小句"之翻译思路能变成一条规则么？低估语言现象的复杂性是要栽跟头的，在这方面，学长就没有前车之鉴么？

博士甲：与思路最先挂钩的东西是原则，而不是规则，这个道理连乔姆斯基先生后期都悟出来了，怎么阁下竟然忘了呢！多个原蜕连见的英语语块，多个迭句连见的汉语大句，翻译时一定要进行句式转换。前面说过，那是句式转换里最醒目的大场，就便说一声，句式转换还有一个最醒目的急所，叫格式自转换。这大场与急所，就是英汉机器翻译的两条基本原则。基于原则制定的规则就不必担心"语言规则必有例外"的"魔咒"了。当然，从原则到规则的下行之路并不是一条处处路标清晰的高速公路，但绝对可以免除中国远征军在抗日战争期间所经历的那种"野人山"恐怖。机器翻译，特别英汉互译，经历过太多的"野人山"恐怖。主要原因就是，在规则派的视野里只有语言现象，没有语言景象；只有规则的描述战术，没有原则的描述战略。传统语言学没有提供语言景象和语言战略的描述手段与工具。现在，这样的描述手段或工具已经相当齐备了，关键在于学会运用。我虽然也只是刚刚开始学习，但我看得比较清楚，"野人山"恐怖是绝对可以避免的，阁下可不要把前车之鉴与"野人山"恐怖混为一谈啊！

博士乙："野人山"恐怖？学长在玩忽悠游戏吧。"绝对可以避免"？学长怎么会使用这样的话语？当然，汉语的伪词如果被当作一个真词来处理，那确实非常恐怖，中心动词、多义词、分词歧义的误判都可能造成"野人山"恐怖。但这些只是翻译问题的一个侧面，甚至只是一个次要侧面。学长是否过度关注了"野人山"，而忽视了"阴沟"？我觉得，当前机器翻译的主要问题在于"阴沟里翻船",而不是"野人山"恐怖。

教授:"阴沟里翻船"的比喻点到了翻译问题的要害,机器翻译出现过"胸有成竹"的翻船笑话,连章士钊先生的著名女公子都出现过"越俎代庖"的翻船笑话。不同语言的差异,归根结底就是词语或词组的差异,敉平这个差异,给出最恰当的对应连接,是翻译的生命。对于多少有点翻译经验的人来说,这是基本常识,HNC 的机器翻译之路难道要向这个基本常识挑战么?

博士甲:教授,对您刚才的话,我先作两句话的回应,一是完全同意,二是最多只同意一半。前者是站在翻译者的立场说的,后者是站在机器的立场说的,所以这两句话并不矛盾。"野人山"主要关乎语言理解问题,"阴沟"主要关乎语言生成问题。语言理解与生成当然不可能截然分开,但必须加以区别。如果拿一座建筑大楼来做比喻,那大体可以说,语言理解对应于该大楼的设计,而语言生成对应于该大楼的施工。西方传统语言学一直在参观大楼,参观得很仔细,中国的小学-训诂学则不满足于参观,也致力于大楼整体设计思路的探索,HNC 不过是追随这一探索的足迹而已。HNC 完全没有向翻译基本常识或经验挑战的意愿,只是试图为该常识的运用提供一个世界知识的支持而已。常识与专家知识的运用都需要世界知识的支持,翻译者虽然可能缺乏相应的世界知识,但对源语言和目标语言的基本理解通常不在话下,因而也就不会面临"野人山"问题,把"阴沟"问题解决好就 OK 了。机器完全不同,它首先面临的是"野人山"问题,HNC 把它概括成劲敌,共 5 大项;"阴沟"问题则概括成流寇,共 15 项。

顺便说一声,当前的机器翻译系统已经基本不会再出现"胸有成竹"和"越俎代庖"之类的"翻船"事故了,采取的对策还算明智。但可以肯定,其他类型的"翻船"事故还依然严重存在。不过,最应该冷静思考的问题是,当前机器翻译系统的"野人山"灾难和"翻船"事故各占多大比例?令人十分遗憾的是,依据当前机器翻译通用的评测标准,根本不可能获得这一基本数据。同一类型语言之间的互译,特别是第一类语言之间的互译,这个占比也许算不上什么基本数据。但对于不同类型语言(如英语和汉语)之间的互译,这个占比就具有基本性。教授,如果您能像关注"翻船"事故一样,也关注一下"野人山"灾难,那将是一件功德无量的事。

《记录》还有其他的相关内容,但蒙太奇游戏将到此结束。本节的文字大大超出了预定计划,故将给它一个特殊待遇,写几句关于 IM 之理论技术接力的形而上话语,就当作是结束语吧。

本节超出预定计划的增加部分论述了 HNC 资源建设的基本谋略;素描了语言理解处理 LUP 的基本架构;揭示了自然语言具有"好"(well-defined)景象,而不是"坏"(ill-defined)现象的基本特质;浅说了英语与汉语的根本差异;描述了语言景象里最绚丽的景观——句蜕,语言景象的"好"就建立在句蜕皆"好猫"的基础之上。依托于这一描述,介绍了如下的重要概念或术语:HNC 理论技术接力过程的递棒与接棒;汉语标准要蜕的独特形态架构;机器翻译的"野人山"灾难和"阴沟翻船"事故。所有这些增加的文字服务于一个基本目标,那就是为了向技术接棒者表明,句蜕分析本身就是句类检验的一个关键环节。语言脑在辨认句蜕的过程中就施行了句类检验,因此它抓住的每一个句蜕一定是一只"好猫",除非出现了笔误或口误。初期的图灵脑不可能具有这一天赋,因此它对于抓住的每一个句蜕,都必须施行句类检验,从而发现疑点,以逐步形成并提高自己的自知之明能力。

　　一个带句蜕的大句至少要施行两级句类检验，多级句类检验一定要从最低级的句蜕做起，自下而上，上下呼应。这些，就是句类检验最基本的原则，将成为未来 WM 沙龙贯彻始终的一条主线。句类检验或句类分析的水平就体现在"自下而上，上下呼应"这八个字的运用上，特别是后面的四个字。

注释

　　[**a] 这4个标记性词语都属于句类检验的专用术语，好猫代表句类的基本检验通过；疑点表示个别检验对象（词语）存在疑问；待查有两项含义，一是语块边界的核实，二是句类齐备性检验的核实；另类表示句类的基本检验未通过。句类的基本检验将简称基本句类检验，它是HNC理论技术接力的第一号课题，苗传江博士在其《HNC理论导论》中已有详尽阐释。不过，从句类分析技术的现状来看，作为一个接力性课题，它还有深入探索的必要。用这里的大白话来说，深入的基本内容是两点，一是给出一个好猫本身的接力性描述，二是对(好猫,疑点,待查)三者之间相互组合的状况进行一个比较系统的考察与分析。

　　[*b] 这里的表述希望照顾到各种自然语言，所以使用了"可能"二字。单就汉语来说，那"可能"是多余的，它就是必然。

　　[*c] p好猫的p取自英语的part。

　　[*d] "中学大门口小吃摊"是早已绝迹的一种城市景观，此短语纯属"多余的话语"，但不妨把它当作是历史神游里的一个小插曲吧。旅游需要历史神游的配合，否则旅游的质量就不可能太高。顺便说一声，当代中国的这种配合条件实在太差了，那是传统中华文明大断裂的佐证之一。

　　[*e] 其要点是：一项探索首先要弄清起点的状态，其次要关注"理论-技术-产品-产业"的4棒接力。当代的绝大多数探索不存在起点问题，也基本不存在理论技术接力问题，因为那个阶段早已过去了，那些问题都基本解决了。但言语脑和图灵脑的探索不是这个情况，基本上要从零开始，也就是要从起点问题和理论技术接力问题做起。起点的基本问题是：自然语言符号是语言脑思维过程运用的主体符号么？回答是：No!

　　[*f] 为普及故，本句和下一句都以句式替代了HNC习用的格式与样式。

　　[*g] 该变换属于两变换里的语块构成变换，该变换包括多元逻辑组合与句蜕之间的相互变换，这是一项特定的变换，主要发生在辅块里。

　　[*01] 认知心理学当前是一个经营有方的杂货店，但不是超市，与沃尔玛相比，还有很大的距离。

　　[*02] 这里的舍弃本质上就是上节所说的舍弃，这就是说，舍弃不仅存在于记忆转换环节，也存在于记忆输入接口环节。这意味着舍弃这个东西存在于语言理解处理全过程的两头。若果然如此，那就很难想象，这个东西会在该过程的中间环节完全消失。舍弃这个术语与话题是为了未来的图灵脑而引入的，该术语的最终选定很费了一番周折。最早的时候有3位候选词：抑制、掩蔽与舍弃，放弃"抑制"是为了与神经生理学切割，放弃"掩蔽"是为了与意识心理学切割。第一项切割是由于图灵脑是纯粹的物理学，不涉及化学和生物学，第二项切割是由于意识心理学主流学派的关注点依然是一些离奇古怪的东西，对图灵脑采取漠视或否定态度。

[*03] 语音IM超级天才有不少杰出人物，清华大学国学研究院四大导师之一的赵元任先生就是其中之一。语音IM的下愚也存在，笔者就是。一个在北京生活了一个甲子以上的人，普通话竟然完全不合格，尾音"n"与"ng"的区别，说不出来，也听不出来。回到阔别多年但毕竟曾经连续生活过7年的故乡，竟然听不懂大量的故乡话语。当时笔者自己也很错愕，后来才明白，那主要是由于笔者幼年生活过的仰山堂，有自己的一套独特语音，那独特性导源于两个因素，一是仰山堂建筑的隔离性；二是历代多位仰山堂媳妇来于外省外县。

[*04] 20世纪的中国对文字IM天赋的存在性，持一种绝对否定的态度，这十分奇特，并据此采取了若干重大行动，从而对20世纪的中华文明大断裂作出了不小的贡献。中华文明的特殊性及其20世纪大断裂是一个十分复杂的重大文明课题，前文曾依托于对一些概念树的阐释略有所说，散布于不同的概念树。其要点是：面对列强的全球征服浪潮，当年中国可采取的最佳对策是仿效地缘态势曾十分类似的俄罗斯，政治上强化中央，经济上大办实业，在此基础上大力推进军事变革，这些举措才是"那个最危险时候"的"大急"。这些举措当然会牵涉到整个文明传统的一系列变革，但对文明传统不能使用枪毙（现代叫休克疗法）的简单方式，不能搞大断裂。不过，回望当年则不难看出，辛亥革命以后，要在中国进行第二次十月革命，枪毙传统中华文明的休克疗法确实是一个无与伦比的政治高招，拿准了政治谋略的急所。传统中华文明不是扶不起的阿斗，前文对此给予了许多分散的论述，这里想推荐的是一项概括性说明，原文拷贝如下：

中华文明的基因特征是：神学哲学化，哲学神学化，科学边缘化，始终未能形成神学、哲学和科学各自独立的完备学术体系，本质上无宗教信仰，可简称"三化一无"。但是，"三化一无"并非"百无一是"，其"愚者千虑之一得"对后工业时代的文明建设或许具有极为重要的启示意义。当然"三化一无"说需要专家的训诂，本支节将仅从世界知识的视野对此作两点论述。第一，传统中华文明是世间唯一的无神论文明，这一论点与"神学哲学化"相对应；第二，传统中华文明是世间唯一的理想型或理念性文明，这一论点与"哲学神学化"相对应。要想认识中华文明的特色，要想认清中华文明的优势与弱势，就必须抓住这两个要点。（见"理想行为73219的世界知识"支节[123-2.1-1]）

此段文字，是笔者多年文明思考的心得，是坚信第二世界得以继续存在、第二文明标杆必将在未来得以建立的依据。从当下中国社会状态的表象来看，该依据确乎已经荡然无存。但是，此特定依据的所指并不是一个社会的表象，而是一个社会的文明基因。中华文明基因存在于中国人的语言脑里，就如同犹太人的文明基因存在于其语言脑里一样，语言脑里的那个文明基因会那么容易荡然无存么？

[*05] 该段话语见《理论》pp25-26，拷贝如下：

语言文字作为一个整体，都具有音、形、义三极，不过"形"这一极在西语里居于从属地位，所以传统语法理论只提音义两极。但汉语是典型的三极语言。两极意味着对义的表达只有音一种手段，这种语言基本不依赖于文字而独立发展。三极则意味着对义的表达有音形两种手段，文字与语言同步发展并对后者产生重大影响。对音的运用属于人类的本能，对形的运用则涉及更高级的智能，因此，汉语对音形两种表意手段的运用必然体现更多的智能性，这是它的长处。但同时又限制了它对语音本能的充分运用，这又是它的弱点。汉语的这种双重性在词汇构成方面表现得最为明显。语言的发展从词汇起步，词汇的基本功能是命名，在命名方式上，汉语与西语的巨大差异不仅饶有趣味且极富启发性。古汉语的基本命名以单音节为限，几乎不越雷池一步，显得非常原始和笨拙。西语对一个命名的音节数量则不加约束，显得十分灵活和洒脱。但是，命名的需要随着社会的发展而层出不穷，当新的需要出现时，汉语采取以原有单音节汉字重新组合的方式予以表达，充分显示出其灵活和洒脱。西语则恰恰相反，原有词的音节数量一般已不适于再行组合，不得不采取另造新词的原始方式，从而显示出其灵活中的死板和洒脱中的笨拙。这样，汉字就成了一个Chinese character和word的混合怪物，两千余年来基本上只减不增。依靠约一千多个充分基元化的汉字，汉语对新概念的表达应付裕如。这确实是一个有力的启示，表明菲尔墨和山克所追求的概念基元（primitive）的完备集合应该从汉语的这些充分基元化的汉字集合里去寻找。

[*06] 文字IM天赋的研究涉及脑力开发的课题，也涉及某些脑部外伤疾病的治疗课题。语言IM都需要动用大脑的左右两半球，但文字IM的动用强度可能更大一些。这些课题都很有趣，但并没有现成的答案。

[*07] "K类语言"说前文曾多次提到，但并未给出定义，仅略说过英语、汉语和阿拉伯语原始书写方式的巨大差异，从而让它们分别充当世界第一类语言、第二类语言和第三类语言的代表。

[*08] 量子纠缠的英语表述是quantum entanglement，也译为量子缠结。

[*09] 在HNC探索刚走过第一阶段之后，为生存所迫，曾不得不去直接面对语音文本的音词转换处理，《理论》的论文3（pp60-79）反映了那段时光的无奈挣扎。

[*10] 笔者接触古文的过程分两个阶段，第一阶段从4岁起，历时6年多，那是抗日战争期间在仰山堂的事。依据父亲写定的古书清单，老师仅教我背诵，不得作任何讲解，这是父亲的严格规定。第二阶段从11岁起，历时2年多，那是抗日战争后的事。大约父亲认为我可以继承家学，决定以传统方式亲自指导我的学习，不进学校。这段时间才对以前背诵过的小部分古书略有理解。不过，在那段时间里，一有机会，我就瞒着父亲进入武汉大学图书馆顶层的阅览室，已经是"身在曹营心在汉"了。1948年春，实际上相当于武汉大学子弟学校的东湖中学成立，我终于得以结束那"**一段极度奇特的生涯**"。

[*11] 该论证者是一位语言哲学家，叫塞尔(John Searle)。

[*12] 这里的"天机性"有两项含义，一是HNC提倡的"二生三四"说，二是长期存在于中国的4级行政管理体制，如今的名称是中央、省、地、县。

[*13] 这一延伸符号的意义请参阅本《全书》的[230-1.1.2]小节。

[*14] 关于逗号的"充分条件"说适用于现代汉语，但不适用于英语，现代汉语为此创新了一个符号"、"。此贡献非同小可，但也不无遗憾。所以，对充分条件加了引号，因为许多语习类概念对应的词语不必独立打包，但它们也常带"，"。

[*15] "痛心疾首"无不与理论技术接力有关，这里的小弥补不过是提醒而已，不是代劳。

[**16] 这关系到多元逻辑组合和串联第一本体表现这两个紧密相关课题的研究。当该项研究遇到具体概念和x类概念时，天空就会出现曙光，从而为相应规则（包括自身的组合规则和不同语言之间的变换规则）的制订指明了阳光大道。遗憾的是，许多研究者都与此天赐良机失之交臂。多元逻辑组合属于概念树l45，串联第一本体表现（含vo、ov与ou）属于一级延伸概念l42t=b，笔者在撰写相应章节时，搞一点接力又何妨？可是当时纯理论本分的想法杜绝了这一努力，铸成了意外遗憾。

[*17] 这就需要用到迭句的概念，汉语偏爱迭句，英语罕用；汉语偏爱简明状态句，英语罕用。两语种在语句层面的这一表象差异，与"汉语四合院"和"英语高楼大厦"的表象密切相关。这是一个很有趣的课题，对于英汉两种语言互译的句式转换具有重要实践意义。机器翻译的理论技术接力探索有许多战场，这是其中最容易取得成效的战场之一。可惜在专利文献的机器翻译中，用处不大。所以，这里写下这些话，仅聊以备忘而已。

[*18] 合适感或合宜感这个术语不是笔者的发明，而是来自于亚当·斯密先生的《道德情操论》，英文是the senes of propriety。

[*19] 基本句类总数的原说法是57组，希望读者忘记这个数字。

[**20] 前文曾多次提到HNC得益于训诂学的启示，曾给出过简略诠释。但在专业意义上，笔者是训诂学的绝对外行，不能不低调说话。不过，这里要说一句，言语脑天性的探索是一个关于语言本体的实质性课题，西方传统语言学一直回避这一课题，这是它的明智性表现，中国训诂学不具有这一明智性，这是它在20世纪曾惨败于现代汉语的原因之一。故笔者近年常念叨"莫以成败论英雄"的汉语古训。

[**21] 孤魂是HNC探索《理论》阶段常用的术语，《定理》以后不再使用。近年，日益感受到其独特的激活价值，准备重新启用。但其约定范围将小于原来意义上的孤魂，孤魂的选定将与"灵巧字典"和"lf词典"的建设结合起来进行，这是一个事关HNC理论技术接力的大课题，如今在酝酿中，拟通过一系列小沙龙而逐步启动。

[*22] "lf词典"是指关于"语习逻辑f"的专项词典，不同语种之间差异很大，汉语与英语之间更是如此。也许已经出现过这样的词典，但如果缺乏语习逻辑的明确认识，"lf词典"不可能满足或符合语言理解处理的要求。

[*23] 4"流水"里的对象和内容是取句类空间的定义，还是取语境或记忆空间的定义？这是一个有待探索的大课题。这里只是提出来，留给后来者去完成。

[*24] 本注释略述"样板句类"的若干原则问题。

"样板句类"这个术语是最近提出来的，但其原始思考则在《理论》里已有大量描述。占据着新旧基本句类表最醒目位置（头与尾）的两个句类（XJ和S04J）曾是笔者心目中的样板，《理论》曾为它们花费了大量文字，但前者最终却失去了独立进入"样板句类"的资格。

原则有理论性主导与实践性主导的基本区分，"样板句类"的原则属于实践性原则，这是首先需要明确的。"样板句类"的实践性原则大体可以概括成以下5个要点，列举如下：

要点01，服务于3层级语言概念空间之间的贯通；

要点02，服务于不同代表性语言之间的句类转换指示；

要点03，服务于语块构成的复杂性指示；

要点04，服务于句类检验的捷径指示；

要点05，"样板句类"一定要配置相应的"灵巧字典"。

这5条服务性原则是HNC一以贯之的老调，因为HNC深信言语脑理应如此。但为什么缺乏一个强有力的集中表述？那是对接力环节采取"若即若离"态度的缘故，而这种态度乃是"审时度势"的必然结果。不过，其中的要点02和要点03毕竟有一个不错的开端，前者有张克亮教授的专著，后者有李颖、王侃、池毓焕的专著《面向汉英机器翻译的语义块构成变换》。

S04J由于符合两项要点标准（02和04）而入选"样板"，XJ则由于无一符合而落选。

[**25] 本注释略述"样板句类"和"灵巧字典"的一些技术性问题。下面的文字将涉及一些回顾，重提那些陈年旧事，对读者一定是沉重的负担，其探索价值也不好把握或展现，只好姑妄写之。

基本句类代码的数字表示大体上仅触及主体基元概念的概念树，连相关概念树的一级延伸概念都基本没有进入，这成了HNC的一块心病。汉语广义作用句的句式变化具有非常独特的表现，现代汉语研究仅注意到"把"字句之类的语言现象，完全局限于就事论事的形而下描述，缺乏一个形而上的理论提升。于是，HNC及时引入了格式这个概念或术语，对汉语广义作用句的独特句式变化加以概括。但是，却把一项"水到渠成"的同步性理论提升"得意忘形"掉了，那就是：广义作用句与广义效应句的句式应该赋予不同的命名。于是，样式的正式命名竟然迟到了15年之久。这件事，是HNC的另一块心病。

这两块心病曾不断作祟，最典型的事例有：①SO41J和SO42J句类代码的荒唐引入；②句式符号表示"各自为政"，迄今未作终极清理。两块心病作祟度的减弱与消除过程屡经周折，很不顺利。不过现在可以说，其终极结束的标志是句类新表的制定和"样板句类"框架的草拟。不言而喻，制定与草拟存在本质差异。关于制定的基本思考已经交代过了，下面说一下关于草拟的有关思考。

"样板句类"的草拟框架包括下列思考，以草框Om(m=1-4)编号。

——草框01："样板句类"的基本知识有三：①句类代码SCJ与主体基元概念的挂接；②领域DOM与领域基元概念的挂接；③GBK核心要素与各类概念基元的挂接。这3项挂接知识简记为挂接1、挂接2和挂接3，三挂接都属于前文定义的外使。

这3项挂接知识都需要作深入研究，这里仅浅说一下挂接1与挂接3。

1997年举办第一届HNC培训班的时候，不少学员反映，词语的作用效应链划分往往十分困难，尤其是过程、效应与状态的划分。这项反映给笔者留下了深刻印象，当时的答疑效果多半是越答越疑。现在回想起来，如果当时拥有XOP4J使团、XYOJ使团、SOR62J使团和SOP4J使团的教材，其中的4位第一号使节就是非常有说服力的教员。

挂接3最值得研究的课题是其速效特征，具体挂靠概念的速效性最为显著。可惜，此项特征似乎未受到应有重视。具体挂靠概念的速效性首先来于该类概念的顶层5分：(rw,gw,pw,o,oj)。这5组符号本身及其前挂符号x所蕴涵的信息或世界知识弥足珍贵，是扫荡诸多流寇、特别是流寇13～16的利器，岂可不善加运用，甚至不知运用！说句比喻性话语吧，这5组符号所对应的名词大多属于名词里的"婆罗门"，如果编辑一部"婆罗门"名词词典，那就是创新，更是善哉。

——草框02：同一句类代码可用于不同领域。

本草框与下一个草框都是十分重要的命题，都是HNC理论技术接力里的"大急"课题。HNC以往关于这项课题的论述存在一定的误导或失误。通过这两个命题的陈述方式，希望能够产生一定的纠正效应。

在"样板句类"的4项示例里，前3项都用于多个领域。它们已为此项课题提供了必要的感性认识，下面说两点理性认识的话语。

第一点：句类空间的成员以百计，而语境空间的领域成员却以万计，这意味着草框02所表述的命题具有天经地义特征。

第二点：领域不仅有类型的区分，还有作用效应链的区分。就主体语境的概念树来说，多数概念树是作用效应链的全方位呈现，但也有部分概念树侧重于作用效应链的特定环节，最有典型意义的示例如表4-15所示。至于语境概念树的延伸概念，具有全方位呈现特征者属于罕见情况。即使是含有语言理解氨基酸"β"的延伸概念，其全方位特征，一分别说就完全失去了。

表 4-15　侧重作用效应链部分环节描述的语境概念树示例

HNC 符号	汉语说明	优先句类
7101	对广义作用的心理反应	X29J//
7102	对广义效应的心理反应	X20J//
7103	对关系另一方的反应	R01X21J//
7111	对事业的态度	X21XJ//
7112	对亲情的态度	X21R11J//
7113	对友谊的态度	X21R21J//
7121	期望	X20Y0J//
7122	愿望之实践	X21Y0J
7123	愿望实践后	(S0T0J;S6Y0J;S3Y0J)

　　领域的类型区分是纯粹的理论范畴，领域的作用效应链区分有所不同，它可以纳入理论技术接力范畴。本《全书》正是这么做的。然而，这并非最初的撰写意愿，《全书》最早撰写的部分留下了相应的痕迹，曾多次嘱咐池毓焕博士加以保留，特此说明。

　　——草框03：同一领域可以容纳众多句类。

　　本命题特意使用了众多这一词语，此众多，非通常意义的众多，而是对(jD;jDm;D;Dm)等句类的刻意强调。在奥巴马国情咨文的语料里，我们见识过jDJ的特殊表现。

　　——草框04："样板句类"未必在对应领域的描述中实际呈现。

　　HNC曾反复表达过这样的态度，对诗歌、神话、童话等文体，HNC无能为力，这基本是由于对草框04现象存在一种畏惧心理。但有时也流露过比较乐观的态度，那是由于觉得该现象HNC未必不能对付。

　　[*26]"深思"的话语显得突兀，下面的说明没有给出任何"举一反三"的启示性文字。这种需要"反思"的例子不胜枚举，HNC"深思"得过来么？如果部分读者有这种想法，那很自然。但这里要说，这个问题前文已有系统回答，质疑者需要的只是：静下心来回味。

　　[*27]在《理论》阶段，这一EK组合方式曾备受重视，命名为作用型组合，以特殊符号"#"表示；对应的效应型组合以特殊符号"$"表示。在现代汉语里，这类词语的绝大多数属于词典的非收录词，因而构成了流寇13（动态组合词识别）里动词部分的主体。收录的词语通常又已有现成的延伸符号表示，用不着该特殊符号。于是，该命名与符号就沦落为"英雄无用武之地"而被遗忘。特殊编号"外使"的左侧，本可以写成"X#伤"的形态。这里认同了该遗忘的现实，但以符号"X,"的组合方式进行了实质性继承。

　　[**28]这里的"充分依据"关系到一项特别紧要的汉语接力课题，该课题的标准HNC符号结构是：

　　　　(19,v,B//C,的,B//C)

　　IU应具有一种快速反应能力，那就是把这一结构与"<!12SCJ>"联系起来。这样的接力课题屈指可数，笔者曾建议李颖和池毓焕两博士把他们的《面向汉英机器翻译的语义块构成变换》专著重写再版，为此类有限的重大接力课题提供一个接近"蓦然"境界的解决方案。

　　[*29]"图灵脑必然固有弱点"是一个重大话题，这里似乎是本《全书》第一次提到，果如此，应不难得到理解。

　　[*30]这里关于司令与司令部的概括方式隐含着一项省略，那就是以SC替代了"SC与MSC"。司令

与司令部需要加以区分，过去似乎也忘了及时交代一声。

[*31] 本句群取自《史记》，是3个并联的相互比较判断句jDJ，这里省去了"吾不如萧何"部分。该句类应列为"样板句类"的贵宾，理由如次：①其GBK(DBO)之一必须带有内容DBOC，不允许缺省；②内容DBOC可以变换成参照辅块Re或原蜕；③该句类是jDO*OJ（参照比较判断句）和jDO*J（待命名）的源头。这3项句类知识非常宝贵，也便于利用。另外，汉语和英语的对比研究也非常有趣和有实用价值。凡是贵宾级的样板句类都值得写出专文，惜乎这样的论文所见太少。顺便说一声，贵宾级的广义作用和广义效应"样板句类"今后将分别用他和她来指代。

所选句群洋溢着古汉语的"四合院"之美，这种美，可意会而难以言传。

[*32] "将"有两种读音，实际上是两字一形。正是由于考虑到这一点，在概念林"10主块标志符"的论述中，"将"字未纳入概念树"102对象B"论述的示例汉字。

[*33] "二原则"是对"三二一"原则的分别说之一，有"三原则"和"二原则"之分。前者是三看齐原则的简称；后者是二对仗原则的简称。至于验证原则，当然就不必多此一举，引入什么"一原则"的说法了。

[***34] 这里特意分开讲"句类的确认和语境的确认"，是句类代码的分别说，后者不过是领域句类确认的简称。就句类代码来说，领域信息的携带与否，完全不影响该代码的形式，即句类与语块的符号形式。但语块之间的内容联系或联想脉络则呈现出天壤之别，曾将这一巨大差异比拟成伽利略时代的望远镜和现代的哈勃望远镜。这就是说，句类代码这个概念或术语有非分别说和分别说的区别，当然，这一区别不是在任何时候都需要搞得泾渭分明。但以往的论述有一个基本弱点，那就是对句类分析之伽利略效应和语境分析之哈勃效应的具体阐释都远远不够。

本注释之所以披上三星级桂冠，就是希望它能对以往论述的基本弱点有所弥补。但采取的方式不是大白话式的陈述，而是"一叶知秋"式的分析。

叶子的选择似乎需要十分考究，但实际上可以信手拈来，这个道理将放在本注释的最后来叙说。

基于信手原则，本注释将从上面的古典句群说起。为阅读便利，这里将句群拷贝如下：

	粗略标注	精细标注
{将|百万之军}，	1LSCJ	1{!01S001R41J}
{战|必胜}，	2LSCJ	2{jD2Y0J}
{攻|必克}，	3LSCJ	3{jD2Y0J}
吾||不如||韩信。	GSCJ=:jD0J	DBOC:=(1+2+3)LSCJ
{运筹|帷幄之中}，	1LSCJ	{!01D1SJ}
{决胜|千里之外}，	2LSCJ	{!01Y001J}
吾||不如||张良。	GSCJ=:jD0J	DBOC:=(1+2)LSCJ=:{P21J}
{人|不犯|我}，{我|不犯|人}；		
{人|若犯|我}，{我|必犯|人}。		
{We| will not attack} {unless we| are attacked};		
{if we| are attacked},{we| will certainly counter-attack}.		

[*35] 这里只提出问题，未作回答，故意卖了一个关子，因为这个话题前面已经讲过太多次了。

[*36] β是语理理解基因第一类氨基酸里的宝贝，是延伸概念面体说描述的标志，前文多次有所论述。故这里用它来描述理解处理模块的形而卡（形而上+形而下）特征。

[*37] 这里加传统二字是由于不能不考虑到同性婚姻这一现代怪象，该怪象目前还仅出现在第一世界。

[**38] 理解主义也许是个新词，故前面加未来二字，对应的英语可以是understandism。HNC强调语言理解的重要性，仅仅是为了弥补语法学的根本弱点，但绝不主张理解主义。主义无不走向点线说的片面与偏激，而背离团体说的全面与宽容，故HNC曾多次发出"何必主义之以对立"的感叹。

[*39] 此论断的大白话表述是："的"字是汉语非原蜕的唯一标记工具，包装句蜕必须用"的"来标记它的包装品，要素句蜕也必须用"的"来标记它的核心要素，无论该核心要素是动词、名词或形容词。不言而喻，该论断以句蜕这一概念的存在或建立为前提，没有句蜕，也就没有这个论断。该论断明确指出了"的"字的一项特殊语法功能，对某些现代汉语现象的描述极为重要。以游戏"咬死了猎人的狗"为例，如果这样来描述：这是一个省略了主语（施事）的语句还是一个要素句蜕？那么，它不仅显得简明扼要，而且带有尖刀的明亮，没有抹布的灰暗。如此简明而重要的论断，传统语法学反而难以发现，因为它缺乏句类和句式的学理根基，故丝毫不足为怪。不过，这个想法的明朗化是HNC探索后期的事，在此之前，难免会对现代汉语语法学家（如朱德熙先生）的某些论述说过或写过一些多余的话。

[*40] 前者摘自《老子》第六十章；后者摘自《孙子兵法·势篇》。

[*41]"的"不只具有上述两种语法功能，还具有一种语习功能，这一点，请读者自行温习。为区别"的"的上述3种功能，不妨分别名之句蜕"的"、常规"的"和语习"的"。"句蜕语法对应性"和"常规语法对应"似乎是两个刚引入的新说法，实际上不过是老调新弹，《全书》第二卷已作了充分论述。故有"请读者自行温习"的话语。

[**42] 标准要蜕拟变成一个专用术语，其定义如正文所述。此外，还拟引入另外两个专用术语，一个叫扩展要蜕，另一个叫从句要蜕。前者专用于4主块句GBK要蜕的描述，后者专用于英语从句现象的描述。标准要蜕是汉语与英语的共相，也许是所有自然语言的共相。从句要蜕则是英语的殊相，或第一类自然语言的共相。汉语不存在从句要蜕，因为它不具备构造从句的语法工具。名不正，则言不顺，在句蜕探索的沙龙中，常有不顺之感。故有上列三拟，拟者，建议也。

标准要蜕虽然是汉语与英语的共相，但仍具有各自的个性，其基本内容如下：①英语不存在EK要蜕，汉语的EK要蜕一定与英语的多元逻辑组合对应。②在形态上，英语也存在3种标准要蜕，传统语法叫非限定性短语，HNC以(to, -ing, -ed)区分之，或以to要蜕、ing要蜕、ed要蜕戏呼之。

但是，(to, -ing, -ed)不是仅用于要蜕，也用于英语的迭句。这就是说，(to, -ing, -ed)并不是免除劲敌2困扰的"金牌"，汉语与英语之间，只存在劲敌2困扰度大小的差异，而不是有无的差异。但是，(to, -ing, -ed)确实是辨认"Eg"与"El"的3块有效"金牌"，此"金牌"的汉语缺失有时会造成一种"动词满天飞"的吓人景象。但该景象绝不意味着汉语的"世界末日"，在语言理解处理8大基本模块的视野里，该景象不过是语言盛宴里一瓶美酒的华丽瓶塞，晋耀红教授领导的团队正在为打开这个华丽瓶塞进行着卓有成效的努力。

当然，8大基本模块的全面运作不只是一个瓶塞问题，这是一项创新度非同寻常的伟大科技工程，它符合后工业时代的文明生态需求，将为大脑奥秘的探索开启一条"避开独木桥、进入阳关道"的先河。阳关道的3大标志是：要善于运用广义作用与广义效应的类与句式知识；要善于运用3大类句蜕的形态或模板知识；要善于运用领域句类代码的哈勃效应知识。《论记忆》希望对"阳关道"的3大标志都给出一些提示性说明，提示而已，既不全面，更不深入。关于标准要蜕的论述，本来希望做得像样子一点，但结果不过如此。这不是有意偷懒，而是力有不及，请读者见谅。

[*43]"句类检验的反推方式"是第一次见诸文字，它是指从形式到内涵的推演过程。例如，如果已知一个语句的主块数量有4个，就可以断定它一定是广义作用句；如果已知一个语句的主块数量只

有2个，在排除省略因素以后，就可以断定它一定是广义效应句。

[*44] WM是"未名"汉语拼音的缩写，笔者的母校有个著名的未名湖，仅借以略示纪念。这里说一下关于汉语标准要蜕的两个细节。一是关于GBK1要蜕里"l9y"的附属约定：它可以紧靠"v"，也可以不紧靠，中间插入别的东西，但那东西一定不能是NP，故未施符号"…"。二是每一个标准要蜕的架构形态都包含两个NP，其长度未加限制，这意味着在那些NP里可能出现常规"的"。一段IM文字流里，多个"的"的出现就可能意味着劲敌与流寇的交织呈现，常规"的"与要蜕"的"的辨认属于劲敌02，多个常规"的"的串接顺序辨认属于流寇01。对汉语来说，无论是NLP还是LUP，这两件事都属于"大急"。故曾以"的"之战名之，并列为汉语分析战斗系列（曾戏称赤壁之战）的第一号战斗。

[*45] 冒充体说通常是单一理性的杰作，特别是单一浪漫理性的杰作，前文曾提及，尼采哲学和马克思答案都是冒充体说的典范，至于当前第一、第二和第四世界提出的许多主流理论，则更是等而下之的冒充体说了。语言学容不得浪漫理性，冒充体说的情况比较少见，但语言学界之外的浪漫理性学者一旦介入语言学，就可能上演冒充体说的闹剧。

[*46] 这里特意使用了"比较容易辨认"和"更易于辨认"的差异说法，依据是：前者属于混合句类S04jD0*1J，后者属于基本句类R410J。但是，对于上述差异，不宜过于叫劲。如果把前者标注成S04J，当然是一项失误，但不会铸成大错。言语脑或未来的图灵脑不会出现这样的失误么？天知道！

第3节
记忆输出接口 OM 浅说

本节名为浅说，实为杂谈，两者的区别见下一章的引言。因此，上一节所采用的各种追问方式，本节一律回避。

记忆输入接口 IM 与耳、眼相对应，记忆输出接口 OM 与口、手相对应。耳与口分别对应于语音流，眼与手分别对应于文字流。

语音学对口与语音流的关系已经进行了系统深入的研究，这里的口包括喉（声带）、舌、鼻、唇4大部件。本节所说，完全不涉及语音学的专家知识。

语言流有语音流和文字流之分，上一节主要围绕文字流的理解处理展开讨论，本节类似，将主要围绕文字流的生成展开讨论。中心问题是：语言脑或言语脑如何生成一个文字流？本节标题表明，HNC 把这个问题概括成"记忆输出接口 OM"。此概括合适么？本节所说，实际上仅限于对这个问题的回答。

记忆输入接口 IM 和记忆输出接口 OM 都是语言脑系统的一个不可或缺的部件。上一节，以表 4-8 为依托，素描了 IM 在语言理解处理整体架构中的地位，本节将依样画葫芦，如表 4-16 所示。

表 4-16　语言生成处理基本模块 LGPm(m=1–6)

模块命名	HNC 表示式	HNC 编号
主题认定 (Theme Determination)	TD => SIT	LGP1
语境单元认定 (Determine SGU)	SIT => DSGU	LGP2
记忆唤起	(SGU+CSE+ABS) => DM	LGP3
(对象内容+步调方式)选定 (步调方式:= BF; S := Select)	DM => S(BC+BF)	LGP4
句类句式选定 (JJ :=句类句式)	(BC+BF,CSE,SCJ) => SJJ	LGP5
词语对应性处理 (Word Homologue Processing)	(SGU+SCJ) => WHP	LGP6

　　读者不妨把表 4-16 同表 4-8 比照一下，可以清楚地看到以下三项差别。①两者的基本处理模块数量不同，那是由于语言生成处理不存在劲敌降伏和流寇扫荡这两个环节的缘故。②LGPm 模块的顺序大体上是 LUPm 顺序的逆。③动态记忆 DM 从 LUP 的后台登上了 LGP 的前台，因为在 LGP 里其核心地位更为突出。

　　两张表存在两大对应性：①语言生成处理 LGP 的 6 大模块中，LGP3 是核心模块，这与 LUP4 在 LUP 中的地位完全对应；②两大处理系统的最后一个模块都是最麻烦的，LGP6 的麻烦程度更为突出。

　　这里就便说一声，上述两大对应性应完全适用于言语脑，但并不完全适用于未来的图灵脑，因为图灵脑不必在语言面具性方面花太多工夫，它可以采用一种图灵式语言，其形态大体对应于前已大量给出的各类概念关联式 CSE。

　　核心模块 LGP3 的汉语名称叫记忆唤起，这里的记忆是广义记忆，包括隐记忆和显记忆，其 HNC 符号充分展示这一点。这里要特别提醒读者注意的是，在"句类句式选定 JJS"（LGP5）的 HNC 表示式里，概念空间信使 CSE 再次出现。该表示式体现了 HNC 关于语言生成的一项基本思考或假设，概念空间信使 CSE 和基本句类代码 SCJ 两者是一切语句的始祖。

　　表 4-16 的整体思路就不作进一步说明了，下面仅交代一下表里出现的 3 个 HNC 新符号：BF、JJ、WHP。BF 取自"步调方式"汉语拼音的首字母；JJ 取自"句类句式"汉语拼音的首字母；WHP 则取自英语相应词语的首字母，表里给出了说明。

　　有人说，JJ 可以理解，因为英语没有相应的词语，但 BF 就不好理解了。回答是：这里的步调和方式，是综合逻辑意义上的 s10a 和 s219，这两项一级延伸概念在英语里没有直系捆绑词语，只好出此下策了。

　　本节匆匆止于此，本章也止于此。这种偷懒行为实在太离谱了，请原谅。

第五章

广义记忆(MEM)杂谈

　　本章的标题不取浅说，而选取杂谈。浅说意味着还有深说，并带有一定的探索性，杂谈则可以避开这两点，这是本章与上一章的基本区别。但两者又有共性，那就是随意，不理会现代论文或专著所要求的各种形式规范。

　　本章也分 3 节，目次如下：

　　第 1 节，关于广义记忆的补充说明。

　　第 2 节，记忆特区杂谈。

　　第 3 节，拷贝记忆杂谈。

第 1 节
关于广义记忆的补充说明

　　HNC 定义的语言脑广义记忆包括隐记忆和显记忆，隐记忆包括语言概念基元 CP、句类 SC、语境单元 SGU 和语言概念空间信使 CSE。在上面的表述里，有充分理由在这四样东西的前三样前面加上"全部"的修饰语，但考虑到第四样东西的特殊性，只好把这个诱人的修饰语删掉了。

　　在语言脑或言语脑里，上述四样东西都具有可爱的共相性和有限性，共相性与有限性相互依存，共相性是有限性的依据，有限性是共相性的效应。这种哲学意味浓重的话语一般情况都令人厌烦，但这里不是谈哲学，而是"就事论事"。这"事"专指语言脑，不管大脑的其他部件或回路。没有共相性，不同自然语言之间的沟通如何能够进行？没有有限性，儿童的语言学习过程怎么可能那么轻而易举？"就事论事"的论证就可以如此简明。

　　本《全书》已经对上述四样东西给出了力所能及的系统说明，但四者毕竟是有关学术领域的四位新面孔，读者要真正熟悉他们并不容易。所以，这里要做两件事:一是拷贝笔者 4 年前写的一段文字，二是把笔者对四位新面孔的复杂认识过程做一个简略回顾。拷贝文字[*01]如下:

　　　　记忆公理说"语言记忆是语言理解的前提与结果，没有语言理解就没有语言记忆，没有语言记忆也没有语言理解"。这个论断里，记忆和理解都出现了 3 处，3 处理解具有相同的内涵与外延，但 3 处记忆则具有不同的外延。为叙述便利，下文将把这 3 处记忆依次简称记忆 1、记忆 2 和记忆 3。

　　　　记忆 2 对应于通常所说的记忆，上文曾名之语言记忆，也就是 HNC 命名的语境生成或语境，是语言记忆的可自感 (可回忆) 部分，可名之显记忆；记忆 3 则由稳定记忆与动态记忆两者构成，稳定记忆包括语言理解基因的基础结构、上层建筑、主体信息渠道和输入接口转换器，是记忆的不可自感 (不可回忆) 部分，可名之隐记忆。动态记忆大体相当于心理学的工作记忆，它又分为两部分，一是语境生成过程的过渡信息，最终不纳入显记忆，二是从已有显记忆里临时调用的相关记忆片段。

　　　　记忆 1 是记忆 2 与记忆 3 的总和，可名之广义记忆，包含显记忆、隐记忆和动态记忆这三种记忆类型。

　　　　记忆力是指显记忆的能力，它强关联于一个人的知识面，但弱关联于一个人的智力。智力主要决定于隐记忆和动态记忆的能力，从这个意义说，智商是一个有待改进的概念，因为它既未作显记忆、动态记忆、隐记忆这 3 种记忆类型的区分，也未作智能与智慧的区分。而这样的区分对智力的研究或所谓脑力的开发至关紧要。

隐记忆能力是大脑智力的核心指标，是大脑软件"编程"与"试运行"进度的基本考核指标，对这项指标的研究需要新的思路，HNC团队有责任推进该思路的酝酿与完善。

这段拷贝文字里的"基础结构、上层建筑、主体信息渠道"，后来在本《全书》里给出了更具体的说明，基础结构对应于基元概念、基本概念和逻辑概念的范畴-子范畴-概念林-概念树-延伸概念的划分，其中的广义主体基元概念或广义作用效应链是基础结构的核心；上层建筑对应于全部句类、语境单元和显记忆；主体信息渠道则被另外两个术语"概念关联式"或"概念空间信使 CSE"替换，并对 CSE 给出了花样繁多的类型区分。

简略回顾如下：

20年前（1993年），主体概念基元和基本句类的有限性景象已经分别被抓着牛鼻子了，但概念基元 CP 有限性的全貌式描述迄今仅接近 3/4，句类有限性的全貌式描述 2012 年才告完成。10年前（2003年），语境单元 SGU 的有限性景象也被抓着牛鼻子了，但其全貌式描述迄今也仅接近 3/4。至于语言概念空间信使 CSE，只能说已经给出了足够的样板。

对于这两个尚未进行的 1/4，笔者将不继续采取全貌式描述，而改用素描方式。但是现在可以说这么一句话，这四样东西里最关键、最急需的部分已基本就绪。如果把语言脑的运行看作是广义记忆的绚丽演出[*02]，那么现在就可以说，图灵脑探索工程的隐记忆条件（即理论条件）已经具备，没有理由再继续等待了。

当然，广义记忆的绚丽演出还必须具备显记忆的雄厚支撑。上一章对显记忆的各种形态进行了全方位的描述，本章仅就其中的两个环节，在以下两节里作点补充。

注 释

[*01] 这段拷贝文字取自笔者向第四届HNC与语言学研讨会提交的论文《把文字数据变成文字记忆》。

[*02] 其实，大脑其他部分的运行都可以这样说，不过，当前对那些部分的隐记忆特征所知太少。

第 2 节
记忆特区杂谈

上一章从领域记忆（隐记忆与显记忆的相互作用）和对象内容记忆这个不同的视角考察过记忆特区这一话题，这里将从一个特殊的视角，对此进行杂谈，那个特殊视角叫观念及其特区。

观念 d3 是主体语境概念林之一，是领域记忆的一个分支，是深层第三类精神生活里的老三，它上面还有老大理念 d1 和老二理性 d2。笔者近年常常在想，在所有主体语境的 50 片概念林里，也许观念 d3 这片概念林最为特殊，似乎唯有它会形成一种记忆特区，将名之观念特区。观念特区的基本特征是其绝对排他性，凡与自身观念有所不同的观念就是异类，必须加以剿除或消灭。然而，观念特区的基本特征并不是观念自身的基本特征，观念特区视野里的景象很可能不是事物的本质与真相，而观念自身视野里的景象才更接近事物的本质与真相，辩证法的真谛集中体现于此。前文曾多次指出，辩证法体系的集大成者（如黑格尔先生）实际上并没有认识到这一点，因为他们自己就带着观念特区的有色眼镜。

不同的文明具有不同的观念特区，不同的主义会造成不同的观念特区，亨廷顿先生所说的文明冲突，实质上是在谈论观念特区的冲突。在农业时代，基督文明和伊斯兰文明之间确实曾发生过长达 10 个世纪的文明冲突，也发生过伊斯兰文明向东面的大举扩张，并取得辉煌战果。但世界各种文明的基本态势是交融而不是冲突。在随后的工业时代里，虽然其持续时间不过 4～5 个世纪，但世界文明格局却出现了翻天覆地的变化，基督文明取得了压倒性胜利，在文明主体（政治、经济与文化）方面，出现了基督文明一家独大的格局；在文明基因 3 要素（神学、哲学与科学）方面，出现了科学独尊的格局。现在是后工业时代，世界文明格局必将又一次发生翻天覆地的变化，一家独大和科学独尊的态势不可能也不应该继续下去，但是，这又一次历史性巨变的基调不应该是冲突，而应该是交融。前文曾多次对《文明冲突论》提出质疑，主要缘起于此。

但是，后工业时代真的已经到来了么？虽然前文曾反复言之凿凿，并揭示过后工业时代曙光的种种迹象，但在绝大多数读者看来，那不过是一位书生的异想天开。这里想换位思考一下，给出另外一种描述。六个世界的呈现确实过于猛然，大家还很不习惯。考察现代文明的两个基本视角是：政治上的民主与专制；经济上的发达与发展中。人们对这样的视角已经太习以为常了，以致对隐藏于其中的 3 项基本课题缺乏必要的思考：民主与专制一定是水火不相容的两件东西么？发达与发展可以无限扩张，而不理会某种"上限"的存在么？政治与经济两者可以充当文明整体特征"（文明主体+文明基因）"的代表么？

对上面列举的 3 项基本课题，前文都给予过力所能及的论述。与本节有特殊联系的是其中的第一项课题。民主与专制的水火不相容特征，确实依然在全球范围内闹得很凶，不断成为新闻媒体的热点。人们在分析这些热点时，往往过于突出对立双方的利益因素，而忽视了另外一个重要因素，那就是双方的观念差异，特别是忽视了观念特区里的剿灭异类特征。

从农业时代到工业时代，出现过数不清的观念特区。但在全球范围内产生过重大影响的是一种叫作国际主义的观念特区，该观念特区有新、老之分，故前文有新、老国际主义之说。

奉行新、老国际主义的载体在 20 世纪中叶曾形成两大敌对阵营，两者都力图一统天下。两阵营有多个名称，比较中性的名称是资本主义和社会主义，两阵营之外的世界被统称为第三世界。从历史进程来说，资本主义阵营的国家都是老资格，而社会主义阵营国家都是新伙计。那么，HNC 为什么对老资格用"新"，而对新伙计用"老"呢？简言之，"国际主义"这个观念是当年社会主义阵营的专利，它兴起于马克思答案和著名的《国际歌》，光大于列宁先生和两次十月革命，"工人阶级无祖国"的著名口号是对老国际主义的生动诠释。老资格们曾经发明过"爱国主义"等诸多现代观念，包括最新的发明"全球化"，但恰恰没有"国际主义"。但是，老资格们很会与时俱进，在社会主义阵营形式上溃散之后，他们及时提出了普世价值的概念。从综合逻辑的目的论 s108 来看，这个概念就是一种国际主义，故名之新国际主义，那么，它同老国际主义有没有本质区别呢？

在新国际主义者看来，这个问题特别幼稚。当年的两大敌对阵营本质上是民主主义阵营和专制主义阵营的较量，较量的结果是社会主义阵营的溃散。这意味着专制主义的彻底失败和民主主义的大获全胜。专制主义不过是封建主义的余毒，自由民主所催生出来的普世价值不仅是当今世界的历史潮流，也是人类社会未来走向的基本法则。

不过，新国际主义者对民主与专制的思考未必非常透彻，对人类社会未来走向基本法则的思考就更加值得怀疑了。请问，《财富》世界 500 强里的企业王国[*01]，有哪一家在实行"民主主义"或"民主制度"？要知道，当前世界 500 强里的约 7/10 来于发达国家，那么能否说，发达国家实质上并没有在单纯地实行民主制度，而是在实行政治民主和经济专制的双轨制？这种双轨制并不是任何人的幻觉，而是工业时代所有发达国家的真实存在。这种双轨制对于政治稳定和经济发展具有巨大的优越性，同时也必然伴随着"原罪"性的种种弊端。老国际主义者的根本失误在于，过度夸大了该双轨制的"原罪"，无视其优越性侧面而武断论定其必然灭亡；新国际主义者的诡异则表现在，把资本主义双轨制的真相严严实实地掩盖起来。武断的失误和掩盖的诡异都曾受到比较深刻的质疑与探讨，但似乎未触及如下基本课题：民主与专制真的是一对彻底对立的东西么？专制里是否可能存在积极的文明基因，而民主里是否也可能存在消极的文明基因呢？特别是那个被神圣化的一人一票式普选。

文明具有神学、哲学与科学的 3 基因生命特征，具有农业、工业与后工业的 3 阶段时代特征，具有政治、经济与文化的 3 主体结构特征。这三项特征是对文明的 β 描述，文明需要 β 描述。生命特征对应于文明 β 描述的作用效应侧面，时代特征对应于文明 β 描述的过程转移侧面，结构特征对应于文明 β 描述的关系状态侧面。

以上，都是 HNC 的老生常谈，肯定已经引起了读者的厌烦。所以，下面具体杂谈一下观念及其特区的一些实际呈现。此话题的内容十分繁杂，但观念大体可以归纳为以下 6 个方面：价值、利益、法治、大国崛起、世界格局和邪恶势力。这些观念都形成了相应的观念特区，这些特区的创建者或始作俑者都有非凡的表现。6 项观念特区可分为两组，每组 3 项。由于是杂谈，两组将不分别命名，仅简称为第一类观念特区和第二类观念特区，两类观念特区的过度膨胀就会形成一种言语脑疾病，将分别名之第一类和第二类言语脑重症，而这两类言语脑的重症病患往往也是历史上的著名人物。考虑到"言语脑重症病患"这一说法里存在着诸多学术性（如语言脑或言语脑还不是神经生理学或脑科学的正式术语）和人文性弊端（如违反了对历史名人的尊重原则），下文有时将改用其他的词语，观念纠结大约是一个比较合适的选择。不言而喻，观念纠结的分别说就有第一类与第二类的基本区分。

价值或价值观属于文明基因的范畴，是对文明基因的综合描述。各古老文明的先贤在价值观方面都有许多精彩的阐释[*02]。在文字上，几乎不可能把一种价值观浓缩到单一词语、短语或一句话里，但是多位观念特区的始作俑者却成功地做到了这一点。单一词语的成功范例有自由、党性和吃人，自由是希腊文明的发明，但黑格尔先生给予了最大限度的发挥，用于描述西方文明，特别是日耳曼文明的独特优势；党性是共产党的发明，用于描述共产党员的独特禀性；吃人是鲁迅先生的发明，用于描述古老中华文明的独特邪恶。单一短语的成功范例有阶级斗争和无产阶级专政，前者是马克思先生的发明，后者是列宁先生的发明。一句话的成功范例有"人权高于主权"和"发展是硬道理"，前者是第一世界某些政治强人的集体发明，后者是邓小平先生的发明。

上列7大发明在真理意义上都不同于科学发明，但其历史效应或历史价值都可比拟于最伟大的科学发明。此中大有玄机，但那玄机不能求诸那些发明本身，而要求诸那些发明怎样变成了无数言语脑里的观念特区。上列7项价值观念特区都不是后工业时代的福音，但世界上没有一个国家像中国那样一应俱全，这一中国特色是祸是福？值得探讨[*03]。

利益或利益观属于文明主体的范畴，是对文明主体的综合描述。现代人对古代先贤关于利益观的诸多精辟论述[*04]已经没有任何兴趣了，他们津津乐道的似乎只有一位19世纪英国勋爵的著名说辞[*05]。唯利是图在汉语里本来是个贬义词，现在却变成了整个人类的最高信条，其影响力远远超过了上帝和所有先贤的教导。该信条在不同领域有不同的版本，当前最流行、最恐怖的政治版本叫国家核心利益。如果亨廷顿先生的后来者[*a]能在《文明的冲突与世界秩序的重建》基础上，再写一本《国家核心利益的冲突》，或许更有意义。国家核心利益里的3个词语——国家、核心和利益——都可以被严重异化，说该短语具有恐怖性，这是第一缘由，而第二缘由则是，在现代政治精英的言语脑里，该短语在扮演着利益观念特区里的上帝角色。

法治或法治观是利益或利益观的孪生弟弟，同样，现代人对古代和近代先贤关于法治观的诸多精辟论述[***06]也没有多少兴趣了，他们关心的是宪法至上、司法独立、法规完善、程序正义、无罪推定之类的末节概念。这里，竟然把上列5项概念统统纳入末节，简直是荒诞透顶，特别是竟然无视前两条概念的神圣性，简直令人发指。在工业时代的视野里，宪法至上和司法独立诚然是一项伟大创造，并建立过伟大的历史功勋，使无数先贤所向往的理想政治体系得以实现。但在后工业时代的视野里，再精美的法治观也是有明显缺陷的，因为法治只能把政治管好，却没有办法把经济和文化也管好，更没有办法把人类自工业时代以来无限膨胀起来的物质贪婪管住。而如何管住人类无限膨胀的物质贪婪，是全人类面临的共同危机与挑战。这是发达国家（已进入后工业时代）和发展中国家或新兴经济体（还处在工业时代）的共同危机与挑战，人们并非没有看到这一点。但由于工业时代以来形成的法治观已成为法治观念特区的"老佛爷"，而在这位"老佛爷"心里，道德是没有多大地位的（请参看本节的注释［***06]）。于是，发达国家和发展中国家都在为自己的国家核心利益而奋斗，那个全人类面临的共同危机与挑战，由于利益与法治这对双胞胎观念特区的直接作梗，由于其他各种观念特区的间接干扰，将在相当长的一段时间里，难以提上各类世界性议事平台的正式日程。

第一组观念特区就杂谈到这里，下面转向第二组观念特区的杂谈。

19世纪以来，大国崛起和世界格局一直是人文社会学界的热门话题。政治、经济、历史、社会和战略学家为此撰写过无数的专文或专著。21世纪的大国崛起和世界格局更是当下的热门话题，本《全书》已对此给出过世界知识视野的相应素描。问题是，大国崛起与世界格局能够与观念特区联系起来么？答案是：Yes。两者不仅各有自己的观念特区，而且两者还同利益观、法治观的观念特区一样，也构成一对双胞胎，下文将把这对双胞胎的观念特区合称为争雄观念特区。

大国崛起和世界格局的最新呈现就是所谓的 G20，这个 G20 很有点意思，它是从 G7–G8 演变而来的。G7 全是发达国家：6位第一世界的代表（美、德、法、英、意、加）加上1位第三世界的东片代表（日本）；G8 出现在所谓的冷战结束之后，增加了1位第三世界的北片代表（俄罗斯）；G20 则一下子猛然增加了12位代表，其中第一世界2位（澳大利亚和欧盟）；第二世界1位（中国），第三世界的南片和东片各1位（印度与韩国），第四世界的西片2位（土耳其、沙特）、东片1位（印度尼西亚），第五世界1位（南非），第六世界3位（墨西哥、巴西、阿根廷）。组建 Gm(m=7;8;20)的原意是创立一个最高级别的经济论坛，实际上它必将演变成一个最高级别的经济政治论坛。Gm 的最新形态是 G20，看似猛然出现，实际上潜存已久，而且具有深厚的文明印迹。因此，它是一个历史性标记，是后工业时代和六个世界已然存在的标记，但这个标记的隐性不足却值得一说，因为它与争雄观念特区有密切联系。

G20 平台的发起者实际上仍然是 G7 平台的组建者，他们都自视为工业时代以来争雄战的终极胜利者，这批自命者的争雄观念特区特别发达，是该观念病症的重症患者，G7 以后的新加入者当中，也有类似的重症患者。这批重症患者的基本病症如下：①都认为自己很健康，不承认自己有病，更不承认自己是争雄观念的重症患者；②都对国家核心利益的魔咒特别迷信；③都对所谓的邪恶势力[*07]充满恐惧；④都把价值观不同的病友当作是潜在对手甚至敌人。近20多年来的世界发展态势，本来可以使这批重症患者的病情获得缓解甚至逐步减轻，但实际情况远非如此，在某些 G20 成员中，还有加重的趋势。为什么？其实许多人都明白，这主要是由于观念特区在作祟。第一类观念特区是一种全球性观念疾病，而上列4种第二类观念特区的病症不仅弥漫在各类精英特别是政治精英的言语脑里，也弥漫在各类大众的言语脑里。只要这种态势不能得到根本扭转，不仅联合国难以有所作为，G20 也难以有所作为。两者实质上都已沦为世界事务的摆设，更不用说等而下之的其他类型平台[*08]了。这不是什么秘密，许多明白人都十分明白。只不过明白人都同时明白，这一话题需要的是戴上精巧语言面具的语言，绝不能使用言语脑病症之类的沉重话语，争雄、国家核心利益、铲除邪恶势力、预防潜在对手甚至敌人都与所谓的两类言语脑病症扯不上任何关系。

笔者属于非明白人，偏要把明白人认为不应该扯上关系的东西扯上关系，所以就写下了上面的沉重话语。前文曾从世界知识的视野对 G20 写过一段沉重的评述[*b]，下面先作一点比较轻松的历史回顾吧。19 世纪末，德皇威廉二世读了美国人马汉先生的大作《海军战略》[*c]，大受启发，决心把德国建设成为海洋强国，与大英帝国争雄。据说，当时德意志帝国著名的铁血宰相俾斯麦先生并不同意这项重大决策，从而被威廉二世撤职。也许可以说，当年的威廉二世是一位第二类言语脑重症患者，而俾斯麦先生不是。德国后来又出了一位更疯狂的综合言语脑重症患者，给德国和世界带来了史无前例的灾难。那么，这样的言语脑重症患者是否只出现在德国呢？当然不是，G20 里的好些个国家都出现过，但没有一个国家进行过像德国那样的深刻反思。G20 之外的国家也出现过不少这类言语脑重症患者，不过，由于他们自身国力或组织力量的限制，没有掀起太大的风浪。但是，当下第一世界里的言语脑重症患者，特别是第一类言语脑重症患者，总是对病友造成的风浪作出过度反应，极度缺乏古代圣贤所指明的智慧，特别是佛陀和老聃所教导的智慧。

媒体通常把 G20 叫"二十国集团"，这里有两个细节名不副实：一是西班牙并不是一个国家的代表，而是欧盟的代表，但欧盟并不是一个国家；二是 G20 的与会国一定多于 20 个，因为除了充当常委的 20 个成员以外，一定还有几个非常委参加。因此，"二十国集团"这个短语里的"二十"与"国"都名不副实。这里隐含着两点"蹊跷"和一项弥补，"蹊跷"之一是：为什么不邀请联合国秘书长？打着主要经济体的旗号就可以彻底摆脱联合国么？"蹊跷"之二是：欧盟的代表被指定为西班牙，为什么不采取轮换方式，而把其他国家的代表资格一律予以剥夺呢？弥补的表现是：G20 的非常委成员里一定要包括两个非洲国家。G20 设计的亮点是，终于初步意识到六个世界的现实存在。但其隐患更不可忽视，其主要表现是：对第二世界的文明生命力，对第三世界三大片、第五世界和环印度洋的地缘政治，都极度缺乏后工业时代视野的清醒认识。而这一缺乏的根本原因不是专家知识不高或智力不足，而是由于世界知识匮乏和智慧不足，此匮乏与不足的根本原因又在于言语脑的上述病症，其中尤以争雄观念特区的危害更为显著。

借着上面的话题，这里特别想向 19 世纪的争雄冠军——英国——说几句书生话语：贵国的本土面积不过 24.4 万平方公里，人口不过略多于 6000 万[*09]。前者在全球陆地面积的占比仅为 1.6‰，后者的占比也不到 1%。但贵国对工业时代文明的贡献要远远大于这两个数字，在所谓"工业文明清单"[*d]的 8 项里，贵国对其中的 3 项（科技革命、工业革命和宪政革命）作出了决定性贡献，对其中的另外两项（"地理大发现"和启蒙运动）也有重大"贡献"。日不落帝国的光荣称号可以说是对这些贡献的一种奖赏。但是，巨大的奖赏往往会转化成沉重的包袱，贵国未能跳出这一历史陷阱。这个包袱使你们在 20 世纪的两位名首相都闹过不应有的"笑话"[*10]。其实，在这个后工业时代曙光降临之际，你们又一次遇到了一个创立历史样板的机遇，那就是主动放弃马岛和直布罗陀的主权，把它们交给联合国托管。这种主动式主权转移样板的历史意义将不可限量，它代表着人类文明的一种新境界，当年的君主立宪与光荣革命都远不足以与之媲美。贵国参加了欧盟，但不加入欧元，这里有一点境界的味道，为什么不把这种境界再提升一步呢？在贵国先贤培根、洛克和休谟先生的著作里，也许找不到这种境界的启示，但在东方先贤的著作里却不难找到，请超越文明的东西之分吧。

主动式主权转移的概念是一种理念，与传统的观念纠结，特别是争雄观念纠结绝不相容。然而，它是后工业时代的呼唤，因为观念纠结是妨碍后工业时代健康发展的根本障碍。这一呼唤的基调就是：通过理性，把观念提升到理念的高度。传统中华文明的文明基因里潜藏着这样的呼唤，因为这是佛、道、儒的共同呼唤。基督文明也同样存在这样的呼唤，但关键问题不在呼唤本身，而在于该提升过程所依靠的理性。作为杂谈，这里可以说，浪漫理性与功利理性是绝对靠不住的，可以指望的只能是经验与先验理性。所以，上面选择了经验理性的发达国家——英国，杂谈了主动式主权转移的话题。

本节就此戛然而止，显得有头无尾，这正是杂谈的便利。在未来的微超研发中，搞出几位观念特区存在巨大差异的图灵脑，不是什么难事。然后，观看有关各方的时事辩论，那一定比现在凤凰卫视的类似节目精彩得多，为什么不想一想这种探索前景呢？

注释

[*a] 亨廷顿先生已于2008年逝世。

[*b] 该评述见"六个世界pj01*\k=6"综述的子节（[280-2.2.1.3]）。

[*c] 美国人唐斯写过一本小册子《影响世界历史的16本书》，浅显通俗，值得一读。该书分"关于人类史"和"关于科学史"两部分，前者10本，后者6本，都按时间顺序排列。前者以《君主论》为首，以《我的奋斗》殿后。后者以《天体运行论》为首，以《相对论》殿后。《资本论》和《海军战略》分别位居前者的第七位和第八位。

[*d] 见"理想行为73219的世界知识"分节（[123-2.1-1]）。

[*01] 新国际主义者当然会认为把国家与企业进行如此类比简直是荒谬绝伦，但是，现在一个企业王国的综合实力可以大于世界综合国力排名30位以后的国家，怎么不能进行类比呢？中国有句古话叫"富可敌国"，现在可以改成"富可超国"了。联合国大多数国家的综合实力已经大大不如《财富》500强的前10强或前20强了，大大小小的企业王国的董事长难道不比农业时代大大小小的国王更神气么！

[*02] 前文曾简略介绍过希腊文明的价值观，也介绍过儒家的价值观，这里拷贝一段《老子》的论述，它基本代表道家的价值观，全文如下："是以圣人处无为之事，行不言之教，万物作而弗始，生而弗有，为而弗恃，功成而弗居，夫唯弗居，是以不去。"（《老子》第二章）

[*03] 许多读者可能不太认同将鲁迅先生的发明列为价值观念特区的7大发明之一。这个问题十分复杂，但作为杂谈，这里想说这么一句话，就中国崛起的内在障碍而言，大约没有什么障碍比鲁迅发明更大的东西了。一位自命不凡的哲学狂人最近在博客里放言："我如不胜，中国必灭。"如此荒诞的东西竟然在网络世界获得接近8:1的支持度，欲知其原委，不妨回想一下"汉字不灭，中国必亡"的典故。

[*04] 传统中华文明关于利益观的典型论述有"己欲立而立人，己欲达而达人。……己所不欲，勿施于人。"……"天下之忧而忧，后天下之乐而乐。"……

[*05] 该说辞的译文是：没有永远的敌人，也没有永远的朋友，只有永远的利益。

[***06] 这里只拷贝一段近代先贤卢梭先生的话语："除了以上三种法律（指政治法、民法和刑法——拷贝者注），还必须要加上第四种，这第四种法律是所有法律中最重要的，它不是刻在大理石上或铜表上的，而是刻在人民心里的，它形成了国家真正的体制，……它使一个民族的制度精神得以

保存，并且不知不觉地用习惯的力量取代权威的力量。我这里就是在说道德、习俗，而且最重要的是信仰：这些未能为我们的政治理论家所认识的重要方面，正是其他所有法律所赖以成功的基础；伟大的立法者所秘密关注的正是这些东西，因为虽然立法者看上去好像把自己局限于具体法律的制定，而这些法律实际上只是拱顶上的拱架而已，他知道只有那些发展缓慢的道德才是拱顶不可移动的基石"。（《社会契约论》第十二章 法律的分类）

[*07] 人世间的天使与恶魔只是敌对势力之间彼此相互叫骂的称呼而已，迄今为止，世间还没有出现过一位天使，但出现过3位得到公认的恶魔，他们的名字分别是殖民主义、法西斯主义和恐怖主义。这3位恶魔源远流长，不能简单地视为近代文明的产物。

[*08] 这里必须强调一声，欧盟是一个特别值得重视的例外，不属于这里所说的等而下之平台。

[*09] 英国的本土面积与人口数字与我国的湖南省十分接近，湖南省与英国的联想非常有趣，杂谈之就是，英国对近代全球文明的贡献相当于湖南对中国近代政治格局的贡献。古汉语把这种景象的出现用四个汉字来描述——人杰地灵。湖南人对这四个汉字情有独钟，故对"唯楚有材"的条幅念念不忘。

[*10] 两位名首相指丘吉尔先生和撒切尔夫人，丘吉尔先生的"笑话"是指他在第二次世界大战的决战时刻，继续顽强地为维护战后日不落帝国的地位而"殚精竭虑"，屡遭罗斯福先生的不屑与鄙弃；撒切尔夫人的"笑话"是指她在马岛战争之后，竟然冒出了关于香港未来的"奢望"，遭到邓小平先生的迎头痛击。

第3节
拷贝记忆杂谈

在关于记忆的诸多分类方式中，都没有拷贝记忆的位置，但在 HNC 关于记忆的思考里，它却占有特殊地位，基本缘由是语言脑与图灵脑的特质差异。语言脑必然涉及化学与神经生理过程，而图灵脑不涉及，仅涉及物理过程。因此，在符号形态保存的意义上，图灵脑的拷贝记忆比较直观，就是通常意义上的数据存储，言语脑似乎就不能这么说了。

HNC 记忆理论把语言记忆与语言理解密切联系起来，前文（[340-1.1]）有言："懂的前提是领域的认定，懂的效应是形成记忆，懂的结局是把记忆存放于某处。"这里的"懂"就是语言理解，而理解需要一个表 4-8 所描述的复杂处理过程。但是，有些记忆不需要"懂"及复杂处理过程，HNC 把这类记忆叫作拷贝记忆。

HNC 把拷贝记忆分成 3 类，还是起 3 个名字吧，它们分别是原初形态拷贝记忆、高级形态拷贝记忆、情景式拷贝记忆，可简称原拷、高拷和情拷。这 3 类拷贝记忆都不属于前文所论述的记忆，各司其职，各有特色。三者都是语言脑的一种天赋功能，并随着年龄的增长而逐步衰退。

原拷曾用名鹦鹉记忆，与语言理解完全无关。传统中国教育似乎十分重视原拷功能的开发，这与汉字有关，是中华文明的一项特色。黄蓉的母亲这一金庸小说人物形象是一个佐证，笔者幼年的特殊学习经历也是一个佐证（见[340-4.2]节的注释[*10]）。原拷能力是否值得培育，这是幼儿教育的一个特殊课题。西方教育学不曾理会过这一课题么？笔者不知。但有趣的是，现代五彩缤纷的智力比赛往往包含原拷能力这一项，其中还有纯原拷能力的比赛，π的位数记忆就是典型的事例。

高拷强关联于语言理解，是在理解基础上的原拷，密切联系于所谓的"过目不忘"天赋。那不是传说，确有其人其事，笔者听过的和经历过的故事颇多。一个经验理性的感受是，高拷能力的超强者一定是天才，但天才不一定具有超强的高拷能力。

情拷相当于脑科学的情景记忆(episodic memory)，弱关联于语言理解。情景记忆服务于每个人的日常活动。HNC 视野里的情拷就是一张需要每天更新的拷贝式清单（表格），保存在语言脑的某一区位，清单里所使用的记录符号就是母语符号。未来的图灵脑也需要情拷，其表格所使用的符号可任选一种或多种代表性语言符号。

有趣的是，俗人的情拷能力都比较强，而某些天才的情拷能力反而特别低下。章太炎先生就是一位典型，据说爱因斯坦先生也有这个问题。

本 编 跋

本编的撰写耗费了 8 个月的时间，比预定计划长了一倍。主要是为了弥补 20 年的主要过失，那就是对于 HNC 理论技术接力课题的漫不经心。弥补性论述围绕着句类检验展开，论述中注意举例，这意味着论述方式也带有一定的弥补特征。至于跋里应有的实质性话语，就从免了，因为那样的话语已经说过了，集中在两个地方，一是那段蒙太奇话语的结束语，二是关于要素原则、排位原则和"三二一"原则的集中性论述。

术 语 索 引

Z

人 名 索 引

①有些作品和人名之间并非作者—著作关系，特此说明。
②括号中的人名表示其在正文叙述中并未出现，而只出现了有关的观点或作品。

人名	别称	有关观点或作品	页码
福山			101
伽利略			177，258，265，307，472
甘地			194
哥白尼		《天体运行论》	131，352
辜鸿铭			290，368
古龙			237，307
哈勃			177，258，259，265，307，311，472，473
哈耶克			416
韩信			442，445，448，456，472
黑格尔			5，17，18，21，28，150，295，303，423，481，483
亨廷顿		《文明的冲突与世界秩序的重建》	101，217，481，483，486
胡适			338
（胡一虎）		《一虎一席谈》	303
黄焯		《黄焯文集》	411
黄侃		《黄侃传》	411
（慧能）		《坛经》	117，120
霍梅尼			56，57，194，404
贾谊		《过秦论》	197
金大中			403
金庸			368，411，488
晋耀红			390，473
（卡尔文）		《大脑如何思维》	19，87，90
卡斯特罗			194
凯恩斯			403，416
康德		"三大批判"	6，11，14，16，18，24，38，67，79，89，100，149，160，217，221，269，271，273，286，309，339，349，352，383，398，402，407，416，419，422
孔子	子、孔夫子	《论语》	359，418
莱布尼茨			263
老子	老聃	《老子》	28，29，43，54，67，122，359，473，486

人名	别称	有关观点或作品	页码
李敖	小乔		301
李白			230
李清照			170
李世民			299
李颖	李博士	《变换》	88，390，454，469，471
列宁			301，352，403，482，483
林杏光			7，14，376
刘邦			197
刘少奇			389
刘协	汉献帝		107
柳宗元			218，416
卢梭		《社会契约论》	486
鲁迅		《孔乙己》	217，315，316，483，486
陆汝占			266
罗尔斯			101
罗斯福	小罗斯福		51，72，194，209，216，301，401，403，415，487
罗素			17，197，295
洛克			485
马汉		《海军战略》	485
（马基雅维利）		《君王论》（《君主论》）	248
（马建忠）		《马氏文通》	147
马克思		《资本论》	16，17，57，277，295，301，302，352，403，474，482，483
麦克斯韦			450
曼德拉			194
毛泽东		"三论"	79，122，287，397，398，403
苗传江		《HNC（概念层次网络）理论导论》	35，161，313，375，385，466
牟宗三			59，302
（穆罕默德）		《古兰经》	399
拿破仑			286
纳赛尔			404
尼采			474
尼克松			287

续表

人名	别称	有关观点或作品	页码
牛顿			450
培根			485
彭德怀			127
普京			291，308
齐建国		《神经科学扩展》	246
乔姆斯基	乔姆、大乔		7，8，38，42，44，76，108，270，301，316，382，450，464
乔治·米勒			89
秦始皇			54，197
丘吉尔			209，487
荣格			266
撒切尔夫人			487
萨达姆			56
塞尔	John Searle	《心灵的再发现》、《心灵、语言和社会》	352，468
山克	Schank	《Dynamic Memory》	468
（释迦牟尼）	佛陀	《心经》、《金刚经》	200，202，268，367
司马迁		《史记》	418
斯大林			209，318，403
苏轼		《范增论》	390
孙中山			321
孙子		《孙子兵法》	124，164，167，248，473
索绪尔			205，296
泰戈尔			398
汤因比		《历史研究》	295，302
唐斯		《影响世界历史的16本书》	486
图灵			47，190，193，196，198，361，475
（托尔斯泰）		《战争与和平》	399
托洛茨基			21
王国维			24，64，109，348，390
王侃			469
王震			352
王竹溪		《新部首大字典》	375
威廉二世			485

人名	别称	有关观点或作品	页码
维特根斯坦		《哲学研究》	182，223，228，230，384，392，418
沃克		《战争风云》	360，361，416
（西槙光正）		《语境研究论文集》	205
希特勒		《我的奋斗》	194，286
萧何			472
小布什			56，292，407
熊彼特			277
休谟			230，485
许嘉璐			14，270，376，392，421
玄奘			200，359，420
亚当·斯密	斯密	《国富论》、《道德情操论》	79，277，284，469
亚里士多德			145，418
亚历山大			190，278
姚明			108
（耶稣）	（基督）	《圣经》	388，399
约翰·肯尼迪	JFK		245
詹姆斯·怀特		《破译大脑之谜》	86
张克亮		《转换》	88，469
张良			386，442，445，448，472
章士钊			465
章太炎			488
赵元任			467
（朱邦复）		"汉字基因工程"	268
朱德熙			473
朱筠			421，433
诸葛亮	孔明		352，426
祝希娟		《红色娘子军》	422

《HNC 理论全书》总目

第一卷　基元概念

..

第二卷　基本概念和逻辑概念

第三卷 语言概念空间总论